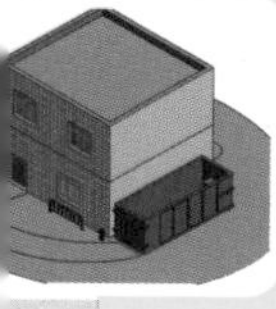

Revit 2018 中文版 建筑设计实战教程

陈文香　主编

清華大學出版社
北京

内 容 简 介

本书是一本帮助Revit Architecture 2018初学者学习建筑设计的精讲教程，全书采用“基础＋实例”的写作方法，帮助用户掌握基础知识，并运用到具体的实例中去。

本书共14章，第1章介绍Revit的基本知识与基础操作方法，包括软件界面的组成、基础功能的运用等。第2～7章介绍创建建筑构件图元的方法，包括轴网、标高、墙体与门窗等常见建筑构件的创建与编辑。第8章介绍创建注释的方法，包括尺寸标注与文字标注。第9章介绍场地建模的操作方法，包括创建场地、添加构件等。第10章介绍建筑表现的方法，包括渲染设置、创建漫游动画等。第11章介绍设置视图参数的方法，包括图形的显示与隐藏、视图样板的创建等。第12章介绍族的知识，包括创建与编辑族。第13章介绍链接与导入文件的方法，包括链接Revit模型与CAD文件。第14章介绍综合运用所学的知识，创建研发大楼模型的方法。

本书适合初、中级用户，可作为广大初学者和爱好者学习Revit的专业指导教材。对各行业的技术人员来说，也是一本不可多得的参考和速查手册。

图书在版编目(CIP)数据

Revit 2018中文版建筑设计实战教程 / 陈文香主编. — 北京：清华大学出版社，2018
ISBN 978-7-302-49530-7

Ⅰ. ①R… Ⅱ. ①陈… Ⅲ. ①建筑设计—计算机辅助设计—应用软件—教材 Ⅳ. ①TU201.4

中国版本图书馆 CIP 数据核字（2018）第 029369 号

责任编辑： 韩宜波
封面设计： 杨玉兰
版式设计： 方加青
责任校对： 李玉茹
责任印制： 沈 露

出版发行： 清华大学出版社
网　　址： http://www.tup.com.cn，http://www.wqbook.com
地　　址： 北京清华大学学研大厦 A 座　　**邮　　编：** 100084
社 总 机： 010-62770175　　**邮　　购：** 010-62786544
投稿与读者服务： 010-62776969，c-service@tup.tsinghua.edu.cn
质 量 反 馈： 010-62772015，zhiliang@tup.tsinghua.edu.cn
印 装 者： 三河市铭诚印务有限公司
经　　销： 全国新华书店
开　　本： 190mm×260mm　　**印　　张：** 19.25　　**字　　数：** 468 千字
版　　次： 2018 年 4 月第 1 版　　**印　　次：** 2018 年 4 月第 1 次印刷
印　　数： 1～3000
定　　价： 79.80 元

产品编号：076418-01

前言

Revit Architecture是Autodesk（欧特克）公司开发的一款集成二维与三维的绘图软件，因为强大的数据设计、图形绘制、协同工作等多项功能，受到广大建筑设计师的青睐。

本软件以Revit技术平台为基础，包含3款专业软件，分别为Revit Architecture（建筑设计）、Revit Structure（结构设计）、Revit MEP（设备版，即设备、电气、给排水）。运用这几款软件，可以实现建筑设计、结构设计以及MEP管线综合设计，还可开展协同工作，方便各专业人员进行交流。

Autodesk公司自2017年发布了最新的Revit 2018版本，本书以该版本为基础，介绍建筑设计的流程与操作方法。

编写目的

因为Autodesk Revit具备强大的建模功能，我们致力于编写一本全方位介绍Autodesk Revit在建筑设计行业实际应用情况的图书。以本书为例，我们将以Autodesk Revit的命令为脉络，以实例为阶梯，帮助用户逐步掌握使用Autodesk Revit开展建筑设计的基本技能和技巧。

本书内容安排

本书主要介绍Autodesk Revit 2018的功能命令，从初步了解软件界面的组成，到掌握基础命令的运用方法，再到实例的具体操作，循序渐进地引领用户迈进Revit的大门。

为了让用户更好地学习Revit的相关知识，在编写时按照建筑设计的流程来规划内容，将本书的内容划分为14章，具体编排如下表所示。

章 名	内 容 安 排
第 1 章	第 1 章介绍 Revit 的基础知识，包括 Revit 简介、视图基础知识以及软件的基本操作方法。 掌握启动 Revit 软件的几种方法，可以帮助用户快速地启动软件。对于初学者而言，需要了解软件界面的组成及其使用方法，才可以继续学习使用软件来开展建筑设计。 视图的基础知识包括项目浏览器与“属性”选项板的使用方法，还包括视图控制栏、参照平面的运用技巧。 基本操作包括选择图元与编辑图元，运用快捷键来开展建模工作，可以达到事半功倍的作用
第 2 ～ 7 章	6 章内容主要介绍各类建筑工具的创建与编辑方式，即轴网与标高、墙体、门窗、幕墙、楼板、天花板、楼梯与坡道等。 第 2 章介绍创建与编辑轴网、标高的操作方法。 第 3 章介绍设置墙体参数、创建与编辑墙柱的方法。 第 4 章介绍在项目中放置与编辑门窗、幕墙的方法。 第 5 章介绍在项目中创建与编辑楼板、天花板及屋顶的方法。 第 6 章介绍在项目中创建与编辑楼梯、台阶及坡道的方法。 第 7 章介绍在项目中创建与编辑房间、面积和洞口的方法
第 8 章	本章介绍创建各类注释的方法，包括尺寸标注、高程点标注、各类标记以及文字注释和明细表
第 9 章	本章介绍场地建模以及修改场地的方法。场地建模的知识点包括创建地形表面、导入场地构件与停车场构件、添加建筑地坪。 修改场地的知识点包括拆分 / 合并地形表面、定义子面域、绘制建筑红线等

续表

章 名	内容安排
第 10 章	本章介绍设置建筑表现参数的方法，包括选择图形显示样式、放置贴花、设置渲染参数以及创建漫游动画
第 11 章	本章介绍设置图形参数以及窗口显示样式的方法，包括设置图形样板、设置图形可见性以及切换窗口、设置用户界面等
第 12 章	本章介绍族的相关知识，包括族的基本概念、调用族样板的方法，以及创建与编辑族模型的方法
第 13 章	本章介绍链接与导入文件的方法，包括链接 Revit 模型、CAD 文件，以及导入 CAD 文件等。从库中载入族有两种方式，具体请参考本章内容
第 14 章	本章以研发大楼为例，综合运用所学的建模知识，介绍开展建模工作的流程

本书写作特色

为了让用户更好地学习Revit软件的使用方法，本书在具体的写作编排上煞费苦心，具体总结如下。

- 软件与行业相结合，囊括各个知识点

除了基本内容的讲解，在书中还分布有近300个注意、提示，实时提醒用户需要学习的知识点。

- 循序渐进的讲解方式，帮您登上学习高峰

本书专为初学者度身定制，因此内容安排由简单到复杂，帮助用户逐步提升使用技能。

- 提供视频教学，全方位讲解使用方法

熟能生巧，学习Revit软件也是如此。在阅读本书时，用户也需要上手操作，才可融会贯通书中的内容，并运用到实际工作中。

本书的配套资源

本书物超所值，除了书本内容外，还配有大量资源，可通过扫描右侧的二维码进行下载。

- 配套教学视频

针对本书各大小实例，专门制作了近300分钟、92段的高清教学视频，用户可以先看视频，像看电影一样轻松愉悦地学习本书内容，然后对照课本加以实践和练习，可以大大提高学习效率。

- 全书实例的源文件与完成素材

本书附带了很多实例，包含行业综合实例和普通练习实例的源文件和素材，用户可以安装Revit 2018版本的软件，打开并使用它们。

本书创建团队

本书由陈文香主编，具体参与编写的人员还有薛成森、江凡、张洁、马梅桂、戴京京、骆天、胡丹、陈运炳、申玉秀、陈云香、陈军云、彭斌全、林小群、刘清平、钟睦、刘里锋、朱海涛、廖博、喻文明、易盛、陈晶、张绍华、陈文轶、杨少波、杨芳、刘有良、刘珊、赵祖欣、毛琼健、江涛、张范、田燕等。

由于编者水平有限，书中疏漏与不妥之处在所难免。在感谢您选择本书的同时，也希望您能够把对本书的意见和建议告诉我们，联系信箱为lushanbook@qq.com，读者QQ群为327209040。

编　者

目录

第1章 Revit Architecture基础

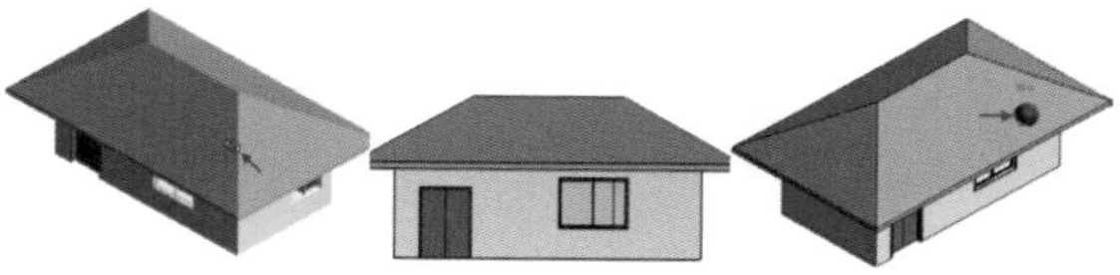

第2章 轴网和标高

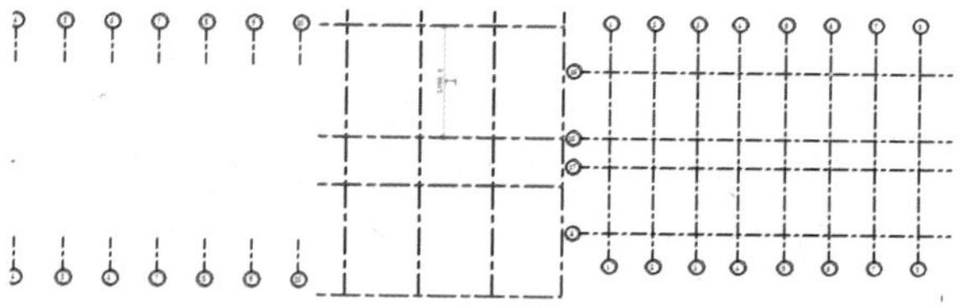

第3章 创建与编辑墙柱

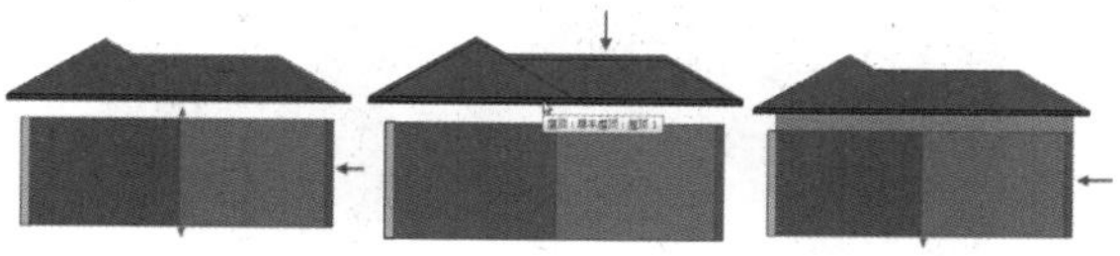

第4章 门窗和幕墙

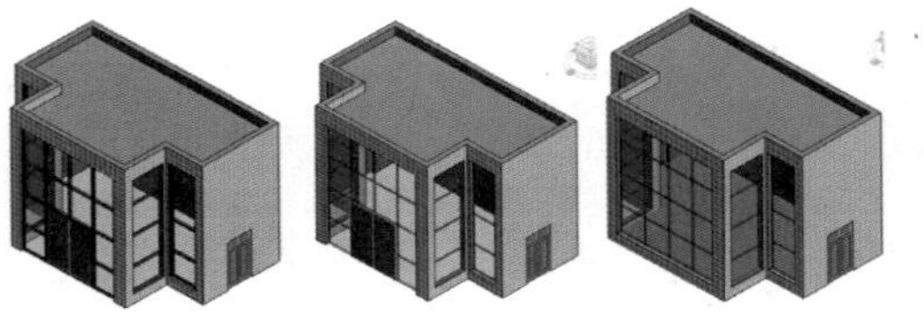

第5章 楼板、天花板与屋顶

第6章 楼梯、台阶与坡道

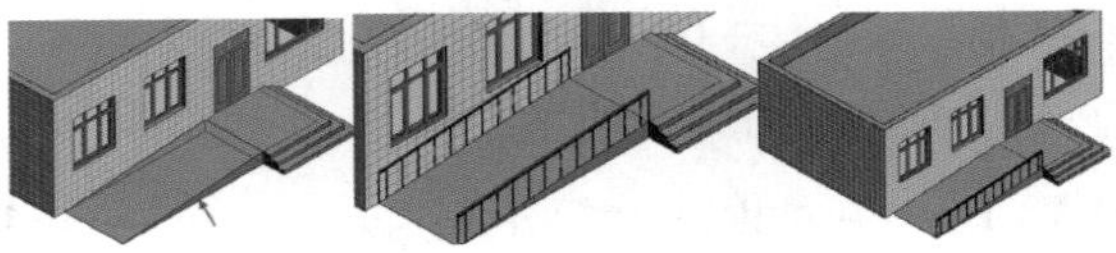

第7章 房间、面积和洞口

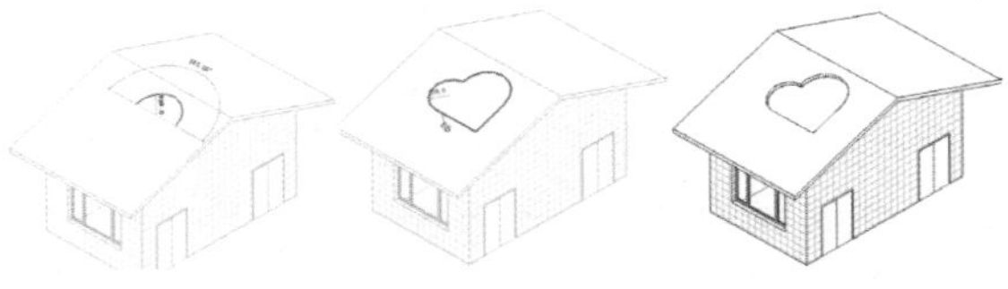

第8章 创建注释

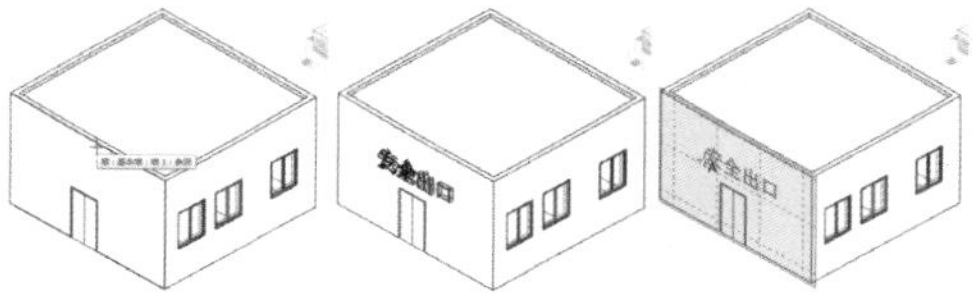

第9章 场地建模

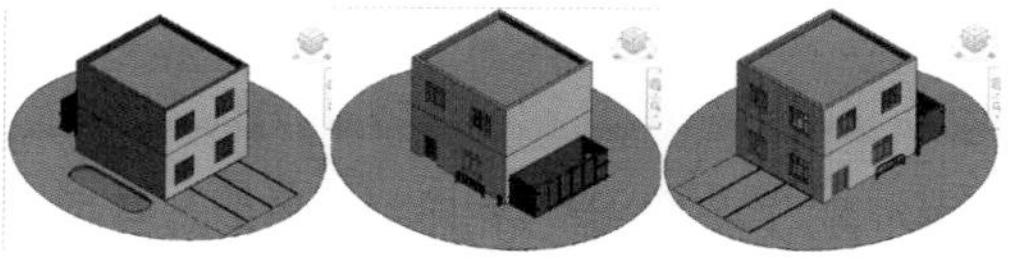

第10章 建筑表现

第11章 视图控制

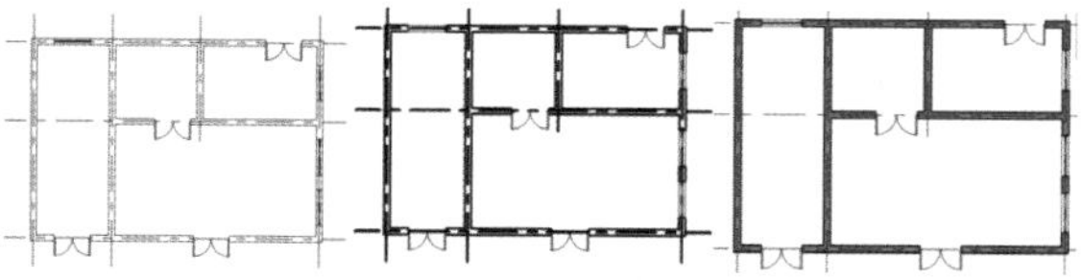

第12章 族

第13章 链接/导入文件

第14章 研发大楼项目设计

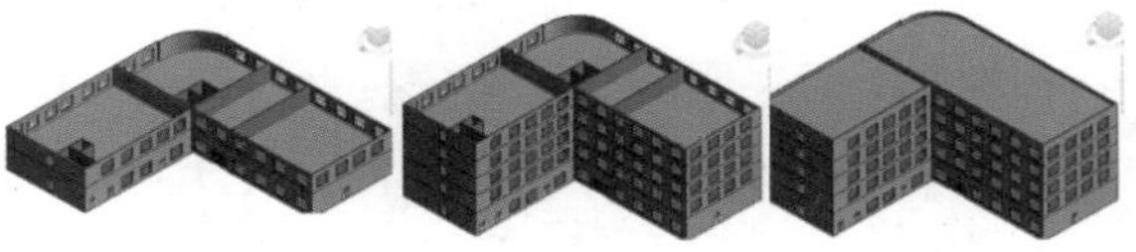

第1章

Revit Architecture基础

Autodesk公司推出了最新版本的Revit应用程序，Revit Architecture 2018在以往版本的基础上做了改进，例如不再提供默认的门窗族文件，用户需要从外部调入族文件才可执行放置门窗构件的操作。本书以Revit Architecture 2018版本为例，介绍使用该软件进行建筑项目设计的方法。

1.1 Revit Architecture简介

在计算机中安装了Revit Architecture 2018后，就可以启动软件进行了项目设计了。对于初次使用Revit应用程序的用户来说，还需要了解启动软件的方法以及软件工作界面的构成。

1.1.1 启动Revit Architecture的方法

Revit Architecture 2018安装完毕后，启动该软件的方法介绍如下。

- 在计算机桌面上显示有软件图标。选中图标，右击，在弹出的快捷菜单中选择“打开”命令，如图1-1所示，可以启动软件。
- 双击桌面上的软件图标，也可以打开软件。
- 单击计算机桌面左下角的“开始”按钮，在弹出的列表中选择“所有程序”→Autodesk→Revit 2018→ Revit 2018选项，如图1-2所示，执行启动软件的操作。

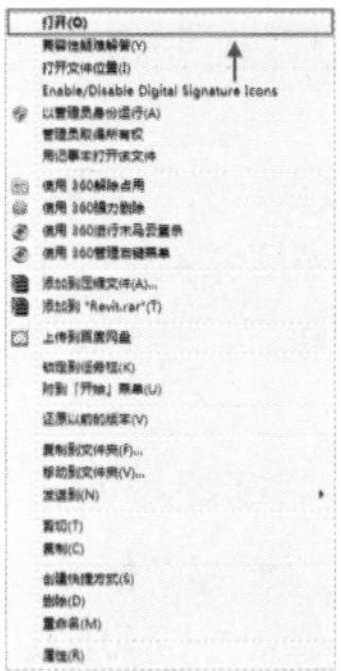

图1-1　选择“打开”命令

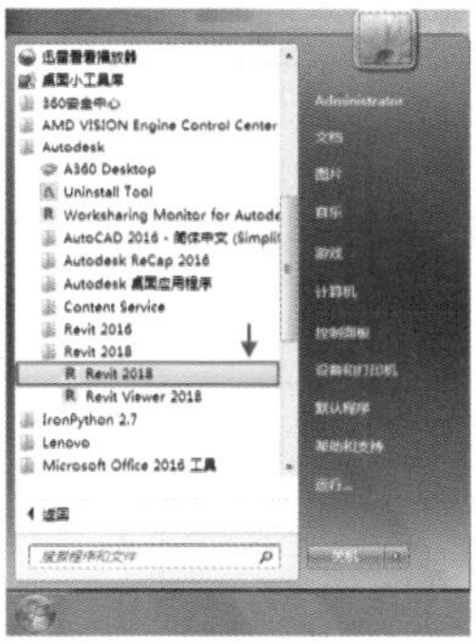

图1-2　选择选项

- 打开计算机中存储Revit文件的文件夹，选中Revit文件，如图1-3所示；右击，在弹出的快捷菜单中选择“打开”命令，执行打开文件的操作，可以启动Revit应用程序。
- 双击Revit文件，可以执行打开文件的操作。

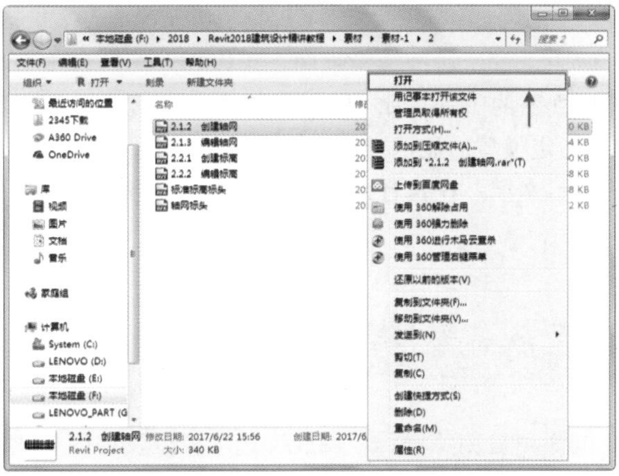

图1-3　选择Revit文件

1.1.2 Revit Architecture 2018工作界面简介

启动Revit软件后，执行“新建项目文件”的操作，进入软件的工作界面。Revit的工作界面由快速访问工具栏、选项卡、命令面板、绘图区域等组成，如图1-4所示。

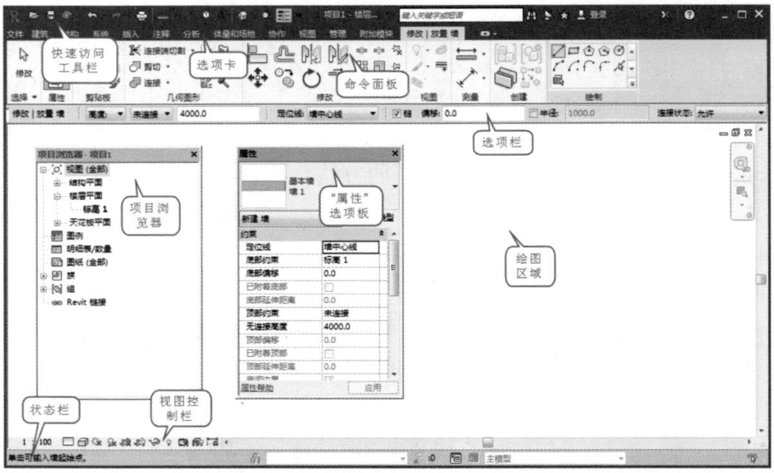

图1-4 Revit工作界面

单击快速访问工具栏中的命令按钮，可以快速调用命令。例如单击“打开”按钮，可以打开【打开】对话框中指定的文件。Revit包含多个选项卡，如“文件”“建筑”“结构”等。每个选项卡都包含不同的命令面板，如“建筑”选项卡中包含“构建”“楼梯坡道”等命令面板；“结构”选项卡中包含“结构”“基础”等命令面板。

命令面板上显示工具按钮，单击按钮，即进入上下文选项卡。在选项卡中设置参数，开始执行绘制或者编辑图元的操作。有的上下文选项卡包含选项栏，如调用“墙”命令，进入“修改|放置”选项卡后，在命令面板的下方显示“修改|放置”选项栏。在选项栏中进一步设置参数，可更加精确地控制墙体的各项属性，如“高度”“定位线”等。

在项目浏览器中显示项目中包含的所有视图，如“结构平面”“楼层平面”“天花板平面”等，在其中可以执行复制视图、删除视图以及重命名视图等操作。

“属性”选项板中显示当前正在执行的命令的属性参数，如执行“墙”命令，在选项板中显示墙体的相关参数，包括“定位线”“底部约束”以及“底部偏移”等选项参数。在没有执行任何命令的情况下，显示视图属性参数。

创建、查看、编辑模型都在绘图区域中进行，通过转换视图，可以在绘图区域中观察模型的不同显示样式。视图控制栏中包含各种用来控制视图的工具，如“比例”“详细程度”“视觉样式”等。通过启用这些工具，可以修改视图比例，或者指定模型的显示样式。

在状态栏中显示与当前操作相关的提示文字，在执行命令的过程中，注意观察状态栏中的文字，可以帮助用户准确地执行命令。

1.2 视图基础

Revit提供了多种观察视图的工具，例如项目浏览器、“属性”选项板以及视图导航等。用户熟练运用这些工具，可以轻松地观察已创建的模型。本节介绍查看视图的操作方法。

1.2.1　使用项目浏览器

打开项目文件后，项目浏览器显示在工作界面的左侧。在项目浏览器中包含多个选项，如“视图（全部）”“图例”“明细表/数量”等，如图1-5所示。单击展开选项列表，可显示所包含的选项内容。如展开“视图（全部）”选项，显示当前项目文件中所包含的视图类型，包括“结构平面”“楼层平面”以及“天花板平面”。

在各视图列表中显示视图名称，例如在“楼层平面”列表中显示平面视图的名称为“标高1”。选择视图名称，右击，弹出如图1-6所示的快捷菜单。通过选择菜单中的命令，对视图执行编辑操作。例如选择“打开”命令，打开选中的视图。选择“复制视图”命令，弹出子菜单。选择子菜单中的命令，按照指定的样式复制视图。此外，选择“删除”命令可将视图从列表中删除；选择“重命名”命令可以自定义视图名称。

在“图例”选项中显示项目文件中包含的图例视图。选择“图例”选项，右击，弹出快捷菜单，选择“新建图例”命令，如图1-7所示，可以新建图例视图。选择“新建注释记号图例”命令，则可以新建注释记号图例。

图1-5　项目浏览器

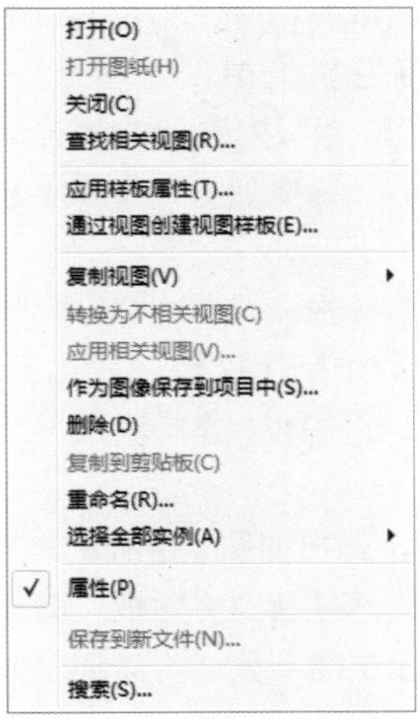

图1-6　快捷菜单

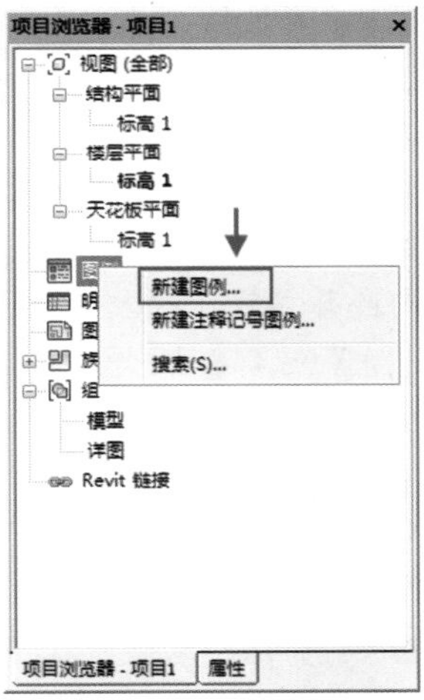

图1-7　选择命令

选择“新建图例”命令后弹出【新图例视图】对话框，在“名称”右侧的文本框中设置视图名称；单击“比例”右侧的倒三角按钮，选择视图比例，如图1-8所示。单击“确定”按钮，关闭对话框，在“图例”选项中可以显示新建的图例视图。

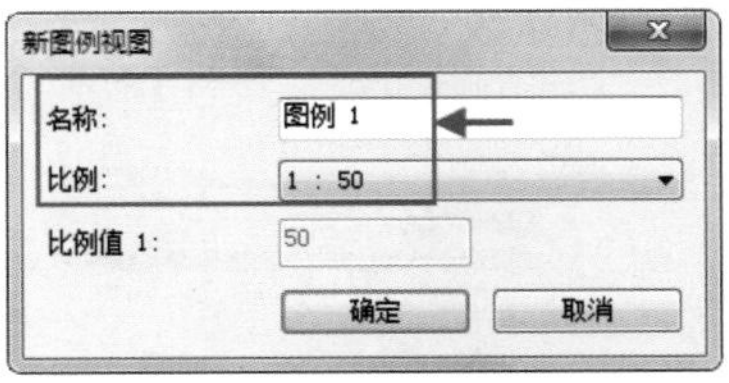

图1-8　【新图例视图】对话框

在Revit旧版本中，建筑项目文件默认创建门明细表以及窗明细表。在2018版本的Revit应用程序中，取消了默认创建的门/窗明细表。如果用户根据需要想创建各种类型的明细表，可选择“明细表/数量”选项名称，右击，在弹出的快捷菜单中显示新建明细表的命令。选择不同的命令，可以新建不同类型的明细表。如选择“新建明细表/数量”命令，如图1-9所示，弹出【新建明细表】对话框。在“类别”列表框中选择“墙”选项，系统自动将明细表名称设置为“墙明细表”，如图1-10所示。单击“确定”按钮，进入【明细表属性】对话框，在设置明细表属性参数后，可以新建墙明细表。

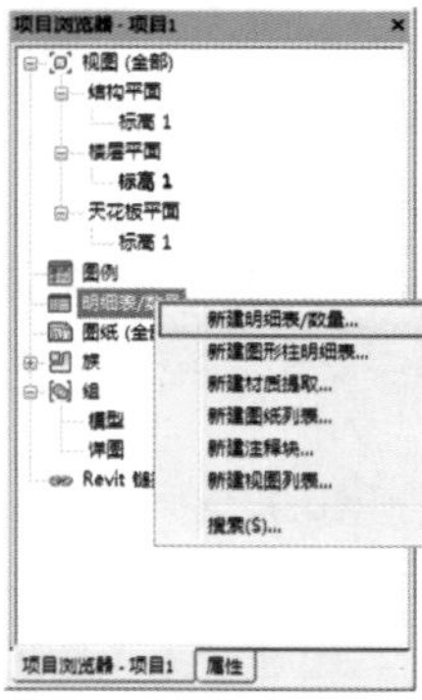

图1-9　选择“新建明细表/数量”命令

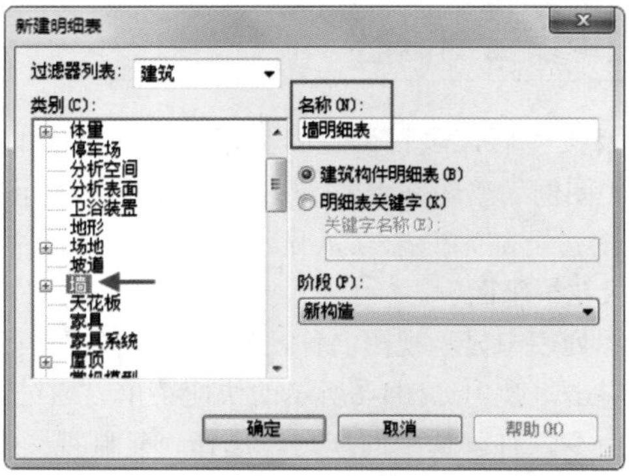

图1-10　【新建明细表】对话框

提示　切换至“视图”选项卡，单击“创建”面板上的“明细表”按钮，也可以执行“新建明细表”的操作。

在“图纸（全部）”选项中显示项目中所包含的图纸视图，选中选项名称，右击，在快捷菜单中选择“新建图纸”命令，如图1-11所示。在弹出的【新建图纸】对话框中可以选择标题栏类型，如选择“A3公制：A3加长”类型，如图1-12所示。单击“确定”按钮，关闭对话框，可以完成新建图纸的操作。在“图纸（全部）”选项列表中将显示新建的图纸视图名称。

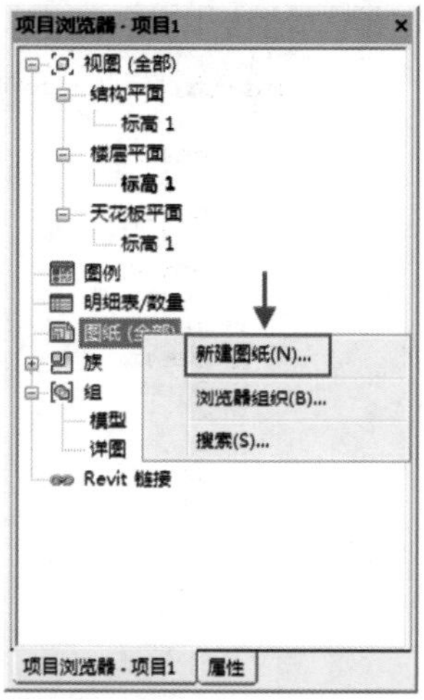

图1-11　选择“新建图纸”命令

单击展开“族”列表，显示系统族名称。选择系统族，单击名称前面的“+”号，在展开的列表中显示族类型名称。如选择“墙”系统族，单击展开列表，显示族类型的名称，如“叠层墙1”“墙1”以及“幕墙1”，如图1-13所示。

选择族类型，如选择“墙1”，右击，弹出如图1-14所示的快捷菜单。选择菜单命令，如“复制”“删除”以及“复制到剪贴板”等，可以编辑选中的族类型。选中族类型后，按住鼠标左键不放，将其拖曳到绘图区域中，可以在绘图区域中放置族类型。

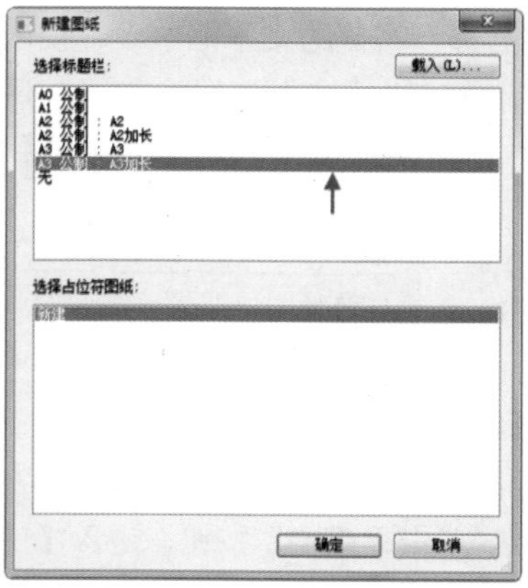

图1-12　【新建图纸】对话框

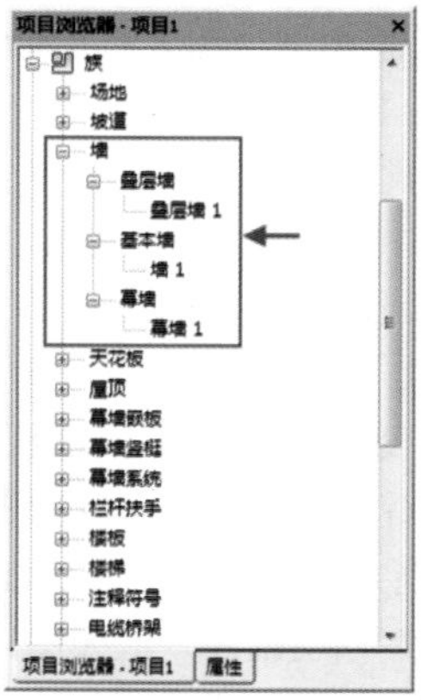

图1-13　显示族类型

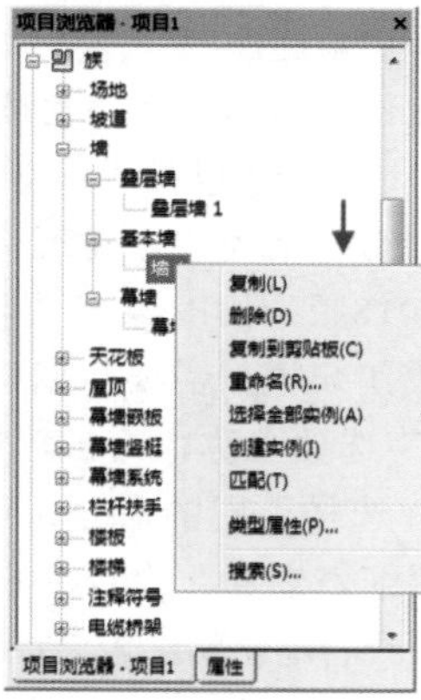

图1-14　快捷菜单

提示　在“视图”选项卡中单击“图纸组合”面板上的“图纸”按钮，也可以执行新建图纸视图的操作。

1.2.2 “属性”选项板的作用

“属性”选项板在不同的情况下显示的参数选项不同。在未执行任何命令的情况下，在“属性”选项板中显示当前视图的属性。在执行命令的过程中，“属性”选项板显示命令属性。本节分别介绍“属性”选项板的两种显示样式。

视图属性

在没有执行命令或者选择图元的情况下，在“属性”选项板中显示视图属性参数，如图1-15所示。在“图形”选项组中设置参数，控制图形在视图中的显示样式。以下介绍该选项组中常用选项的含义。

- “视图比例”选项：单击弹出下拉列表，在列表中显示比例类型，如图1-16所示。选择其中一种，将其指定为当前视图的比例。默认选择1：100为当前视图比例。
- “显示模型”选项：在下拉列表中包含3种显示模型的样式，即“标准”“半色调”和“不显示”，如图1-17所示。默认选择“标准”选项，假如选择“不显示”选项，可在视图中隐藏模型。

图1-15 “属性”选项板

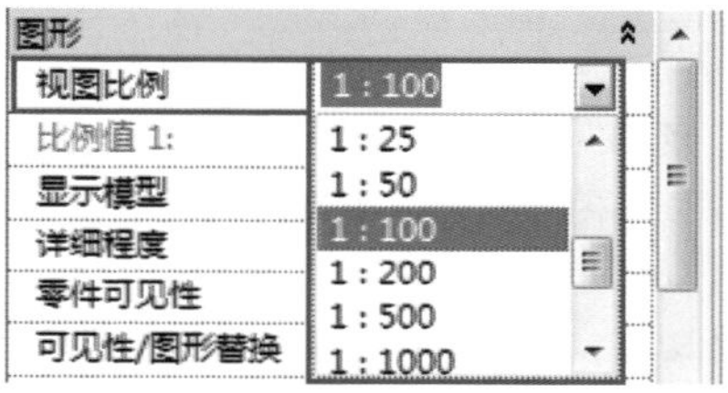

图1-16 “视图比例”下拉列表框

图1-17 “显示模型”下拉列表

- “详细程度”选项：Revit中的模型包含细节，如材质、颜色等。选择不同的“详细程度”，可以控制显示模型细节的方式。在下拉列表中选择“粗略”选项，如图1-18所示，在视图中仅显示模型的轮廓线。选择其他两个选项，可以显示更多的模型细节。“精细”模式比“中等”模式显示的模型细节更多，但相应地也占用较大的系统内存。
- “零件可见性”选项：定义零件的可见样式，默认选择“显示原状态”选项，如图1-19所示，即在视图中显示零件的本来样式。

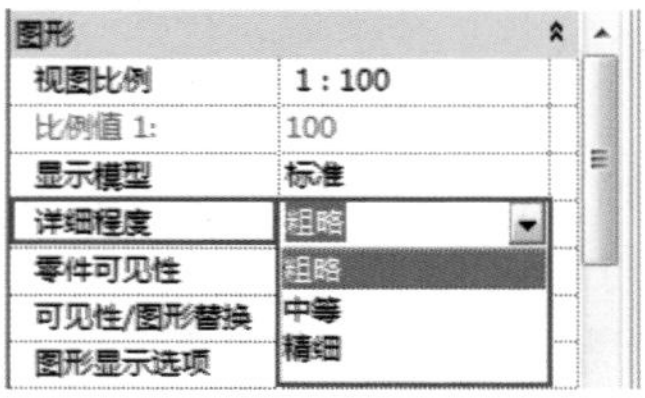

图1-18 “详细程度”下拉列表

图1-19 设置“零件可见性”

- “可见性/图形替换”选项：单击该选项右侧的“编辑”按钮，弹出如图1-20所示的对话框。在对话框中设置图形的可见性、颜色以及详细程度等参数。单击“确定”按钮，返回到绘图区域，图形以所设定的属性参数显示。

- “图形显示选项”选项：单击该选项右侧的“编辑”按钮，弹出如图1-21所示的【图形显示选项】对话框，在各选项组中设置参数，控制图形的显示效果。需要注意的是，切换至三维视图中，能够更好地观察图形的显示效果。

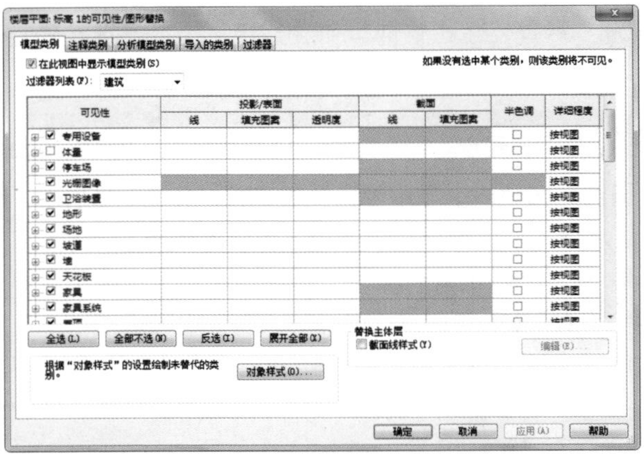

图1-20　设置参数

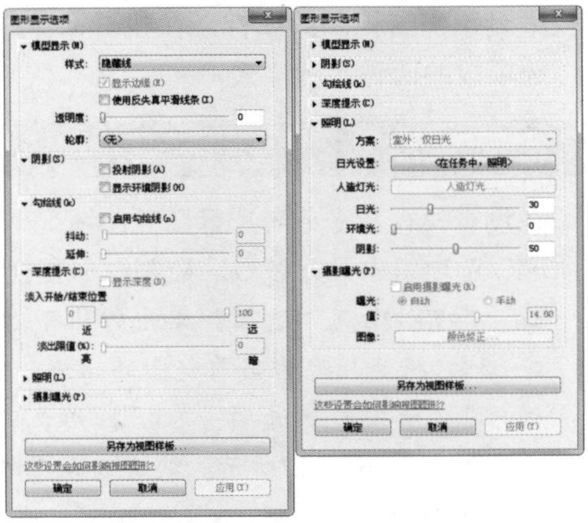

图1-21　【图形显示选项】对话框

- “规程”选项：单击弹出下拉列表，显示“协调”“结构”等多种规程。默认选择“协调”规程，如图1-22所示，用户也可自定义规程类型。

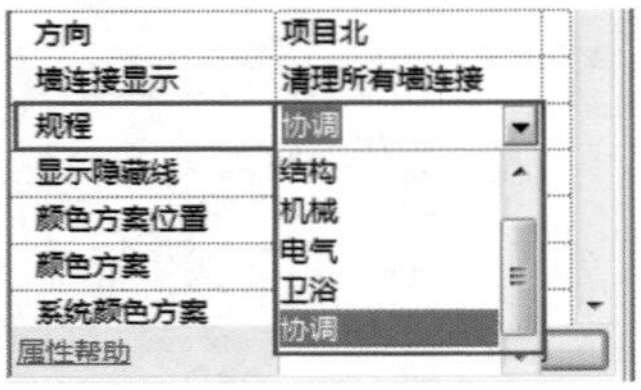

图1-22　“规程”下拉列表

- “颜色方案”选项：单击选项按钮，弹出【编辑颜色方案】对话框，在其中设置参数，定义颜色方案，如图1-23所示。关闭对话框后，系统按照所设置的颜色方案填充指定的区域。

在“范围”选项组中设置视图范围，影响视图的显示效果。该选项组常用选项的含义介绍如下。

- “裁剪视图”和“裁剪区域可见”选项：默认情况下这两个选项都未勾选，勾选这两个复选框，如图1-24所示。在绘图区域中显示裁剪区域轮廓线，如图1-25所示。选择轮廓线，激活蓝色夹点，移动夹点的位置，调整裁剪区域的大小。

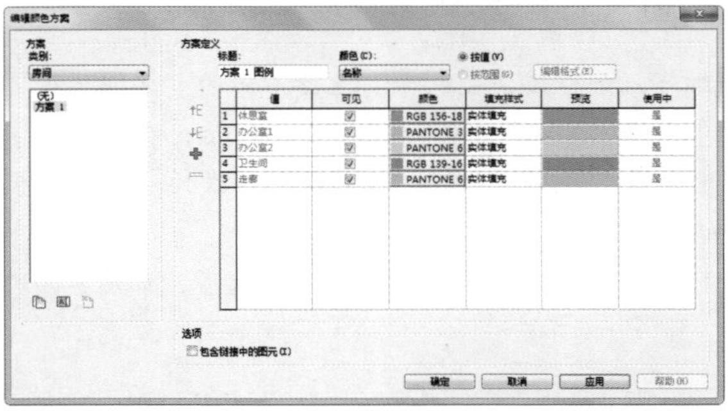

图1-23　【编辑颜色方案】对话框

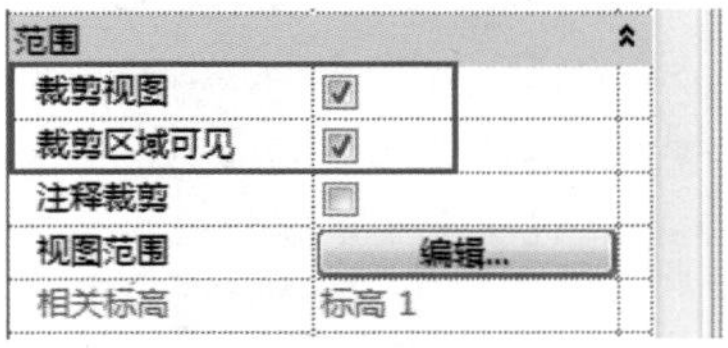

图1-24　勾选选项

- “注释裁剪”选项：勾选该选项，显示注释裁剪轮廓线，如图1-26所示。在同时勾选“裁剪区域可见”选项的前提下，注释裁剪轮廓线才可见。
- “视图范围”选项：单击该选项右侧的“编辑”按钮，弹出如图1-27所示的【视图范围】对话框。单击底部的“显示”按钮，显示预览窗口，在窗口中观察视图范围例图。此时，“显示”按钮变为“隐藏”按钮。通过观察例图，可以了解各范围参数的含义，为用户在设置参数的过程中提供帮助。单击“了解有关视图范围的更多信息”链接，弹出“帮助”页面，用户通过阅读其中的内容，可进一步了解关于“视图范围”的知识。

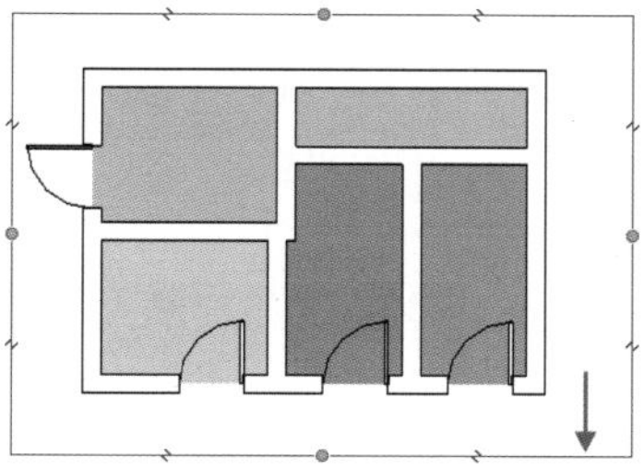

图1-25 显示裁剪轮廓线

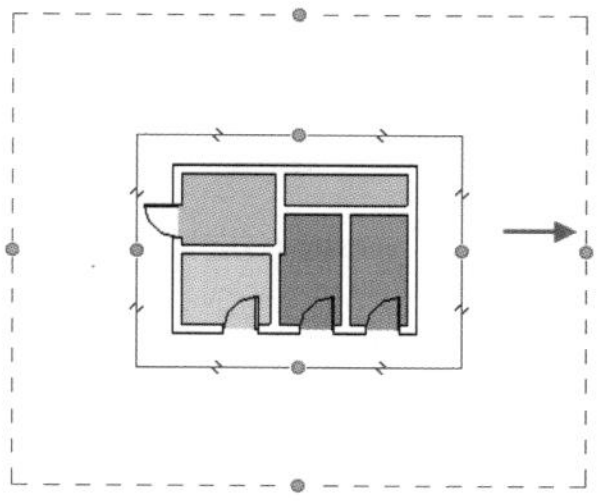

图1-26 显示注释裁剪轮廓线

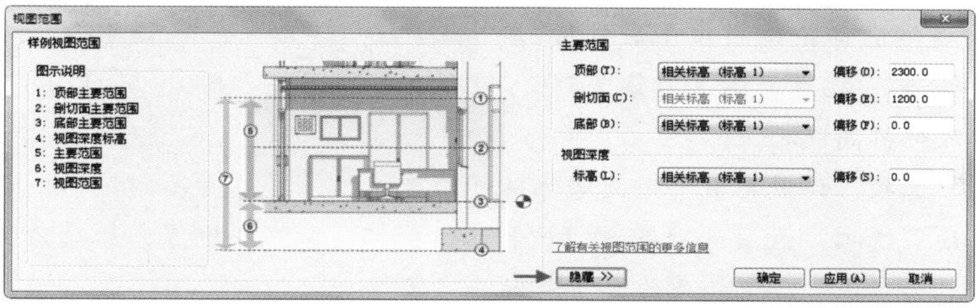

图1-27 【视图范围】对话框

- “截剪裁”选项：单击选项按钮，如图1-28所示，弹出【截剪裁】对话框。在该对话框中提供了3种执行截剪裁时图形的显示样式，如图1-29所示。选择选项后，在“截剪裁”选项中标注剪裁方式，如在选项中显示“不剪裁”按钮。

图1-28 单击选项按钮

- “视图样板”选项：单击选项按钮，如图1-30所示，弹出【指定视图样板】对话框。在该对话框中显示视图属性，如图1-31所示。单击选项右侧的“编辑”按钮，弹出相应的对话框，修改参数。或者直接在选项中修改参数，如单击“视图比例”列表框，弹出“比例”列表，修改视图比例。单击左下角的“如何修改视图样板”链接，打开“帮助”页面，用户通过浏览内容，了解与“视图样板”相关的知识。指定视图样板后，在“视图样板”选项中显示样板名称。

图1-29 【截剪裁】对话框

图1-30 单击选项按钮

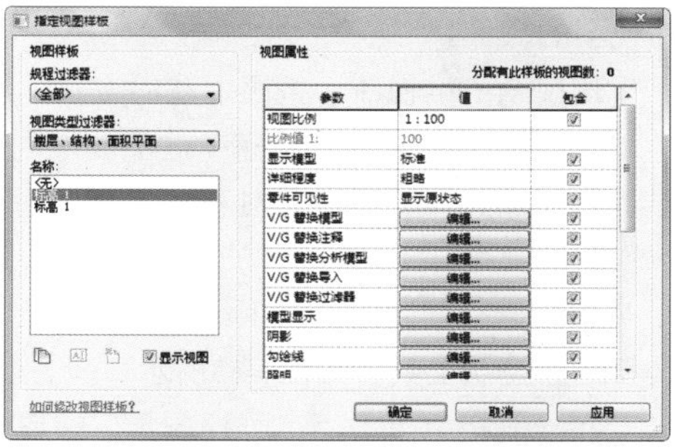

图1-31 【指定视图样板】对话框

- “视图名称”选项：在选项中显示当前视图名称，用户修改名称，弹出提示框，询问是否重命名相应的标高与视图。选择“是”选项，与之相关的标高与视图的名称也一起被修改。

命令属性

在执行命令的过程中，“属性”选项板显示命令属性。如在执行“墙”命令的过程中，“属性”选项板中显示的选项参数如图1-32所示。

通常在“约束”选项组中设置参数，控制墙体的绘制效果。该选项组中的各选项含义介绍如下。

- “定位线”选项：单击列表框弹出选项下拉列表，选择确定墙体起点的方式，如图1-33所示。默认选择“墙中心线”选项，即绘制起点为墙体中心线。

- “底部约束”选项：设置墙体的底部标高，默认显示为当前视图。例如，在“标高1”视图中创建墙体，“底部约束”显示为“标高1”。
- “底部偏移”选项：墙体以底部标高为基线，向上移动或者向下移动。设置参数为正值，墙体底部轮廓线位于底部标高线之上；设置参数为负值，墙体底部轮廓线则在底部标高线之下。

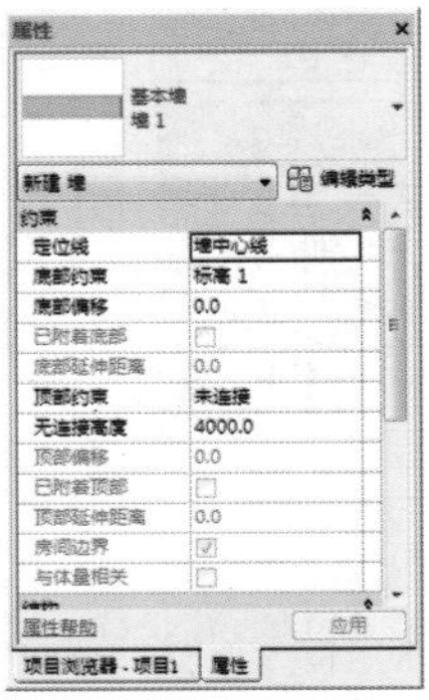

图1-32 显示属性参数

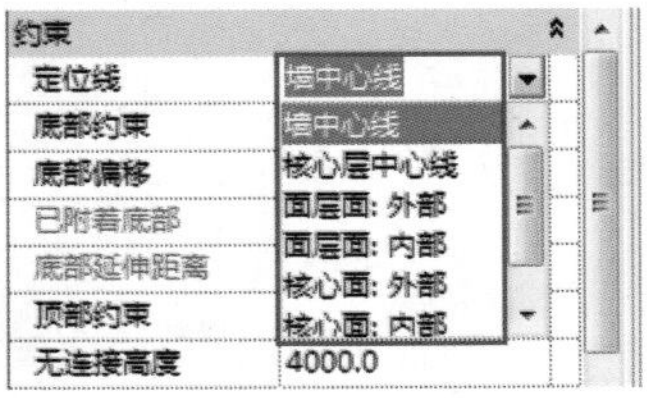

图1-33 “定位线”下拉列表

- “顶部约束”选项：设置参数，定义墙体顶部轮廓线的位置。
- “无连接高度”选项：设置选项参数，控制墙体顶部轮廓线的位置。参数为正值，顶部轮廓线向上移动；参数为负值，顶部轮廓线向下移动。

1.2.3 使用视图导航查看视图

通过启用视图导航工具，可以方便用户观察视图。Revit中的视图导航工具包括移动、缩放、平移等，本节介绍使用视图导航工具查看视图的操作方法。

二维控制盘

将光标置于绘图区域中的某个点上，向上滑动鼠标滚轮，以指定的某个点为中心放大视图。向下滑动鼠标滚轮，以指定的某个点为中心缩小视图。

在视图中的某个点上按住鼠标中键不放，光标变为形状。向左移动鼠标，视图将沿着鼠标移动的方向移动。用户可以自定义视图的移动方向，如上、下、左、右。在合适的位置释放鼠标中键，退出平移视图的操作。

切换至三维视图，按照上述的方式，同样可以执行缩放视图以及平移视图的操作。

在三维视图中按住鼠标中键不放，同时按住Shift键不放，光标变为形状，如图1-34所示。此时移动鼠标，可以旋转视图。按Esc键，退出旋转视图的操作。

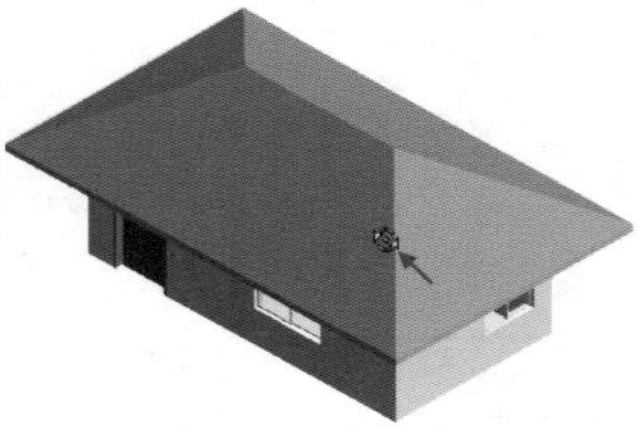

图1-34 显示图标

切换至二维视图，位于绘图区域右上角的导航栏中显示二维控制盘工具和缩放控制工具，如图1-35所示。

在导航栏中单击“二维控制盘”按钮，二维控制盘单独显示在绘图区域中，如图1-36所示。移动鼠标，控制盘将跟随鼠标移动。

光标移动至二维控制盘的不同选项，该选项高亮显示。例如，将光标置于“平移”选项上，该选项高亮显示。此时按住鼠标左键不放，移动鼠标可以实现移动视图的效果。释放鼠标左键，退出“移动”视图。

将光标置于“缩放”选项上，该选项高亮显示，如图1-37所示。与此同时，其他选项以淡色显示。此时按住鼠标左键不放，进入“缩放”视图模式。向上或者向右移动鼠标，可以放大视图。向左或者向下移动鼠标，可以缩小视图。释放鼠标左键，退出“缩放”视图。

提示 假如意外关闭了导航栏，可以切换至“视图”选项卡，在“窗口”面板中单击“用户界面”按钮，在弹出的下拉列表中选择“导航栏”选项，重新在绘图区域中显示导航栏。

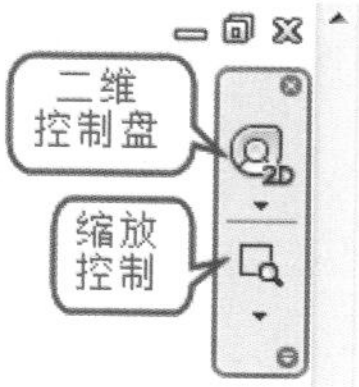

图1-35 导航栏

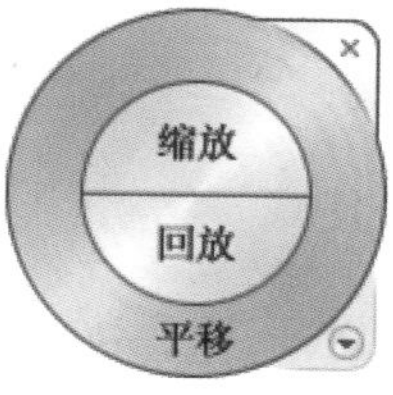

图1-36 选择“平移”选项

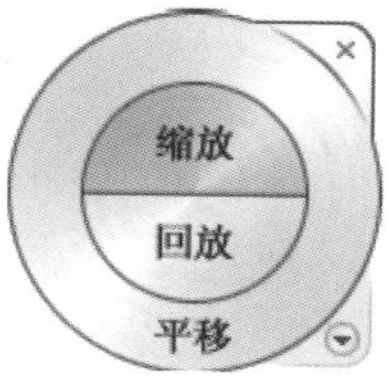

图1-37 选择“缩放”选项

在控制盘中选择“回放”选项，在绘图区域中以缩略图的形式显示当前视图的历史操作记录，如图1-38所示。按住鼠标左键不放，选中其中的一个缩略图，缩略图的边框高亮显示，而且可按照缩略图的显示状态来显示视图。

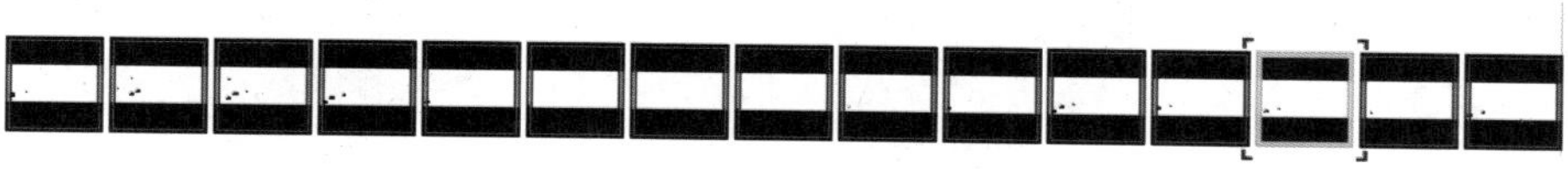
图1-38 显示缩略图

一般情况下，二维控制盘按照默认属性参数来显示，但是用户可以自定义控制盘的显示样式。单击控制盘右下角的倒三角形按钮，在弹出的列表中选择“选项”选项，如图1-39所示。

此时弹出【选项】对话框，在SteeringWheels选项卡中设置控制盘的外观属性参数，如图1-40所示。通过设置参数，可以设置控制盘的文字显示样式、外观尺寸以及透明度等。参数设置完毕后，单击“确定”按钮，关闭对话框，控制盘按照所设置的参数来显示。

单击二维控制盘右上角的“关闭”按钮，关闭控制盘。

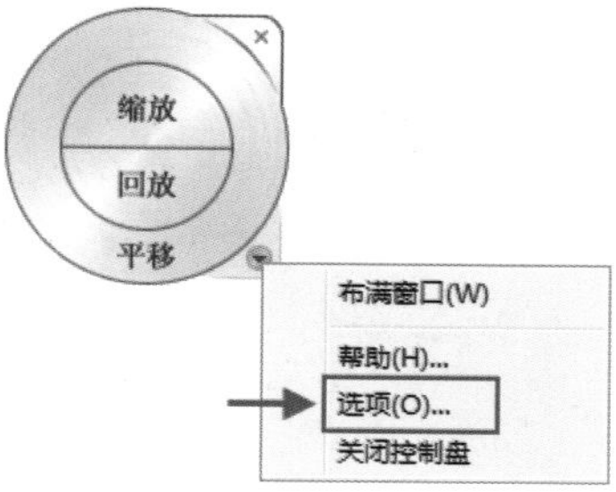

图1-39 选择选项

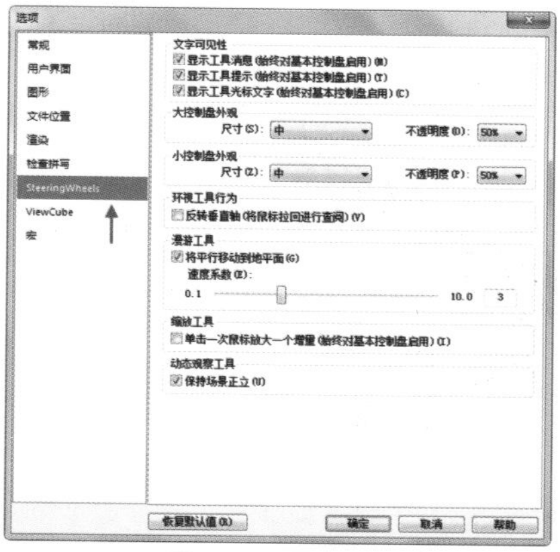
图1-40 【选项】对话框

提示 *按F8键、Esc键，或者Shift+W组合键，也可以关闭二维控制盘。*

三维控制盘

切换至三维视图，在右上角的导航栏中单击三维控制盘工具下的倒三角形按钮，在弹出的列表中选择“全导航控制盘”选项，如图1-41所示。这是最常用的，也是最实用的三维导航盘类型。

在导航栏中单击“三维控制盘”按钮，可以在绘图区域中单独显示三维控制盘，如图1-42所示。与二维控制盘类似，选择控制盘中的选项，被选中的选项将高亮显示。

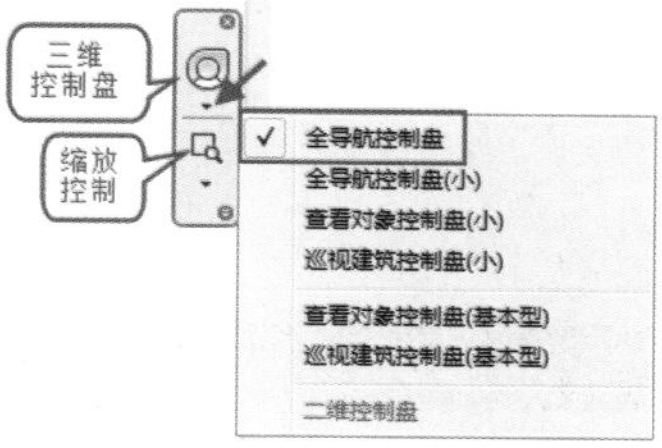

图1-41 选择选项

> **提示** 在三维控制盘中，可以完成缩放、回放、平移视图等操作，具体的操作方法请参考关于二维控制盘的介绍。

在控制盘中选择“动态观察”选项，按住鼠标左键不放，在绘图区域中显示“轴心”图标。按住鼠标左键不放并移动鼠标，可以在任意方向上旋转视图，如图1-43所示。释放鼠标左键，退出“动态观察”模式。

在控制盘中选择“中心”选项，按住鼠标左键不放，在绘图区域中显示“轴心”图标。移动鼠标，将“轴心”图标置于合适的位置，如图1-44所示。

图1-42　三维控制盘

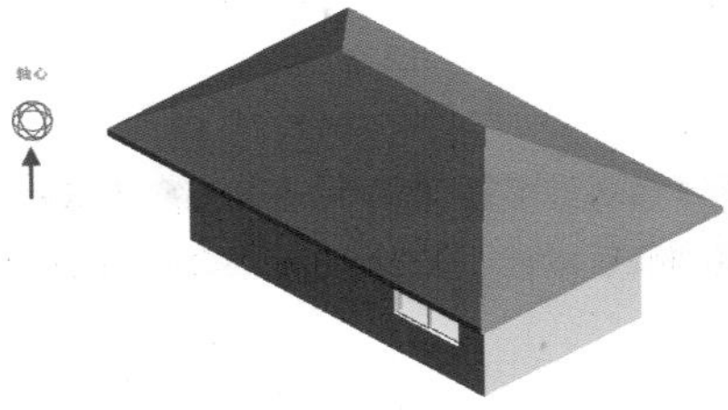

图1-43　显示“轴心”图标

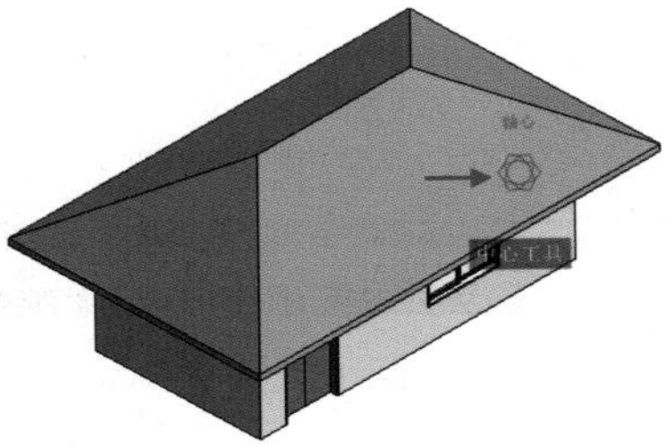

图1-44　指定位置

单击鼠标左键，在指定的点放置轴心。此时轴心显示为绿色的球体，如图1-45所示。在下次执行“动态观察”时，将以指定的点为中心来旋转视图。

用户可以自定义三维控制盘的显示样式。单击控制盘右下角的倒三角形按钮，在弹出的列表中选择“基本控制盘”选项，显示控制盘的两种类型，分别为“查看对象控制盘”和“巡视建筑控制盘”，如图1-46所示。

这两种类型控制盘的使用方法与“全导航控制盘”的使用方法相同，请参考上述介绍的方法来自行练习使用。

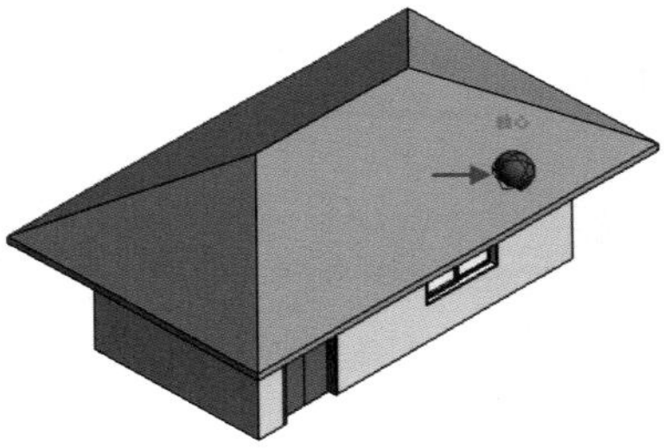

图1-45　指定轴心

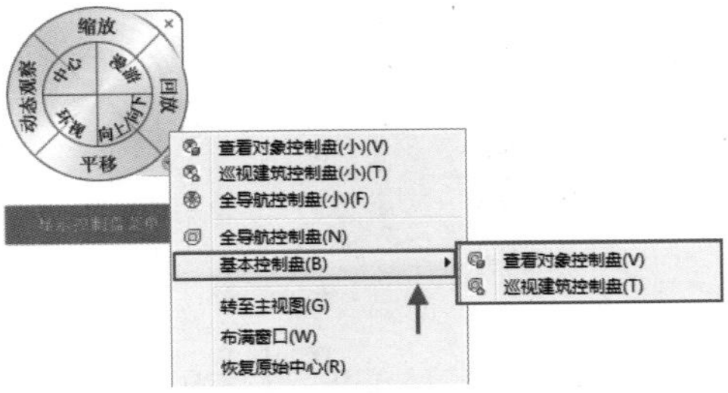

图1-46　弹出列表

> **提示** “查看对象控制盘”的显示样式如图1-47所示；“巡视建筑控制盘”的显示样式如图1-48所示。选择选项后，按住鼠标左键不放，可以对视图执行相应的操作。

图1-47　查看对象控制盘

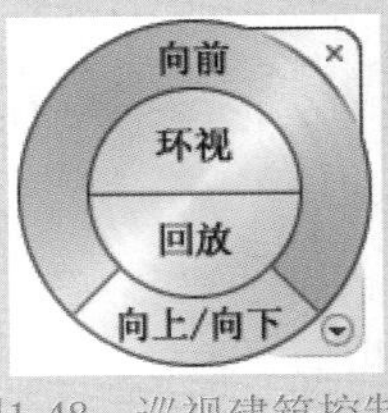

图1-48　巡视建筑控制盘

缩放视图

在导航栏中单击缩放控制工具下的倒三角形按钮，在弹出的列表中选择“区域放大”选项，如图1-49

所示。在视图中依次指定两个点，指定矩形放大框的范围，如图1-50所示，位于矩形放大框内的图元被放大显示。

选择"缩小两倍"选项，视图中的图元缩小1/2显示。选择"缩放全部以匹配"选项，通过调整图元的大小，可以显示视图中的全部图元。

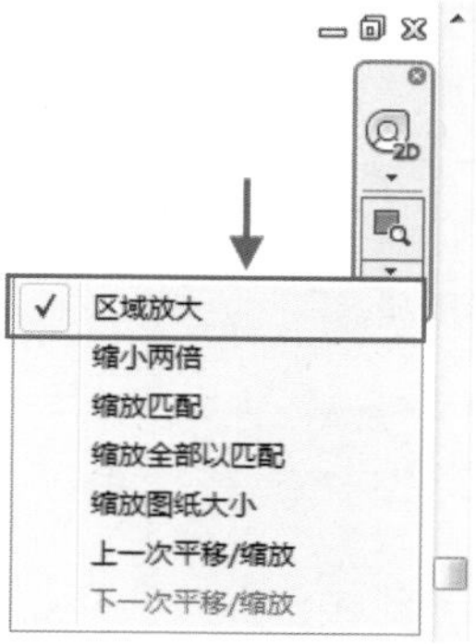

图1-49　选择选项

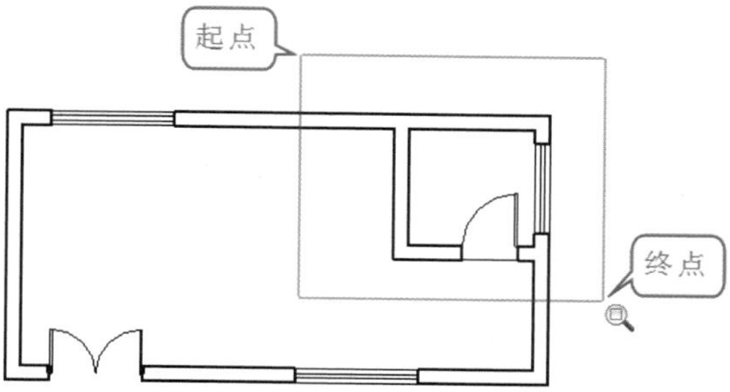

图1-50　指定矩形放大框

1.2.4　使用ViewCube调整视图方向

通过使用三维视图中的ViewCube工具，可以快速地将三维视图定位至任意方向，如左视图、前视图、俯视图等。值得注意的是，ViewCube工具只能在三维视图中使用。

ViewCube位于绘图区域的右上角，如图1-51所示。单击ViewCube上的角点，旋转视图至指定方向的效果如图1-52所示。

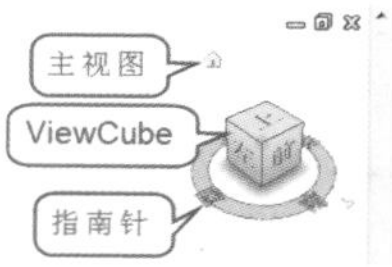

图1-51　ViewCube

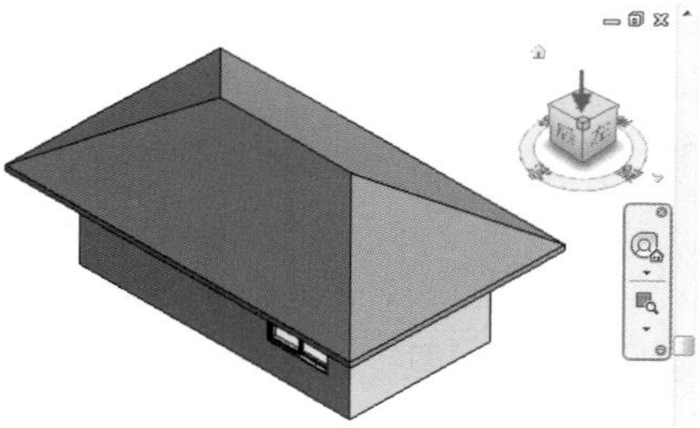

图1-52　指定角点

提示　依次单击ViewCube上的各个角点，可以在各个视点观察模型的显示效果。

单击ViewCube上的面，如单击"上"，切换至俯视图，观察在该视点下模型的显示效果，如图1-53所示。单击"前"，切换至前视图，观察模型的立面效果，如图1-54所示。

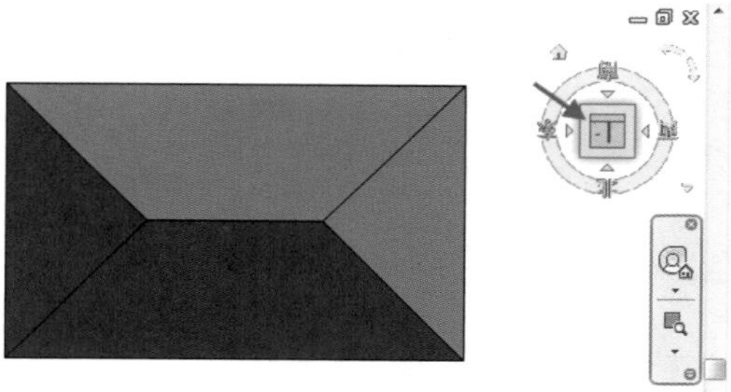

图1-53　俯视图

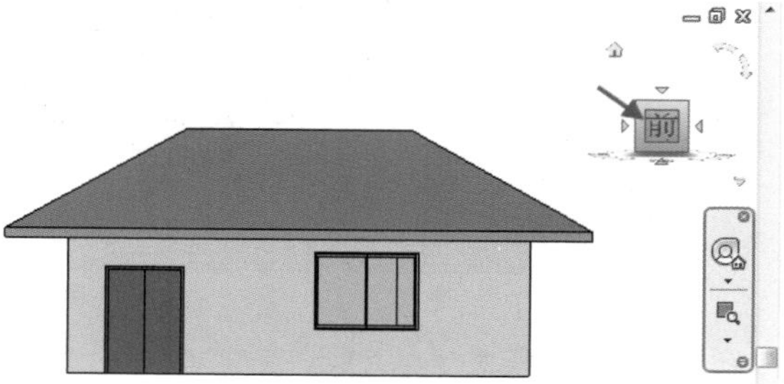

图1-54　前视图

假如想要切换至主视图，单击ViewCube左上角的“主视图”按钮，可以快速地切换至主视图。单击ViewCube右下角的“选项”按钮，在弹出的列表中选择“转至主视图”选项，如图1-55所示，也可以快速地切换至主视图。

在列表中选择“将当前视图设定为主视图”选项，可以更改主视图的类型，将当前视图设置为主视图。选择“定向到一个平面”选项，弹出【选择方位平面】对话框，选择方位平面类型，单击“确定”按钮，切换至选定的视图。

在列表中选择“选项”选项，弹出【选项】对话框。在ViewCube选项卡中设置ViewCube的属性参数，如图1-56所示。参数设置完毕后，单击“确定”按钮，关闭对话框。

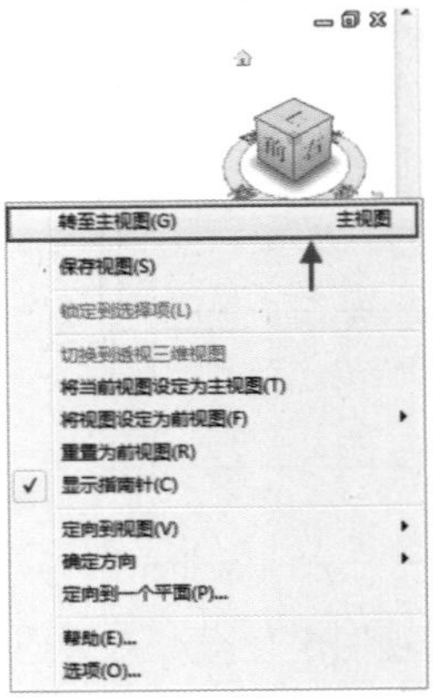

图1-55　选择选项

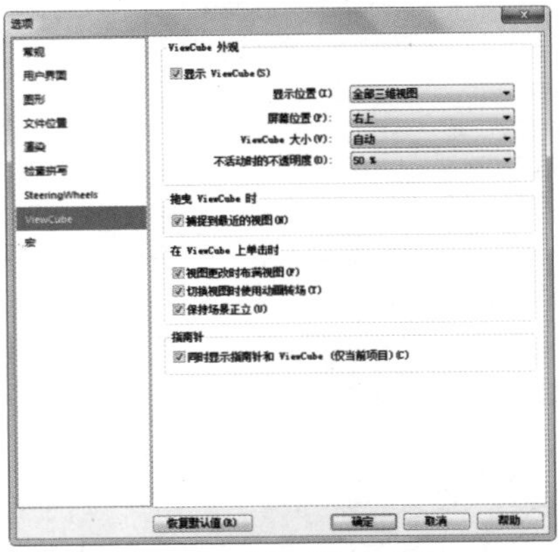

图1-56　【选项】对话框

1.2.5　视图控制栏的作用

Revit应用程序中包含多种类型的视图，如平面视图、立面视图、三维视图等。无论切换到何种类型的视图中，在绘图区域的左下角，总是显示视图控制栏，如图1-57所示。通过启用视图控制栏上的工具，可以控制视图的显示样式。

视图控制栏中各类型工具的使用方法介绍如下。

- “比例”工具 1 : 100 ：单击该按钮，弹出比例列表，如图1-58所示。选择列表中的比例，更改当前视图的比例。

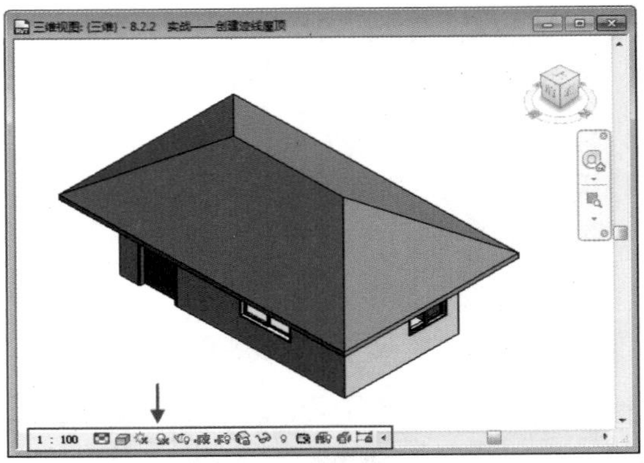

图1-57　视图控制栏

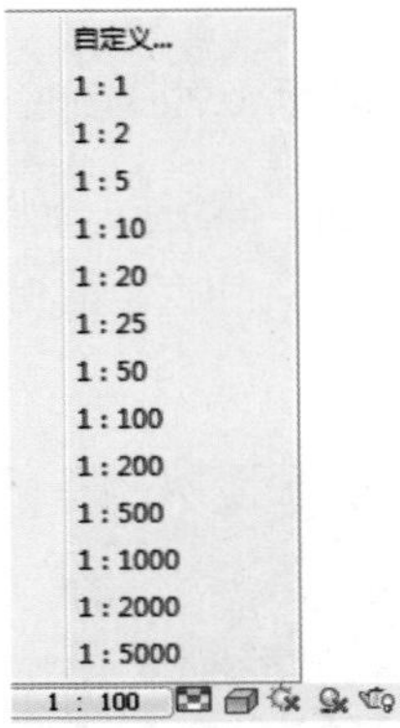

图1-58　比例列表

- “详细程度”工具：单击该按钮，在弹出的列表中显示视图“详细程度”的样式，如图1-59所示，分别为“粗略”“中等”和“精细”。从上至下，所占用的系统内存逐渐增加。

- “视觉样式”工具：单击该按钮，弹出如图1-60所示的列表。显示多种类型的视觉样式，默认情况下选择“隐藏线”样式。“线框”样式占用系统内存最少；“真实”样式占用系统内存最多。

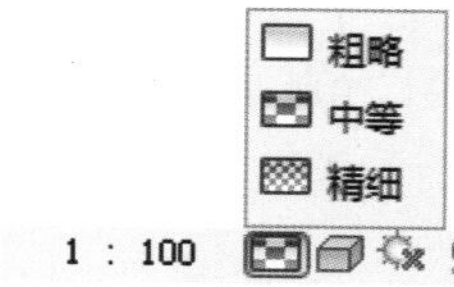

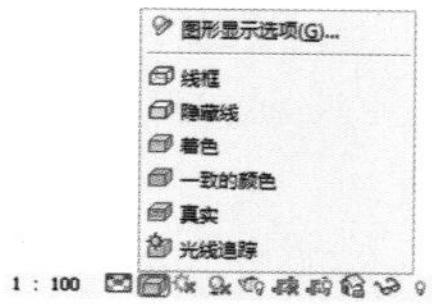

图1-59 “详细程度”列表 图1-60 “视觉样式”列表

提示 选择不同的视觉样式，模型显示的效果不同。如图1-61所示为“隐藏线”样式下模型的显示效果。如图1-62所示为“真实”样式下模型的显示效果。

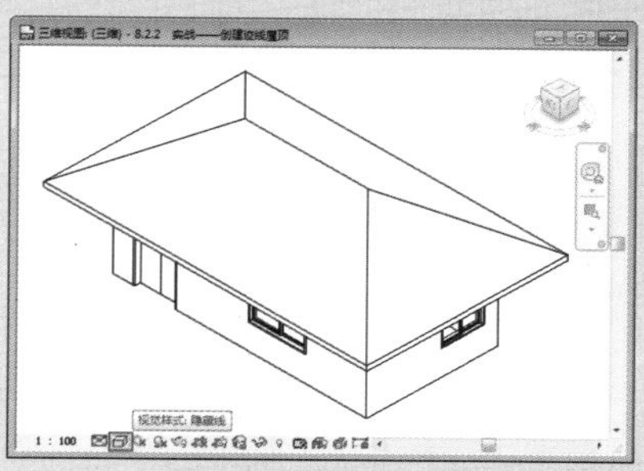

图1-61 “隐藏线”样式

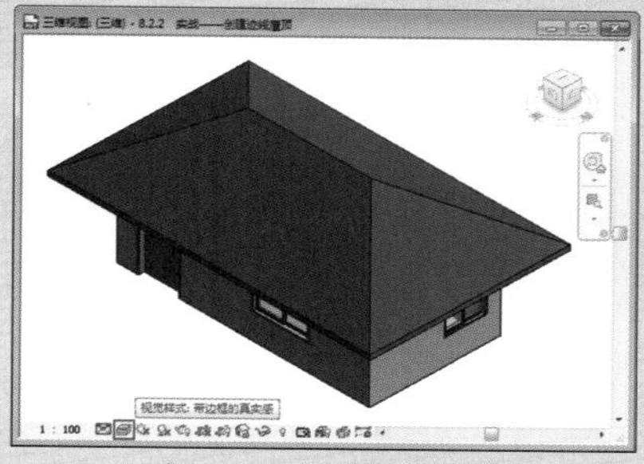

图1-62 “真实”样式

- “日光路径”工具：单击该按钮，弹出如图1-63所示的列表，选择选项，设置打开或者关闭日光路径。
- “阴影”工具：单击该按钮，可以打开或者关闭阴影。打开阴影的效果如图1-64所示。为了提高系统的运行速度，一般将阴影关闭。

图1-63 选项列表

- “显示渲染对话框”工具：单击该按钮，弹出如图1-65所示的【渲染】对话框，在其中设置渲染参数。
- “裁剪视图”工具：单击该按钮，在“裁剪视图”与“不裁剪视图”之间切换。
- “裁剪区域”工具：在“裁剪视图”状态下，单击该按钮，在绘图区域中显示裁剪区域轮廓线，效果如图1-66所示。

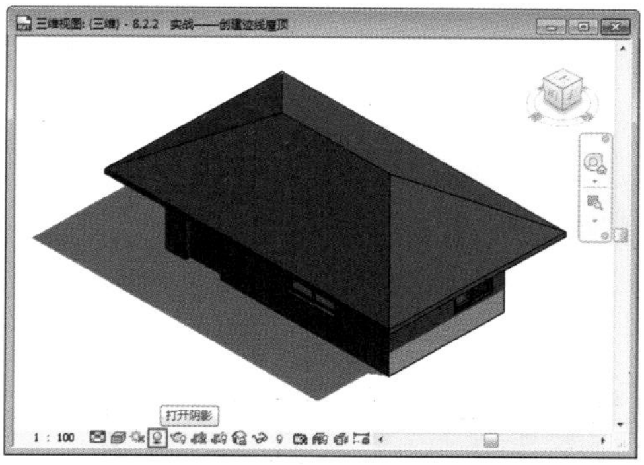

图1-64 打开阴影

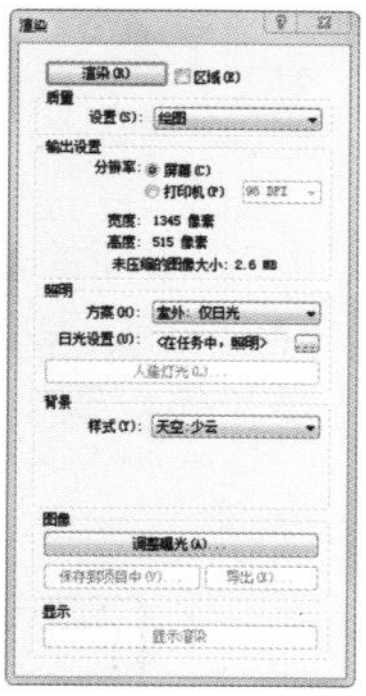

图1-65 【渲染】对话框

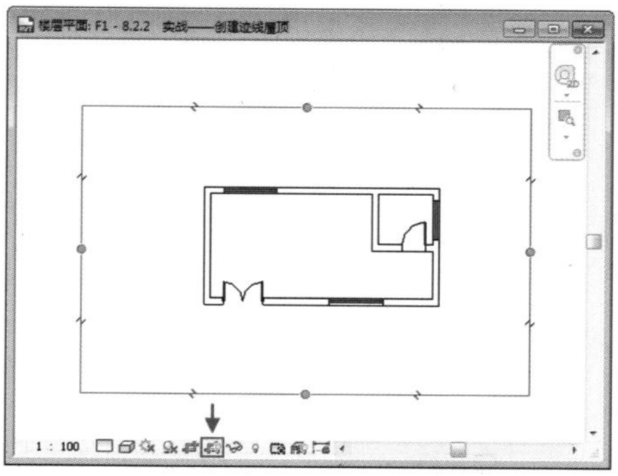

图1-66 显示裁剪区域轮廓线

- “锁定视图”工具：单击该按钮，弹出如图1-67所示的列表，选择“保存方向并锁定视图”选项。弹出如图1-68所示的对话框，设置视图名称，单击“确定”按钮，关闭对话框，可以锁定视图。该工具仅在三维视图中显示。

图1-67 选择选项

- “临时隐藏/隔离”工具：选择对象，单击该按钮，弹出如图1-69所示的列表。选择选项，可以隐藏或隔离选中的对象。

- “显示隐藏的图元”工具💡：单击该按钮，进入“显示隐藏的图元”模式，在视图中高亮显示被隐藏的图元，如图1-70所示。

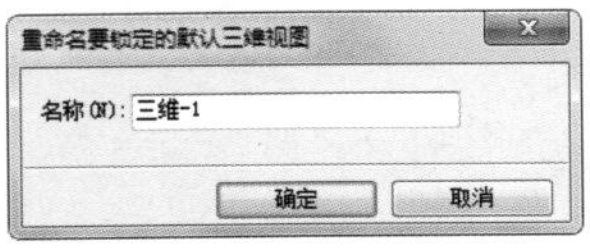

图1-68　设置视图名称

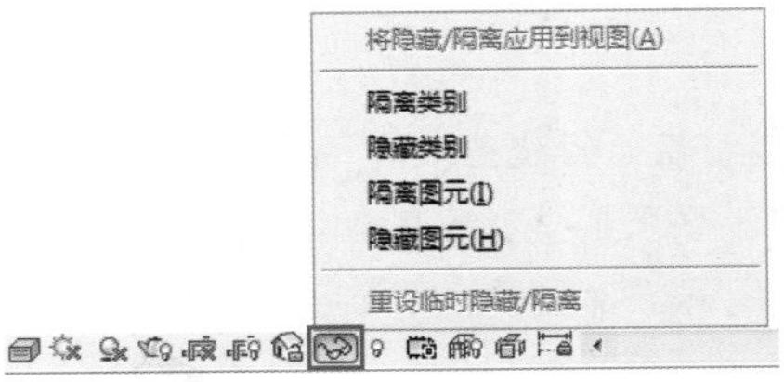

图1-69　弹出列表

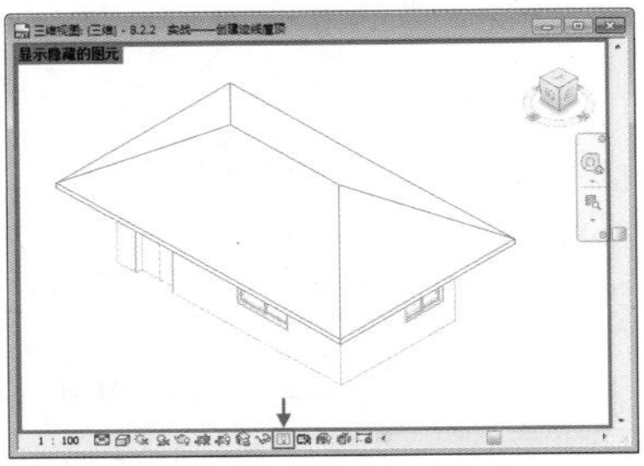

图1-70　高亮显示图元

提示　在“显示隐藏的图元”模式中选中已被隐藏的图元，右击，在弹出的快捷菜单中选择“取消在视图中隐藏”｜“图元”命令，可以恢复显示图元。

1.2.6　应用参照平面

如果在绘制图元的过程中需要创建辅助线，那么使用“参照平面”命令来创建是非常合适的。本节介绍使用参照平面工具的操作方法。

选择“建筑”选项卡，在“工作平面”面板中单击“参照平面”按钮，如图1-71所示。

图1-71　单击“参照平面”按钮

在“修改｜放置 参照平面”选项卡的“绘制”面板中选择绘制参照平面的方式，默认选择“线”☐，如图1-72所示。在选项栏中设置“偏移”值为0，表示参照平面与绘制起点重合。

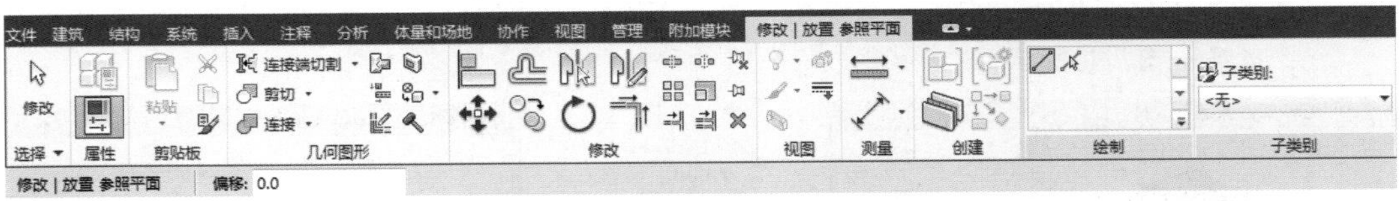

图1-72　“修改｜放置 参照平面”选项卡

在绘图区域中依次指定起点与终点，绘制参照平面的效果如图1-73所示。默认情况下，参照平面以绿色的虚线显示。选择参照平面，显示临时尺寸标注，注明与两侧图元的间距。

单击参照平面上的“<单击以命名>”，进入在位编辑模式。输入名称，如图1-74所示。在空白区域单击鼠标左键，退出设置名称的操作。

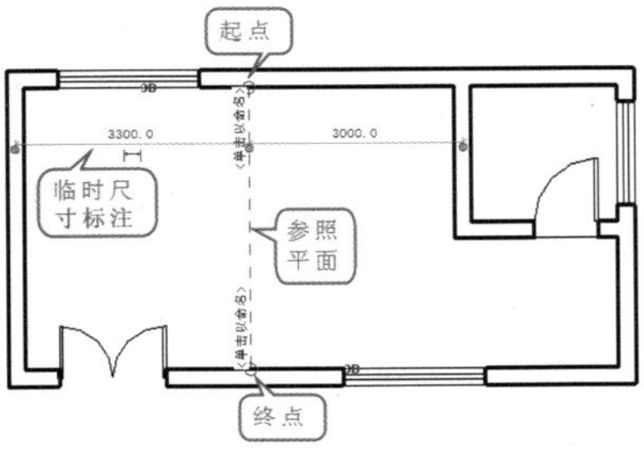

图1-73　绘制参照平面

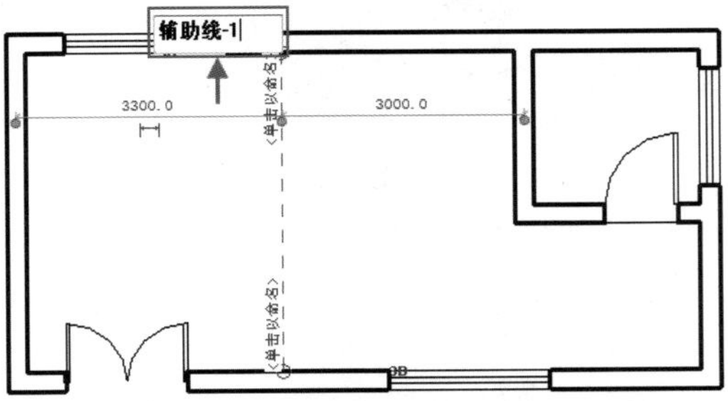

图1-74　输入名称

提示 可以在任意方向绘制参照平面，并不局限于水平方向或者是垂直方向。

默认情况下，参照平面并没有名称，当视图中有较多的参照平面时，通过为其命名，方便用户识别。为参照平面命名的效果如图1-75所示。选择参照平面，在“属性”选项板中的“名称”选项中也可以设置名称参数，如图1-76所示。

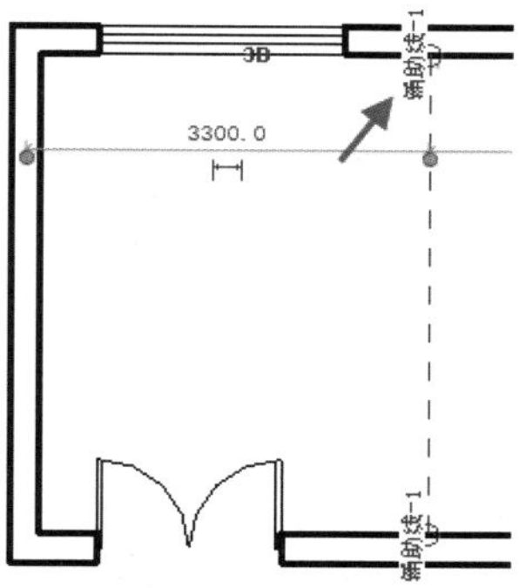

图1-75 设置名称

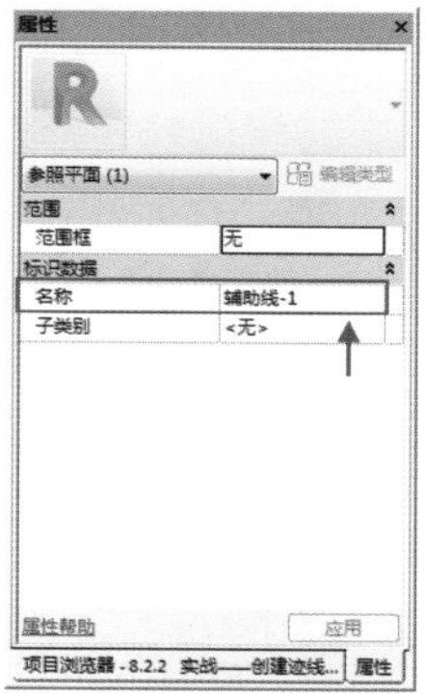

图1-76 “属性”选项板

提示 Revit 2018以前的版本都不在参照平面上显示名称，但是可以在“属性”选项板中设置或者修改、查询参照平面的名称。

参照平面在选中的状态下显示临时尺寸标注，单击标注文字，进入在位编辑模式。修改尺寸参数，如图1-77所示。在空白区域单击鼠标左键，退出修改操作。通过修改尺寸标注，调整参照平面的位置，效果如图1-78所示。

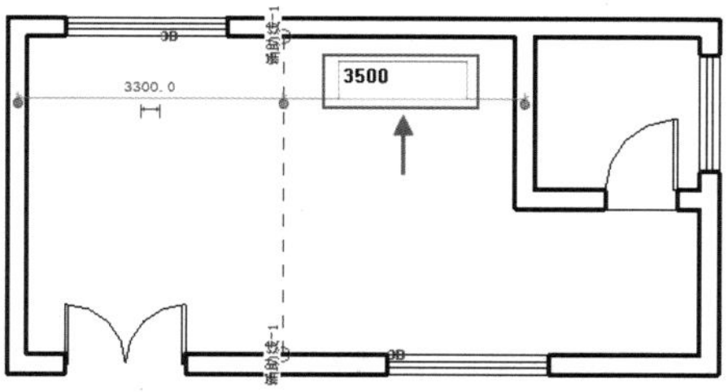

图1-77 输入尺寸参数

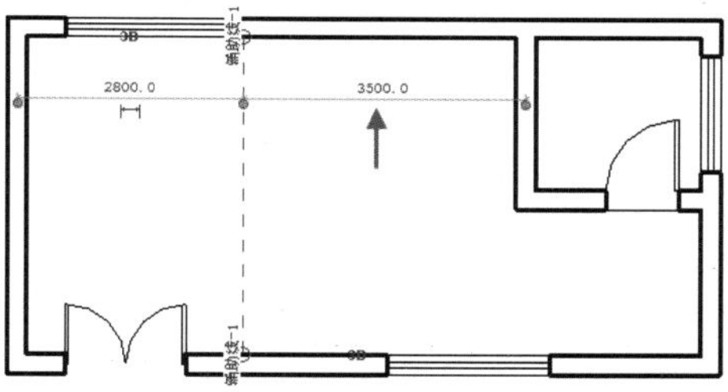

图1-78 调整位置

在“绘制”面板中还提供了另外一种绘制参照平面的方式。在面板中单击“拾取线”按钮，拾取视图中已有的线，如图1-79所示。将选中的线转换为参照平面的效果如图1-80所示。参考上述所介绍的方法，为参照平面设置名称，或者调整位置。

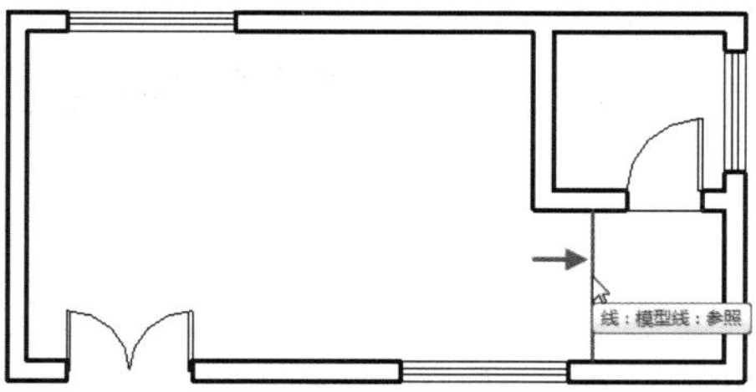

图1-79 拾取线

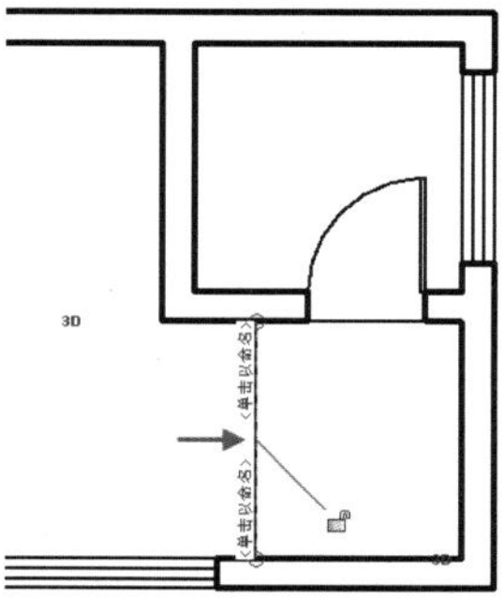

图1-80 转换为参照平面

1.3 基本操作

选择图元与编辑图元是建模过程中最常用的两种操作方式，本节将介绍选择、编辑图元的操作方法。与其他绘图软件类似，Revit也可以使用快捷键来调用命令。

1.3.1 选择图元的方法

在对象的左上角单击左键，指定矩形选框的第一个对角点；按住鼠标左键不放，向右下角移动鼠标，单击指定另一个对角点，如图1-81所示，完成定义矩形选框操作。

只有全部位于矩形选框内的对象才可以被选中。例如，左侧的垂直墙体、门、窗都位于选框内，所以被选中。但是仅与矩形选框相交的水平墙体则没有被选中，效果如图1-82所示。

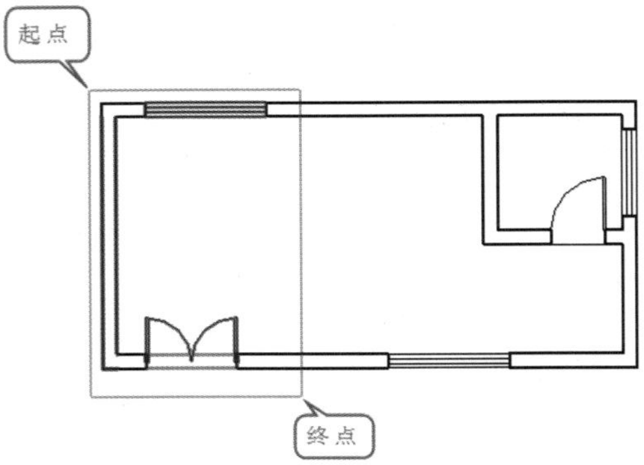

图1-81 指定选框

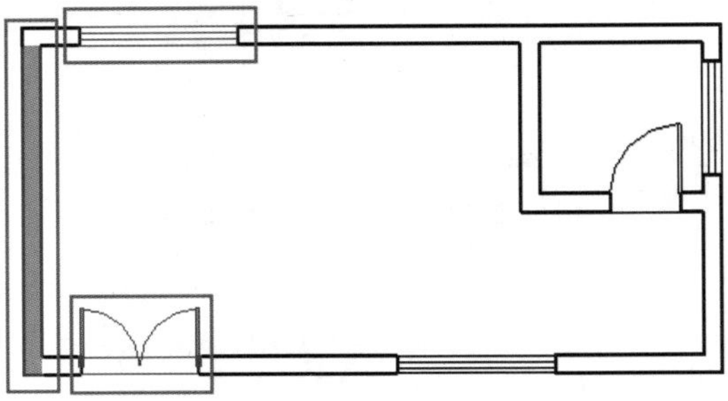

图1-82 选择对象

在对象的右下角单击鼠标左键，指定矩形选框的第一个角点；向左上角移动鼠标，单击指定另一个对角点，确定矩形选框的效果如图1-83所示。发现图元无论是全部位于选框内，抑或是仅与选框相交，均被选中。只有完全没有与选框发生联系的图元才没有被选中，效果如图1-84所示。

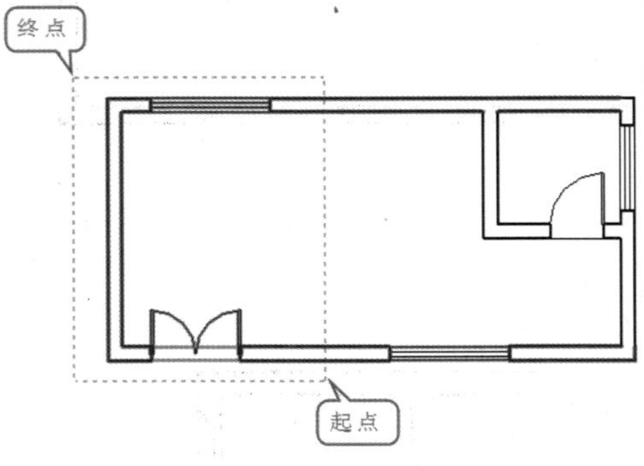

图1-83 指定矩形选框

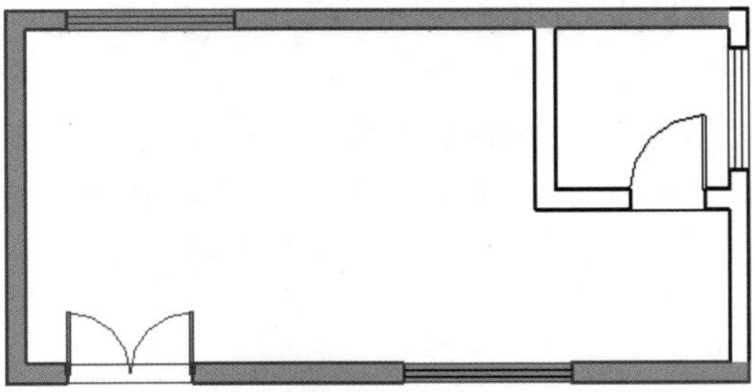

图1-84 选择对象

除了使用“框选”的方式选择对象外，Revit提供了一个快速选中指定图元的工具，即“过滤器”。选择全部图元，进入“修改|选择多个”选项卡，单击“过滤器”按钮，如图1-85所示。

图1-85 单击“过滤器”按钮

弹出【过滤器】对话框，在“类别”列表框中选择需要选择的对象，例如勾选“门”和“窗”复选框，如图1-86所示。单击“确定”按钮，关闭对话框。

在指定的范围内仅选中“门”和“窗”对象的效果如图1-87所示。在大型图纸中选择指定的对象，使用过滤器工具可以快速达到目的。

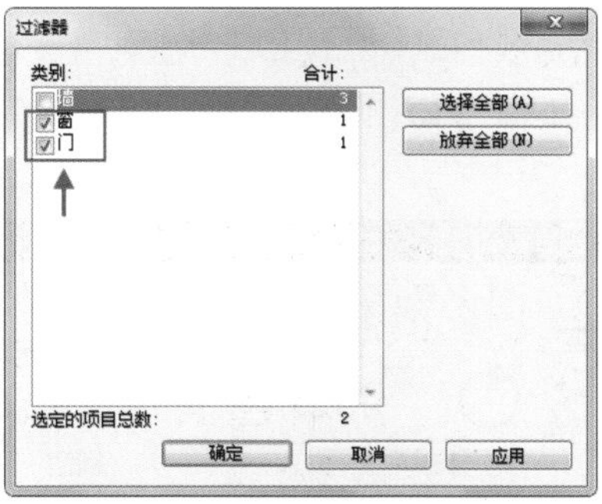

图1-86　【过滤器】对话框

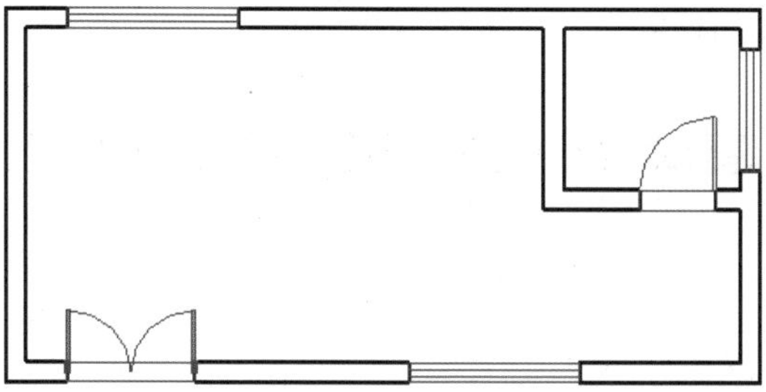

图1-87　选择效果

提示　需要在众多图元中选择某类或某几类图元时，使用过滤器工具可以高效地开展工作。值得注意的是，按住Ctrl键可以选择集中添加对象，按住Shift键可以删除选择集中的对象。

1.3.2　编辑图元的方法

Revit提供了编辑图元的工具，例如“复制”“移动”“镜像”以及“旋转”等。调用这些工具，可以更改图元的显示样式，调整图元的位置，复制图元副本。本节介绍编辑图元的操作方法。

切换至“修改”选项卡，在“修改”面板上显示修改工具按钮，如图1-88所示。单击不同的按钮，可以启动不同的功能。

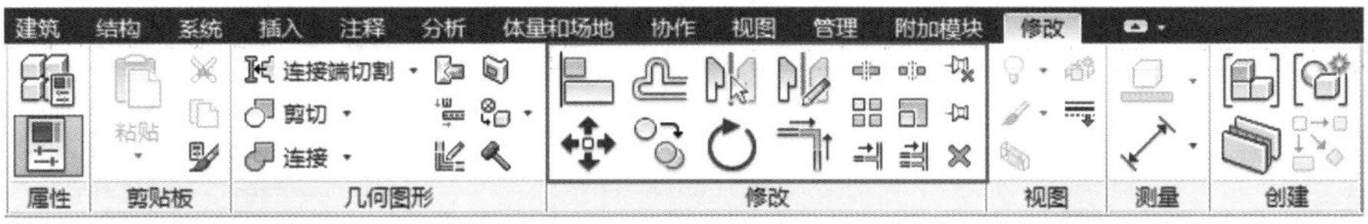

图1-88　“修改”面板

对齐

在“修改”面板上单击“对齐”按钮，分别指定要对齐的线以及要对齐的实体，可以移动对齐实体，使其与指定的参照线一同位于对齐状态。

在立面图中要使两个窗图元处于对齐状态，就可以调用对齐工具来实现。单击指定其中一个立面窗的左侧轮廓线为对齐参照线后，显示蓝色的垂直虚线，如图1-89所示。接着再单击另一立面窗，指定其为对齐实体。此时作为对齐实体的立面窗向右移动，与对齐参照线对齐，如图1-90所示，两个立面窗为对齐状态。

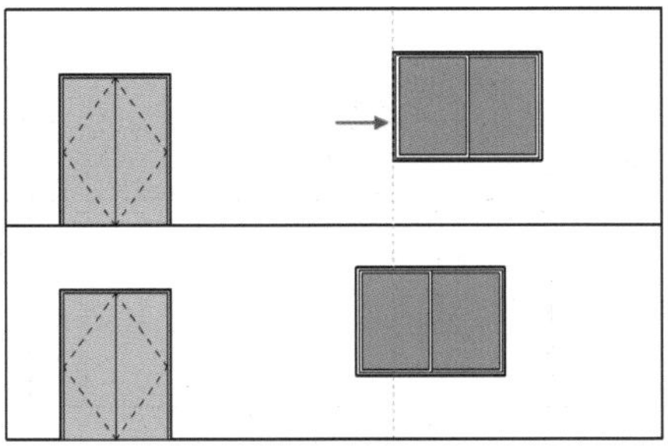

图1-89　指定对齐参照线

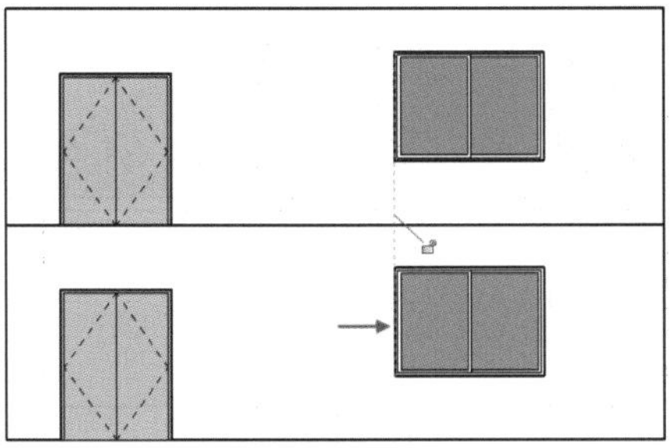

图1-90　对齐效果

偏移

在“修改”面板上单击“偏移”按钮，可以将选中的对象偏移到指定的距离处。启用命令后，在选项栏中显示“偏移”方式，一种是“图形方式”，另一种是“数值方式”，默认选择为“数值方式”。

在“偏移”文本框中设置距离参数，勾选“复制”复选框，如图1-91所示，可以将对象复制到指定距离处。

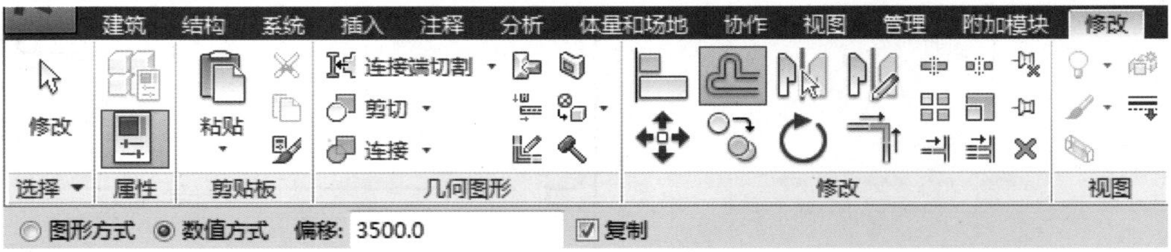

图1-91 设置参数

将光标置于待复制的墙体之上，在一侧显示垂直虚线，表示墙体将被复制到该位置，如图1-92所示。单击鼠标左键拾取墙体，复制墙体到指定距离的效果如图1-93所示。假如在选项栏中取消勾选“复制”复选框，则是将选定的墙体移动到指定的位置，不会复制墙体副本。

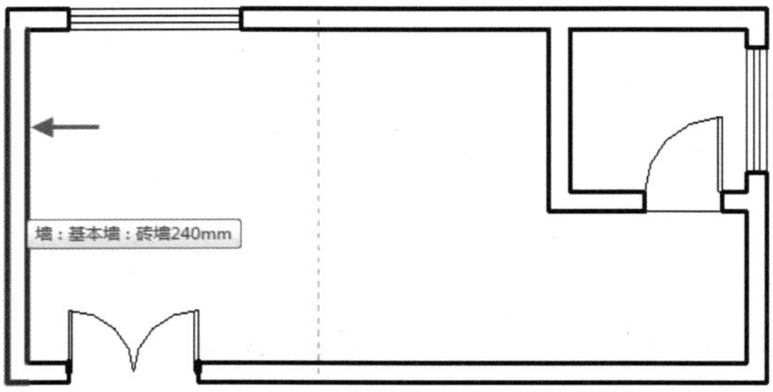

图1-92 拾取对象

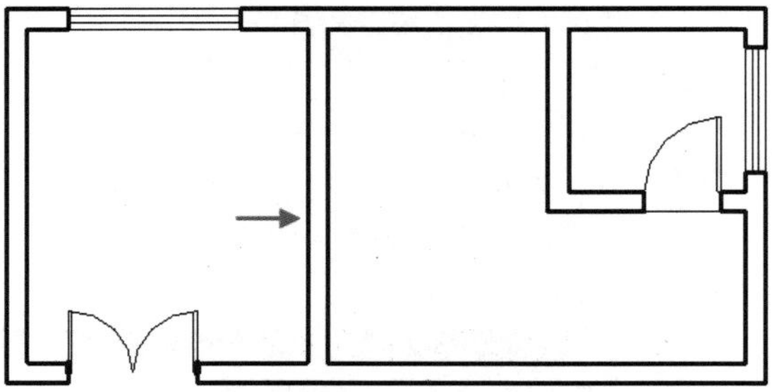

图1-93 偏移复制对象

提示：在选项栏中选中“图形方式”单选按钮，在绘图区域中选择要偏移的一面墙或者一条线，接着指定偏移起点与终点，可以偏移或者复制对象至指定的位置。

镜像–拾取轴

在“修改”面板中单击“镜像-拾取轴”按钮，选择待复制的对象，例如在立面图中选择平开门对象；按空格键，进入“镜像-拾取轴”功能状态。

在选项栏中显示“复制”复选框，勾选该复选框，复制对象副本。拾取参照平面线作为镜像轴，如图1-94所示。

在镜像线的一侧复制对象副本的效果如图1-95所示。假如在选项栏中不勾选“复制”复选框，结果是仅将选中的对象镜像至镜像轴的一侧。

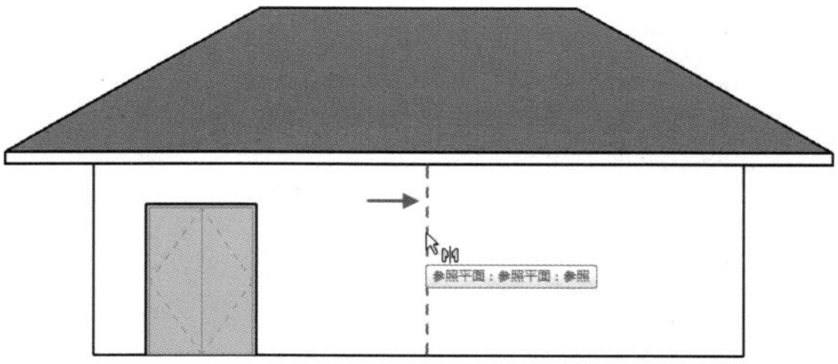

图1-94 拾取镜像轴

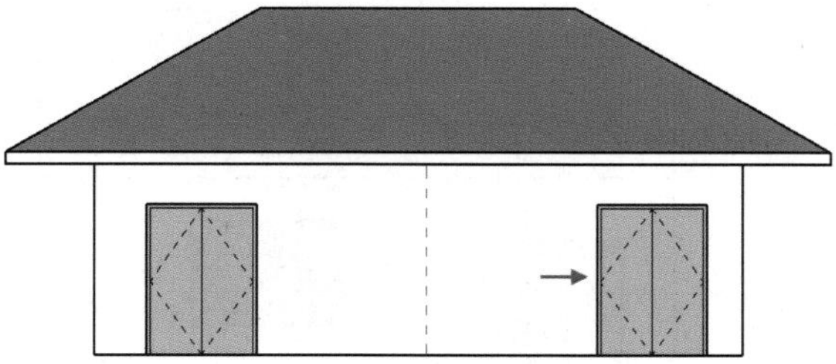

图1-95 镜像复制对象

提示　“镜像-拾取轴”命令的快捷键为MM，在键盘中按快捷键可以启用该命令。

镜像–绘制轴

在“修改”面板中单击“镜像-绘制轴”按钮，选择对象，按空格键。移动鼠标，拾取镜像轴的起点，如图1-96所示。单击鼠标左键指定起点，向下移动鼠标，拾取镜像轴的终点，如图1-97所示。单击左键指定终点，完成镜像轴的绘制。

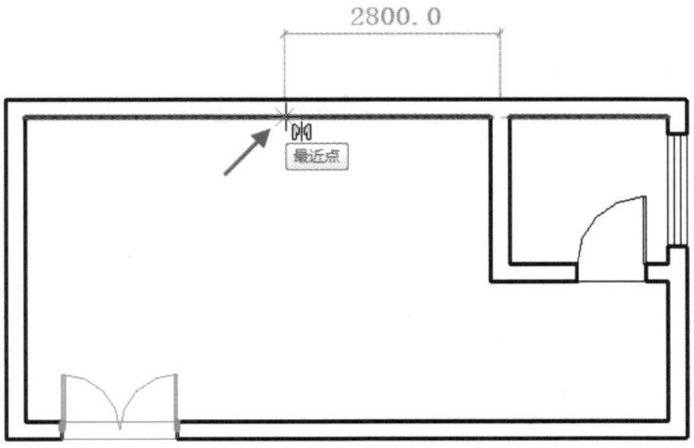

图1-96　指定起点

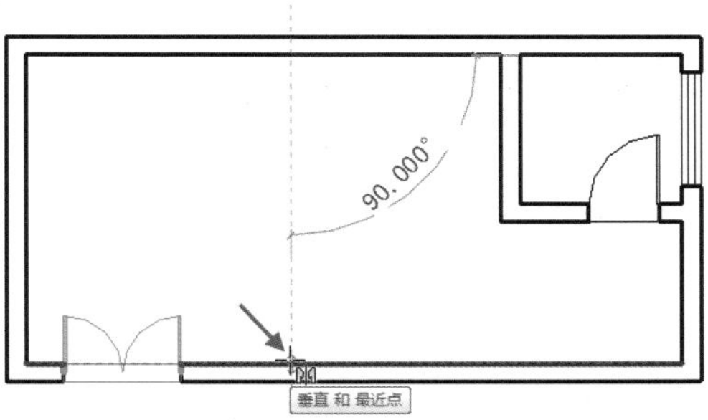

图1-97　指定终点

因为在选项栏中已勾选“复制”复选框，因此可以在所绘制的镜像轴一侧复制对象副本，效果如图1-98所示。

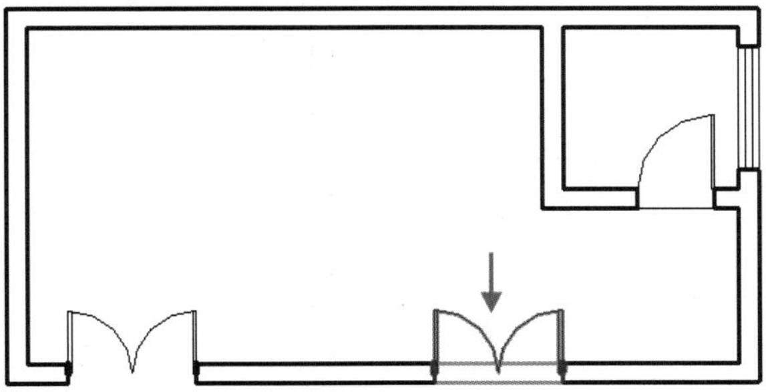
图1-98　镜像复制对象

提示　“镜像-绘制轴”命令的快捷键为DM，在键盘中按快捷键可以启用该命令。

移动

在“修改”面板中单击“移动”按钮，选择对象并按空格键。在选项栏中取消勾选“约束”复选框，如图1-99所示，可以在任意方向移动对象。指定移动起点，如图1-100所示。

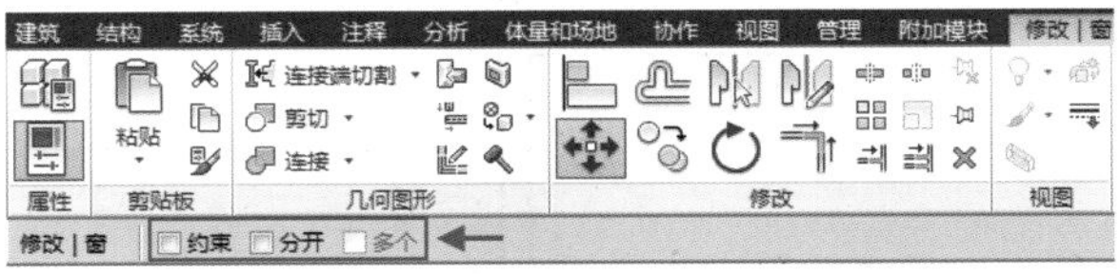

图1-99　取消选项

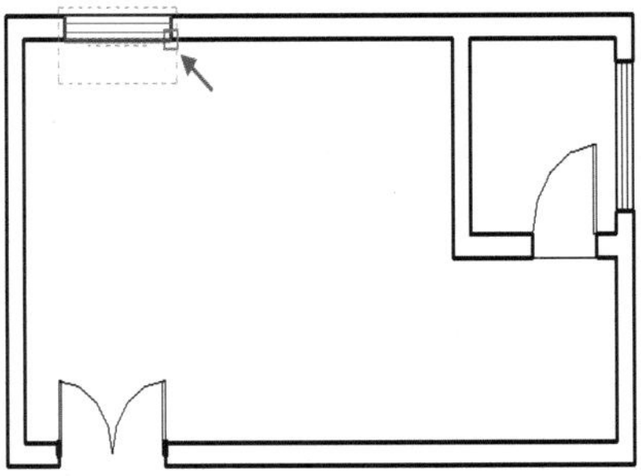
图1-100　指定起点

移动鼠标，指定移动终点，如图1-101所示。将对象移动到指定点的效果如图1-102所示。选择对象，可以显示临时尺寸标注，修改临时尺寸标注参数值，也可以将对象移动到指定位置。

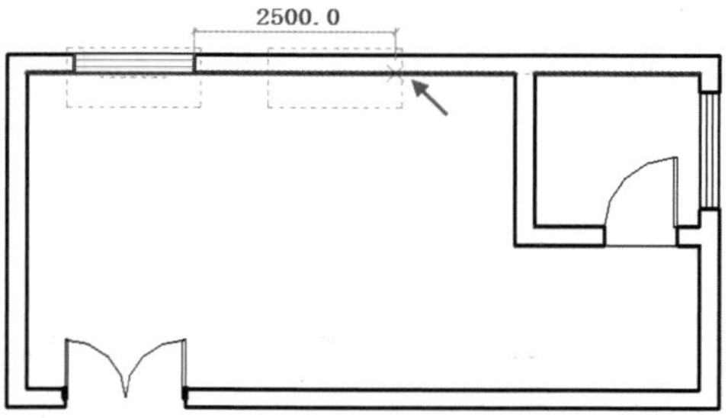

图1-101　指定终点

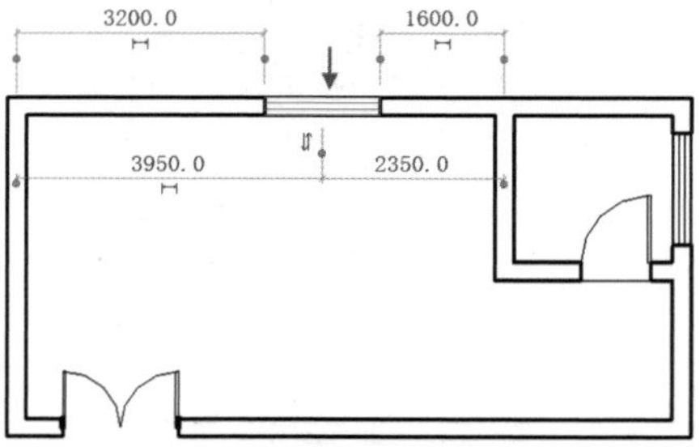

图1-102　移动对象

提示　“移动”命令的快捷键为MV，在键盘中按快捷键可以启用该命令。

复制

在“修改”面板中单击“复制”按钮，选择对象并按空格键。在选项栏中取消勾选“约束”复选框，解除限制复制方向的约束。假如想要连续复制多个对象副本，可以勾选“多个”复选框。

指定复制起点，如图1-103所示。移动鼠标，指定复制终点，如图1-104所示。

在指定的复制终点复制对象副本的效果如图1-105所示。

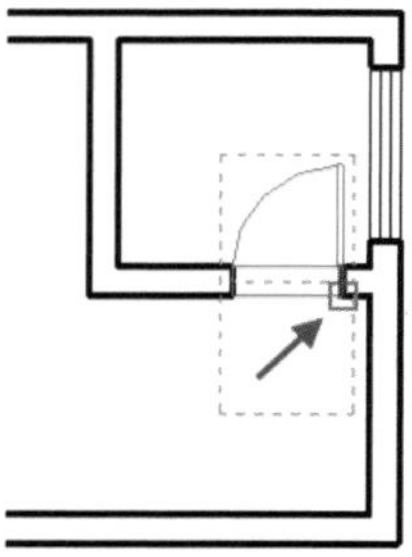

图1-103　指定起点

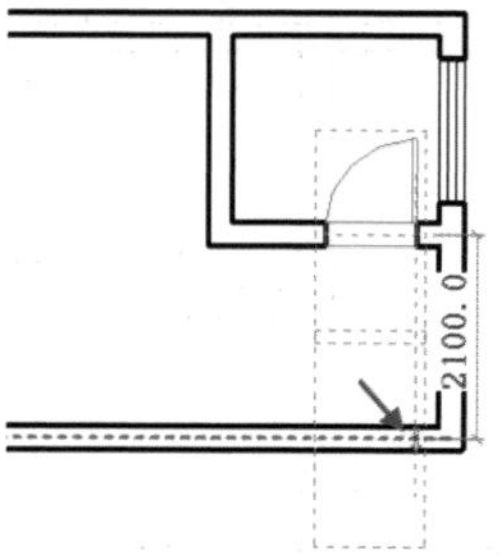

图1-104　指定终点

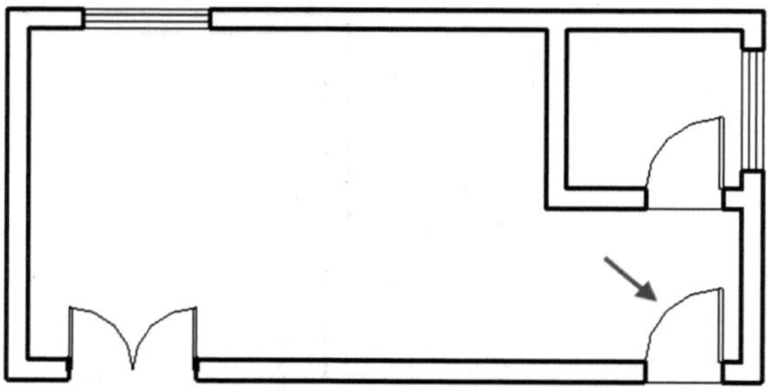

图1-105　复制对象

提示　“复制”命令的快捷键为CO，在键盘中按快捷键可以启用该命令。

旋转

在“修改”面板中单击“旋转”按钮，选择对象并按空格键。此时显示旋转中心，即蓝色的实心圆点，如图1-106所示。选择圆点，按住鼠标左键不放拖动鼠标，移动圆点的位置，如图1-107所示。

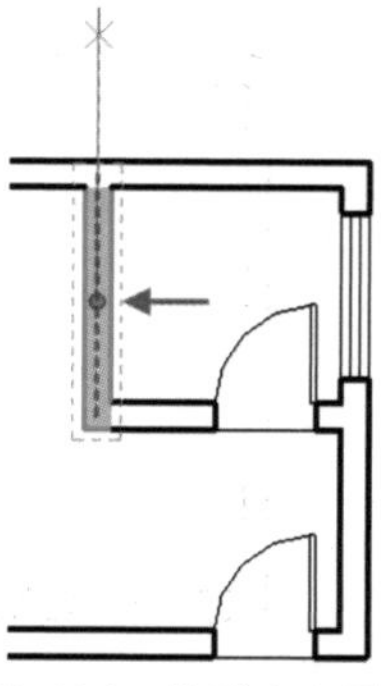

图1-106　显示实心圆点

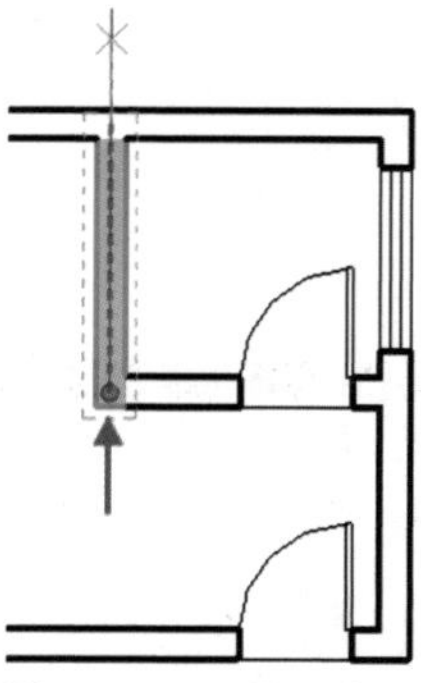

图1-107　调整圆点位置

在与旋转中心相连的实线上单击鼠标左键，指定旋转起始线的位置。移动鼠标，指定旋转结束线的位置，如图1-108所示。在合适的位置单击鼠标左键结束操作，按照指定的角度旋转对象的效果如图1-109所示。

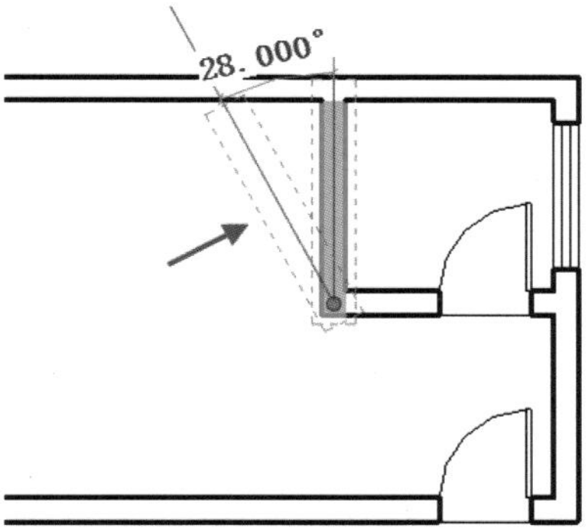

图1-108　指定位置

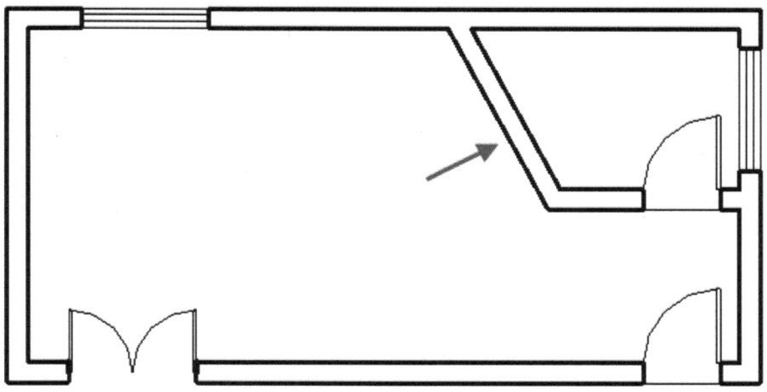

图1-109　旋转对象

提示　在指定旋转结束线时，可以参考临时尺寸标注，或者直接输入角度值，以便精确地定位结束线的位置。

在选项栏中勾选“复制”复选框，旋转对象的同时复制对象副本。在“角度”文本框中设置参数，如图1-110所示，可以按照指定的角度值旋转或者旋转复制对象。

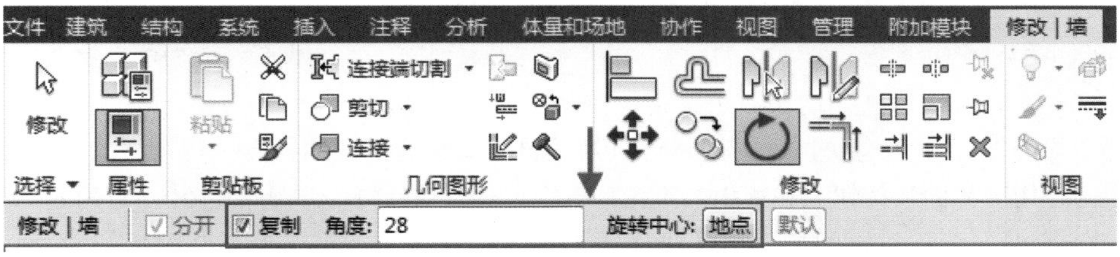

图1-110　设置参数

提示　“旋转”命令的快捷键为RO，在键盘中按快捷键可以启用该命令。

修剪/延伸为角

在“修改”面板中单击“修改/延伸为角”按钮，选择要修剪/延伸的第一个墙体，如图1-111所示。接着选择第二个要修剪/延伸的墙体，如图11-12所示。此时显示蓝色的虚线，预览修剪/延伸的效果。

对选中的墙体执行修剪/延伸操作的效果如图1-113所示。

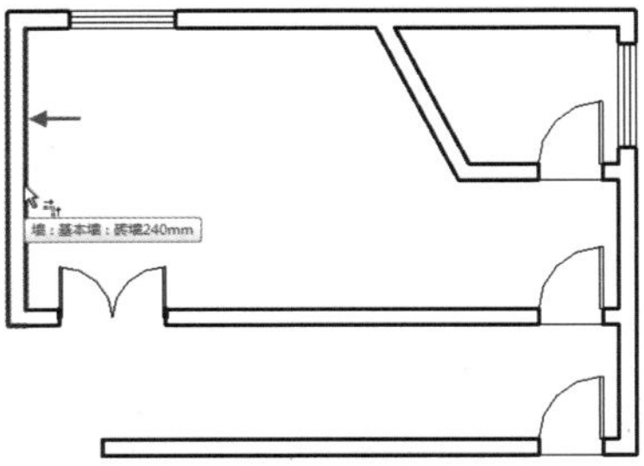

图1-111　选择第一个对象

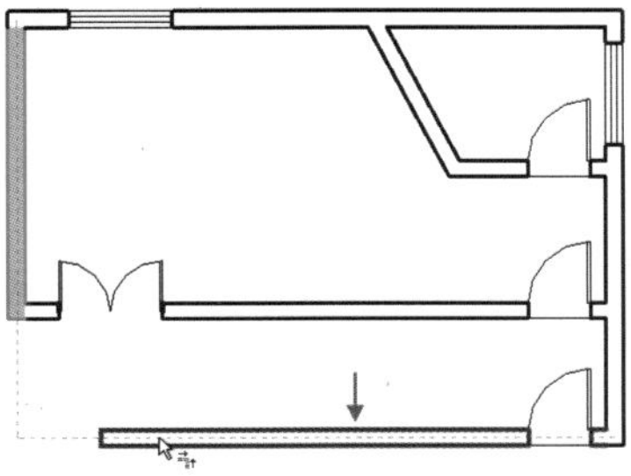

图1-112　选择第二个对象

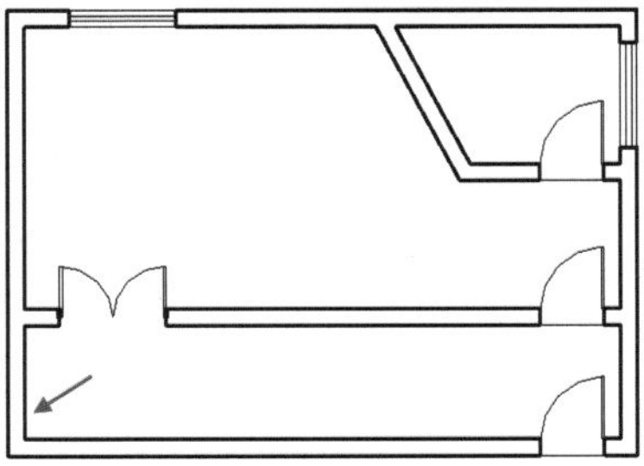

图1-113　修剪/延伸效果

提示　“修剪/延伸为角”命令的快捷键为TR，在键盘中按快捷键可以启用该命令。

1.3.3 使用快捷键

在Revit中可以通过快捷键来调用命令。系统默认为某些命令设置了快捷键，例如“墙”命令、“门”命令、“窗”命令等，输入对应的快捷键即可调用命令。

初次使用软件的用户可能不了解命令的快捷键，此时可以将光标置于命令按钮上，稍等几秒钟，显示提示面板。在面板上显示命令的介绍，其中就包括快捷键，如图1-114所示，表示“移动”命令的快捷键为MV。

输入快捷键的首字母，在状态栏中显示以该首字母开头的所有命令。例如输入W，在状态栏中显示以W开头的命令。在键盘上单击左右方向键，切换显示以W开头的所有命令，如图1-115所示。当切换至指定的命令后，按空格键可以调用命令。

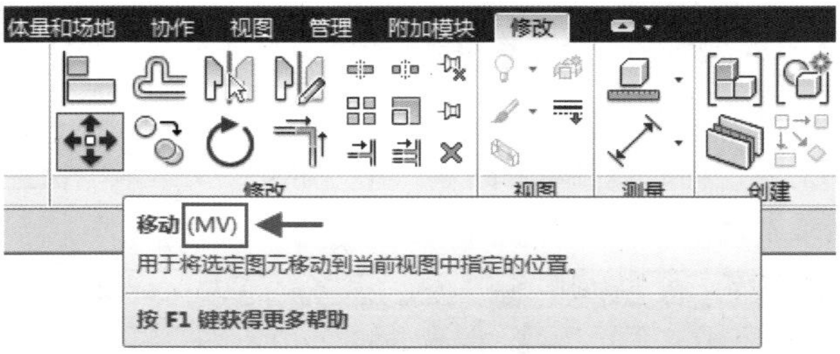

图1-114 显示快捷键

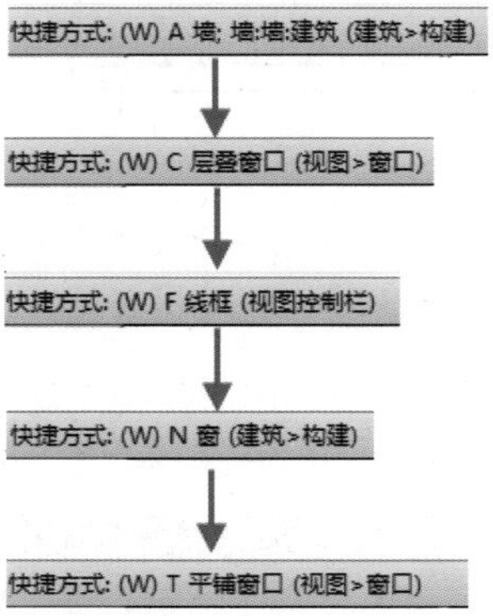

图1-115 切换显示命令

有些命令默认情况下没有快捷键，用户可以为其自定义快捷键。切换至“视图”选项卡，单击“窗口”面板中的“用户界面”按钮，在弹出的下拉列表中选择“快捷键”选项，如图1-116所示。

选择“快捷键”选项后，即可弹出【快捷键】对话框。在“指定”列表框中选择命令，在“按新键”文本框中设置快捷键名称，如图1-117所示。单击“确定”按钮，可以将所设置的快捷键指定给选中的命令。

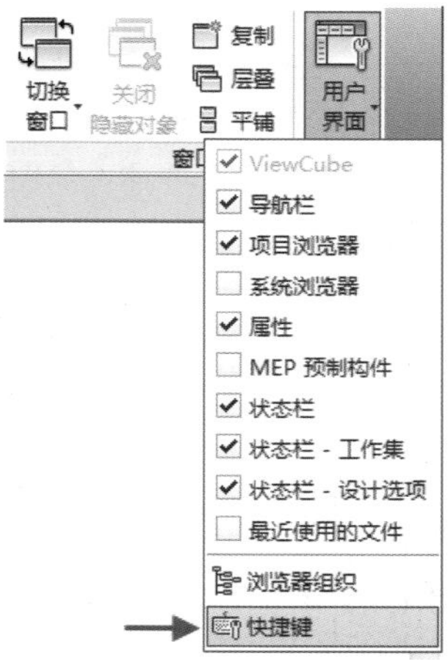

图1-116 选择选项

图1-117 【快捷键】对话框

在上述操作中为“径向尺寸标注”命令指定快捷键为CI。切换至“注释”选项卡，将光标置于“径向”按钮上，在弹出的提示面板中显示“径向尺寸标注”命令的快捷键为CI，如图1-118所示。表示在键盘上按快捷键CI可以调用“径向尺寸标注”命令。

Revit允许为不同的命令设置相同的快捷键。当用户设置的快捷键与已有快捷键相同的情况下，系统会弹出如图1-119所示的【快捷方式重复】提示框，提示用户当前设置的快捷键重复，但是该情况允许存在。

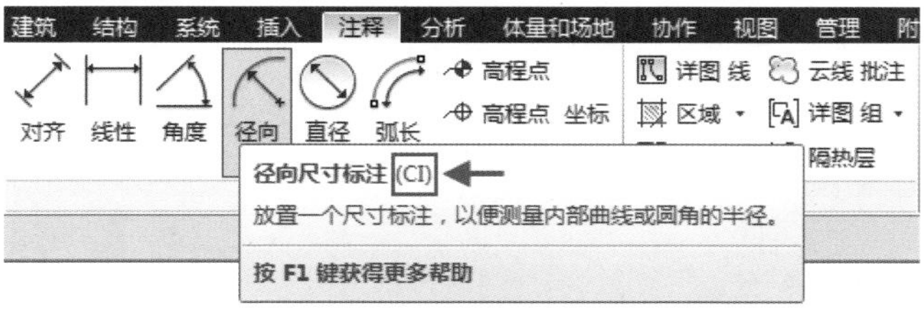

图1-118　设置快捷键的结果

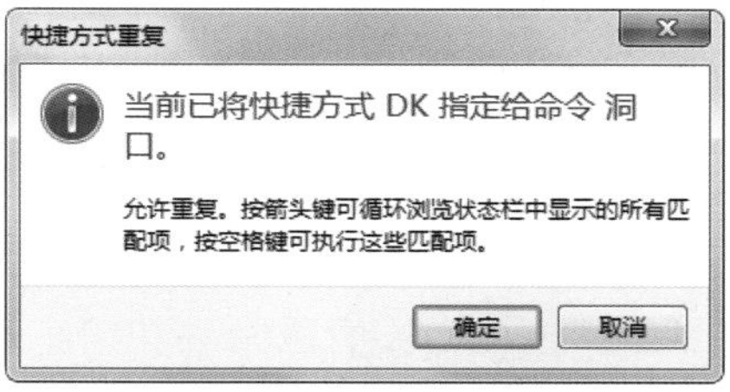

图1-119　【快捷方式重复】提示框

在【快捷键】对话框中单击“导入”按钮，弹出【导入快捷键文件】对话框。选择文件，单击“打开”按钮，可以导入外部文件。单击“导出”按钮，弹出如图1-120所示的【另存为】对话框，分别设置文件名称以及保存类型，单击“保存”按钮，可以存储文件。

在开展其他项目设计时，可以执行“导入”操作，导入已存储的快捷键文件，用户不需要再重新为命令设置快捷键。

图1-120　【另存为】对话框

第2章

轴网和标高

使用Revit应用程序绘制建筑设计图纸，需要先绘制轴网与标高，为创建建筑构件提供定位信息。轴网与标高绘制的先后顺序并没有硬性的规定，本章首先介绍创建与编辑轴网的方法，再讲解如何绘制以及编辑标高。

2.1 创建/编辑轴网

Revit提供了创建轴网的命令，调用命令可以在平面视图中绘制垂直方向与水平方向上的轴线。轴网用来确定建筑项目的平面位置，接下来将介绍创建与编辑轴网的操作方法。

2.1.1 轴网简介

在创建轴网之前，需要切换到平面视图。通常情况下，会在一层平面图中进行创建轴网的操作。在Revit 2018版本中，楼层名称被命名为“标高1”“标高2”……用户选择视图名称，右击，弹出快捷菜单，选择“重命名”命令，可以重命名视图名称。

与旧版本相比，Revit 2018版本改进了“轴网”命令，例如，在视图中隐藏轴网标头。与AutoCAD应用程序类似，在Revit中调用命令也有单击命令按钮和输入快捷键两种方式，介绍如下。

- 命令按钮：选择“建筑”选项卡，在“基准”面板中单击“轴网”按钮，如图2-1所示。
- 快捷键：在键盘上按快捷键GR。

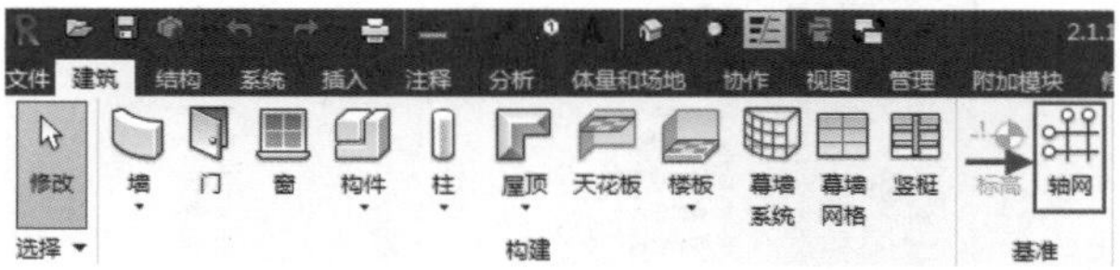

图2-1 单击按钮

通过使用上述任意一种方式，都可以启用“轴网”命令。

在开始创建轴网之前，在项目浏览器中单击展开“楼层平面”列表，在其中双击“标高1”视图名称，名称亮显，如图2-2所示，表示已经切换至“标高1”视图。

启用“轴网”命令后，在“属性”选项板中显示“轴网”的类型，如图2-3所示。默认显示“轴网”的类型为“轴网1”。单击“编辑类型”按钮，弹出【类型属性】对话框，观察“符号”选项参数，显示为“<无>”，表示将要创建的轴网未包含轴网标头，如图2-4所示。

图2-2 选择视图

图2-3 单击按钮

图2-4　【类型属性】对话框

在“修改|放置 轴网”选项卡中显示绘制轴网的多种方式，如图2-5所示。默认选择“线”按钮，表示将通过绘制一条直线或者一连串连接的线段来绘制轴网。默认情况下，“偏移”参数值为0.0，表示轴网与绘制起点重合。大多数情况下不需要修改该选项的参数，但是也不排除其他情况，用户根据实际的需要设置选项参数，设定轴线与绘制起点的间距。

在绘图区域中单击鼠标左键依次指定轴线的起点与终点，可以绘制一段轴线。综上所述即是启用“轴网”命令的方法，具体创建轴网的操作过程，请参考下一节内容的介绍。

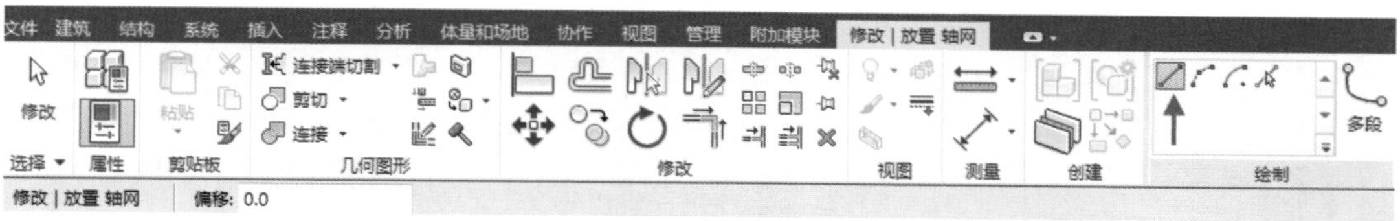

图2-5　进入选项卡

提示　在“绘制”面板中还提供了其他绘制轴线的方式。单击“起点-终点-半径弧”按钮，通过设置起点、终点与半径值，可以绘制圆弧轴线。单击“圆心-端点弧”按钮，通过指定弧的中心点、起点与终点，也可以绘制圆弧轴线。单击“拾取线”按钮，拾取绘图区域中已有的墙、线或者边，可以创建轴线。在绘制轴线的过程中，选择合适的绘制方式，可以达到事半功倍的效果。

2.1.2　创建轴网

系统默认创建的轴线样式为黑色的细实线，而且不显示轴号。用户调用命令后，在绘图区域中分别指定起点和终点，可以绘制水平轴线或者垂直轴线。本节以办公楼为例，介绍从新建项目文件开始创建轴网，其具体操作步骤如下。

01 启动Revit 2018应用程序后，显示欢迎界面。在欢迎界面中显示软件的快速访问工具栏、选项卡、建筑样例项目以及建筑样例族等。单击样例按钮，可以打开样例项目文件，浏览项目的创建效果。在“资源”列表中单击选项按钮，可以查看相应的内容。例如，单击“新特性”按钮，可以阅读关于当前软件版本新特性的介绍文字。

02 在欢迎界面中单击“项目”列表下的“新建”按钮，如图2-6所示，弹出【新建项目】对话框。假如单击“打开”按钮，弹出【打开】对话框，选择已创建的项目文件，单击“打开”按钮，可以打开文件。在默认情况下，开启软件后显示欢迎界面。用户可以在【选项】对话框中设置参数来取消显示欢迎界面。

03 在【新建项目】对话框中选中“项目”单选按钮，如图2-7所示，单击“确定”按钮，执行新建项目的操作。假如选择的是“项目样板”选项，单击“确定”按钮，则执行新建项目样板的操作。

图2-6　单击“新建”按钮

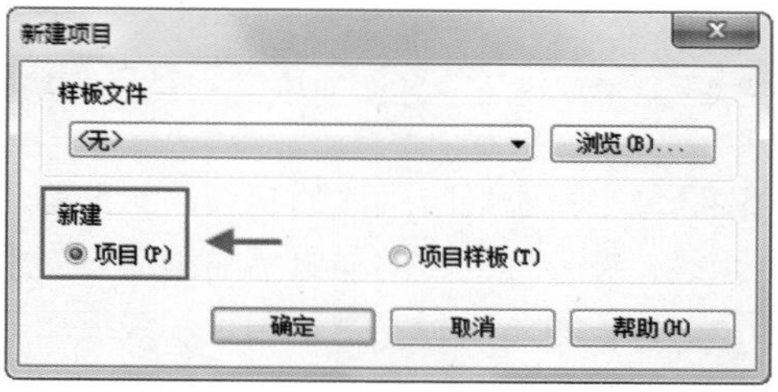

图2-7　【新建项目】对话框

提示 使用旧版本的Revit应用程序，即2018版本以前的版本，在【新建项目】对话框中单击“样板文件”下三角按钮，在弹出的下拉列表中显示软件提供的各种类型的样板文件，如建筑样板、结构样板等。用户选择其中的一种样板文件，如选择“建筑样板”选项，可以创建建筑样板文件。Revit 2018版本取消了提供多种样板文件的功能。

04 关闭【新建项目】对话框后，随即弹出【未定义度量制】对话框。在该对话框中提供了两种度量制供选择，一种是“英制”，单位是“英寸”；另一种是“公制”，单位是“毫米”。建筑设计中通常使用“毫米”作为单位，所以在对话框中单击选择“公制”选项，如图2-8所示。选择“公制”作为度量制后，项目设计中的尺寸参数都以mm作为单位。

05 【未定义度量制】对话框关闭后，软件开始执行创建项目文件的操作。新建项目文件后，默认停留在平面视图中。在工作界面的左侧显示项目浏览器与“属性”选项板。在项目浏览器中单击展开“视图（全部）”列表，选择“楼层平面”选项，在展开的“楼层平面”列表中选择“标高1”选项，切换至“标高1”视图。

06 选择“建筑”选项卡，在“基准”面板中单击“轴网”按钮，如图2-9所示，调用“轴网”命令。

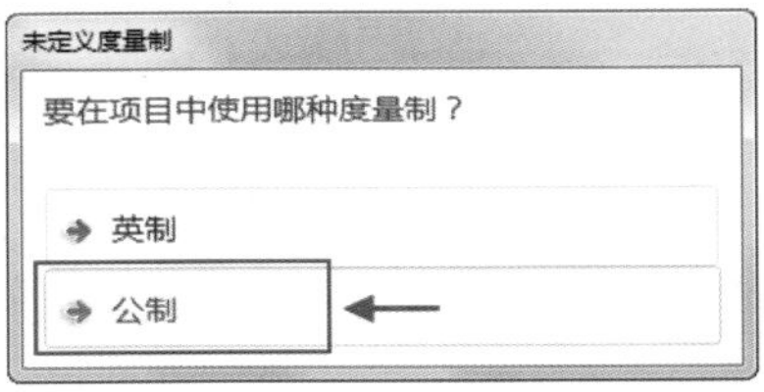

图2-8 选择选项

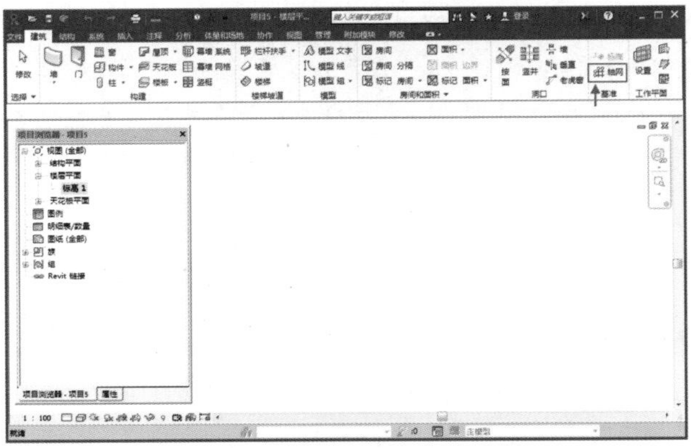

图2-9 单击“轴网”按钮

提示 将光标置于“轴网”按钮上，显示提示面板，显示关于“轴网”命令的介绍文字。初学者通过浏览介绍文字，可初步了解“轴网”命令的基本知识。

07 启用命令后进入“修改|放置 轴网”选项卡，在“绘制”面板中单击“线”按钮，指定绘制轴线的方式。在选项栏中显示“偏移”值为0.0，保持默认值即可，表示轴线的位置与绘制起点重合，如图2-10所示。假如将“偏移”值设置为100，表示轴线与绘制起点相距100。

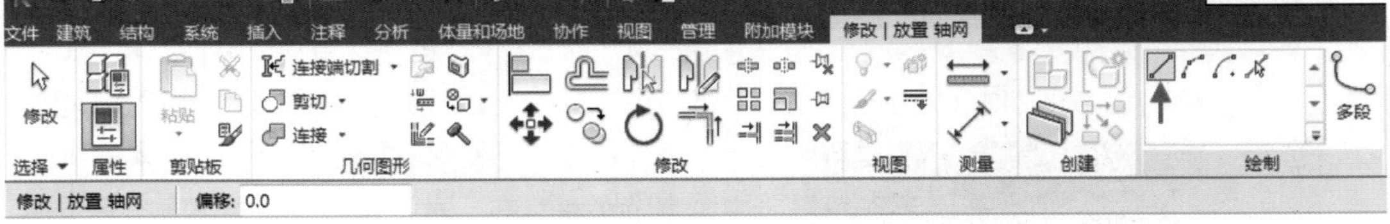

图2-10 “修改|放置 轴网”选项卡

08 在绘图区域中单击指定轴线的起点，向上移动鼠标，如图2-11所示。在移动鼠标的同时，显示蓝色的参照线，参照线的方向与鼠标的移动方向相同，同时显示与水平方向的角度标注。

09 在合适的位置单击鼠标左键，确定轴线终点的位置，绘制垂直方向上的轴线的效果如图2-12所示。在轴线的四周显示操作夹点，单击夹点，可以编辑轴线。

注意

在创建轴线的过程中，并不是一定从下至上来依次指定轴线的起点与终点。根据实际的绘图需要，可以从上至下、从左至右等方向来指定轴线的两个端点。在绘制倾斜轴线时，轴线的起点与端点更是没有明确规定，用户根据轴线的样式来确定绘制起点与终点即可。

10 不退出命令，向右移动鼠标，显示水平方向上的参照线，同时显示临时尺寸标注。用户根据临时尺寸标注，可以确定另一轴线的间距。也可以直接输入尺寸参数，如图2-13所示。

11 按Enter键，系统根据输入的尺寸参数确定另一轴线起点的位置。向上移动鼠标，根据水平方向上的参照线，单击鼠标左键，确定轴线终点的位置。选择绘制完成的轴线，显示临时尺寸标注，标注与已创建轴线的间距，如图2-14所示。

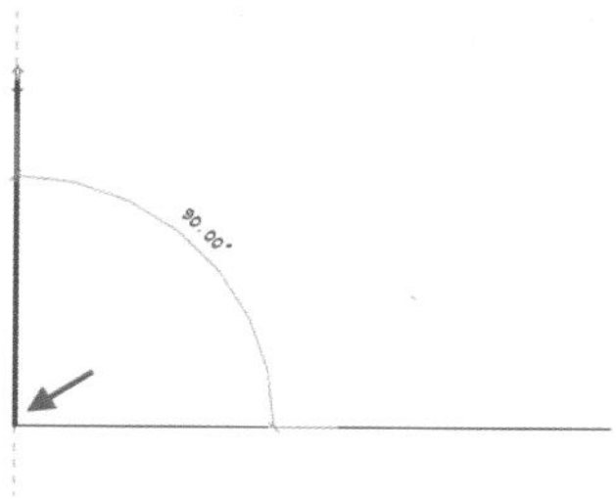

图2-11　指定起点

图2-12　绘制轴线

图2-13　输入距离参数

图2-14　绘制轴线

注意

绘制完一段轴线后，系统不会退出命令，用户可以继续执行绘制轴线的操作。

12 向右移动鼠标，输入距离参数，指定起点与终点，完成另一段轴线的绘制。重复操作，直至全部完成垂直方向上轴线的绘制为止，结果如图2-15所示。

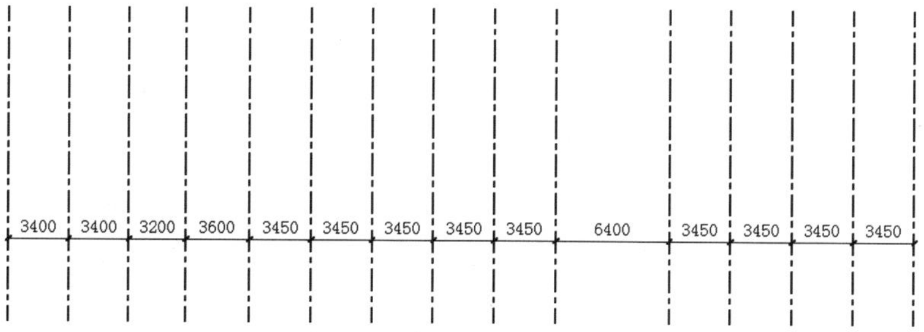

图2-15　绘制垂直轴线

提示

Revit 2018在绘制轴线的同时并不显示轴网标头，以至于给用户识别轴线造成困扰。旧版本的轴线在创建完毕后可以显示轴网标头，方便用户识别，如图2-16所示。想要了解Revit 2018轴线的信息，可以选择轴线，在“属性”选项板中查看轴线的参数信息。

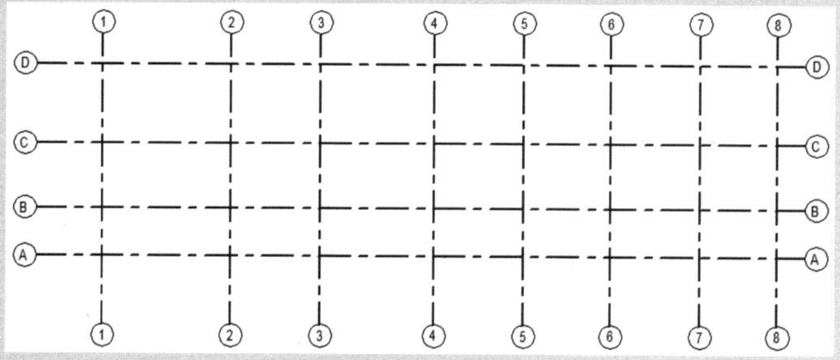

图2-16　旧版本轴网的显示效果

13 在左侧第一根轴线的左上角单击鼠标左键，确定水平轴线的起点，向右移动鼠标，在合适的位置单击鼠标左键，确定水平轴线的终点，完成水平轴线的绘制。重复上述操作，在合适的位置分别指定轴线的起点与终点，绘制水平轴线的最终结果如图2-17所示。

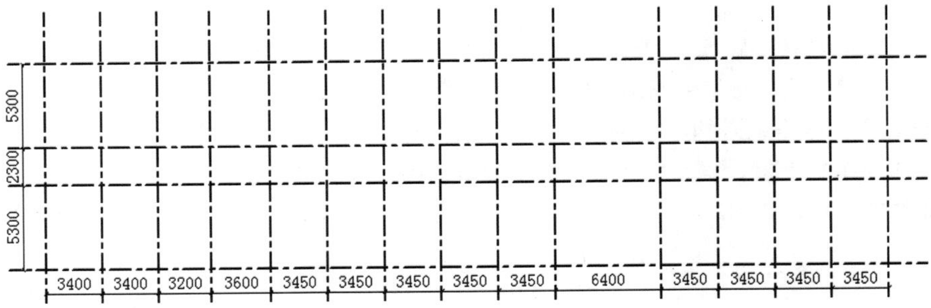

图2-17 绘制水平轴线

2.1.3 编辑轴网

绘制完毕的轴网可以通过编辑操作，修改轴网的显示样式，如轴线线型、轴线颜色、轴线间距等。通常在“属性”选项板以及【类型属性】对话框中修改轴网的属性参数。在本节中，以上一节中所创建的轴网为例，介绍编辑轴网的操作方法。

01 选择轴线，在轴线的周围显示如图2-18所示的操作夹点，激活夹点，可以修改轴线的显示效果。

02 选择轴线后，在“属性”选项板的“名称”文本框中显示轴线的编号，此时显示为1，表示选中的是1号轴线，如图2-19所示。修改“名称”参数值，就是修改轴线编号。

注意 激活“隐藏符号”按钮，可以隐藏轴网标头。激活并移动“轴网端点”符号，可以调整轴网标头的位置。单击“添加弯头”符号，可以为轴线添加折弯。

03 在“属性”选项板中单击“编辑类型”按钮，弹出【类型属性】对话框，在“符号”的右侧显示为“<无>”，表示当前项目文件中并没有标头符号文件，需要用户从外部文件中载入，如图2-20所示。

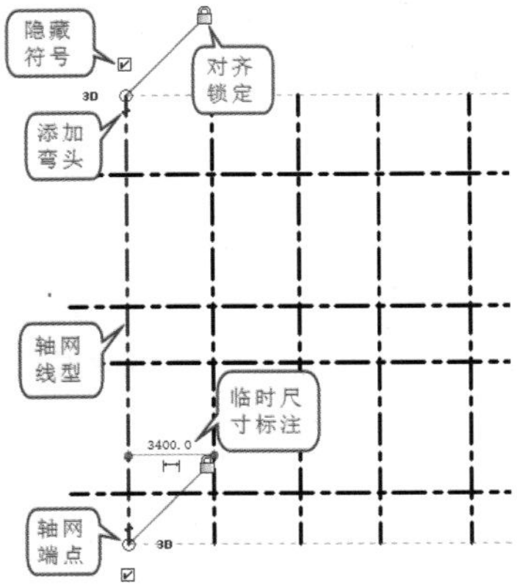

图2-18 显示操作夹点

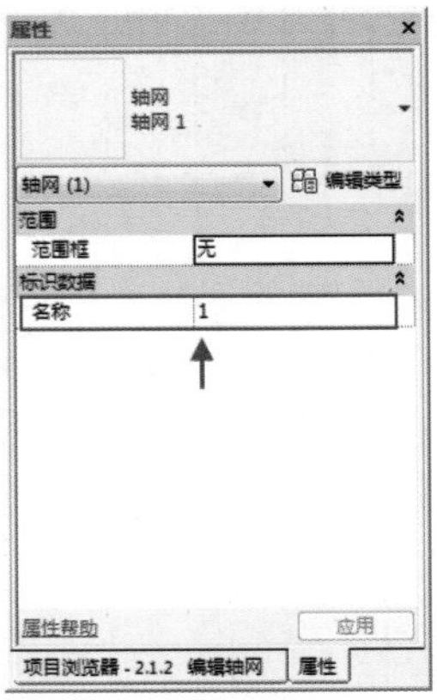

图2-19 显示参数

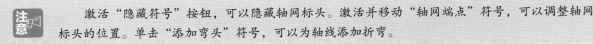

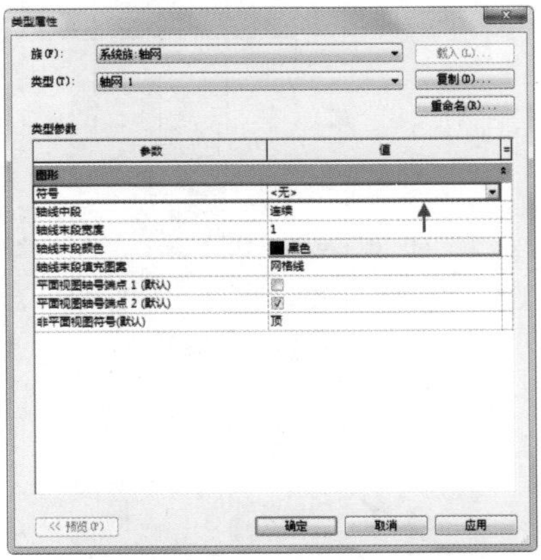

图2-20 【类型属性】对话框

04 暂时关闭【类型属性】对话框，切换至“插入”选项卡，在“从库中载入”面板中单击“载入族”按钮，如图2-21所示，弹出【载入族】对话框。

05 在【载入族】对话框中选择名称为“轴网标头”的族文件，如图2-22所示。单击“打开”按钮，将其载入到当前的项目文件中。

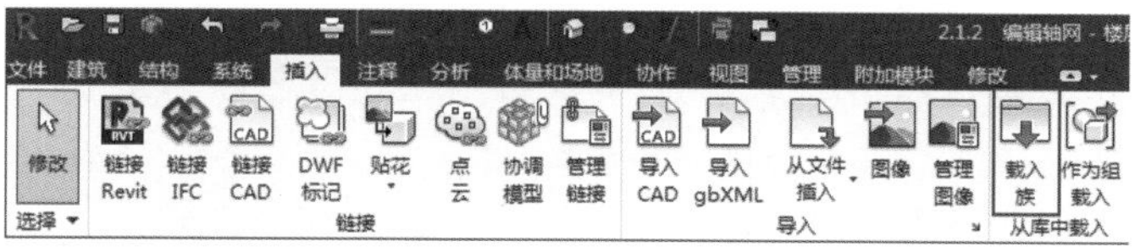

图2-21　单击“载入族”按钮

06 再次弹出【类型属性】对话框，单击弹出“符号”下拉列表，在其中选择“轴网标头”选项，如图2-23所示。

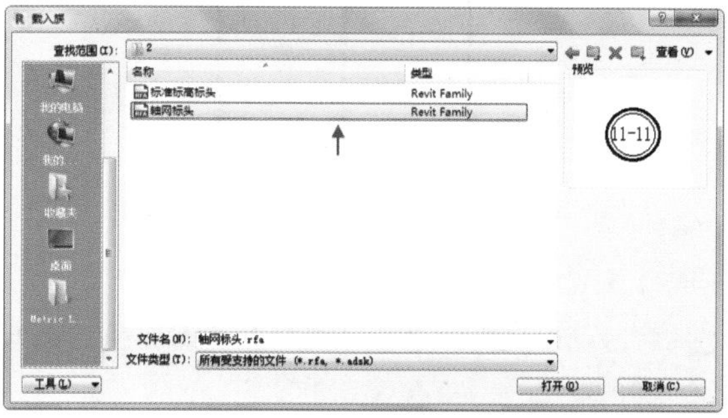

图2-22　选择文件

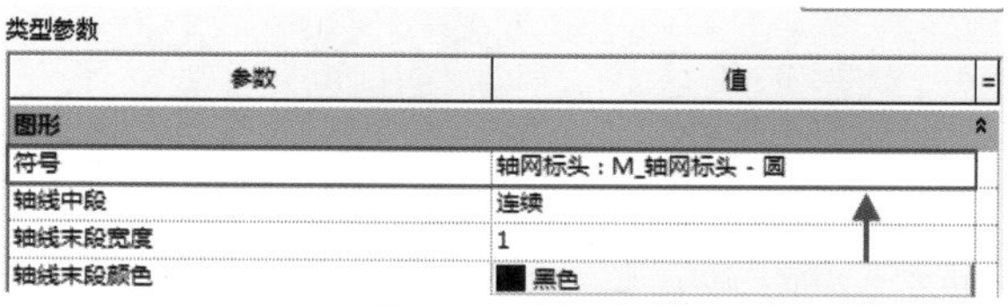

图2-23　选择符号

提示 只有将“轴网标头”载入到项目文件中后，才可以在【类型属性】对话框的“符号”列表中显示并调用。

07 单击“确定”按钮关闭对话框，在绘图区域中观察为轴线添加标头的效果，发现只在轴线的一端添加了标头，如图2-24所示。

08 在【类型属性】对话框中，因为没有选择“平面视图轴号端点1（默认）”和“平面视图轴号端点2（默认）”选项，所以在绘图区域中仅在轴线的一端显示标头。勾选两个选项右侧的复选框，如图2-25所示，单击“确定”按钮关闭对话框。

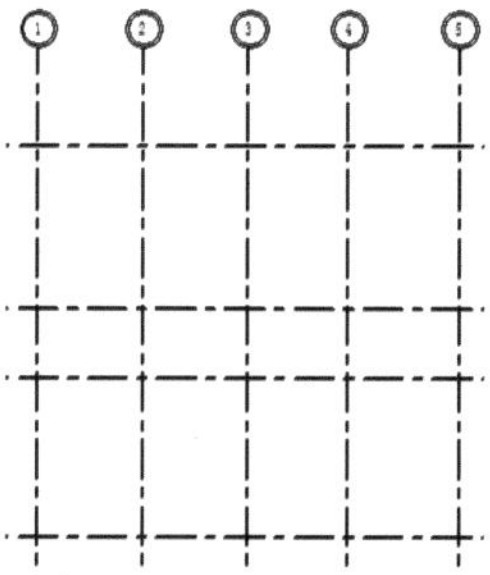
图2-24　添加标头

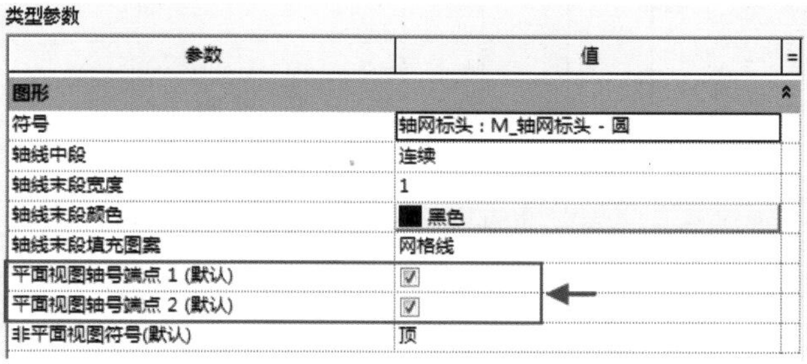

图2-25　选择选项

09 在轴线的两端均添加标头的效果如图2-26所示。

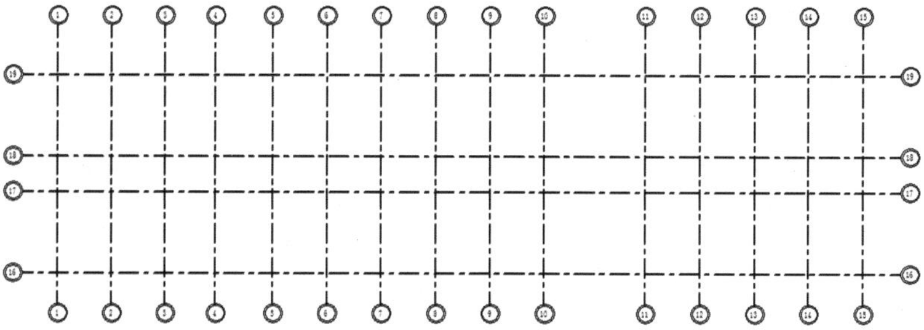
图2-26　显示效果

10 滚动鼠标中键，放大视图。选择轴线，光标置于标头上，单击鼠标左键，进入在位编辑模式。输入大写字母，如图2-27所示。

11 按Enter键，修改标头为大写字母的效果如图2-28所示。

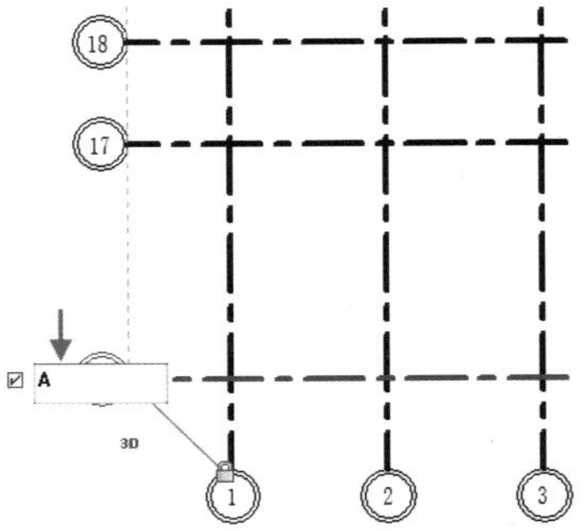

图2-27 输入字母

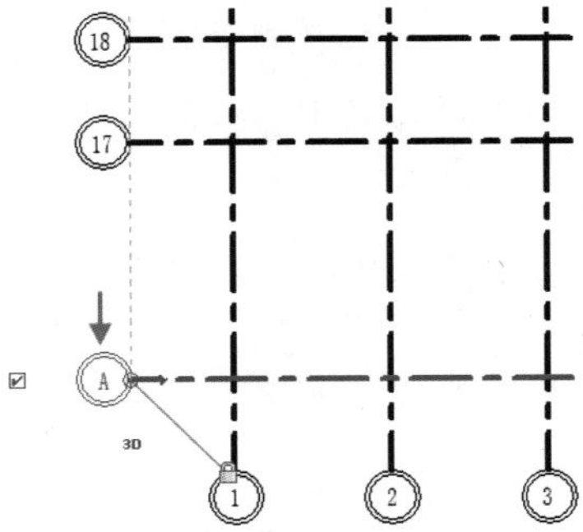

图2-28 修改结果

注意 默认情况下，标头的显示样式均为数字。建筑制图规则规定，水平轴线的标头需要使用大写字母来表示。所以将标头修改为大写字母，才符合制图规则。

12 重复上述操作，继续修改水平轴线的标头，结果如图2-29所示。

13 选择轴线，光标置于轴网端点上，按住鼠标左键不放，向左移动鼠标，可以调整轴网标头的位置，如图2-30所示。通过该操作也可以调整水平轴线的长度。

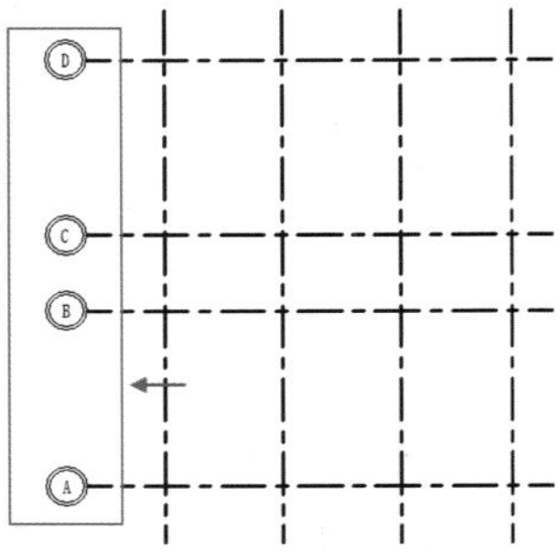

图2-29 修改结果

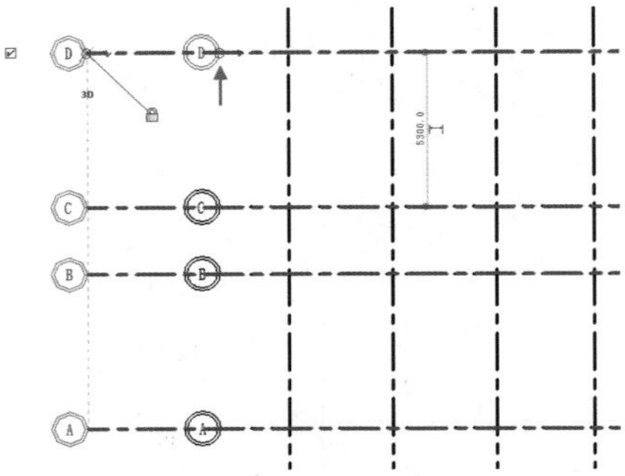

图2-30 调整标头位置

提示 首先绘制一根水平轴线，修改标头为大写字母；接着再创建水平轴线，标头会按照已有的样式按顺序命名。例如，在A轴线创建后再创建的轴线会被命名为B轴线，依此类推。

14 在【类型属性】对话框中，单击“轴线末段填充图案”下拉列表框，显示多种图案类型，如图2-31所示。选择其中的一种，设置轴线的显示样式。

15 单击“轴线中段”下拉列表框，选择“无”选项，如图2-32所示，可以隐藏轴线中段。

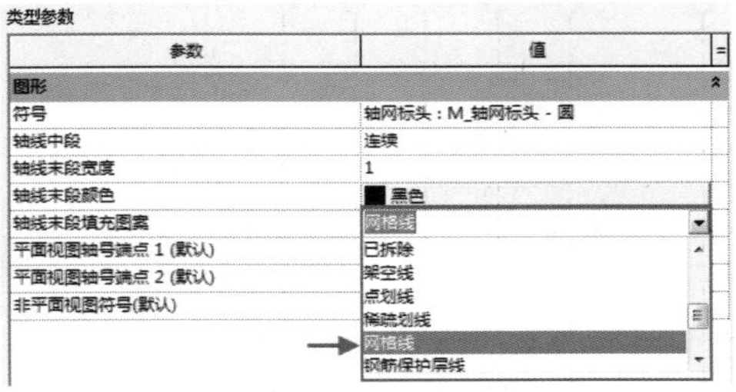

图2-31 选择“网格线”选项

图2-32 选择“无”选项

16 隐藏轴线中段后，在绘图区域中不可见。将光标置于轴线上，可以完整地显示轴线，如图2-33所示。但是移开鼠标后，又可以恢复隐藏状态。

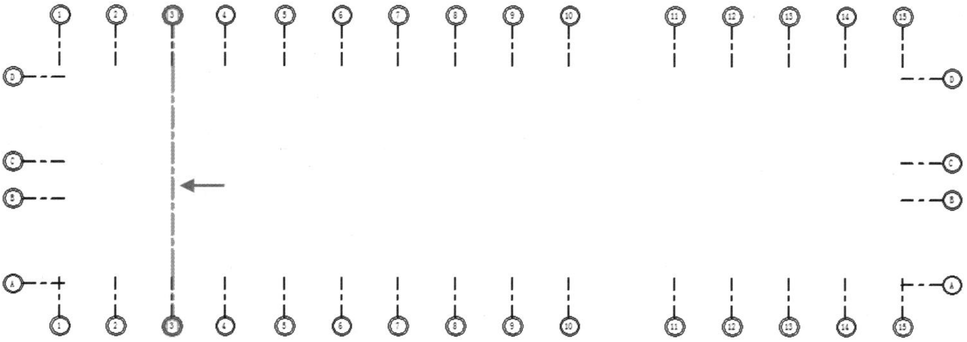

图2-33　隐藏效果

2.2　创建/编辑标高

用户在项目模板中创建标高，将决定建筑项目在垂直方向上的高度。Revit需要在立面视图中创建标高，因为在平面视图中“标高”命令不可调用。本节介绍创建/编辑标高的操作方法。

2.2.1　创建标高

本节以上一节的操作结果为例，介绍为建筑项目创建标高的方法。在默认情况下，模板文件并未包含立面视图。但是“标高”命令必须在立面视图中才可以调用，所以在创建标高之前还需要先创建立面视图。

01 切换至“视图”选项卡，在“创建”面板上单击“立面”按钮，在弹出的下拉列表中选择“立面”选项，如图2-34所示。

02 进入“修改”选项卡，然后在绘图区域的合适位置单击鼠标左键，放置立面符号，效果如图2-35所示。

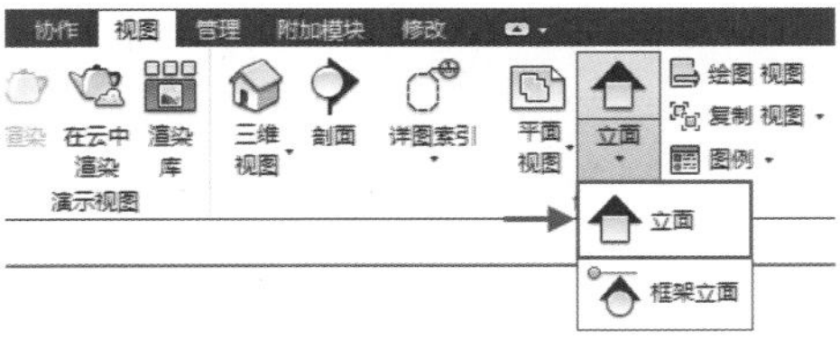

图2-34　选择“立面”选项

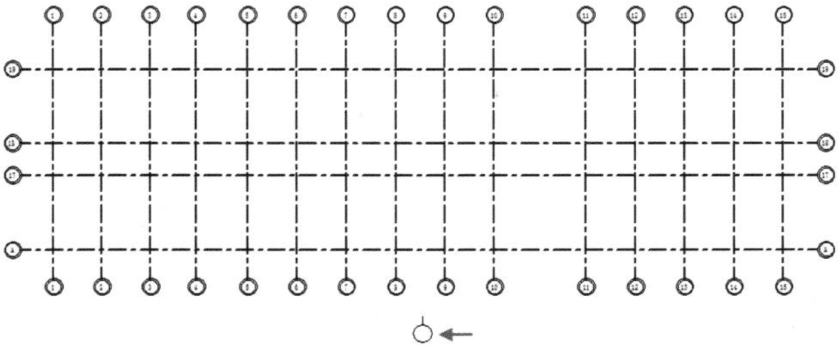

图2-35　放置立面符号

提示　在放置立面符号的过程中，按Tab键，可调整立面的方向。

03 创建立面后，在项目浏览器中新增一个名称为“立面（立面1）”的列表。单击展开列表，显示新建立面视图的名称，如图2-36所示。

04 双击视图名称，进入“立面1-a”视图。选择“属性”选项卡，在“范围”选项组中勾选“裁剪区域可见”复选框，如图2-37所示。此时，在绘图区域中显示裁剪区域轮廓线。

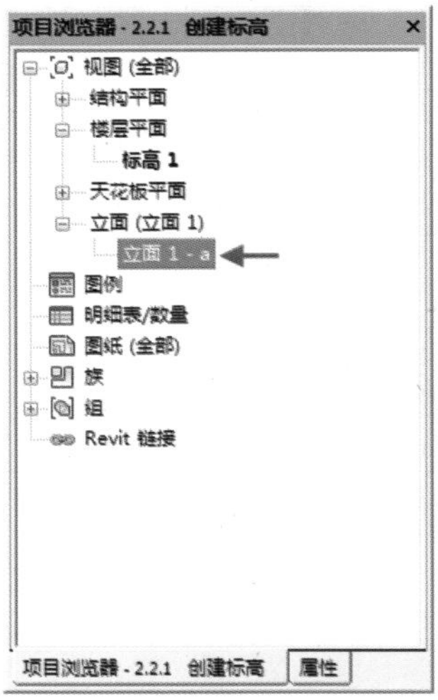

图2-36 显示立面视图名称

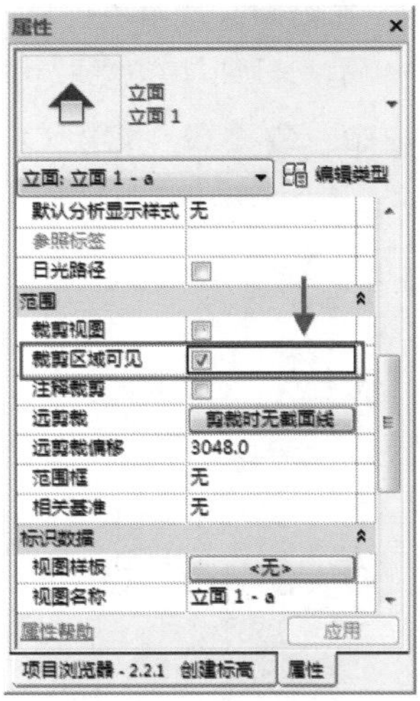

图2-37 勾选“裁剪区域可见”复选框

提示：切换至立面视图后，在未勾选“裁剪区域可见”复选框之前，默认创建的“标高1”不可见。必须在绘图区域中显示裁剪区域轮廓线，才可观察位于轮廓线内的“标高1”。

05 选中轮廓线，显示夹点符号。激活蓝色实心夹点，按住鼠标左键不放，移动鼠标，可以调整轮廓线的大小。在轮廓线内显示系统默认创建的“标高1”，如图2-38所示。

06 切换至“建筑”选项卡，位于“基准”面板中的“标高”按钮已被激活。单击该按钮，如图2-39所示，进入“修改|放置 标高”选项卡。

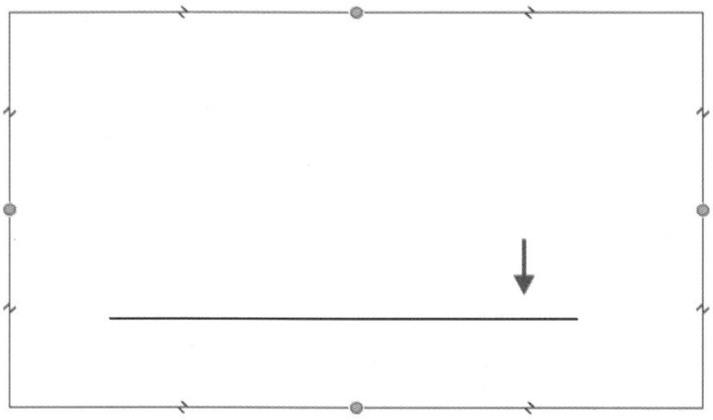

图2-38 显示标高1

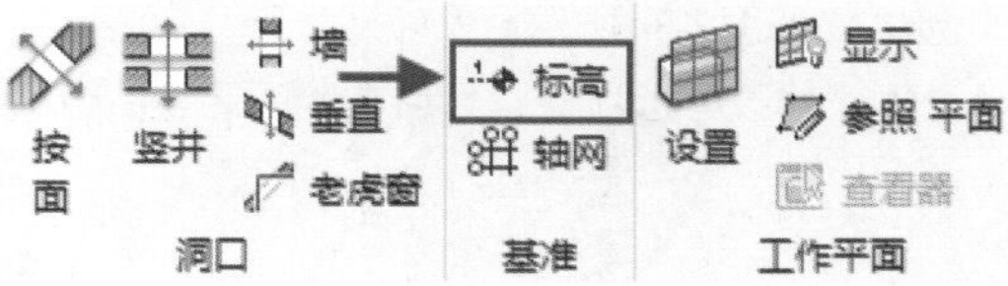

图2-39 单击按钮

提示：与轴线类似，项目文件同样不显示标高符号，需要用户调入标高符号才可以显示。但是旧版本的Revit是默认显示标高符号的。

07 在“绘制”面板中单击“线”按钮，在选项栏中勾选“创建平面视图”复选框，如图2-40所示。这样在创建标高的同时可以生成平面视图。

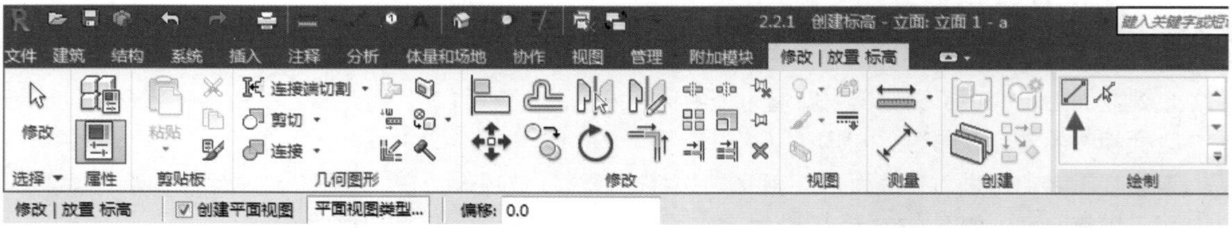

图2-40 勾选“创建平面视图”复选框

08 单击“平面视图类型”按钮，弹出【平面视图类型】对话框，在其中选择需要同步生成的平面视图类型，如图2-41所示。

09 启用命令后，移动鼠标，显示蓝色参照线，通过临时尺寸标注，可以随时了解光标与标高1之间的间距，如图2-42所示。

10 输入尺寸参数，如图2-43所示，确定标高1与标高2的间距。

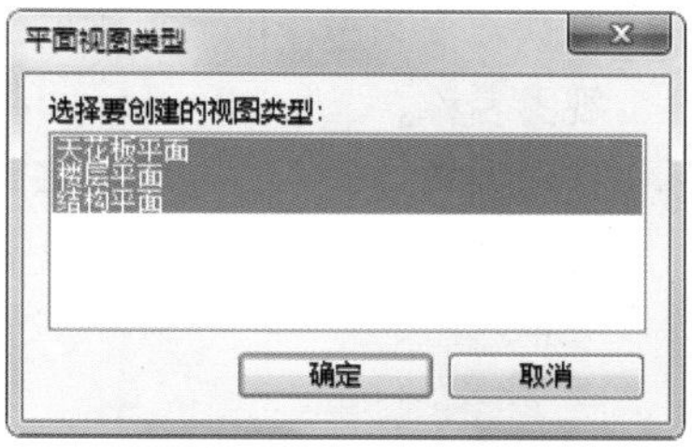

图2-41　选择视图

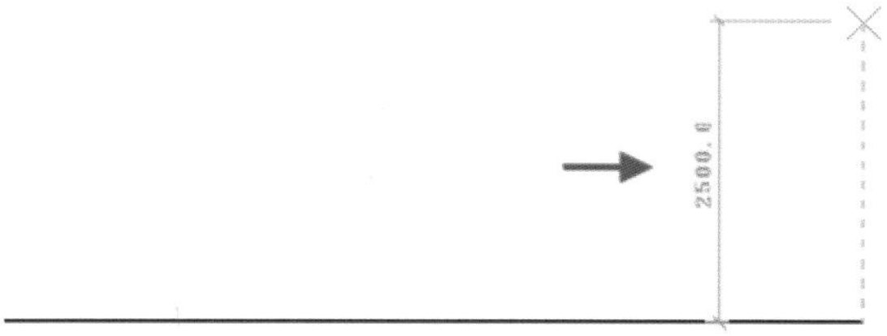

图2-42　显示临时尺寸标注

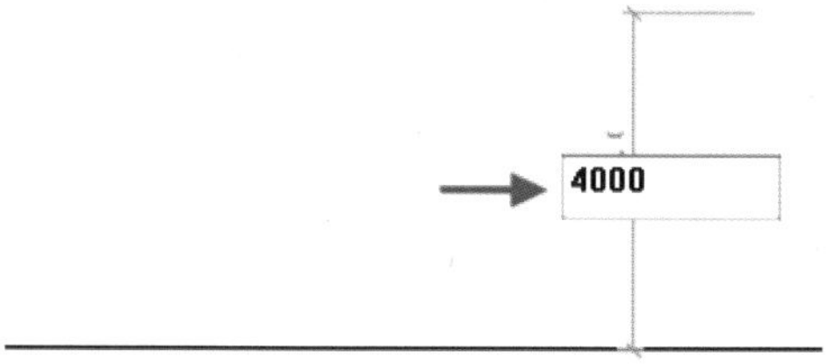

图2-43　输入参数

11 按Enter键，确定标高2的起始位置；向左移动鼠标，根据参照线指定终点位置，创建标高2的效果如图2-44所示。

12 重复上述操作，继续创建标高，效果如图2-45所示。

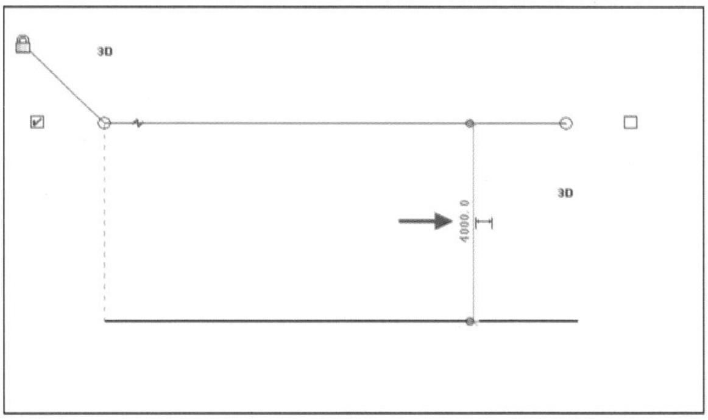

图2-44　创建标高2

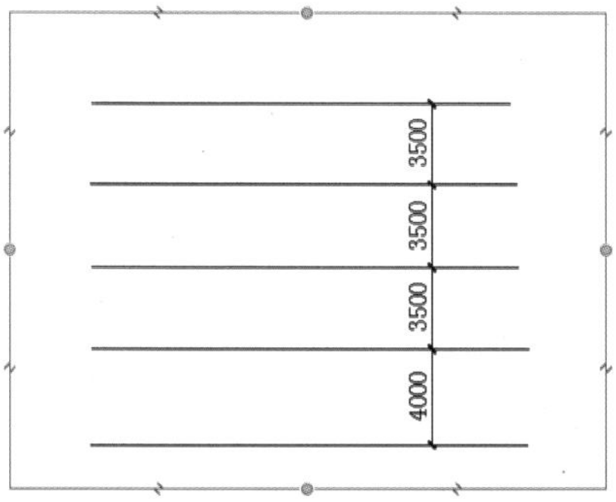

图2-45　创建效果

> **注意** 创建完一个标高后，不会退出命令。用户可通过指定下一个标高的间距，确定起点与终点的位置来继续执行创建标高的操作。

13 在项目浏览器中单击展开“结构平面”“楼层平面”和“天花板平面”列表，观察与标高同步生成的平面视图。平面视图的名称与标高名称相同，如图2-46所示。其中标高1为系统默认创建。

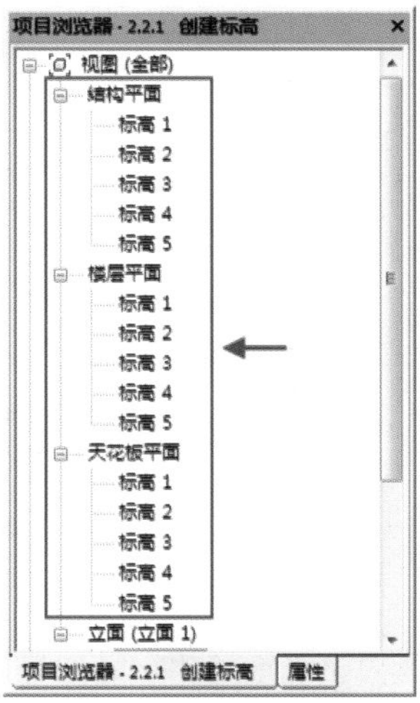

图2-46　同步生成平面视图

2.2.2　编辑标高

为创建完的标高添加标高符号、修改垂直方向上的距离以及更改标高线的线型等，可以改变标高的显示样式。本节在上一节的操作结果上，介绍编辑标高的操作方法。

01 在项目浏览器中选择新建的立面视图，右击，在弹出的快捷菜单中选择“重命名”命令，如图2-47所示，弹出【重命名视图】对话框。系统默认将用户创建的立面视图命名为“立面1-a”和“立面2-a”，可以使用默认名称，也可以自定义视图名称。

02 在对话框中输入立面视图名称，如输入“南立面”，如图2-48所示。单击“确定”按钮，关闭对话框，修改结果在项目浏览器中查看，如图2-49所示。

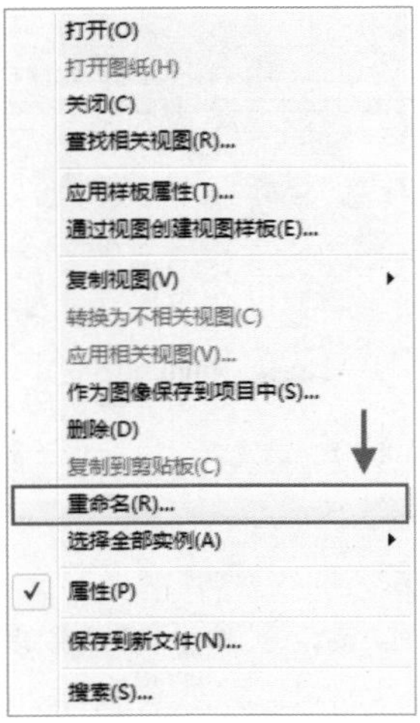

图2-47　选择“重命名”命令

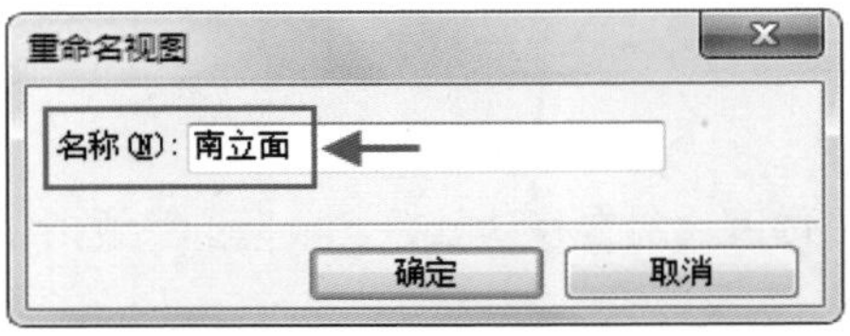

图2-48　输入名称

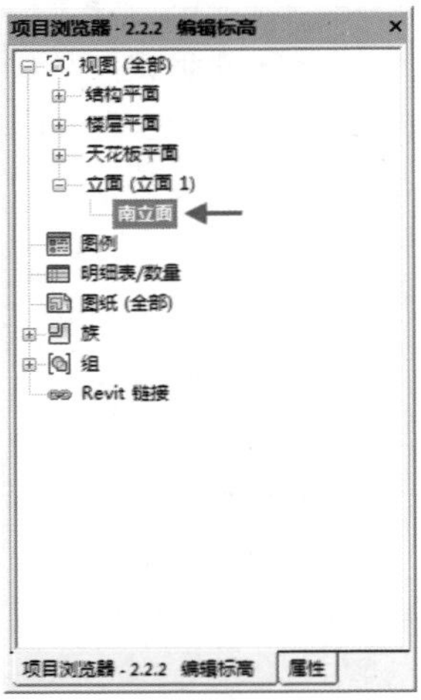

图2-49　修改名称

> **提示** 选择立面视图，按F2键，也可以弹出【重命名视图】对话框。

03 默认情况下，标高线的两端未显示标高标头，因为项目文件中没有标高标头族文件。切换至“插入”选项卡，在“从库中载入”面板中单击“载入族”按钮，弹出【载入族】对话框，选择文件，如图2-50所示，单击“打开”按钮，将符号载入到项目文件中。

04 选择标高线，在“属性”选项板中显示属性参数。在“立面”选项中显示标高线的间距，在“名称”选项中显示标高名称，如系统将名称设置为“标高2”，通过不同的编号区分各标高，如图2-51所示。单击“编辑类型”按钮，弹出【类型属性】对话框，在其中编辑标高的属性参数。

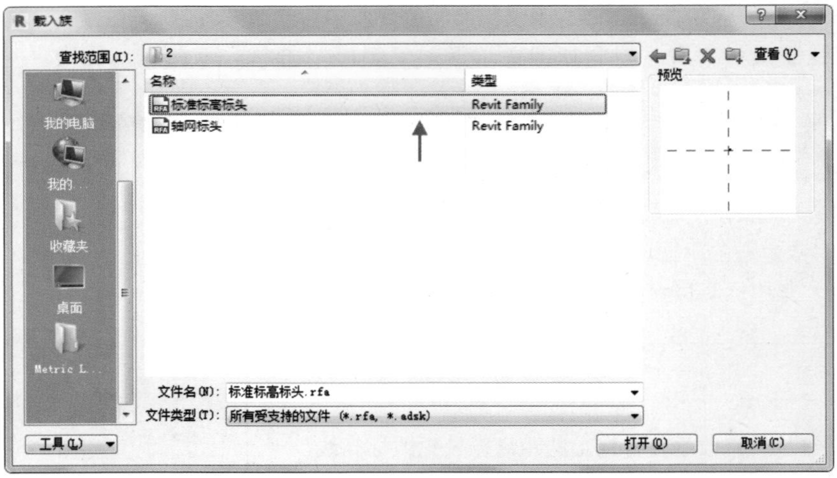

图2-50　选择文件

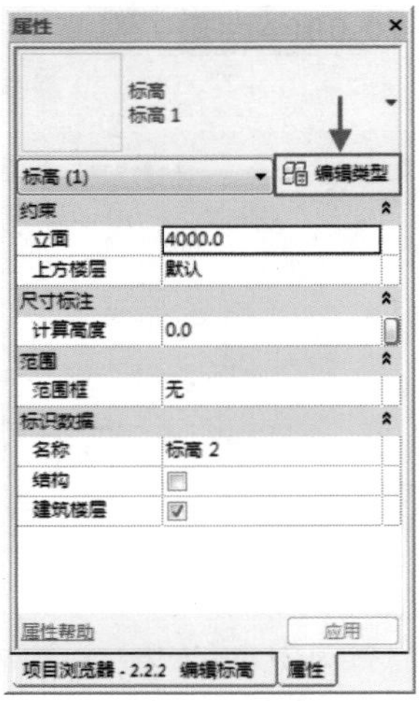

图2-51　单击按钮

> **提示** 用户可以通过修改“立面”选项参数来修改标高线的间距。还可以在“名称”选项中自定义标高名称，但是不可以重复。

05 在【类型属性】对话框中单击“符号”下拉列表框，选择标头，勾选“端点1处的默认符号”复选框，如图2-52所示。单击“确定”按钮，关闭对话框。

06 在绘图区域中观察修改结果，发现在标高线的两端均显示标准标高标头，如图2-53所示。

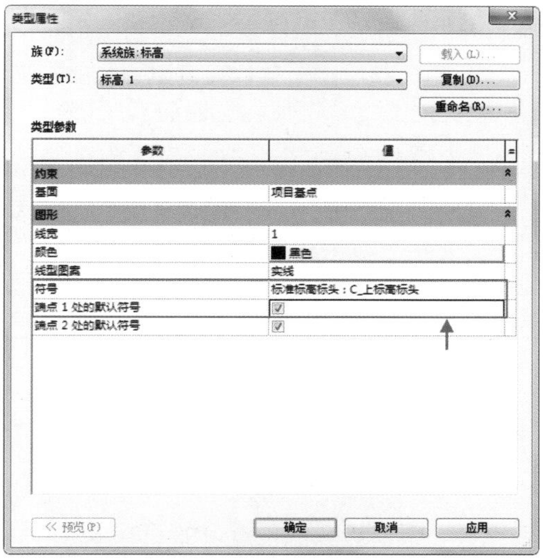

图2-52　【类型属性】对话框

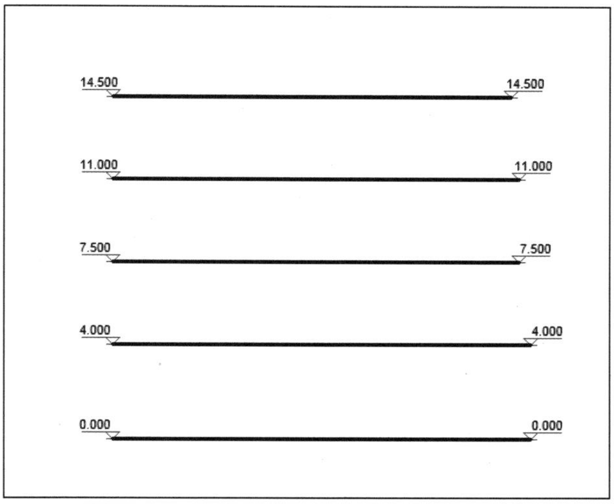

图2-53　添加标高标头

> **提示** 默认情况下，仅在标高线的一端显示标高标头，需要勾选“端点1处的默认符号”复选框，才可以同时在标高线的两端显示标高标头。

07 用户可以自定义标高线的颜色与线型。在【类型属性】对话框中单击“颜色”右侧的按钮，弹出如图2-54所示的【颜色】对话框，在其中选择颜色种类，如选择红色，单击“确定”按钮，关闭对话框，可修改标高线为红色。

08 在【类型属性】对话框中单击“线型图案”下拉列表框，显示图案名称，选择其中的一种，如选择“划线”，如图2-55所示。单击“确定”按钮，关闭对话框，可修改标高线的线型。

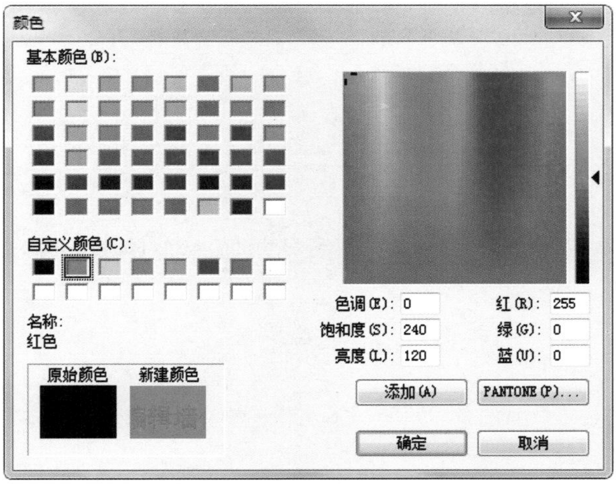

图2-54　【颜色】对话框

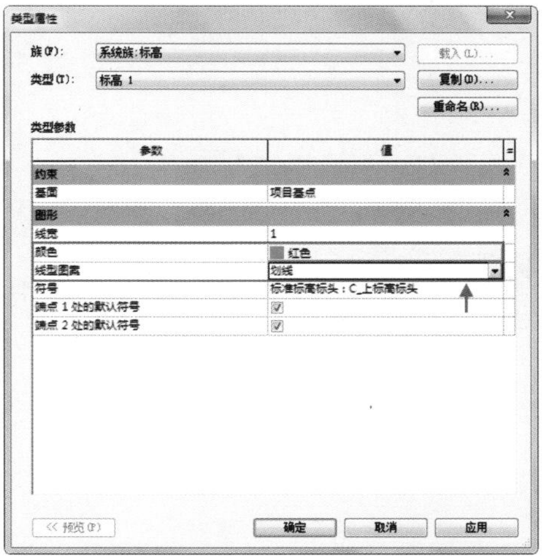

图2-55　设置线型图案

09 修改标高线的线型与颜色的效果如图2-56所示。默认的标高线样式为细实线，颜色为黑色。用户在创建项目的过程中，可以随时更改标高线的显示样式。

10 选择标高线，在其周围显示操作符号，如图2-57所示。

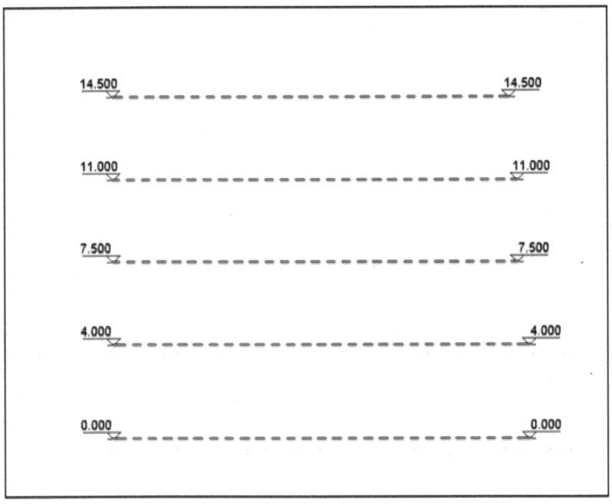

图2-56 修改结果

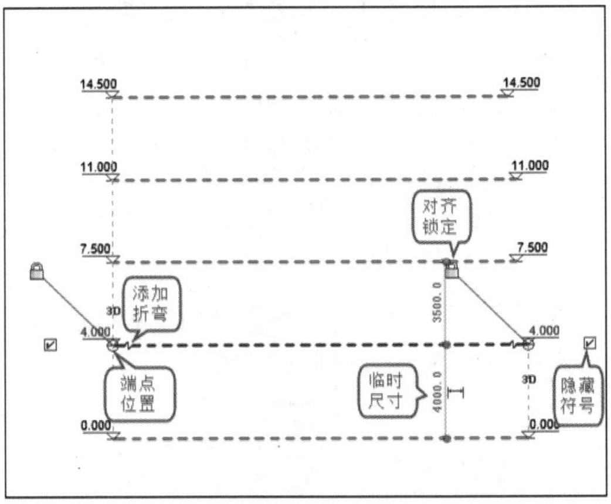

图2-57 显示操作符号

提示 操作符号的类型包括“添加折弯”符号、“对齐锁定”符号等，激活这些符号，调整标高线或者标头的显示样式，方便绘制图元或者显示图元。

11 单击激活“端点位置”夹点，按住鼠标左键不放，移动鼠标，调整标头的位置，如图2-58所示。执行该操作，还可以调整标高线的长度。

12 单击“添加折弯”按钮，标头向下移动，如图2-59所示。添加折弯后的标高线显示蓝色的实心夹点，将光标置于夹点上，按住鼠标左键不放，移动鼠标可以调整标头的位置。

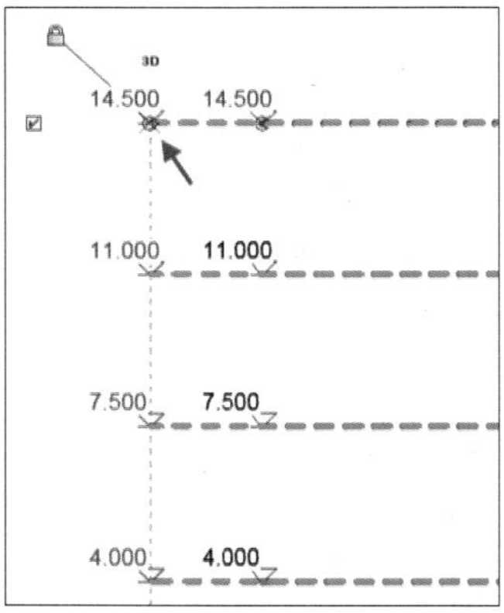

图2-58 移动端点

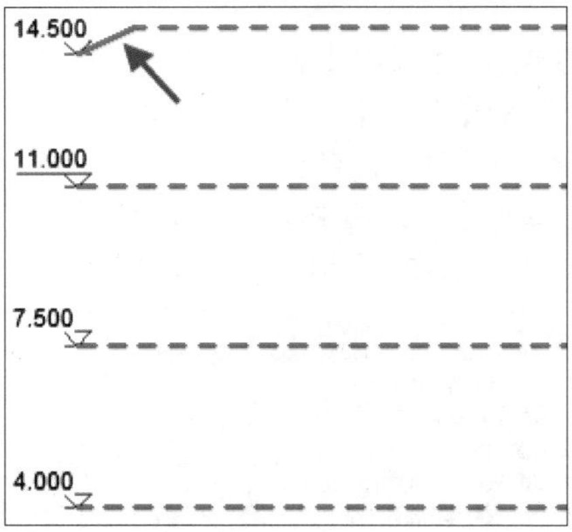

图2-59 添加折弯

提示 需要注意的是，当在标高线的一端添加折弯后，另一端是不受影响的，仍然保持原始状态。

第3章

创建与编辑墙柱

Revit提供创建墙柱的工具，启用工具，可以创建基本墙体、叠层墙以及幕墙。但是，在创建柱子前，需要先调入外部族文件，才可顺利在项目中进行添加。在本章中将介绍创建与编辑墙柱的方法。

3.1 创建墙体

建筑项目中的墙体类型分为外墙体、内墙体以及隔墙等，每一种类型的墙体功能都不相同。为了方便区分墙体的功能，Revit提供了设置墙体参数的工具。通过为墙体设置参数，可以很方便地区分不同类型的墙体。

3.1.1 设置墙体参数

在建筑项目中需要创建各种类型的墙体，如外墙体、内墙体以及隔墙等。本节将介绍为外墙体、内墙体设置参数的操作方法。

调用“墙体”命令

在Revit中调用“墙体”命令的操作方式介绍如下。

- 命令按钮：选择“建筑”选项卡，在“构建”面板中单击“墙”按钮，如图3-1所示。

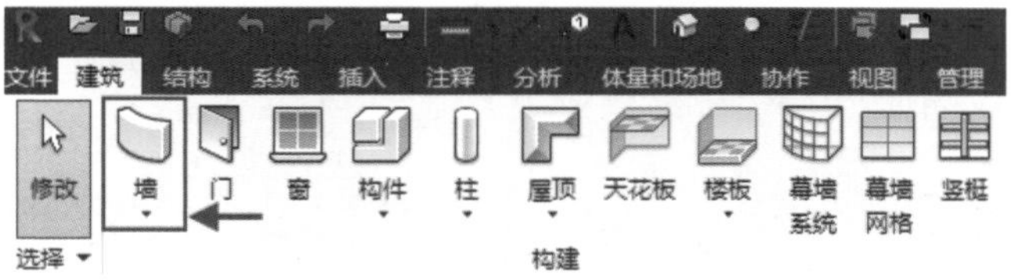

图3-1　单击按钮

- 快捷键：在键盘上按快捷键WA。

执行上述任意一项操作，都可以调用“墙体”命令。

在“属性”选项板中单击展开类型列表，在其中显示墙体类型，包括“叠层墙”“基本墙”以及“幕墙”，如图3-2所示 。选择不同的类型，可以开始执行创建墙体的操作。

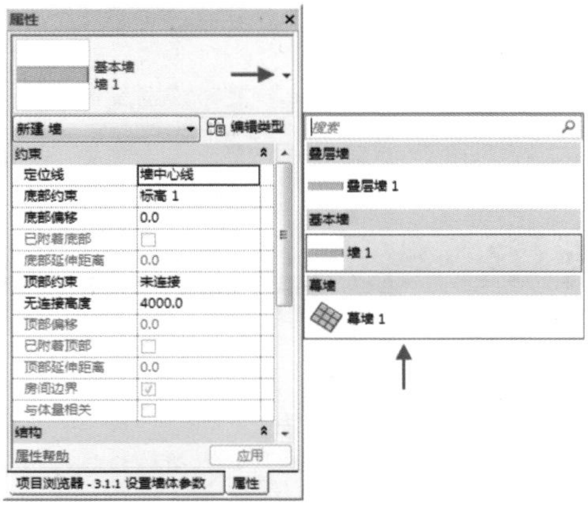

图3-2　“属性”选项板

提示　在设置墙体参数之前，首先需要调用“墙体”命令。通过单击“属性”选项板中的“编辑类型”按钮，在弹出的【类型属性】对话框中可开始设置墙体参数的操作。

设置外墙体参数

01 调用“墙体”命令后，在“属性”选项板中单击“编辑类型”按钮，如图3-3所示，弹出【类型属性】对话框。

02 在【类型属性】对话框中单击“复制”按钮，弹出【名称】对话框，在“名称”文本框中输入“外墙体”，将其作为新建墙体类型的名称，如图3-4所示。单击“确定”按钮，关闭对话框。

图3-3 单击按钮

图3-4 输入名称

提示 系统默认“墙1”为“基本墙”的墙体类型，然后以“墙1”为基础，执行“复制”操作，新建墙体类型。修改新建墙体类型的参数，不会影响“墙1”。

03 在“类型”选项中显示新建墙体类型的名称为“外墙体”，在“类型参数”列表框中单击“结构”右侧的“编辑”按钮，如图3-5所示，弹出【编辑部件】对话框。

04 在【编辑部件】对话框中显示墙体的结构层，包括“核心边界”层以及“结构”层，如图3-6所示。单击列表框下方的“插入”按钮，可以在列表框中插入新层。

图3-5 单击“编辑”按钮

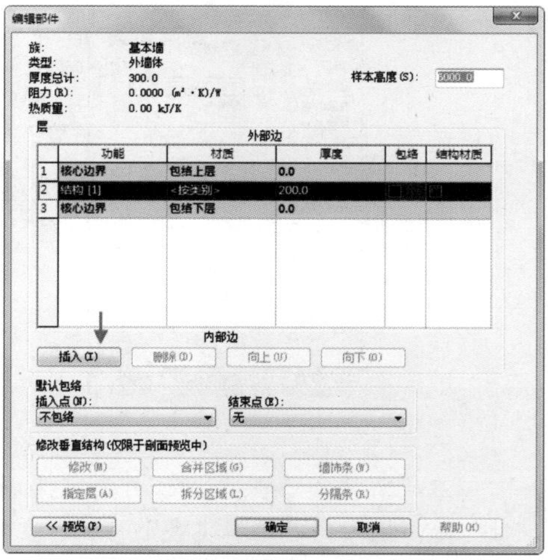

图3-6 【编辑部件】对话框

05 连续单击三次“插入”按钮，在列表框中插入3个新层，默认命名为“结构[1]”层，如图3-7所示。

06 单击列表框下方的“向上”和“向下”按钮，可以向上或者向下调整“结构[1]”层的位置，结果如图3-8所示。

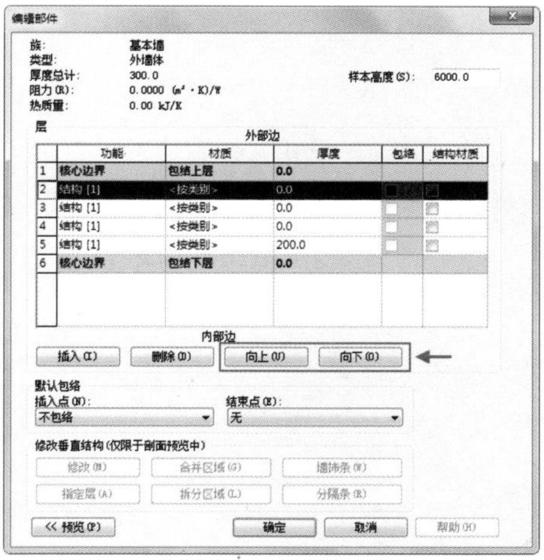

图3-7 插入新层

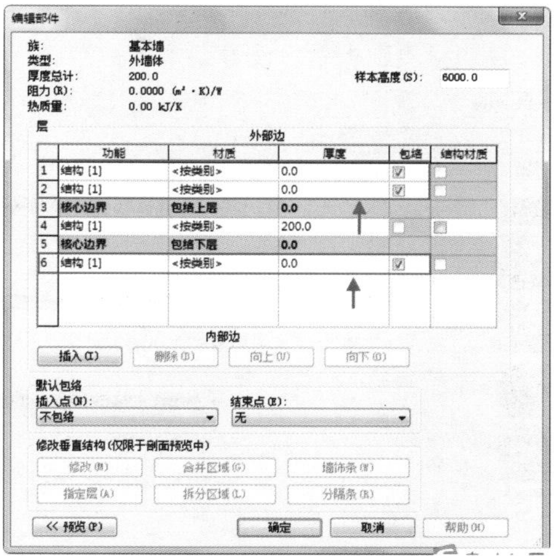

图3-8 调整位置

07 将光标定位在“结构[1]”层中的“功能”单元格，单击展开类型列表，在其中选择“功能”属性，定义“结构[1]”层的功能。分别为“结构[1]”层定义“功能”属性的结果如图3-9所示。

08 将光标定位在第1行“面层2[5]”层中的“材质”单元格，此时在单元格的右侧显示按钮，如图3-10所示。单击该按钮，弹出【材质浏览器】对话框。

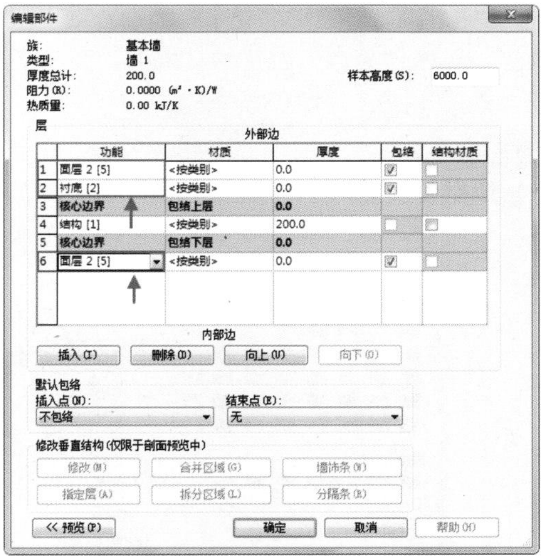

图3-9 设置“功能”属性

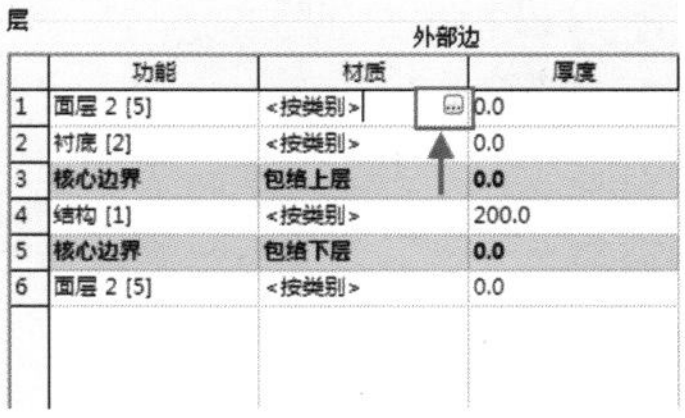

图3-10 单击按钮

提示 假如要观察墙体中“结构[1]”层位置的排列效果，可以单击【编辑部件】对话框左下角的“预览”按钮，向左弹出预览窗口，在其中显示墙体各结构层的分布情况，如图3-11所示。

图3-11 墙体结构示意图

09 在“项目材质”下拉列表中选择“所有”选项，在列表框中显示所有类型的材质。选择“默认墙”材质，单击鼠标左键，在弹出的下拉菜单中选择“复制”命令，如图3-12所示。

> **提示** 材质副本的名称可以由用户来自定义，在本例中将名称设置为“办公楼-外墙体”。在需要搜索材质时，在“搜索”文本框中输入“办公楼”，可以快速搜索并显示以“办公楼”命名的材质。

10 复制材质副本后，设置副本名称为“办公楼-外墙体”，结果如图3-13所示。

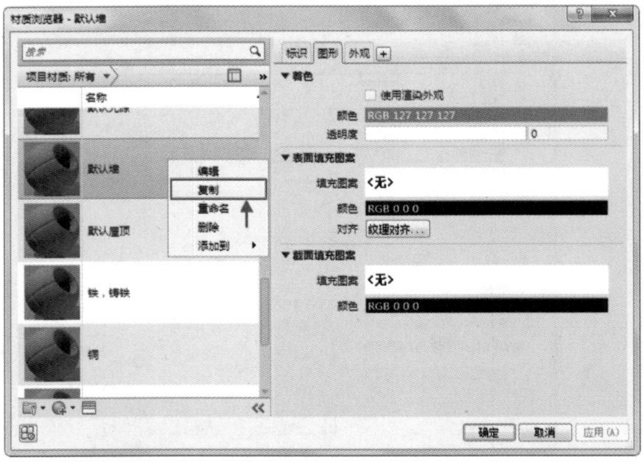

图3-12 选择“复制”命令

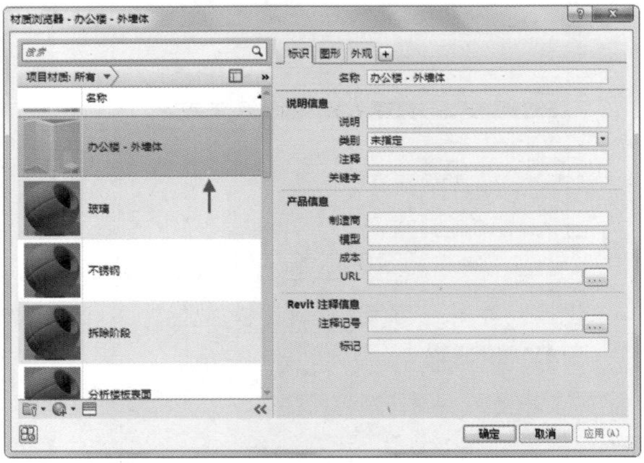

图3-13 修改名称

11 在【材质浏览器】对话框的左下角单击“打开/关闭资源浏览器”按钮，弹出如图3-14所示的【资源浏览器】对话框，单击展开“Autodesk物理资源”列表，选择“墙漆”资源，在右侧的资源列表框中选择“无光泽象牙白”资源，单击右侧的按钮，用选中的资源替换编辑器中的当前资源。

12 单击【资源浏览器】对话框右上角的“关闭”按钮，关闭对话框。在【材质浏览器】对话框右侧面板中选择“图形”选项卡，在“着色”选项组中单击“颜色”右侧的文本框，弹出【颜色】对话框，设置红、绿、蓝参数如图3-15所示。单击“确定”按钮，关闭对话框。

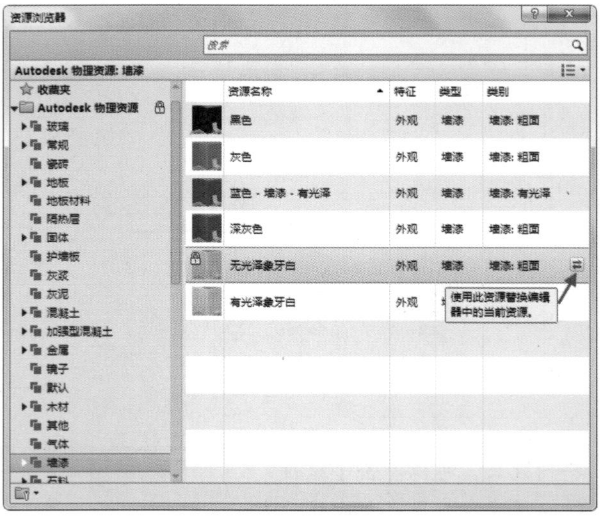

图3-14 单击按钮

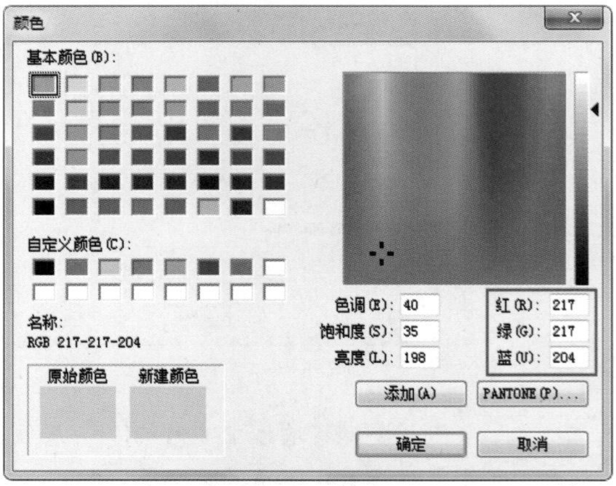

图3-15 设置参数

13 在“颜色”文本框中显示颜色的设置参数，如图3-16所示。

14 单击“确定”按钮，关闭【材质浏览器】对话框，返回到【编辑部件】对话框，在第1行“面层2[5]”层中的“材质”单元格中显示材质名称，如图3-17所示。

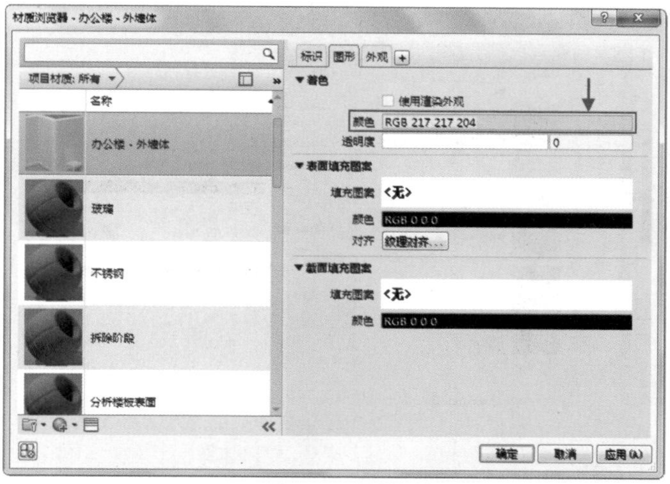

图3-16　设置颜色

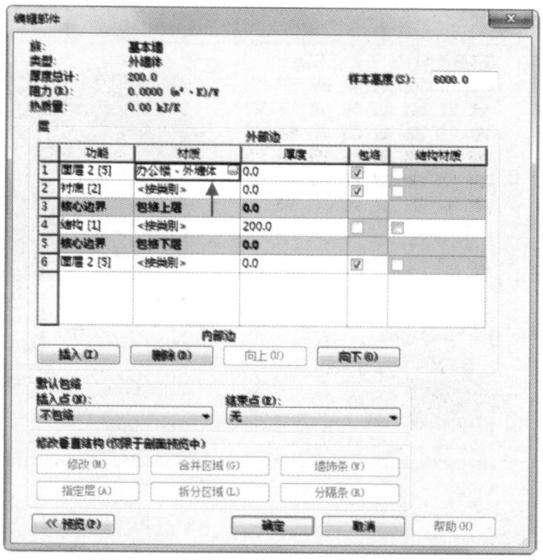

图3-17　显示材质名称

> **提示**　为“面层2[5]”层指定材质后，只会影响“面层2[5]”层，其他结构层不受影响。因为各结构层是独立的，所以用户需要逐一为各结构层设置材质。

15 将光标定位在第2行“衬底[2]”层中的“材质”单元格中，单击按钮，弹出【材质浏览器】对话框。在材质列表框中选择“默认墙”材质，执行“复制”操作，复制材质副本，并重命名材质名称为“办公楼-外墙衬底”，如图3-18所示。

16 单击“打开/关闭资源浏览器”按钮，在【资源浏览器】对话框中展开“Autodesk物理资源”列表，选择“灰泥”材质，在右侧的列表框中选择“精细-白色”材质，单击右侧的按钮，替换资源浏览器中的材质，如图3-19所示。

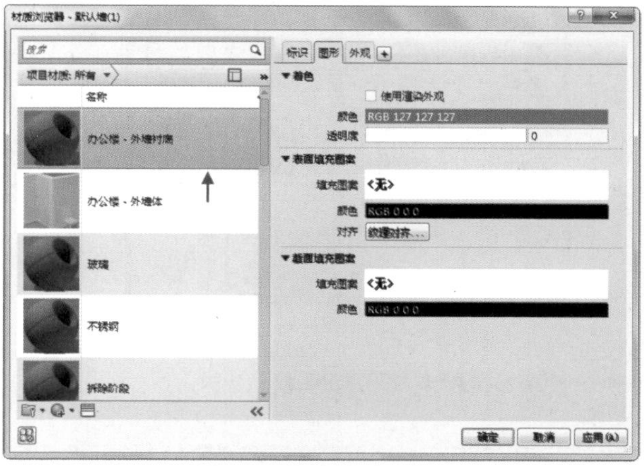

图3-18　新建材质副本

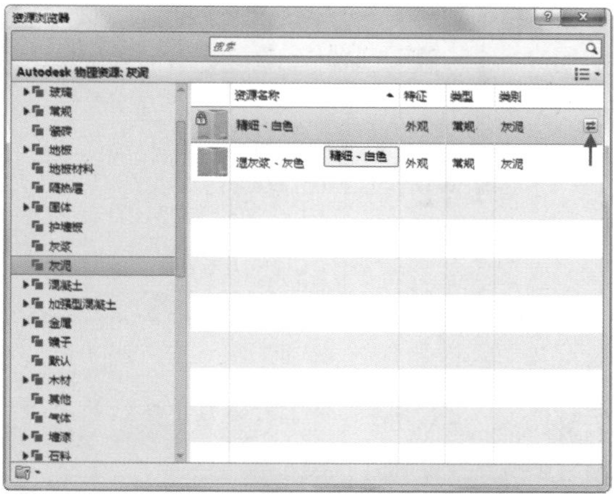

图3-19　单击按钮

17 在【材质浏览器】对话框中保持“办公楼-外墙衬底”材质的选择状态不变，在右侧的面板中选择“图形”选项卡，在“着色”选项组中单击“颜色”右侧的文本框，在弹出的【颜色】对话框中修改红、绿、蓝参数，如图3-20所示。

18 单击“确定”按钮，返回到【材质浏览器】对话框，设置颜色的参数如图3-21所示。

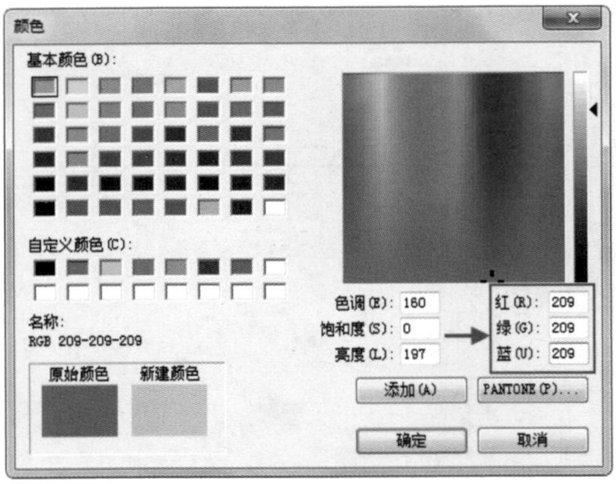

图3-20　设置参数

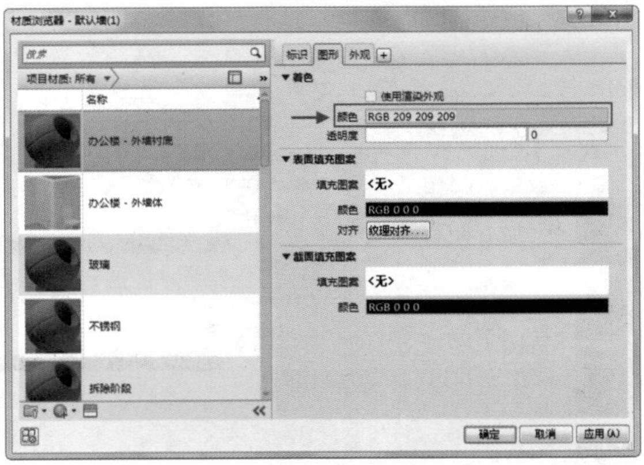

图3-21　显示修改后的参数

提示　通过设置“颜色”参数，可以控制墙体在建筑项目中的显示颜色。

19 单击“确定”按钮，返回到【编辑部件】对话框，保持第6行“面层2[5]”的材质为“<按类别>”不变，依次修改各结构层的“厚度”值，如图3-22所示。

20 单击“确定”按钮，返回到【类型属性】对话框，在“厚度”选项中显示墙体的厚度，单击调出“功能”下拉列表，选择“外部”选项，设置墙体为外墙体，如图3-23所示。单击“确定”按钮，关闭对话框，完成设置外墙体参数的操作。

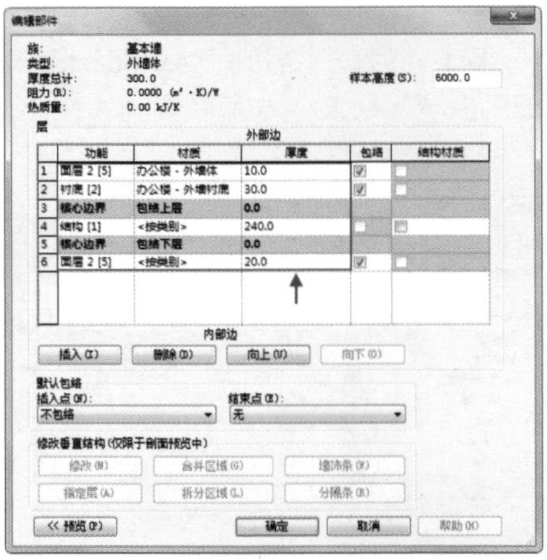

图3-22　修改“厚度”值

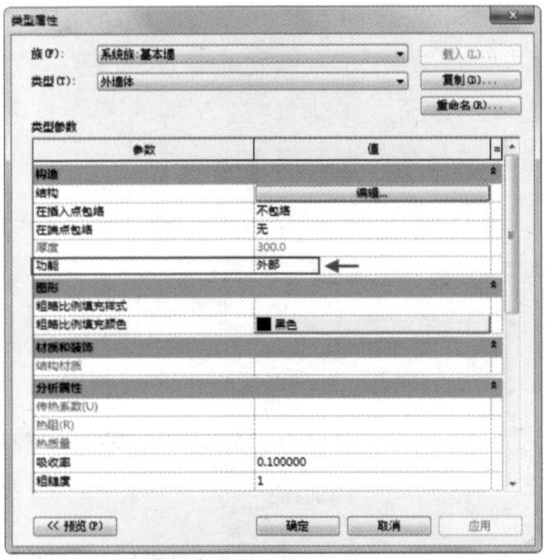

图3-23　设置选项

提示　【编辑部件】对话框中各结构层的“厚度”值相加，即是墙体的厚度。

设置内墙体参数

01 启用“墙体”命令，在“属性”选项板中单击“编辑类型”按钮，弹出【类型属性】对话框，在“类型”选项中选择“外墙体”，单击“复制”按钮，在弹出的【名称】对话框中设置“名称”为“内墙体”，如图3-24所示。

图3-24　设置名称

02 单击“确定”按钮，关闭对话框，完成创建“内墙体”的操作。在“结构”选项中单击“编辑”按钮，弹出【编辑部件】对话框，选择第2行“衬底[2]”层，单击“删除”按钮，删除该层。修改第1行“面层2[5]”的厚度为20.0，如图3-25所示。

> **提示** 以“外墙体”为基础创建的“内墙体”，继承了“外墙体”的结构参数。通过修改原有的墙体参数，可以得到“内墙体”参数。

03 单击第1行“面层2[5]”层中“材质”单元格中的按钮，弹出【材质浏览器】对话框，在材质列表中选择名称为“办公楼-外墙体”的材质，执行“复制”操作，复制材质副本，并将副本材质命名为“办公楼-内墙体”，如图3-26所示。

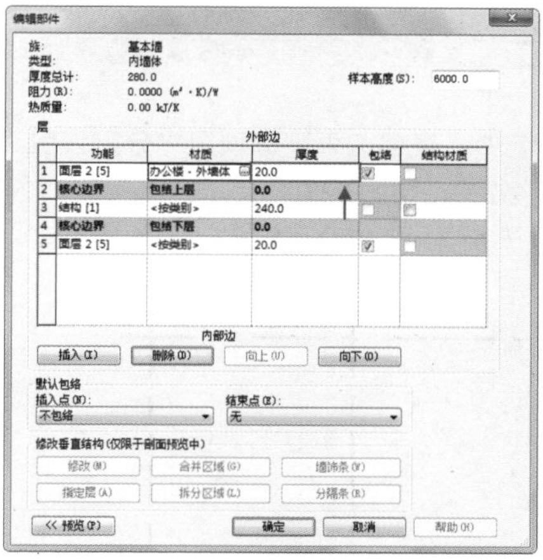

图3-25　修改参数

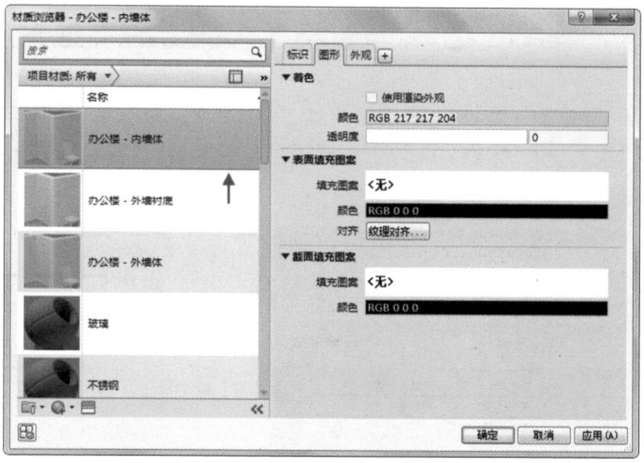

图3-26　复制材质副本

04 单击“确定”按钮，返回到【编辑部件】对话框，重复上一步骤的操作，修改第5行“面层2[5]”层的材质为“办公楼-内墙体”，如图3-27所示。

05 单击“确定”按钮，返回到【类型属性】对话框，设置“功能”选项为“内部”，如图3-28所示。单击“确定”按钮，关闭对话框，完成设置“内墙体”参数的操作。

06 此时在“属性”选项板中显示当前的墙体类型为“内墙体”，如图3-29所示。在绘图区域中依次指定起点、终点，可以绘制内墙体。

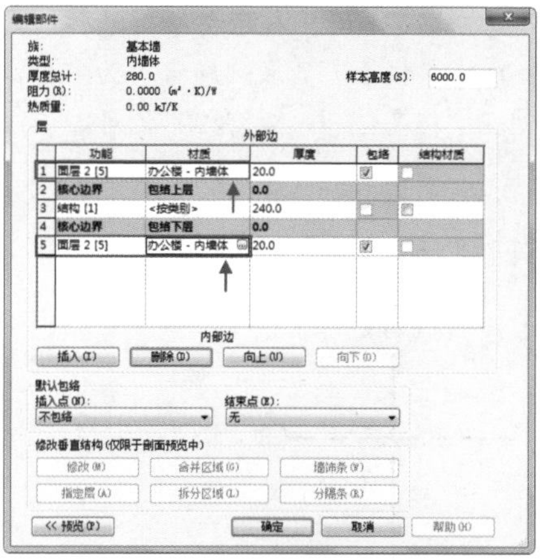

图3-27　指定材质

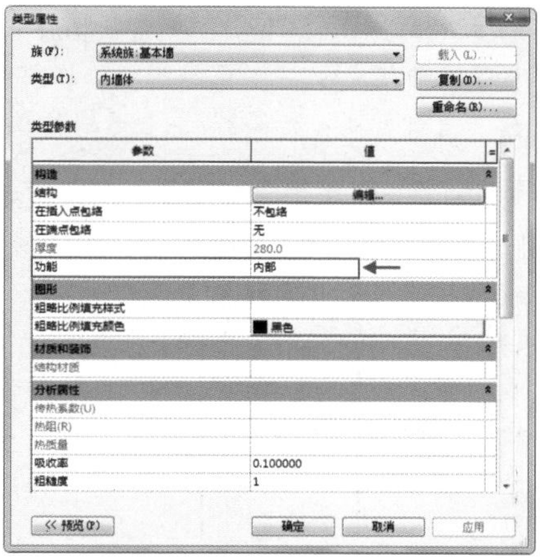

图3-28　设置选项

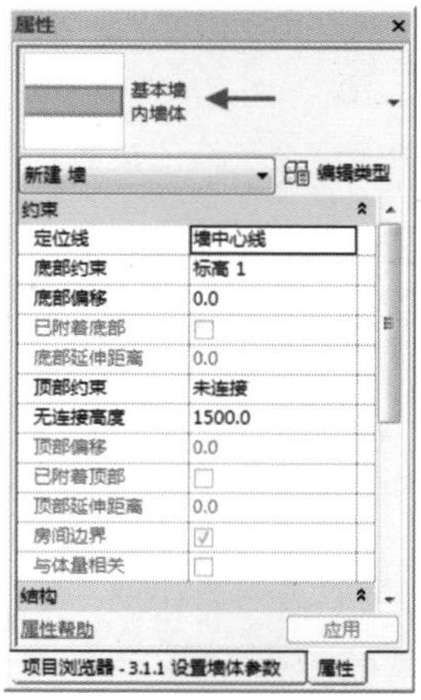

图3-29　显示墙体类型

3.1.2　创建外墙体

墙体参数设置完毕后，就可以开始创建墙体。在设置墙体参数时，已经创建了墙体类型，即“外墙体”与“内墙体”。在创建墙体之初，需要先选择墙体类型。例如，创建外墙体，就选择名称为“外墙体”的墙体类型。

01 启用“墙体”命令，进入“修改|放置 墙”选项卡，在“绘制”面板中单击“线”按钮，选择绘制墙体的方式。在选项栏中设置“高度”为“标高2”，选择“定位线”为“墙中心线”，勾选“链”复选框，保持“偏移”值为0.0不变，如图3-30所示。

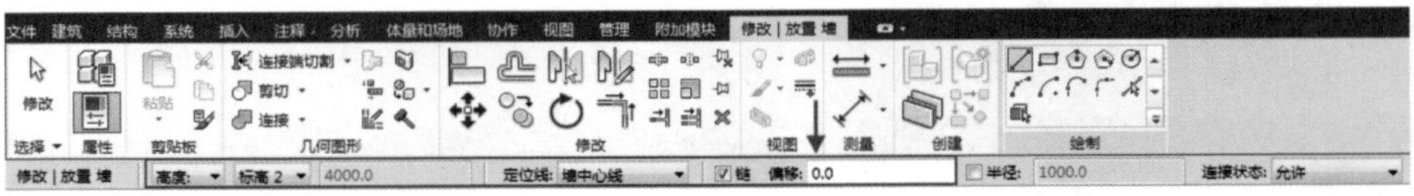

图3-30 进入选项卡

02 在“属性”选项板中单击弹出类型列表，选择“外墙体”选项。在“约束”选项组中分别设置“底部约束”为“标高1”，设置“顶部约束”为“直到标高：标高2”，如图3-31所示。

03 将光标置于A轴与1轴的交点上，单击鼠标左键，指定该点为起点，如图3-32所示。

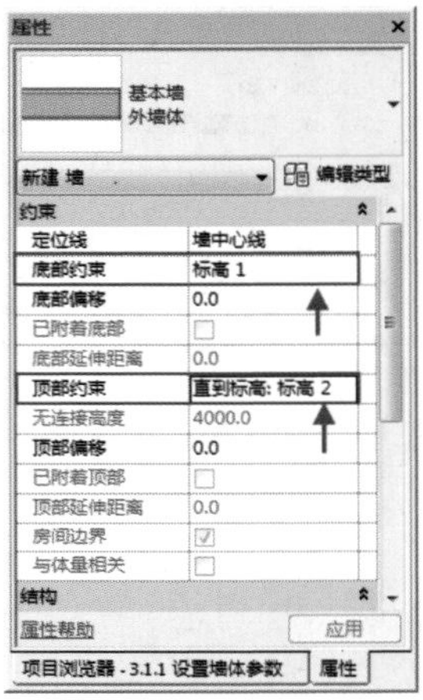

图3-31 设置选项

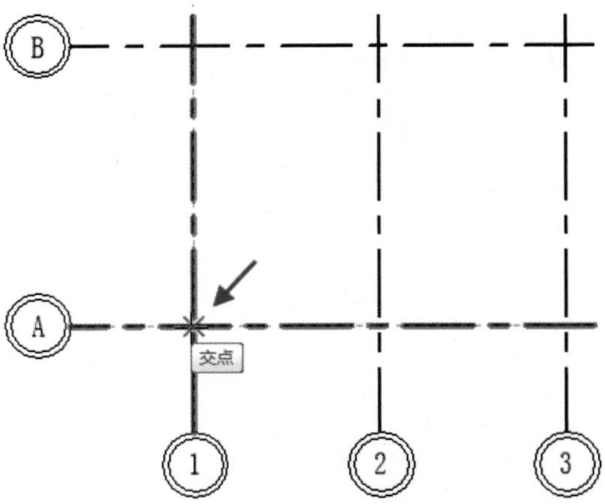

图3-32 指定起点

> **提示** 在“定位线”列表中提供了多种定位方式，选择“墙中心线”选项，表示在绘制墙体时所定义的起点，是墙中心线的起点。以该点为基点，左右两侧的墙宽相等。“底部约束”为“标高1”，“顶部约束”为“直到标高：标高2”，表示墙体被限制在“标高1”与“标高2”之间。

04 向上移动鼠标，在1轴与D轴的交点单击鼠标左键，指定该点为下一点，如图3-33所示。

05 向右移动鼠标，在15轴与D轴的交点单击鼠标左键，指定该点为下一点，如图3-34所示。

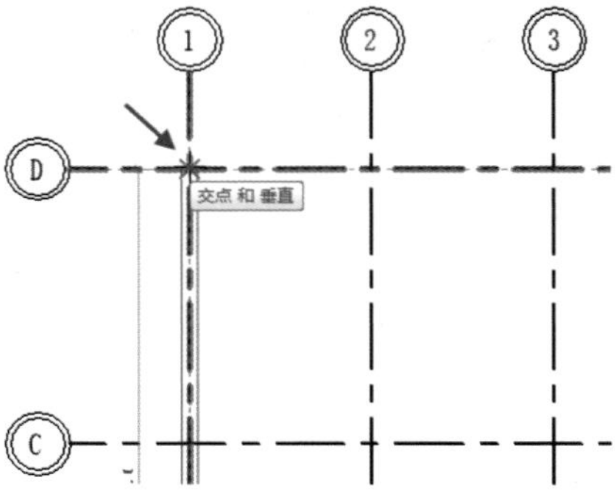

图3-33 指定下一点1

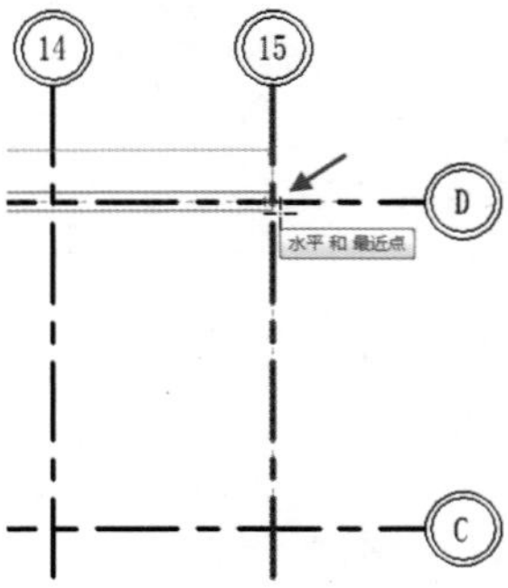

图3-34 指定下一点2

06 向下移动鼠标，在A轴与15轴的交点单击鼠标左键，指定该点为下一点，如图3-35所示。

07 向左移动鼠标，在A轴与1轴的交点单击鼠标左键，指定该点为终点，如图3-36所示，结束绘制操作。

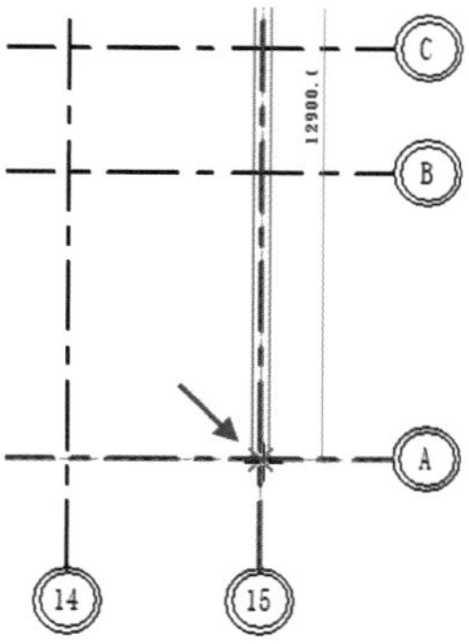

图3-35 指定下一点3

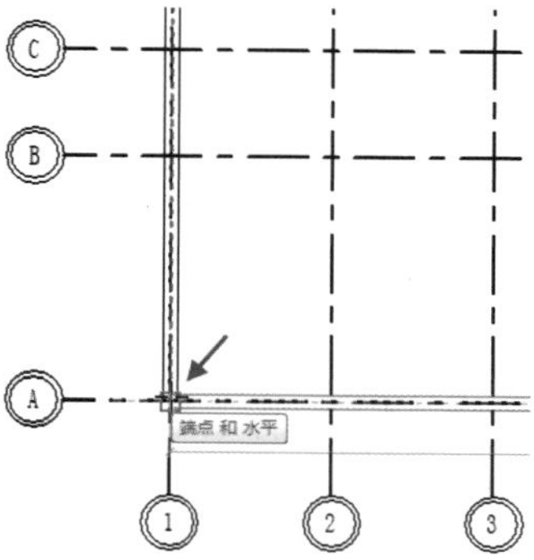

图3-36 指定终点

提示 以轴网为基础来绘制墙体，最大的好处就是可以快速并准确地定位墙体的各个点，加快制图过程。

08 绘制外墙体的效果如图3-37所示。

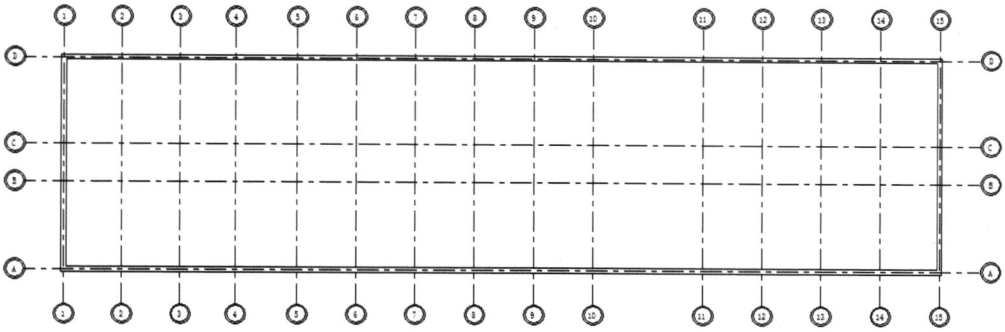

图3-37 外墙体效果

09 在快速访问工具栏中单击“默认三维视图”按钮，转换至三维视图，观察外墙体的三维效果，如图3-38所示。

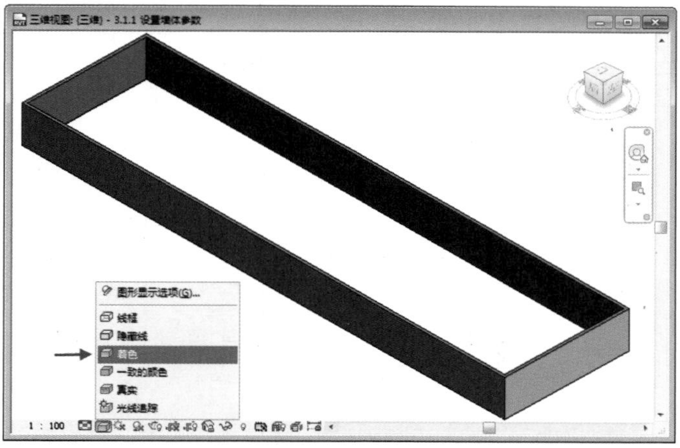

图3-38 外墙体的三维效果

提示 在视图控制栏中单击“视觉样式”按钮，在弹出的下拉列表中选择模型的显示样式，如选择“着色”样式，可以观察模型的着色效果。

3.1.3 创建内墙体

创建内墙体的方法与创建外墙体的操作过程大体一致，本节介绍创建内墙体的操作方法。

01 启用“墙体”命令，在“属性”选项板中选择“内墙体”类型，设置“定位线”为“墙中心线”，选择“底部约束”为“标高1”，选择“顶部约束”为“标高2”。

02 依次指定起点、下一点以及终点，绘制内墙体的效果如图3-39所示。

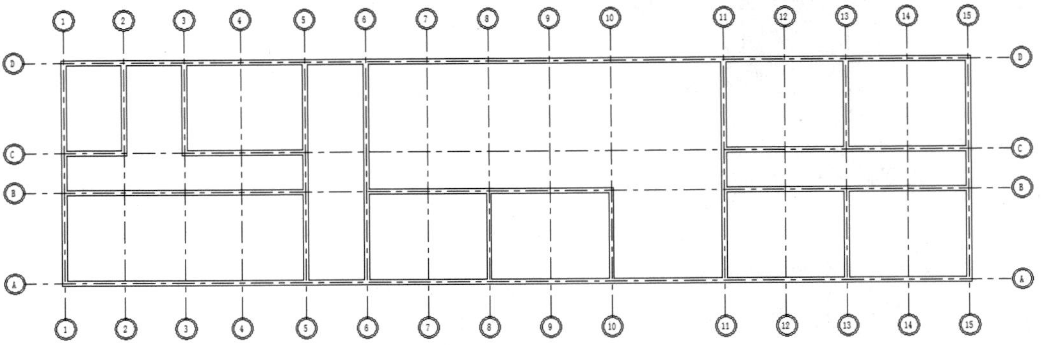

图3-39 内墙体效果

03 在“建筑”选项卡的“工作平面”面板中单击“参照平面”按钮，如图3-40所示。进入“修改|放置 参照平面”选项卡，绘制参照平面作为辅助线。

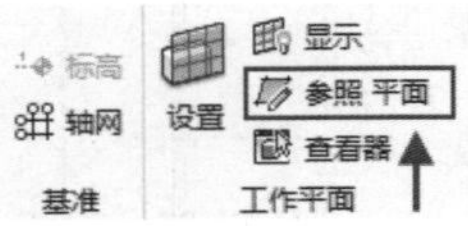

图3-40 单击按钮

04 在10轴与11轴之间的水平墙体上单击指定参照平面的起点，输入距离参数，如图3-41所示。这样能够更加准确地定位起点。

> 提示 在键盘上按快捷键RP，也可以调用“参照平面”命令。

05 分别指定参照平面的起点与终点，绘制垂直方向上的参照平面的效果如图3-42所示。

06 启用“墙体”命令，以参照平面为基准线，绘制内墙体，效果如图3-43所示。

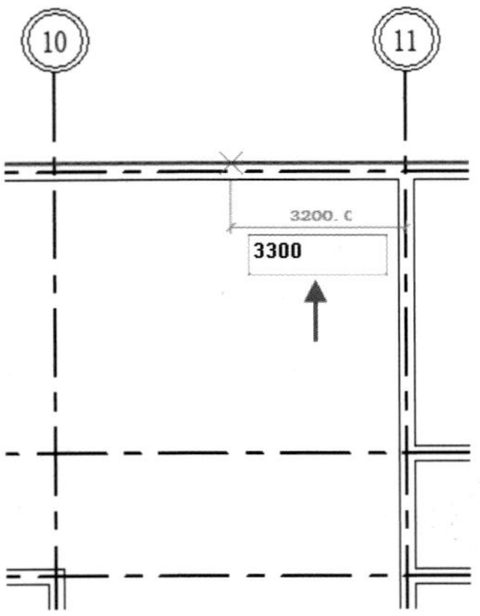

图3-41 输入参数

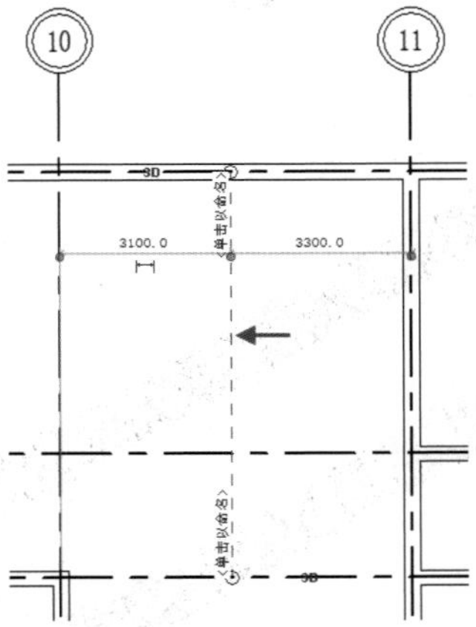

图3-42 绘制参照平面

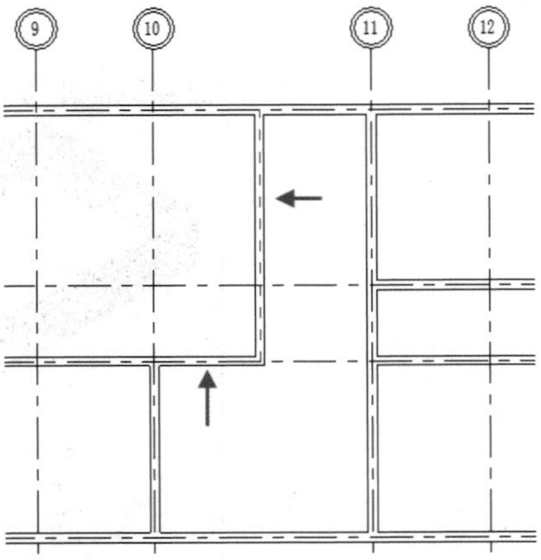

图3-43 绘制墙体

> 提示 假如上一次执行“墙体”命令时，所选择的墙体类型为“内墙体”，在下一次绘制墙体时，“属性”选项板默认保持上一次的选择，即选择“内墙体”。

07 内墙体的最终绘制效果如图3-44所示。

08 切换至三维视图，观察内墙体的三维效果，如图3-45所示。

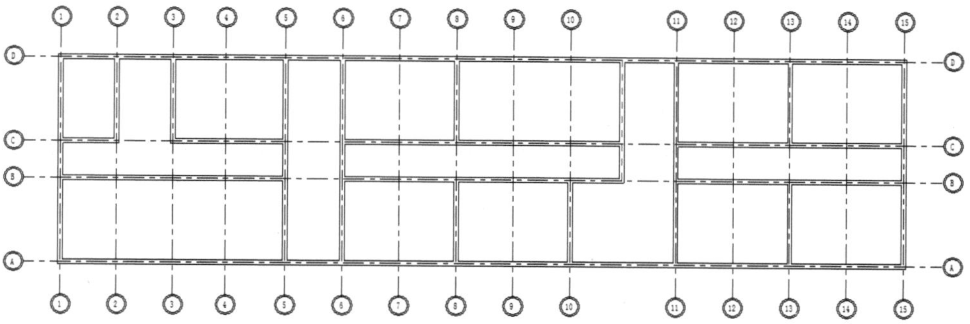

图3-44　内墙体效果

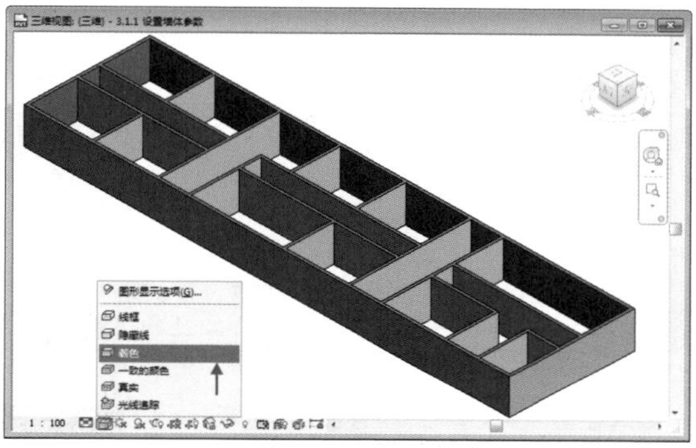

图3-45　内墙体三维效果

3.2　创建叠层墙

Revit中的叠层墙是指结构更为复杂的墙体，由上下两种厚度不同、材质不同的“基本墙”类型的子墙体构成。用户可以分别指定叠层墙中每一种类型墙的高度、对齐方式等。本节介绍设置叠层墙参数以及创建叠层墙的操作方法。

3.2.1　设置叠层墙参数

与创建基本墙体类似，在创建叠层墙之前，也需要先定义墙体参数。本节介绍设置叠层墙参数的操作方法。

01 启用“墙体”命令，在“属性”选项板中单击“编辑类型”按钮，弹出【类型属性】对话框，在“类型”下拉列表框中选择“外墙体”选项，如图3-46所示。单击“复制”按钮，弹出【名称】对话框。

02 在【名称】文本框中输入名称，如图3-47所示。

> 提示　叠层墙由两个子墙构成，首先开始设置第一个子墙的类型参数。

03 单击“确定”按钮，返回到【类型属性】对话框。单击“结构”选项右侧的“编辑”按钮，弹出【编辑部件】对

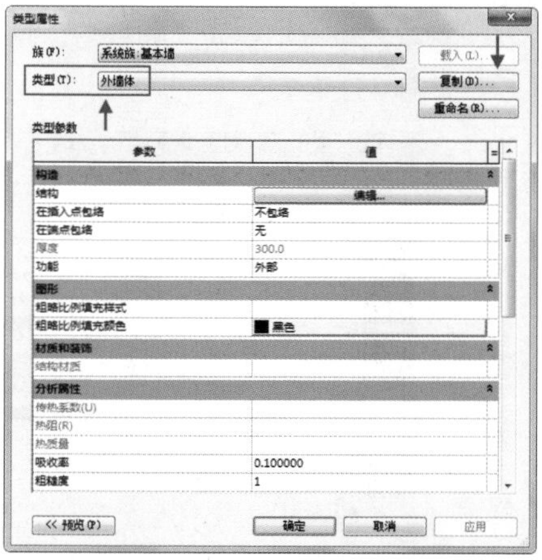

图3-46　【类型属性】对话框

话框，选择第2行“衬底[2]”层，如图3-48所示。单击“删除”按钮，删除选中的行。

04 将“衬底[2]”层删除后，层列表的显示结果如图3-49所示。

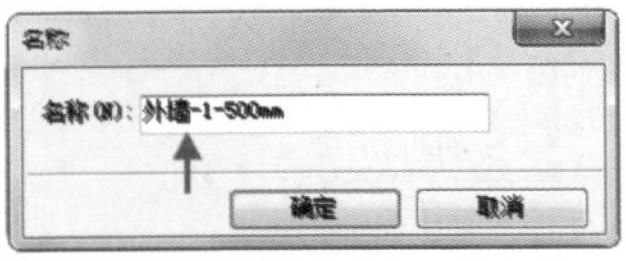

图3-47 【名称】对话框

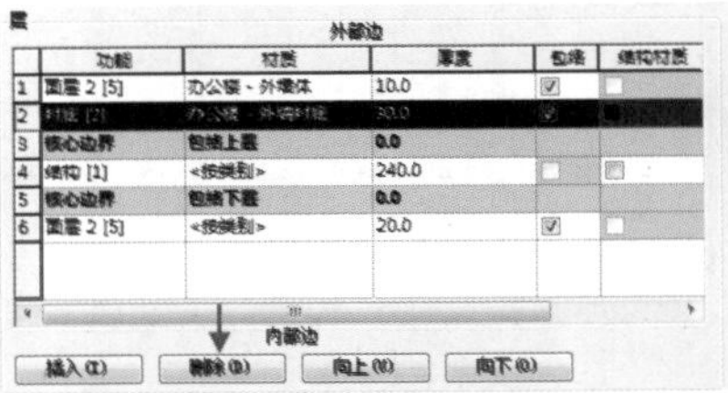

图3-48 执行删除操作

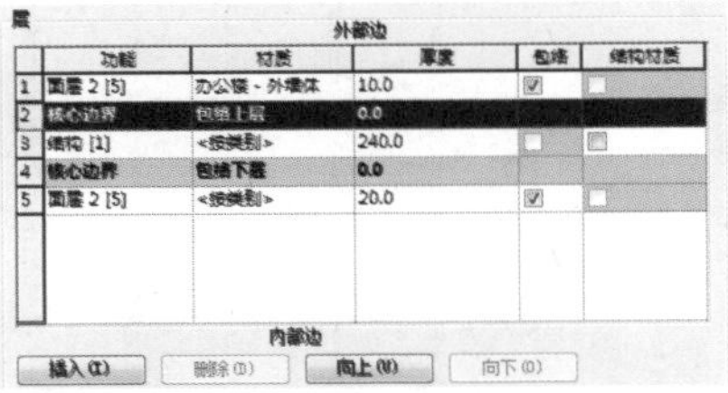

图3-49 删除效果

05 将光标定位在第1行“面层2[5]”层中的“材质”单元格中，单击按钮，弹出【材质浏览器】对话框，选择名称为“办公楼-外墙体”的材质，执行“复制”操作，复制材质副本。接着重命名材质副本的名称为“外墙体-1-500mm”，如图3-50所示。

06 在右侧的面板中单击“表面填充图案”选项组下的“填充图案”列表框，弹出【填充样式】对话框，在列表框中选择名称为“对角线交叉填充”的图案，如图3-51所示。单击“确定”按钮，关闭对话框。

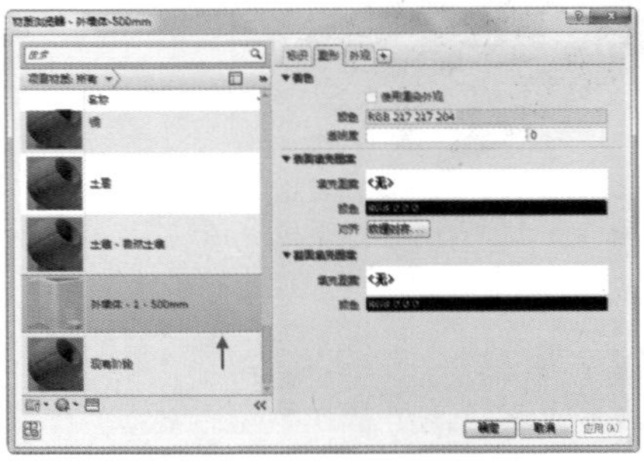

图3-50 复制材质

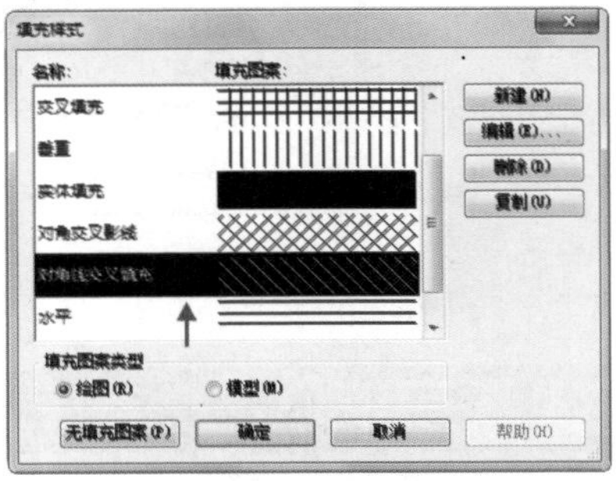

图3-51 选择图案

提示 材质名称“外墙体-1-500mm”可以理解为：该材质被用于外墙体，该墙体的编号为1，墙体的厚度为500mm。因为叠层墙由两个子墙构成，在此以编号1命名第一个子墙。

07 在“填充图案”选项中显示“对角线交叉填充”图案，如图3-52所示。单击“确定”按钮，返回到【编辑部件】对话框。

08 将光标定位在第3行“结构[1]”层的“材质”单元格中，单击按钮，弹出【材质浏览器】对话框，选择名称为“默认”的材质，执行“复制”和“重命名”操作，得到名称为“混凝土”的新材质，如图3-53所示。

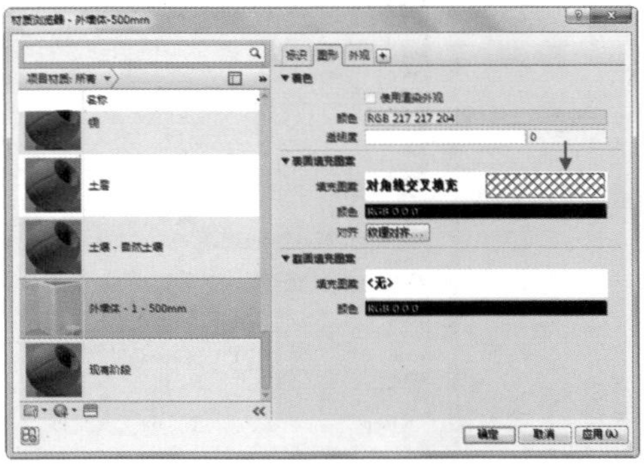

图3-52 设置图案的效果

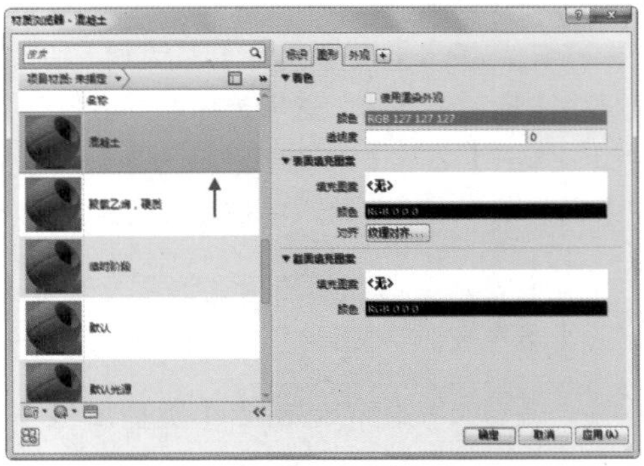

图3-53 复制材质

09 单击左下角的“打开/关闭资源浏览器”按钮，弹出【资源浏览器】对话框，单击展开“Autodesk物理资源”列表，选择“混凝土”选项，在右侧的列表框中选择材质，单击右侧的按钮，如图3-54所示，执行添加材质的操作。

10 保持参数不变，单击右上角的“关闭”按钮，返回到【编辑部件】对话框，将第5行“面层2[5]”层的材质设置为“外墙体-1-500mm”，同时修改各结构层的“厚度”值，结果如图3-55所示。单击“确定”按钮，返回到【类型属性】对话框。

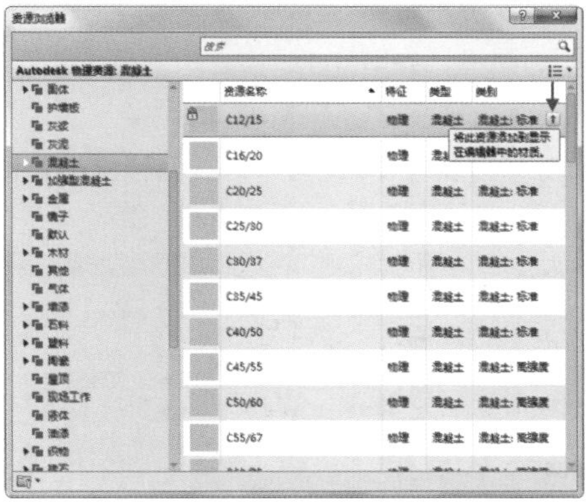

图3-54　选择材质

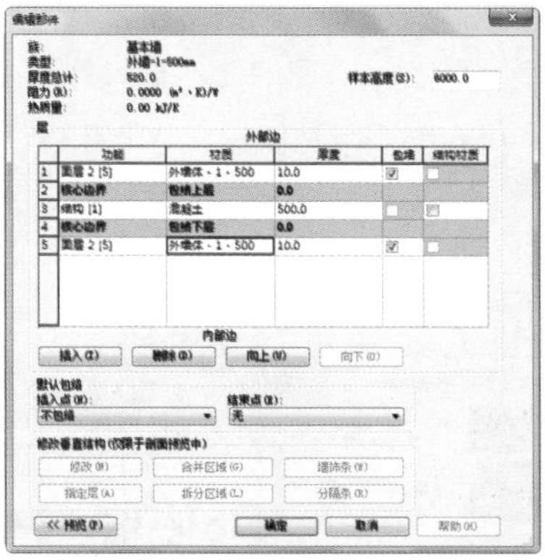

图3-55　修改参数

提示　因为将叠层墙的厚度定义为500mm，所以在此将“结构[1]”层的厚度设置为500。

11 在【类型属性】对话框的“类型”下拉列表框中选择“外墙-1-500mm”，单击“复制”按钮，在弹出的【名称】对话框中修改名称为“外墙-2-500mm”，如图3-56所示。

12 单击“确定”按钮，返回到【类型属性】对话框，单击“结构”选项右侧的“编辑”按钮，如图3-57所示，弹出【编辑部件】对话框。

图3-56　设置名称

提示　第一个子墙的类型参数设置完毕后，开始设置第二个子墙的类型参数，并将其命名为“外墙体-2-500mm”。

13 在【编辑部件】对话框中不执行“删除”或者“插入”层的操作。单击第1行“面层2[5]”层的“材质”单元格中的按钮，弹出【材质浏览器】对话框。

14 选择名称为“外墙体-1-500mm”的材质，执行“复制”和“重命名”操作，得到名称为“外墙体-2-500mm”的新材质，如图3-58所示。

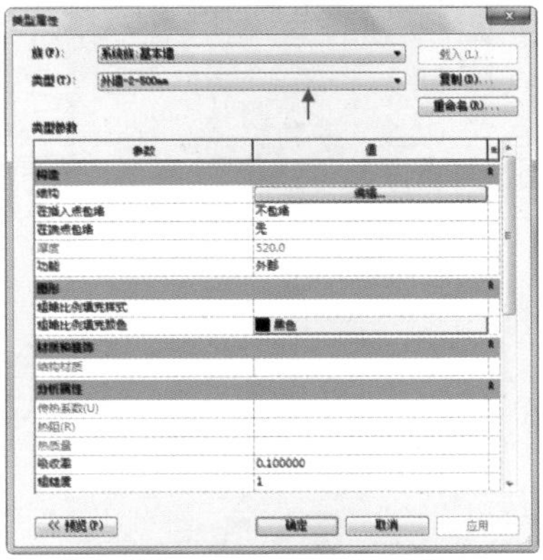

图3-57　复制墙体类型

图3-58　复制材质

15 单击右侧面板中“表面填充图案”选项组下的“填充图案”列表框，弹出【填充样式】对话框，单击“无填充图案”按钮，如图3-59所示，撤销已有的填充图案。

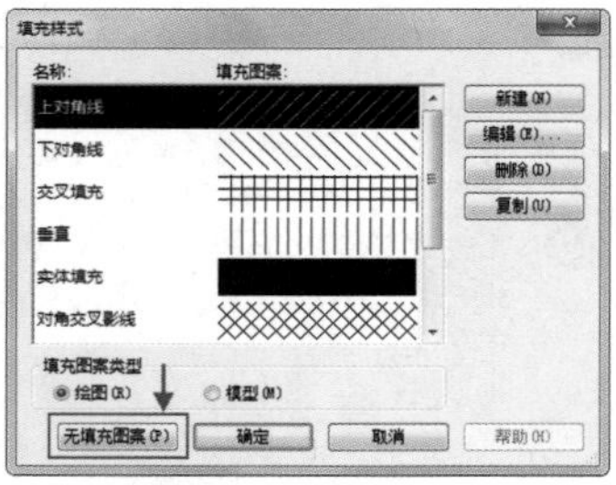

图3-59　单击按钮

> **提示**　叠层墙中的两个子墙可以设置不同的材质，使得叠层墙在垂直方向上呈现丰富的效果。

16 单击“确定”按钮，返回到【材质浏览器】对话框，单击“着色”选项组下“颜色”右侧的文本框，弹出【颜色】对话框，在其中修改颜色参数。关闭对话框后，在“颜色”选项中显示设置参数，如图3-60所示。

17 单击“确定”按钮，返回到【编辑部件】对话框，将第5行“面层2[5]”层的材质指定为“外墙体-2-500mm”，如图3-61所示。保持其他参数不变，单击“确定”按钮，关闭对话框。

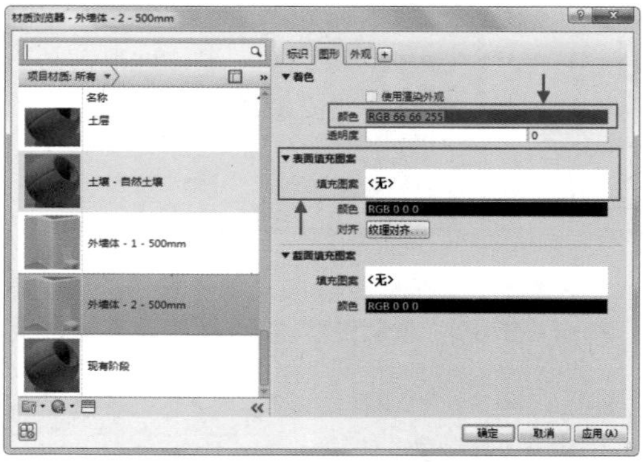

图3-60　设置结果

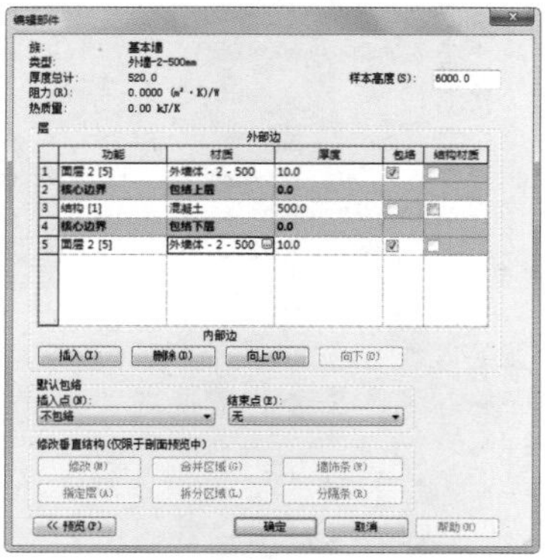

图3-61　指定材质

18 在【类型属性】对话框的“族”下拉列表框中选择“系统族：叠层墙”选项，在“类型”下拉列表框中显示“叠层墙1”，单击“复制”按钮，在弹出的【名称】对话框中修改名称，如图3-62所示。

19 单击“结构”选项右侧的“编辑”按钮，弹出【编辑部件】对话框。在第1行“名称”单元格中调出列表，选择名称为“外墙-2-500mm”的子墙体，并单击“可变”按钮。

20 在第2行“名称”单元格中选择名称为“外墙-1-500mm”的子墙体，设置“高度”值为4000.0，如图3-63所示。单击“确定”按钮，关闭对话框，完成设置叠层墙参数的操作。

> **提示**　观察“类型”列表，在列表的上方显示“顶部”说明文字，下方显示“底部”说明文字，表示在列表中按照从上到下的顺序，显示叠层墙从顶部至底部方向的子墙体类型及其高度。

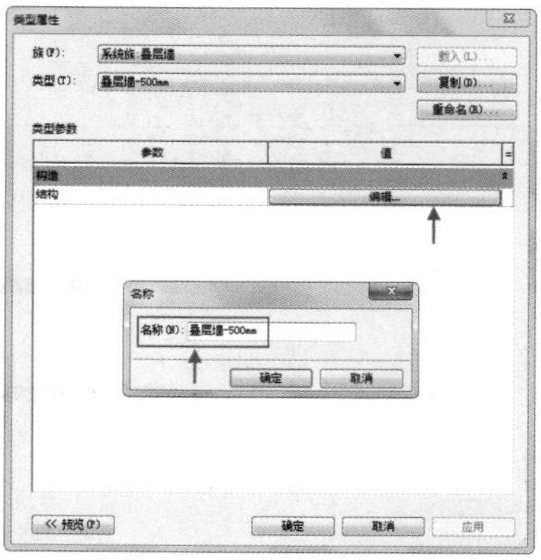

图3-62　修改名称

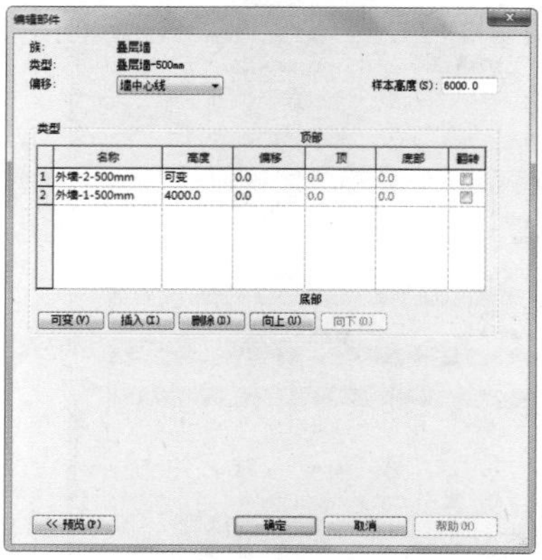

图3-63　设置参数

3.2.2 创建叠层墙的方法

创建叠层墙的方法与创建基本墙体的方法相同，本节简要介绍创建叠层墙的操作方法。

在叠层墙的【编辑部件】对话框中，“外墙体-1-500mm”以及“外墙体-2-500mm”的“高度”决定了在生成叠层墙实例时各子墙体的高度。

例如，“标高1”至“标高2”的标高为4000mm，所以将叠层墙中“外墙体-1-500mm”类型的子墙体高度设置为4000mm，其余的高度可以根据叠层墙的实际高度由可变高度子墙体（即“外墙体-2-500mm”）来自动填充。在叠层墙中只有一个可变的子墙体高度。

在“建筑”选项卡的“构建”面板中单击“墙”按钮，启用“墙”命令。在“属性”选项板中单击弹出类型列表，选择已创建的“叠层墙-500mm”。

设置“定位线”为“墙中心线”，设置“底部约束”和“顶部约束”选项。叠层墙实例的高度必须大于叠层墙【编辑部件】对话框中所设置的子墙体的高度之和。

例如，在【编辑部件】对话框中，“外墙体-1-500mm”的“高度”为4000mm，“外墙体-2-500mm”的“高度”为“可变”状态。在绘制叠层墙实例时，高度必须大于4000mm。

将“顶部约束”设置为“直到标高：标高3”，如图3-64所示，高度超过4000mm。在该标高条件下创建的叠层墙，可以显示叠层墙在高度方向上由不同厚度或者不同材质的子墙体构成的效果。

在绘图区域中依次指定起点、下一点以及终点，完成叠层墙的创建。切换至三维视图，观察其三维效果，如图3-65所示。叠层墙体的上部为“外墙体-2-500mm”子墙体，下部为“外墙体-1-500mm”子墙体。各自显示不同的材质效果，互不影响。在需要创建外部装饰墙体时，可以通过绘制叠层墙来实现。

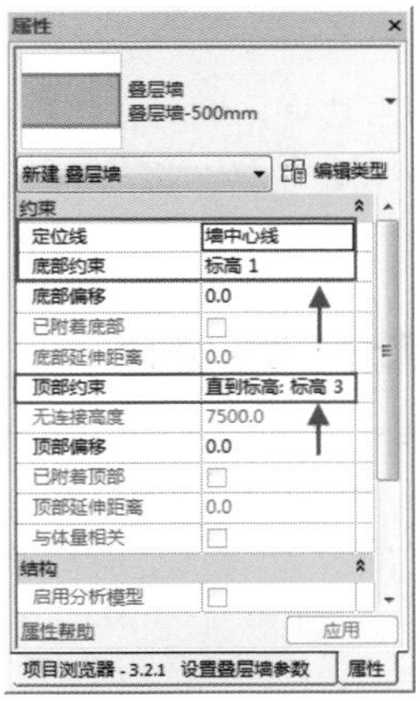

图3-64 设置参数

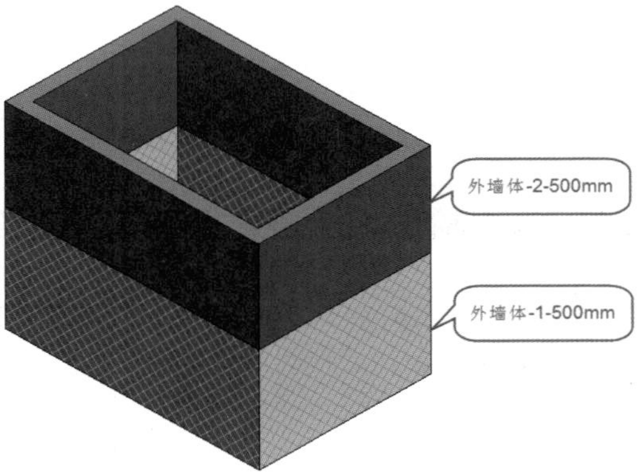

图3-65 叠层墙三维效果

3.3 编辑墙体

本节介绍编辑墙体的操作方法，例如，修改墙体的连接方式、控制墙体与指定的构件附着或者分离。

3.3.1 连接墙体的方式

启用“墙体”命令，进入“修改|放置 墙”选项卡。在选项栏的“连接状态”下拉列表中显示“允许”和“不允许”选项，如图3-66所示。选择不同的选项，关系到是否允许各段墙体自动连接。

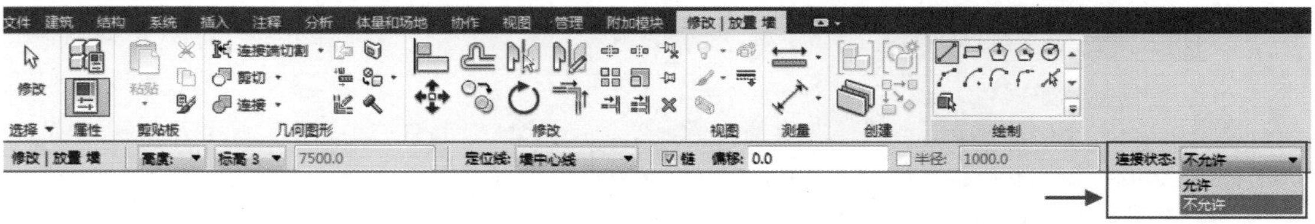

图3-66　显示“连接状态”方式

在绘制首尾相连的墙体时，默认状态下“允许”墙体自动连接，效果如图3-67所示。假如“不允许”墙体自动连接，将以重叠的样式显示两段墙体，效果如图3-68所示。

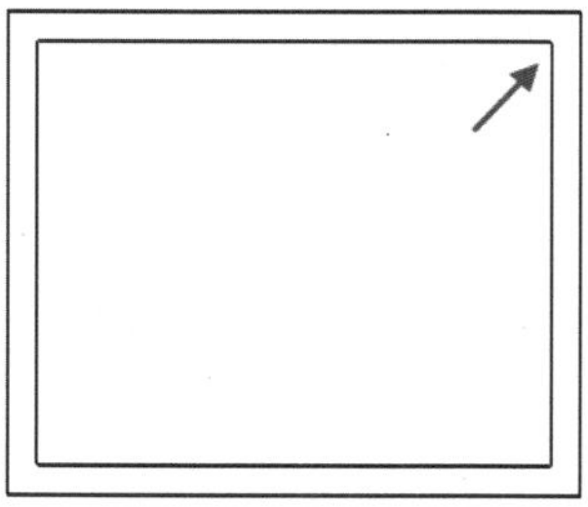

图3-67　允许连接

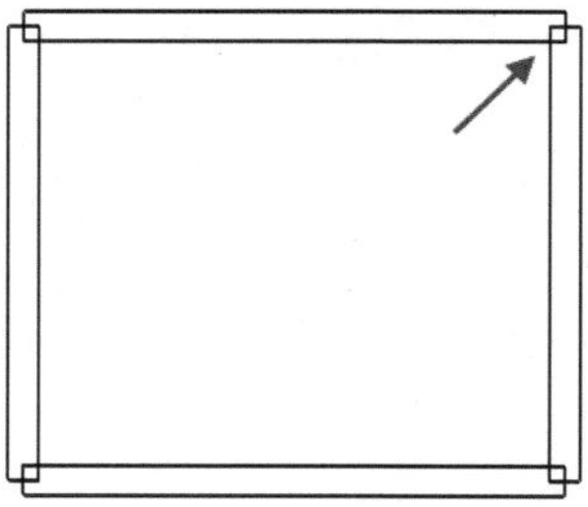

图3-68　不允许连接

提示　在旧版本的Revit应用程序中，“修改|放置 墙”选项栏中的“连接状态”选项是没有的，是Revit 2018版本的新增功能。

在“修改”选项卡中，单击“修改”面板中的“墙连接”按钮，在“配置”选项栏中显示墙体连接的几种方式，如“平接”“斜接”以及“方接”，如图3-69所示。

选中“平接”单选按钮，将光标置于墙体的连接处，显示矩形边框，同时在边框内显示墙体的平接效果，如图3-70所示。单击选项栏中的“上一个”或“下一个”按钮，切换平接的连接顺序，被剪切的墙体将会改变体积。

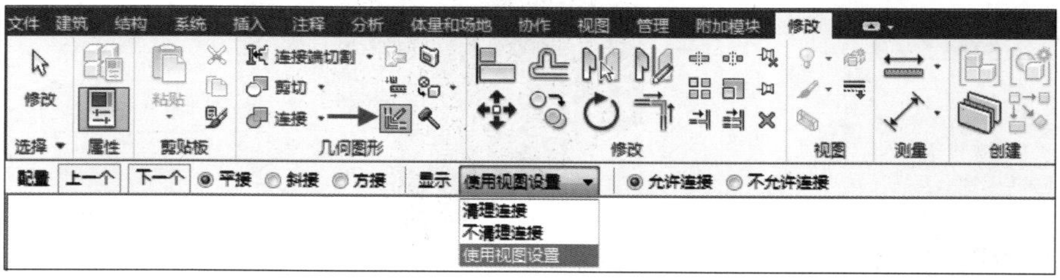

图3-69　“墙连接”方式

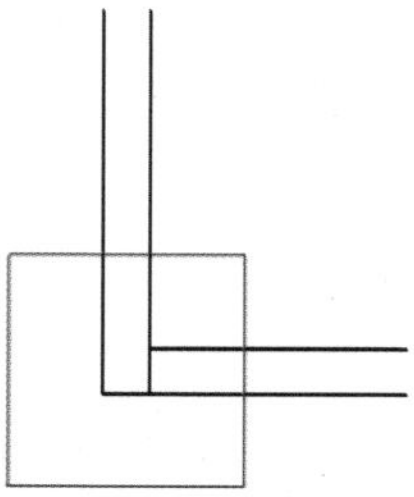

图3-70　平接效果

选中“斜接”单选按钮，在矩形边框内显示墙体的斜接效果，如图3-71所示。单击“上一个”或“下一个”按钮，切换斜接的连接顺序，被剪切的墙体将改变体积。

选中“方接”单选按钮，在矩形边框内预览墙体的方接效果，如图3-72所示。单击“上一个”或“下一个”按钮，切换方接的连接顺序，被剪切的墙体将会改变体积。

在“显示”下拉列表中提供了清理墙体连接的方式，默认选择“使用视图设置”选项。关于墙体连接的视图设置参数，需要到“属性”选项板中确认。

在“属性”选项板的“图形”选项组中，“墙连接显示”下拉列表中显示墙体连接的清理方式，默认选择“清理所有墙连接”选项，如图3-73所示，即在连接墙体后，系统自动执行清理操作。用户可根据需要，自定义清理方式。

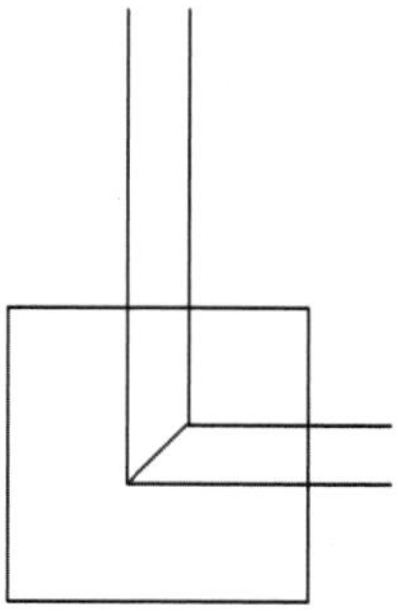
图3-71　斜接效果

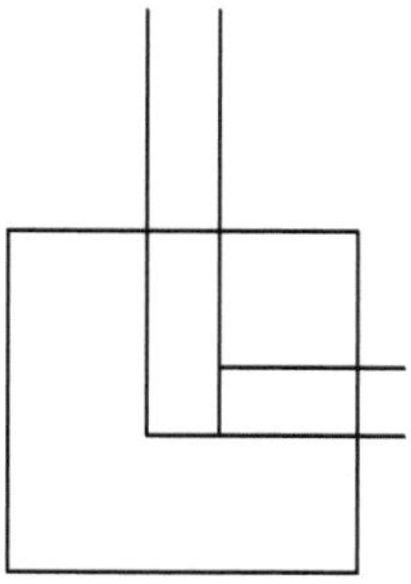
图3-72　方接效果

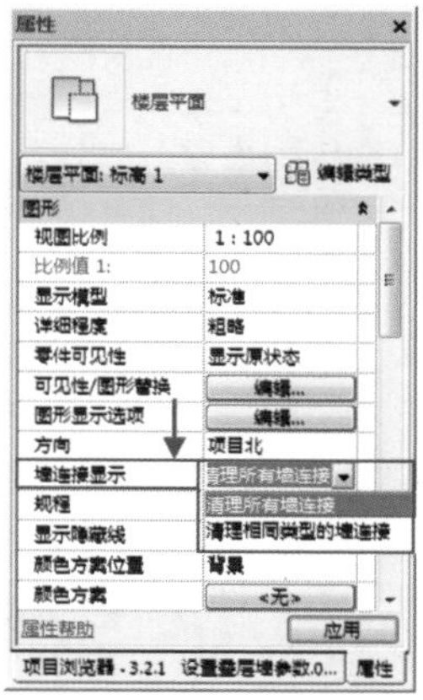

图3-73　选择不同的选项

3.3.2　附着/分离墙体

当需要将墙体附着到其他构件（如屋顶或者楼板）时，可以通过启用附着顶部/底部工具来实现。本节以将墙体附着于屋顶的操作过程为例，介绍附着墙体的方法。

为了方便观察附着效果，可以切换至立面视图。选择墙体，如图3-74所示。进入“修改|墙”选项卡，在“修改墙”面板中单击“附着顶部/底部”按钮，如图3-75所示。

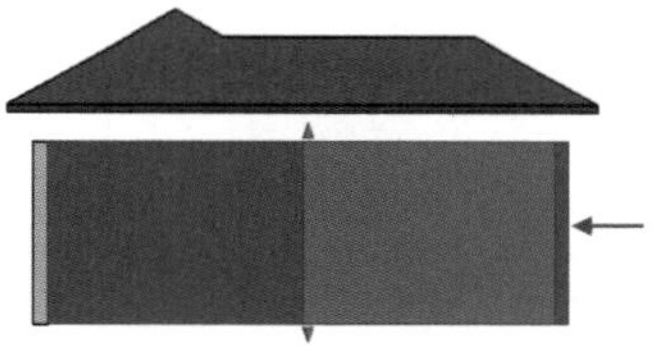
图3-74　选择墙体

图3-75　单击按钮

选择墙体需要附着的屋顶，如图3-76所示。将墙体附着于屋顶的效果如图3-77所示。重复执行操作，将全部墙体都附着于屋顶。

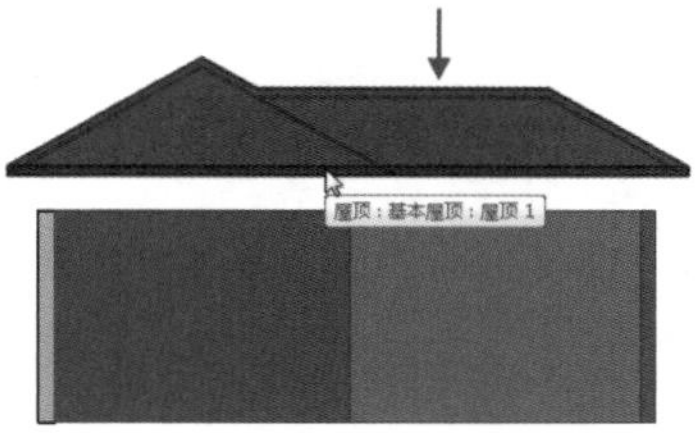

图3-76　选择屋顶

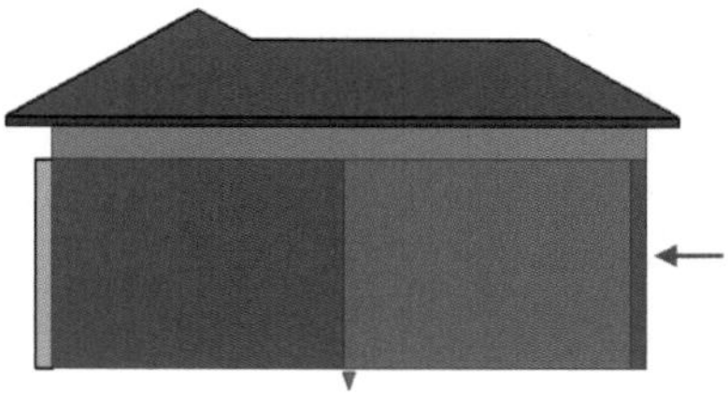
图3-77　附着墙体于屋顶

对墙体执行“附着顶部/底部”操作后，也可以将其恢复原样。选择已附着于屋顶的墙体，单击“修改墙”面板中的“分离顶部/底部”按钮，可以分离墙体与屋顶。

3.4　创建与编辑柱子

在Revit中可以创建结构柱以及建筑柱，但是项目样板在默认情况下没有提供柱族，需要用户从外部库中载入族后才可以执行创建操作。

本节将介绍创建与编辑柱子的方法。

3.4.1 创建柱子

选择“建筑”选项卡，在“构建”面板上单击“柱”按钮，在弹出的下拉列表中显示“结构柱”与“柱:建筑”选项，如图3-78所示。

选择“结构柱”选项，执行“创建结构柱”的操作。选择“柱:建筑”选项，可以在项目中添加建筑柱。选择“柱:建筑”选项，弹出如图3-79所示的提示框，提示用户“项目中未载入柱族。是否要现在载入？”。单击“是”按钮，弹出【载入族】对话框，选择族文件，单击“打开”按钮，可以将族载入到项目中。

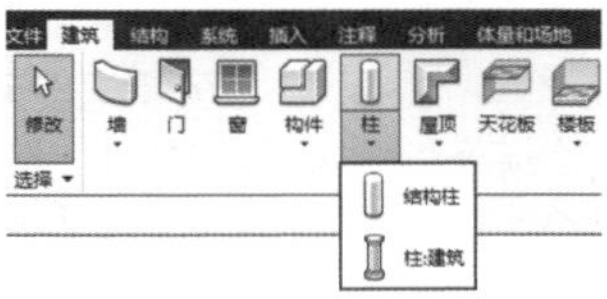

图3-78 选项列表

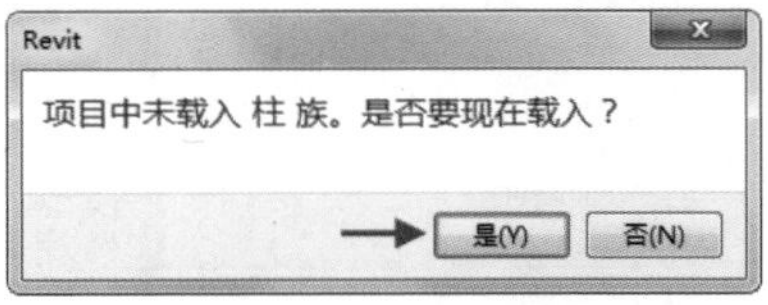

图3-79 “柱：建筑”的提示框

提示：选择“结构柱”选项，弹出如图3-80所示的提示框，提示用户尚未载入结构柱族。

图3-80 “结构柱”的提示框

在项目浏览器中单击展开“族”列表，选择“柱”选项，在选项列表中显示当前项目文件中包含的柱族，如图3-81所示。单击展开“圆柱”和“矩形柱”列表，显示柱子的类型。例如，在“圆柱”系统族中包含名称为“152mm直径”“305mm直径”以及“610mm直径”的圆柱。

在“属性”选项板中单击类型列表，选择“矩形柱”。单击“编辑类型”按钮，如图3-82所示，弹出【类型属性】对话框。在该对话框中显示“深度”和“宽度”选项的参数，如图3-83所示。单击“确定”按钮，关闭对话框。在视图中指定轴线的交点为放置点，同时预览放置矩形柱的效果，如图3-84所示。

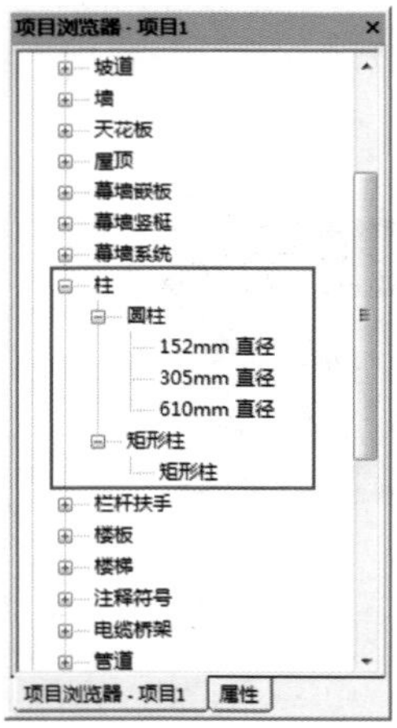

图3-81 显示类型名称

图3-82 单击按钮

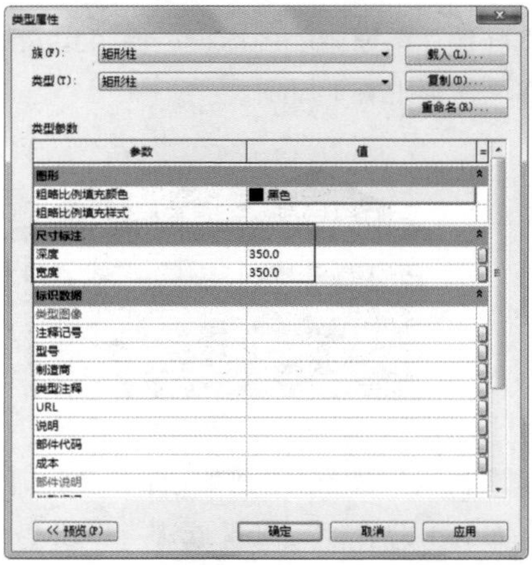

图3-83 设置参数

提示：用户不一定要将轴线交点指定为放置点，可以自由定义位置来放置柱子实例。

在位置点单击鼠标左键，结束放置建筑柱的操作，效果如图3-85所示。此时系统仍然处于放置建筑柱的命令中，继续单击指定放置点，可以在其他位置放置建筑柱，效果如图3-86所示。

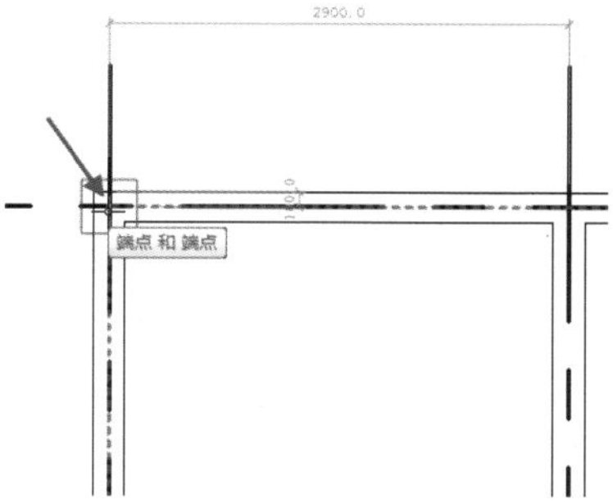

图3-84　指定位置

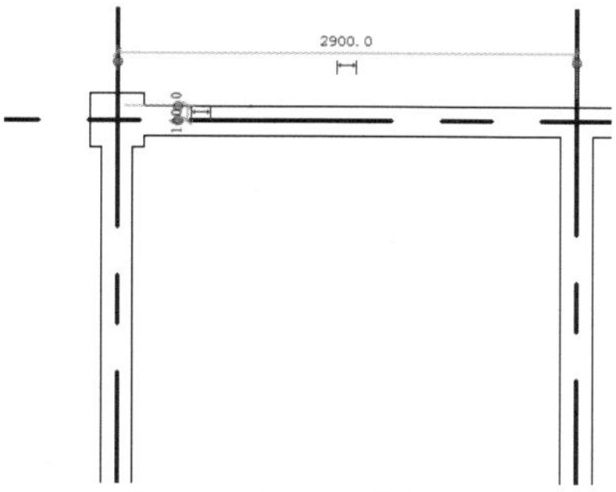

图3-85　放置建筑柱

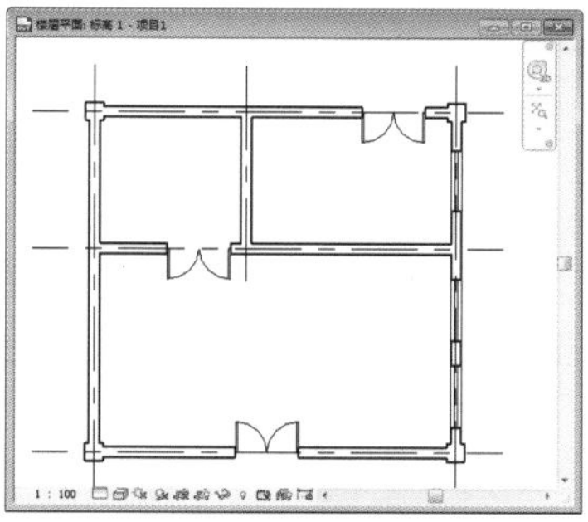

图3-86　操作效果

单击快速访问工具栏上的“默认三维视图”按钮，切换至三维视图。在视图中观察矩形柱的三维效果，如图3-87所示。

圆柱的创建过程与矩形柱的创建过程类似。用户可以在项目浏览器的“圆柱”列表中选择柱子类型，按住鼠标左键不放，拖曳鼠标至绘图区域中，执行“放置圆柱”的操作。或者在圆柱类型名称上双击鼠标左键，弹出【类型属性】对话框，在其中可以修改“直径”以及“偏移基准”等选项的值，如图3-88所示。

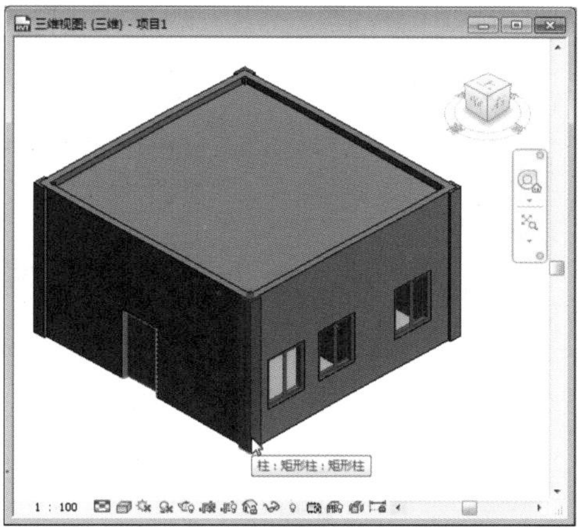

图3-87　矩形柱三维效果

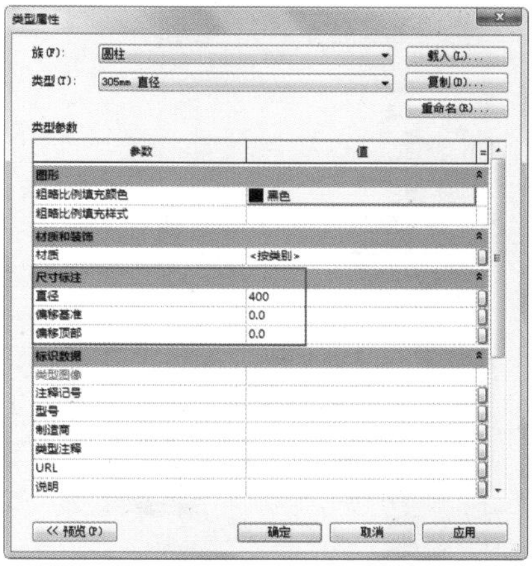

图3-88　修改参数

参数设置完毕后，在项目中指定位置来放置圆柱，效果如图3-89所示。切换至三维视图，观察圆柱的三维效果，如图3-90所示。

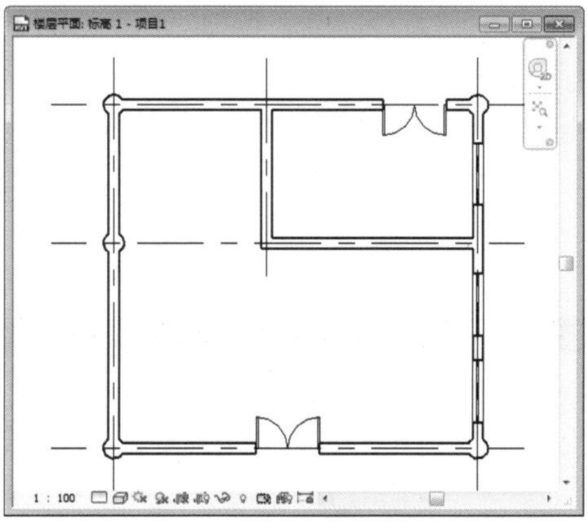

图3-89　放置圆柱

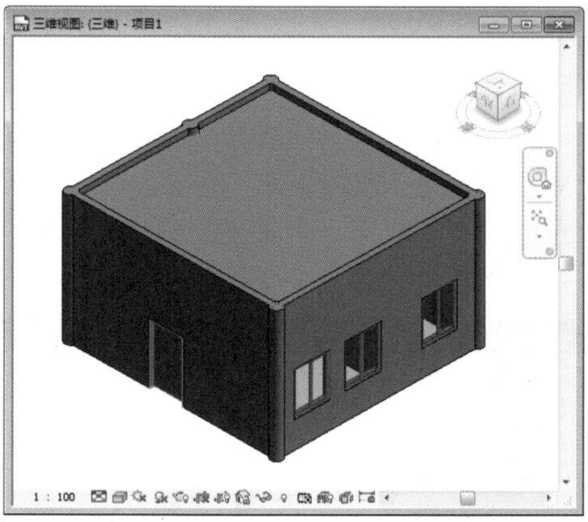

图3-90　圆柱三维效果

3.4.2 编辑柱子

在项目浏览器中选择柱子类型名称，右击，弹出快捷菜单，如图3-91所示。选择“复制”命令，可以复制族类型。选择“删除”命令，可以删除选中的族类型。

选择“复制到剪贴板”命令，将柱子复制到剪贴板，执行“粘贴”操作后可将柱子粘贴到视图中。选择“重命名”命令，进入在位编辑模式，用户可以修改类型名称。

选择“选择全部实例”命令，可以弹出子菜单，在其中显示两种选择方式。选择“在视图中可见”命令，可以选择当前视图中所有该类型的柱子。选择“在整个项目中”命令，可以选择整个项目中所有该类型的柱子。

选择“创建实例”命令，在视图中指定插入点放置柱子。选择“类型属性”命令，弹出【类型属性】对话框，在其中修改柱子的属性参数。

选择柱子，在“属性”选项板中显示柱子的属性参数，如图3-92所示。根据参数可以得知，柱子的“底部标高”为“标高1”，“顶部标高”为“标高1”，表示柱子位于“标高1”楼层平面视图中，没有延伸到其他楼层。“底部偏移”为0.0，表示柱子的底边与“标高1”重合。“顶部偏移”为4500.0，表示柱子的顶边与“标高1”相距4500mm，即柱子的高度为4500mm。

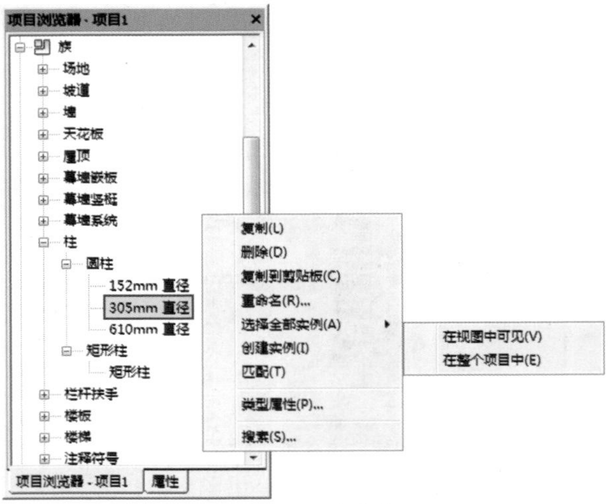

图3-91 快捷菜单

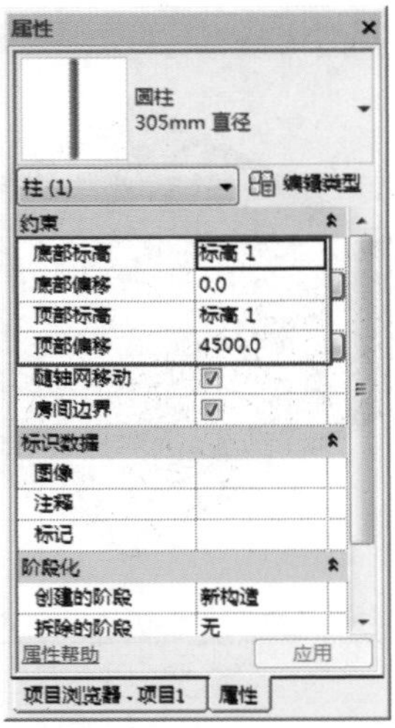

图3-92 “属性”选项板

修改属性参数，影响柱子的显示效果。在修改柱子属性参数时，可以切换到三维视图，实时观察柱子的变化情况。

进入“修改|柱”选项卡中，如图3-93所示。单击“编辑族”按钮，可以进入族编辑器。在其中修改柱子的参数后，可以重新将柱子载入到项目文件中，并覆盖柱子原来的参数。

单击“附着顶部/底部”按钮，可将柱子附着到模型图元，如屋顶或者楼板上。单击“分离顶部/底部”按钮，可以取消“附着顶部/底部”的操作效果。

勾选“随轴网移动”复选框，在移动轴网时，柱子也随之被移动。

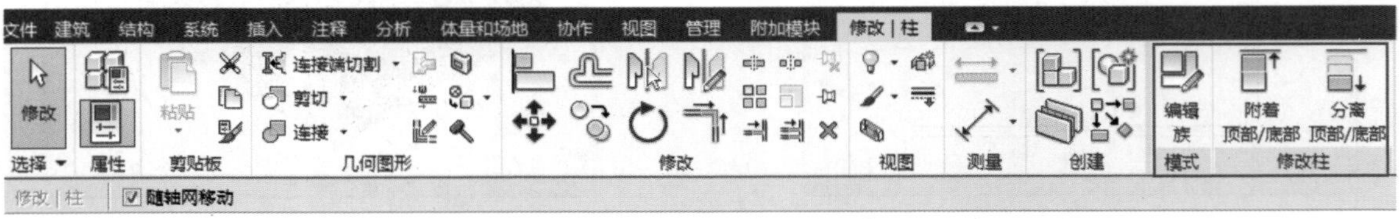

图3-93 “修改|柱”选项卡

第4章 门窗和幕墙

门窗与幕墙属于基于主体的族，必须以墙体为主体而存在。Revit中提供了创建门窗与幕墙的工具，通过启用工具，可以在项目中放置门窗与幕墙。本章介绍创建门窗与幕墙的操作方法。

4.1 添加门

在开展建筑项目设计的过程中，需要为项目添加各种类型的门。通过门工具，可以为项目添加指定类型的门。本节介绍添加门的操作方法。

4.1.1 添加一层门

Revit 2018版本中没有提供门族，用户在执行添加门的操作之前，需要先载入门族。本节介绍添加一层门图元的操作方法。

调用“门”命令

在Revit中调用“门”命令的操作方法介绍如下。

- 命令按钮：选择“建筑”选项卡，在“构建”面板中单击“门”按钮。
- 快捷键：在键盘上按快捷键DR。

执行上述任意一项操作，都可以调用“门”命令。

添加门

01 选择“建筑”选项卡，在“构建”面板上单击“门”按钮，如图4-1所示。

02 此时弹出Revit提示框，提示用户“项目中未载入门族。是否要现在载入？”，如图4-2所示，单击“是”按钮，弹出【载入族】对话框。

图4-1 单击按钮

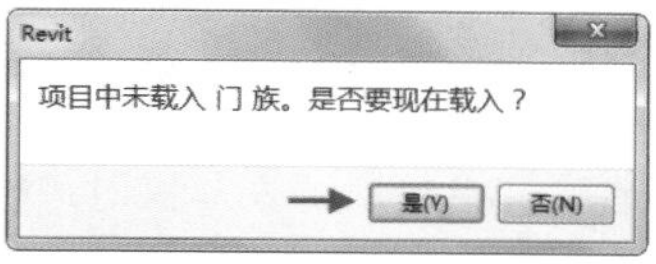

图4-2 Revit 提示框

> **提示** 在初次执行“门”命令时，系统会弹出Revit提示框，提醒用户载入门族。当用户载入门族后，再次执行“门”命令就不会再弹出提示框了。

03 在【载入族】对话框中选择门族，如图4-3所示。单击“打开”按钮，将选中的门族载入到项目中。

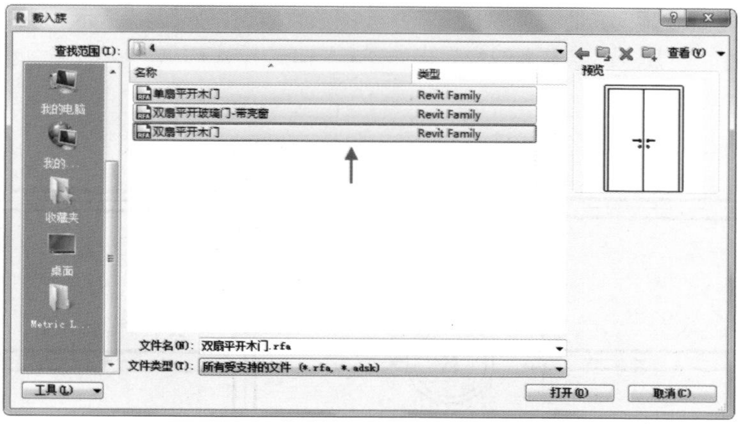

图4-3 选择文件

04 载入门族完毕后，接着弹出如图4-4所示的【未载入标记】对话框，提示用户“没有为门载入任何标记。是否要立即载入一个标记？”，单击“是”按钮，弹出【载入族】对话框。

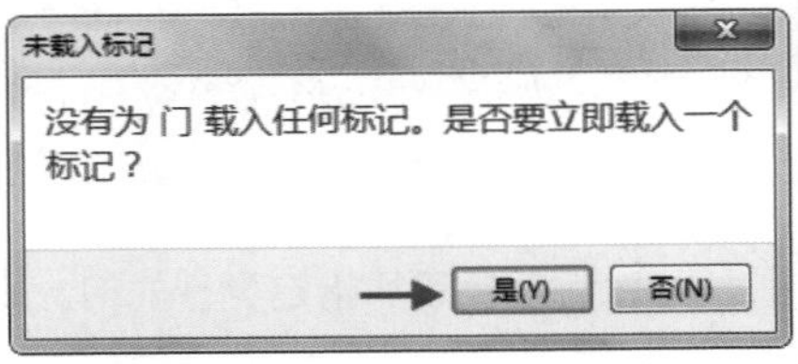

图4-4 【未载入标记】对话框

05 在【载入族】对话框中选择门标记族，如图4-5所示。单击“打开”按钮，将选中的门标记载入到项目文件中。

06 在“属性”选项板中单击类型列表，选择名称为“双扇平开木门1500×2400mm”的门。保持“底高度”值为0.0不变，如图4-6所示。

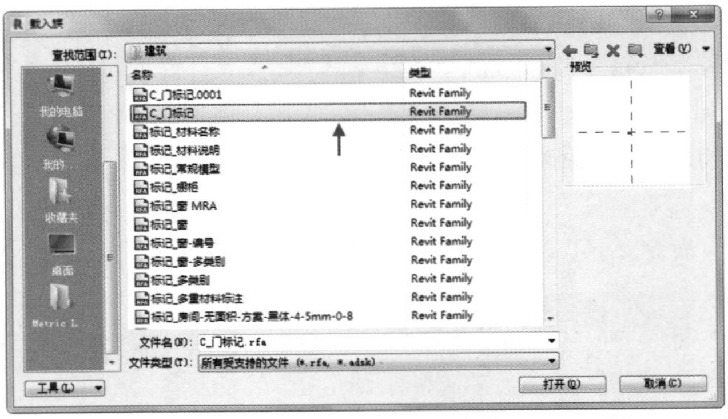

图4-5 选择文件

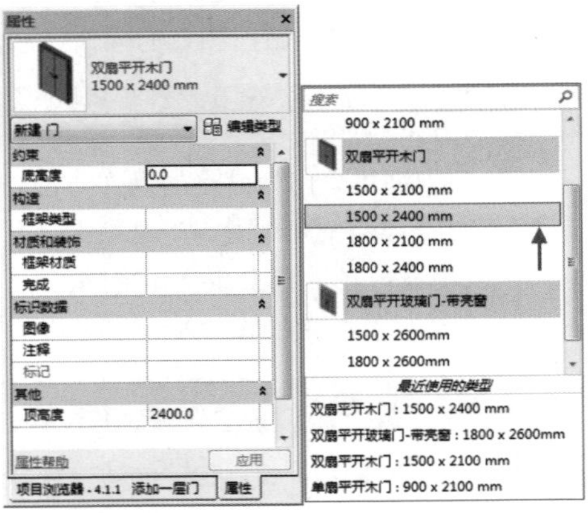

图4-6 选择门

提示 载入某个门族，如“双扇平开木门”，其中包含不同规格的门，如1500×2100mm、1500×2400mm等，用户可以根据需要选择不同的门。

07 在“修改|放置 门”选项卡中单击“在放置时进行标记”按钮，如图4-7所示。这样在放置门的同时可以同时添加门标记。

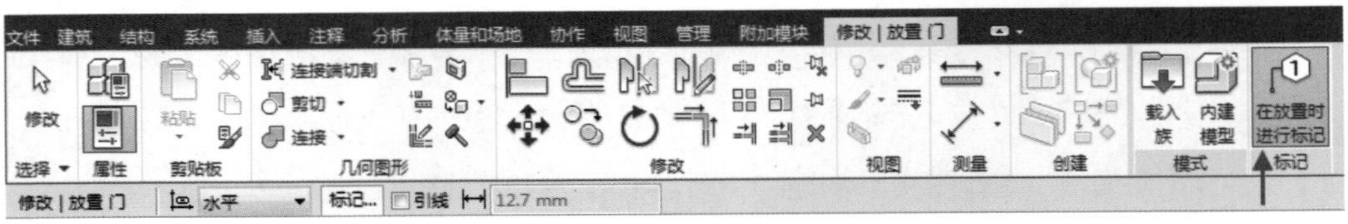

图4-7 单击按钮

08 将光标置于B轴与C轴间的垂直墙体上，此时可以预览门图元的放置效果，如图4-8所示。

09 在合适的位置单击鼠标左键，放置双扇平开木门的效果如图4-9所示。门标记被随同放置，位于双扇平开门的一侧。

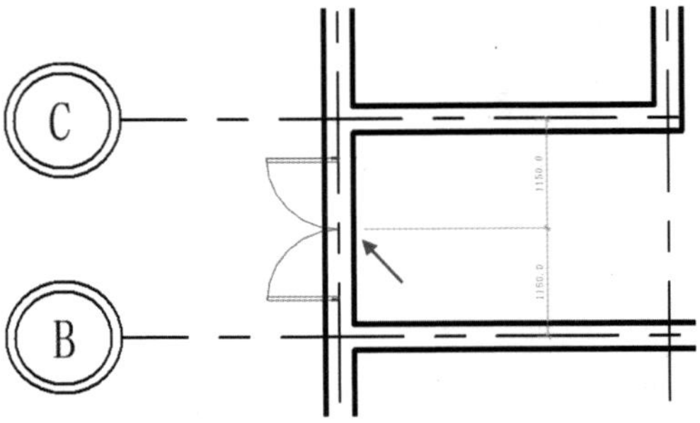

图4-8 指定插入点

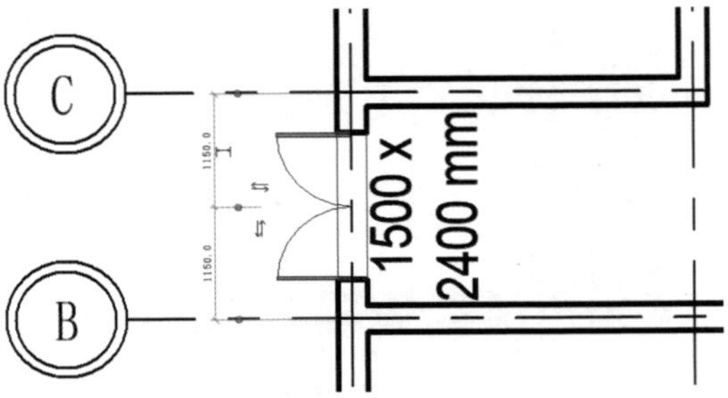

图4-9 放置门

提示

在指定门的插入位置时，通过临时尺寸标注，可以准确地指定插入点。选择门图元，显示临时尺寸标注，通过修改尺寸标注，可以调整门在墙体上的位置。

10 参考上述的操作方法，继续放置门图元，效果如图4-10所示。

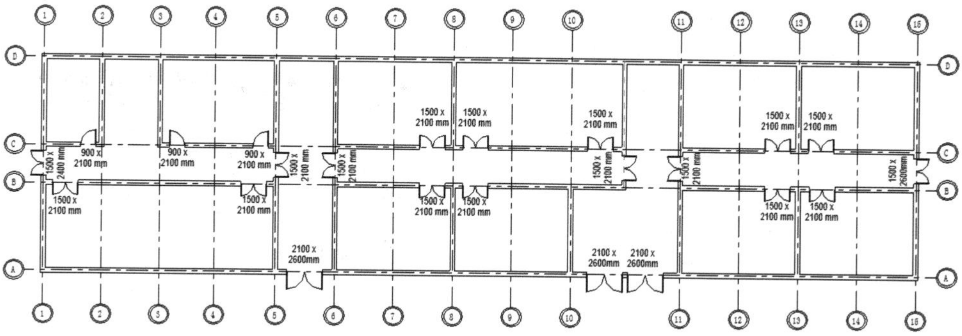

图4-10　放置效果

11 切换至三维视图，观察放置门的三维效果，如图4-11所示。

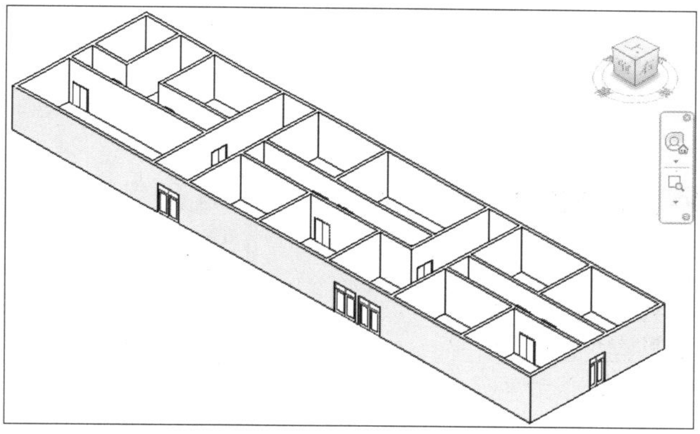

图4-11　门三维效果

4.1.2　添加其他楼层的门

沿用上述方法继续为其他楼层添加门。Revit提供了“复制”和“粘贴”命令，可以将复制到剪贴板上的图元粘贴至任何楼层。本节介绍使用“复制”和“粘贴”命令添加其他楼层门的操作方法。

01 在“标高1”视图中选择所有的图元，如图4-12所示。

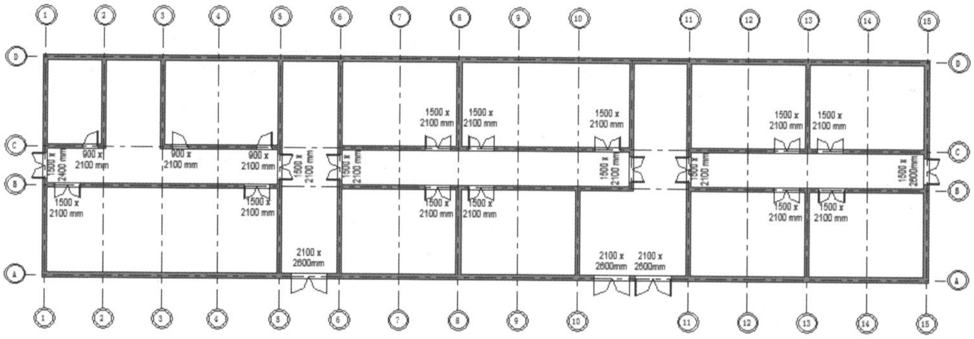

图4-12　选择图元

02 进入“修改|选择 多个”选项卡，单击“过滤器”按钮，在弹出的【过滤器】对话框中取消选择“门标记”选项，如图4-13所示。单击“确定”按钮，关闭对话框。

03 在“剪贴板”面板中单击“复制到剪贴板”按钮，如图4-14所示。将选中的图元复制到剪贴板上。

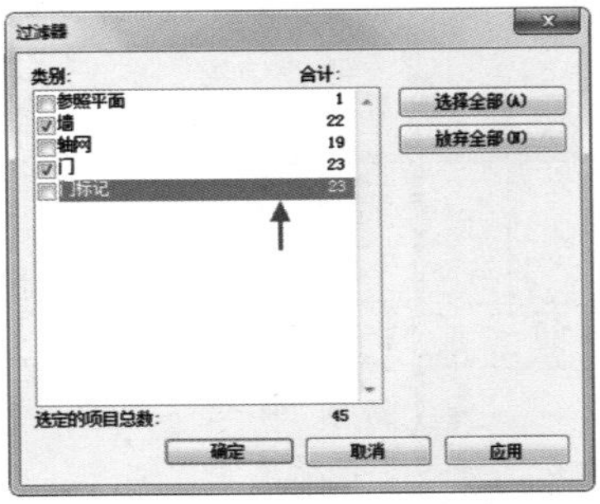

图4-13　取消选择选项

图4-14　单击按钮

提示 因为门标记不能被复制到剪贴板上，也不能执行“粘贴”操作，所以需要取消选择“门标记”选项，保证“复制”与“粘贴”操作的顺利进行。

04 此时“粘贴”按钮被激活，单击该按钮，在弹出的下拉列表中选择“与选定的标高对齐”选项，如图4-15所示。

05 弹出【选择标高】对话框，选择“标高2”选项，如图4-16所示。单击“确定”按钮，系统执行“粘贴”操作。

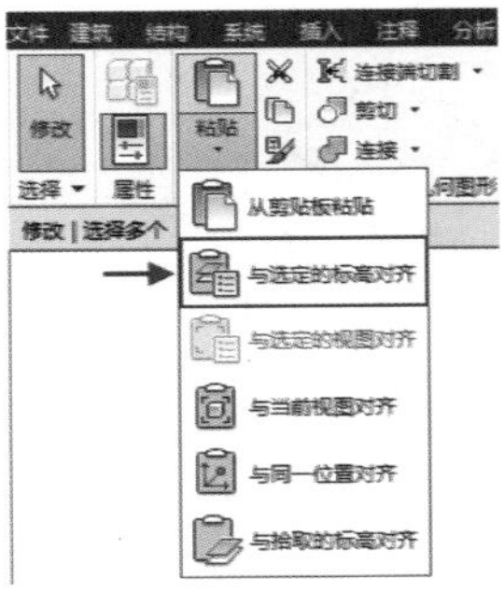

图4-15　选择选项

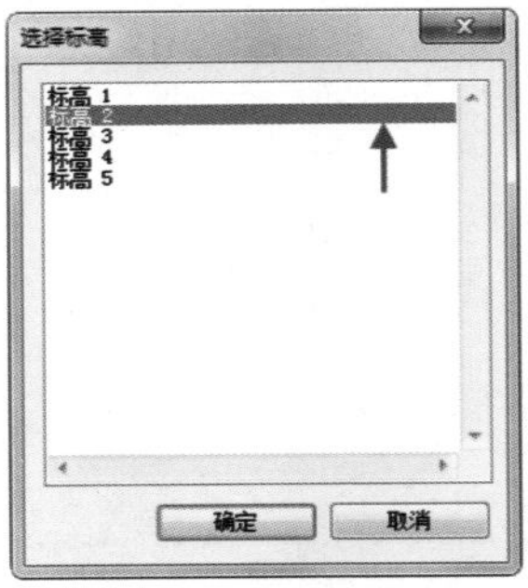

图4-16　选择标高

06 在“标高2”视图中将光标置于外墙体上，按Tab键，循环亮显外墙体，单击鼠标左键选中外墙。在“属性”选项板中修改“顶部偏移”值为0.0，如图4-17所示。

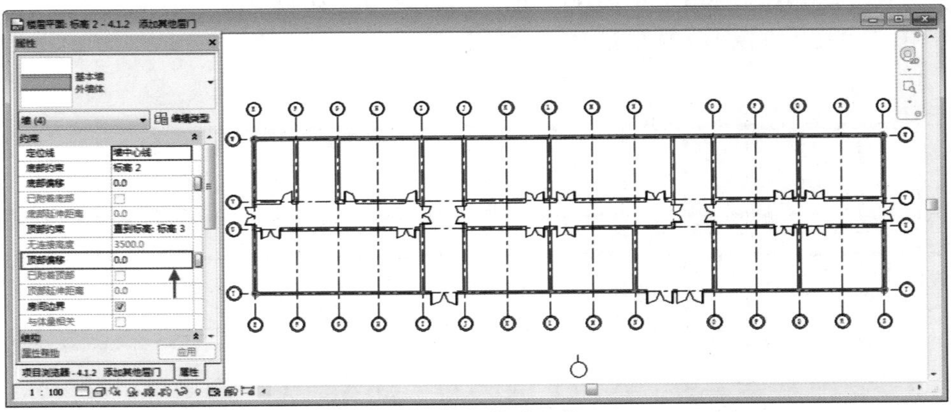

图4-17　修改参数

提示　“标高1”与“标高2”之间的标高值为4000mm，“标高2”与“标高3”之间的标高值为3500mm。墙体被粘贴至“标高2”视图后，需要修改“顶部偏移”值为0，才可以保证“标高2”视图中外墙体的高度为3500mm。

07 选择内墙体，右击，在弹出的快捷菜单中选择“选择全部实例”｜“在视图中可见”命令，如图4-18所示。

08 在视图中选择内墙体的效果如图4-19所示。在“属性”选项板中修改“顶部偏移”值为0.0，统一修改内墙体的高度。

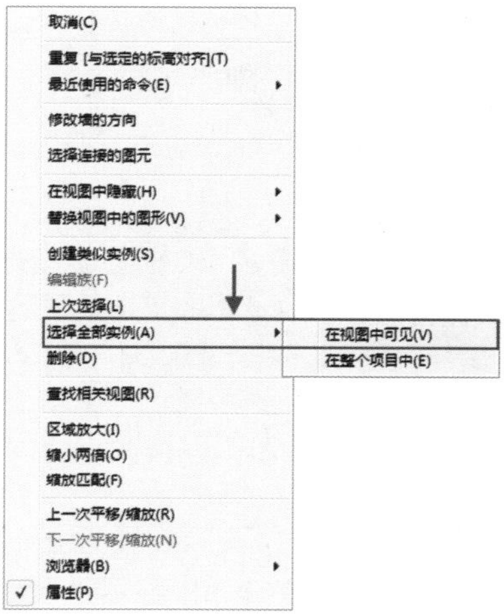

图4-18　选择命令

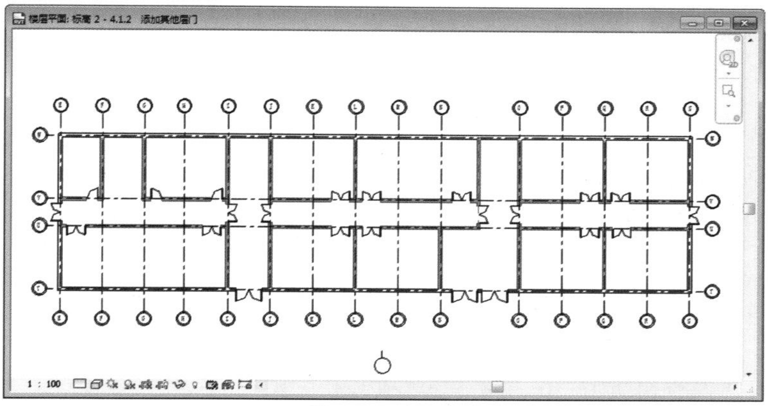

图4-19　选择内墙体

09 切换至三维视图，观察向上复制门图元后的三维效果，如图4-20所示。

10 在“标高2”视图中选择位于外墙体上的双扇平开门，按Delete键，删除门图元的效果如图4-21所示。

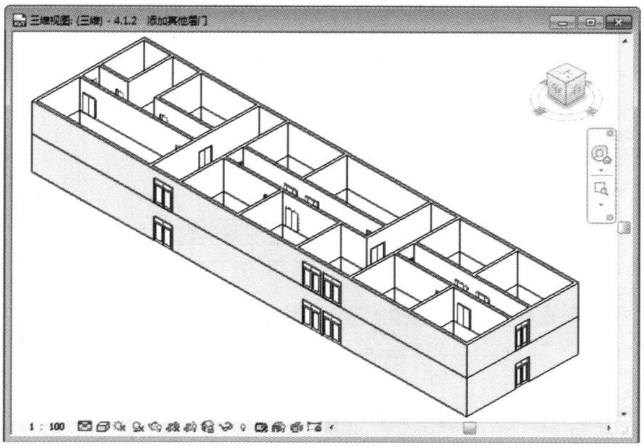

图4-20　门三维效果

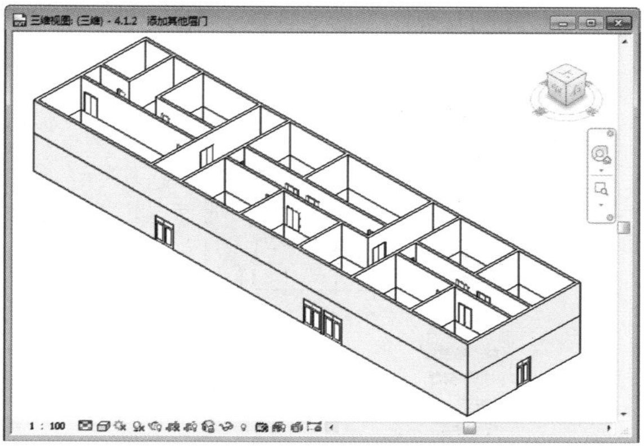

图4-21　删除门图元效果

提示　“标高1”视图中与外界联系的双扇平开门，在“标高2”视图中是不适用的，因为建筑物的出入口都是位于底层。所以需要在“标高2”视图中删除不适用的门图元。

11 在“标高2”视图中选择全部的图元，单击“复制到剪贴板”按钮，再单击“粘贴”按钮，在弹出的下拉列表中选择“与选定的标高对齐”选项，弹出【选择标高】对话框，选择“标高3”和“标高4”选项，如图4-22所示。

12 单击“确定”按钮，关闭对话框，向上复制选定图元的效果如图4-23所示。

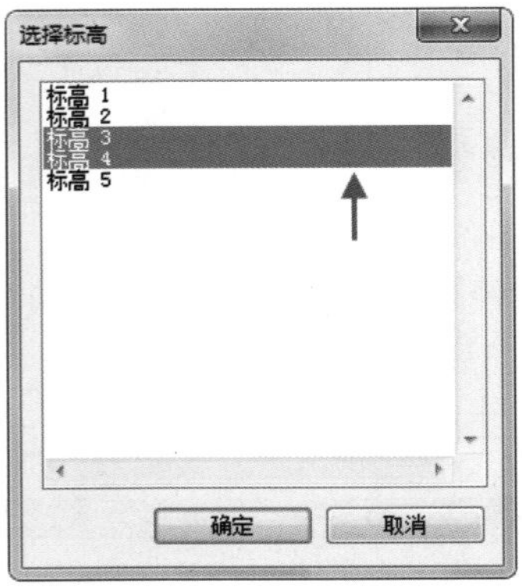

图4-22　选择标高

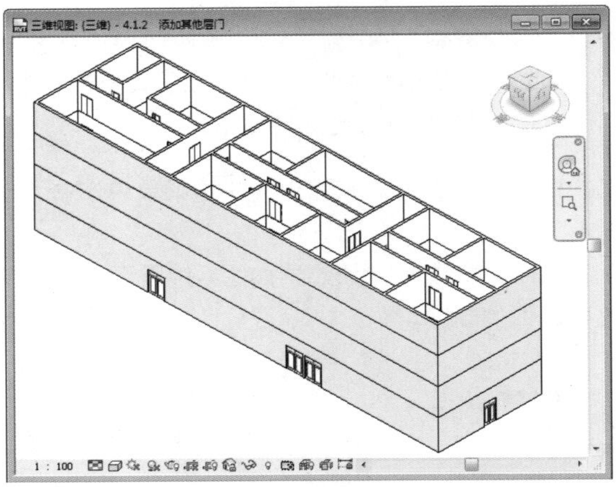

图4-23　三维效果

> **提示** 因为“标高2”至“标高3”的标高值为3500mm，“标高3”至“标高4”的标高值也为3500mm，所以将选定的图元同时粘贴至“标高3”与“标高4”视图后，不再需要执行任何修改操作。

4.1.3　编辑门

选择门图元，在“属性”选项板中显示如图4-24所示的门属性参数。在“标高”选项中显示“标高1”，表示门位于“标高1”楼层。“底高度”值为0.0，表示门的底边与墙体底边重合，此处输入正值，门向上移动；输入负值，门向下移动。

单击“编辑类型”按钮，弹出【类型属性】对话框，如图4-25所示。在该对话框中可以执行“载入”门族、“复制”与“重命名”门类型的操作。

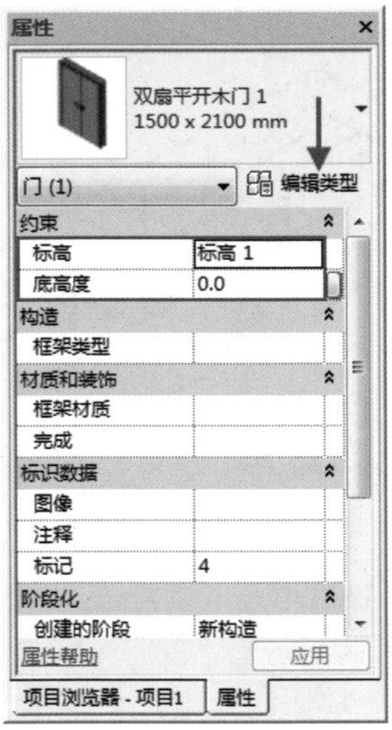

图4-24　“属性”选项板

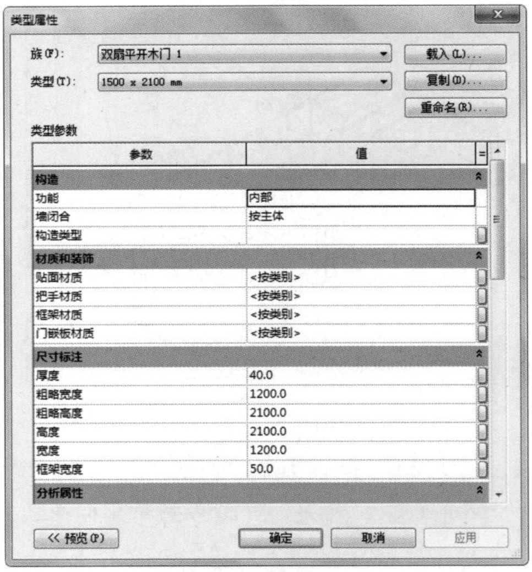

图4-25　【类型属性】对话框

在“功能”选项中设置门的功能属性。“功能”下拉列表框中提供了“外部”与“内部”两个选项，用户可以在该选项中定义门的功能属性。

在“材质和装饰”选项组中设置门各构件的材质，如“贴面材质”“把手材质”等。将光标定位在

"值"选项中，可以在右侧显示▭按钮。单击该按钮，弹出【材质浏览器】对话框，在其中为各构件选择材质。

在"尺寸标注"选项组中设置门的尺寸参数，如"厚度""宽度"与"高度"等。宽度的变化可以在二维视图中观察，高度则需要到三维视图中才可观察到其变化效果。

在"修改|门"选项卡中单击"编辑族"按钮，如图4-26所示，进入族编辑器。在编辑器中修改门的参数，修改完毕后，再重新将门载入到项目文件中。

单击"拾取新主体"按钮，单击墙来放置门，如图4-27所示。指定另外一面墙为门的新主体，在执行的过程中可以预览门的放置效果。

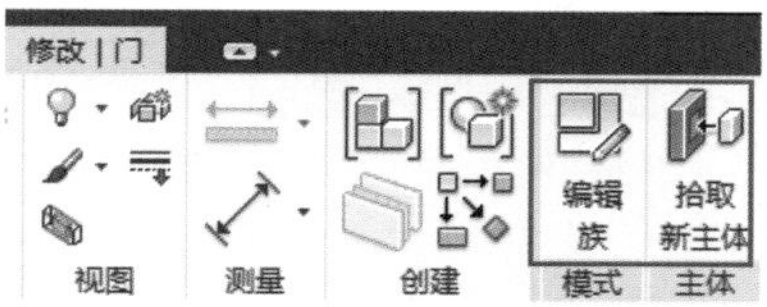

图4-26　"修改|门"选项卡

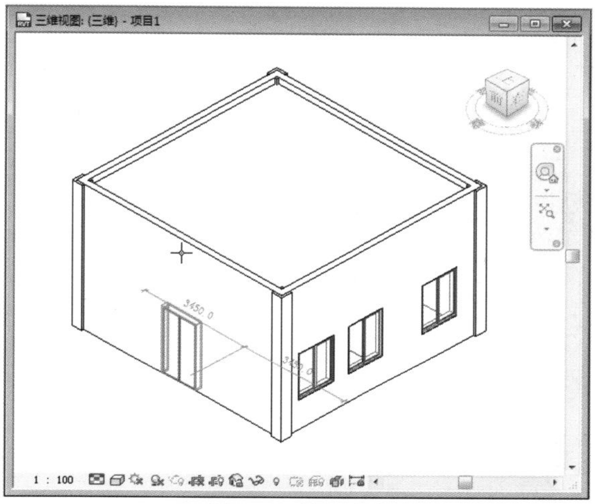

图4-27　拾取新主体

4.2　添加窗

添加窗的操作过程与添加门的操作过程基本一致，也需要先从外部文件中载入窗族，才可以执行添加窗的操作。本节介绍添加窗的操作方法。因为编辑窗的方法与编辑门的方法相同，所以请读者参考前面的内容，自行练习编辑窗图元。

4.2.1　添加一层窗

载入窗族以及窗标记族，可以在放置窗的同时也添加窗标记。本节介绍添加一层窗图元的操作方法。

调用"窗"命令

在Revit中调用"窗"命令的操作方法介绍如下。

- 命令按钮：选择"建筑"选项卡，在"构建"面板中单击"窗"按钮。
- 快捷键：在键盘上按快捷键WN。

执行上述任意一项操作，都可以调用"窗"命令。

添加窗

01 选择"建筑"选项卡，在"构建"面板中单击"窗"按钮，如图4-28所示。

02 弹出如图4-29所示的Revit提示框，提示用户“项目中未载入窗族。是否要现在载入？”，单击“是”按钮，弹出【载入族】对话框。

图4-28 单击按钮

图4-29 提示框

03 在【载入族】对话框中选择文件，如图4-30所示。单击“打开”按钮，将选中的文件载入到当前项目中。

04 载入文件完毕后，弹出如图4-31所示的【未载入标记】提示框，提示用户“没有为窗载入任何标记。是否要立即载入一个标记？”，单击“是”按钮，弹出【载入族】对话框。

图4-30 选择文件

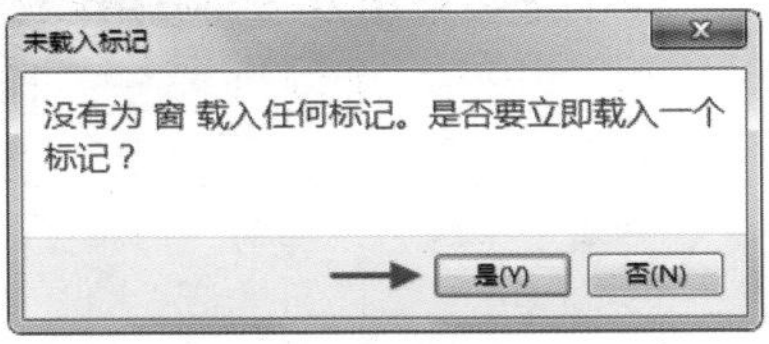

图4-31 【未载入标记】提示框

05 在【载入族】对话框中选择窗标记，如图4-32所示。单击“打开”按钮，将其载入到项目文件中。

06 在“属性”选项板中单击类型列表，选择窗类型，如图4-33所示。

图4-32 选择文件

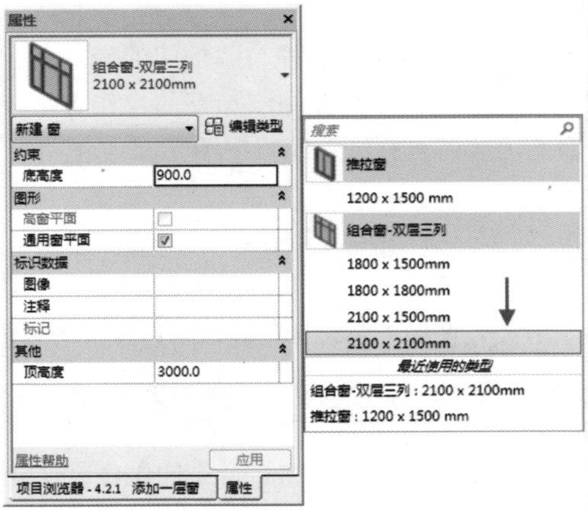

图4-33 选择窗类型

> **提示** “组合窗-双层三列”类型下包含几种规格，如1800×1500mm、2100×2100mm等，用户可以选择其中的一种规格。

07 在“属性”选项板中单击“编辑类型”按钮，弹出【类型属性】对话框。单击“重命名”按钮，弹出【重命名】对话框。在“新名称”文本框中修改名称，如图4-34所示。单击“确定”按钮，关闭对话框。

08 在【类型属性】对话框中的“尺寸标注”选项组中修改参数，如图4-35所示。单击“确定”按钮，关闭对话框。

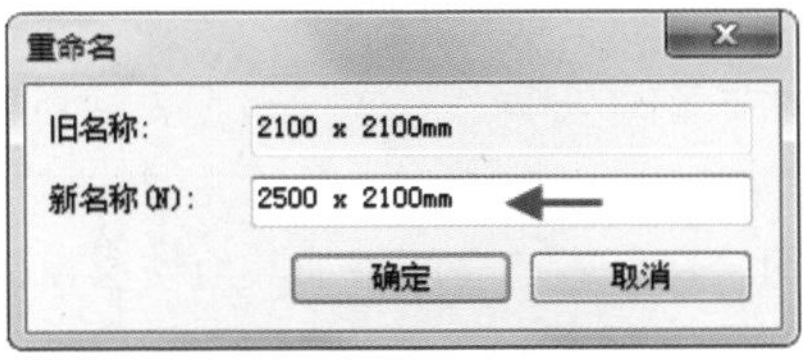

图4-34　修改名称

图4-35　修改参数

> **提示**　当所载入的窗没有合适使用的尺寸时，用户可以通过修改尺寸参数，以得到适用的窗图元。

09 在“修改|放置 窗”选项卡中单击“在放置时进行标记”按钮，如图4-36所示，这样可以在放置窗的同时添加窗标记。

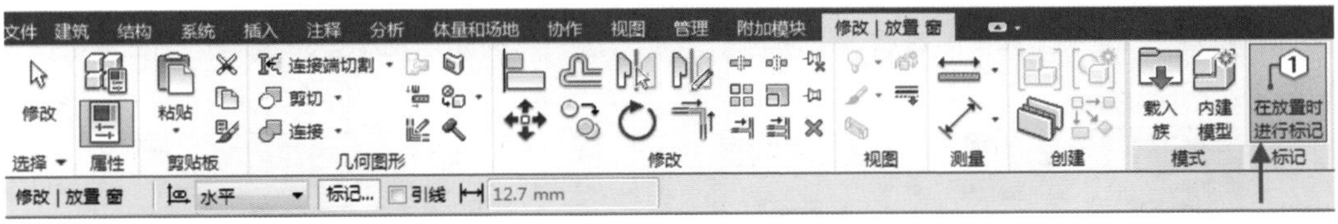

图4-36　单击按钮

10 将光标置于1轴与2轴间的水平墙体上，移动鼠标的同时临时尺寸标注也实时发生变化，如图4-37所示。通过借助临时尺寸标注，可以确定放置点。

11 在指定点单击鼠标左键，放置窗的效果如图4-38所示。窗标记位于窗的下方，编号为1。

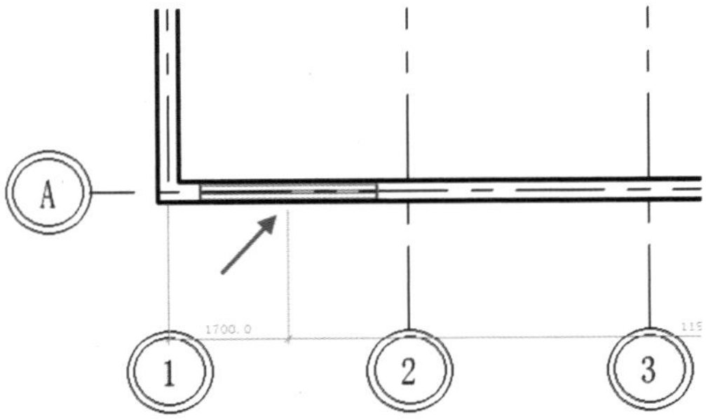

图4-37　指定插入点

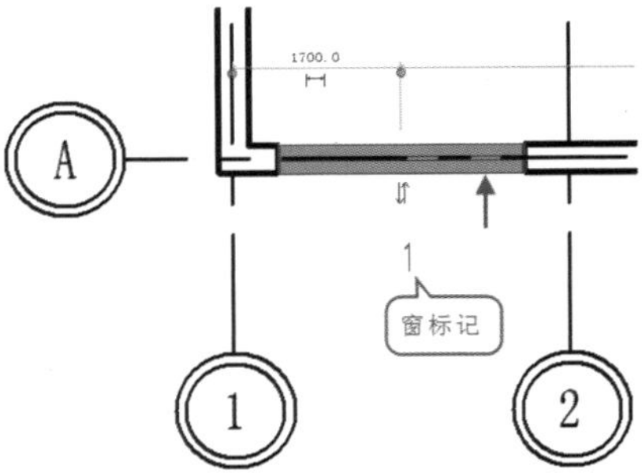

图4-38　放置窗

> **提示**　标记有各种不同的形式。例如，前面小节中门标记就显示为门的尺寸，即“宽度尺寸×高度尺寸”，本例的窗标记显示为1，表示窗的编号。

12 继续在墙体上指定点来放置窗图元，最终效果如图4-39所示。

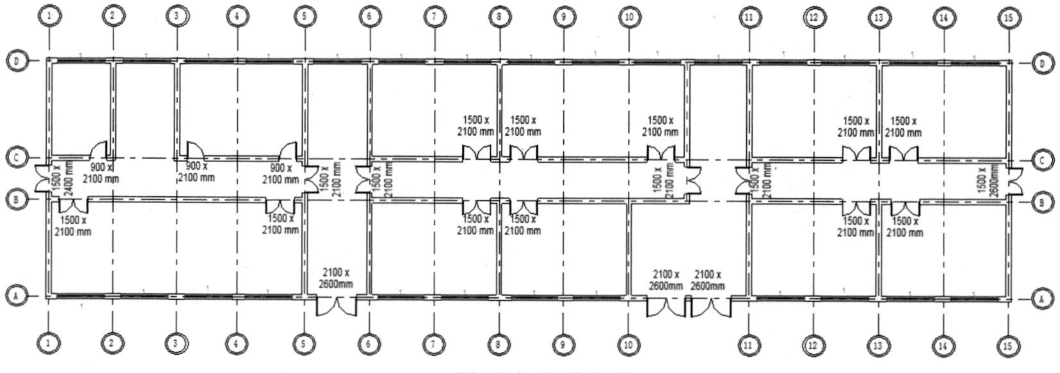

图4-39 最终效果

4.2.2 添加其他楼层的窗

通过将窗图元复制到剪贴板中，可以将窗图元粘贴至指定的楼层。本节介绍添加其他楼层窗图元的操作方法。

01 在“标高1”视图中选择全部图元，在“修改|选择 多个”选项卡中单击“过滤器”按钮，弹出【过滤器】对话框，单击“放弃全部”按钮，取消选择“类别”列表框中的所有选项。

02 然后在列表框中只勾选“窗”复选框，如图4-40所示。单击“确定”按钮，关闭对话框。

03 在“剪贴板”面板上单击“复制到剪贴板”按钮，接着单击“粘贴”按钮，在下拉列表中选择“与选定的标高对齐”选项，弹出【选择标高】对话框。

04 选择“标高2”选项，如图4-41所示。单击“确定”按钮，关闭对话框，系统将选中的窗图元粘贴至“标高2”视图中。

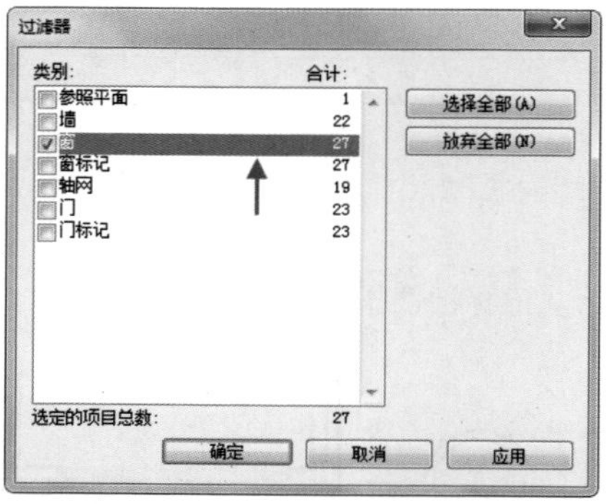

图4-40 勾选“窗”复选框

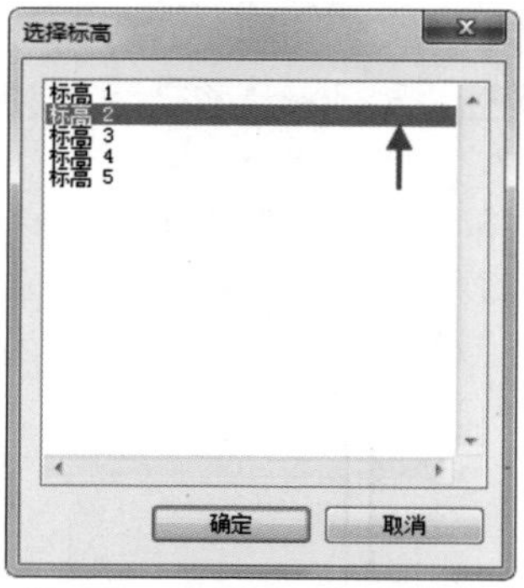

图4-41 选择“标高2”选项

提示 选择一个窗图元，右击，在弹出的快捷菜单中选择“选择全部实例”|“在视图中可见”命令，同样可以选择视图中所有的窗图元。

05 切换至“标高2”视图，观察粘贴窗图元的效果，如图4-42所示。

06 在“属性”选项板中单击类型列表，选择“推拉窗1200×1500mm”选项，如图4-43所示。单击“编辑类型”按钮，弹出【类型属性】对话框。

07 在【类型属性】对话框中单击“复制”按钮，弹出【名称】对话框。在“名称”文本框中修改名称，如图4-44所示。单击“确定”按钮，返回到【类型属性】对话框。

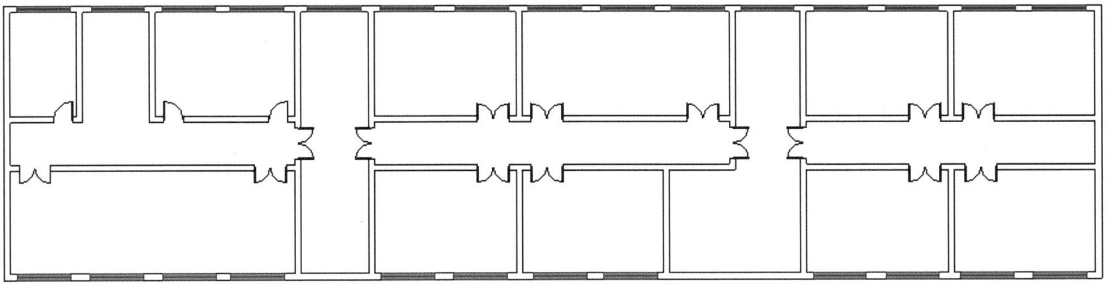

图4-42 操作效果

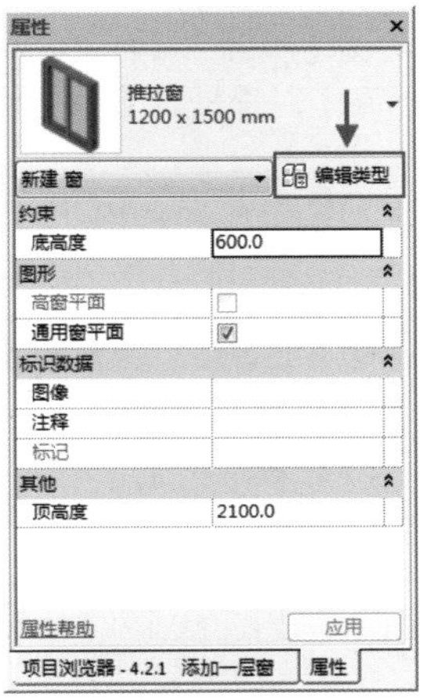

图4-43 单击按钮

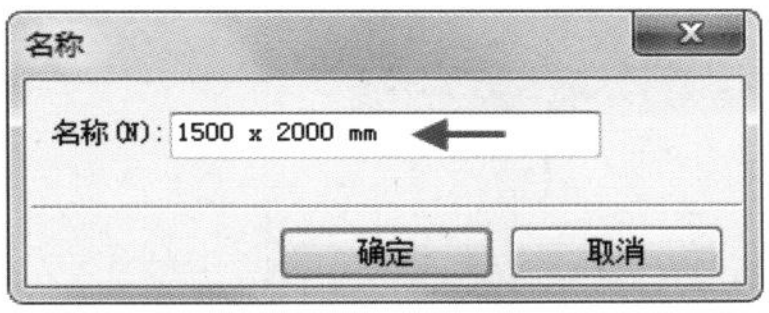

图4-44 修改名称

> **提示** 当用户需要另外创建不同规格的窗类型时，可以在【类型属性】对话框中执行“复制”操作。这样做的好处是，既可以保留原有的窗类型，又可以新建窗类型。

08 在【类型属性】对话框的“尺寸标注”选项组中修改尺寸参数，如图4-45所示。单击“确定”按钮，关闭对话框。

09 在墙体上单击指定放置点，放置窗的效果如图4-46所示。

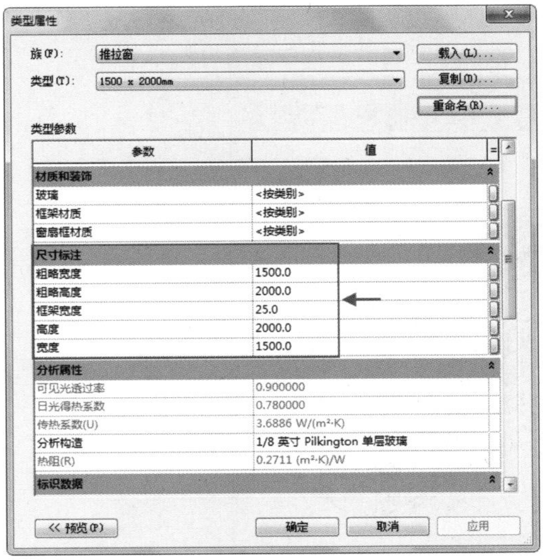

图4-45 修改参数

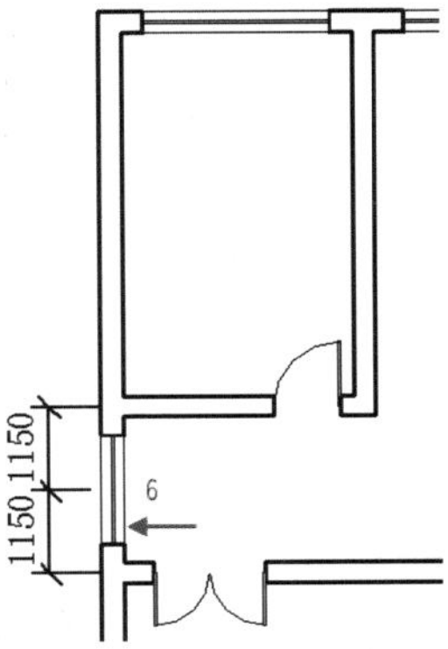

图4-46 放置窗

10 重复执行“放置窗”的操作，在“标高2”视图中添加窗的效果如图4-47所示。

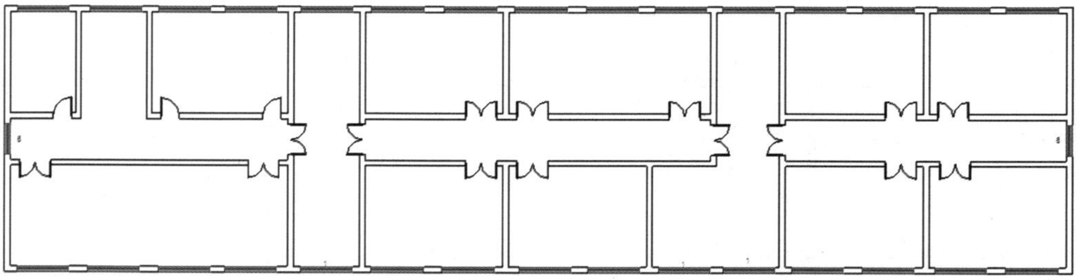

图4-47 放置效果

11 选择“标高2”视图中的所有窗图元，单击“复制到剪贴板”按钮，接着单击“粘贴”按钮，在弹出的下拉列表中选择“与选定的标高对齐”选项，弹出【选择标高】对话框，选择“标高3”与“标高4”选项，如图4-48所示。

12 单击“确定”按钮，关闭对话框，系统将选定的窗图元粘贴至“标高3”视图与“标高4”视图中。

13 转换至立面视图，观察放置窗图元后项目模型的立面效果，如图4-49所示。

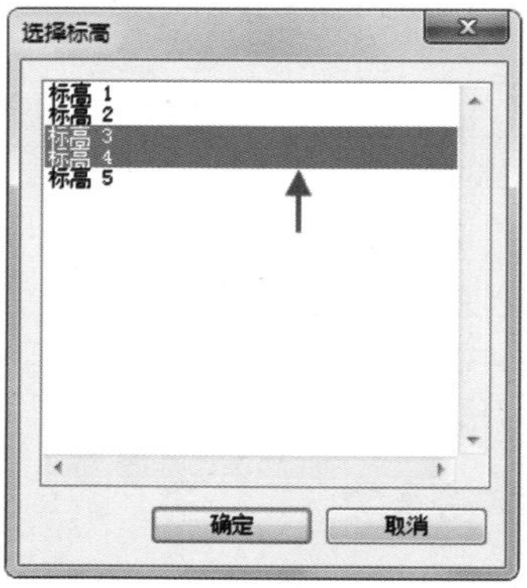

图4-48 选择标高

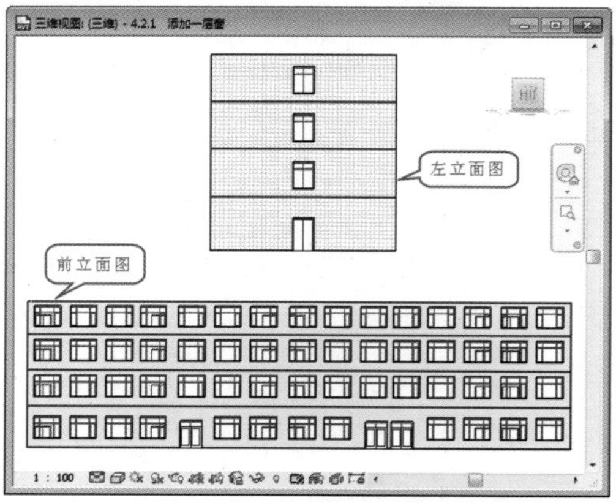

图4-49 立面效果

提示 “标高1”视图与其他视图相比，窗图元的布置情况不同。在“标高2”视图中重新调整窗图元的布置后，再将窗图元粘贴至“标高3”视图与“标高4”视图，可以减少后期的修改工作。

14 切换至三维视图，观察模型的三维效果如图4-50所示。

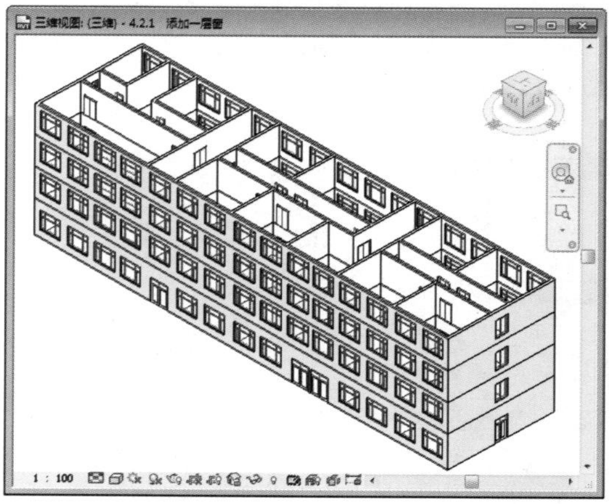

图4-50 三维效果

4.3　创建幕墙

幕墙由“幕墙嵌板”“幕墙网格”以及“幕墙竖梃”组成。幕墙由多块“幕墙嵌板”组成，用户在“幕墙嵌板”中划分“幕墙网格”，在“幕墙网格”的基础上创建“幕墙竖梃”。因为“幕墙竖梃”依赖“幕墙网格”而创建，所以在删除“幕墙网格”后，“幕墙竖梃”也会被一起删除。

本节介绍创建幕墙的操作方法。

4.3.1　创建幕墙的方法

启用“墙体”命令，可以创建3种类型的墙体，分别是叠层墙、基本墙以及幕墙。本节介绍使用“墙体”命令创建幕墙的操作方法。

01 选择“建筑”选项卡，在“构建”面板中单击“墙”按钮。接着在“属性”选项板中单击类型列表，选择“幕墙1”选项，如图4-51所示。

02 在“属性”选项板中单击“编辑类型”按钮，弹出【类型属性】对话框，在“构造”选项组中勾选“自动嵌入”右侧的复选框，如图4-52所示。单击“确定”按钮，关闭对话框。

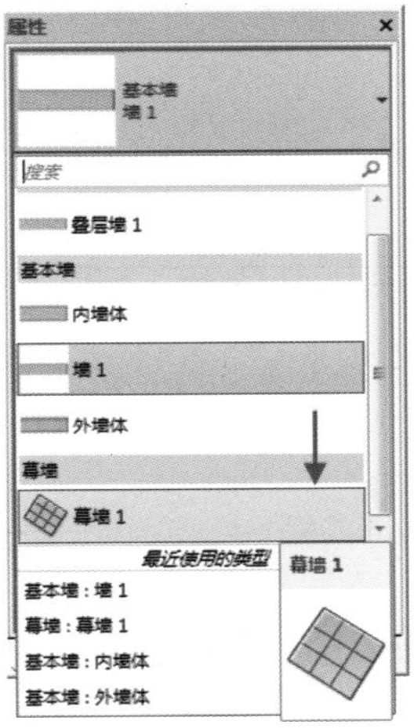

图4-51　选择选项

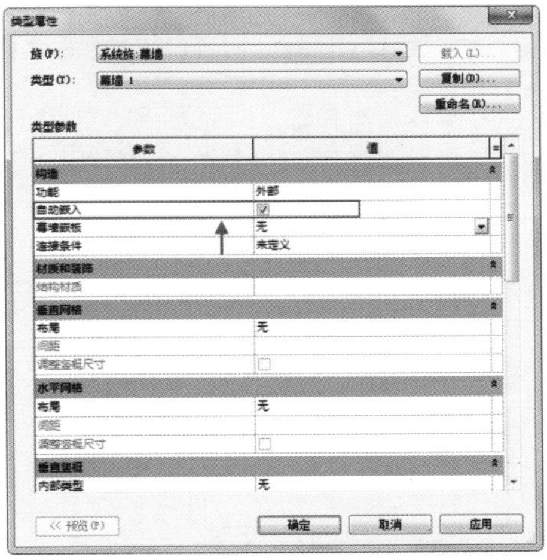

图4-52　勾选“自动嵌入”右侧的复选框

提示　假如不将幕墙设置为“自动嵌入”模式，在创建的过程中系统弹出如图4-53所示的警告框，提示用户“高亮显示的墙重叠”，即幕墙与已有的墙体发生重叠。选择“自动嵌入”选项后，幕墙就可以嵌入到外墙体中。

图4-53　警告框

03 在“修改|放置 墙”选项卡的“绘制”面板中单击“线”按钮，指定绘制幕墙的方式。在选项栏中设置“高度”为“标高3”，勾选“链”复选框，如图4-54所示。

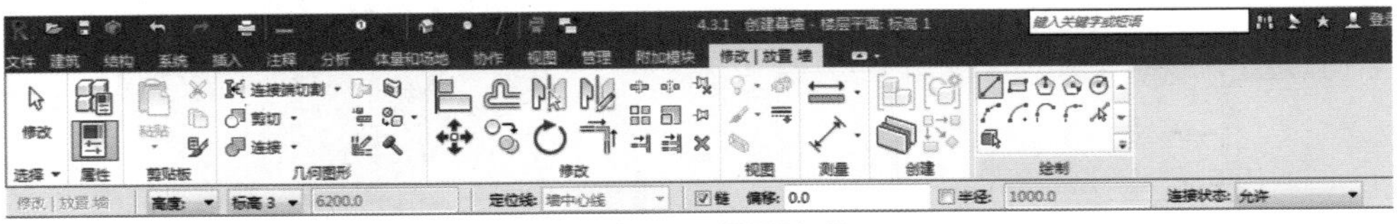

图4-54　设置选项

04 在“属性”选项板中设置“底部约束”为“标高1”，设置“底部偏移”为500.0，设置“顶部约束”为“直到标高：标高3”，设置“顶部偏移”为-800.0，如图4-55所示。

05 将光标置于外墙体之上，输入距离参数，指定幕墙的起点，如图4-56所示。

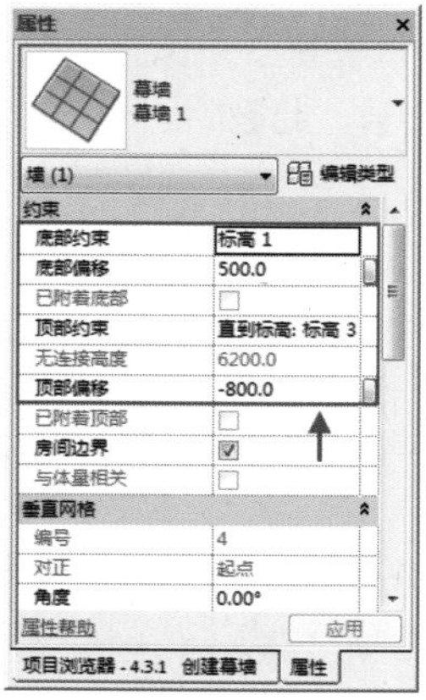

图4-55　设置参数

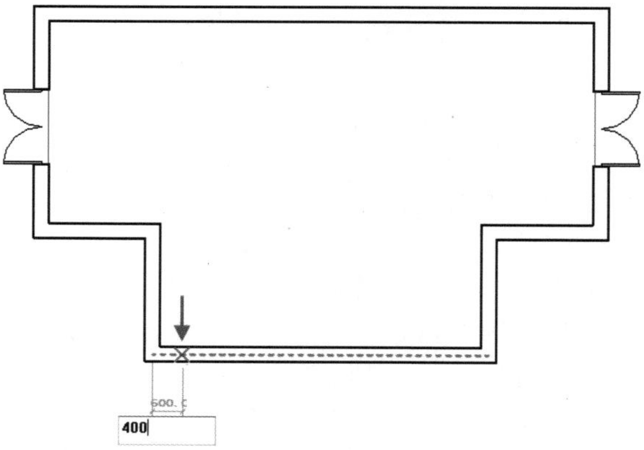

图4-56　指定起点

> **提示** “底部偏移”为500.0，表示幕墙在“标高1”的基础上向上移动500mm。“顶部偏移”为-800.0，表示幕墙在“标高3”的基础上向下移动800mm。

06 向右移动鼠标，输入距离参数，指定幕墙的宽度，如图4-57所示。

07 按Enter键，指定幕墙的终点，绘制幕墙的效果如图4-58所示。

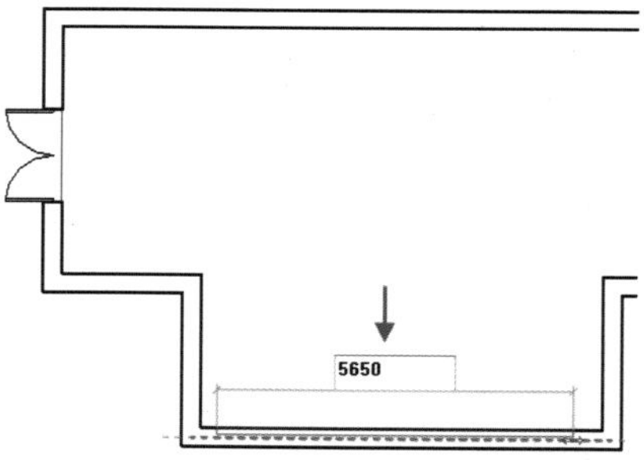

图4-57　指定幕墙宽度

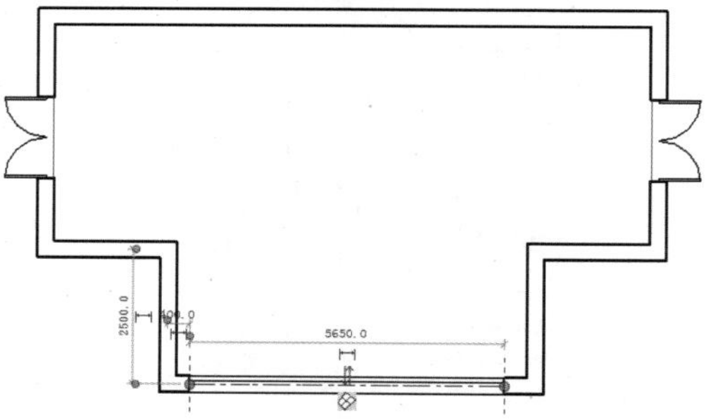

图4-58　绘制幕墙

08 重复操作，继续绘制幕墙，结果如图4-59所示。

09 转换至三维视图，观察幕墙的三维效果如图4-60所示。

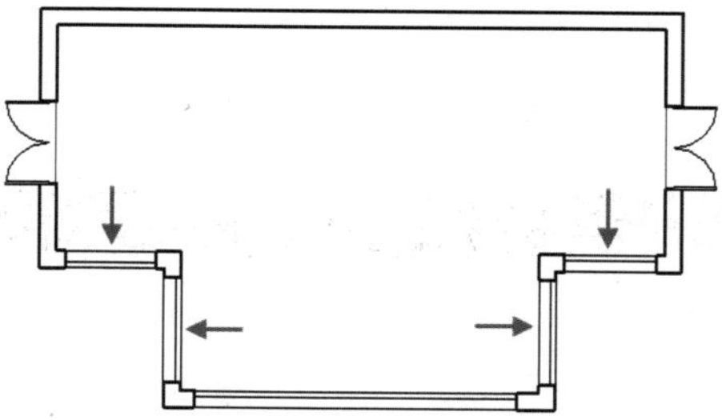

图4-59　绘制结果

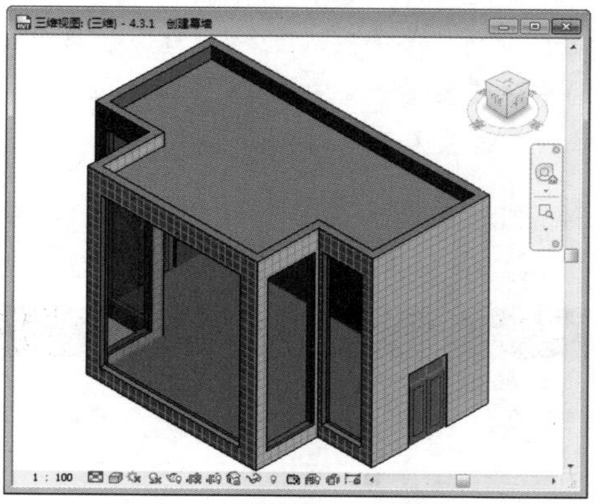

图4-60　幕墙三维效果

提示　选择幕墙，会显示幕墙的宽度及其与相邻墙体的间距；修改参数，可以修改幕墙的宽度或者调整幕墙的位置。

4.3.2　划分幕墙网格

幕墙网格是创建竖梃的基础，在添加竖梃之前，需要先放置幕墙网格。本节介绍划分幕墙网格的操作方法。

01 为了方便为幕墙放置网格，可以切换至前视图，并在视图控制栏中将“视觉样式”设置为“隐藏线”，如图4-61所示。

02 选择“建筑”选项卡，在“构建”面板中单击“幕墙网格”按钮，如图4-62所示。

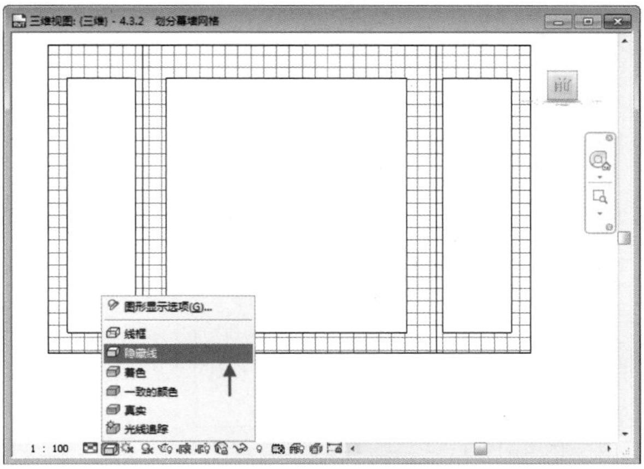

图4-61　指定视图样式

图4-62　单击按钮

03 启用命令后进入“修改|放置 幕墙网格”选项卡，在“放置”面板中单击“全部分段”按钮，如图4-63所示。

04 将光标置于幕墙的边界线上，可以预览网格线。在合适的位置单击鼠标左键，可以放置网格线，如图4-64所示。

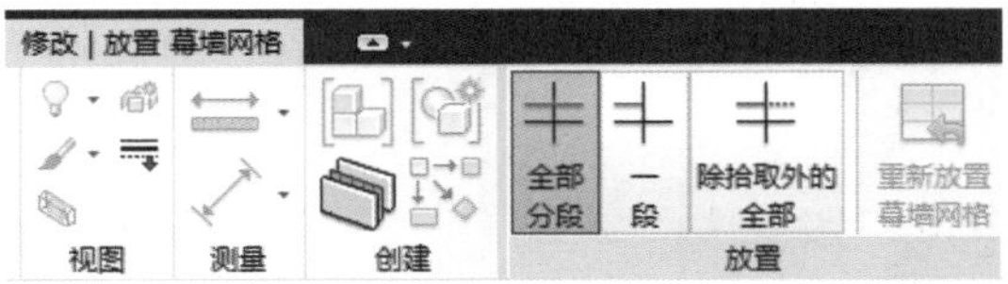

图4-63　单击按钮

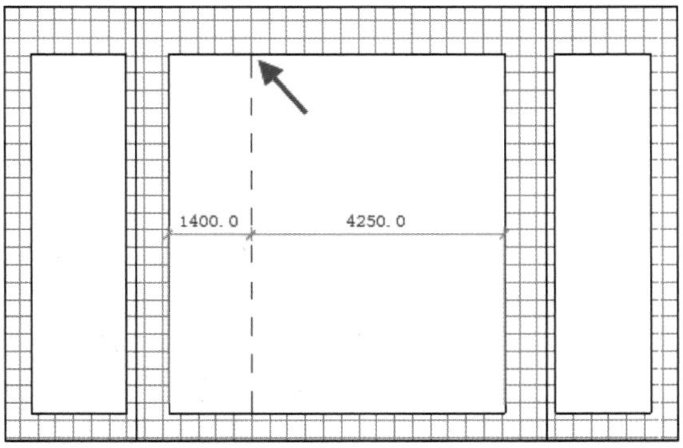

图4-64　放置网格线

提示　将光标置于幕墙边界线上，移动鼠标，显示临时尺寸标注。用户可根据尺寸标注，确定网格线的位置。

05 重复指定网格线的位置，放置垂直方向网格线的效果如图4-65所示。

06 将光标置于幕墙的垂直边界线上，指定位置点来放置水平网格线，效果如图4-66所示。

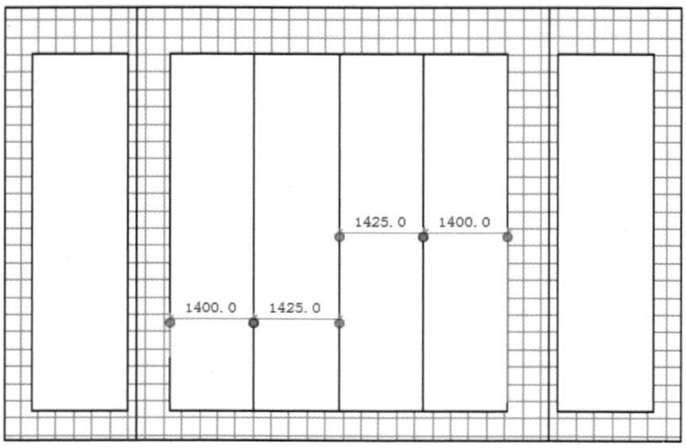

图4-65　放置垂直网格线

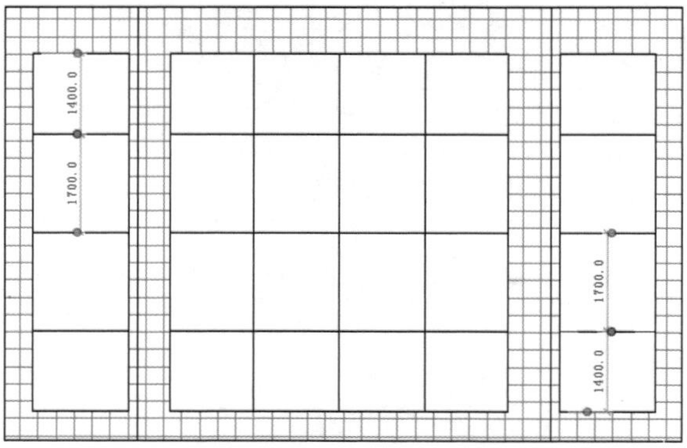

图4-66　放置水平网格线

提示　将光标置于幕墙水平边界线上，可以预览垂直网格线；将光标置于幕墙垂直边界线上，可以预览水平网格线。

07 依次切换至右视图以及左视图，继续添加水平网格线，效果如图4-67和图4-68所示。

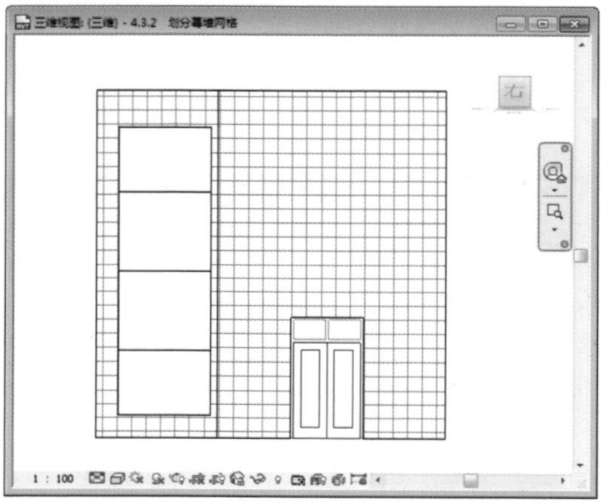

图4-67　右视图

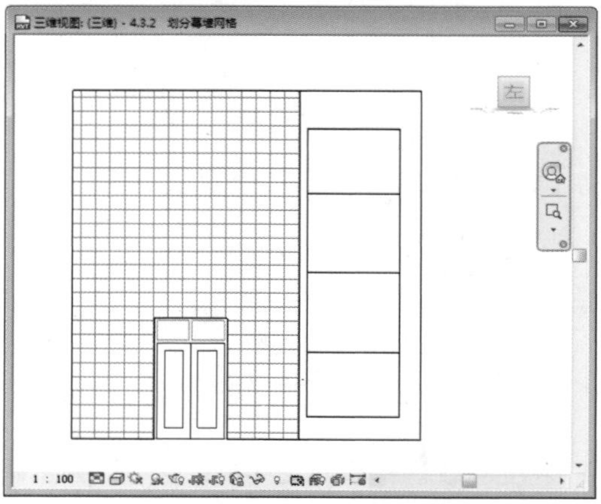

图4-68　左视图

08 转换至三维视图，观察放置网格线的三维效果如图4-69所示。

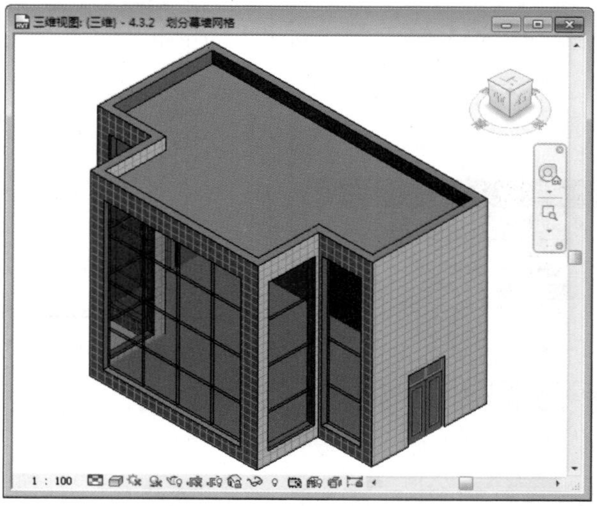

图4-69　放置网格线的三维效果

4.3.3　定义幕墙嵌板

幕墙根据网格线被划分为多个独立的幕墙嵌板，用户可以单独编辑某个幕墙嵌板，修改结果不会影响到其他嵌板。嵌板可以被替换为系统嵌板族、外部嵌板族或者基本墙体等。本节介绍定义幕墙嵌板的操作方法。

01 在前视图中选择幕墙，如图4-70所示。

02 在“属性”选项板中显示幕墙属性，修改“底部偏移”值为0，如图4-71所示，表示幕墙的底部边与“标高1”平齐。

03 在“属性”选项板中单击“应用”按钮，修改结果如图4-72所示。

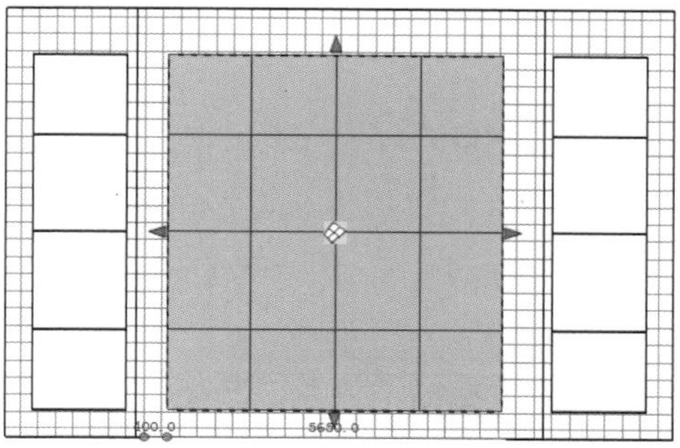

图4-70　选择幕墙

图4-71　修改参数

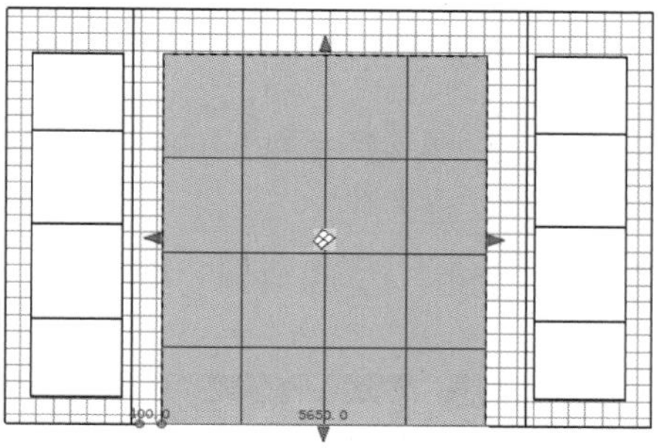

图4-72　修改结果

04 选择网格线，进入“修改|幕墙网格”选项卡，单击“添加/删除线段”按钮，如图4-73所示。

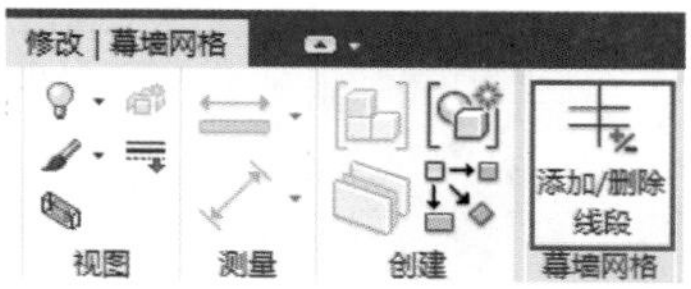

图4-73　单击按钮

提示　选择任意一段网格线，都可以进入“修改|幕墙网格”选项卡。

05 单击需要删除的垂直网格线段，如图4-74所示。

06 退出“修改|幕墙网格”选项卡，观察删除网格线段的效果如图4-75所示。

07 重复上述操作，删除水平网格线段，效果如图4-76所示。

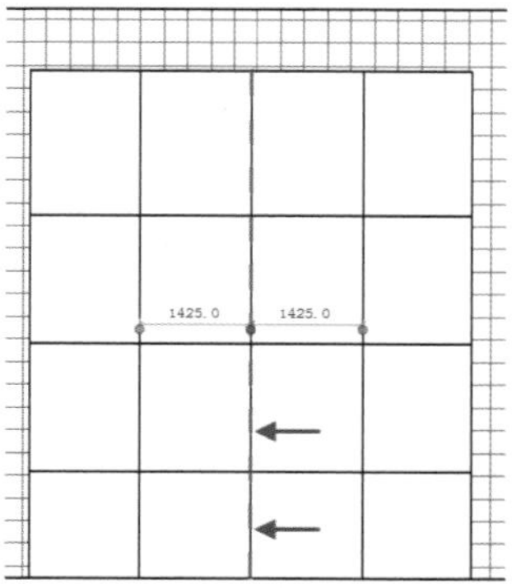

图4-74　单击网格线段

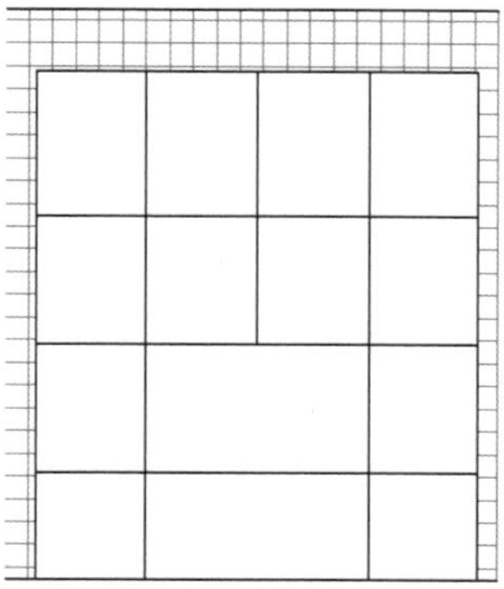

图4-75　删除网格线段

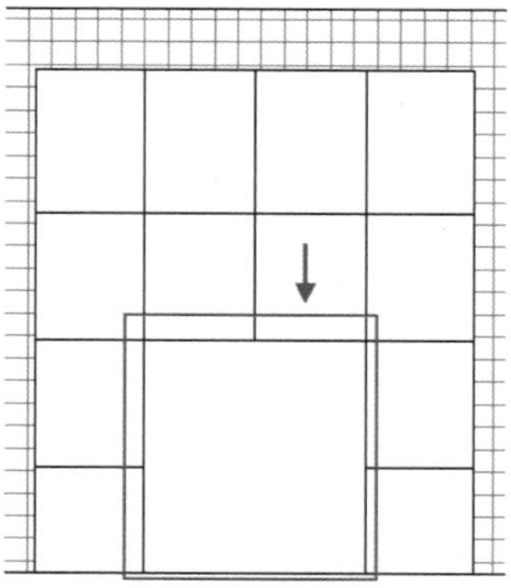

图4-76　删除水平网格线段

08 将光标置于幕墙的底部边线上，高亮显示幕墙边界线，如图4-77所示。

提示　需要注意的是，光标仅是置于幕墙底部边界线上，此时系统高亮显示边界线，用户不需要在此时单击鼠标左键。

09 按Tab键，当高亮显示幕墙嵌板的边界线时，单击鼠标左键，如图4-78所示。

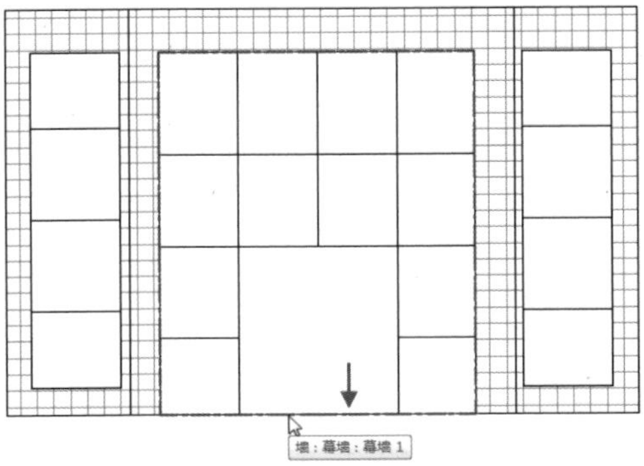

图4-77　高亮显示边界线

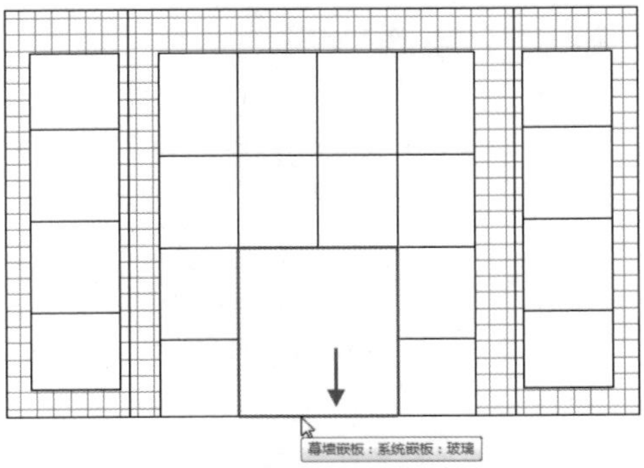

图4-78　显示嵌板轮廓线

10 被选中幕墙嵌板以蓝色的填充图案显示，如图4-79所示。

> 提示　通过配合使用Tab键，可以循环高亮显示各图元。当显示某个图元时（如嵌板），单击左键可以选中图元。

11 在“属性”选项板中单击类型列表，选择“门嵌板_双扇地弹无框玻璃门”选项，如图4-80所示。

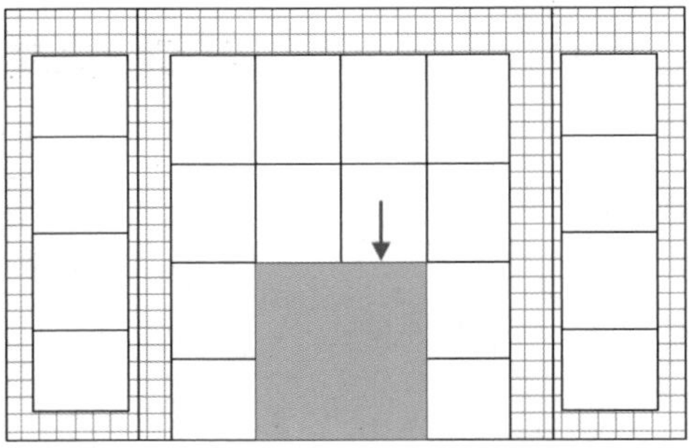

图4-79　选择嵌板

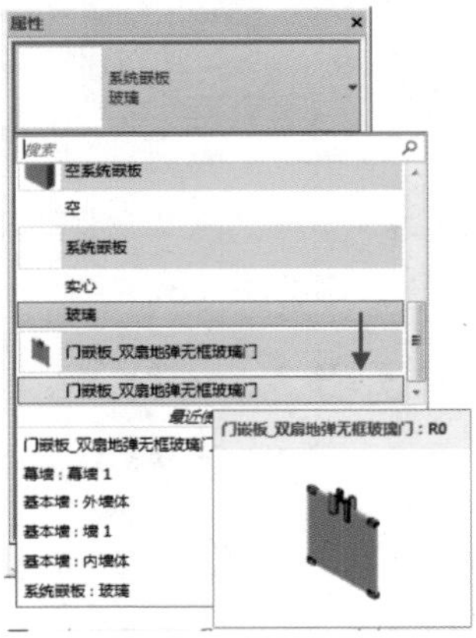

图4-80　选择类型

12 嵌板被替换为“门嵌板_双扇地弹无框玻璃门”的结果如图4-81所示。

> 提示　执行替换操作后，“门嵌板_双扇地弹无框玻璃门”会自动适应幕墙嵌板的尺寸，用户不需要修改。

13 转换至三维视图，观察替换嵌板的三维效果如图4-82所示。

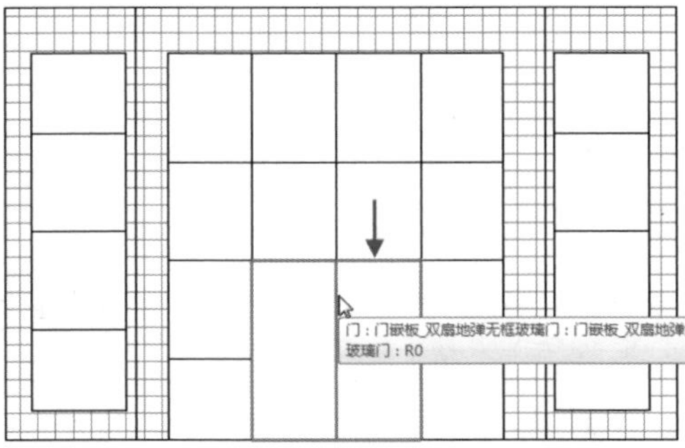

图4-81　替换结果

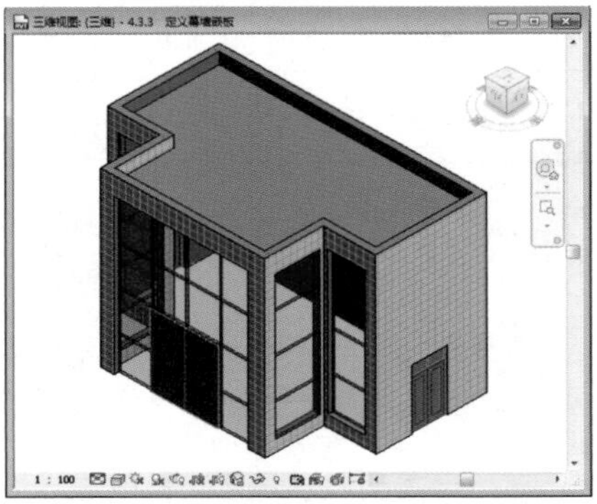

图4-82　替换嵌板的三维效果

在“属性”选项板的类型列表中，列出了可以与嵌板相互替换的类型，如叠层墙、基本墙、空系统嵌板、系统嵌板等。

用户可以自由选择替换类型。本节中的“门嵌板_双扇地弹无框玻璃门”不是由系统提供，而是载入的外部族。用户需要先执行“载入族”操作，载入外部族文件后再执行替换操作。

4.3.4 添加竖梃

在幕墙网格线上可以创建水平或者垂直方向上的竖梃。本节介绍通过启用“竖梃”命令创建竖梃的操作方法。

01 选择“建筑”选项卡，在“构建”面板上单击“竖梃”按钮，如图4-83所示。

02 进入“修改|放置 竖梃”选项卡，在“放置”面板上单击“网格线”按钮，如图4-84所示。

图4-83 单击“竖梃”按钮

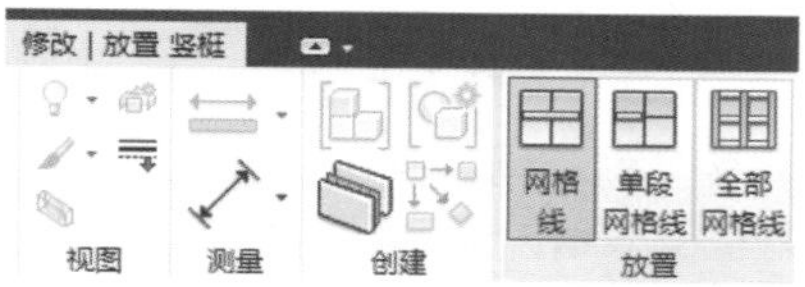

图4-84 单击“网格线”按钮

03 在模型中拾取网格线，如图4-85所示。

04 在网格线上单击鼠标左键，放置竖梃的效果如图4-86所示。

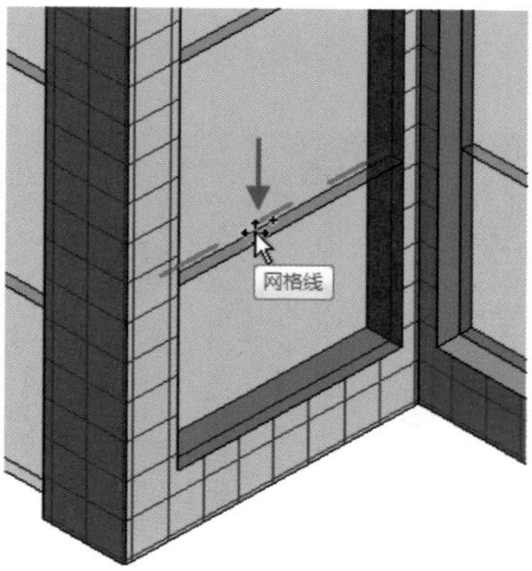

图4-85 拾取网格线

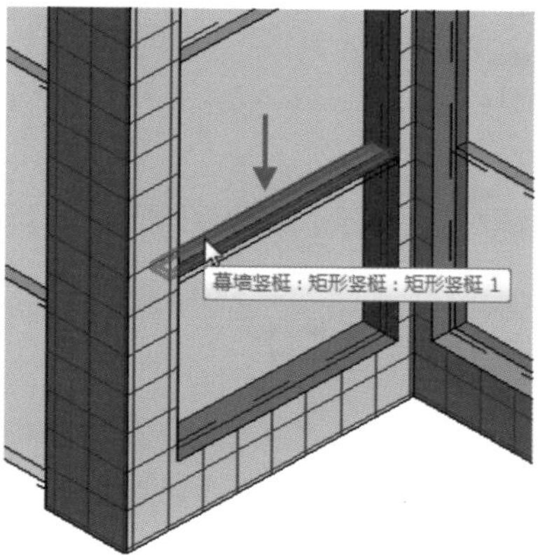

图4-86 放置竖梃

> **提示** 选择“网格线”方式，仅在选中的一段网格线上生成竖梃，不会影响其他网格线。

05 在“放置”面板中单击“全部网格线”按钮，如图4-87所示，转换放置方式。

06 将光标置于网格线上，该幕墙中的所有网格线都被激活，网格线显示为虚线，如图4-88所示。

07 单击鼠标左键，在被激活的网格线上放置竖梃的效果如图4-89所示。

图4-87 单击“全部网格线”按钮

08 上述操作仅对位于同一幕墙中的网格线有效。在其他幕墙中拾取网格线，继续放置竖梃，效果如图4-90所示。

> **提示** 在三维视图中执行放置竖梃的操作，可以直接观察放置效果。

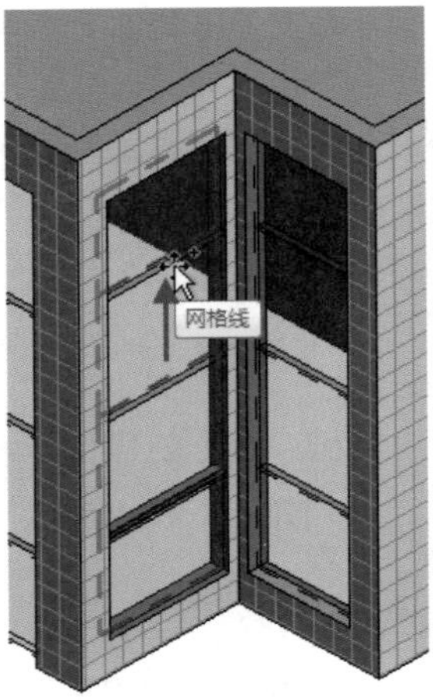

图4-88 拾取网格线

图4-89 放置竖梃

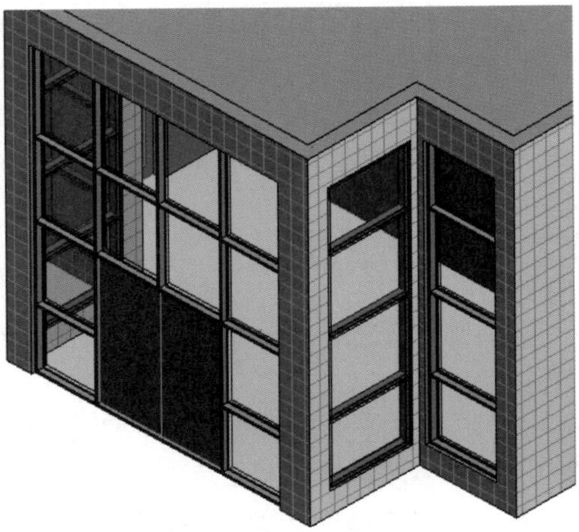

图4-90 操作结果

09 选择竖梃，在“属性”选项板中单击“编辑类型”按钮，弹出【类型属性】对话框，在“类型参数”列表框中显示竖梃的属性参数，修改参数会影响竖梃的显示样式。

10 在“尺寸标注”选项组中修改“边2上的宽度”值，如图4-91所示。单击“确定”按钮，关闭对话框。

11 在视图中观察已修改参数的竖梃，效果如图4-92所示。

图4-91 修改参数

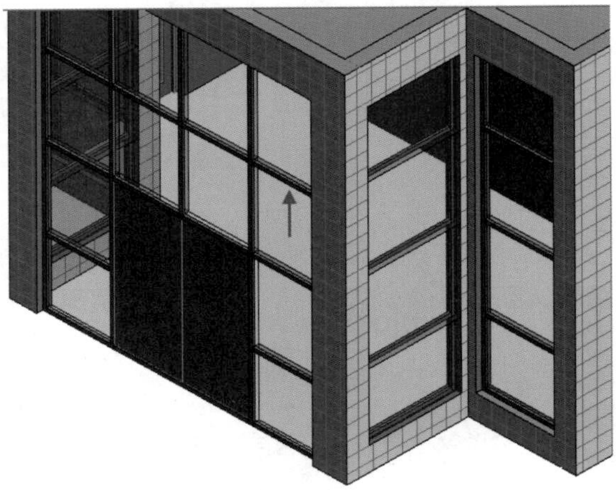

图4-92 修改后效果

12 重复弹出【类型属性】对话框，单击“轮廓”下拉列表框，选择“系统竖梃轮廓：圆形”选项，如图4-93所示，修改竖梃的轮廓样式。单击“确定”按钮，关闭对话框。

13 在视图中滑动鼠标滚轮，放大视图，观察修改竖梃轮廓为圆形的效果，如图4-94所示。

提示 在【类型属性】对话框中，修改“半径”选项的参数，可以控制圆形竖梃的半径大小。

14 选择竖梃，显示连接关系符号，如图4-95所示，表示竖梃的连接方式。

15 单击符号，可以转换竖梃的连接方式，效果如图4-96所示。

16 为幕墙添加竖梃的操作完毕后，在三维视图中切换视图方向，观察操作效果，如图4-97所示。

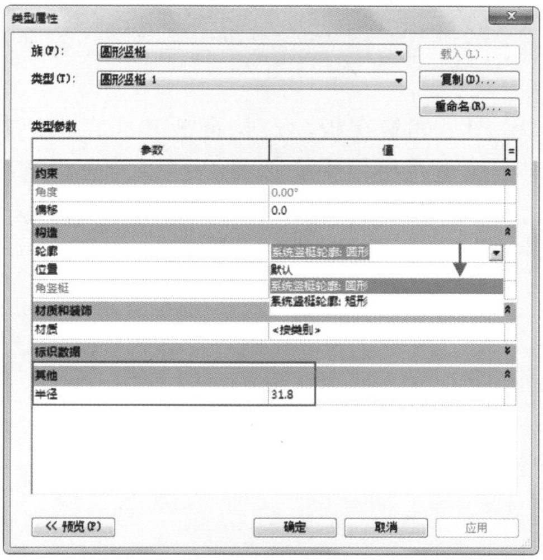

图4-93　选择轮廓类型

图4-94　更换效果

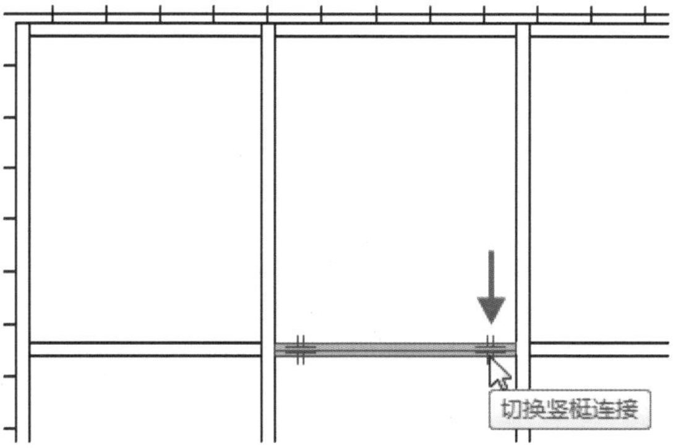

图4-95　显示符号

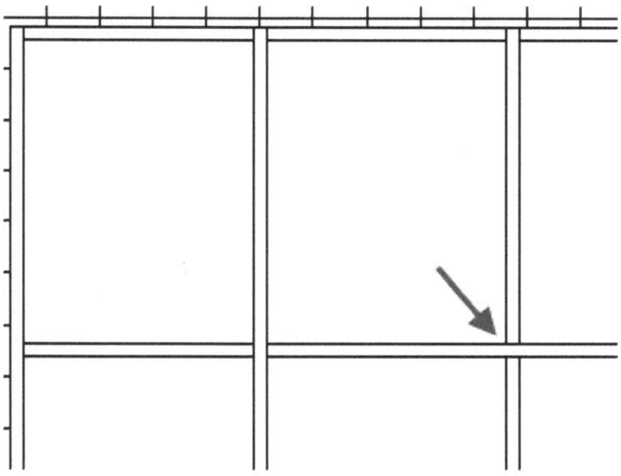

图4-96　转换连接方式

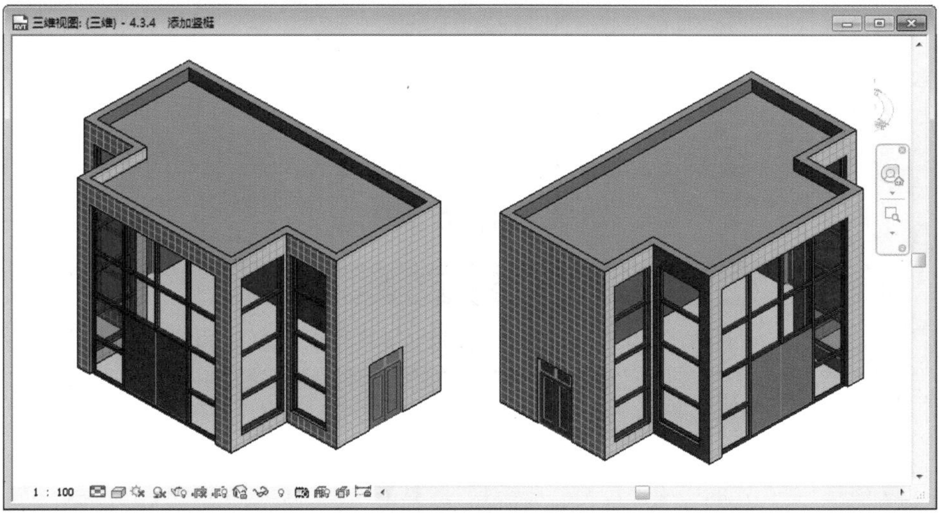

图4-97　添加竖梃的三维效果

第5章

楼板、天花板与屋顶

Revit中的楼板、天花板与屋顶都需要依附于主体才能存在，属于系统族。启用命令，可以创建多种形式的楼板、天花板以及屋顶。本章介绍创建方法。

5.1 添加楼板

Revit中的楼板有3种类型，分别是建筑楼板、结构楼板和面楼板。建筑楼板用来分隔建筑各层空间；结构楼板为在楼板中布筋、开展受力分析等提供参照；面楼板可将体量楼层转换为建筑模型的楼层。本节介绍添加建筑楼板的操作方法。

5.1.1 添加室内楼板

与创建墙体类似，在添加楼板之前，需要先设置楼板参数。室内楼板指位于建筑内部的楼板，用来划分各层空间。本节介绍设置楼板参数以及添加室内楼板的操作方法。

调用“楼板”命令

- 命令按钮：选择“建筑”选项卡，在“构建”面板中单击“楼板”按钮，如图5-1所示。

执行上述操作，可以启用“楼板”命令。或者单击“楼板”按钮下方的倒三角形按钮，在弹出的下拉列表中选择“楼板：建筑”选项，如图5-2所示，也可以启用“楼板”命令。

启用命令后进入“修改|创建楼层边界”选项卡，在其中指定绘制方式以及“偏移”距离，就可以开始绘制楼板。

图5-1　单击按钮

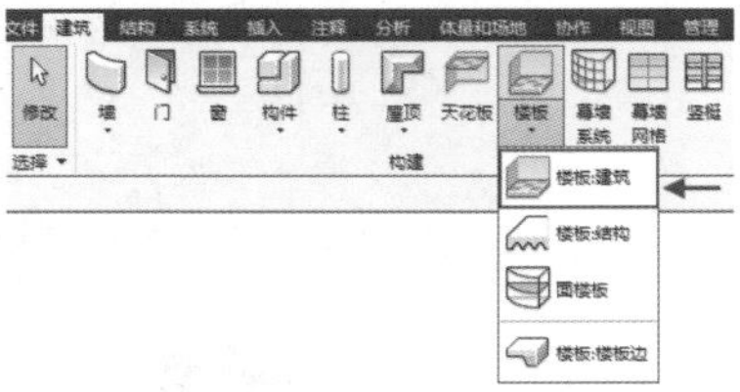

图5-2　弹出下拉列表

提示　在“楼板”下拉列表中选择“楼板：结构”选项，可以创建结构楼板；选择“面楼板”选项，可以创建面楼板。

设置楼板参数

Revit提供了名称为“楼板1”的楼板类型供用户调用，用户也可以执行“复制”操作，新建楼板类型并自定义楼板参数。

01 启用“楼板”命令后，在“属性”选项板中显示当前的楼板类型为“楼板1”。单击“编辑类型”按钮，如图5-3所示，弹出【类型属性】对话框。

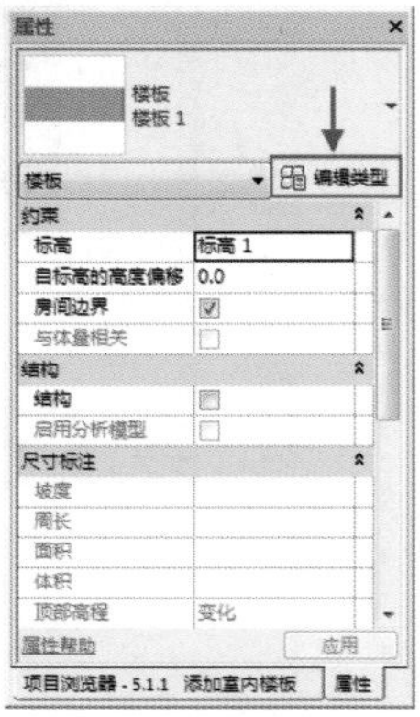

图5-3　单击按钮

02 在【类型属性】对话框中单击“复制”按钮，弹出【名称】对话框，在“名称”文本框中输入名称，如图5-4所示。单击“确定”按钮，关闭对话框。

03 单击“结构”选项右侧的“编辑”按钮，如图5-5所示，弹出【编辑部件】对话框。

04 将光标定位在第2行“结构[1]”的“材质”单元格上，单击右侧的⊟按钮，如图5-6所示。

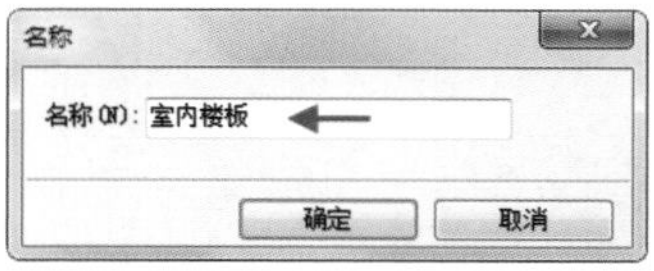

图5-4　输入名称

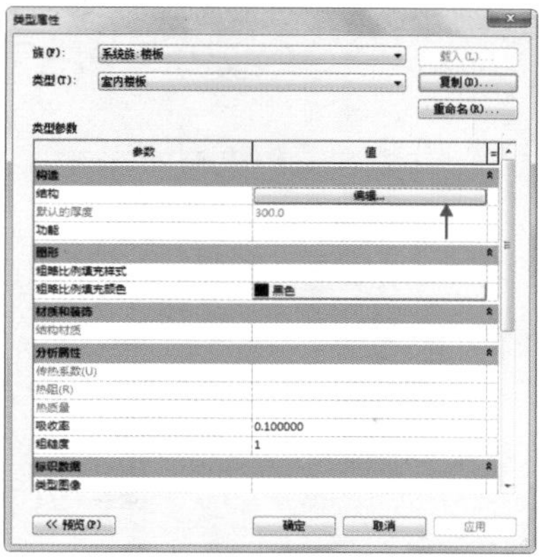

图5-5　单击按钮

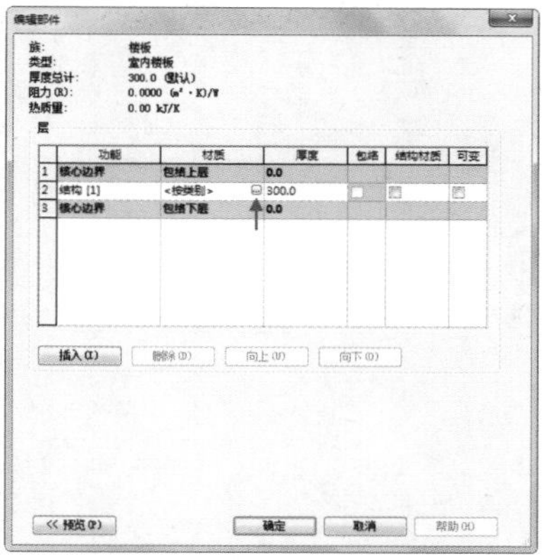

图5-6　【编辑部件】对话框

提示：用户可以修改默认结构层的“材质”类型以及“厚度”参数。

05 弹出【材质浏览器】对话框，在材质列表框中选择名称为“默认楼板”的材质，如图5-7所示。单击“确定”按钮，返回到【编辑部件】对话框。

06 修改“厚度”值为150，如图5-8所示。单击“确定”按钮，关闭对话框。

07 在【类型属性】对话框的“功能”下拉列表框中选择“内部”选项，如图5-9所示。单击“确定”按钮，关闭对话框，完成设置楼板参数的操作。

08 在“属性”选项板中显示当前的楼板类型为“室内楼板”，在“标高”选项中选择“标高1”，保持“自标高的高度偏移”值为0.0不变，如图5-10所示。

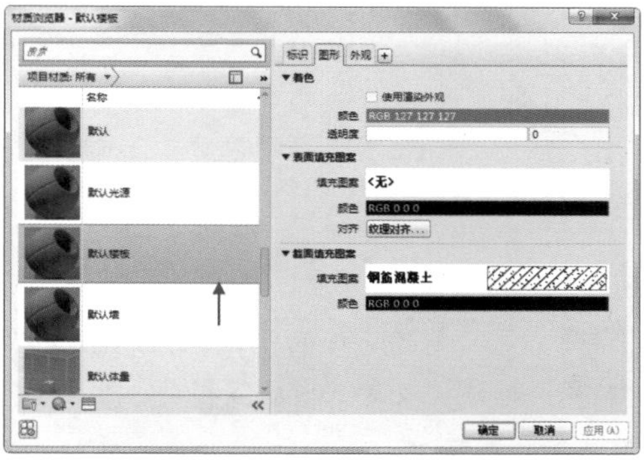

图5-7　选择材质

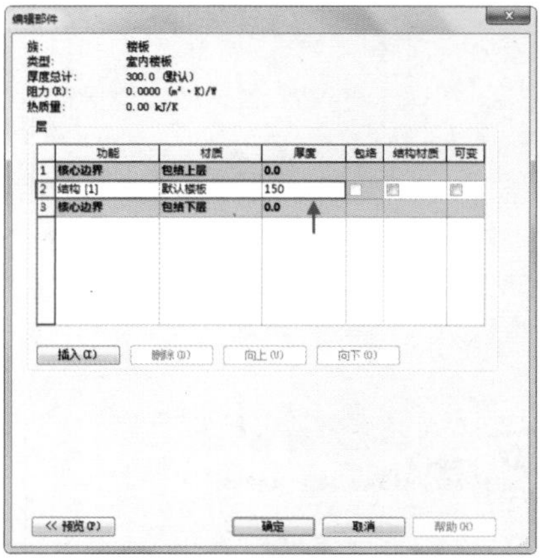

图5-8　修改参数

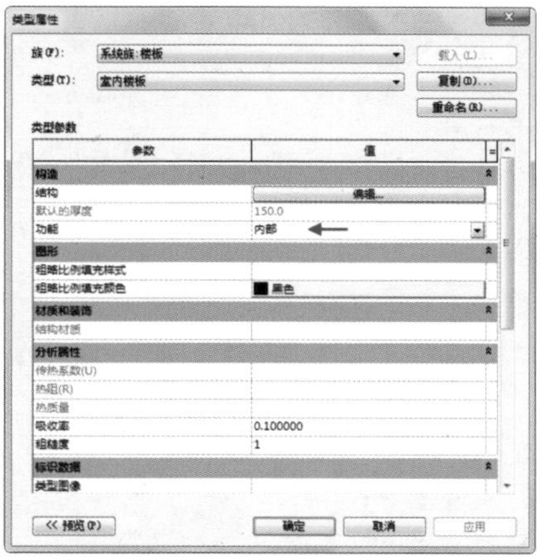

图5-9　设置“功能”类型

图5-10　设置参数

提示：“自标高的高度偏移”值为0.0，表示楼板与“标高1”之间的距离为0。

09 在“修改|创建楼层边界”选项卡的“绘制”面板中单击“边界线”按钮，表示即将创建楼板边界

线。单击“拾取墙”按钮，设置“偏移”值为0.0，勾选“延伸到墙中（至核心层）”复选框，如图5-11所示。

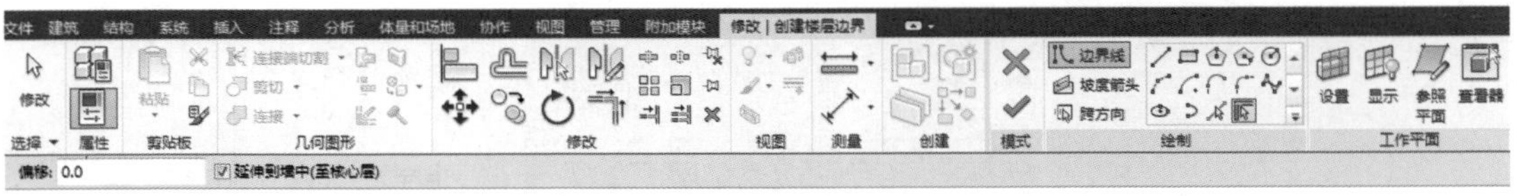

图5-11　设置参数

10 将光标置于外墙体之上，高亮显示外墙体，如图5-12所示。

11 单击鼠标左键拾取墙体，沿墙体创建洋红色的楼板边界线，如图5-13所示。

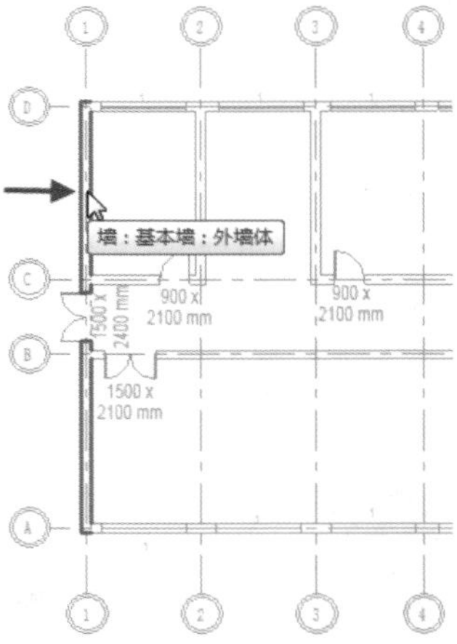

图5-12　拾取墙体

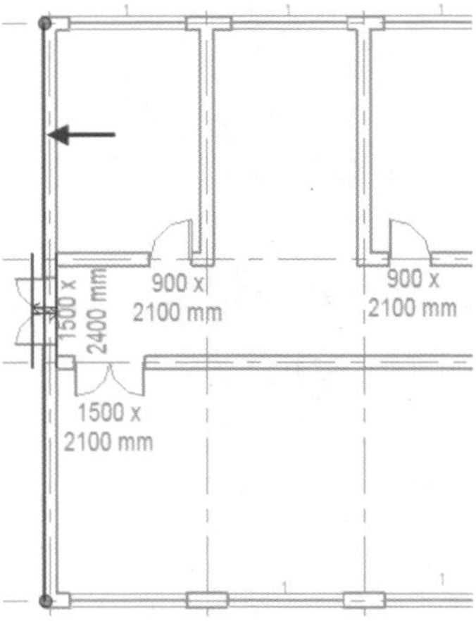

图5-13　创建边界线

提示　创建完毕的楼板边界线显示“翻转”符号⇆，单击符号，楼板边界线可从外墙线移动到内墙线，或者从内墙线移动到外墙线。

12 重复拾取外墙体，创建闭合的楼板边界线，效果如图5-14所示。

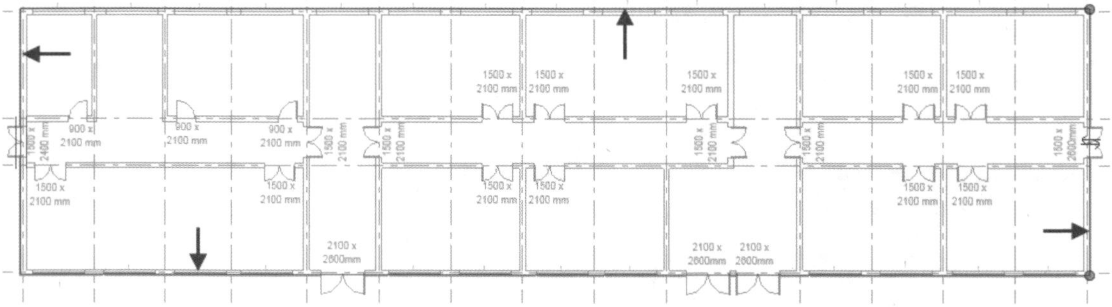

图5-14　绘制楼板边界线

提示　楼板边界线必须闭合，否则系统弹出如图5-15所示的警告框，提示用户“线必须在闭合的环内。高亮显示的线有一端是开放的。”单击“显示”按钮，在视图中高亮显示开放的一端，方便用户修改。

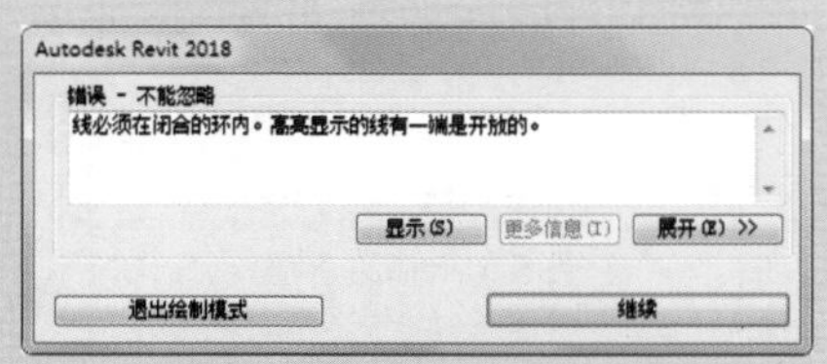

图5-15　警告框

13 单击“完成编辑模式”按钮，退出命令。楼板以蓝色的填充图案显示，效果如图5-16所示。

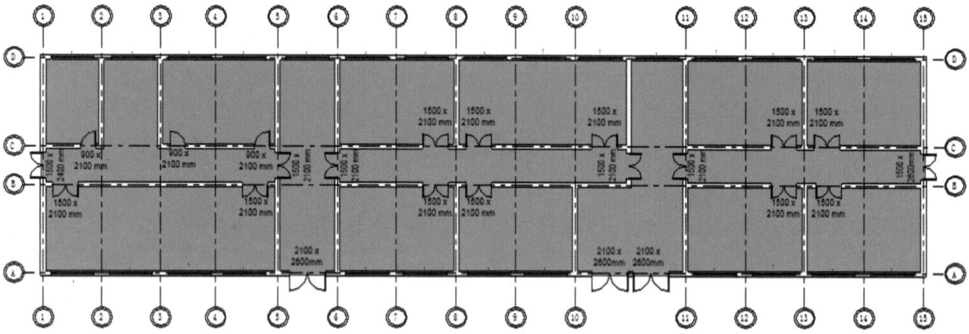

图5-16　创建楼板

14 转换至三维视图，将光标置于楼板上，可以高亮显示楼板边界线，效果如图5-17所示。

15 其他楼层的楼板可以通过“复制”“粘贴”来创建。在“标高1”视图中选择全部图元，单击选项卡中的“过滤器”按钮，弹出【过滤器】对话框。

16 单击“放弃全部”按钮，取消选择“类别”列表框中的所有选项，然后只勾选“楼板”复选框，如图5-18所示。单击“确定”按钮，关闭对话框，视图中仅楼板被选中。

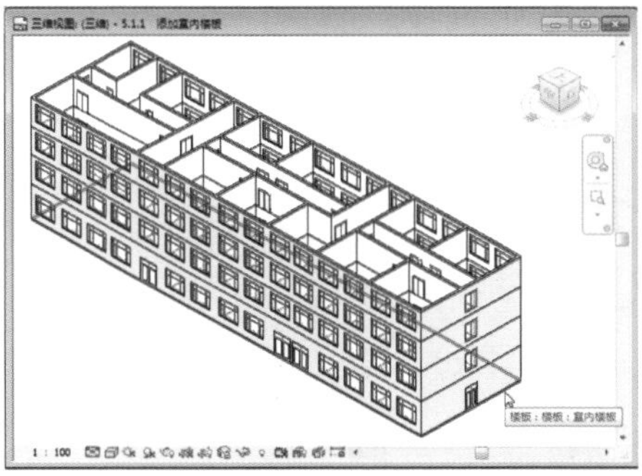

图5-17　楼板边界线三维效果

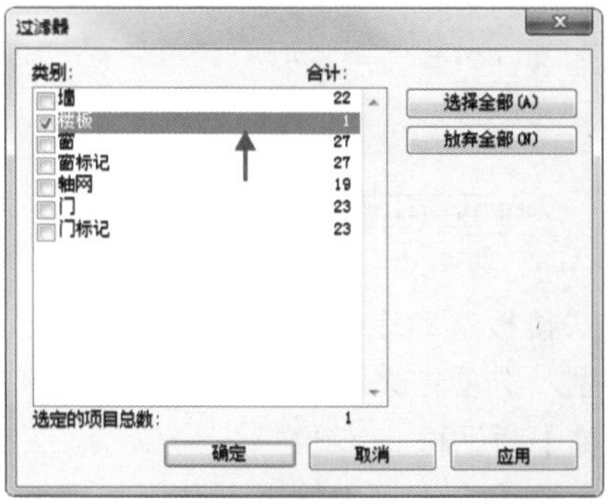

图5-18　选择选项

提示　因为楼板在平面视图中为隐藏状态，所以难以准确地选中。此时通过启用“过滤器”命令，可以剔除其他图元，快速选中楼板。

17 在“修改”选项卡中，单击“剪贴板”面板中的“复制到剪贴板”按钮，接着单击“粘贴”按钮，在弹出的下拉列表中选择“与选定的标高对齐”选项，如图5-19所示。

18 弹出【选择标高】对话框，选择“标高2”“标高3”和“标高4”选项，如图5-20所示，将楼板粘贴至指定的楼层。

19 单击“确定”按钮，关闭对话框，系统执行“粘贴”操作。转换至三维视图，观察将楼板粘贴至指定楼层的效果，如图5-21所示。

图5-19　选择选项

图5-20　选择标高

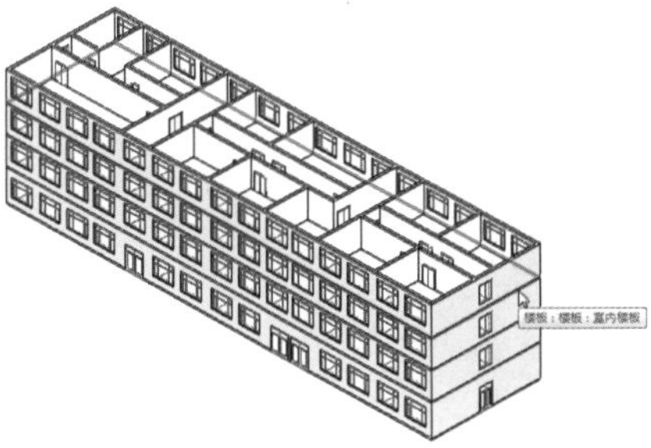

图5-21　粘贴楼板后的三维样式

5.1.2 添加室外楼板

添加室外楼板的过程与添加室内楼板的过程相似，本节介绍添加室外楼板的操作方法。

01 在“标高1”视图中将光标置于外墙体上，按Tab键，循环显示外墙体，单击鼠标左键选中所有外墙体。在“属性”选项板中修改“底部偏移”值为-450.0，如图5-22所示。

02 单击“应用”按钮，将参数赋予外墙体。转换至三维视图，发现外墙体底部边向下偏移450mm，如图5-23所示。

图5-22 修改参数

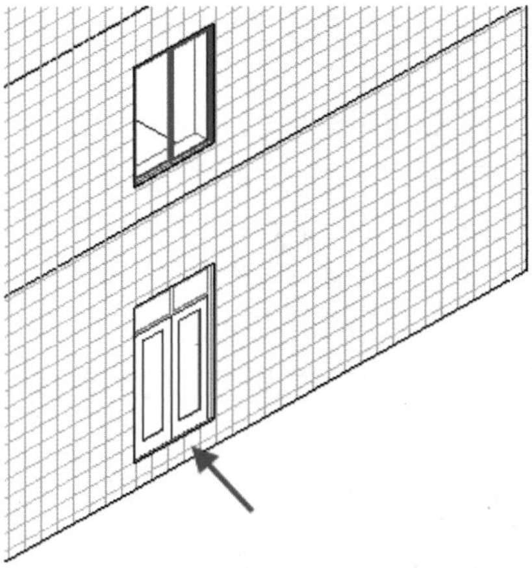

图5-23 修改结果

03 启用“楼板”命令，在“属性”选项板中单击“编辑类型”按钮，弹出【类型属性】对话框。在“类型”选项中选择“室内楼板”，单击“复制”按钮，弹出【名称】对话框。

04 在【名称】文本框中输入名称，如图5-24所示。单击“确定”按钮，返回到【类型属性】对话框。

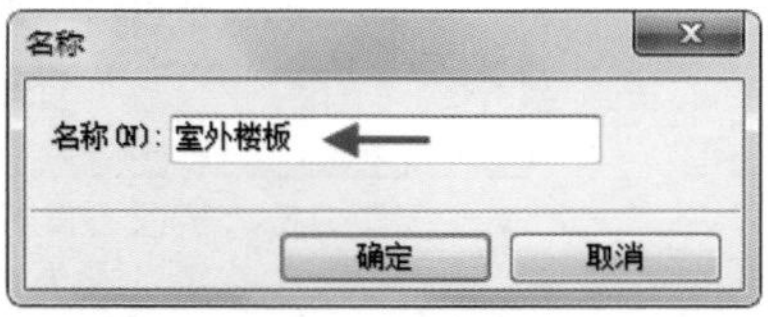

图5-24 输入名称

05 在“结构”选项中单击“编辑”按钮，弹出【编辑部件】对话框，修改第2行“结构[1]”的“厚度”值为450，如图5-25所示。单击“确定”按钮，关闭对话框。

06 在【类型属性】对话框的“功能”下拉列表框中选择“外部”选项，设置楼板的功能属性，如图5-26所示。单击“确定”按钮，关闭对话框。

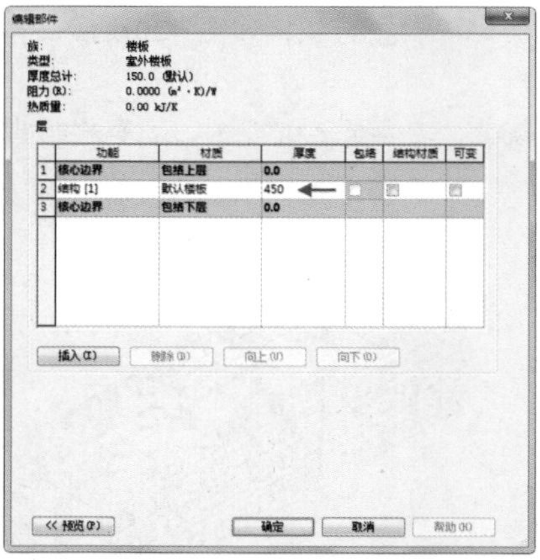

图5-25 修改参数

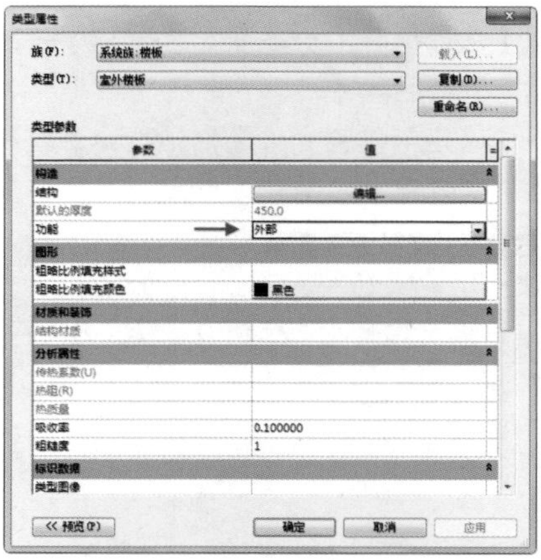

图5-26 修改“功能”属性

07 在“标高1”视图中滑动鼠标滚轮，放大显示10轴与11轴之间的图形区域，如图5-27所示。

08 在“属性”选项板中设置“自标高的高度偏移”值为0.0，如图5-28所示。

09 在“绘制”面板中单击“矩形”按钮，如图5-29所示，表示通过绘制矩形来创建楼板边界线。

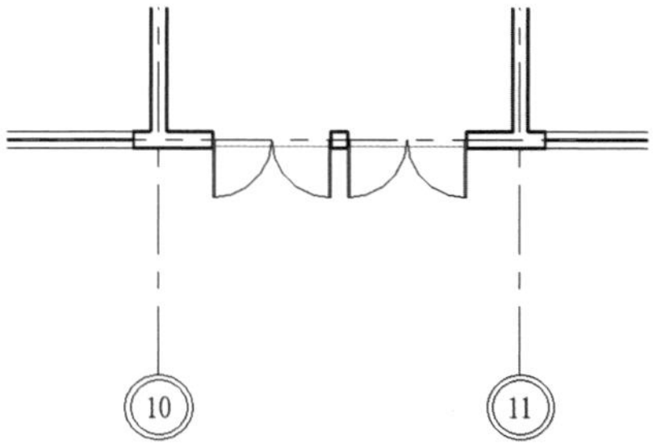

图5-27　放大显示

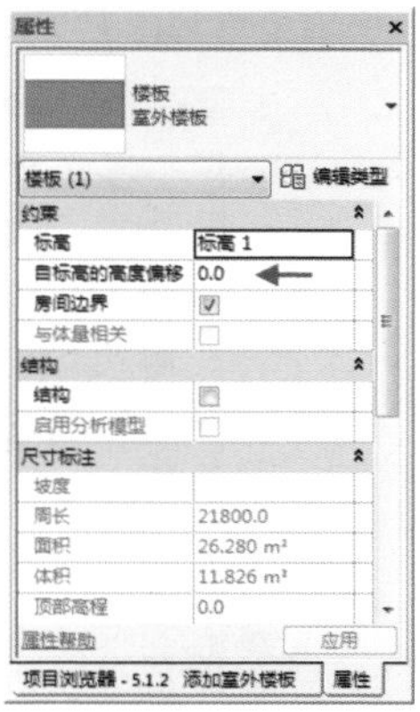

图5-28　设置参数

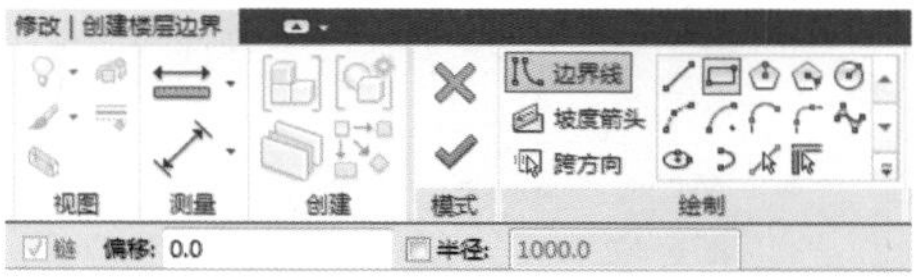

图5-29　选择绘制方式

> **提示**　因为是创建室外楼板，所以通常使用“线”“矩形”以及“多边形”等绘制方式，方便创建多种类型的楼板边界线。

10 在外墙体上指定矩形的起始端点，如图5-30所示。

11 指定起点后，向右下角移动鼠标，单击指定另一对角点，如图5-31所示。

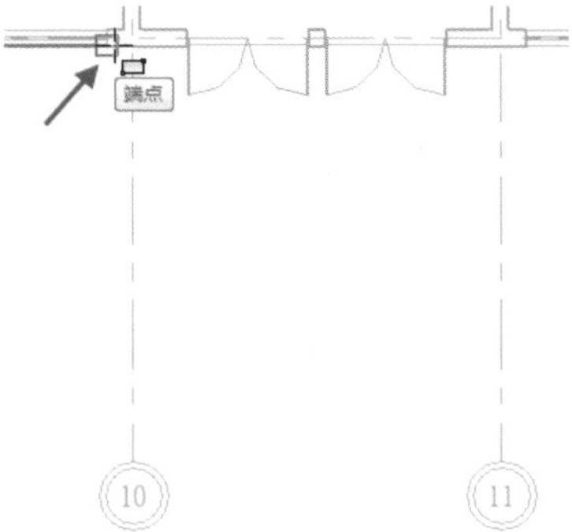

图5-30　指定起点

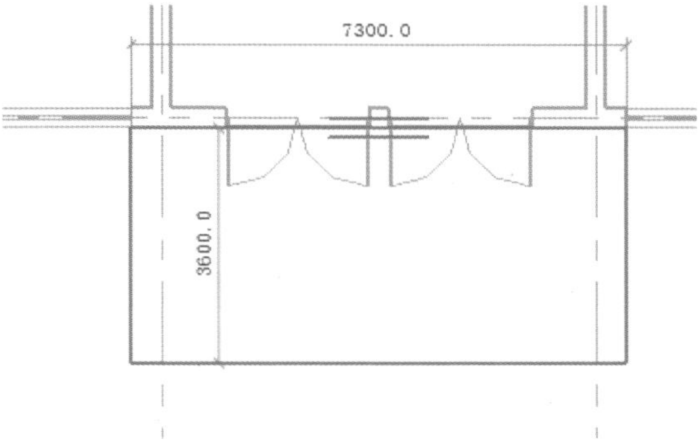

图5-31　指定终点

12 创建完毕的楼板边界线如图5-32所示。选择边界线，显示临时尺寸标注。用户通过修改尺寸标注，可以调整边界线的大小。

13 单击“完成编辑模式”按钮，退出命令，创建室外楼板的效果如图5-33所示。

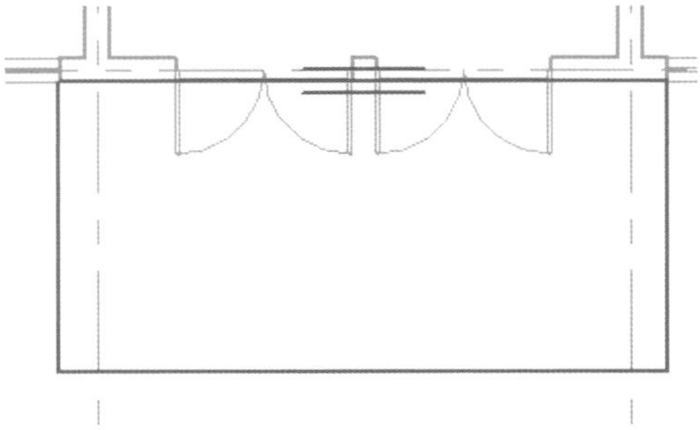

图5-32　绘制边界线

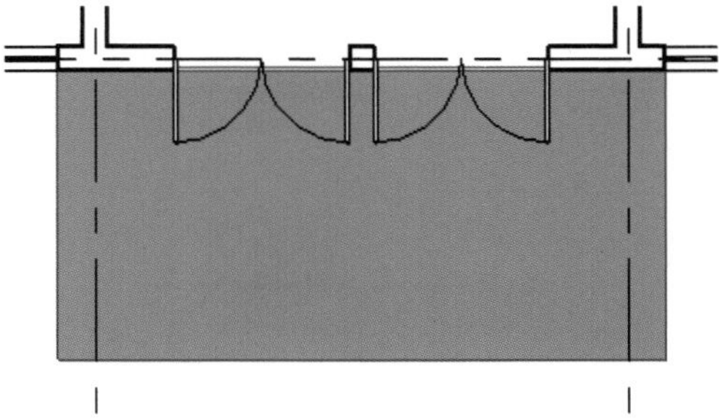

图5-33　创建室外楼板

14 转换至三维视图，观察室外楼板的创建效果，如图5-34所示。

15 重复执行上述操作，在其他的出入口处创建室外楼板，效果如图5-35所示。

在本节中仅介绍创建室外楼板的方法，限于篇幅，对于室外楼板的用法在此不做过多的说明。在接下来的章节中，将介绍在室外楼板的基础上，使用楼板边工具创建台阶的操作方法。

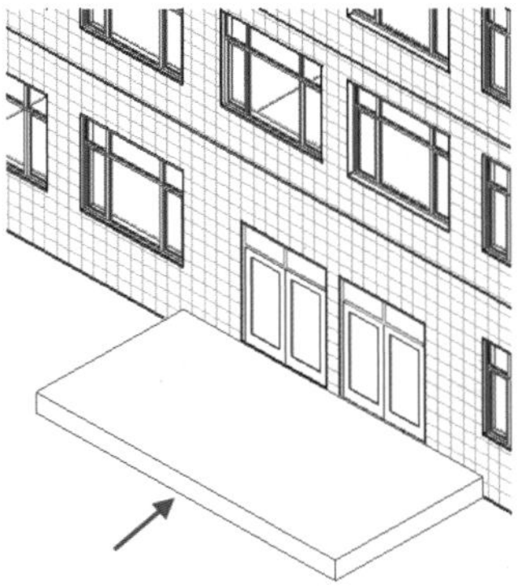

图5-34　室外楼板三维效果

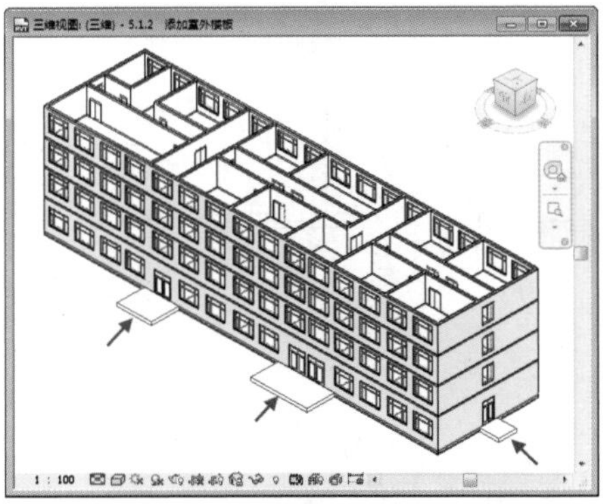

图5-35　完成后的效果

提示　在“绘制”面板中单击“线”按钮，通过绘制线段，组成闭合的矩形环，也可以创建矩形室外楼板。因为使用“矩形”绘制方式可以快速地创建边界线，所以建议使用该种方式创建楼板。

5.1.3　编辑楼板

绘制完成的楼板，可以再次修改边界线，改变楼板的显示样式。也可以在“属性”选项板中设置楼板的“标高”与“自标高的高度偏移”参数，调整楼板在项目中的位置。

选择楼板，进入“修改|楼板”选项卡，单击“编辑边界”按钮，进入编辑楼板的状态，如图5-36所示。在“绘制”面板中选择绘制方式，可以重新定义楼板的边界线，如图5-37所示。

图5-36　单击按钮

图5-37　选择绘制方式

选择楼板的水平边界线，可以显示垂直边界线的尺寸，如图5-38所示。单击临时尺寸标注，进入在位编辑模式，可输入新的尺寸参数，如图5-39所示。

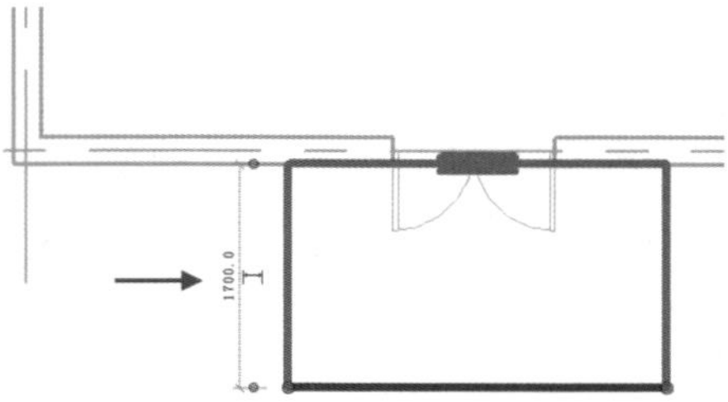

图5-38　显示临时尺寸标注

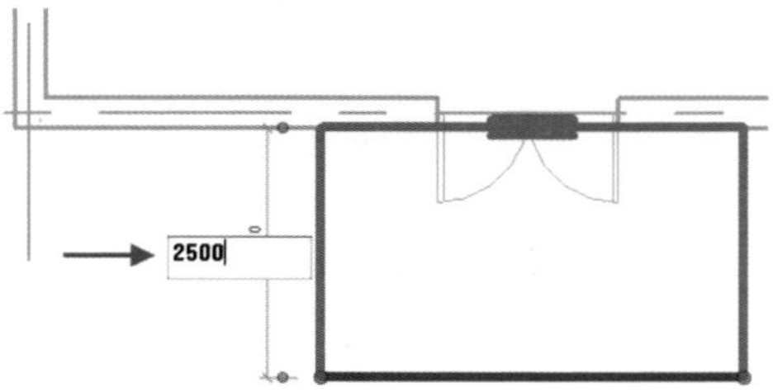

图5-39　修改参数

在空白位置单击鼠标左键，退出编辑模式。楼板边界线根据所定义的尺寸参数调整位置，效果如图5-40所示。选择垂直边界线，可以显示水平边界线的尺寸，用户进入在位编辑模式，修改尺寸参数，最终会影响楼板边界线的显示样式。

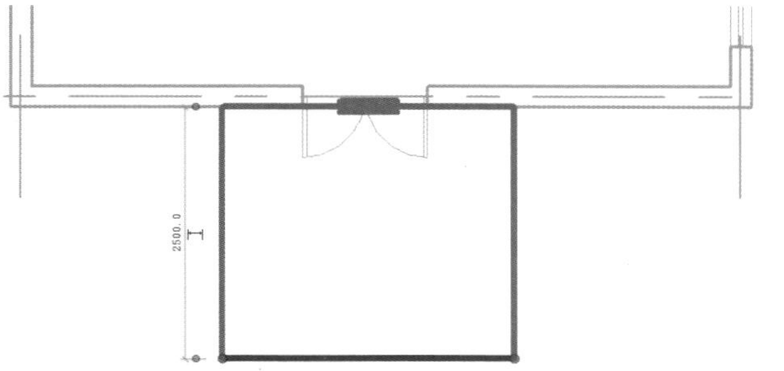

图5-40　修改结果

5.2　创建天花板

Revit 2018应用程序默认在模板文件中创建“天花板平面”视图，用户在创建完天花板后，可以切换至该视图查看创建效果。本节介绍创建天花板的操作方法。

01 选择“建筑”选项卡，在“构建”面板中单击“天花板”按钮，如图5-41所示，进入“修改|放置 天花板”选项卡。

图5-41　单击按钮

02 在“属性”选项板中单击类型列表，选择“天花板2”，如图5-42所示。

03 单击“编辑类型”按钮，弹出【类型属性】对话框，单击“结构”选项右侧的“编辑”按钮，如图5-43所示，弹出【编辑部件】对话框。

04 在【编辑部件】对话框中单击“插入”按钮，插入一个新层。单击“向下”按钮，向下调整新层的位置，使其位于第4行，如图5-44所示。

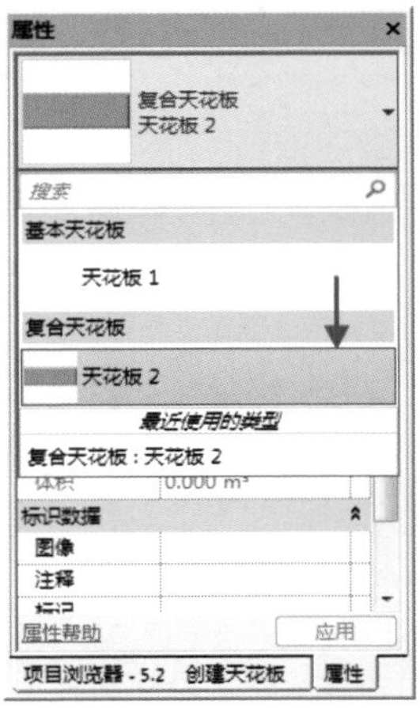

图5-42　选择类型

图5-43　【类型属性】对话框

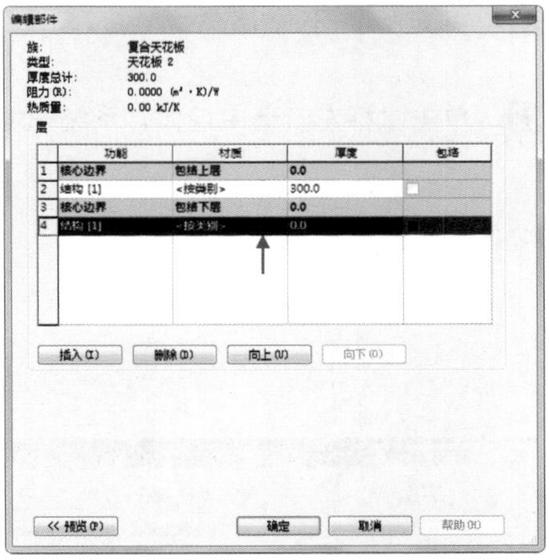

图5-44　插入新层

05 将光标定位于第4行中的“功能”单元格上，单击弹出列表，选择“面层2[5]”选项，指定层的功能属性。单击“材质”单元格中的…按钮，弹出【材质浏览器】对话框。

06 在材质列表中选择名称为“默认”的材质，右击，在弹出的快捷菜单中选择“复制”命令，复制材质副本，并修改副本名称为“天花-石膏板”，如图5-45所示。

07 单击“打开/关闭资源浏览器”按钮，弹出【资源浏览器】对话框，展开“AutoCAD物理资源”列表，选择“固体”选项，在右侧的材质列表框中选择“石膏板”。然后单击右侧的按钮，执行替换资源的操作，如图5-46所示。

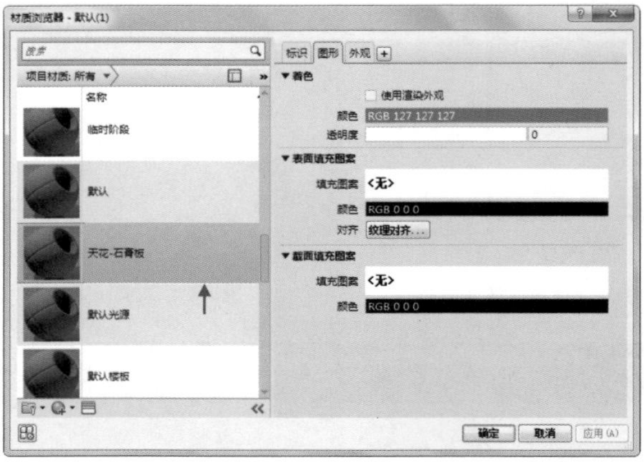

图5-45　复制材质

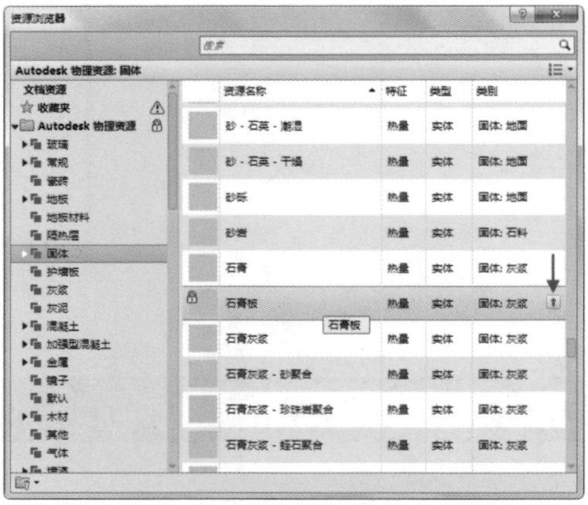

图5-46　选择材质进行替换

08 单击右上角的“关闭”按钮，关闭对话框。在【材质浏览器】对话框中保持材质参数不变，单击“确定”按钮，返回到【编辑部件】对话框。

09 修改第2行“结构[1]”的“厚度”为8.0，第4行“面层2[5]”的“厚度”为12.0，如图5-47所示。单击“确定”按钮，返回到【类型属性】对话框。

10 单击“确定”按钮，关闭【类型属性】对话框。在“修改|放置 天花板”选项卡中单击“绘制天花板”按钮。在“修改|创建天花板边界”选项卡中单击“拾取墙”按钮，如图5-48所示。其他参数保持默认设置即可。

11 将光标置于外墙体之上，高亮显示外墙体，如图5-49所示。

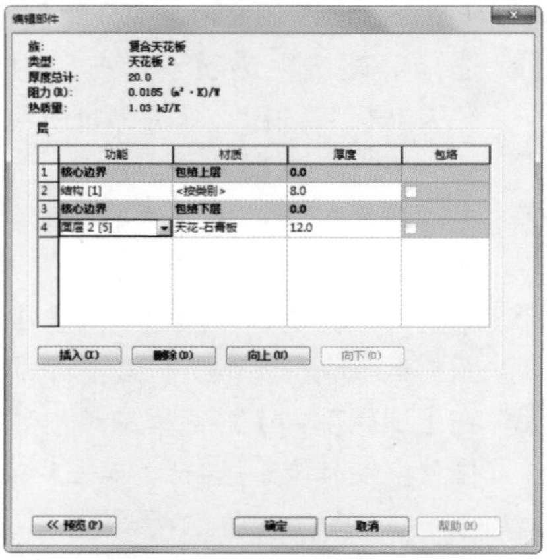

图5-47　修改参数

12 单击鼠标左键选中墙体，系统在墙体的一侧创建天花板边界线，如图5-50所示。

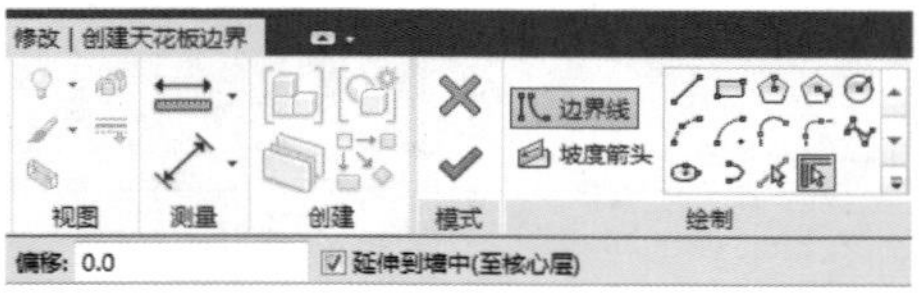

图5-48　单击按钮

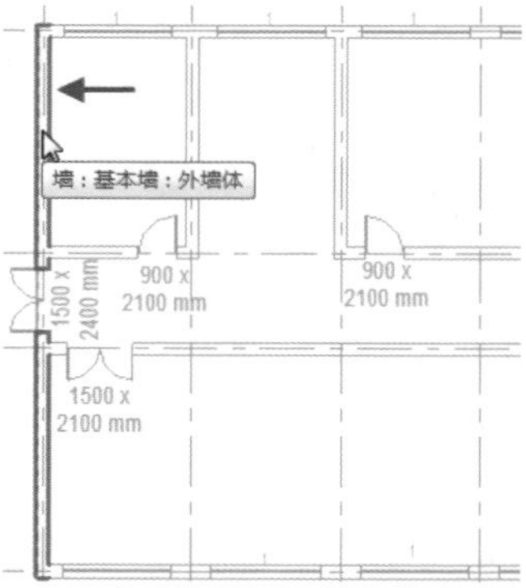

图5-49　拾取墙体

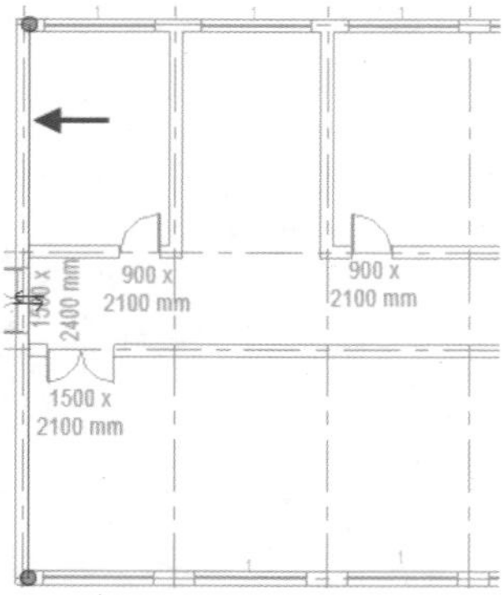

图5-50　绘制边界线

13 依次拾取外墙体，创建首尾相接的天花板边界线，效果如图5-51所示。

提示 即使建筑项目的外墙体为不规则样式，也可以使用“拾取墙”方式来创建天花板边界线，但是必须保证边界线是闭合的环。

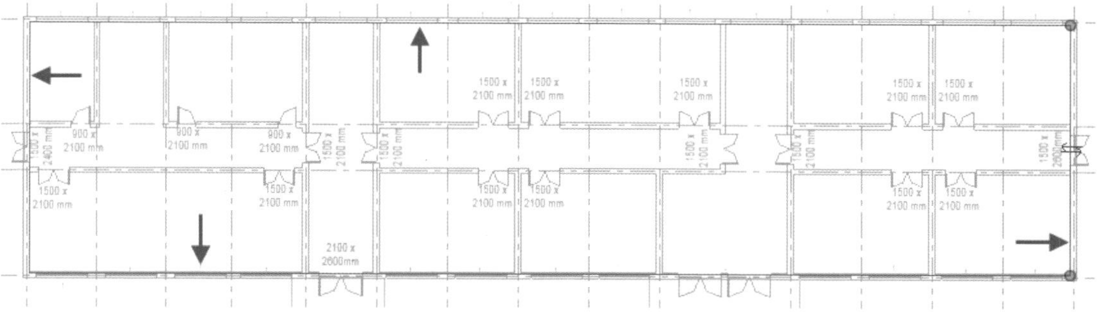

图5-51 创建天花板边界线

14 在“属性”选项板中设置“标高”为“标高5”，设置“自标高的高度偏移”值为400.0，如图5-52所示。

15 按Esc键退出命令，转换至三维视图，观察天花板的创建效果，如图5-53所示。

> **提示**
>
> “自标高的高度偏移”参数值为400.0，表示天花板位于“标高5”之上400mm。

在项目浏览器中单击展开“天花板平面”列表，选择“标高4”选项，如图5-54所示。双击鼠标左键转换至“标高4”视图。在该视图中观察创建完毕的天花板的平面效果，如图5-55所示。

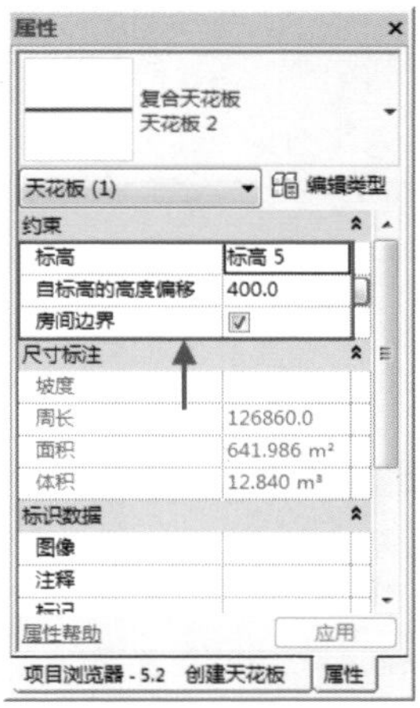

图5-52 设置参数

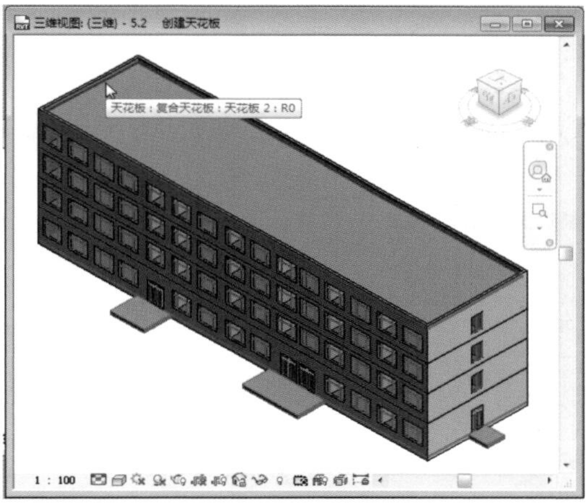

图5-53 创建天花板

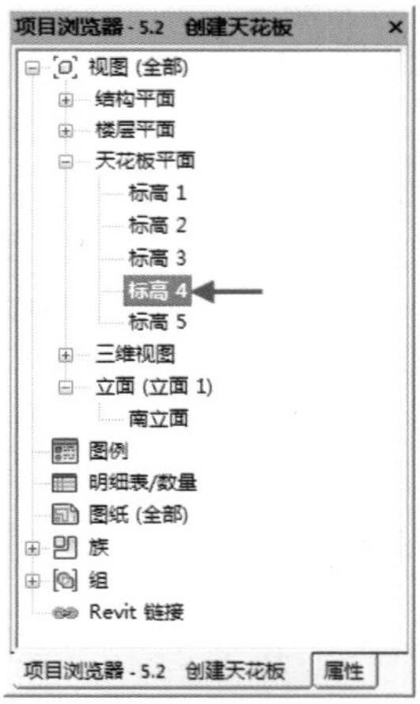

图5-54 选择选项

在“修改|放置 天花板”选项卡中单击“自动创建天花板”按钮，如图5-56所示。在以墙为界限的面积内单击鼠标左键，可以创建天花板，如图5-57所示。

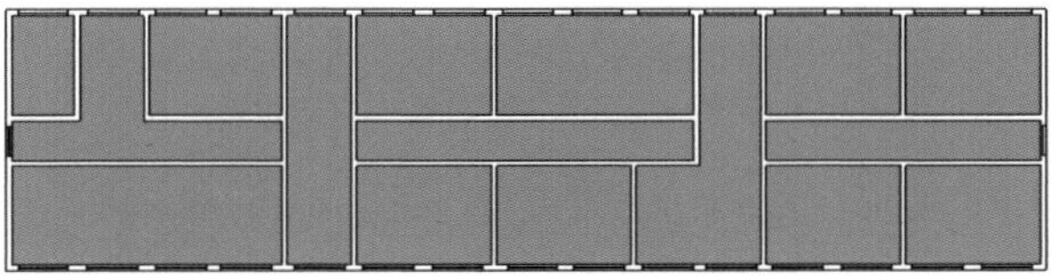

图5-55 天花板平面效果

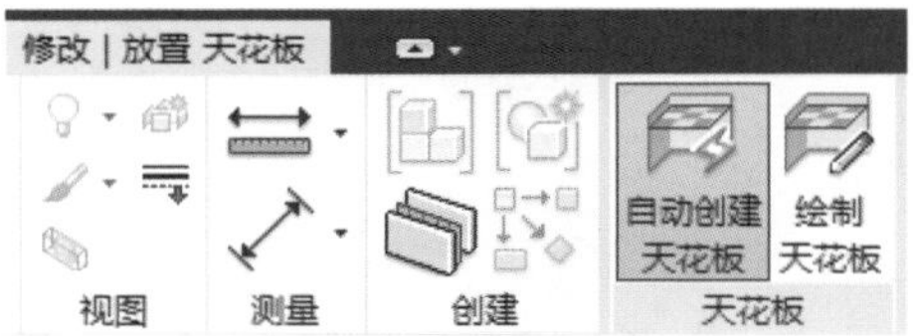

图5-56 单击按钮

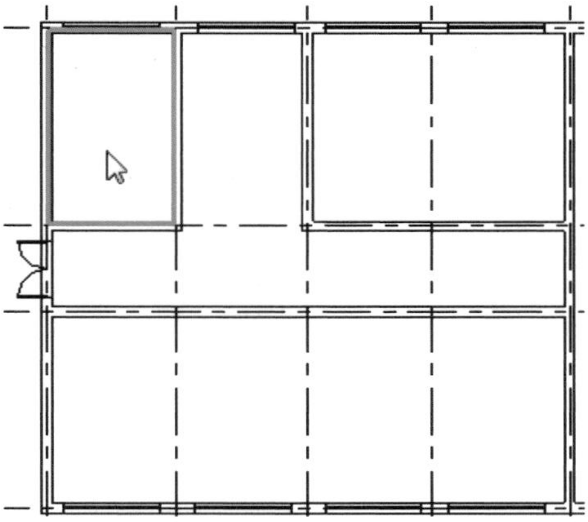

图5-57 创建天花板

提示　在视图中创建天花板不能实时观察创建效果，有时候会出现重复创建的情况。此时系统在界面右下角弹出如图5-58所示的警告框，提示用户在“同一位置处具有相同实例”。

图5-58　警告框

5.3　添加屋顶及其构件

在Revit中可以创建多种类型的屋顶，如迹线屋顶、拉伸屋顶以及面屋顶。还可以为屋顶创建附属构件，如底板、封檐板以及檐槽。本节介绍添加屋顶及其构件的操作方法。

5.3.1　添加迹线屋顶

在楼层平面视图或者天花板平面视图中创建迹线屋顶。用户在创建迹线屋顶时可以自定义不同的坡度以及悬挑。也可以使用默认值来创建屋顶，在创建完毕之后再修改参数。

01 选择“建筑”选项卡，在“构建”面板中单击“屋顶”按钮，在弹出的下拉列表中选择“迹线屋顶”选项，如图5-59所示。

02 在“修改|创建屋顶迹线”选项卡中单击“拾取墙”按钮，勾选“定义坡度”复选框，设置“悬挑”值为800.0，勾选“延伸到墙中（至核心层）”复选框，如图5-60所示。

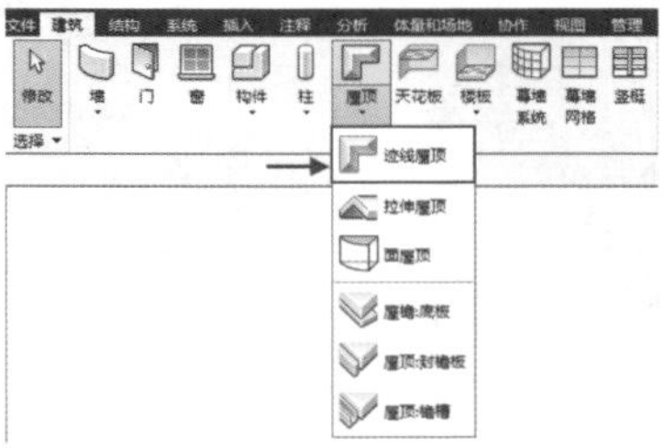

图5-59　选择选项

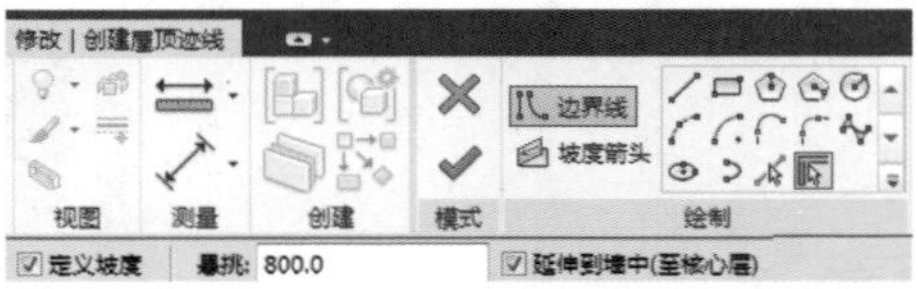

图5-60　设置选项

提示　用户可以在“绘制”面板中选择其他绘制屋顶的方式。最常用的是“拾取墙”方式，通过拾取墙体，生成闭合的屋顶迹线。

03 在“属性”选项板中单击类型列表，选择“屋顶1”选项，如图5-61所示。

04 将光标置于外墙体之上，高亮显示外墙体；同时预览屋顶迹线的创建效果如图5-62所示。

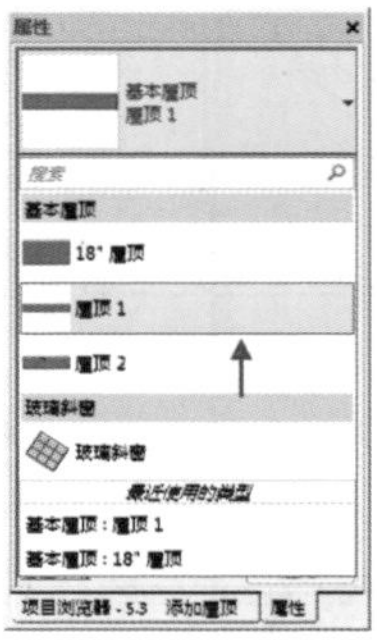

图5-61　选择类型

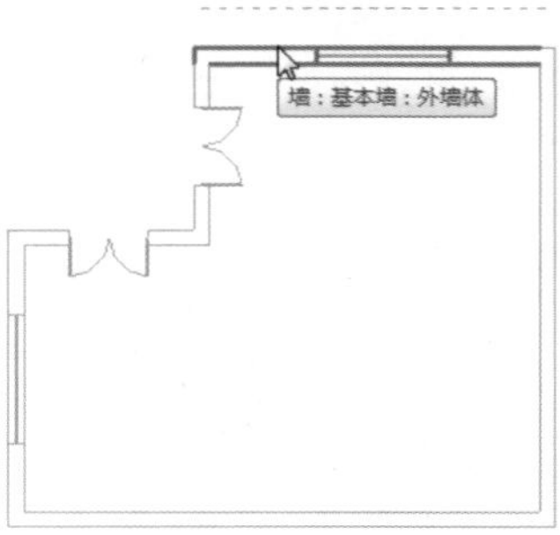

图5-62　拾取墙体

提示　将光标置于外墙线之上，屋顶迹线显示在外墙线的一侧。将光标置于内墙线之上，屋顶迹线显示在内墙线的一侧。

05 在外墙线上单击鼠标左键，在外墙线的一侧绘制迹线的效果如图5-63所示。

06 依次拾取外墙体，创建闭合的屋顶迹线，效果如图5-64所示。

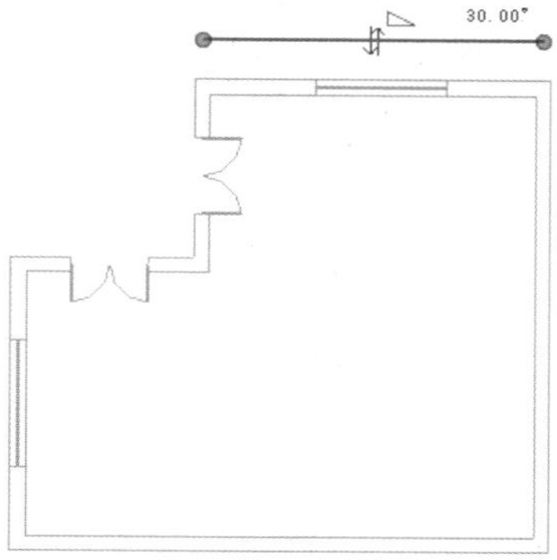

图5-63　绘制迹线

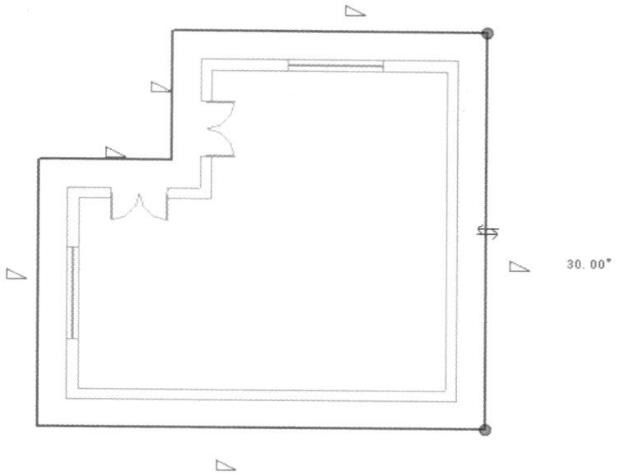

图5-64　操作结果

提示　因为在创建迹线之前已经在选项栏中勾选“定义坡度”复选框，所以在创建完毕的迹线周围显示坡度符号以及坡度标注。用户通过单击坡度标注文字，可以实时修改坡度值。

07 在“属性”选项板中设置“底部标高”为“标高3”，设置“自标高的底部偏移”值为500.0，表示屋顶与“标高3”相距500mm，如图5-65所示。

08 单击“完成编辑模式”按钮，退出命令。转换至“标高3”视图，观察迹线屋顶的平面效果，如图5-66所示。

图5-65　设置选项

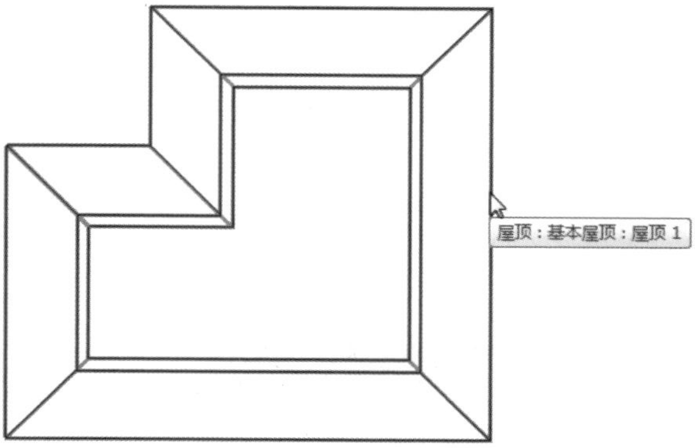

图5-66　平面样式

09 分别转换至立面视图以及三维视图，观察在不同视图中迹线屋顶的创建效果，如图5-67和图5-68所示。

创建完屋顶后，在迹线的周围显示坡度符号以及角度标注。单击角度标注，进入在位编辑模式，输入新的角度值，如图5-69所示。按Enter键，可以修改屋顶的坡度值。

退出命令后，选择屋顶，在“属性”选项板的“坡度”选项中修改参数，如图5-70所示，也可以修改屋顶的坡度值。

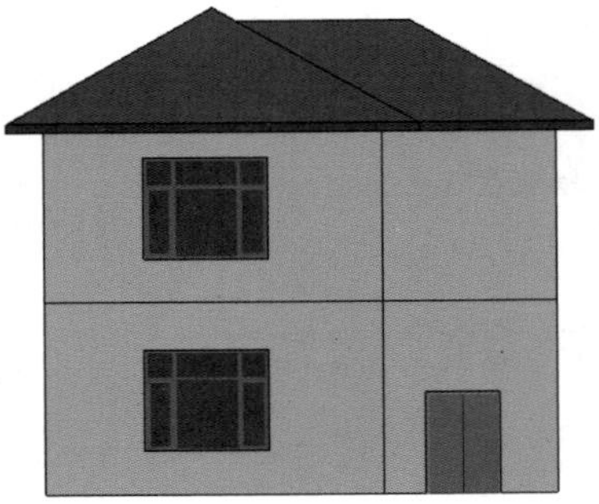

图5-67　立面样式

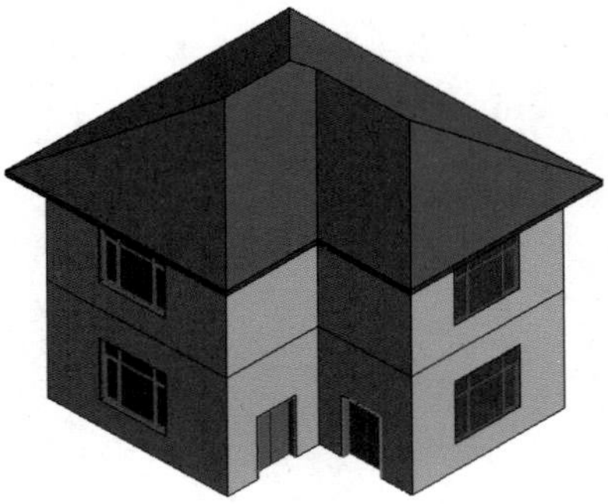

图5-68　三维样式

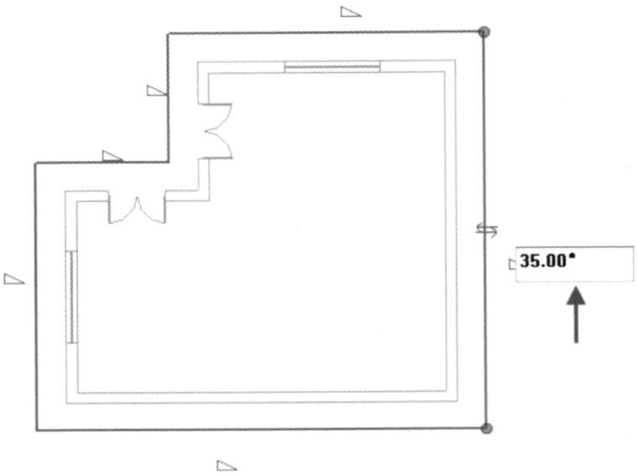

图5-69　修改参数

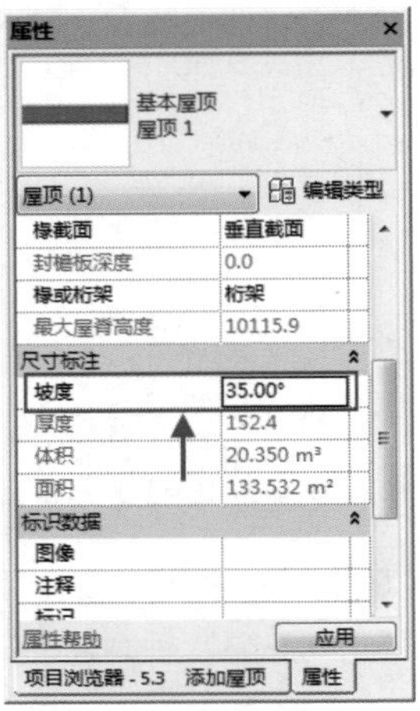

图5-70　修改选项值

在平面视图中选择基线屋顶，进入“修改|屋顶”选项卡，单击“编辑迹线”按钮，如图5-71所示，进入修改迹线的模式。在视图中选择基线，显示悬挑值的临时尺寸标注，如图5-72所示。单击标注文字，进入在位编辑模式，修改尺寸标注，可以修改屋顶的悬挑值。

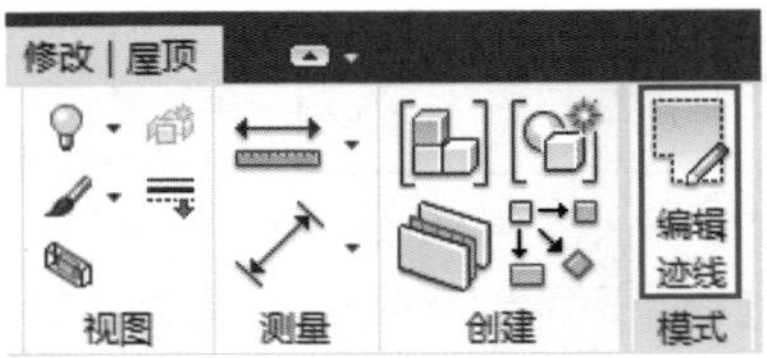

图5-71　单击按钮

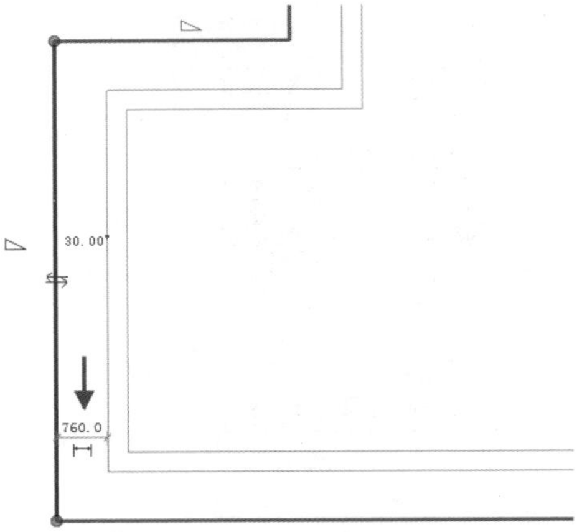

图5-72　显示间距值

提示　在绘制前将“悬挑”值设置为800.0，为什么进入编辑模式后，参数值却发生了变化？因为同时选择了“延伸到墙中（至核心层）”选项，减去屋顶延伸到墙中的距离后，“悬挑”值显示为760.0。

5.3.2　添加拉伸屋顶

创建迹线屋顶之前，需要先切换至立面视图。因为Revit 2018应用程序在默认情况下，不在项目模板中创建立面视图，所以需要用户首先创建立面视图。

在立面视图中绘制拉伸屋顶的轮廓线，系统在轮廓线的基础上创建屋顶模型。本节介绍添加拉伸屋顶的操作方法。

01 在项目浏览器中单击展开“立面（立面1）”列表，选择“北立面”选项，如图5-73所示。双击鼠标左键，转换至“北立面”视图。

02 在“属性”选项板中依次勾选“裁剪视图”和“裁剪区域可见”复选框，如图5-74所示。在视图中显示裁剪区域轮廓线。

图5-73　选择“北立面”选项

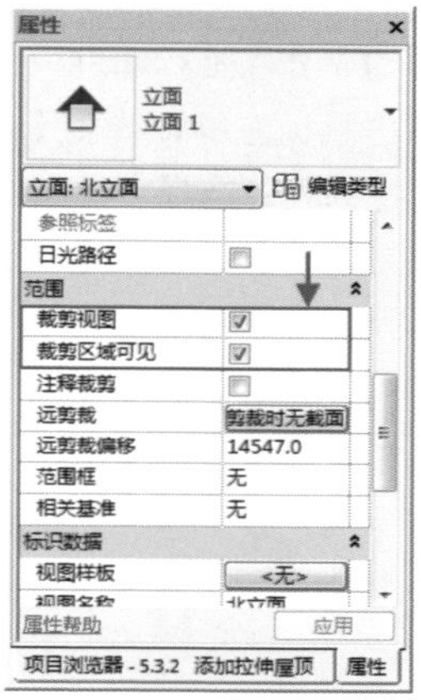

图5-74　勾选复选框

提示 在平面视图中选择“视图”选项卡，单击“创建”面板中的“立面”按钮，在视图中放置立面符号，完成创建立面视图的操作。

03 选中裁剪区域轮廓线，在轮廓线上显示夹点。单击激活夹点，调整夹点的位置，使得模型完全显示在轮廓线内，如图5-75所示。

04 选择“建筑”选项卡，在“构建”面板中单击“屋顶”按钮，在弹出的下拉列表中选择“拉伸屋顶”选项，如图5-76所示。

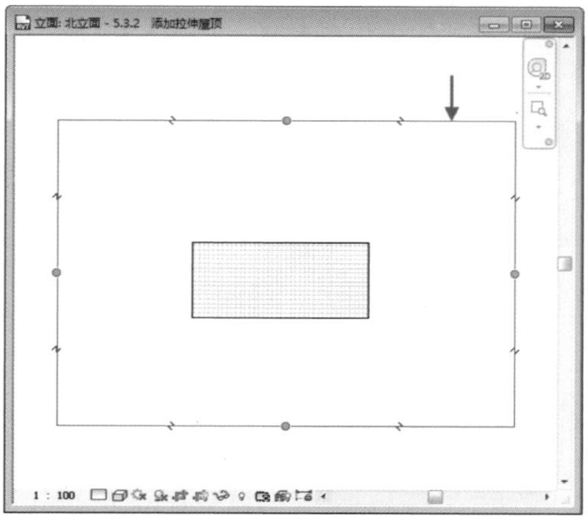

图5-75　显示轮廓线

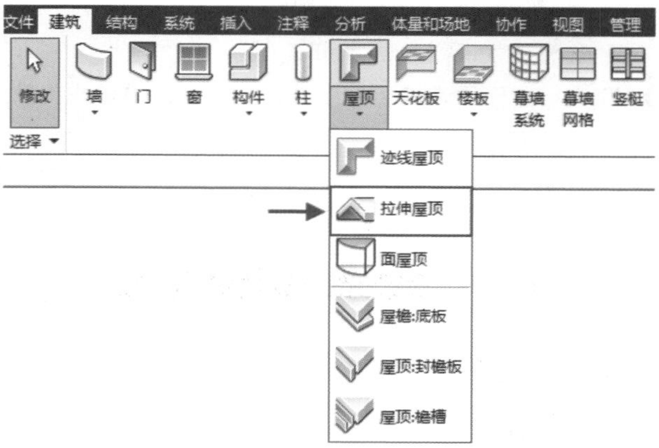

图5-76　选择选项

05 此时弹出【工作平面】对话框，选中“拾取一个平面”单选按钮，如图5-77所示。单击“确定”按钮，关闭对话框。

06 将光标置于立面墙体之上，高亮显示墙体轮廓线，如图5-78所示。

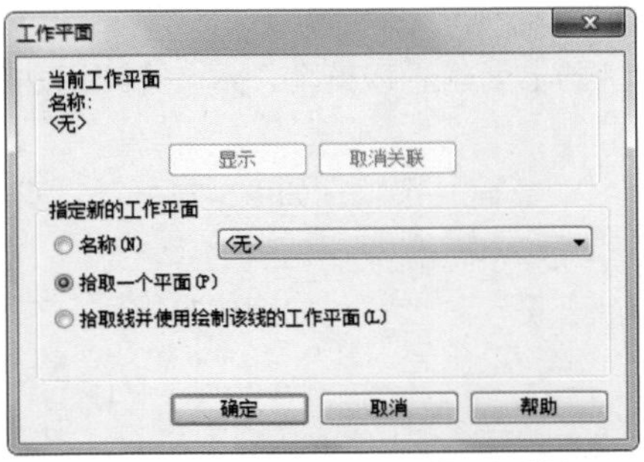

图5-77　【工作平面】对话框

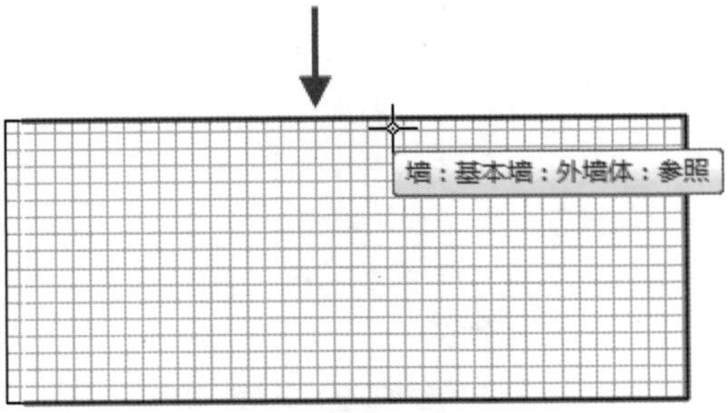

图5-78　拾取墙体

07 在立面墙体上单击鼠标左键，弹出【屋顶参照标高和偏移】对话框，单击“标高”右侧的倒三角按钮，在弹出的下拉列表中选择“标高2”选项，如图5-79所示。“偏移”选项保持默认值即可。

08 单击“确定”按钮，关闭对话框。在“属性”选项板中单击类型列表，选择名称为“屋顶1”的选项，如图5-80所示。

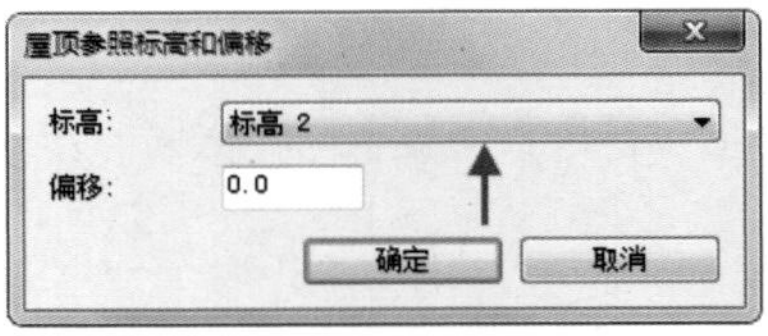

图5-79　选择标高

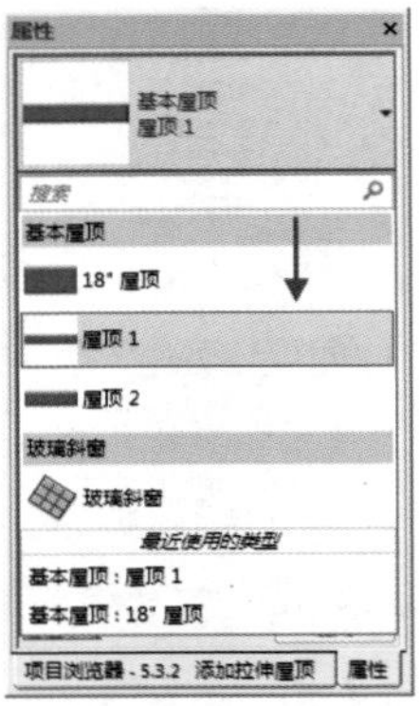

图5-80　选择屋顶类型

提示　“属性”选项板中的屋顶类型均可自由选用，用户可以根据实际情况来选择。本例以“屋顶1”为例介绍创建屋顶的操作方法。

09 在选项卡的“绘制”面板中单击“线”按钮，指定绘制拉伸屋顶轮廓线的方式，如图5-81所示。其他参数设置保持默认值即可。

10 将光标置于垂直墙体的水平边上，拾取中点作为轮廓线的起点，如图5-82所示。

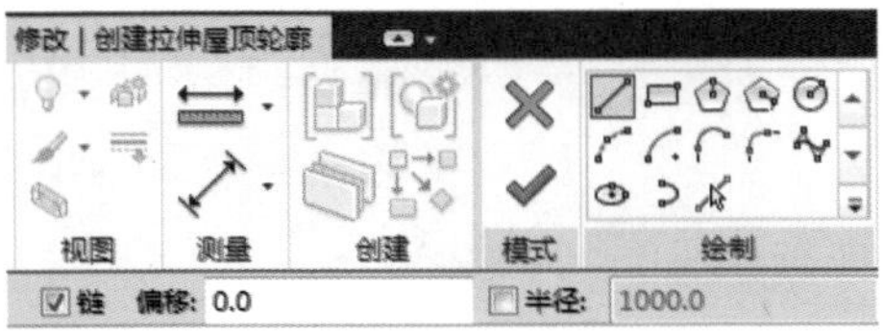

图5-81　选择绘制方式

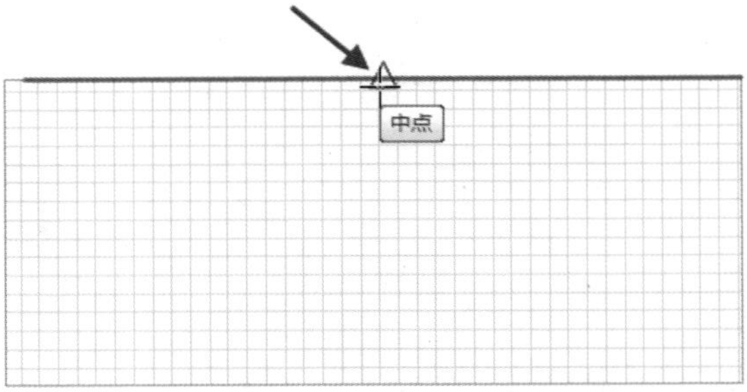

图5-82　指定起点

11 单击鼠标左键指定起点，向上移动鼠标，绘制高度为2000的垂直线段，如图5-83所示。

12 重复执行绘制操作，在垂直墙体的两侧绘制长度为1000的水平线段，如图5-84所示。

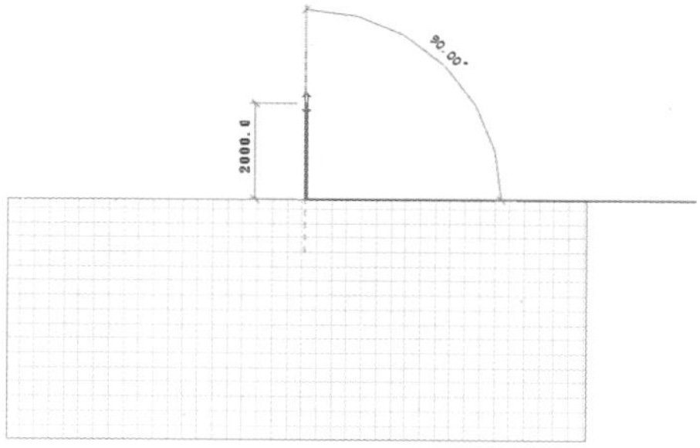

图5-83　绘制垂直线段

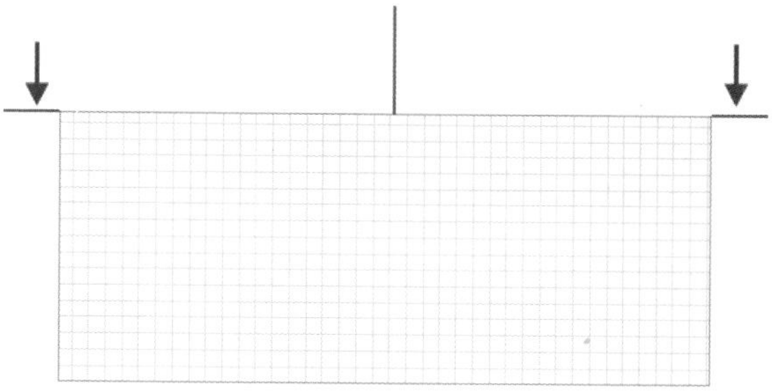

图5-84　绘制水平线段

13 以所绘制的垂直线段与水平线段为辅助线，绘制斜线段，如图5-85所示。

14 选择垂直线段和水平线段，按Delete键，删除线段的效果如图5-86所示。

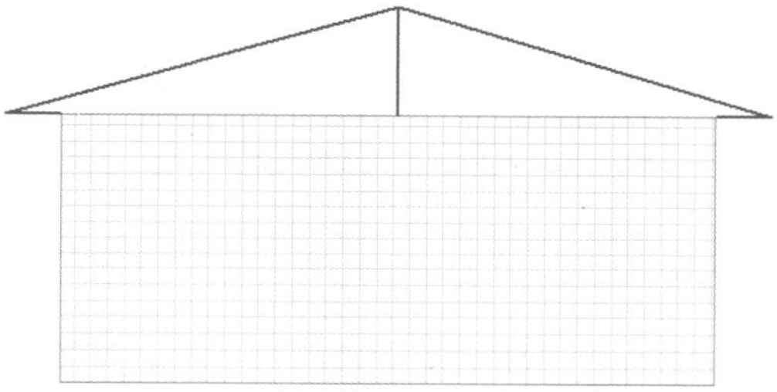

图5-85　绘制斜线段

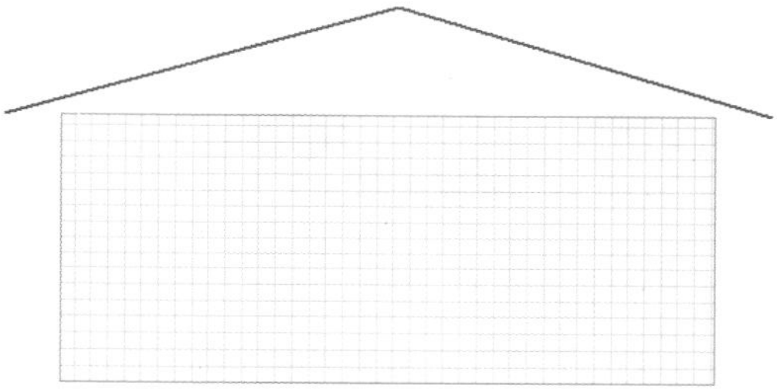

图5-86　删除线段

15 单击“完成编辑模式”按钮，退出命令，创建拉伸屋顶的效果如图5-87所示。

16 转换至三维视图，单击右上角ViewCube上的“上”按钮，切换至俯视图。选中屋顶，显示蓝色的夹点。单击激活上方的三角形夹点，按住鼠标左键不放向上移动鼠标，如图5-88所示，调整屋顶的宽度。

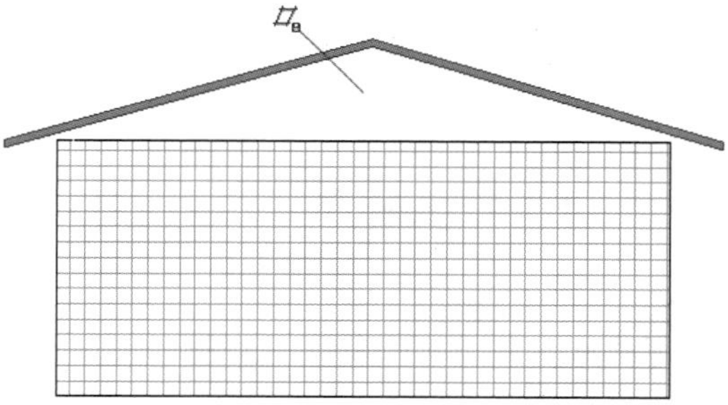

图5-87　创建屋顶

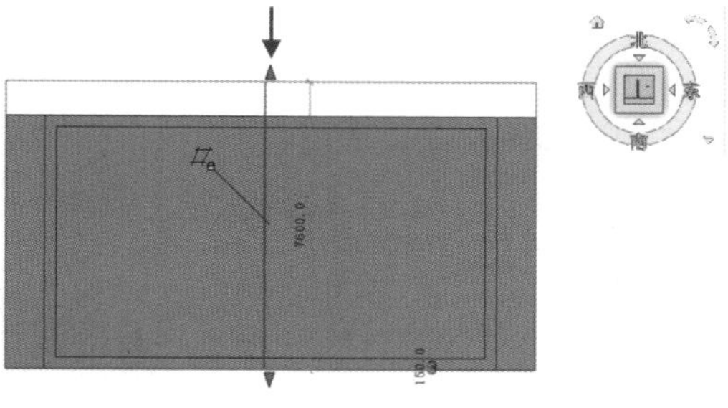

图5-88　激活夹点1

提示　屋顶创建完毕后，需要切换至各视图，从不同方向观察屋顶的创建效果，避免出现错误。通过使用ViewCube，可以轻松实现切换视图的操作。

17 激活下方的三角形箭头，按住鼠标左键不放向下移动鼠标，继续调整屋顶的宽度，如图5-89所示。

18 释放鼠标，退出激活夹点的状态，调整屋顶宽度的效果如图5-90所示。

19 在ViewCube上单击“前”按钮，切换至前视图。观察墙体与屋顶的关系，发现墙体并未附着于屋顶上，如图5-91所示。

20 将光标置于墙体上，按Tab键循环亮显墙体，单击鼠标左键，选择墙体的效果如图5-92所示。

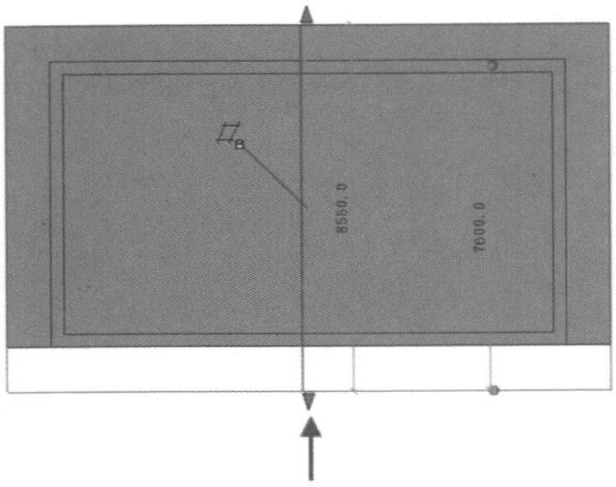

图5-89　激活夹点2

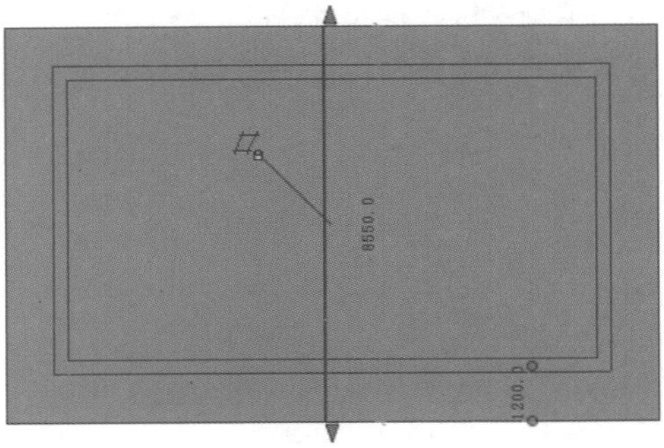

图5-90　调整宽度

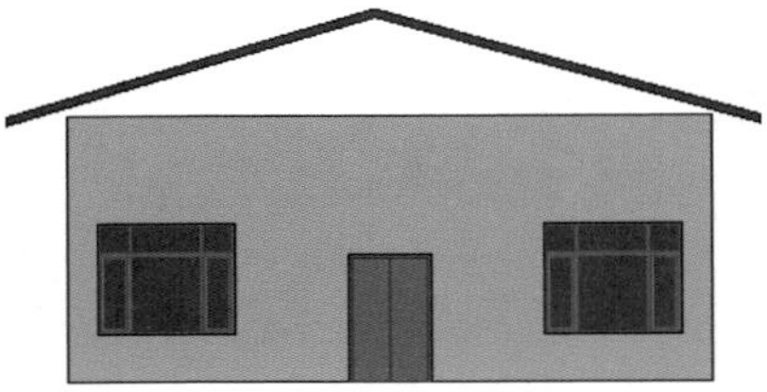

图5-91　前视图

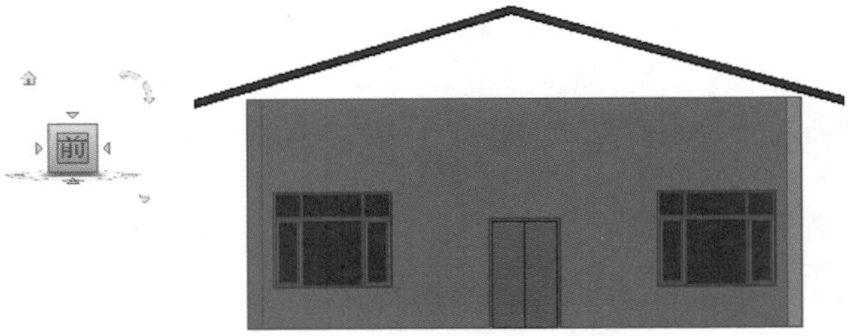

图5-92　选择墙体

21 进入“修改|墙”选项卡，单击“附着顶部/底部”按钮，如图5-93所示。

22 拾取屋顶，墙体附着于屋顶的效果如图5-94所示。

图5-93　单击按钮

图5-94　附着于屋顶

23 单击ViewCube上的角点，切换至轴测视图，观察拉伸屋顶的创建效果，如图5-95所示。

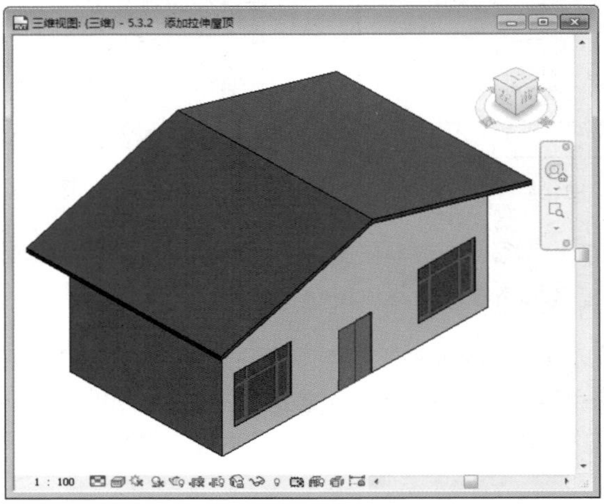

图5-95　三维效果

5.3.3 创建面屋顶

面屋顶需要在非垂直的体量面上创建。以此为契机，在本节中向用户介绍创建体量模型的方法，接着再讲解在体量模型中创建面屋顶的操作方法。

创建体量模型

01 选择“体量和场地”选项卡，在“概念体量”面板中单击“内建体量”按钮，如图5-96所示。

02 随即弹出如图5-97所示的【体量-显示体量已启用】提示框，提示用户“Revit已启用‘显示体量’模式，因此新创建的体量将可见”。单击“关闭”按钮，关闭提示框。

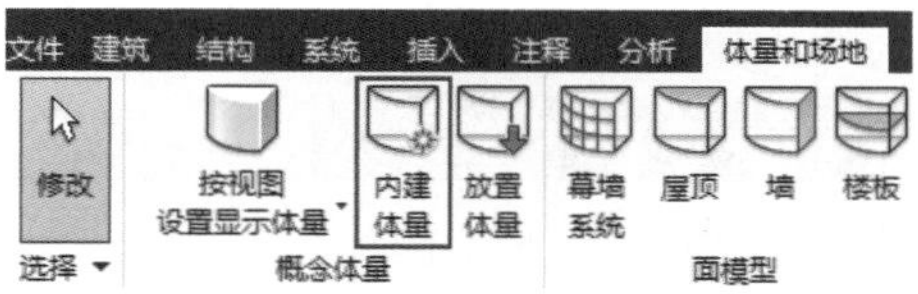

图5-96 单击按钮

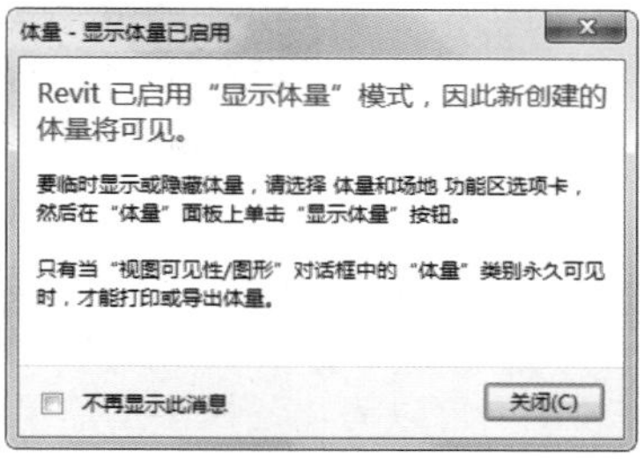

图5-97 提示框

03 在弹出的【名称】对话框中显示系统默认的体量名称，如图5-98所示。用户可以自定义名称。

04 单击“确定”按钮，关闭对话框，进入“创建”选项卡，在“绘制”面板中单击“多边形”按钮，如图5-99所示，指定绘制体量的方式。

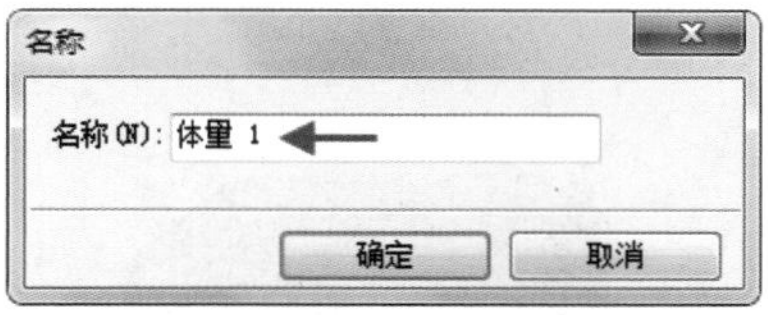

图5-98 显示名称

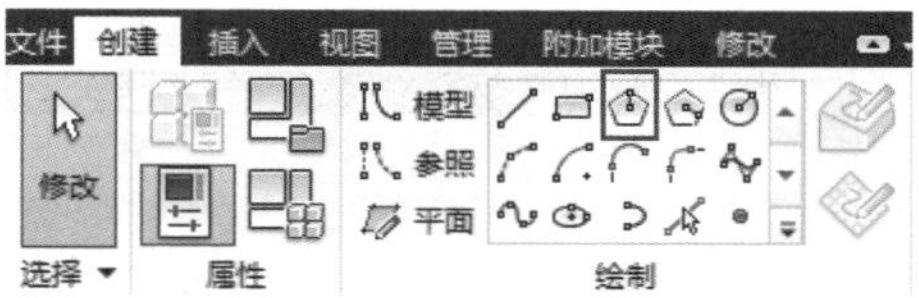

图5-99 单击按钮

05 进入“修改|放置 线”选项卡，在选项栏中设置“边”值为6，如图5-100所示。其他参数保持默认值。

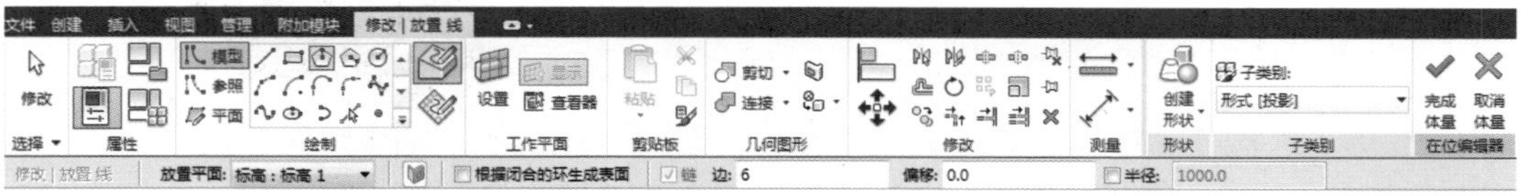

图5-100 进入选项卡

06 在视图中单击鼠标左键指定多边形的圆心，移动鼠标，在合适的位置单击鼠标左键，指定多边形的半径大小，如图5-101所示。

07 单击“创建形状”按钮，在弹出的下拉列表中选择“实心形状”选项，如图5-102所示。

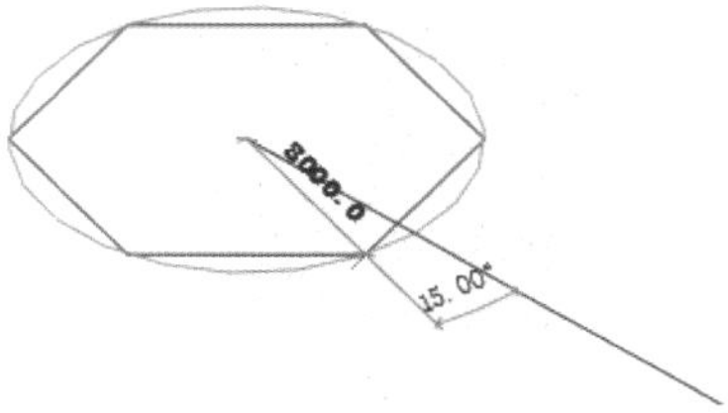

图5-101 创建多边形

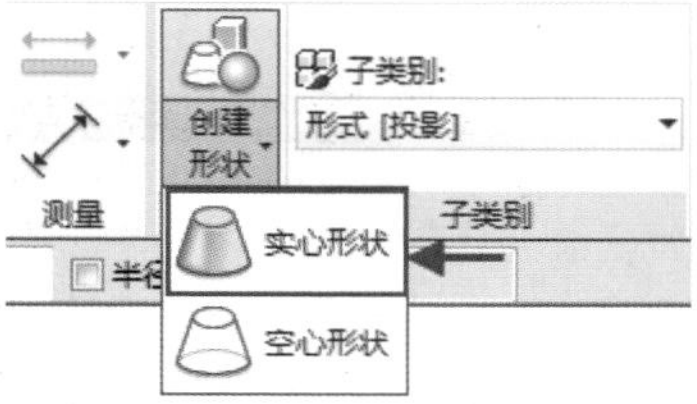

图5-102 选择选项

> **提示** 用户可以输入参数，自定义多边形的半径大小。

08 系统在已建多边形的基础上创建实心形状，单击激活蓝色的方向箭头，按住鼠标左键不放，向上移动鼠标，可以调整多边形的高度，如图5-103所示。

09 重复上述操作，使用“矩形”“圆”绘制工具创建长方体以及圆柱体，效果如图5-104所示。

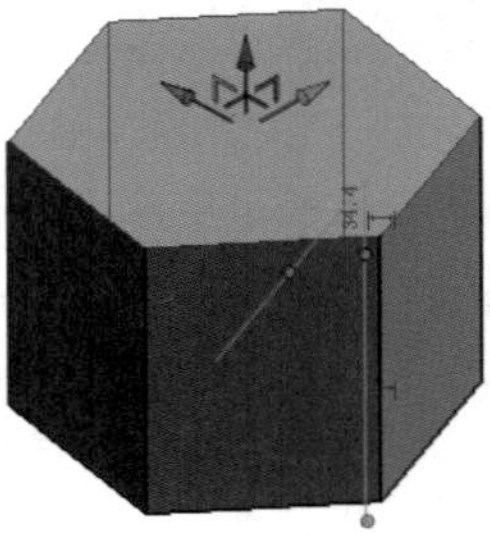

图5-103　调整高度

图5-104　创建效果

创建面屋顶

面屋顶工具可以为体量模型创建屋顶，需要注意的是，并不是模型上的每一个面都可以添加面屋顶。在非垂直的体量面上，才可以执行创建面屋顶的操作。

本节介绍创建面屋顶的操作方法。

01 选择“建筑”选项卡，在“构建”面板中单击“屋顶”按钮，在弹出的下拉列表中选择“面屋顶”选项，如图5-105所示。

02 在体量模型上单击选中水平面，如图5-106所示，即将在指定的面上放置面屋顶。

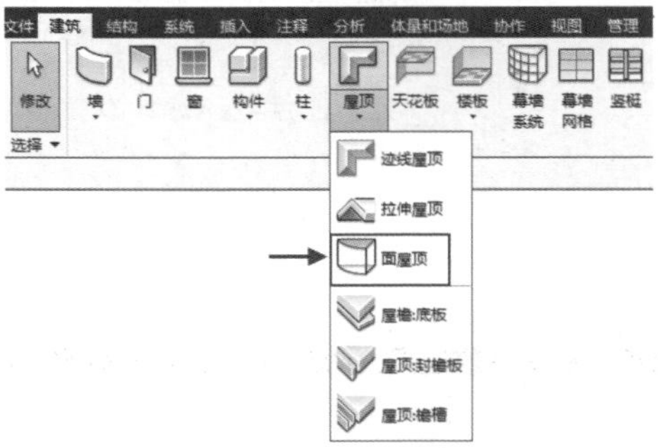

图5-105　选择选项

图5-106　拾取面

03 在选项卡中单击“创建屋顶”按钮，如图5-107所示。其他参数保持默认值。

04 在指定的面上创建面屋顶的效果如图5-108所示。

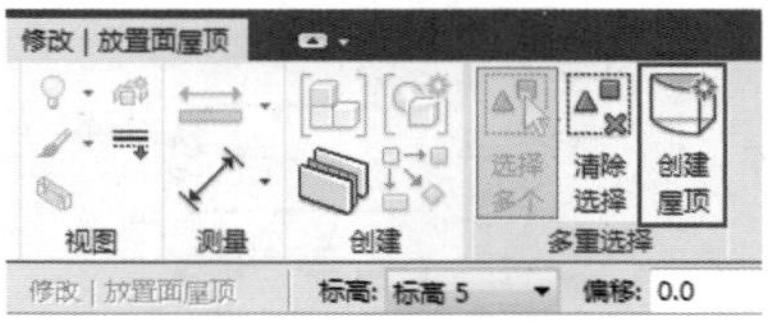

图5-107　单击按钮

图5-108　创建面屋顶

提示　在体量模型中选择面屋顶，按Delete键，可以将面屋顶删除，体量模型不会受到影响。

05 在“属性”选项板中单击类型列表，选择“玻璃斜窗”选项，如图5-109所示。

06 拾取长方体上的斜面，单击选项卡中的“创建屋顶”按钮，在斜面上创建玻璃斜窗的效果如图5-110所示。

07 单击ViewCube上的“前”按钮，切换至前视图。选择玻璃斜窗，按键盘上的向上方向键，向上调整玻璃斜窗的位置，使其与体量模型重合，效果如图5-111所示。

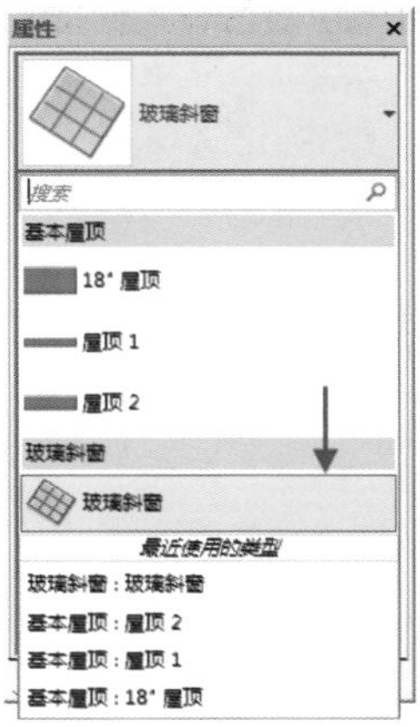

图5-109　选择选项

图5-110　创建玻璃斜窗

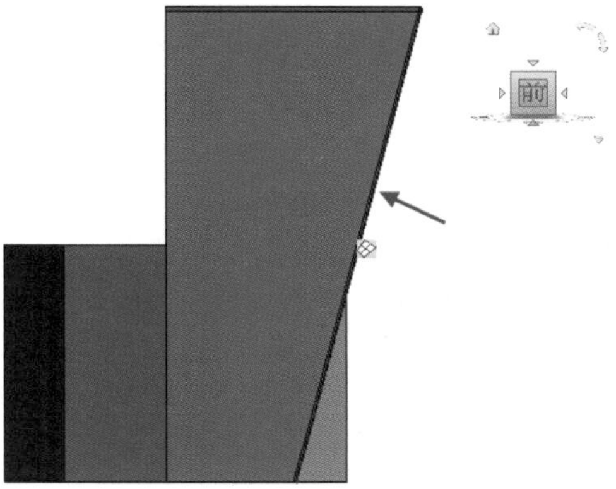

图5-111　调整位置

08 选择玻璃斜窗，单击“属性”选项板中的“编辑类型”按钮，弹出【类型属性】对话框，在“类型参数”列表框中设置“构造”参数、“网格”参数等，如图5-112所示。

09 单击“确定”按钮，关闭对话框。重复执行“面屋顶”操作，继续在体量面上创建面屋顶，效果如图5-113所示。

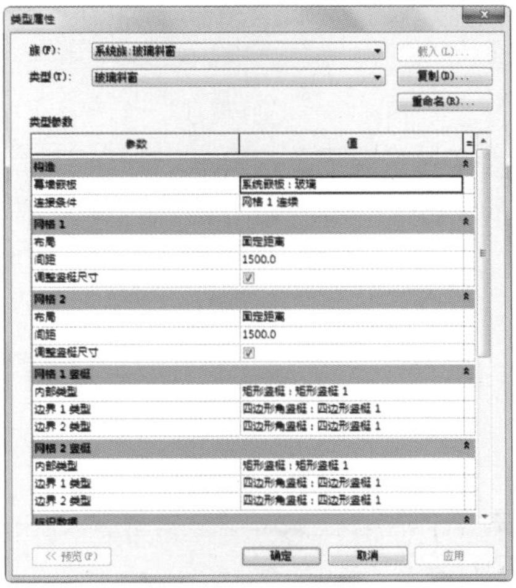

图5-112　设置参数

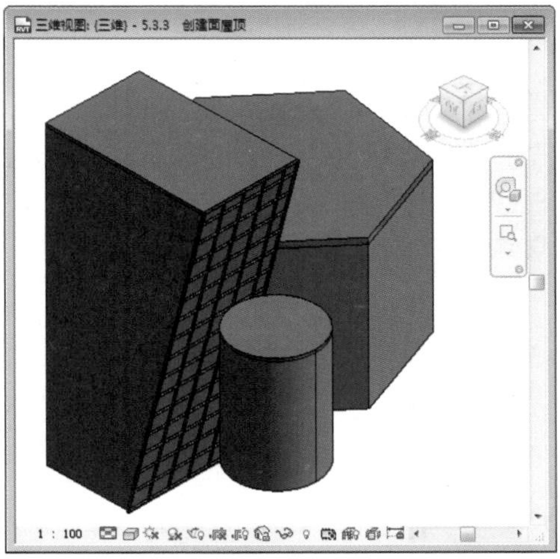

图5-113　创建效果

5.3.4　添加底板

在“屋顶”下拉列表中显示“屋檐：底板”选项，可以在建筑模型中创建屋檐底板。本节介绍添加屋檐底板的操作方法。

01 在“屋顶”下拉列表中选择“屋檐：底板”选项，如图5-114所示，执行创建底板的操作。

02 在选项卡的“绘制”面板中单击“拾取屋顶边”按钮，如图5-115所示，通过拾取屋顶来创建底板。

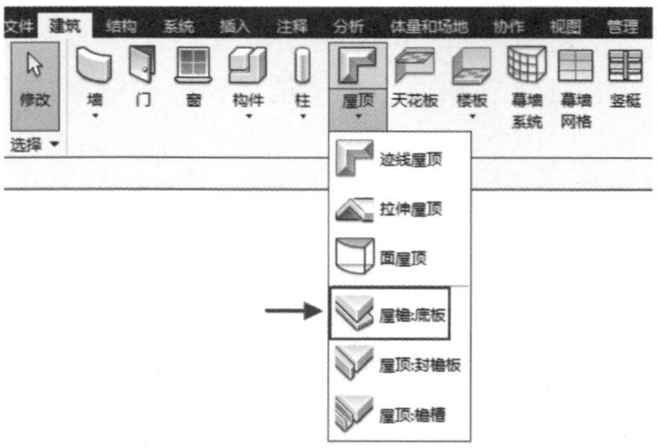

图5-114 选择选项

图5-115 单击按钮

03 在“属性”选项板中设置“标高”为“标高2”，设置“自标高的高度偏移”值为240，如图5-116所示。

04 将光标置于屋顶之上，高亮显示屋顶边界线，如图5-117所示。

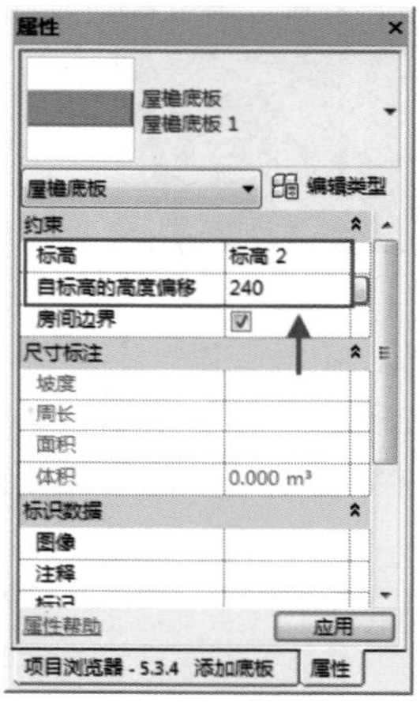

图5-116 设置参数

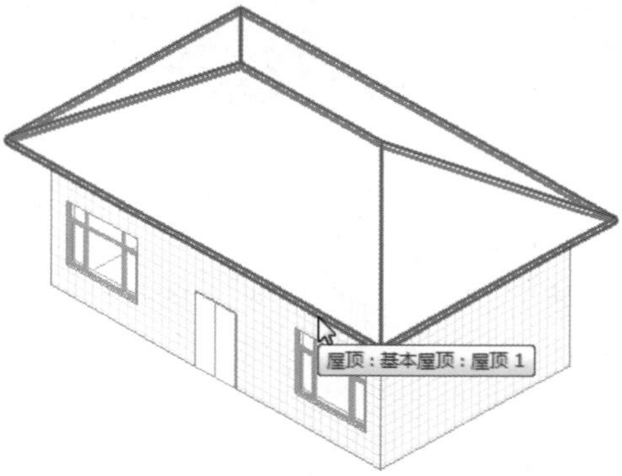

图5-117 选择屋顶

05 单击鼠标左键拾取屋顶，显示底板的边界线，以洋红色的细实线显示，如图5-118所示。

06 单击“完成编辑模式”按钮，退出命令。单击ViewCube上的“前”按钮，切换至前视图，观察底板的立面效果，如图5-119所示。

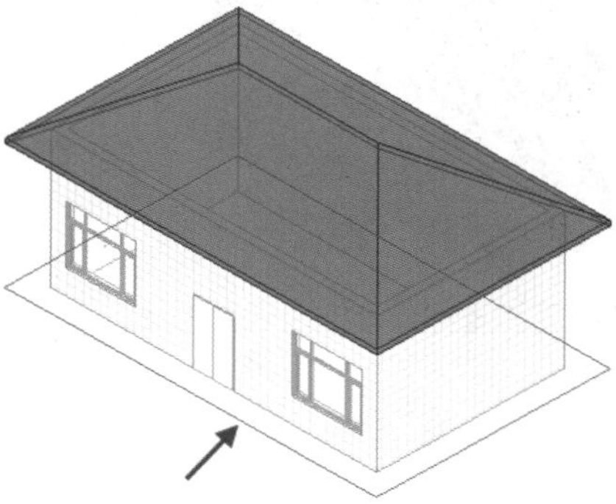
图5-118 显示底板轮廓线

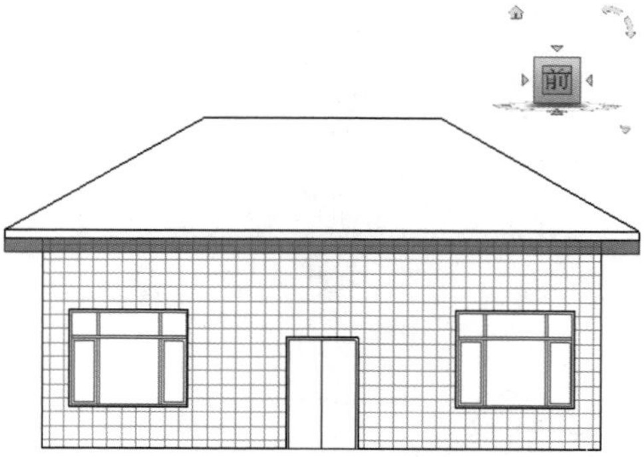

图5-119 立面效果

提示 选择绘制完的底板，在“属性”选项板中修改参数，可以调整底板的位置。

07 单击ViewCube上的角点，转换视图方向，观察底板的三维效果，如图5-120所示。

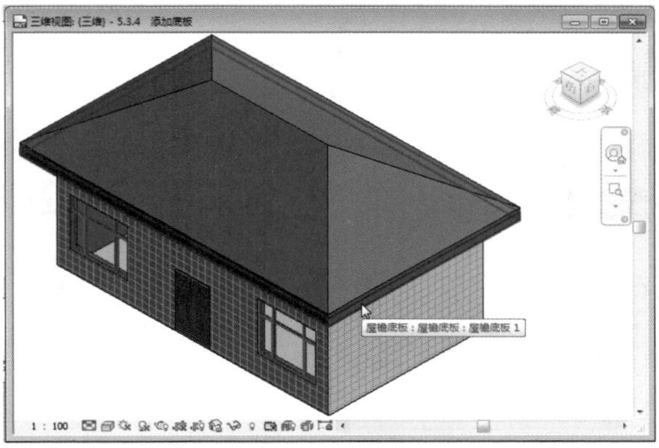

图5-120　底板三维效果

5.3.5　添加封檐板

在“屋顶”下拉列表中选择“屋顶：封檐板”选项，可以将封檐板添加到屋顶、檐底板或者模型线。本节介绍添加封檐板的操作方法。

01 在“屋顶”下拉列表中选择“屋顶：封檐板”选项，如图5-121所示，开始放置封檐板的操作。

02 将光标置于屋顶之上，高亮显示屋顶边缘线，如图5-122所示。

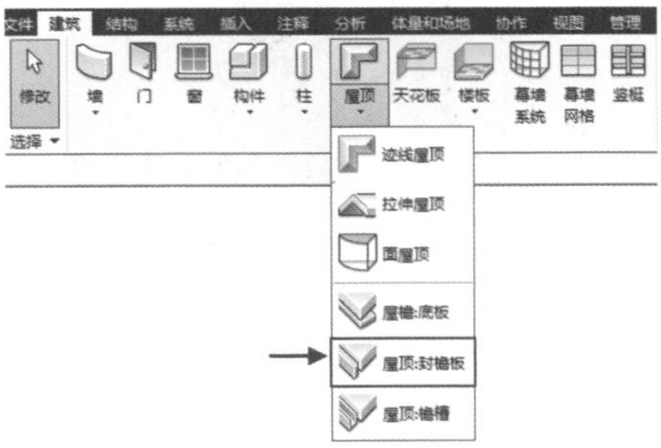

图5-121　选择选项

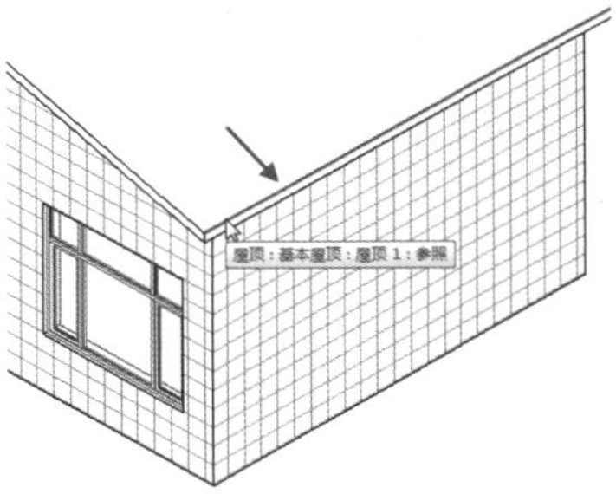

图5-122　拾取边线

03 在亮显的边缘线上单击鼠标左键，可以在边缘线上放置封檐板，如图5-123所示。

04 单击ViewCube上的角点，转换视图方向，继续执行放置封檐板的操作，效果如图5-124所示。

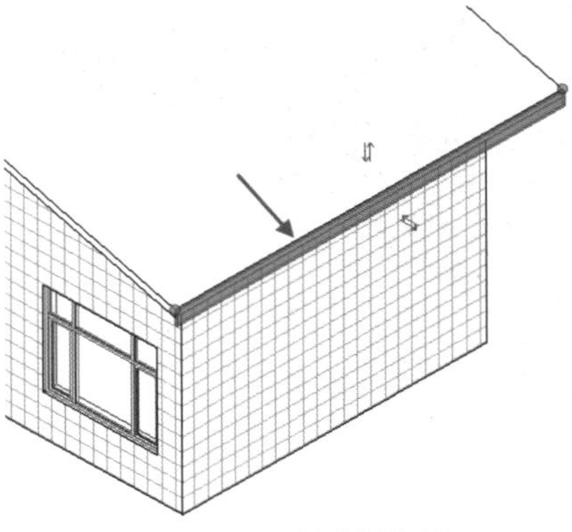

图5-123　创建封檐板

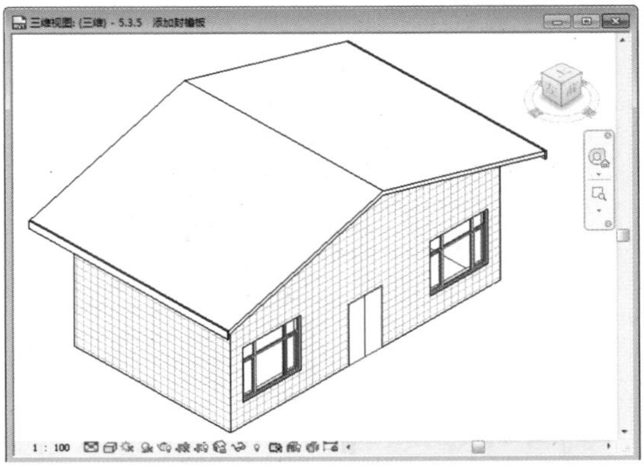

图5-124　创建效果

在“修改|放置封檐板”选项卡中单击“重新放置封檐板”按钮，如图5-125所示，可以在不退出命令的情况下，重新拾取边线来放置封檐板。但是已经创建的封檐板不会被自动删除，需要用户手动删除。

选择封檐板，进入“修改|封檐板”选项卡，如图5-126所示，单击“添加/删除线段”按钮，可以拾取边线，执行放置封檐板的操作。或者单击已创建的封檐板将其删除。

单击“修改斜接”按钮，可以更改双坡屋顶端部封檐板的斜接方式。

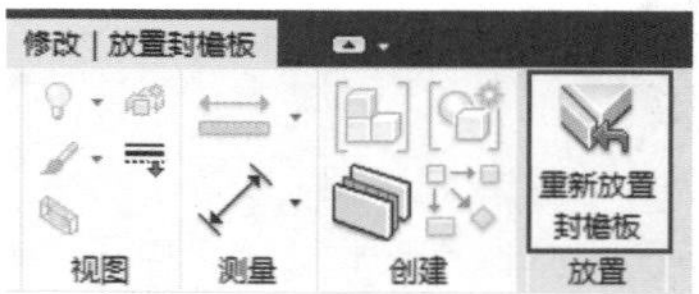

图5-125　单击按钮

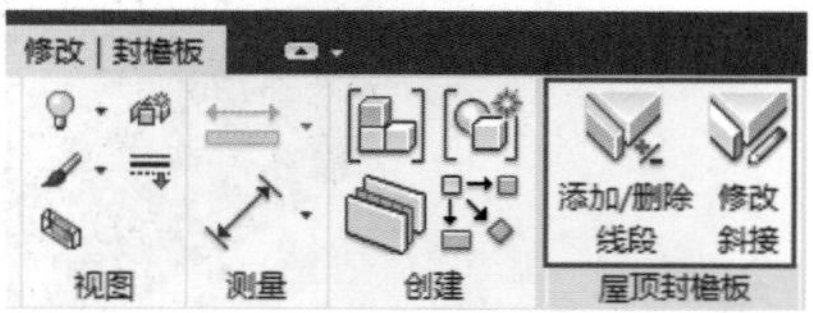

图5-126　单击不同的按钮

5.3.6　添加檐槽

在“屋顶”下拉列表中选择“屋顶：檐槽”选项，可以拾取屋顶、檐底板或者封檐板的边缘来添加檐槽。本节介绍添加檐槽的操作方法。

01 在“屋顶”下拉列表中选择“屋顶：檐槽”选项，如图5-127所示，开始执行放置檐槽的操作。

02 在屋顶上拾取边缘线，单击鼠标左键，可以在屋顶边缘线上创建檐槽，如图5-128所示。

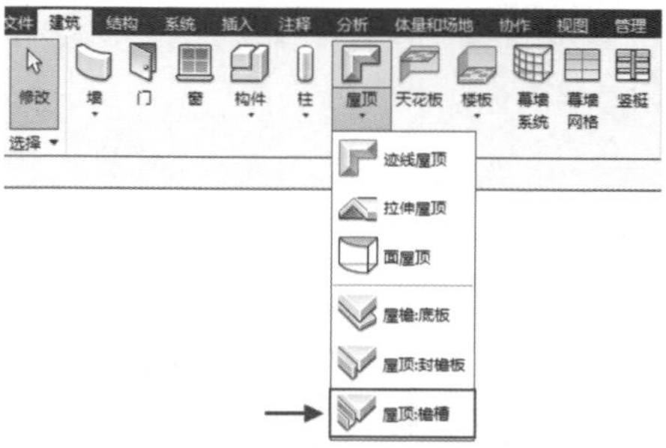

图5-127　选择选项

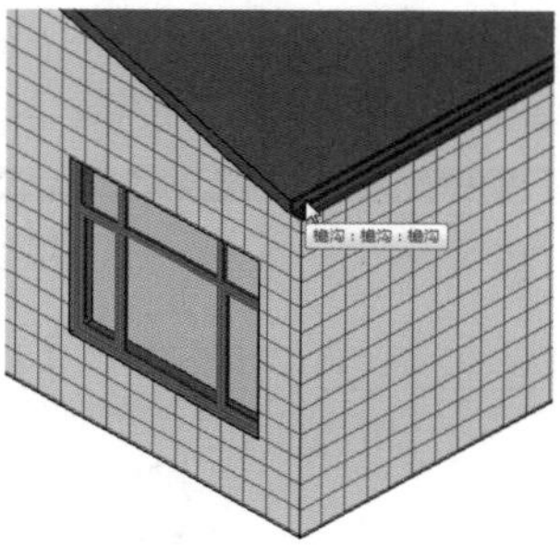

图5-128　创建檐槽

03 转换视图方向，继续拾取屋顶边缘线，创建檐槽的效果如图5-129所示。

选择檐槽，显示翻转符号，如图5-130所示。单击“使用水平轴翻转轮廓”符号，可以在垂直方向上翻转檐槽。单击“使用垂直轴翻转轮廓”符号，可以在水平方向上翻转檐槽。在调整檐槽位置时，常常会使用到这两个符号。

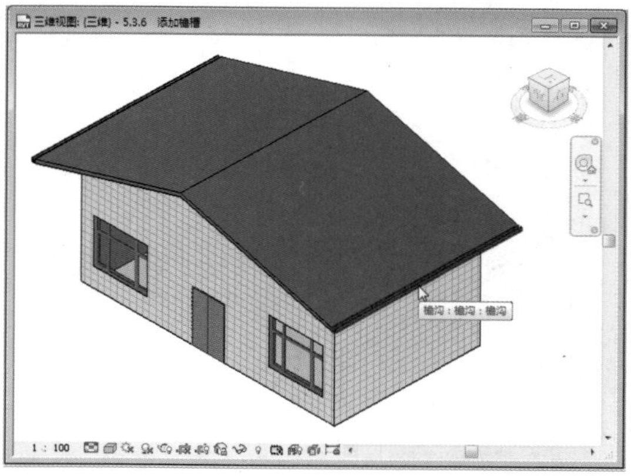

图5-129　檐槽三维效果

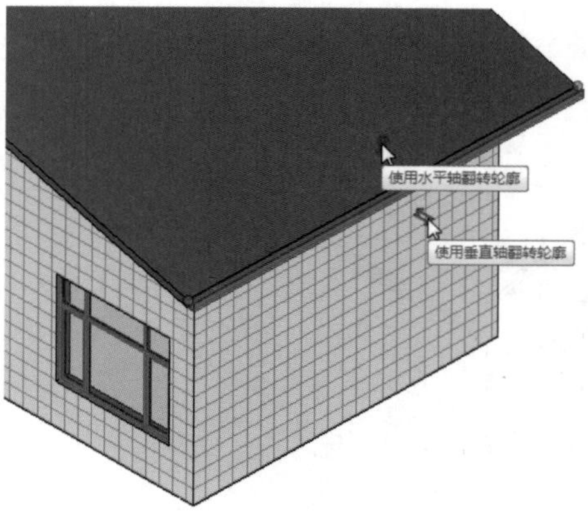

图5-130　显示翻转符号

第6章 楼梯、台阶与坡道

6.1 添加楼梯

启用“楼梯”命令，可以创建多种样式的楼梯，如直梯、螺旋楼梯以及转角楼梯等。定义的参数不同，梯段的创建效果也不同。本节介绍创建各种类型楼梯的方法。

6.1.1 创建楼梯

在前面的章节中，讲解了创建建筑项目墙体、门窗以及楼板、天花板等构件的方法。本节讲解为建筑项目添加楼梯的操作方法。在创建门窗时一起添加了门窗标记，在添加楼梯之前，可以暂时隐藏门窗标记，以免在执行命令的过程中干扰视线。

创建梯段

01 在视图中选择标记图元，右击，在弹出的快捷菜单中选择“选择全部实例”｜“在视图中可见”命令，如图6-1所示。

02 等待门窗标记全部选择后，右击，在弹出的快捷菜单中选择“在视图中隐藏”｜“图元”命令，如图6-2所示，一次性隐藏选中的图元。

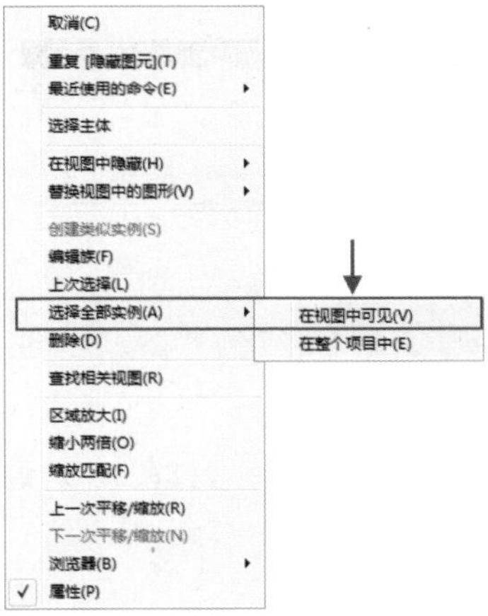

图6-1 选择标记图元后右键菜单

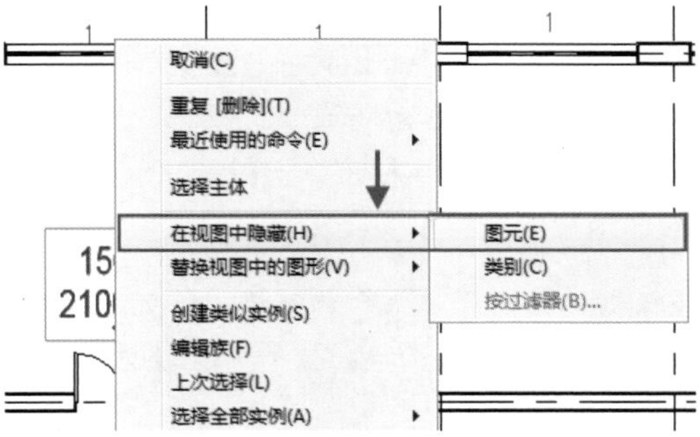

图6-2 选择门窗标记后右键菜单

提示 在选择相同类型的图元时，可以使用“选择全部实例”｜“在视图中可见”命令快速选中。

03 选择“建筑”选项卡，在“工作平面”面板中单击“参照平面”按钮，如图6-3所示，绘制参照平面来辅助添加楼梯。

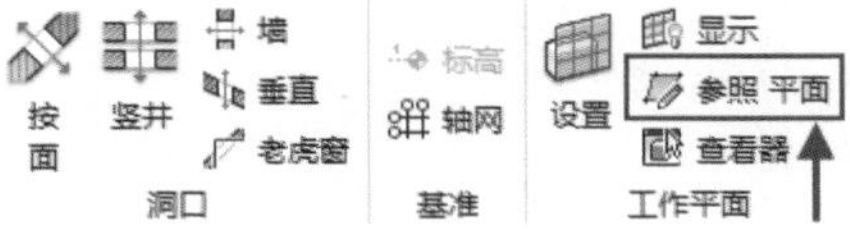

图6-3 单击按钮

04 滑动鼠标滚轮，放大5轴与6轴区域，单击指定起点与终点，绘制水平方向以及垂直方向上的参照平面，效果如图6-4所示。

05 在“楼梯坡道”面板中单击“楼梯”按钮，如图6-5所示。执行添加楼梯的操作。

楼梯、台阶与坡道是建筑项目的附属构件，在Revit中调用命令可以创建这些构件。用户通过自定义构件参数，可以创建符合各种场合使用的构件。本章介绍创建楼梯、台阶以及坡道的方法。

06 在“属性”选项板中选择“底部标高”为“标高1”，选择“顶部标高”为“标高2”，其他选项保持默认值，如图6-6所示。

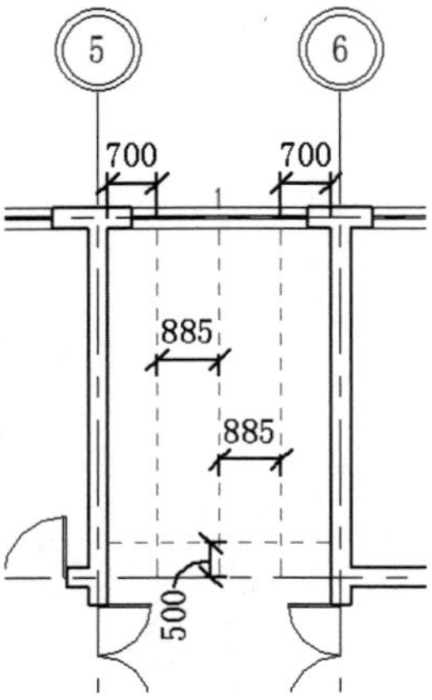

图6-4　绘制参照平面

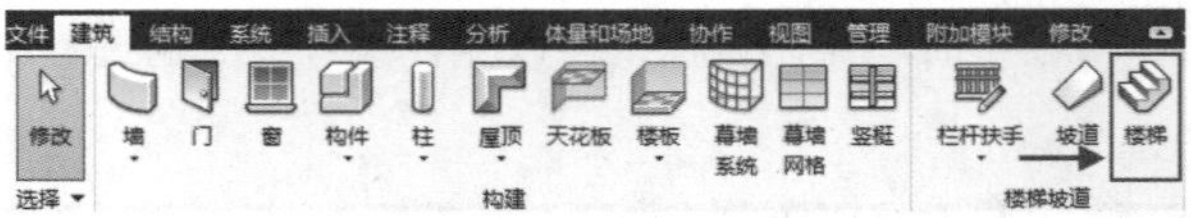
图6-5　单击按钮

图6-6　选择选项

> **提示** 分别指定“底部标高”和“顶部标高”后，系统会自动计算“所需踢面数”，不需要用户自定义。

07 在选项卡中单击“构件”面板中的“梯段”以及“直梯”按钮，设置“定位线”为“梯段：中心”，修改“实际梯段宽度”为1400.0，如图6-7所示，其他选项保持默认值。

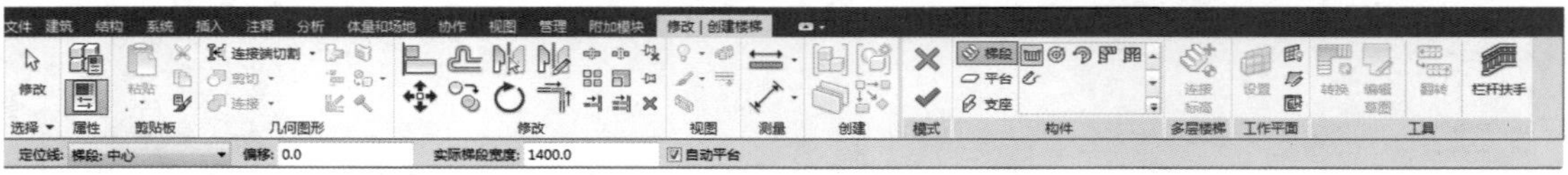

图6-7　设置参数

08 将光标置于参照平面的交点上，如图6-8所示，单击鼠标左键，指定起点。

09 向上移动鼠标，注意观察页面中的文字提示，当提示“创建了12个踢面，剩余11个”时，如图6-9所示，单击鼠标左键，暂时退出绘制梯段的操作。

> **提示** 因为系统已经根据标高计算出来所需踢面数，用户在绘制梯段的过程中，可以根据实际情况，为一跑梯段、二跑梯段定义踢面数，但是不能超过最大踢面数。

10 在合适的位置单击鼠标左键，指定一跑梯段的终点，如图6-10所示。

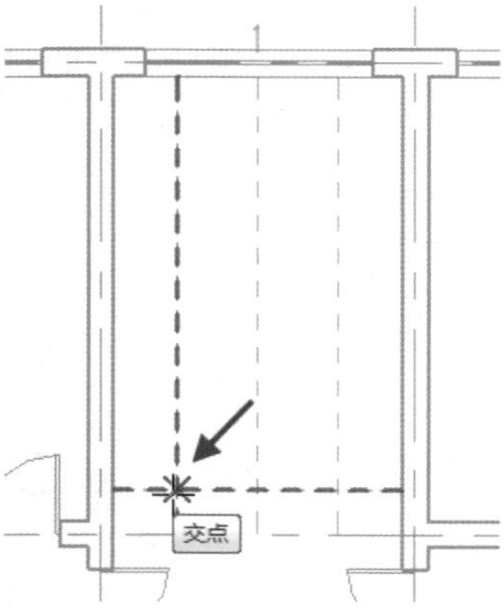

图6-8　指定起点

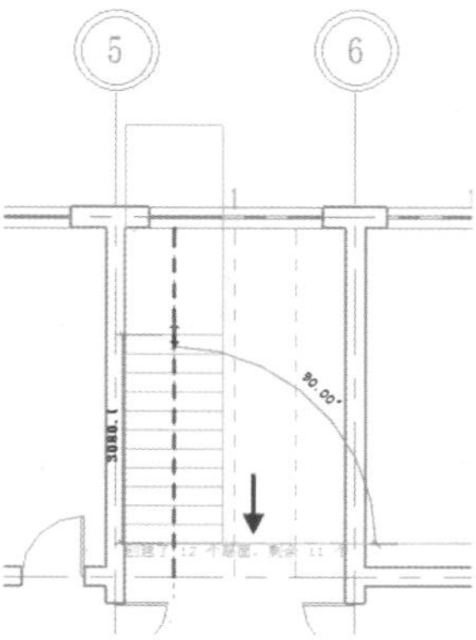

图6-9　显示说明文字

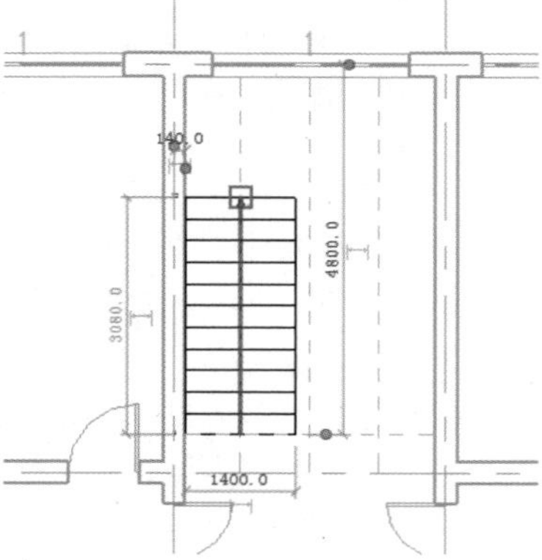

图6-10　指定终点

11 向右移动鼠标，在另一垂直参照平面上单击鼠标左键，指定二跑梯段的起点，如图6-11所示。

> **提示** 在指定二跑梯段起点时，向右平移鼠标，显示水平方向上的蓝色参照线，根据参照线指定端点，确保与一跑梯段终点平齐。

12 向下移动鼠标，在提示“创建了11个踢面，剩余0个”时，如图6-12所示，单击指定二跑梯段的终点。

13 双跑楼梯的创建效果如图6-13所示。因为一跑梯段为12个踢面，二跑梯段为11个踢面，所以显示为左右不对称的效果。

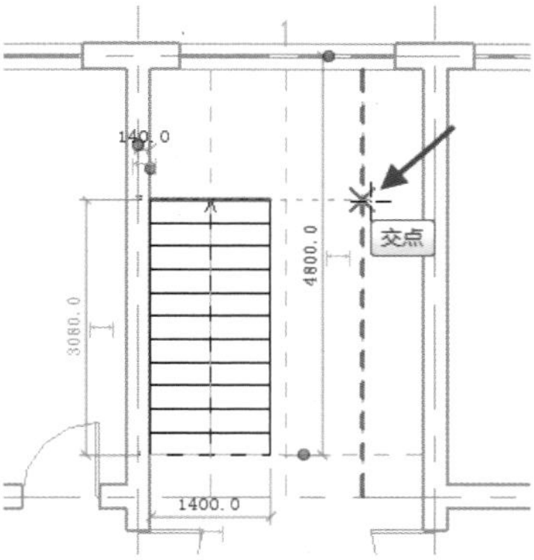

图6-11　指定起点

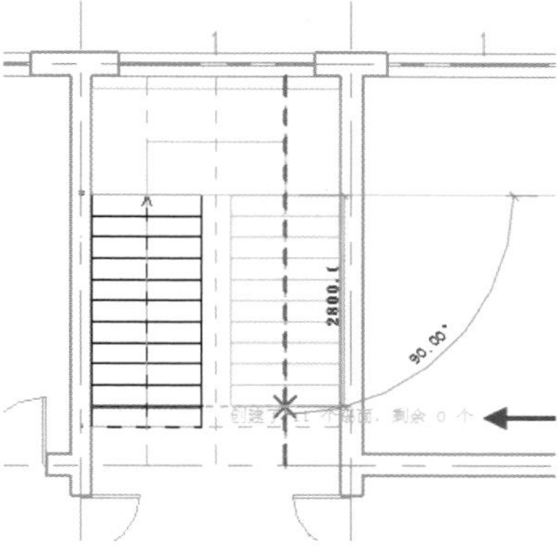

图6-12　指定终点

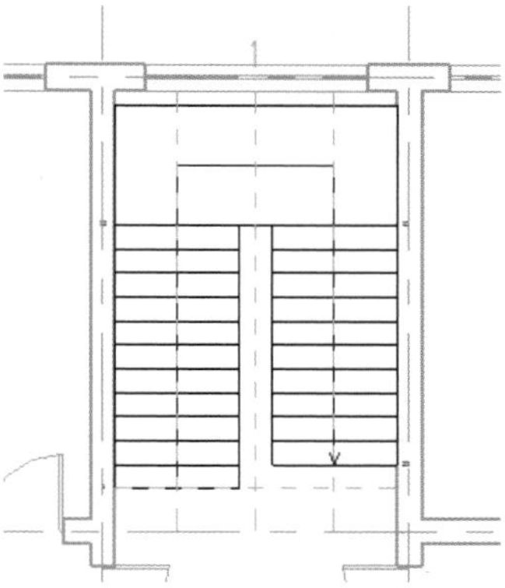
图6-13　绘制效果

14 滑动鼠标滚轮，放大显示梯段休息平台，单击选中休息平台，平台显示为蓝色填充样式，如图6-14所示。

15 单击激活上方边界线上的蓝色实心三角形夹点，按住鼠标左键不放，向上移动鼠标，使得边界线与内墙线重合，如图6-15所示，释放鼠标左键，结束操作。

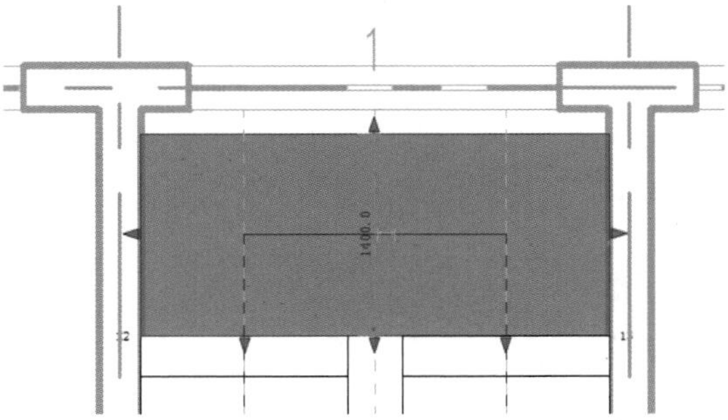

图6-14　选择休息平台

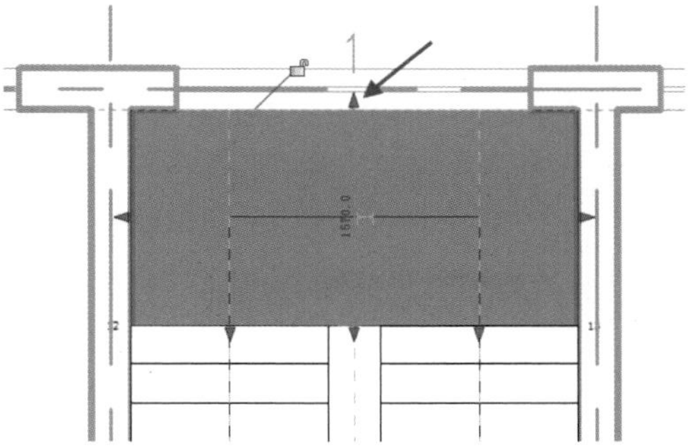
图6-15　调整边界线位置

> **提示** 休息平台有独立的边界线，可以单独选中并修改其尺寸参数。

16 单击“完成编辑模式”按钮，退出命令，此时在工作界面的右下角弹出如图6-16所示的警告框，提示用户“栏杆扶手放置在踏板上，因为没有梯边梁”，单击右上角的“关闭”按钮，关闭对话框即可。

17 在绘制完毕的梯段中显示上楼方向箭头以及文字标注。最终楼梯结果如图6-17所示。

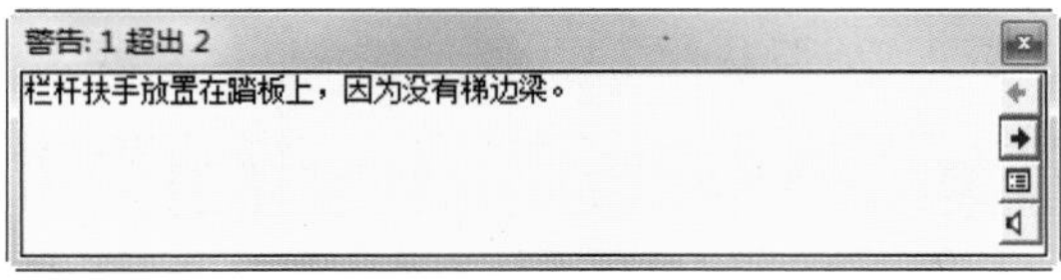

图6-16　警告框

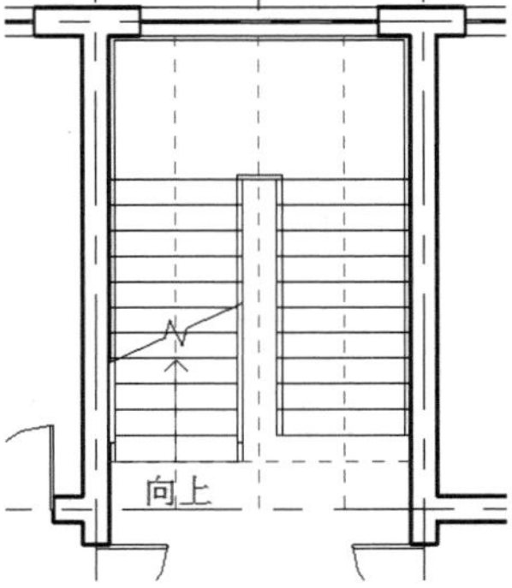

图6-17　最终楼梯结果

创建剖面视图

在建筑项目内部添加楼梯后，如何观察梯段的创建效果？用户可以通过创建建筑项目的剖面视图，观察梯段的剖面样式。

01 选择“视图”选项卡，在“创建”面板中单击“剖面”按钮，如图6-18所示，执行创建剖面视图的操作。

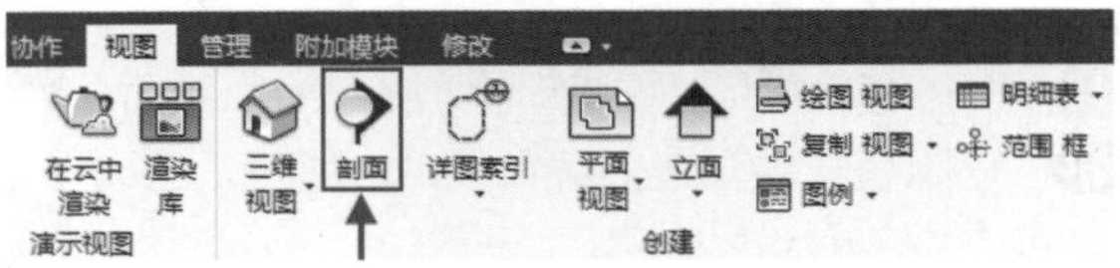

图6-18　单击按钮

02 在视图中单击指定剖面的起点，如图6-19所示。

提示 因为想要观察楼梯的剖面效果，所以绘制剖面线经过楼梯，系统可以创建以楼梯为主的剖面图。

03 向下移动鼠标，单击指定剖面的终点，如图6-20所示。

04 将光标置于剖面线上，显示视图名称，如图6-21所示。系统默认将视图命名为“剖面1”。

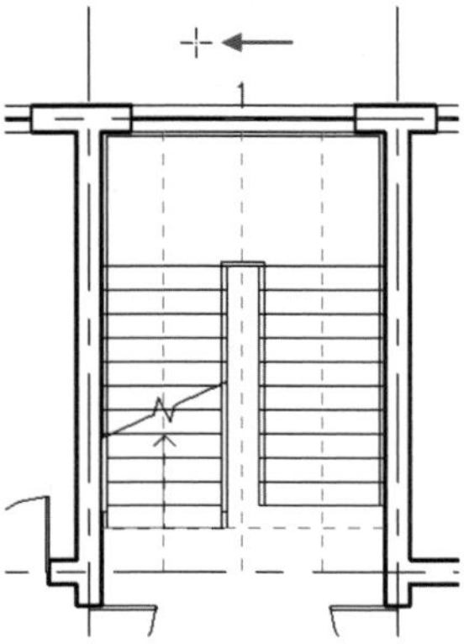
图6-19　指定起点

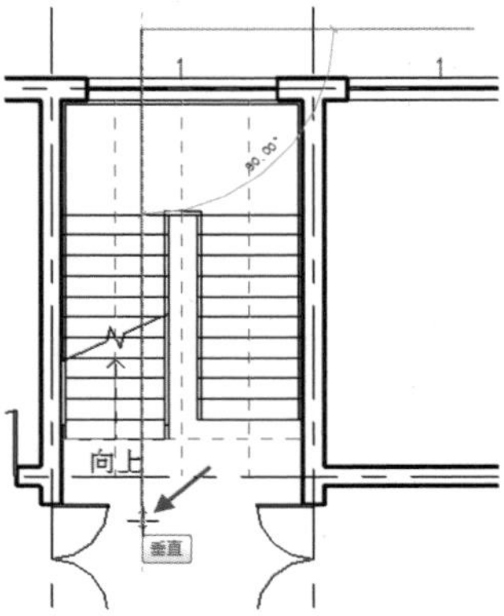

图6-20　指定终点

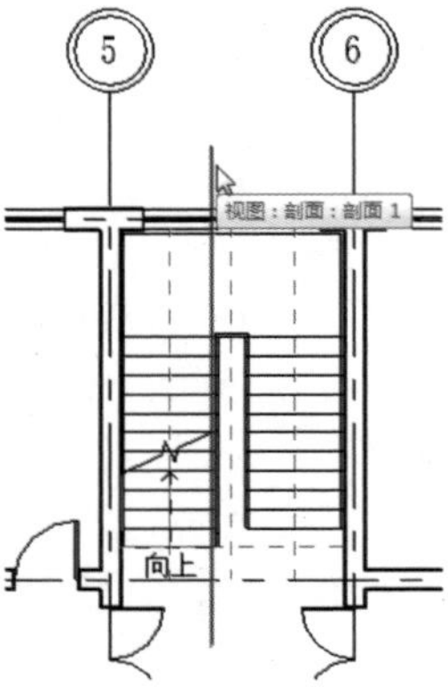

图6-21　绘制剖面线

05 在项目浏览器中新建一个名称为“剖面（剖面1）”的列表，单击名称前的“+”号，在展开的列表中显示已有剖面视图的名称，选择“剖面1”，如图6-22所示，双击鼠标左键，切换至剖面视图。

06 在剖面视图中显示建筑项目的剖切效果，可以清晰地观察到楼梯的剖面效果，如图6-23所示。

图6-22　选择视图

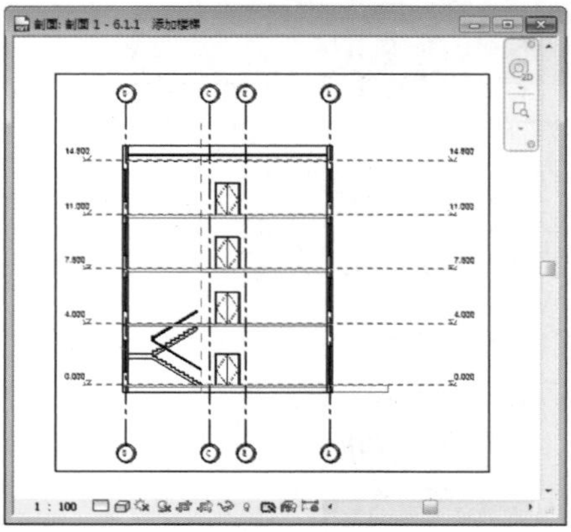

图6-23　剖面视图

添加栏杆

从剖面视图中观察梯段的创建效果，发现只有扶手没有栏杆。所以本节介绍为梯段添加栏杆的方法。在添加栏杆之前，首先从外部文件中载入栏杆族，因为Revit 2018应用程序没有提供可用的栏杆。

01 选择扶手，在“属性”选项板中单击“编辑类型”按钮，弹出【类型属性】对话框，单击“栏杆位置”右侧的“编辑”按钮，如图6-24所示，弹出【编辑栏杆位置】对话框。

02 在“主样式”选项组的列表中选择“常规栏”的“栏杆族”样式，并设置第2行、第3行中的“相对前一栏杆的距离”值为100.0。在“支柱”选项组的列表中分别选择“起点支柱”和“终点支柱”的“栏杆族”样式，其他参数保持不变，如图6-25所示。

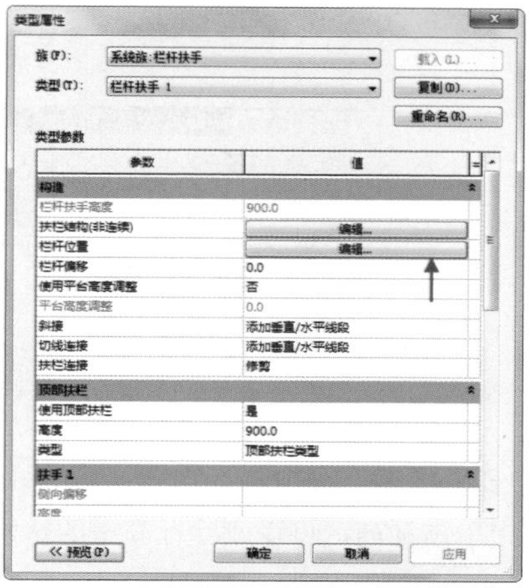

图6-24　单击按钮

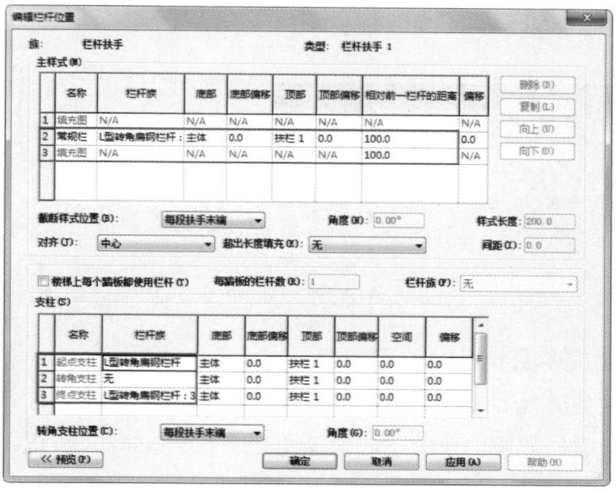

图6-25　设置参数

03 连续单击“确定”按钮，分别关闭【编辑栏杆位置】对话框和【类型属性】对话框。在扶手的基础上添加栏杆的效果如图6-26所示。

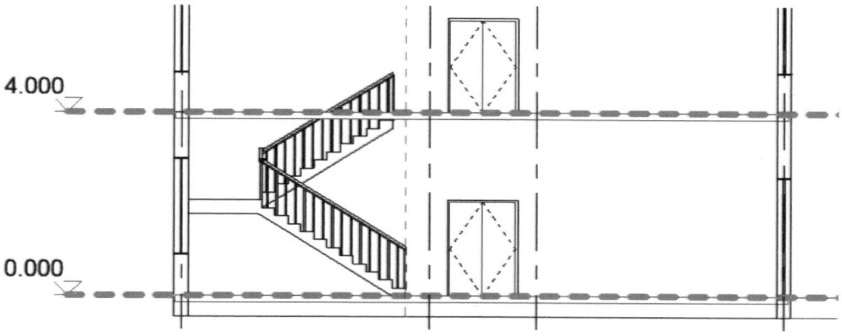

图6-26　添加栏杆

生成多层楼梯

Revit 2018应用程序新增了一个编辑楼梯的工具，即“选择标高”。激活该工具，可以使用当前楼梯在选定标高上生成连续的多层楼梯。

在剖面视图或者立面视图中，选择项目中的标高线来放置每个楼梯图元。假如更改标高信息，多层楼梯可以自动调整。本节介绍使用选择标高工具生成多层楼梯的操作方法。

01 在剖面视图中选择梯段，如图6-27所示。

02 进入“修改|楼梯”选项卡，单击“选择标高”按钮，如图6-28所示。

03 按住Ctrl键，依次单击鼠标左键选择标高，如图6-29所示。

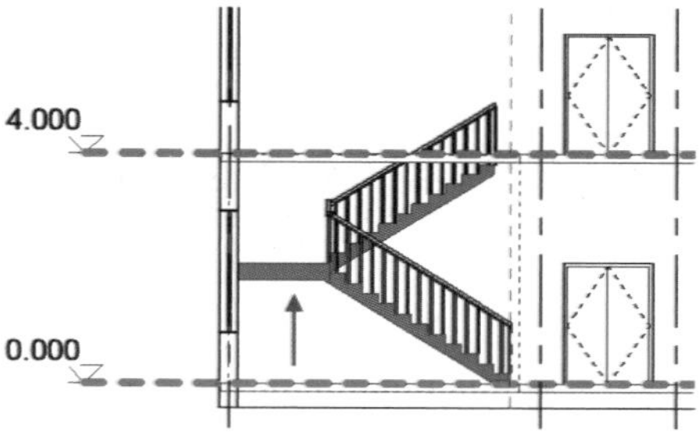

图6-27　选择梯段

04 在“修改｜多层楼梯”选项卡中单击“完成编辑模式”按钮☑，如图6-30所示，结束操作。

图6-28　单击按钮

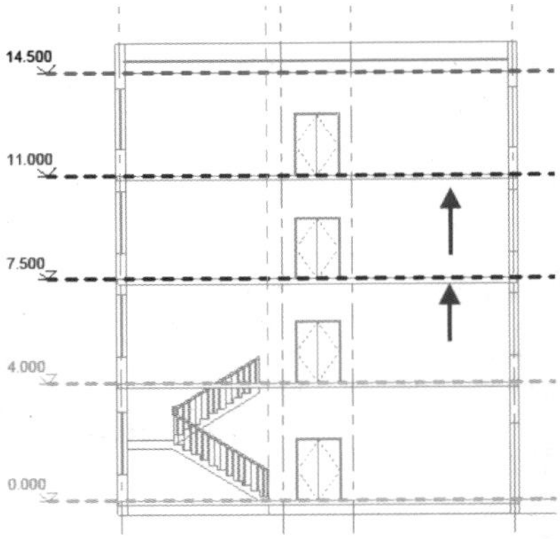

图6-29　选择标高

图6-30　单击按钮

> **提示** 通过区域选择也可以选中多个标高。在执行区域选择后，按住Ctrl键，可以添加标高。

05 生成多层楼梯的效果如图6-31所示。

创建完毕的多层楼梯为一个组，单击选中组，进入“修改|多层楼梯”选项卡，单击“连接/断开标高”按钮，如图6-32所示。接着单击“断开标高”按钮，在视图中单击标高，可以删除标高上的梯段。

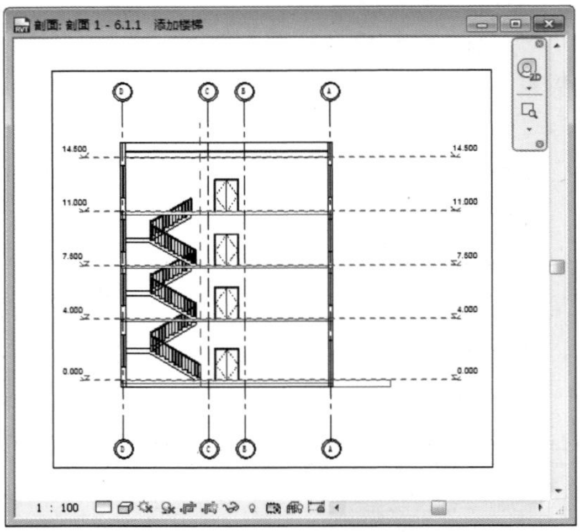

图6-31　生成多层楼梯

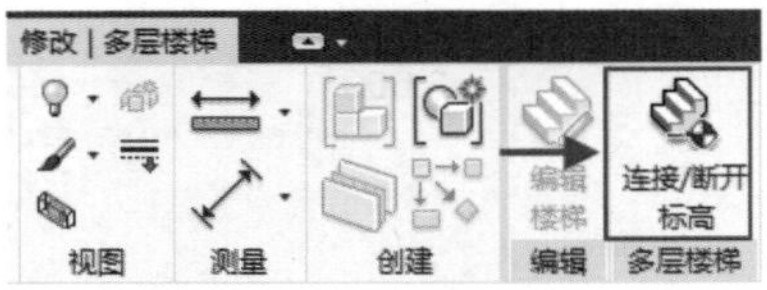

图6-32　单击按钮

6.1.2　创建其他样式的楼梯

启用“楼梯”命令，还可以创建其他类型的楼梯，如螺旋楼梯、转角楼梯等。本节简要介绍创建方法。

螺旋楼梯

在视图中指定起点和半径，可以创建螺旋梯段。在创建梯段时采用逆时针方向，所创建的梯段包括连接“底部标高”和“顶部标高”所需要的全部台阶。创建完毕后，可以修改旋转方向。

01 启用“楼梯”命令，进入“修改|创建楼梯”选项卡，在“构件”面板中单击“全踏步螺旋”按钮，设置“实际梯段宽度”值为1200，如图6-33所示，其他选项保持默认值。

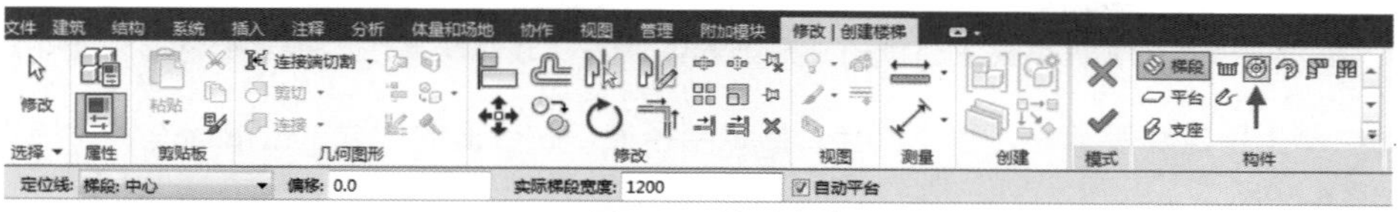

图6-33　设置参数

02 在“属性”选项板中设置“底部标高”为“标高1”，设置“顶部标高”为“标高2”，其他参数保持默认值。

03 在视图中单击指定梯段中心，移动光标，指定梯段半径值，如图6-34所示。

提示 *移动鼠标，实时显示半径大小，也可以输入参数值来定义半径。*

04 单击鼠标左键指定放置点，创建螺旋梯段如图6-35所示。

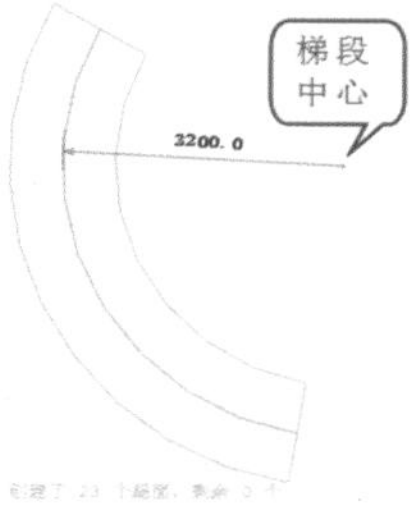

图6-34　指定半径值

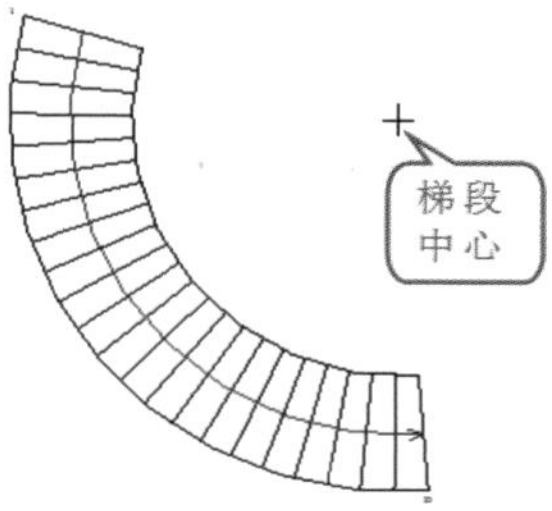

图6-35　创建梯段

05 单击“完成编辑模式”按钮，退出命令。螺旋梯段的最终效果如图6-36所示，包含剖切线段、上楼方向箭头以及标注文字。

06 切换至三维视图，观察螺旋梯段的三维效果如图6-37所示。

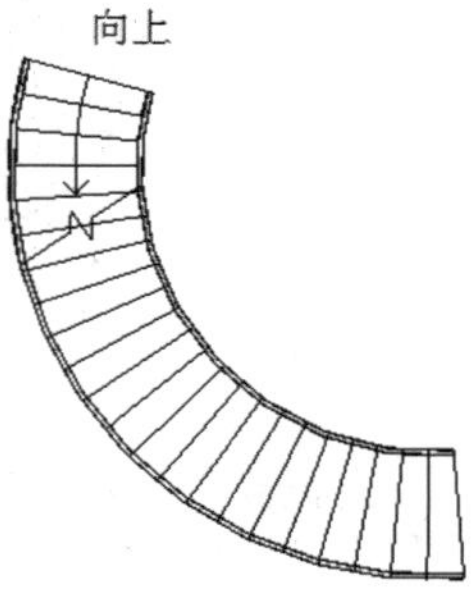

图6-36　最终效果

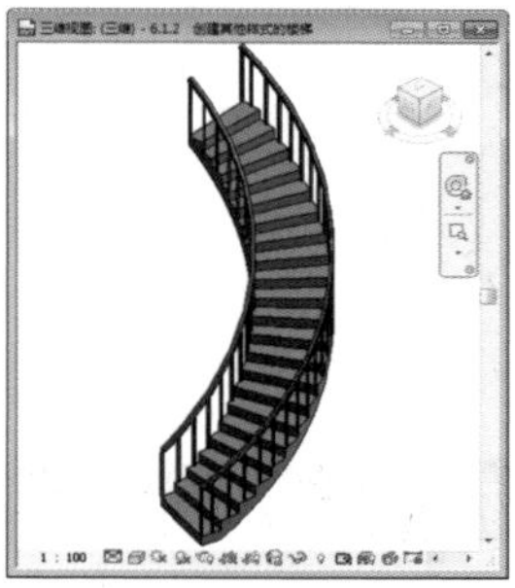

图6-37　螺旋梯段三维效果

圆心-端点螺旋楼梯

在视图中指定圆心、起点以及端点来创建螺旋梯段。用户在指定圆心以及起点后，可以选择以顺时针或者逆时针方向移动光标来指示旋转方向，接着单击鼠标左键来指定端点。

01 启用“楼梯”命令，进入“修改|创建楼梯”选项卡，在“构件”面板中单击“圆心-端点螺旋楼梯”按钮，在选项栏中设置参数如图6-38所示。

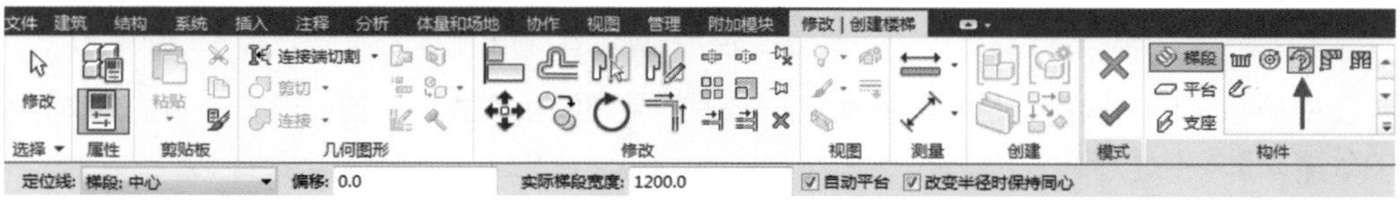

图6-38　设置参数

提示 在“属性”选项板中设置梯段的“底部标高”与“顶部标高”，请参考前面内容介绍。

02 在视图中单击指定梯段圆心，移动鼠标，指定半径值，在合适的位置单击鼠标左键，指定梯段的起点，如图6-39所示。

03 向左下角移动鼠标，单击指定梯段的端点，如图6-40所示。

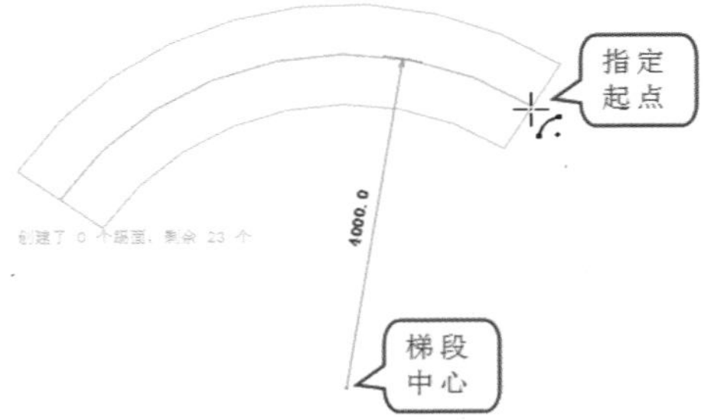

图6-39 指定起点

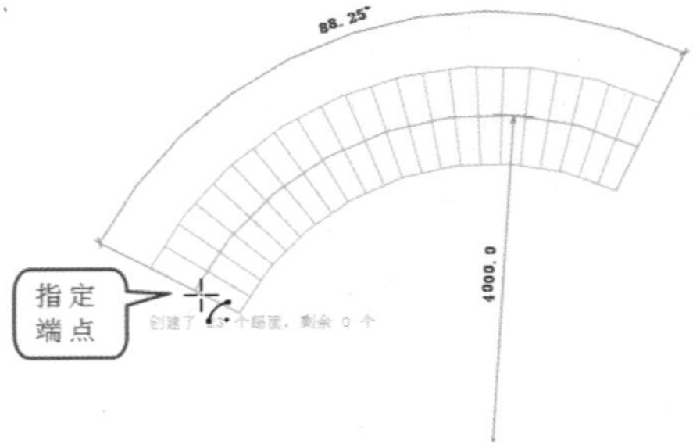

图6-40 指定端点

04 单击“完成编辑模式”按钮，退出命令，创建圆心-端点螺旋楼梯的效果如图6-41所示。

05 切换至三维视图，圆心-端点螺旋梯段三维效果如图6-42所示。

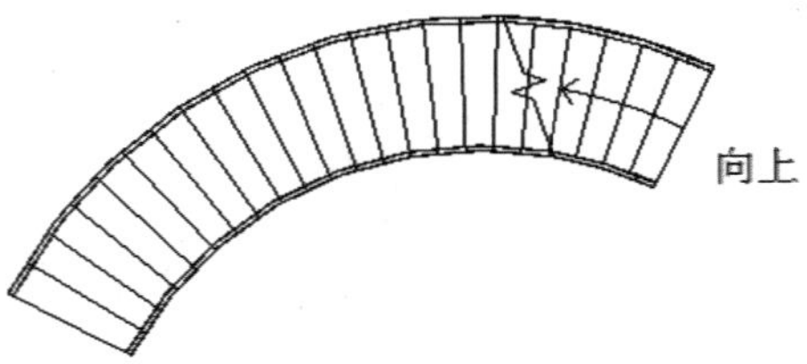

图6-41 圆心-端点螺旋梯段效果

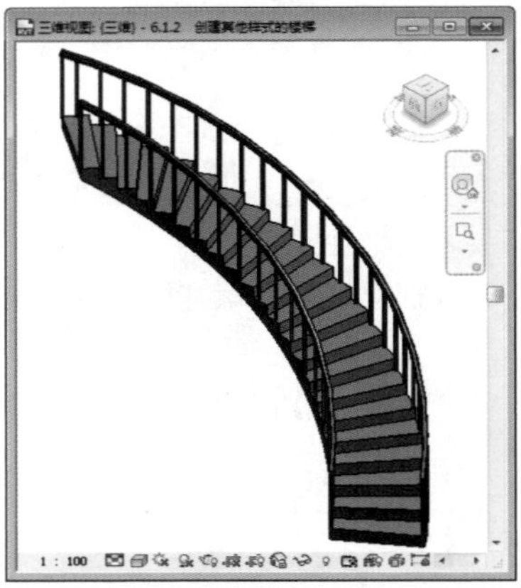

图6-42 圆心-端点螺旋梯段三维效果

L形转角楼梯

在视图中指定点来放置L形转角楼梯，按空格键可以旋转梯段。创建完毕的梯段包含平行踢面，并自动连接底部和顶部标高。

01 启用“楼梯”命令，在“修改|创建楼梯”选项卡中单击“构件”面板中的“L形转角楼梯”按钮，如图6-43所示，其他参数保持默认值。

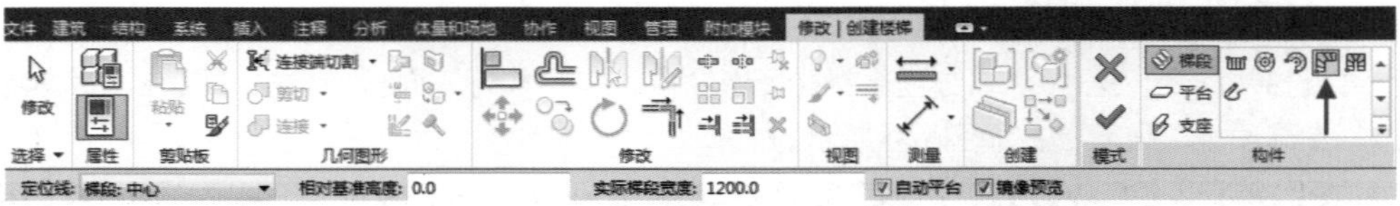

图6-43 设置参数

02 在视图中单击鼠标左键指定梯段的放置点，单击“完成编辑模式”按钮，退出命令。创建L形转角楼梯的效果如图6-44所示。

03 切换至三维视图，L形转角楼梯的三维效果如图6-45所示。

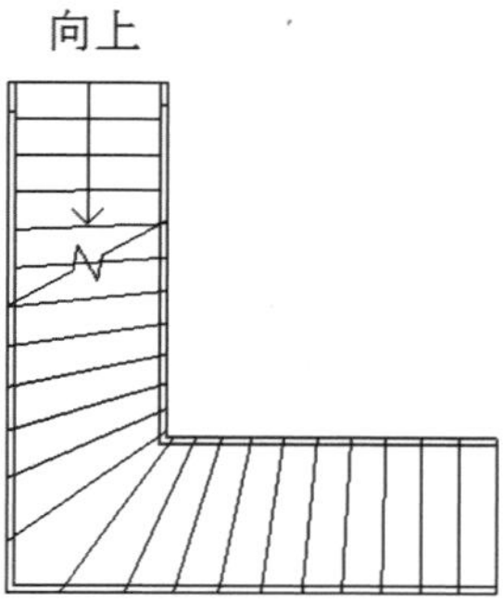

图6-44　L形转角楼梯效果

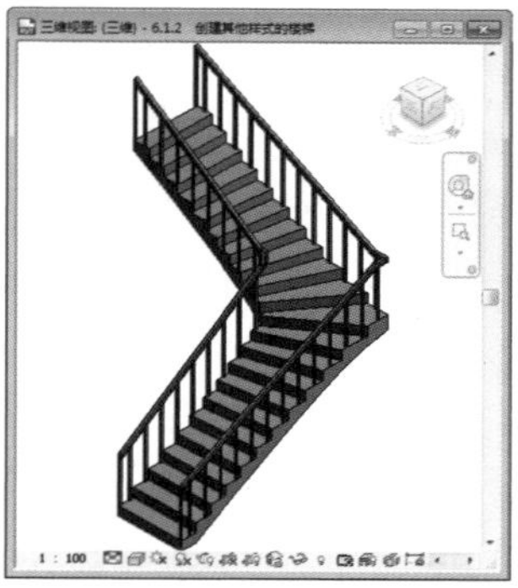

图6-45　L形转角楼梯三维效果

U形转角楼梯

创建U形转角楼梯的过程与创建L形转角楼梯的过程相似。参数设置完毕后，通过指定放置点来创建梯段，效果如图6-46所示。

在三维视图中观察U形转角楼梯的三维效果，如图6-47所示。通过单击ViewCube上的角点，转换视图方向，可以全方位观察梯段。

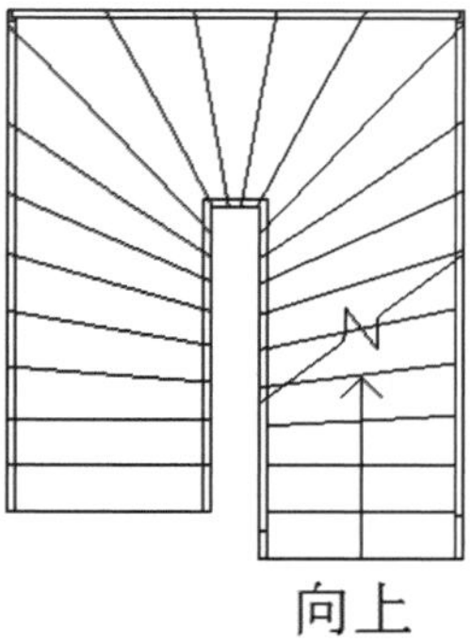

图6-46　U形转角楼梯效果

图6-47　U形转角楼梯三维效果

6.1.3　绘制形状创建梯段

在Revit中可以通过创建草图的方式来创建梯段。用户可以在草图模式中，自定义形状轮廓线来创建梯段。在分别指定“底部标高”和“顶部标高”后，系统计算出所需踢面数。用户分别绘制梯段的边界线以及踢面线后，可以创建梯段。本节介绍通过绘制形状创建梯段的操作步骤。

01 启用“楼梯”命令，进入“修改|创建楼梯”选项卡，在“构件”面板中单击“创建草图”按钮，如图6-48所示。

02 在选项卡的“绘制”面板中单击“边界”按钮，并选择“起点-终点-半径弧”绘制方式，如图6-49所示，其他选项保持默认值。

图6-48　单击按钮

图6-49　选择绘制方式

提示 首先绘制边界线，定义梯段的形状，再绘制踢面线。

03 在绘图区域中单击指定起点，向左下角移动鼠标，指定端点，如图6-50所示。

04 向左移动鼠标，单击鼠标左键指定中间点，如图6-51所示。此时可以预览弧线的形状。

05 绘制弧形梯段边界线的效果如图6-52所示。

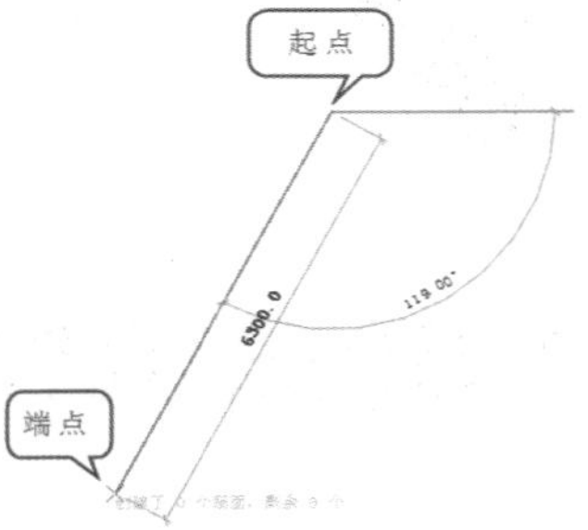

图6-50 指定起点与端点

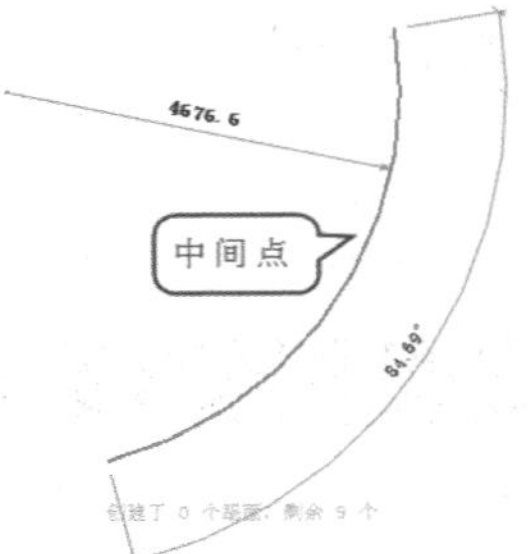

图6-51 指定中间点

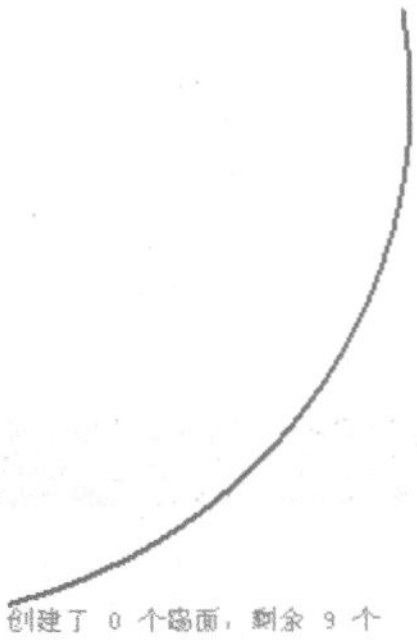

图6-52 绘制结果

06 保持当前的绘制方式为“起点-终点-半径弧”不变，继续指定起点、端点以及中间点绘制圆弧，效果如图6-53所示。

提示 有些梯段边界线的绘制不能一步到位，有可能需要执行2～3步。用户可以自由选用“绘制”面板中提供的工具来绘制边界线。

07 按一次Esc键，暂时退出绘制边界线的操作。选择绘制完毕的边界线，在“修改”面板中单击“镜像-绘制轴”按钮，如图6-54所示，镜像复制选中的边界线。

08 在边界线的一侧单击鼠标左键指定镜像轴的起点，向下移动鼠标，单击指定镜像轴的终点，如图6-55所示。

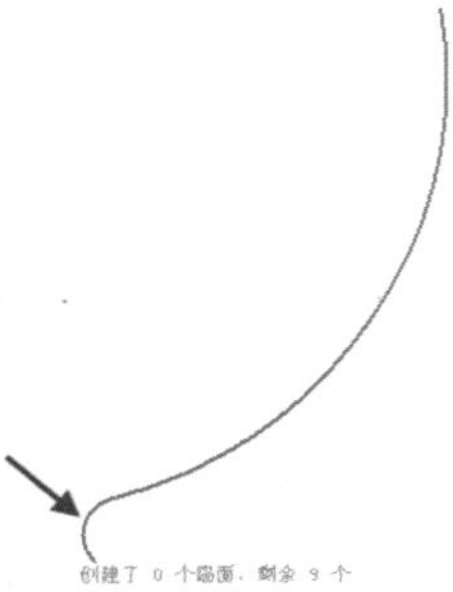

图6-53 绘制圆弧

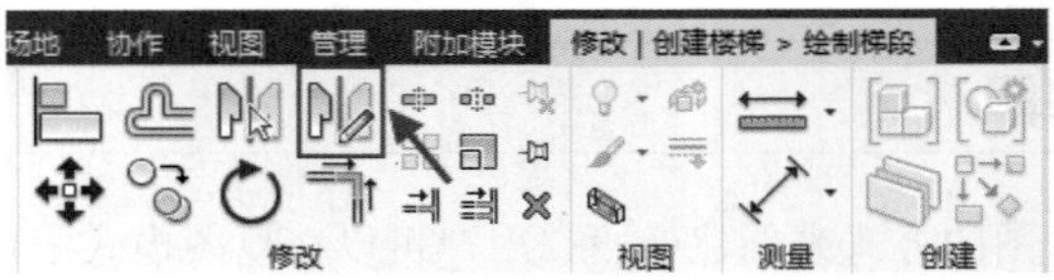

图6-54 单击按钮

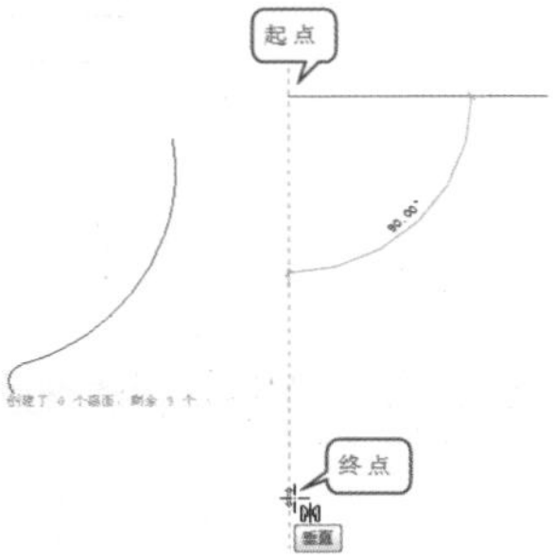

图6-55 绘制镜像轴

提示 执行镜像复制操作后，左右两侧的边界线与镜像轴的间距相等。

09 向右镜像复制边界线的效果如图6-56所示。假如两侧边界线的间距不合适，可以选择其中一侧边界线，执行“移动”命令，调整边界线的位置。

10 在“绘制”面板中单击“踢面”按钮，选择“线”绘制方式。在边界线内单击起点与终点，绘制踢面线的效果如图6-57所示。为了方便区别不同类型的线段，Revit将边界线显示为绿色，踢面线显示为黑色。

11 单击“完成编辑模式”按钮，返回到“修改|创建楼梯”选项卡，再次单击“完成编辑模式”按钮，退出创建梯段的命令。

12 自定义形状来创建梯段的效果如图6-58所示。

13 切换至三维视图，观察梯段的三维效果如图6-59所示。在创建效果中发现扶手的样式自动适应梯段的边界线形状。

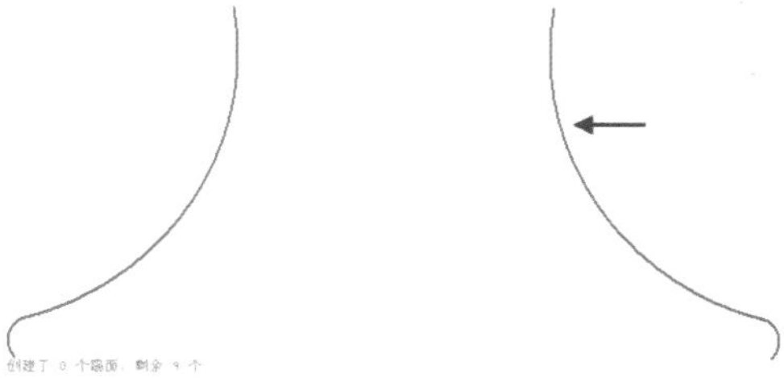

图6-56　复制效果

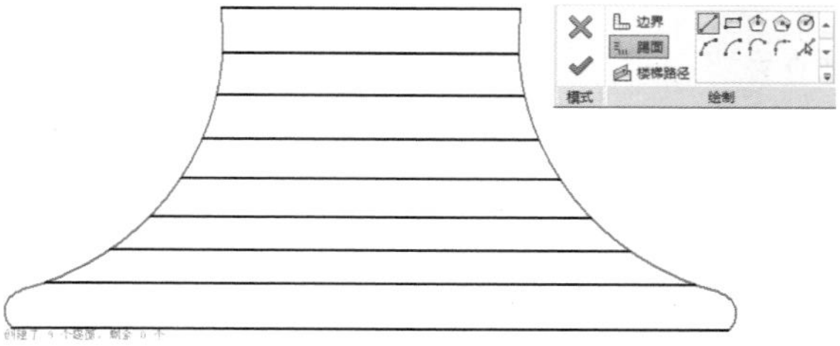

图6-57　绘制踢面线

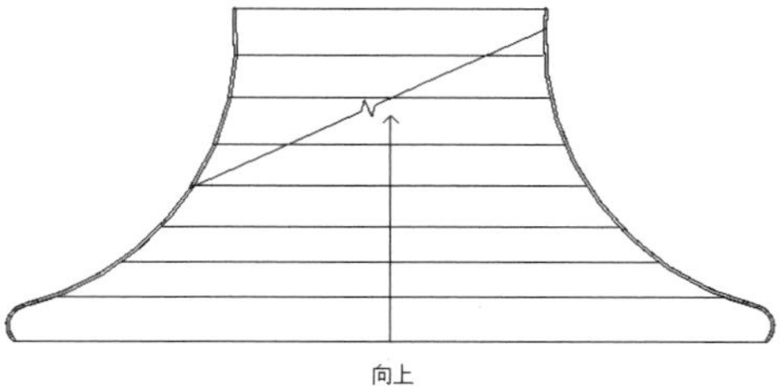

图6-58　平面样式

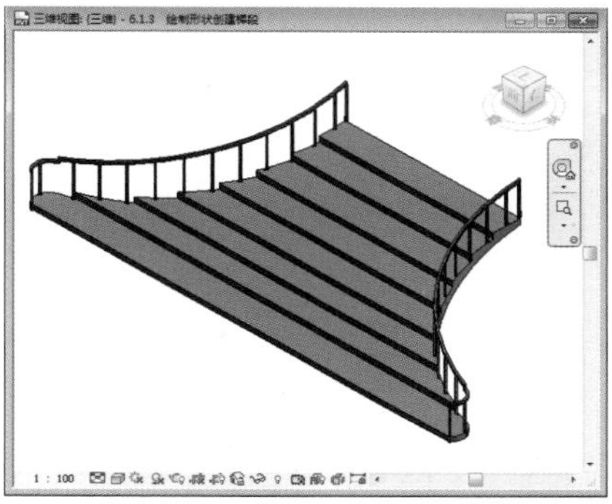

图6-59　梯段三维样式

6.2　创建台阶

在上一章中为建筑项目创建室外楼板，本节介绍在室外楼板的基础上执行“放样”操作，创建室外台阶的方法。在执行“放样”操作之前，需要选择合适的轮廓。

用户需要创建指定样式的轮廓族，再执行“放样”操作，才可以创建模型。关于族的知识，在后续章节中会有专门的介绍。本节介绍创建台阶轮廓族的方法，以及如何使用楼板边缘工具生成室外台阶。

6.2.1　创建台阶轮廓

在创建轮廓族之前，需要调用族样板。Revit提供了多种类型的族样板供用户调用。创建轮廓族，需要调用“公制轮廓.rft”样板。本节介绍创建台阶轮廓族的方法。

01 选择“文件”选项卡，在弹出的列表中选择“新建”｜“族”选项，如图6-60所示，执行新建族样板的操作。

02 在弹出的【新族-选择样板文件】对话框中选择“公制轮廓.rft”文件，如图6-61所示。单击“打开”按钮，新建族样板。

03 打开族编辑器，在“属性”选项板中显示当前的样板名称为“族:轮廓”。在绘图区域中显示相互垂直的参照平面，如图6-62所示。

04 在“详图”面板中单击“线”按钮，在绘图区域中绘制如图6-63所示的台阶轮廓线。

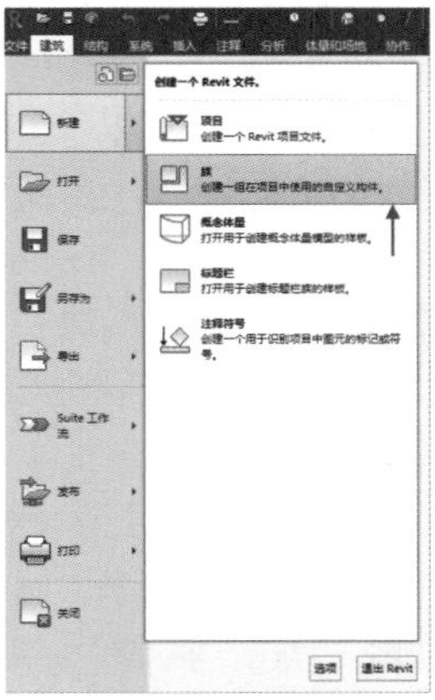

图6-60　选择选项

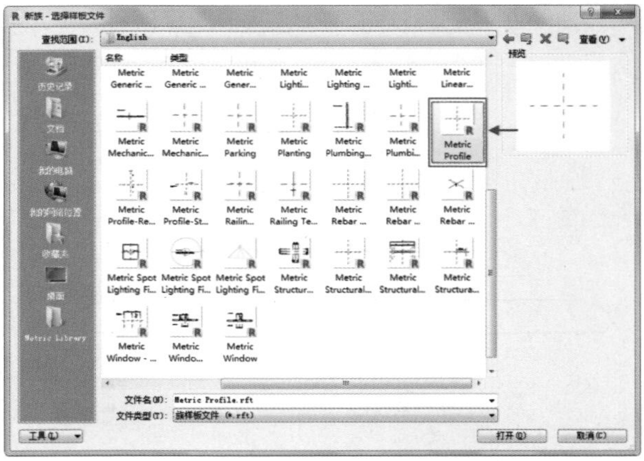

图6-61　选择样板

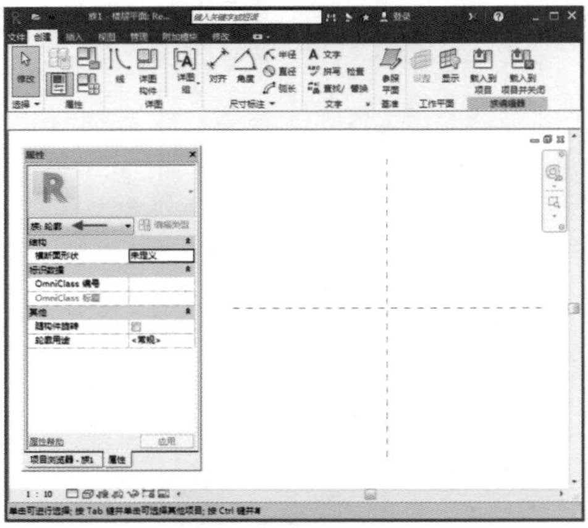

图6-62　族编辑器

05 选择“文件”选项卡，在弹出的下拉列表中选择“保存”选项，弹出【另存为】对话框，在“文件名”文本框中设置族名称，如图6-64所示。单击“保存”按钮，将族文件存储到指定的文件夹。

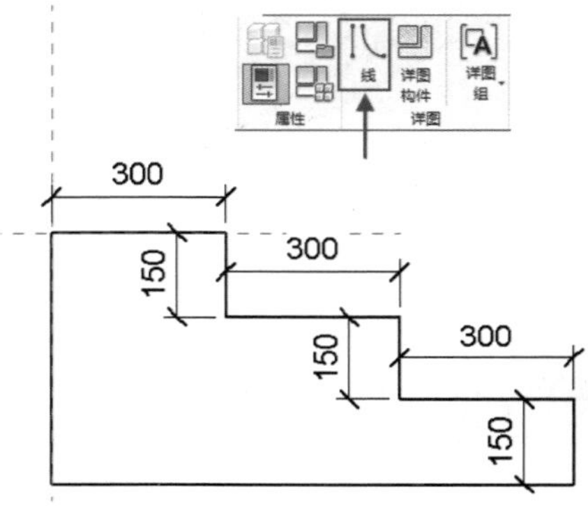

图6-63　绘制轮廓线

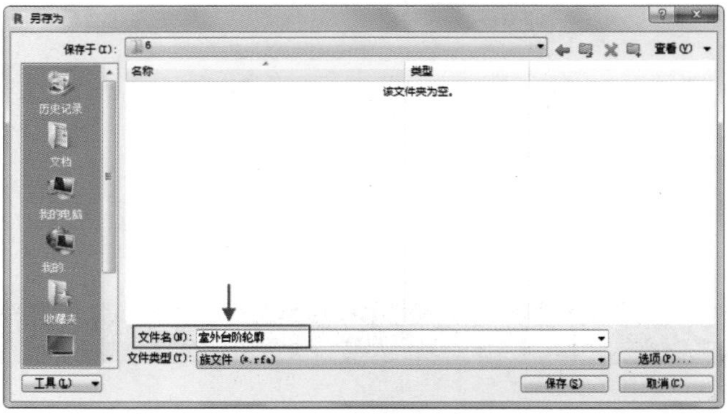

图6-64　设置名称

6.2.2　生成室外台阶

使用楼板边工具执行“放样”操作，可以按照“室外台阶轮廓”生成台阶模型。本节介绍使用该工具生成室外台阶的操作方法。

创建完成室外台阶轮廓族后，执行“保存”操作，保存族文件。接着在“族编辑器”面板中单击“载入到项目”按钮，将该族载入到建筑项目中。

01 选择“建筑”选项卡，在“构建”面板上单击“楼板”按钮，在弹出的下拉列表中选择“楼板:楼板边”选项，如图6-65所示。

02 在“属性”选项板中单击“编辑类型”按钮，如图6-66所示，弹出【类型属性】对话框。

03 在【类型属性】对话框中单击“复制”按钮，弹出【名称】对话框，设置名称如图6-67所示。单击“确定”按钮，关闭对话框。

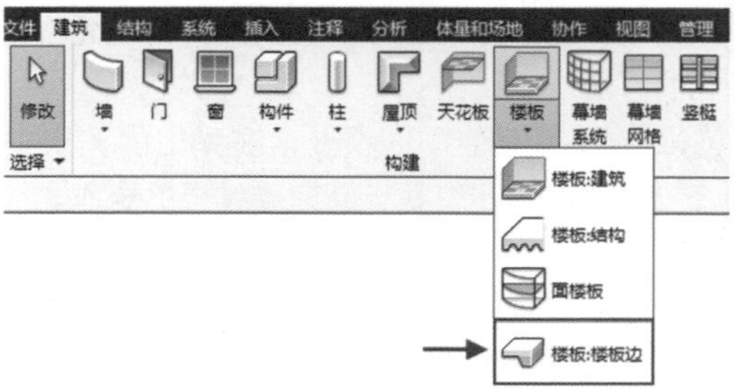

图6-65　选择选项

04 单击“轮廓”选项，在弹出的下拉列表中选择“室外台阶轮廓：室外台阶轮廓”选项，如图6-68所示。单击“确定”按钮，关闭对话框。

图6-66　单击按钮

图6-67　设置名称

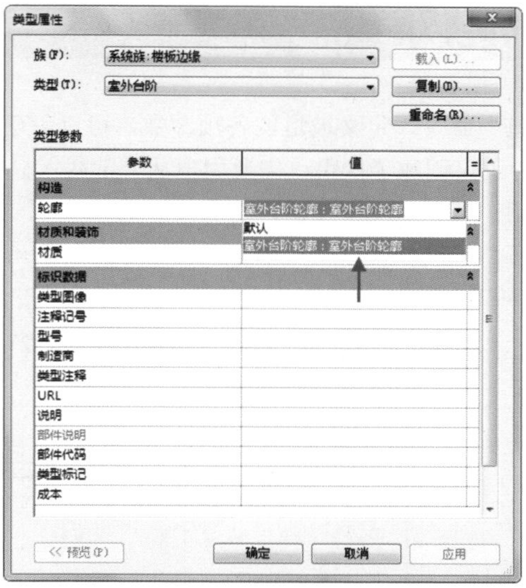

图6-68　选择轮廓样式

> **提示**　只有将轮廓族载入到项目中后，才可以在“轮廓”下拉列表中选择轮廓，并应用到“放样”操作中。

05 在三维视图中将光标置于楼板边缘，高亮显示的效果如图6-69所示。

06 执行“放样”操作生成三步台阶的效果如图6-70所示。

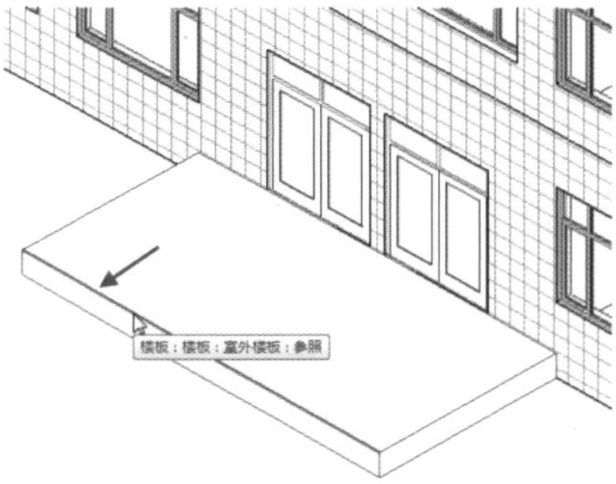

图6-69　拾取楼板边缘

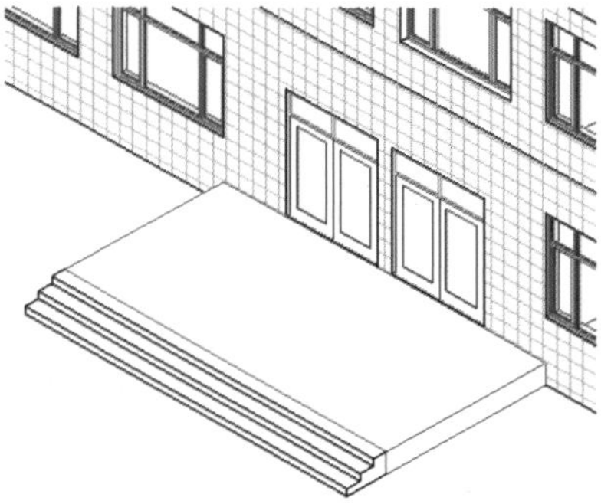

图6-70　创建台阶

07 继续拾取楼板边缘，执行“放样”操作，创建三步台阶。单击ViewCube上的角点，转换视图方向，观察创建台阶的效果，如图6-71所示。

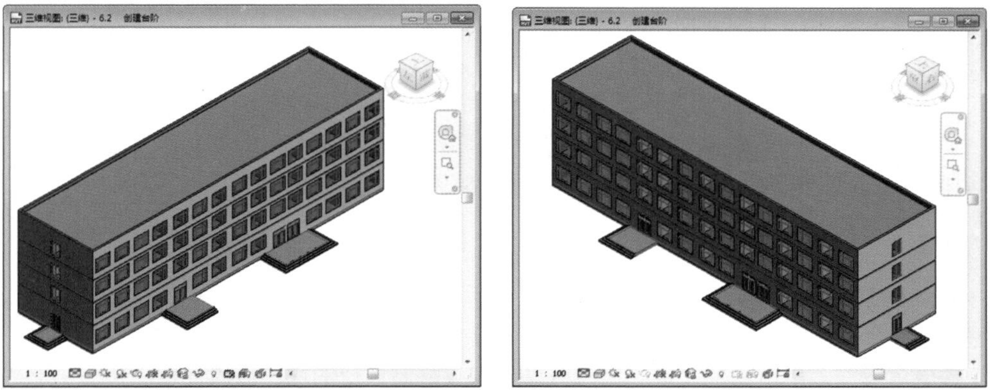

图6-71　台阶三维效果

6.3 添加坡道

启用“坡道”命令，定义坡道的各项参数，可以创建坡道模型。Revit 2018在创建坡道模型时并没有一起创建栏杆，仅仅创建了扶手。需要用户从外部载入栏杆族，在扶手的基础上添加栏杆。

本节介绍创建坡道以及添加栏杆的操作方法。

01 选择“建筑”选项卡，在“工作平面”面板中单击“参照平面”按钮，绘制垂直方向上的参照平面，如图6-72所示。

> **提示** 为了确定坡道的位置，所以绘制参照平面作为辅助线。

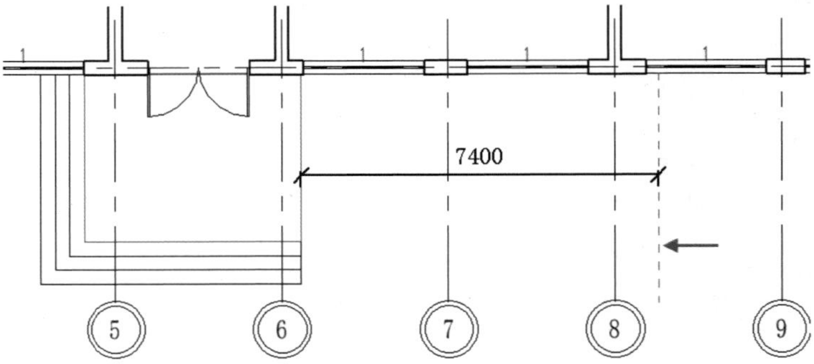

图6-72　绘制参照平面

02 在“楼梯坡道”面板中单击“坡道”按钮，如图6-73所示，开始执行放置坡道的操作。

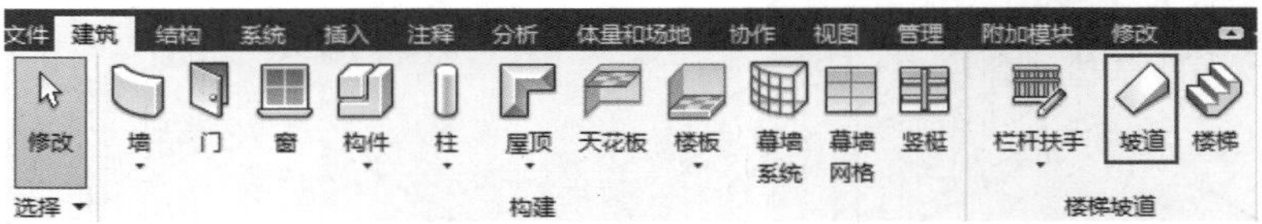

图6-73　单击按钮

03 在“属性”选项板中显示当前的坡道类型，单击“编辑类型”按钮，如图6-74所示，弹出【类型属性】对话框。

04 在【类型属性】对话框中单击“复制”按钮，弹出【名称】对话框，设置名称如图6-75所示。单击“确定”按钮，关闭对话框。

05 在“类型参数”列表中，单击展开“造型”下拉列表，选择“实体”选项，设置“功能”为“外部”，设置“最大斜坡长度”为12000.0，设置“坡道最大坡度（1/x）”为16.500000，如图6-76所示。单击“确定”按钮，关闭对话框，结束设置参数的操作。

06 在“属性”选项板中设置“底部标高”为“标高1”，设置“底部偏移”值为-450.0。在“顶部标高”下拉列表中选择“无”选项，设置“顶部偏移”值为450.0。在“宽度”选项中输入2000.0，表示坡道的宽度为2000mm，如图6-77所示。

07 在“修改｜创建坡道草图”选项卡中单击“梯段”按钮，选择“线”绘制方式，如图6-78所示。

08 在垂直参照平面上单击鼠标左键，指定坡道的起点，向左移动鼠标，在室外楼板边缘线上单击鼠标左键，指定终点，完成绘制坡道的操作。单击“完成编辑模式”按钮，退出命令。坡道的绘制效果如图6-79所示。

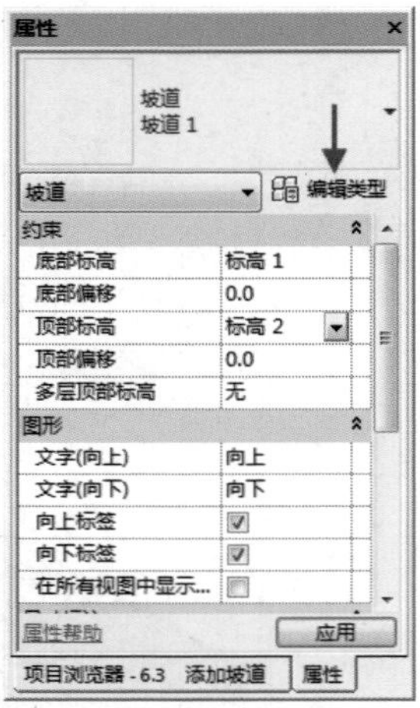

图6-74　“属性”选项板

图6-75　设置名称

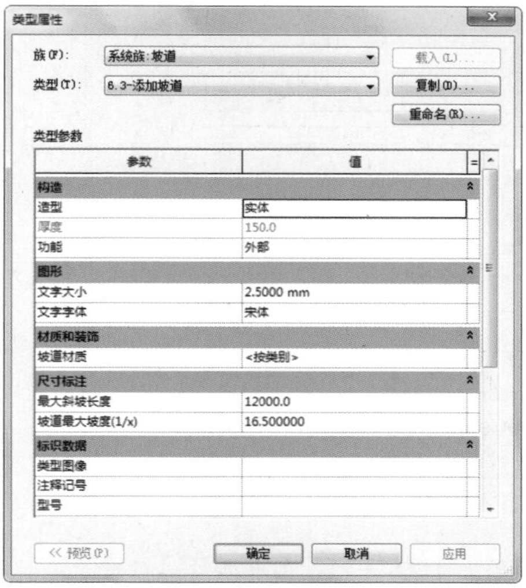

图6-76　选择选项

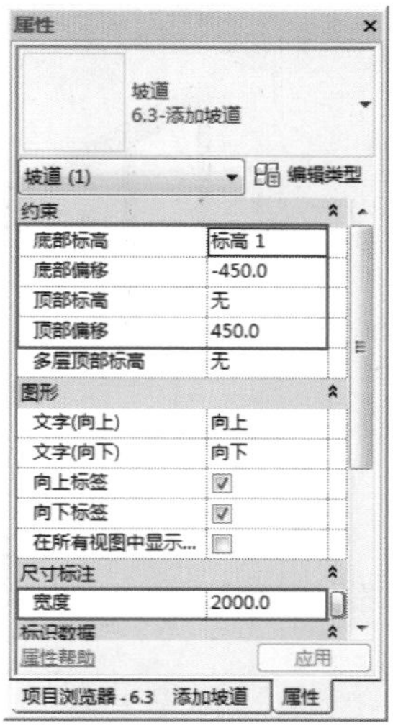

图6-77　设置参数

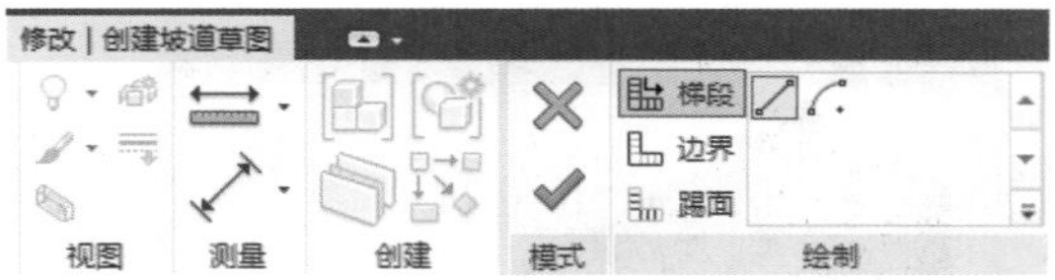

图6-78　选择绘制方式

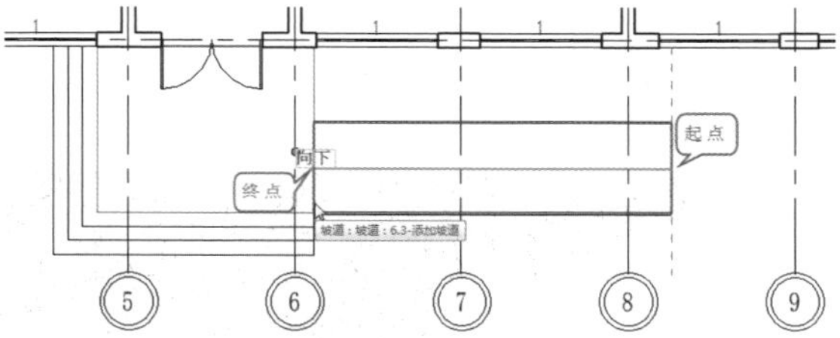

图6-79　绘制坡道效果

09 切换至三维视图，查看坡道的三维效果，如图6-80所示。

10 选择坡道扶手，单击“属性”选项板中的“编辑类型”按钮，弹出【类型属性】对话框，单击“栏杆位置”右侧的“编辑”按钮，如图6-81所示，弹出【编辑栏杆位置】对话框。

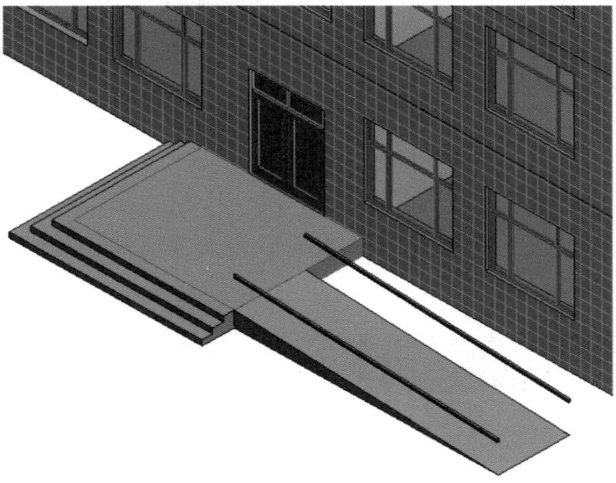

图6-80　坡道三维效果

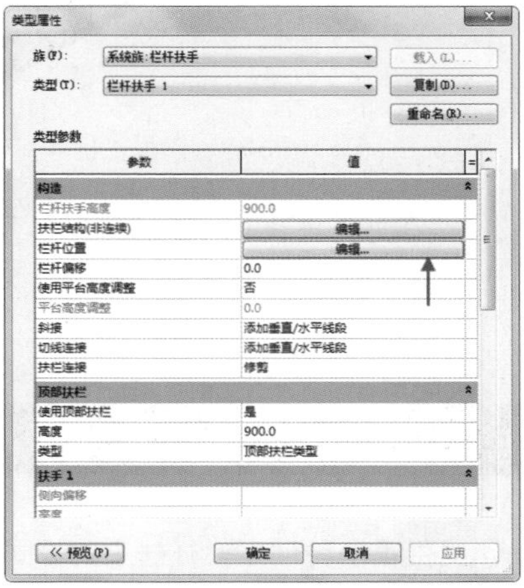

图6-81　单击按钮

11 在“主样式”选项组的列表中，将光标定位在“常规栏杆”行的“栏杆族”单元格上，单击鼠标左键，在弹出的下拉列表中选择栏杆样式。依次修改第2行、第3行的“相对前一栏杆的距离”值为500.0。单击“对齐”右侧的倒三角按钮，在弹出的下拉列表中选择“展开样式以匹配”选项。

12 在“支柱”选项组的列表中，为第1行“起点支柱”与第3行“终点支柱”选择“栏杆族”样式，其他保持默认值。单击“预览”按钮，弹出预览窗口，可以观察栏杆的设置效果，如图6-82所示。

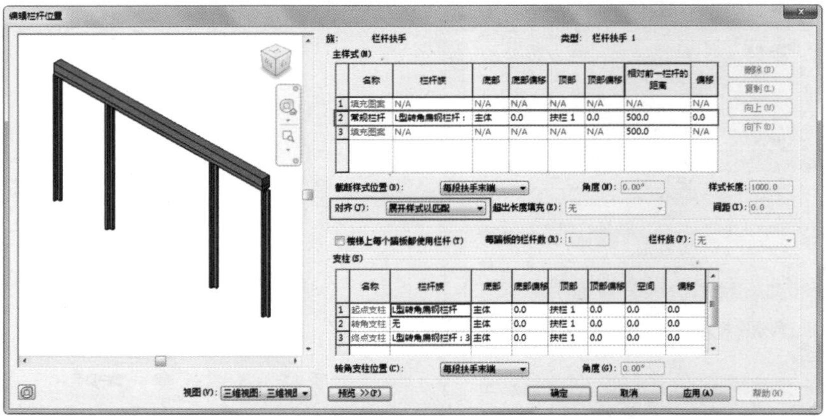

图6-82　设置选项并预览效果

> **提示** 用户需要从外部文件中载入栏杆族，才可以在“栏杆族”列表中选择栏杆样式。

13 依次单击“确定”按钮，关闭【编辑栏杆位置】对话框和【类型属性】对话框。为坡道添加栏杆的效果如图6-83所示。

14 重复上述操作，继续为建筑项目添加坡道，最终效果如图6-84所示。

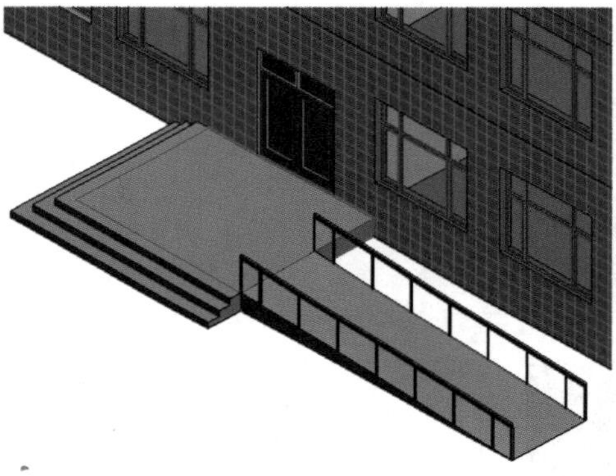

图6-83　添加栏杆

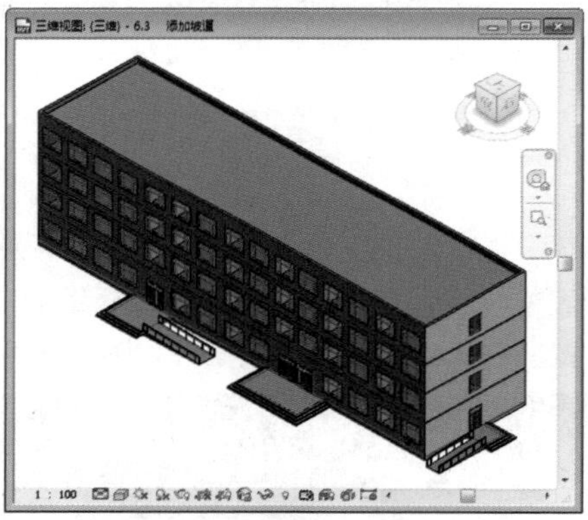

图6-84　最终效果

> **提示** 在创建不同参数的坡道模型时，需要新建坡道类型。这样做的好处是，可以自定义当前坡道的参数，又不会影响已经创建的坡道模型。

6.4　创建栏杆扶手

Revit提供了两种创建栏杆扶手的方式，一种是绘制路径，另外一种是放置在主体上。根据不同的情况选择不同的创建方式，可以提高作图效率。本节介绍创建栏杆扶手的操作方法。

6.4.1　绘制路径创建栏杆扶手

启用“绘制路径”方式，通过指定栏杆扶手的走向来创建模型。用户在平面视图中绘制路径，系统按照路径以指定的间距分布栏杆。本节介绍使用“绘制路径”方式来创建栏杆扶手的操作方法。

01 选择“建筑”选项卡，在“楼梯坡道”面板中单击“栏杆扶手”按钮，在弹出的下拉列表中选择“绘制路径”选项，如图6-85所示。

02 在选项卡的“绘制”面板中单击“起点-终点-半径弧”按钮，如图6-86所示，指定绘制路径的方式。勾选“链”复选框，其他参数保持默认值。

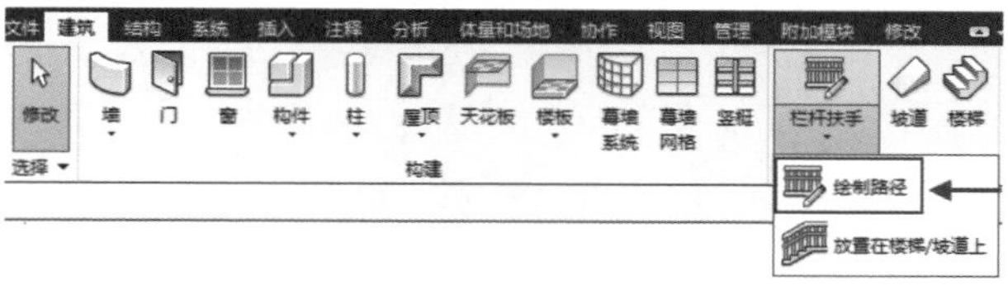

图6-85　选择选项

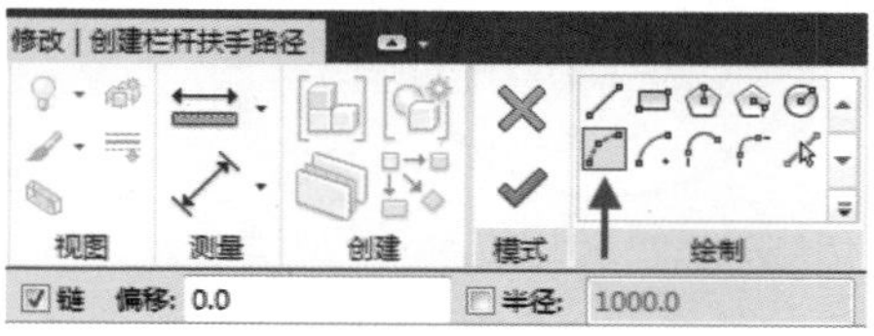

图6-86　选择绘制方式

提示　一般情况下，栏杆沿着主体的边界线来布置。所以在绘制路径时，可以根据主体边界线的样式来选择绘制方式。本例选用主体的边界线为圆弧样式，所以选择“起点-终点-半径弧”方式来绘制圆弧。

03 将光标置于水平边界线与圆弧边界线的交点，单击指定该点为圆弧路径的起点，如图6-87所示。

04 向下移动鼠标，将光标置于圆弧边界线的交点，如图6-88所示，单击指定该点为圆弧路径的终点。

05 向左移动鼠标，将光标置于圆弧边界线的中点，如图6-89所示，单击鼠标左键，指定该点定义圆弧路径。

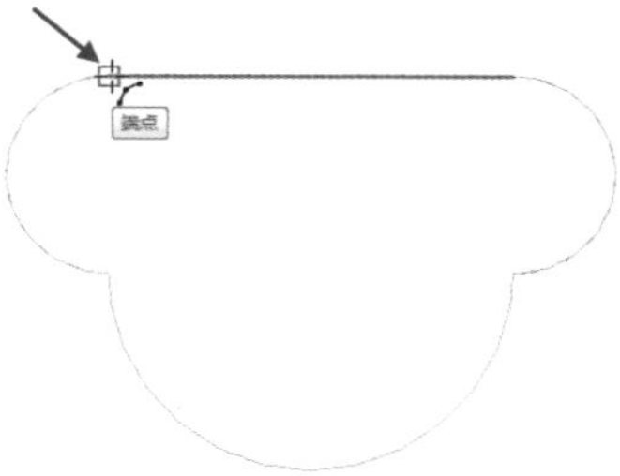

图6-87　指定起点

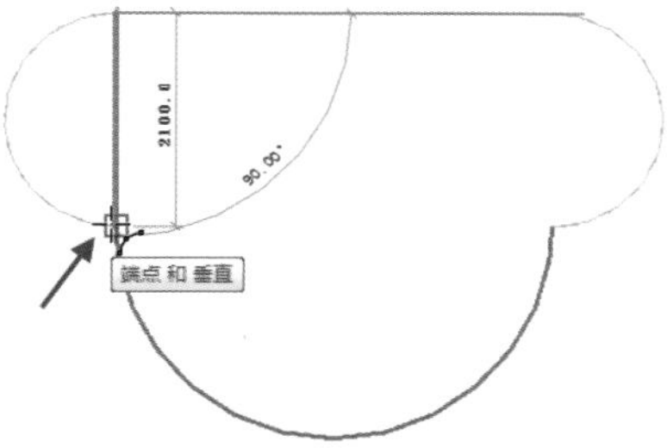

图6-88　指定终点

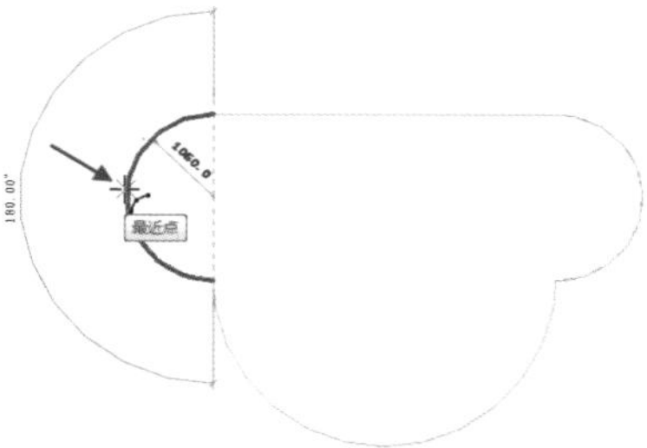

图6-89　指定中间点

06 因为勾选了“链”复选框，所以可以继续绘制下一段路径。将光标定位于圆弧路径的终点，如图6-90所示。以该终点为起点，继续绘制另一段圆弧路径。

07 向右移动鼠标，在另一交点单击鼠标左键，如图6-91所示，指定该点为圆弧路径的终点。

08 向下移动鼠标，指定圆弧路径的中间点，如图6-92所示，确定其半径大小，结束一段路径的绘制。

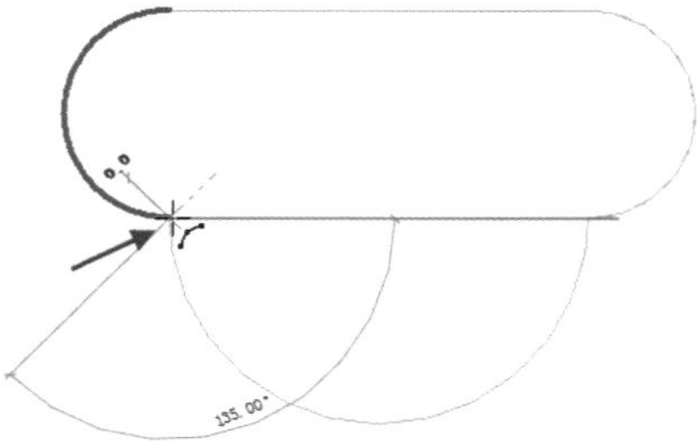

图6-90　指定起点

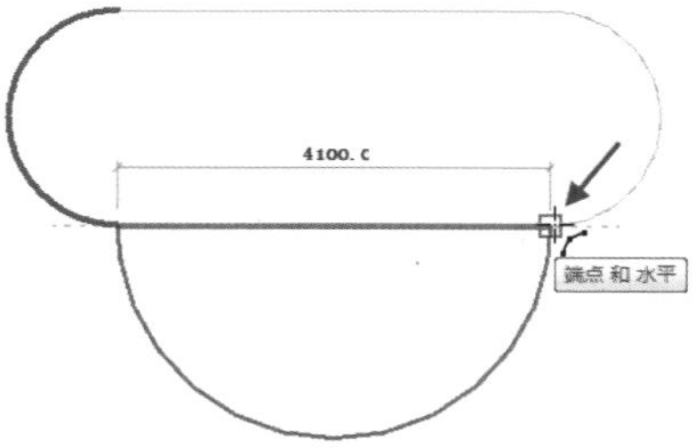

图6-91　指定终点

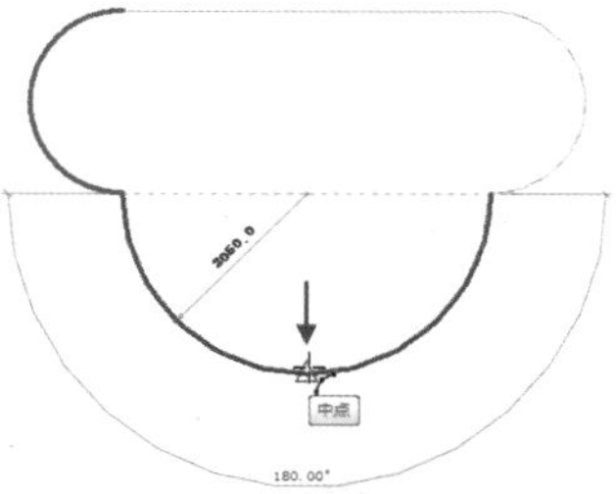

图6-92　指定中间点

09 移动光标至圆弧路径的终点，如图6-93所示。以该终点为起点，绘制最后一段路径。

10 向上移动鼠标，在水平边界线与圆弧边界线的交点单击鼠标左键，如图6-94所示，指定该点为圆弧路径的终点。

11 向右移动鼠标，指定圆弧路径的中间点，如图6-95所示，结束最后一段路径的绘制。

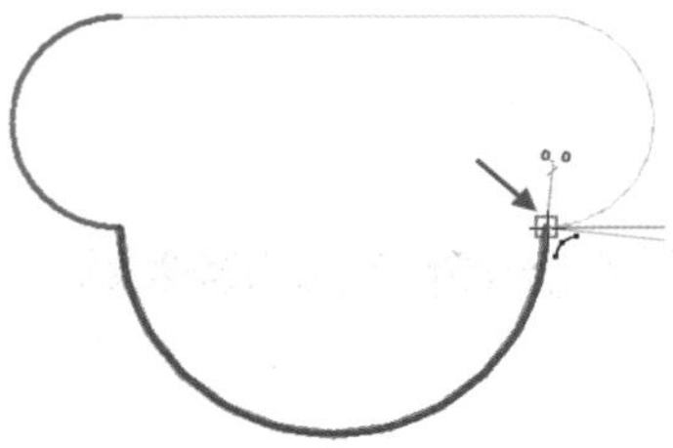

图6-93　指定起点

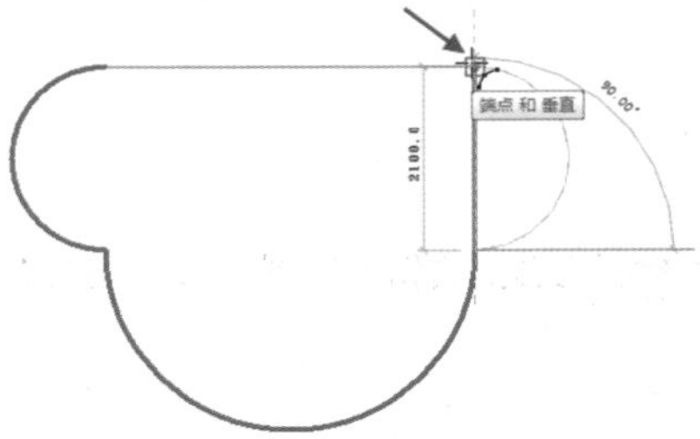

图6-94　指定终点

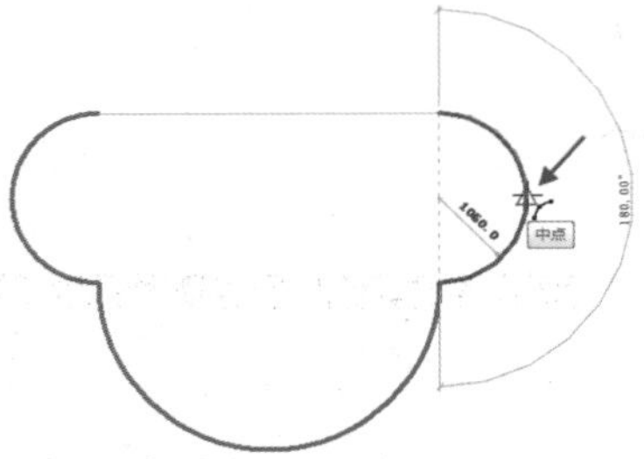

图6-95　指定中间点

提示　栏杆扶手的路径可以是一个闭合的环，也可以是一个开放的环。

12 按Esc键退出命令，绘制栏杆扶手路径的效果如图6-96所示。

13 在“属性”选项板中设置“底部偏移”值为-20.0，设置“从路径偏移”值为100.0，如图6-97所示。

14 单击“完成编辑模式”按钮，退出命令。通过绘制路径来放置栏杆扶手的效果如图6-98所示。

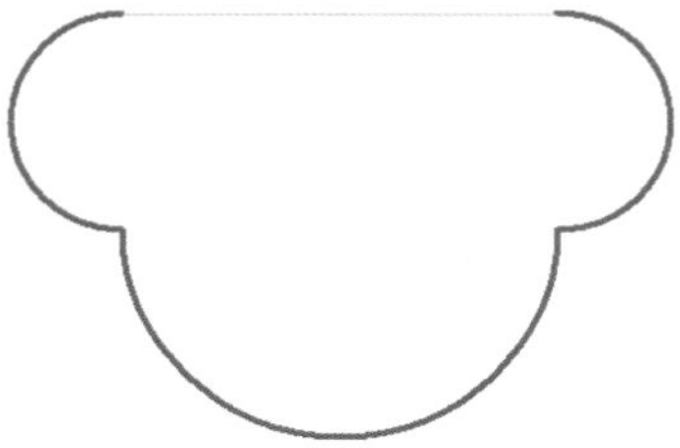

图6-96　栏杆扶手路径效果

图6-97　设置参数

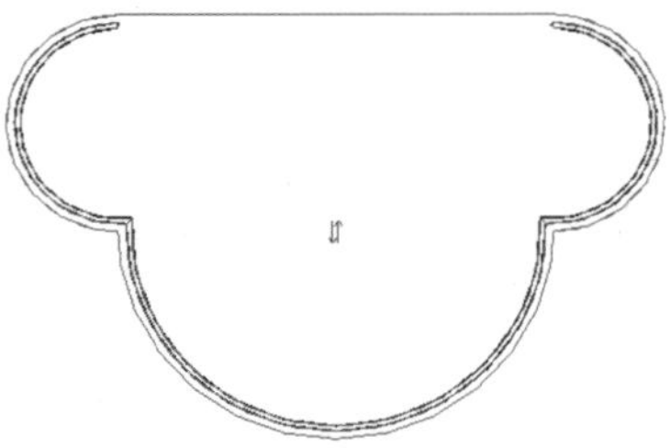

图6-98　平面样式

提示　将“底部偏移”值设置为-20.0，表示栏杆位于标高之下20mm；将“从路径偏移”值设置为100.0，表示栏杆与路径线的间距为100mm。

15 转换到三维视图，观察栏杆扶手的三维效果如图6-99所示。

还可以在其他样式的主体上绘制路径来放置栏杆。在为如图6-100所示的主体放置栏杆时，就可以选用“线”方式来绘制连续的路径创建栏杆。需要注意的是，路径允许是一个开放的环，但是各段路径线必须连续。

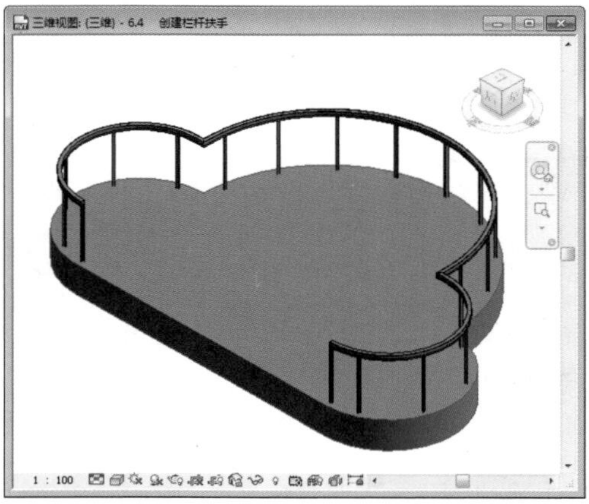

图6-99　栏杆扶手三维效果

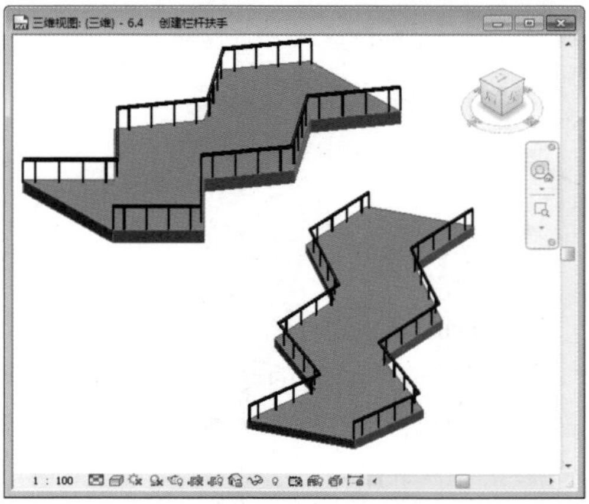

图6-100　其他样式

6.4.2　拾取主体放置栏杆扶手

选择坡道或者梯段模型，可以添加栏杆扶手。在选定的主体上放置栏杆扶手后，选择栏杆扶手，在【类型属性】对话框中可以修改其属性参数。本节介绍在主体上放置栏杆扶手的操作方法。

01 在“楼梯坡道”面板上单击“栏杆扶手”按钮，在弹出的下拉列表中选择“放置在楼梯/坡道上”选项，如图6-101所示。

02 在选项卡的“位置”面板中单击“踏板”按钮，如图6-102所示，指定放置栏杆扶手的位置。

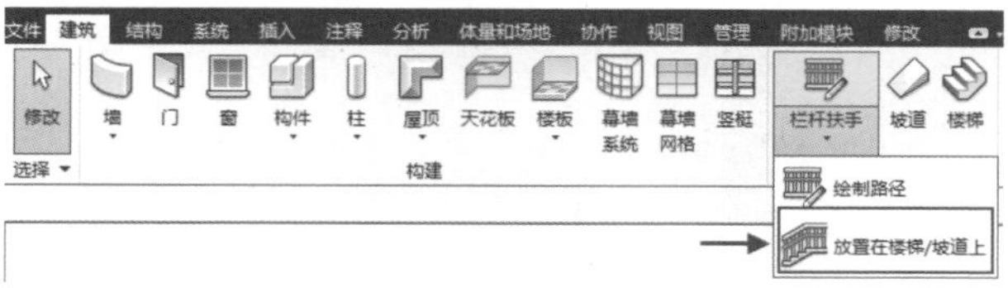

图6-101　选择选项

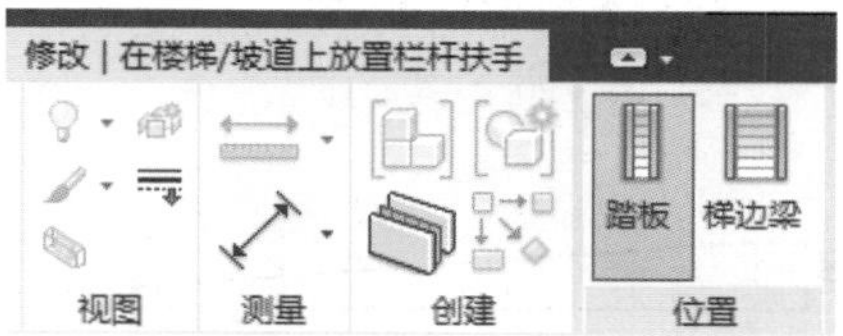

图6-102　单击按钮

03 将光标置于坡度上，高亮显示模型，如图6-103所示，单击鼠标左键可以选中模型。

04 在坡道上添加栏杆扶手的效果如图6-104所示。

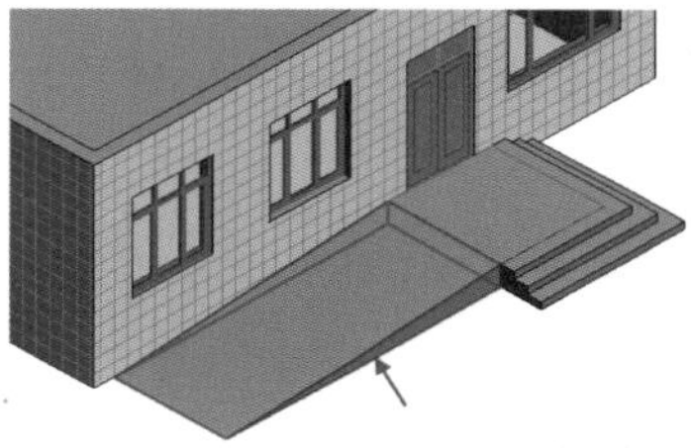

图6-103　高亮显示模型

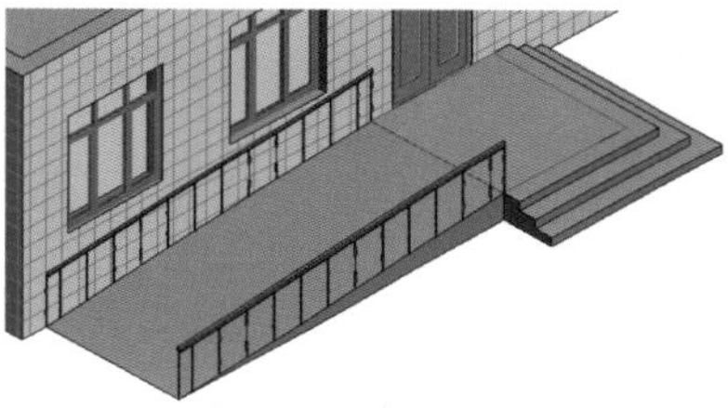

图6-104　添加栏杆扶手

05 通常情况下，坡道靠墙壁的一侧不需要设置栏杆扶手。选择该侧的栏杆扶手，在键盘上输入快捷键DE，删除图元的效果如图6-105所示。

使用上述的操作方法，也可以拾取楼梯模型来放置栏杆扶手，效果如图6-106所示。

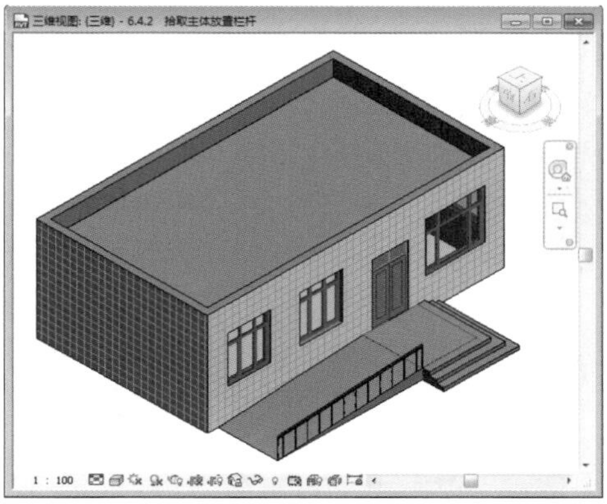

图6-105　删除图元

图6-106　放置栏杆扶手

6.5　创建散水

Revit没有专门用来创建散水的工具，但是用户可以运用所学的知识来制作散水模型。本节介绍为建筑项目创建散水模型的操作方法。

01 选择“文件”选项卡，在弹出的下拉列表中选择“新建”｜“族”选项，选择“公制轮廓.rft”族样板，打开族编辑器。

02 在“详图”面板上单击“线”按钮，在绘图区域中绘制散水轮廓线，如图6-107所示。

03 在快速访问工具栏上单击“保存”按钮，弹出【另存为】对话框，选择存储文件夹并设置文件名称，如图6-108所示。单击“保存”按钮，保存族文件。

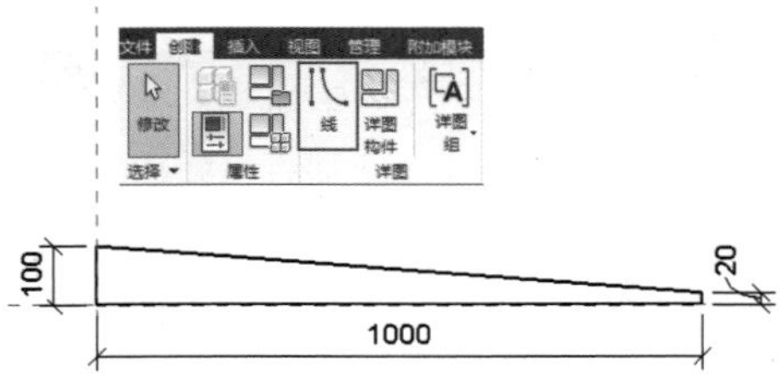

图6-107　绘制轮廓线

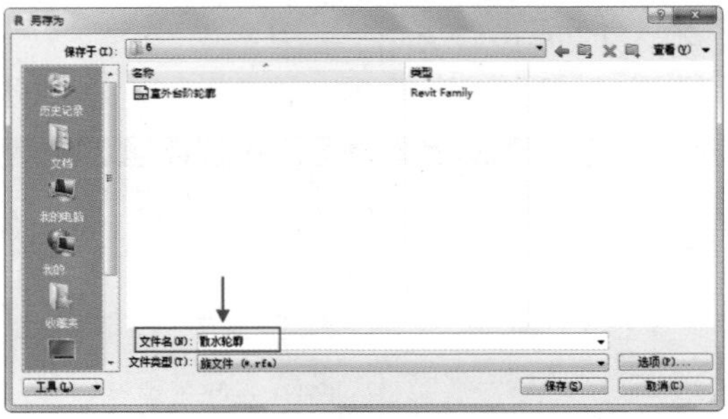

图6-108　设置名称

提示　调用族样板文件的具体操作请参考本章前面的讲解。

04 在“族编辑器”面板中单击“载入到项目并关闭”按钮，如图6-109所示。将族文件载入到已打开的项目中，同时关闭族编辑器。

提示　假如当前仅仅打开一个项目文件，散水轮廓会被直接载入到项目中；如果已经打开多个项目文件，则会弹出提示框，提示用户选择需要载入族文件的项目。

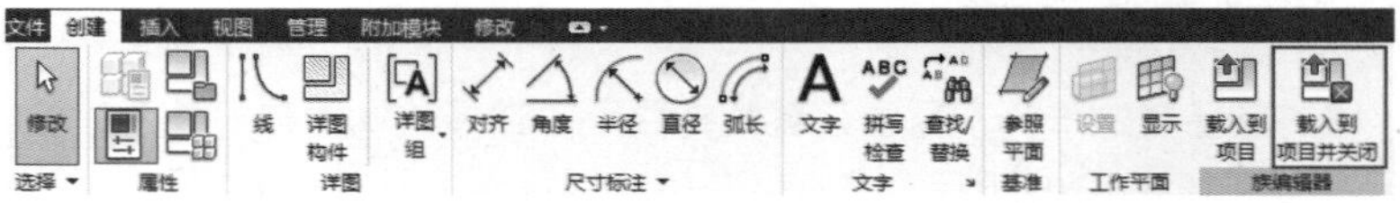

图6-109　单击按钮

05 在项目文件中选择“建筑”选项卡，单击“墙”按钮，在弹出的下拉列表中选择“墙:饰条”选项，如图6-110所示。

06 在“属性”选项板中单击“编辑类型”按钮，弹出【类型属性】对话框。单击“复制”按钮，在弹出的【名称】对话框中设置名称，如图6-111所示。

07 单击“确定”按钮，返回到【类型属性】对话框。在“轮廓”选项中单击右侧的倒三角按钮，弹出“轮廓”下拉列表，选择“散水轮廓：散水轮廓”选项，如图6-112所示。单击“确定”按钮，关闭对话框。

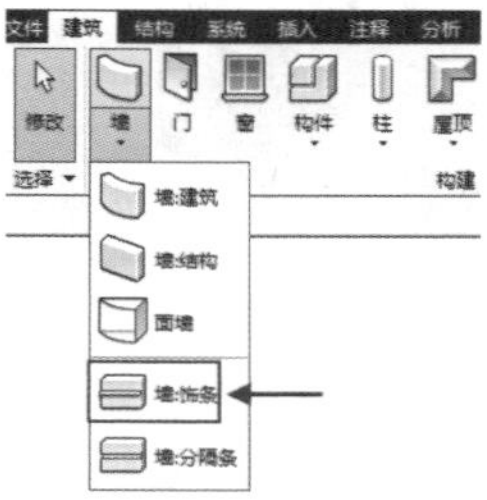

图6-110　选择选项

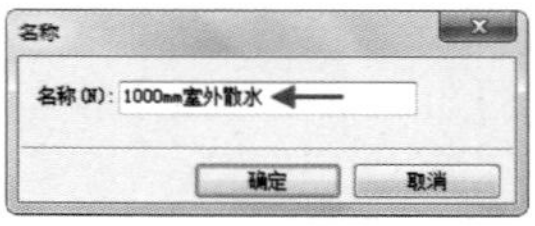

图6-111　设置名称

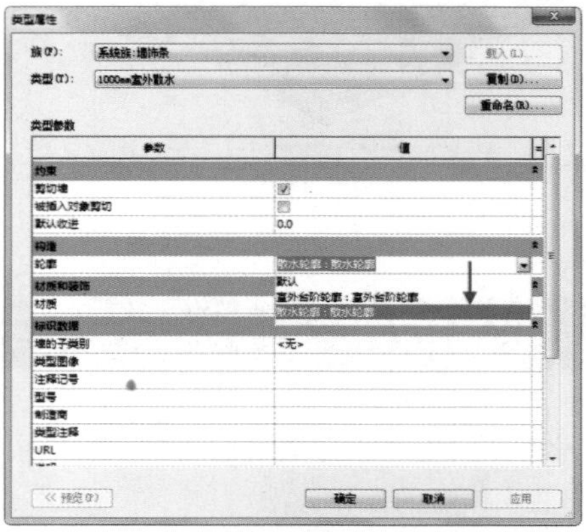

图6-112　选择轮廓线

08 在“修改|放置 墙饰条”选项卡中单击“水平”按钮，如图6-113所示，指定放置散水的方向。

09 将光标置于外墙体的底部边线上，可以预览散水轮廓，如图6-114所示。

10 此时单击鼠标左键，可以在外墙体的底部创建散水，如图6-115所示。

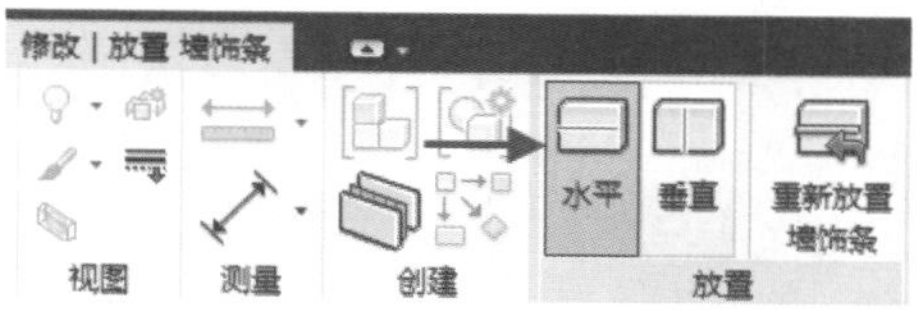

图6-113　指定放置方向

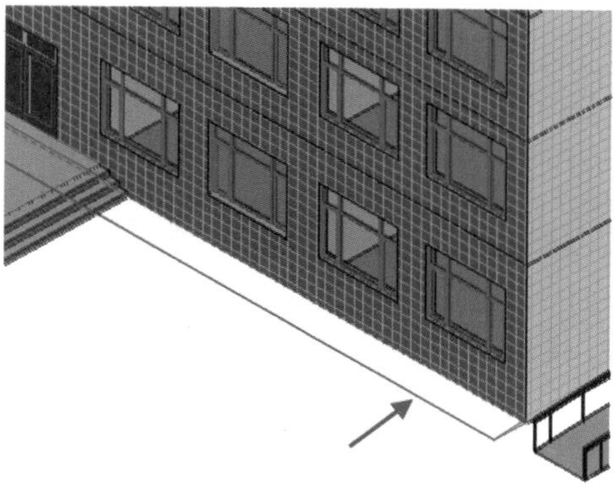
图6-114　预览效果

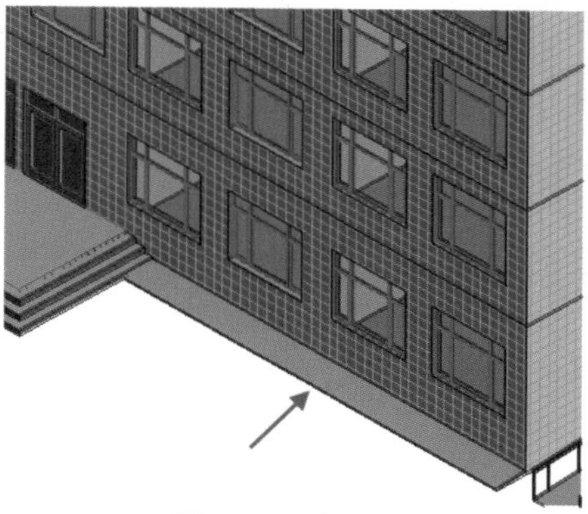
图6-115　放置效果

11 重复上述操作，继续在外墙体底部创建散水，效果如图6-116所示。散水遇到台阶、坡道时，会自动断开。

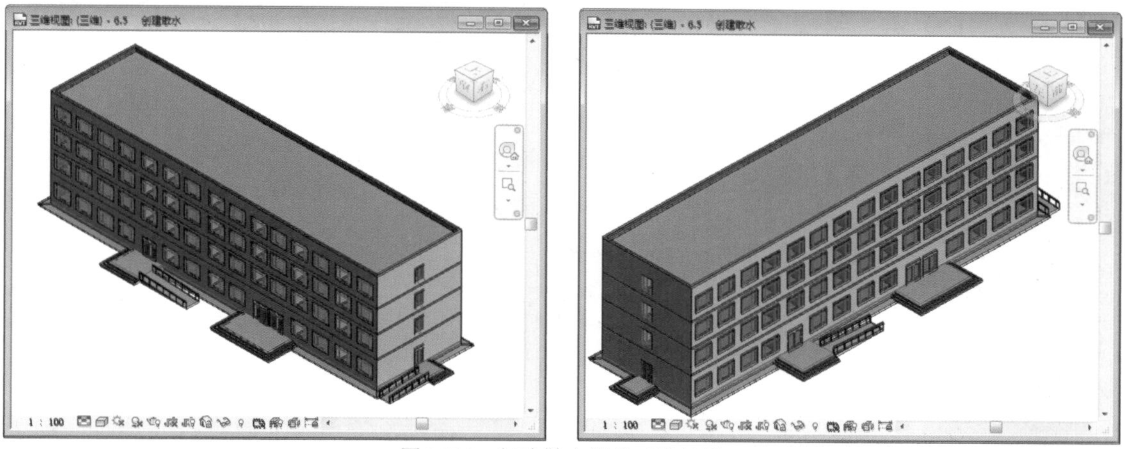

图6-116　创建散水后的三维效果

第7章 房间、面积和洞口

通过在闭合的边界线内创建房间，可以方便定义指定范围内的面积。为房间和面积创建颜色填充方案，各个区域以不同的填充图案显示，方便识别不同功能属性的房间。

Revit提供了创建各种洞口的工具，启用工具，可以创建面洞口、竖井洞口以及墙洞口等。本章介绍创建房间、面积以及洞口的方法。

7.1 创建房间

创建房间的操作步骤是，先创建房间，假如需要在已创建的房间内划分空间，可以绘制分隔线；最后标记房间，方便识别。本节介绍具体的操作步骤。

7.1.1 绘制房间

在以模型图元，如墙体、楼板和天花板为界限的空间内，可以执行“创建房间”的操作。本节介绍创建房间的操作方法。

调用“房间”命令

在Revit中调用“房间”命令的操作方法介绍如下。

- 命令按钮：选择“建筑”选项卡，在“房间和面积”面板中单击“房间”按钮，如图7-1所示。
- 快捷键：在键盘上按快捷键RM。

执行上述任意一项操作，都可以调用“房间”命令。调用命令后，在闭合界线内单击鼠标左键，可以创建房间。

绘制房间

01 选择“建筑”选项卡，在“房间和面积”面板中单击“房间”按钮，如图7-1所示。

02 第一次启用“房间”命令，系统弹出如图7-2所示的Revit 提示框，提示用户“项目中未载入房间标记族。是否要现在载入？”，单击“否”按钮，关闭对话框。

图7-1 单击按钮

图7-2 Revit提示框

> **提示** 在Revit 提示框中单击“是”按钮，弹出【载入族】对话框，选择标记族文件，单击“打开”按钮，载入房间标记。

03 在“修改|放置 房间”选项卡中，保持默认值来创建房间即可，如图7-3所示。

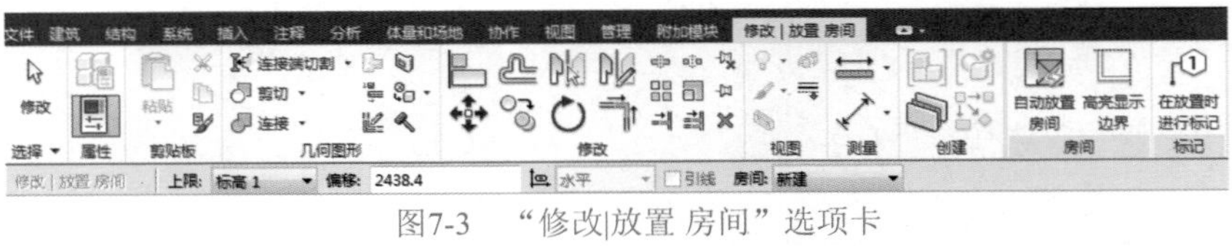

图7-3 “修改|放置 房间”选项卡

04 将光标置于由墙体围合而成的区域内，高亮显示房间边界线，如图7-4所示。

05 在区域中单击鼠标左键，完成创建房间的操作。已创建完成的房间以浅蓝色的填充图案显示，如图7-5所示。

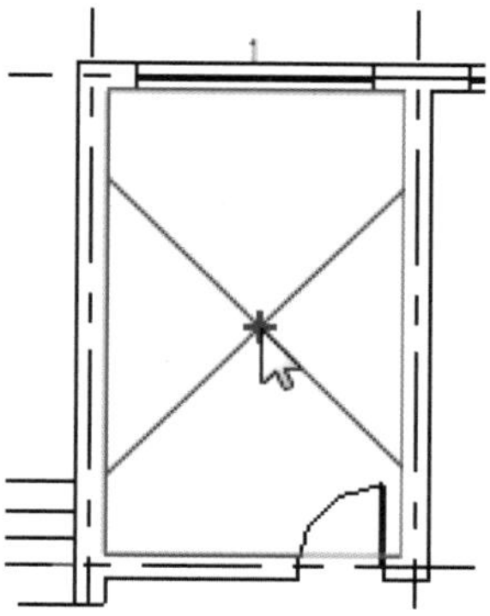

图7-4　显示边界线

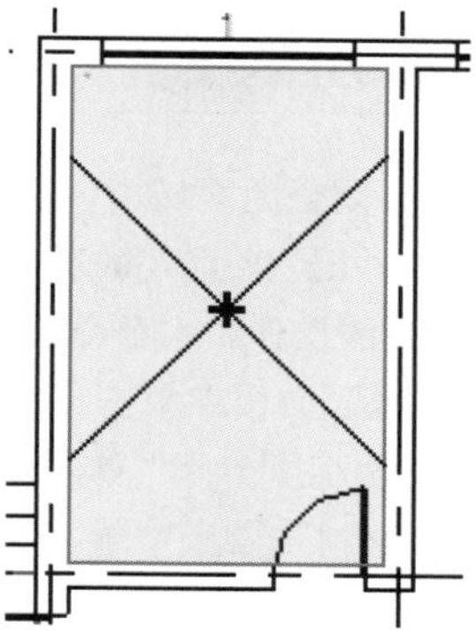

图7-5　创建房间

06 在“修改|放置 房间”选项卡中单击“自动放置房间”按钮，系统自动执行“放置房间”的操作。当操作完成后，弹出如图7-6所示的Revit提示框，提示用户“已自动创建15个房间”，单击“关闭”按钮，关闭对话框。

07 自动创建房间的效果如图7-7所示。房间内显示对角线以及填充图案。

图7-6　Revit 提示框

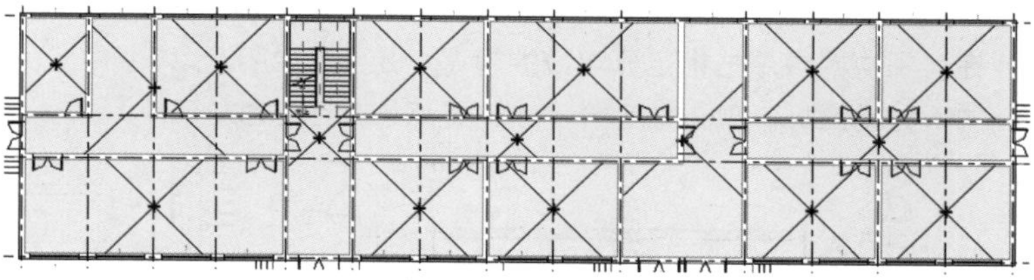

图7-7　自动创建房间

假如想要了解房间边界线的范围，可以单击“修改|放置 房间”选项卡中的“高亮显示边界”按钮，系统在界面右下角弹出如图7-8所示的Autodesk Revit 2018提示框，提示用户“房间边界图元高亮显示”，单击“关闭”按钮，关闭对话框。

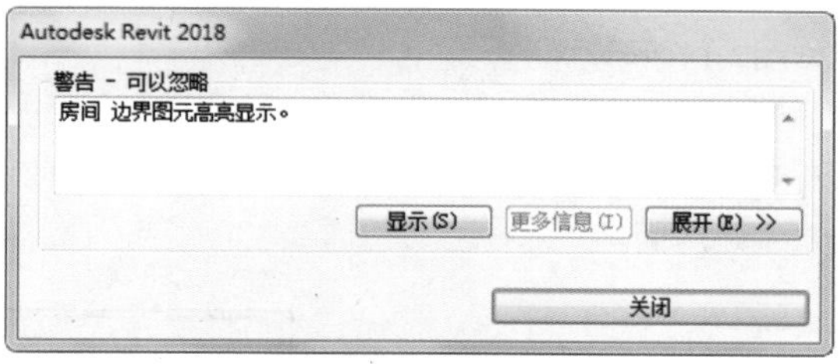

图7-8　Autodesk Revit 2018提示框

观察平面图的显示效果，内外墙体均显示为橘色。因为房间以墙体为边界，当执行“高亮显示边界”操作后，作为边界的墙体就显示为橘色的实体填充图案，方便用户识别，效果如图7-9所示。

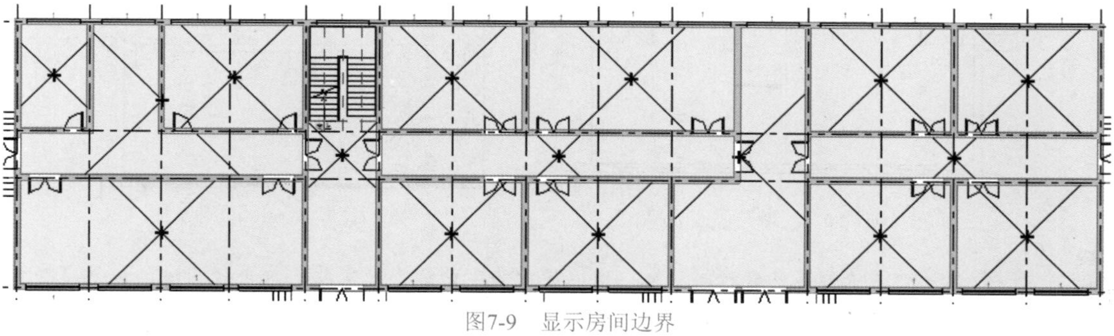

图7-9　显示房间边界

7.1.2 绘制房间分隔线

如果用户已经在闭合的区域内创建了房间，但是想在房间内部再划分空间，怎么办？Revit提供了房间分隔工具，用户使用该工具可以在房间内部执行划分区域的操作。本节介绍具体的操作方法。

图7-10 单击按钮

01 在“房间和面积”面板中单击“房间分隔”按钮，如图7-10所示，进入“修改|放置 房间分隔”选项卡。

02 在选项卡的“绘制”面板中单击“线”按钮，指定绘制分隔线的方式，如图7-11所示。其他选项保持默认值即可。

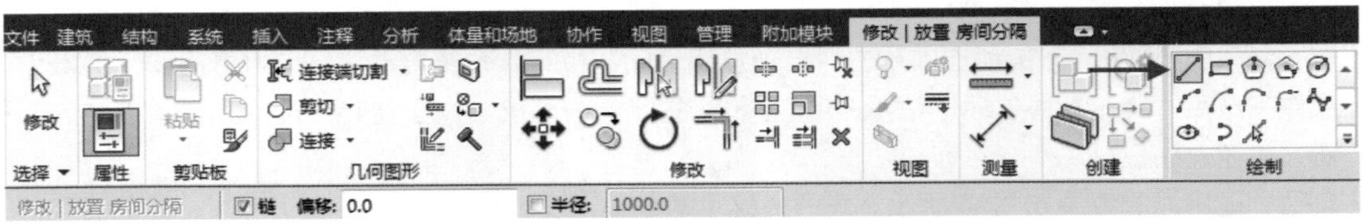

图7-11 指定绘制方式

03 在房间边界内单击指定分隔线的起点，如图7-12所示。

04 向下移动鼠标，单击指定分隔线的终点，如图7-13所示。

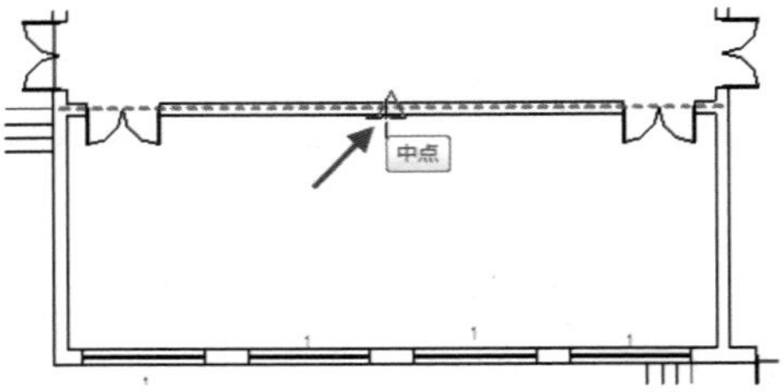

图7-12 指定起点

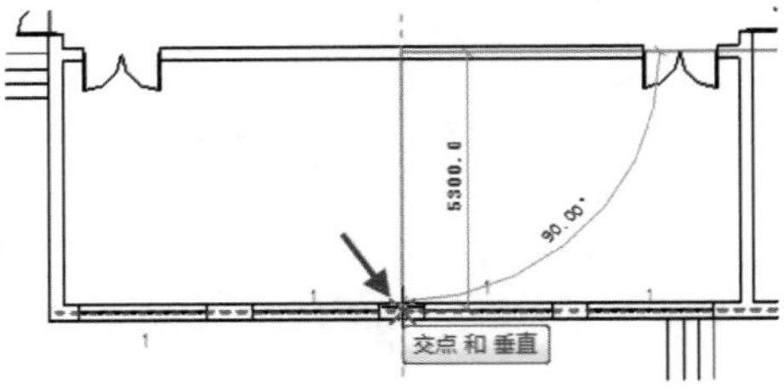

图7-13 指定终点

05 绘制垂直分隔线的效果如图7-14所示。

06 在“房间和面积”面板中单击“房间”按钮，在视图中显示已创建的房间。这个时候发现绘制了分隔线的房间被划分为两个空间，如图7-15所示。显示填充图案的区域包含房间对象，空白显示的区域为新划分的区域，尚未创建房间。

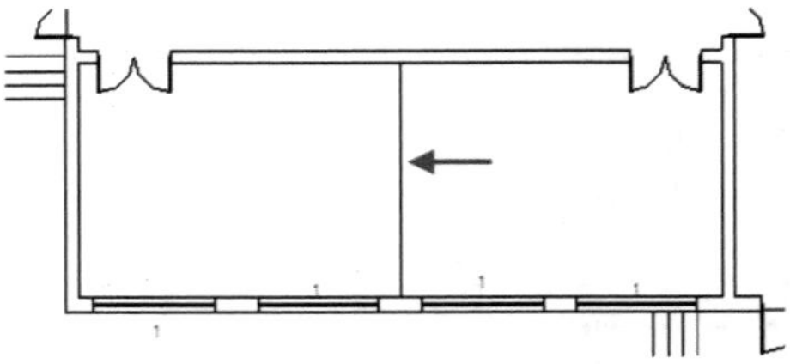

图7-14 绘制分隔线

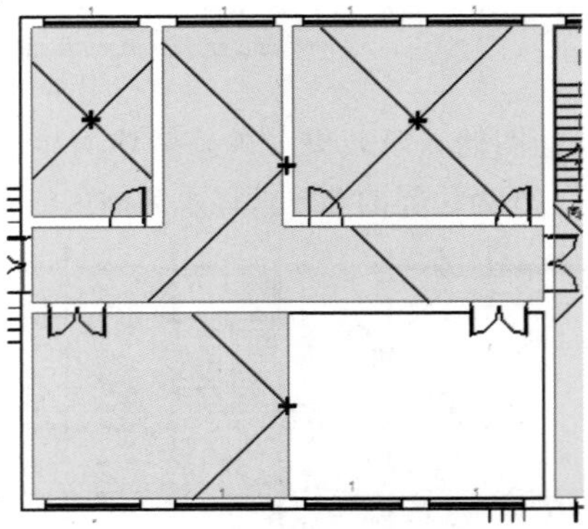

图7-15 分隔房间

提示 新划分的区域都不包含房间对象，所以显示为空白状态，需要用户自行在该区域创建房间。

07 在空白区域单击鼠标左键，创建房间如图7-16所示。与其他房间对象相比，该区域内的两个房间对象共享一段分隔线作为房间边界。

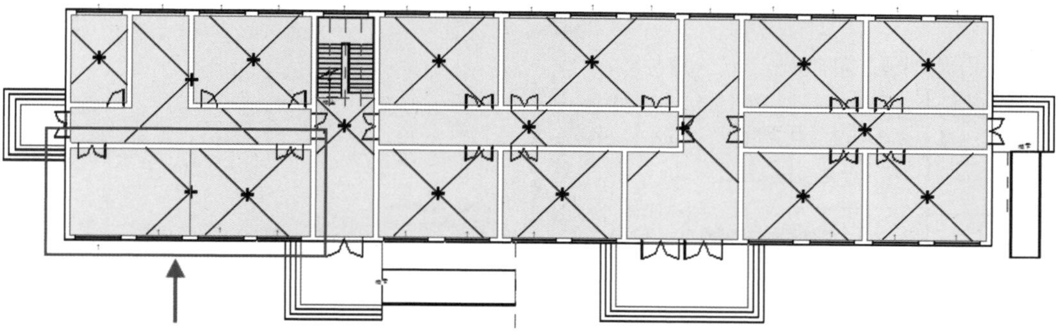

图7-16　创建房间

在“修改|放置 房间分隔”选项卡的“绘制”面板中选择其他绘制方式，可以创建不同样式的房间分隔线。单击“圆形”按钮，在房间内指定圆心位置以及半径大小，可以创建圆形房间分隔线，如图7-17所示。

在“绘制”面板中单击“起点-终点-半径弧”按钮，在房间内依次指定起点、终点，拖曳中间点以定义弧线的位置，创建圆弧房间分隔线，如图7-18所示。

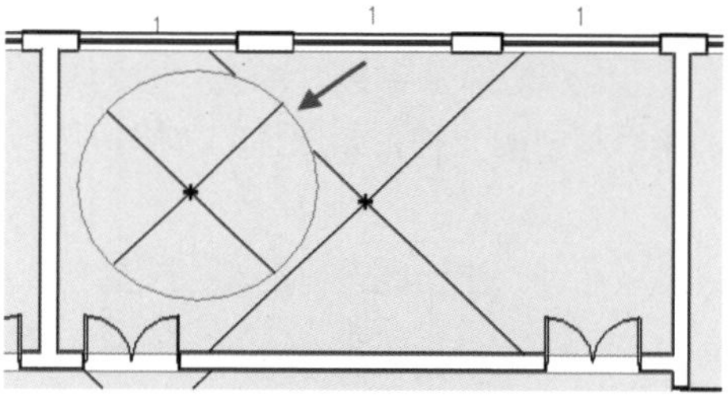

图7-17　圆形分隔线

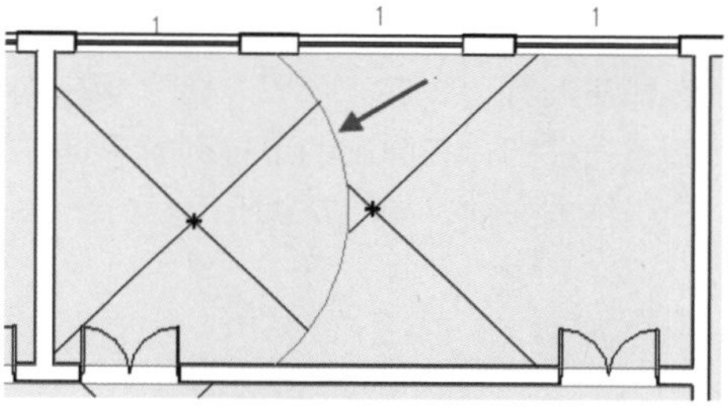

图7-18　圆弧分隔线

7.1.3　标记房间

创建房间后，为了方便识别房间，需要添加房间标记。房间标记包括房间名称以及面积大小，通过识读标记，可以了解房间对象的基本信息。本节介绍标记房间的操作方法。

调用“标记房间”命令

在Revit中调用“标记房间”命令的操作方法介绍如下。

- 命令按钮：选择“建筑”选项卡，在“房间和面积”面板中单击“标记房间”按钮。
- 快捷键：在键盘上按快捷键RT。

执行上述任意一项操作，都可以调用“标记房间”命令。调用命令后，在房间内单击鼠标左键，可以创建房间标记。

标记房间

01 在“房间和面积”面板中单击“标记房间”按钮，在弹出的下拉列表中选择“标记房间”选项，如图7-19所示。

02 此时系统弹出提示框，提示用户项目中未载入房间标记族。单击“是”按钮，弹出【载入族】对话框，选择房间标记族，如图7-20所示。单击“打开”按钮，执行载入标记族操作。

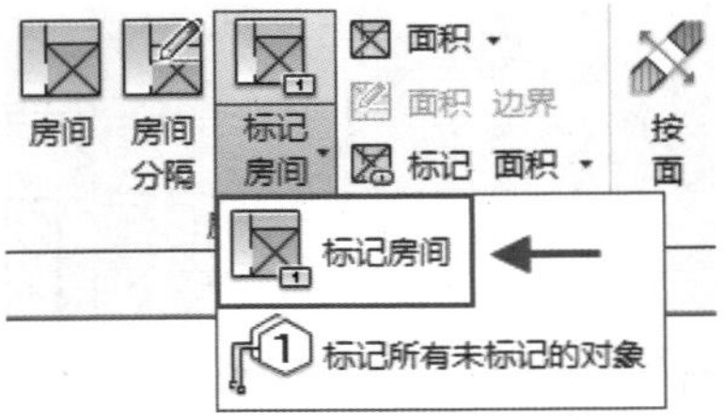

图7-19　选择选项

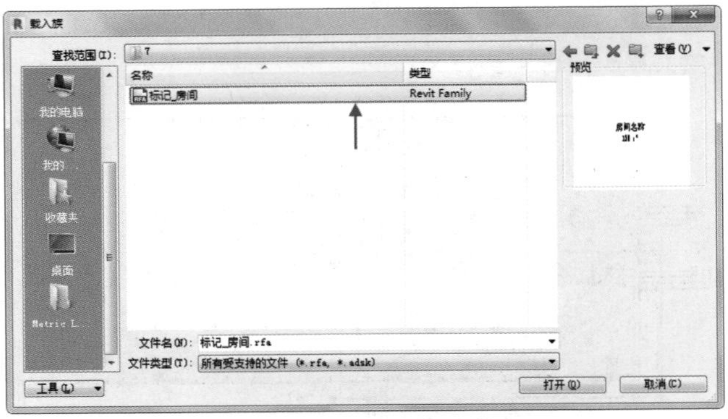

图7-20　选择族文件

> **提示**　在初次执行“房间”命令时也会弹出提示框，提示用户需要载入房间标记。假如是先载入房间标记再执行“放置房间”操作，就可以在“修改|放置”选项卡中单击“在放置时进行标记”按钮，在放置房间的同时创建房间标记。

03 将光标置于房间区域内，预览创建房间标记的效果，如图7-21所示。

04 在区域中单击鼠标左键，结束放置房间标记的操作，效果如图7-22所示。房间标记由房间名称以及面积标注组成，系统统一将房间名称命名为“房间”。

05 选择房间标记，在“属性”选项板中勾选“引线”复选框，为标记添加引线。单击“方向”右侧的倒三角按钮，在弹出的下拉列表中提供了3种引线方向，选择其中的一种，如选择“水平”选项，指定引线的方向，如图7-23所示。

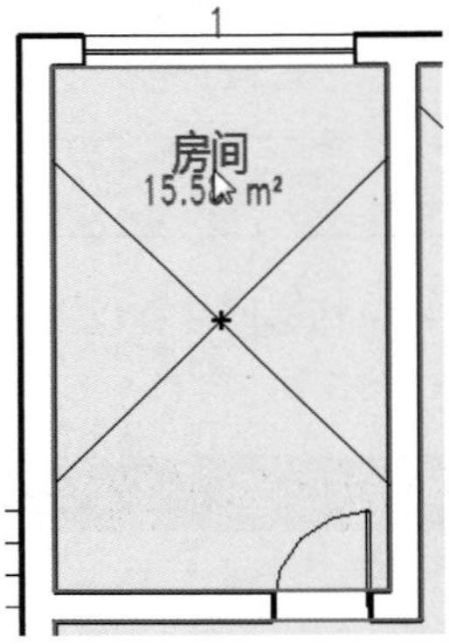

图7-21　拾取房间

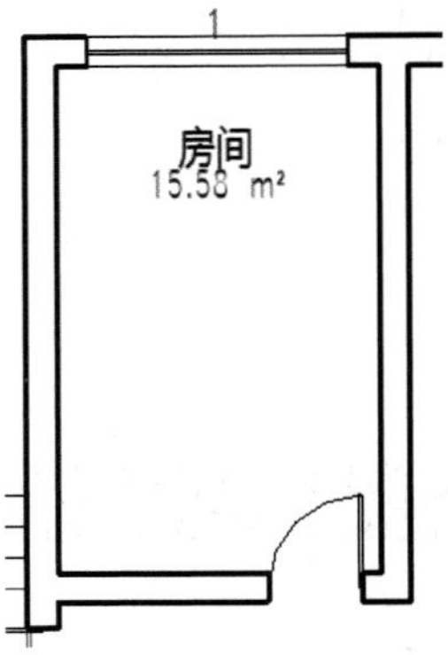

图7-22　放置标记

图7-23　选择选项

06 单击“编辑类型”按钮，弹出【类型属性】对话框，单击“引线箭头”右侧的倒三角按钮，在弹出的下拉列表中提供了多种类型的引线箭头，选择其中的一种，如选择“30度箭头”，如图7-24所示，为引线添加箭头。单击“确定”按钮，关闭对话框。

07 观察已创建的房间标记，发现在标记的下方添加了带箭头的引线，如图7-25所示。

使用如上所述的操作方法，可以逐一为房间对象添加标记。但是，Revit为了用户能够更加方便快捷地完成创建房间标记的操作，提供了一个非常实用的工具，即“标记所有未标记的对象”。

08 在“标记房间”下拉列表中选择“标记所有未标记的对象”选项，弹出【标记所有未标记的对象】对话框，在列表框中勾选“房间标记”复选框，同时勾选“引线”复选框，如图7-26所示。单击“确定”按钮，关闭对话框。

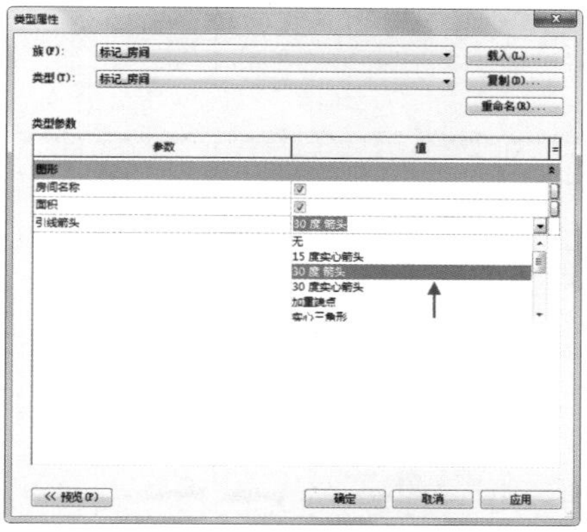

图7-24　选择箭头

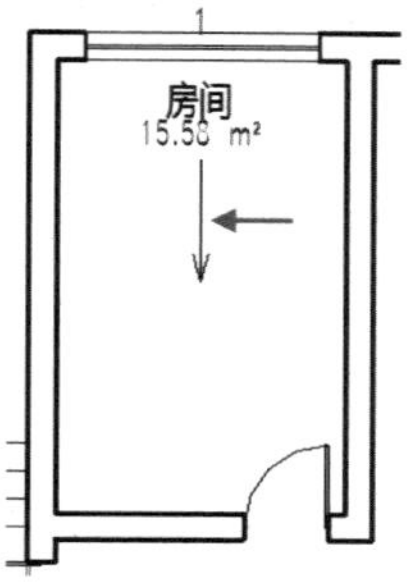

图7-25　添加引线

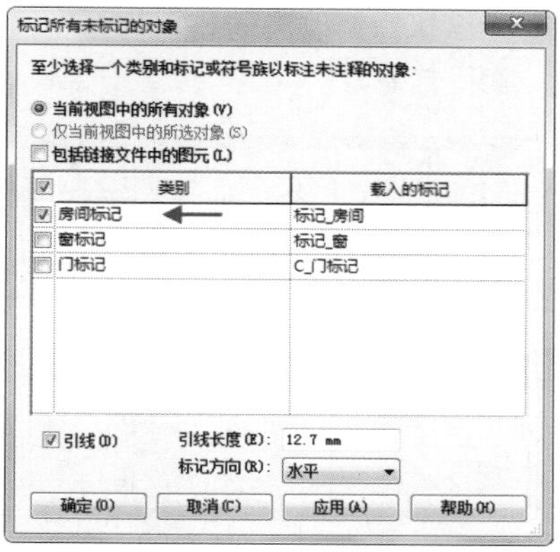

图7-26　选择标记

提示　在【标记所有未标记的对象】对话框中，显示项目中已载入的标记，如“窗标记”和“门标记”。同时选中这两类标记，可以连同房间标记一起被放置到项目中。

09 执行“标记所有未标记的对象”操作的效果如图7-27所示。发现所有未标记的房间已经全部被放置了标记。

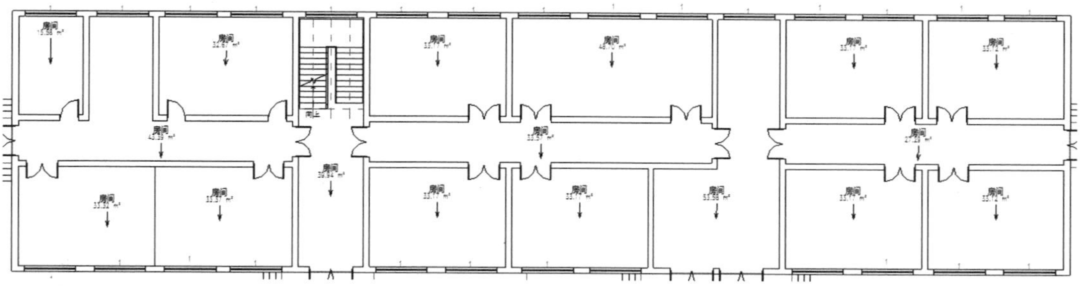

图7-27　放置标记

此时可以看到，所有的房间标记名称都相同，都被命名为“房间”，这为识别房间带来了困难。用户可以修改系统的默认设置，方便识读房间信息。

10 将光标置于房间标记上，单击鼠标左键，进入在位编辑模式。在文本框中输入房间名称，如输入“资料室”，如图7-28所示。

11 按Enter键，退出在位编辑模式，修改房间名称后的效果如图7-29所示。

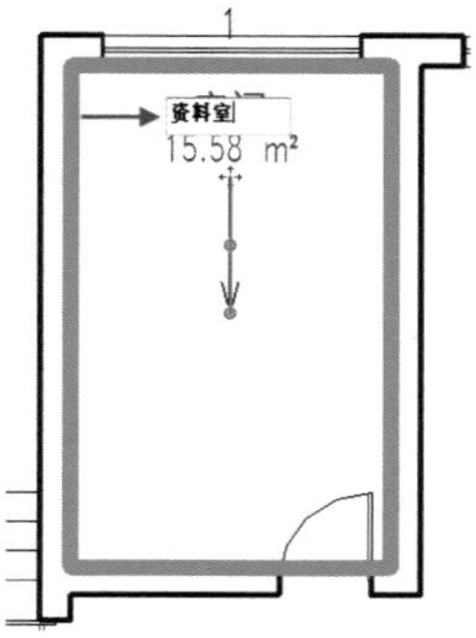

图7-28　输入名称

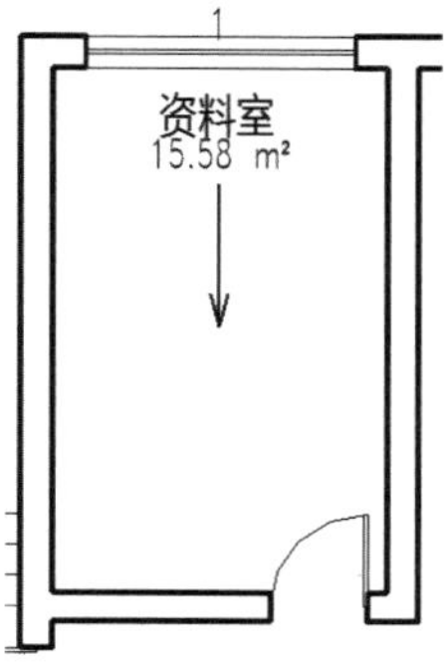

图7-29　显示名称

提示　房间的面积信息由系统统计得到，并不是随意设置的默认值，所以可以被用来标注房间信息，用户不需要再另行修改。

12 继续执行修改房间名称的操作，修改结果如图7-30所示。通过为各个房间设置名称，方便用户识别房间信息。

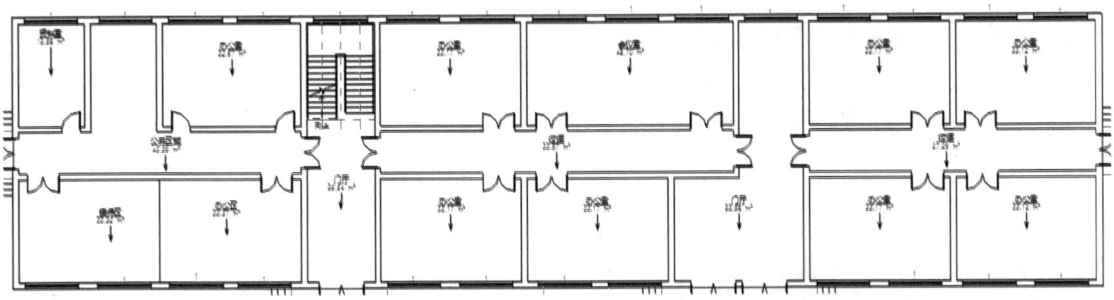

图7-30 修改名称后的效果

7.2 面积分析

在Revit中，使用“面积分析”系列工具可以轻松计算指定范围的面积。通常在面积平面视图中执行计算面积的操作。

7.2.1 绘制面积

创建面积平面视图

在计算面积之前，需要首先创建面积平面视图，再在该视图中执行计算面积的操作。本节介绍创建面积平面视图的操作方法。

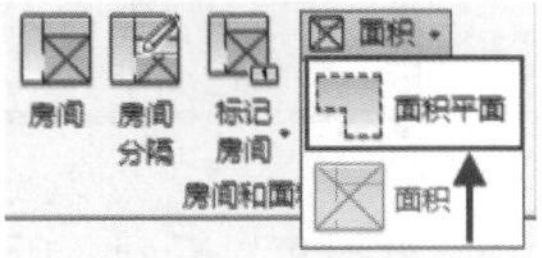

图7-31 选择选项

01 在“房间和面积”面板中单击“面积”按钮，在弹出的下拉列表中选择“面积平面”选项，如图7-31所示。

02 弹出【新建面积平面】对话框，在列表框中选择“标高1”视图，如图7-32所示。单击“确定”按钮，关闭对话框，执行新建面积视图的操作。

03 接着弹出如图7-33所示的Revit提示框，提示用户“是否要自动创建与所有外墙关联的面积边界线？”，单击“是”按钮，确认创建面积边界线。

04 创建面积平面视图完成后，在项目浏览器中新增名称为“面积平面（出租面积）”列表。单击名称前的“+”号，在展开的列表中显示面积平面视图的名称，如图7-34所示。

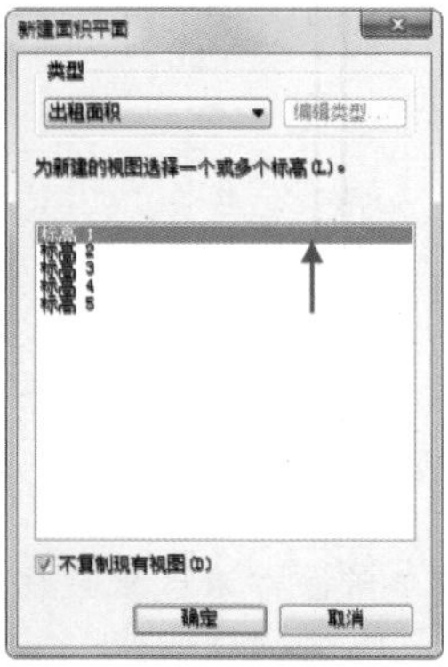

图7-32 选择视图

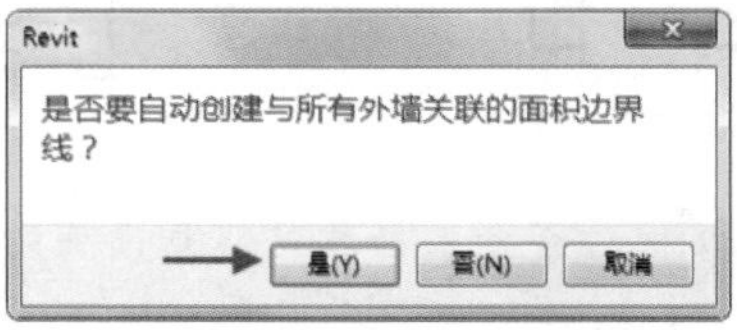

图7-33 Revit提示框

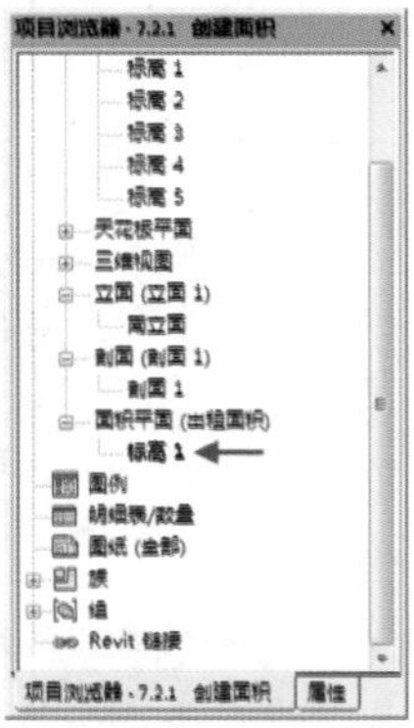

图7-34 显示视图名称

05 系统会在创建完面积平面视图后自动切换到该视图，在视图中显示洋红色的面积边界线，如图7-35所示。系统将以该边界线为限，执行计算面积的操作。

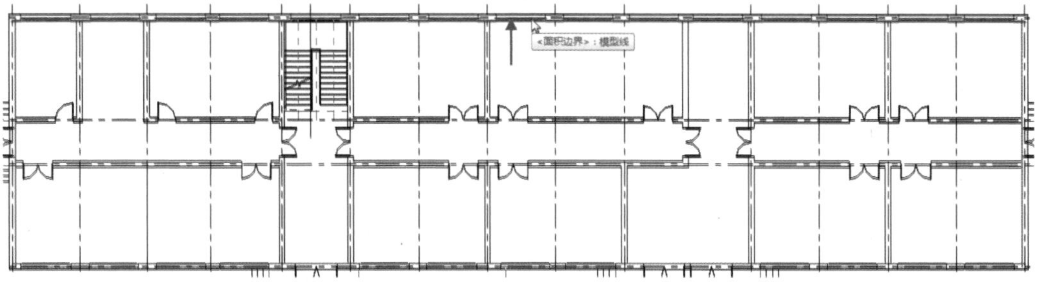

图7-35 面积平面视图

绘制面积

在创建面积平面视图后，“面积”下拉列表中的“面积”选项被激活，可以创建由墙体和边界线定义的面积。本节介绍创建面积的操作方法。

01 在“房间和面积”面板中单击“面积”按钮，在弹出的下拉列表中选择“面积”选项，如图7-36所示。

02 随后系统弹出如图7-37所示的Revit提示框，提示用户“项目中未载入面积标记族。是否要现在载入？”，单击“是”按钮。

03 弹出【载入族】对话框，选择名称为“标记_面积”的族文件，如图7-38所示。单击“打开”按钮，执行载入族的操作。

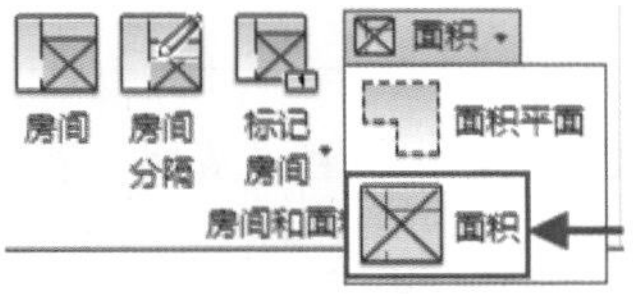

图7-36 选择选项

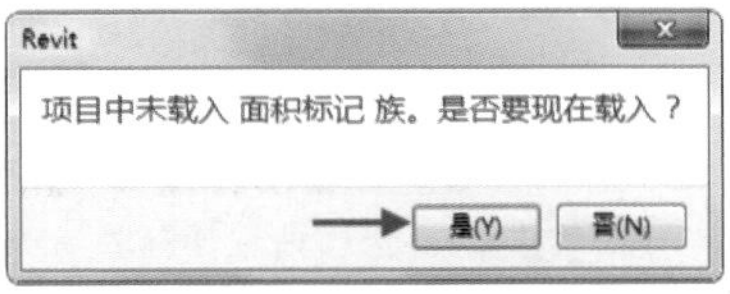

图7-37 Revit提示框

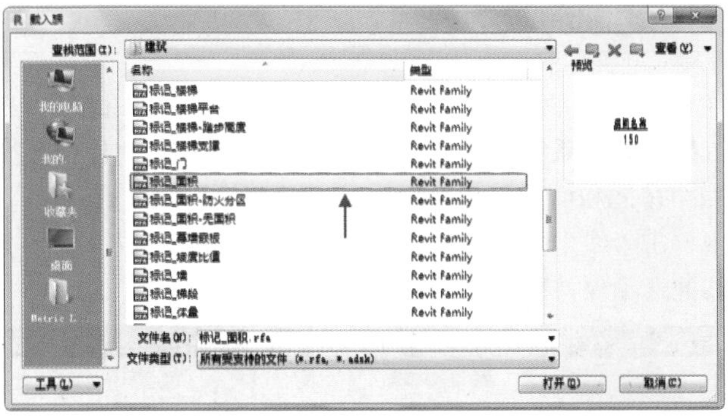

图7-38 选择文件

04 进入“修改|放置 面积”选项卡，单击“在放置时进行标记”按钮，如图7-39所示，其他选项保持默认值。

05 系统计算面积边界线范围内的面积，在范围内移动光标，指定位置以放置面积标记，如图7-40所示。

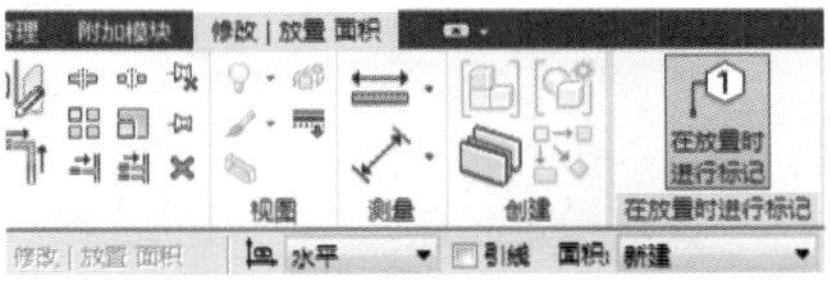

图7-39 单击按钮

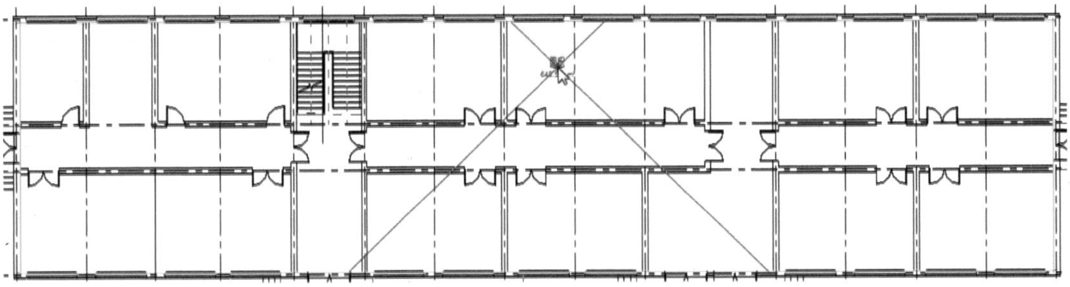

图7-40 指定位置

06 在合适的位置单击鼠标左键，计算面积并放置面积标记，面积界线范围内的区域被浅色的实体图案填充，如图7-41所示。

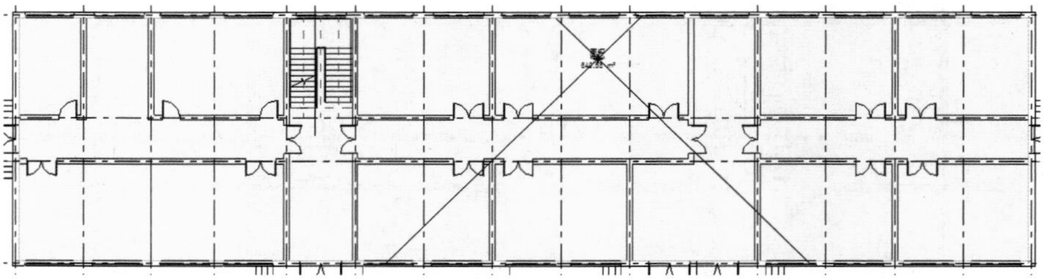

图7-41　放置面积标记并填充图案

07 滑动鼠标滚轮，放大视图，查看计算结果，如图7-42所示。双击“面积”名称，进入在位编辑模式，用户可以自定义名称，修改结果如图7-43所示。

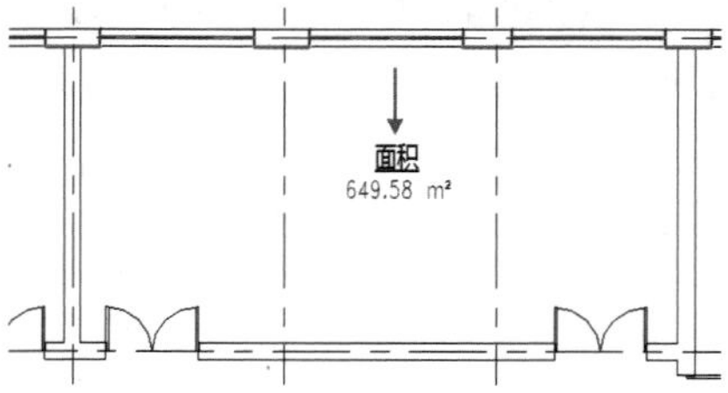

图7-42　查看计算结果

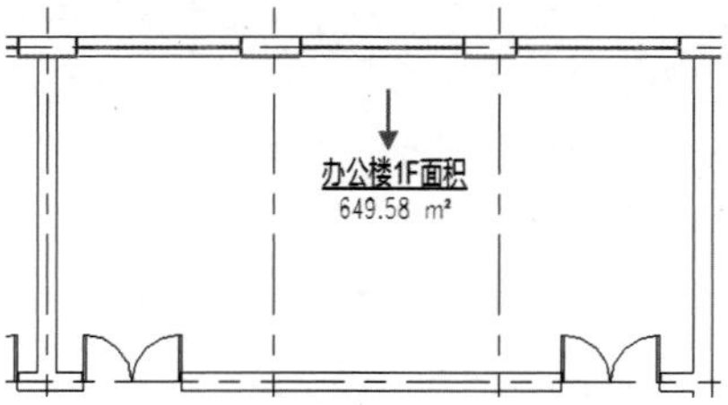

图7-43　修改名称

7.2.2　绘制面积边界线

在创建面积平面视图时，系统会弹出提示框，提示用户是否需要自动创建面积边界线。假如用户单击“否”按钮，系统就仅仅是创建面积平面视图，取消创建面积边界线的操作。

在“房间和面积”面板中单击“面积边界”按钮，进入“修改|放置 面积边界”选项卡，在“绘制”面板中单击“线”按钮，如图7-44所示，选择绘制方式。在选项栏中勾选“应用面积规则”和“链”复选框，其他选项保持默认值。

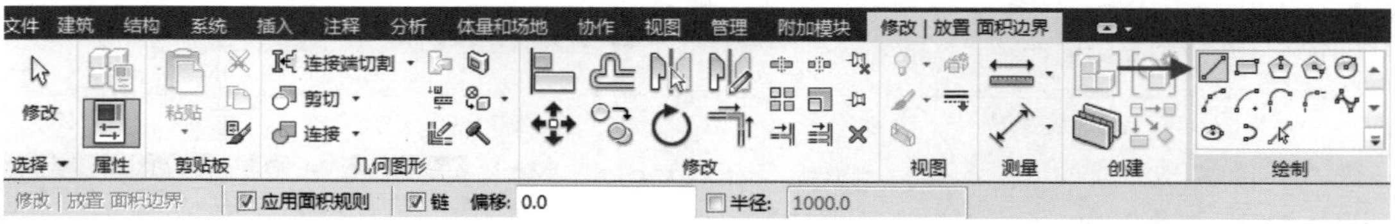

图7-44　设置选项

依次指定起点、下一点以及终点，在指定区域内绘制面积边界线，效果如图7-45所示。绘制完成的面积边界线显示为洋红色，与其他图元相区别。执行“创建面积”操作，计算边界线内的面积大小，操作结果如图7-46所示。

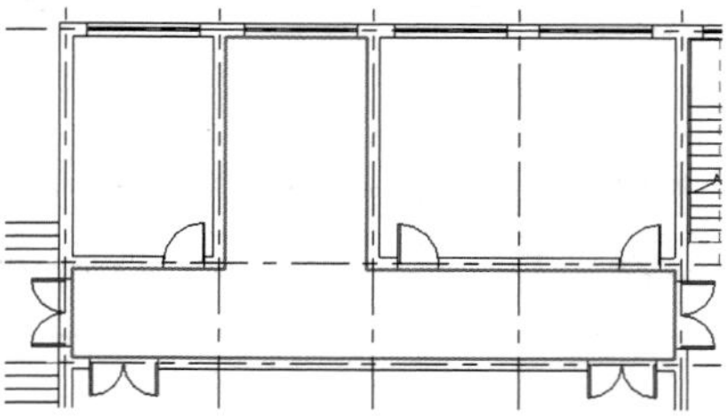

图7-45　绘制边界线

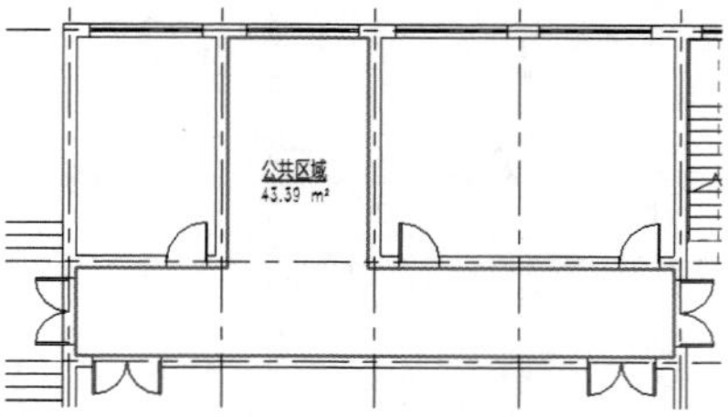

图7-46　创建面积

7.2.3　标记面积

如果已经创建的面积尚未标记，可以启用“标记面积”工具，将标记添加到选定的面积中。

在“房间和面积”面板中单击“标记面积”按钮，在弹出的下拉列表中选择“标记面积”选项，如图7-47所示。进入“修改|放置 面积标记”选项卡，在选项栏中设置面积标记的方向为“水平”，勾选“引线”复选框，如图7-48所示。

将光标置于已创建的面积中，在合适的位置单击鼠标左键，为面积添加标记的效果如图7-49所示。因为在选项栏中勾选了“引线”复选框，所以创建完成的面积标记带引线。

双击标记名称，进入在位编辑状态，输入新的名称，如门厅。按Enter键退出编辑模式，修改结果如图7-50所示。

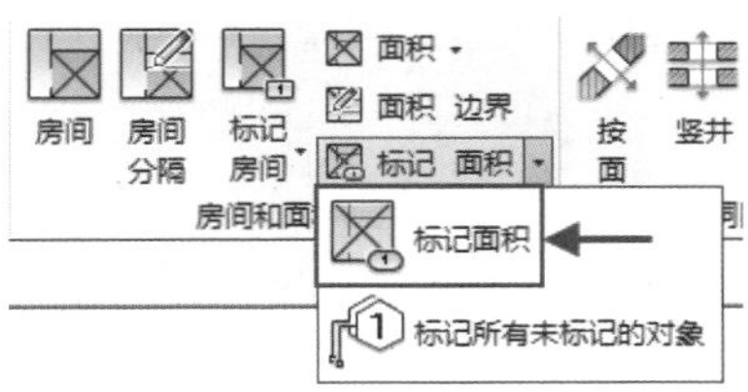

图7-47　选择选项

图7-48　设置选项

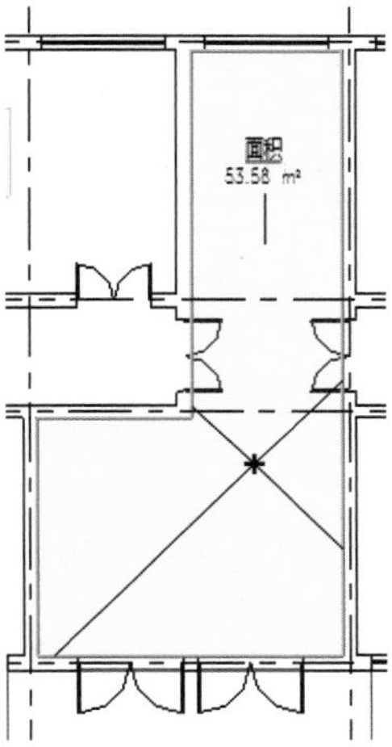

图7-49　添加标记

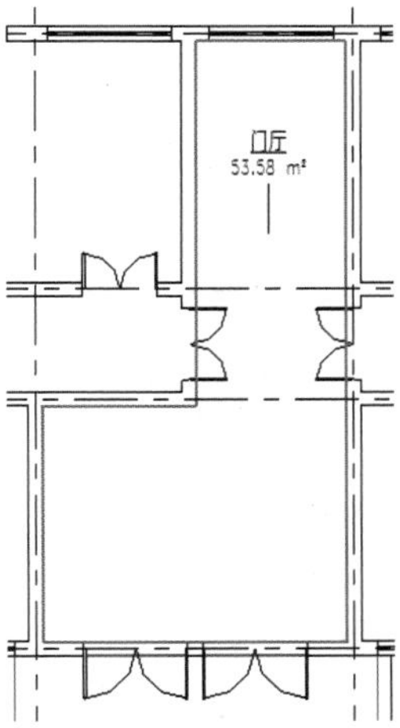

图7-50　修改名称

在“标记面积”下拉列表中选择“标记所有未标记的对象”选项，弹出【标记所有未标记的对象】对话框，在其中选择标记类型，单击“确定”按钮，可以将标记放置到项目中。与“标记房间”下拉列表中的“标记所有未标记的对象”选项功能相同。

7.3　创建颜色方案

用户通过设置颜色方案参数，可以为房间或者面积创建填充图案。填充图案的颜色以及填充样式可以使用系统默认值，也可以自定义参数，制作个性化的颜色填充方案。本节介绍创建颜色方案的操作方法。

01 单击“房间和面积”面板名称右侧的倒三角按钮，在弹出的下拉列表中选择“颜色方案”选项，如图7-51所示。

02 弹出【编辑颜色方案】对话框，单击“类别”下方的倒三角按钮，在弹出的下拉列表中选择“房间”选项，如图7-52所示，设置颜色方案的类别。

03 单击“颜色”下方的倒三角按钮，在弹出的下拉列表中选择“名称”选项，稍后弹出【不保留颜色】对话框，提示用户“修改着色参数时，不保留颜色”，如图7-53所示。单击“确定”按钮，关闭对话框。

04 系统按照所设定的参数创建填充方案，如图7-54所示。“颜色”由系统自定义，为各区域统一设置名称为“实体填充”的图案样式。在“预览”单元格中可以查看图案的填充效果。

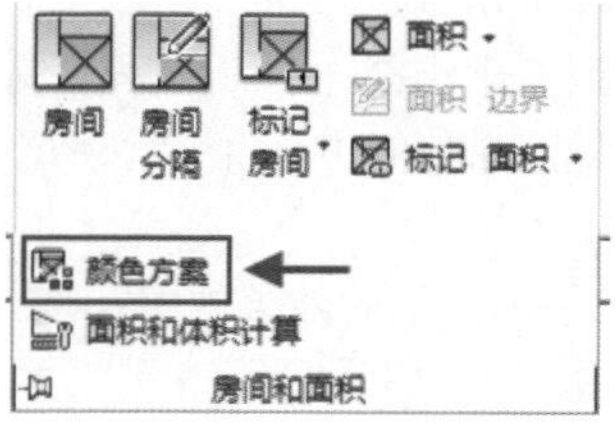

图7-51 选择选项

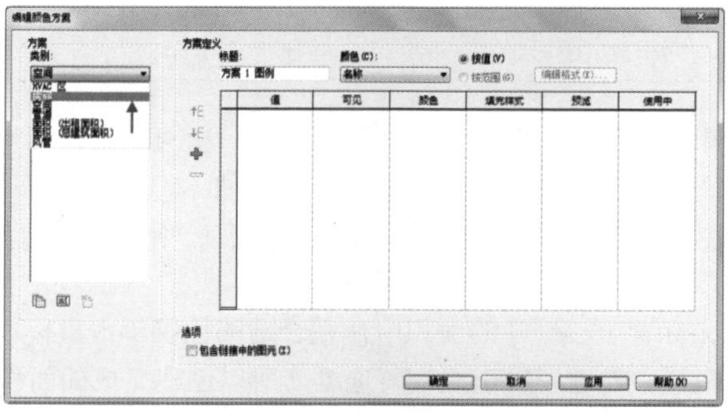

图7-52 选择类别

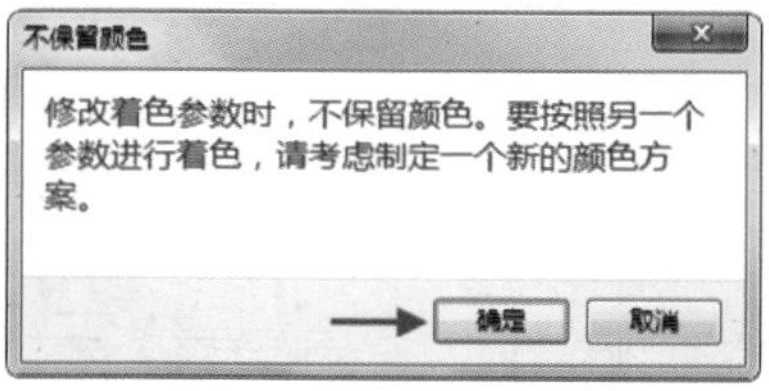

图7-53 提示框

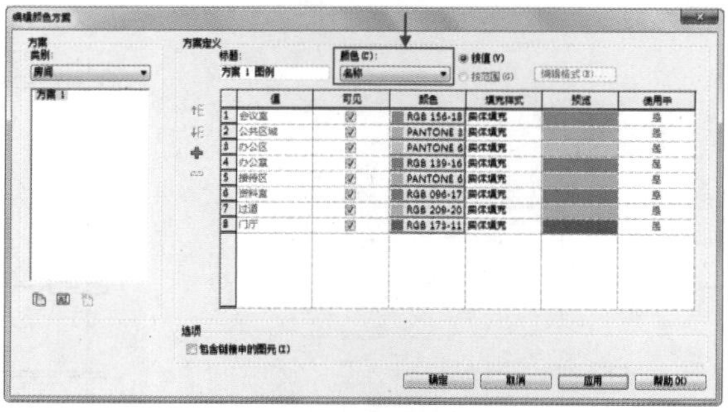

图7-54 创建颜色方案

提示

取消勾选“可见”复选框，填充图案在视图中不可见。

05 选择“注释”选项卡，在“颜色填充”面板中单击“颜色填充图例”按钮，如图7-55所示。

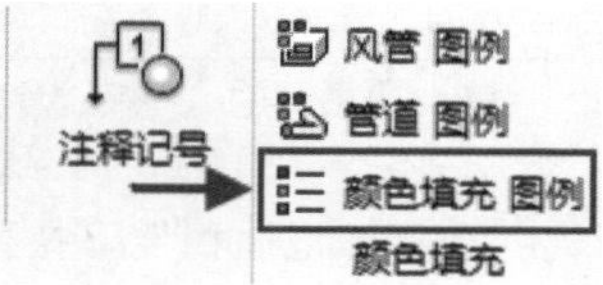

图7-55 单击按钮

06 在“属性”选项板中显示当前的颜色填充类型为“颜色填充图例1”，如图7-56所示。单击“编辑类型”按钮，弹出【类型属性】对话框。

07 在“显示的值”选项中选择“按视图”选项，设置“背景”为“不透明”，勾选“显示标题”右侧的复选框，依次设置“文字”和“标题文字”选项组中的“字体”为“宋体”，如图7-57所示，其他选项值保持默认。单击“确定”按钮，关闭对话框。

08 在视图的合适区域单击鼠标左键，弹出【选择空间类型和颜色方案】对话框，在“空间类型”的下拉列表中选择“房间”选项，如图7-58所示。单击“确定”按钮，关闭对话框。

图7-56 “属性”选项板

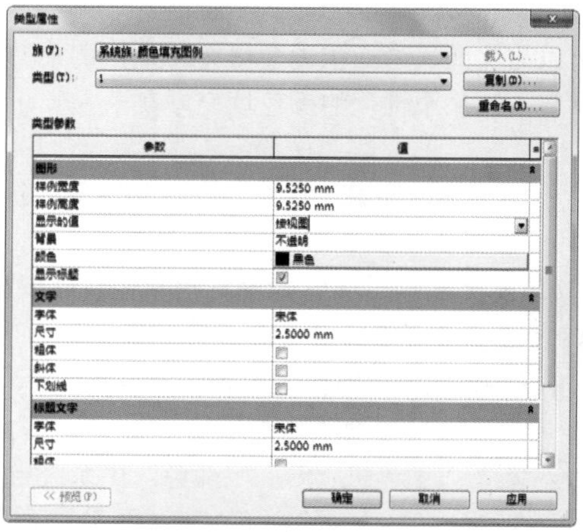

图7-57 设置选项

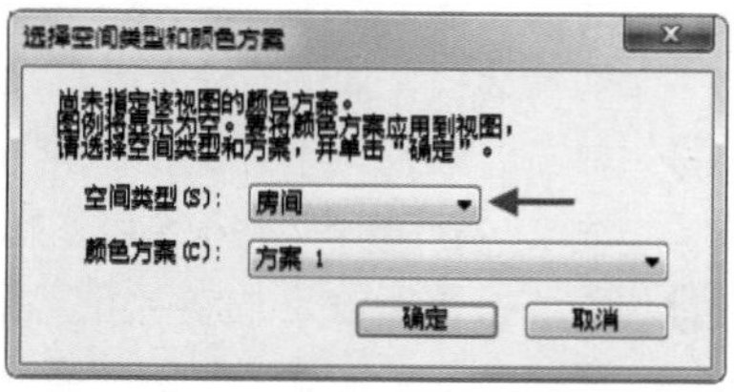

图7-58 选择“空间类型”

09 为房间创建填充图例的效果如图7-59所示。

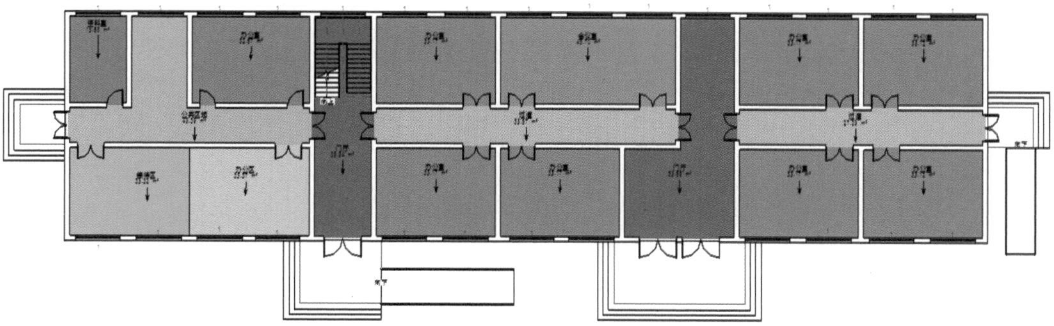

图7-59　填充效果

10 滑动鼠标滚轮，放大视图，观察填充图案标题的显示效果，如图7-60所示。系统将标题命名为“方案1图例”，在填充图案的右侧显示房间名称。

以上为使用系统定义的填充方案为房间创建填充图例的方法。用户可以在【编辑颜色方案】对话框中自定义图案颜色以及图案样式，使得颜色方案呈现不一样的效果。

11 在【编辑颜色方案】对话框中单击表行中的“颜色”按钮，弹出如图7-61所示的【颜色】对话框。在该对话框中选择颜色，或者设置颜色参数，单击“确定”按钮，关闭对话框，可以更改填充图案的颜色。

图7-60　图案标题

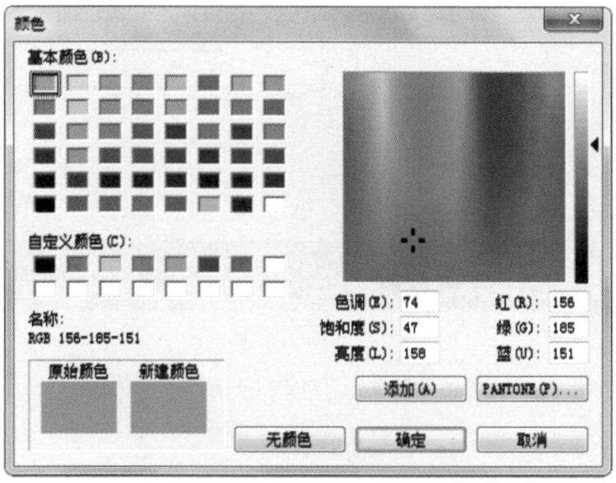

图7-61　【颜色】对话框

12 在“填充样式”的下拉列表中显示各种图案样式，如交叉线、土壤以及垂直等，如图7-62所示。选择其中的一种，可以更改填充样式。

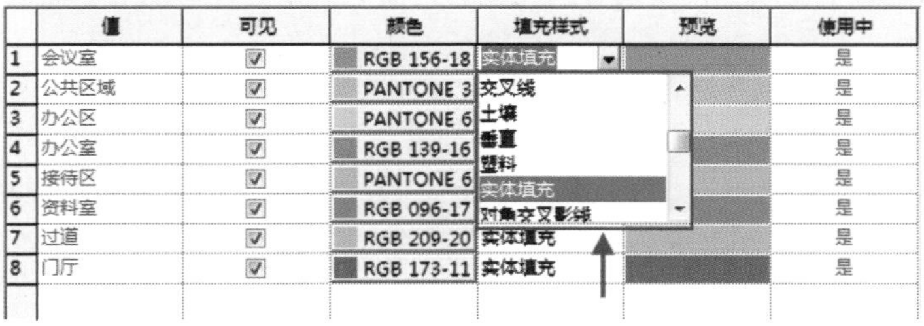

	值	可见	颜色	填充样式	预览	使用中
1	会议室	☑	RGB 156-18	实体填充		是
2	公共区域	☑	PANTONE 3	交叉线		是
3	办公区	☑	PANTONE 6	土壤		是
4	办公室	☑	RGB 139-16	垂直		是
5	接待区	☑	PANTONE 6	塑料		是
6	资料室	☑	RGB 096-17	实体填充		是
7	过道	☑	RGB 209-20	对角交叉影线 实体填充		是
8	门厅	☑	RGB 173-11	实体填充		是

图7-62　“填充样式”下拉列表

13 修改填充颜色以及填充样式的效果如图7-63所示。在“预览”选项中可以观察颜色以及图案样式的修改结果。单击“确定”按钮，系统更新显示填充图例。

14 观察填充图案标题的显示效果，发现颜色方案的参数被修改后，图案标题也被更新显示，效果如图7-64所示。

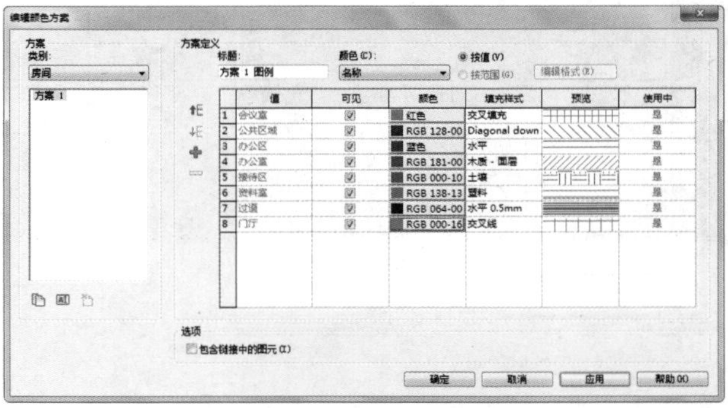

图7-63 修改参数

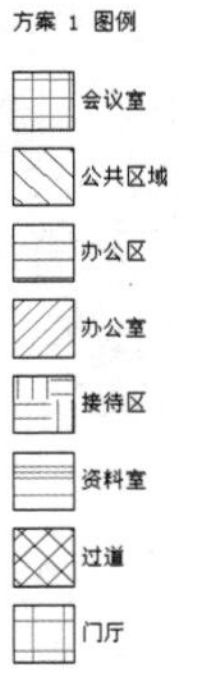

图7-64 图案标题

15 房间内的填充图案也随之被更改，显示效果如图7-65所示。用户发现填充效果不满意，还可以返回到【编辑颜色方案】对话框中修改，直至满意为止。

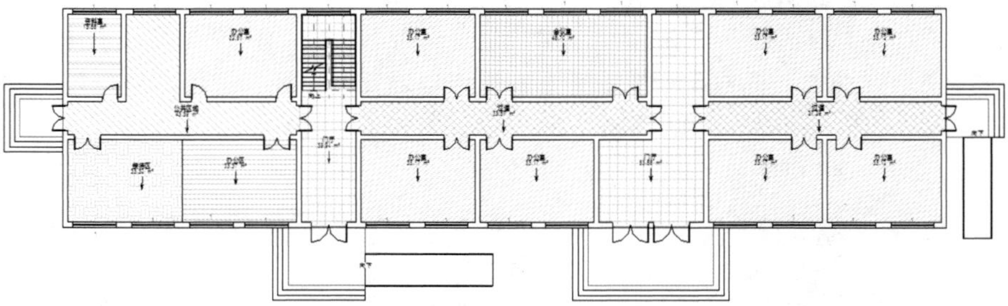

图7-65 更新显示填充图案

7.4 创建洞口

在Revit中可以创建各种样式的洞口，如面洞口、竖井洞口以及墙洞口等。启用工具，可以创建指定类型的洞口。

7.4.1 创建面洞口

当需要创建一个垂直于屋顶、楼板或者天花板选定面的洞口时，可以启用面洞口命令。本节介绍创建面洞口的操作方法。

01 选择“建筑”选项卡，单击“洞口”面板中的“按面”按钮，如图7-66所示。

02 鼠标单击拾取屋顶，接着在选项卡的“绘制”面板中单击“起点-终点-半径弧”按钮，如图7-67所示，指定绘制洞口轮廓线的方式。在选项栏中勾选“链”复选框，其他选项保持默认值。

03 在屋顶上单击鼠标左键，依次指定起点、终点，向右移动鼠标，指定中间点，定义圆弧的半径大小，如图7-68所示，绘制弧形轮廓线。

04 在“绘制”面板上单击“线”按钮，转换绘制方式。以圆弧的终点为起点，移动鼠标，单击鼠标左键指定各点来绘制直线轮廓，如图7-69所示。

05 在“绘制”面板中单击“起点-终点-半径弧”按钮，指定起点、终点以及中间点，绘制圆弧线段，闭合面洞口轮廓线，如图7-70所示。

06 单击“完成编辑模式”按钮，退出命令，在屋顶上创建面洞口的效果如图7-71所示。

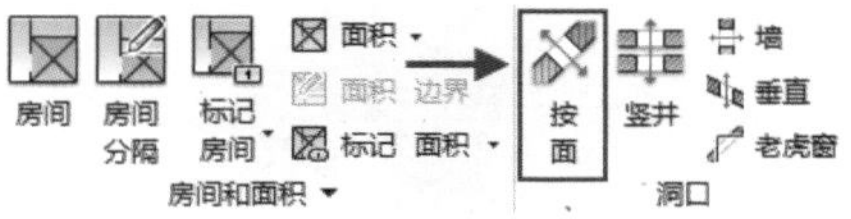

图7-66　单击按钮

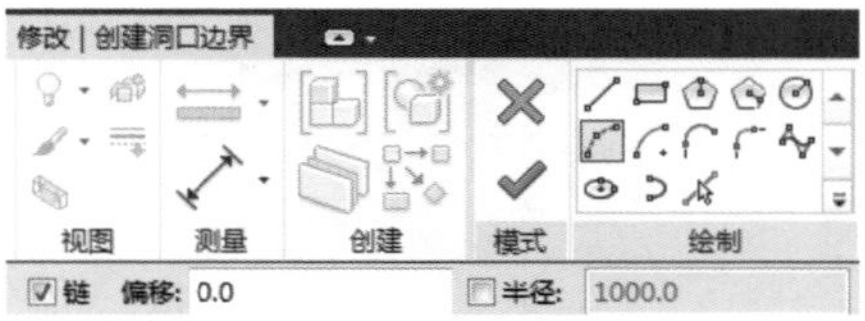

图7-67　选择绘制方式

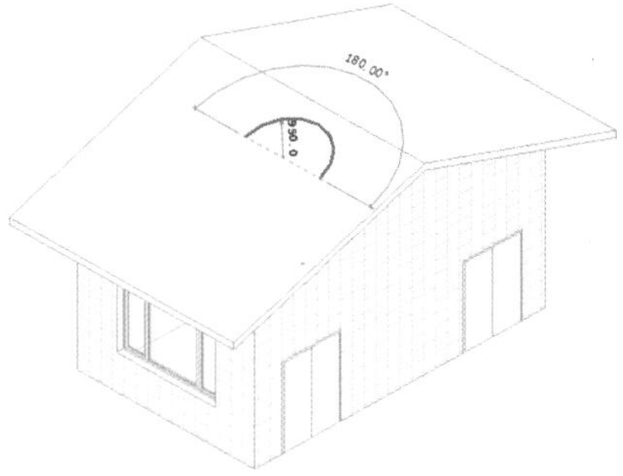
图7-68　绘制圆弧

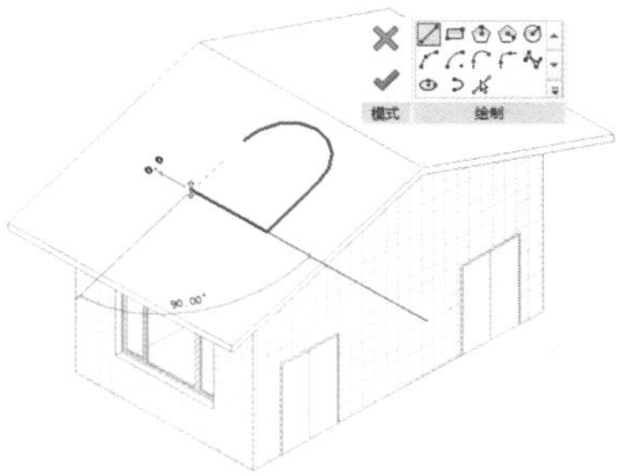
图7-69　绘制直线

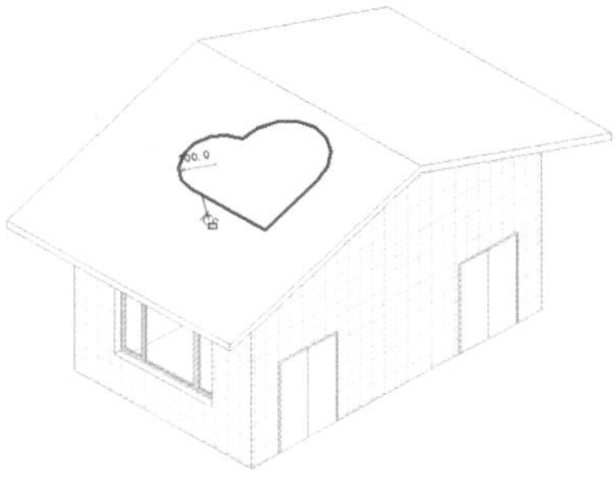
图7-70　闭合轮廓线

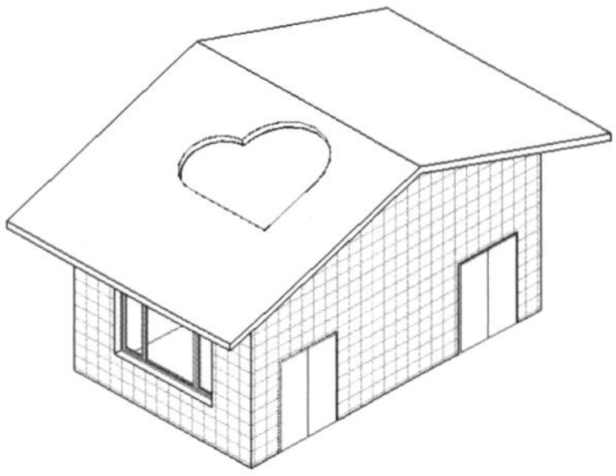
图7-71　创建面洞口

> **提示**　用户可以自由选用“绘制”面板中的绘制工具，在屋顶、楼板以及天花上创建各种样式的面洞口。

7.4.2　创建竖井洞口

启用竖井洞口命令，能够创建跨多个标高的垂直洞口，可以贯穿其间的屋顶、楼板以及天花板进行剪切。本节介绍创建竖井洞口及绘制符号线的操作方法。

01 在“洞口”面板中单击“竖井”按钮，如图7-72所示，开始执行创建竖井的操作。

02 在选项卡的“绘制”面板中单击“边界线”按钮，选择“矩形”绘制方式，如图7-73所示。

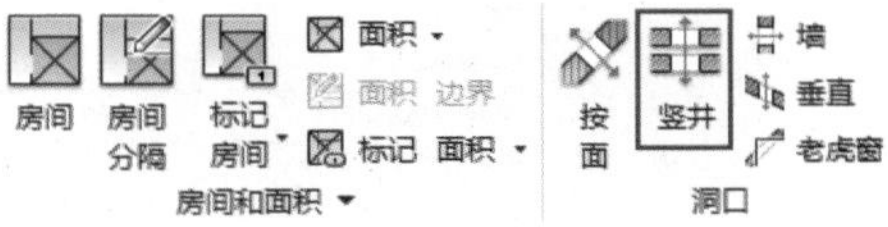

图7-72　单击按钮

> **提示**　当选择“矩形”绘制方式后，选项栏中的“链”选项显示为不可编辑。因为矩形是由相互连接的4条边组成。

03 在楼板上单击指定矩形的对角点，绘制洞口轮廓线，效果如图7-74所示。

04 在“属性”选项板中设置“底部约束”为“标高1”，设置“顶部约束”为“直到标高：标高5”，如图7-75所示。表示跨标高1至标高5创建竖井洞口。

> **提示**　“底部偏移”选项值设置为-450.0，表示在“标高1”的基础上向下移动450mm；“顶部偏移”设置为500.0，表示在“标高5”的基础上向上偏移500mm。

图7-73　选择绘制方式

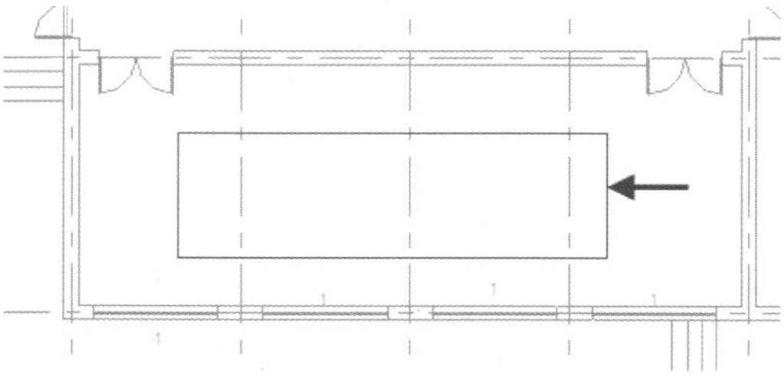
图7-74　绘制轮廓线

图7-75　设置选项

05 单击“完成编辑模式”按钮，退出命令。绘制竖井洞口的结果如图7-76所示。

06 切换至三维视图，选择外墙体，右击，在弹出的快捷菜单中选择“在视图中隐藏”|“图元”命令，如图7-77所示。隐藏外墙体，方便观察竖井洞口的三维样式。

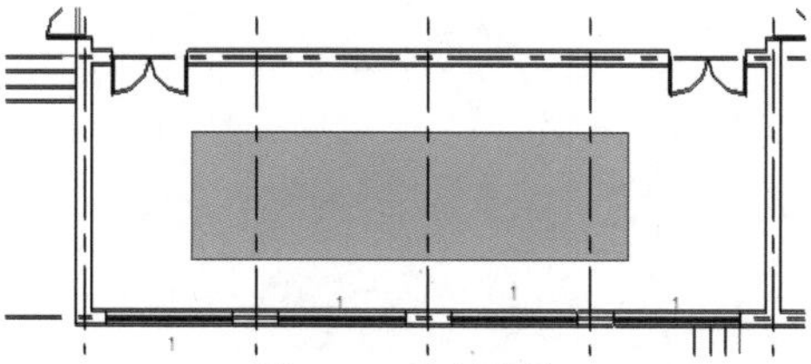
图7-76　绘制结果

提示 *在平面视图中绘制竖井洞口的轮廓线，但是需要到三维视图观察创建效果。假如有图元遮挡，需要隐藏遮挡竖井洞口的图元，方便观察操作结果。*

07 将光标置于竖井洞口上，高亮显示长方体边界线，这是竖井洞口的边界线，如图7-78所示。

在项目中创建了竖井洞口后，为了方便识别洞口的轮廓线，需要添加标注。Revit提供了注明竖井洞口属性的标注方法，即绘制符号线。通过在洞口轮廓线内绘制符号线，可以明确表示该区域为洞口区域。

08 切换至平面视图，选择洞口轮廓线，单击选项卡中的“编辑草图”按钮，如图7-79所示。

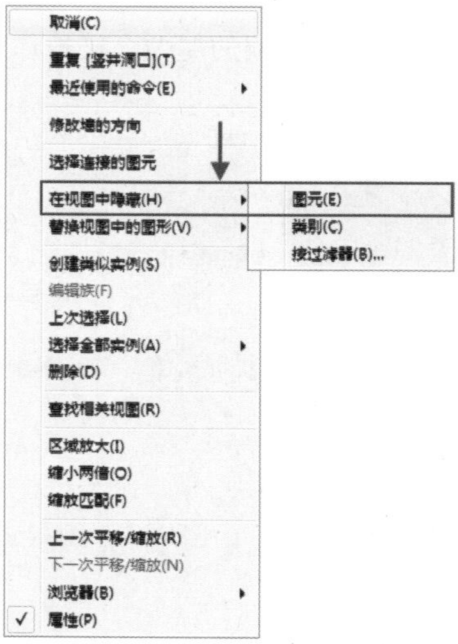

图7-77　选择选项

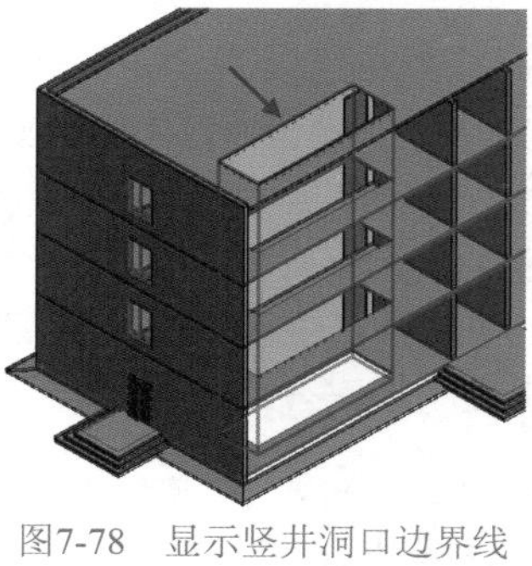
图7-78　显示竖井洞口边界线

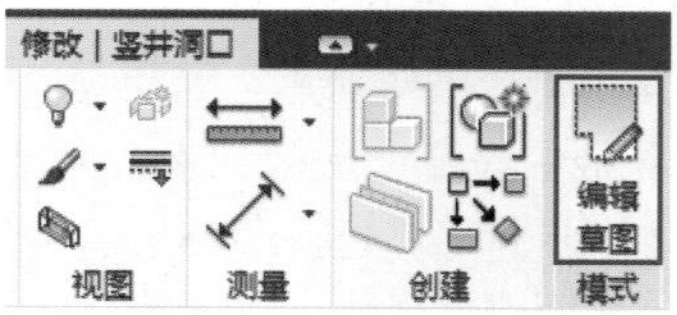

图7-79　单击按钮

09 在选项卡的“绘制”面板中单击“符号线”按钮，选择“直线”绘制方式。在选项栏中勾选“链”复选框，如图7-80所示，其他选项保持默认值。

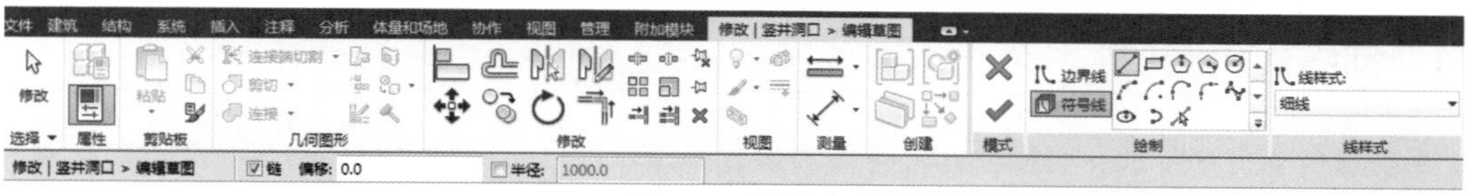

图7-80　设置选项

10 在洞口轮廓线内指定各点绘制符号线，绘制结果如图7-81所示。

11 单击“完成编辑模式”按钮，退出命令。绘制符号线的效果如图7-82所示。为了方便与洞口轮廓线相区别，符号线默认显示为蓝色的细实线。

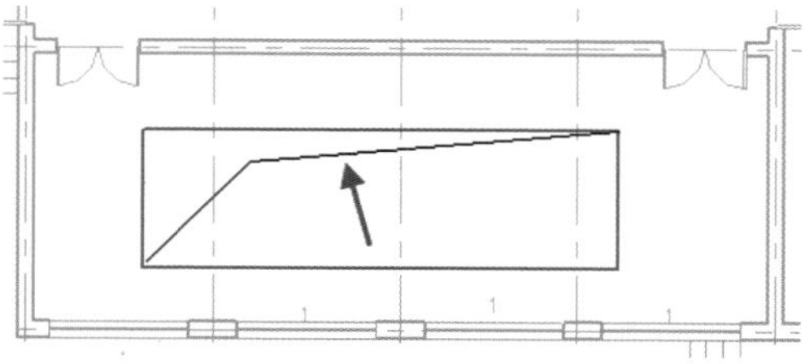

图7-81　绘制符号线

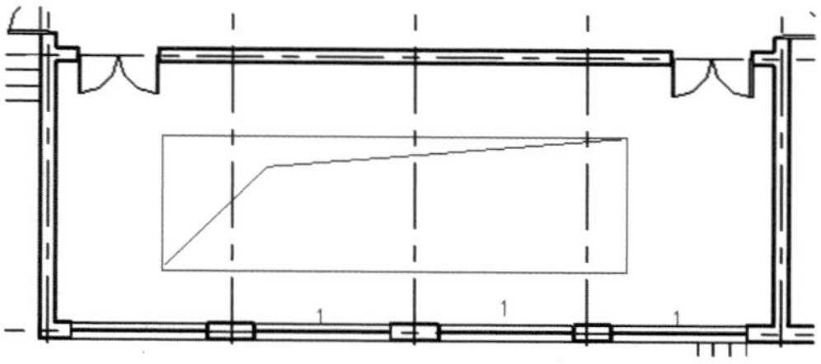

图7-82　绘制效果

7.4.3 创建墙洞口

假如想要在墙体上创建矩形洞口，启用墙洞口命令可以实现。本节介绍创建墙洞口的操作方法。

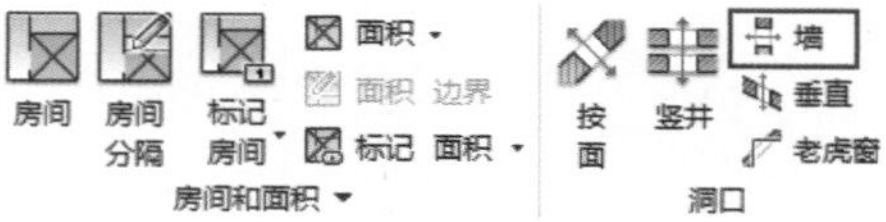

图7-83　单击按钮

01 在“洞口”面板上单击“墙”按钮，如图7-83所示，开始执行创建墙洞口的操作。

02 将光标置于墙体上，高亮显示墙体边界线，如图7-84所示。单击鼠标左键拾取墙体。

03 在墙体上指定对角点，绘制矩形洞口的轮廓线，如图7-85所示。

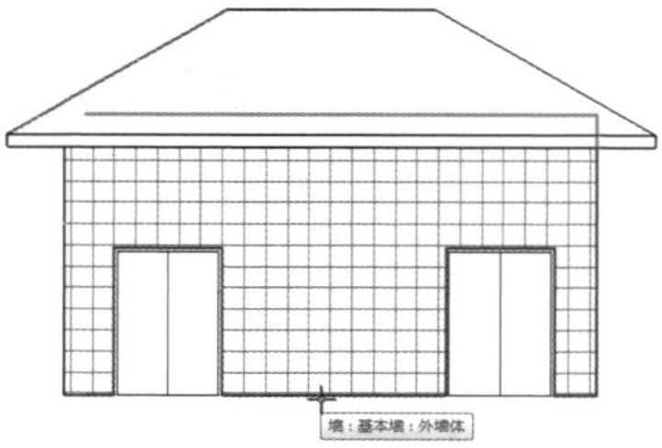

图7-84　选择墙体

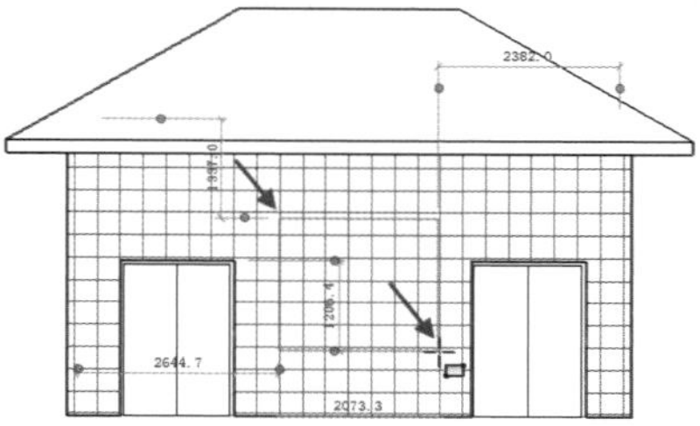

图7-85　指定对角点

04 选中绘制完毕的墙洞口，显示临时尺寸标注，如图7-86所示。修改尺寸标注参数，可以调整墙洞口的位置。

05 切换至三维视图，观察墙洞口的三维效果，如图7-87所示。

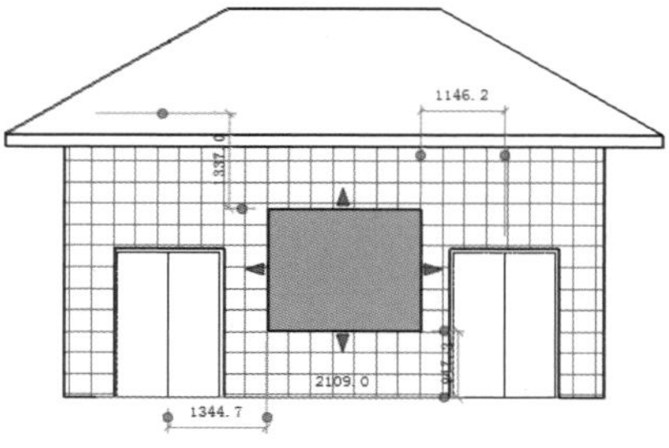

图7-86　墙洞口

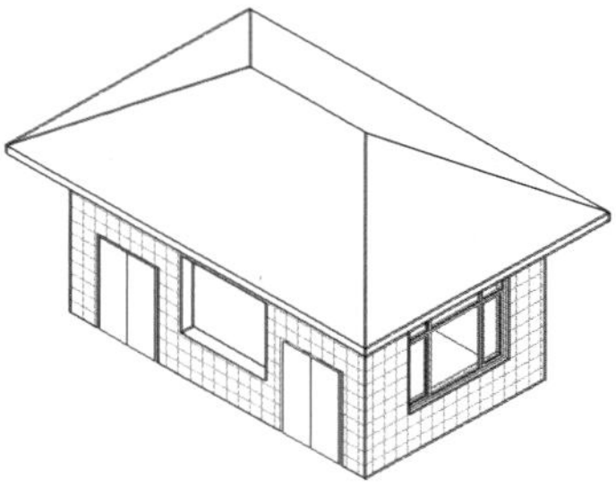

图7-87　墙洞口三维效果

7.4.4 创建垂直洞口

想要创建一个贯穿屋顶、楼板或者天花板的垂直洞口，可以启用垂直洞口命令。面洞口指垂直于选定面的洞口，与垂直洞口不同。本节介绍创建垂直洞口的操作方法。

Revit 2018应用程序默认在项目模板中创建了天花板平面视图。想要在天花板上创建垂直洞口，可以切换至天花板平面视图。在平面视图中拾取天花板，执行创建洞口的操作。

01 在项目浏览器中单击展开“天花板平面”列表，选择“标高1”视图名称，如图7-88所示。双击鼠标左键，切换至该视图。

02 在“洞口”面板上单击“垂直”按钮，如图7-89所示，开始执行创建垂直洞口的操作。

> **提示** 切换至三维视图，可以直接在三维样式的天花板上执行创建洞口的操作。但是，在平面视图中可以更加准确地确定洞口的轮廓。

03 将光标置于天花板之上，高亮显示天花板边界线，如图7-90所示。单击鼠标左键拾取天花板。

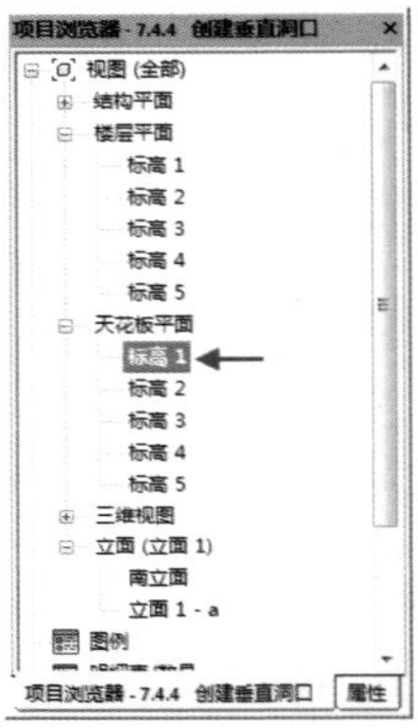

图7-88 选择视图

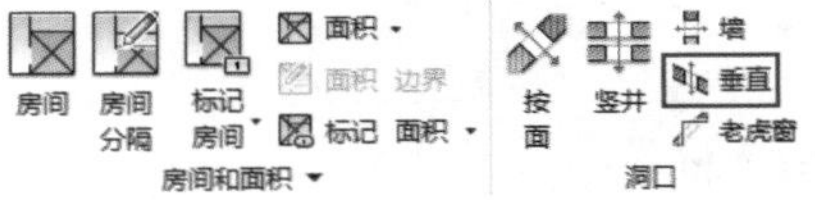

图7-89 单击按钮

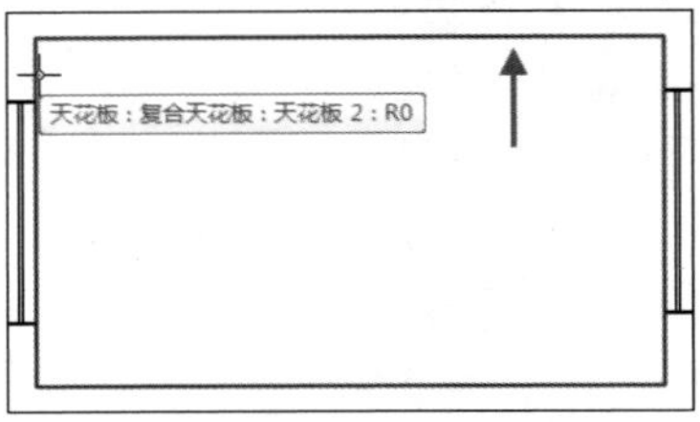

图7-90 选择天花板

04 在选项卡的“绘制”面板中单击“半椭圆”按钮，如图7-91所示，开始绘制洞口轮廓线。

> **提示** 选择“半椭圆”绘制方式，可以创建半个椭圆轮廓线。

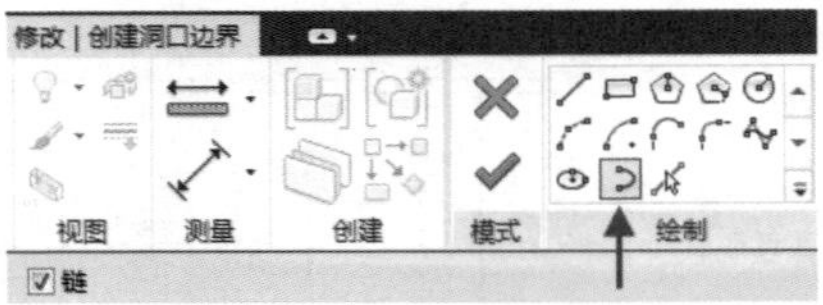

图7-91 选择绘制方式

05 单击指定起点，向下移动鼠标，在临时尺寸标注显示为1800时，单击左键指定端点，如图7-92所示。

06 向左移动鼠标，指定椭圆的半径，在临时尺寸标注显示为900时，如图7-93所示，单击鼠标左键，指定半径。

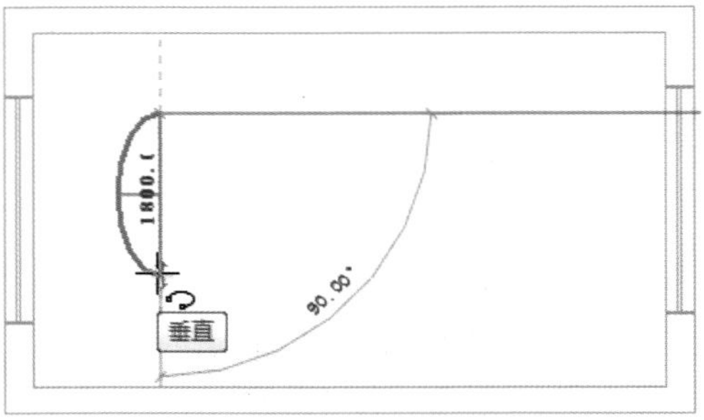

图7-92 指定端点

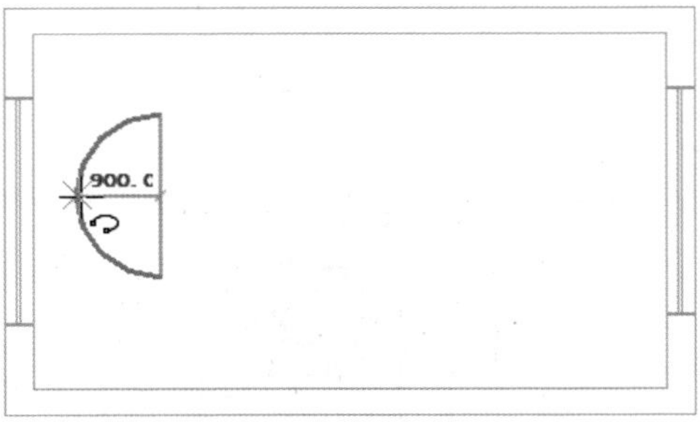

图7-93 指定半径

07 向右移动鼠标，在临时尺寸标注显示为3200时，如图7-94所示，单击鼠标左键，指定端点。

08 向下移动鼠标，在临时尺寸标注显示为500时，如图7-95所示，单击鼠标左键，指定半径大小。

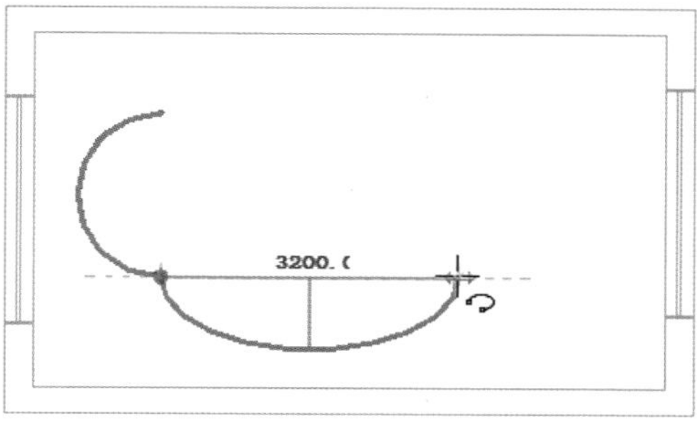

图7-94　指定端点

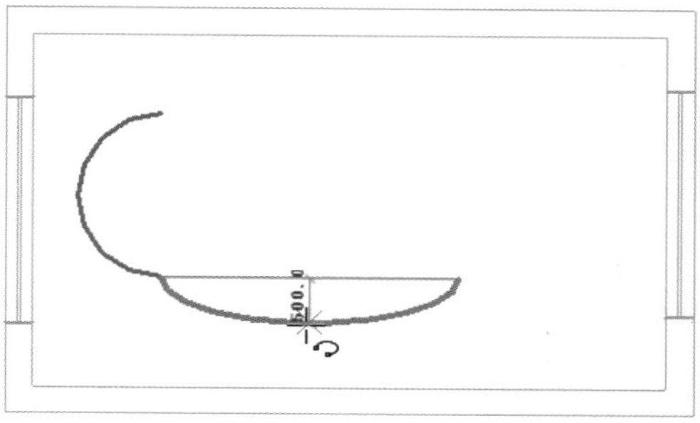
图7-95　指定半径

09 向上移动鼠标，在临时尺寸标注显示为1800时，如图7-96所示，单击鼠标左键，指定端点。

10 向右移动鼠标，在临时尺寸标注显示为900时，如图7-97所示，单击鼠标左键，指定半径大小。

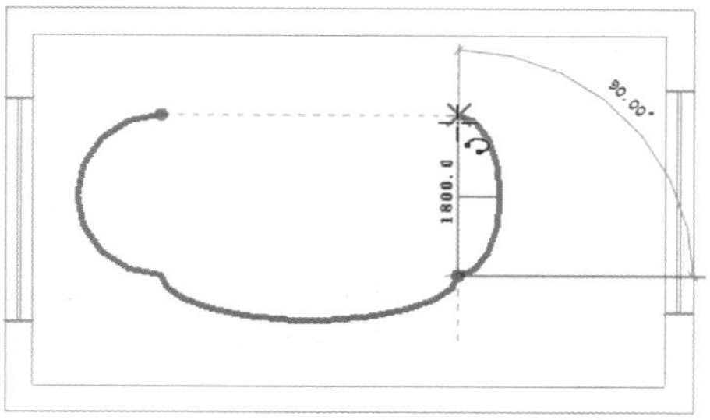

图7-96　指定端点

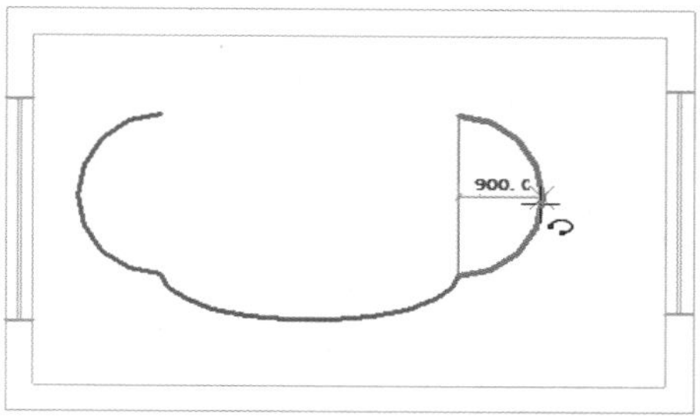

图7-97　指定半径

11 向左移动鼠标，在临时尺寸标注显示为3200时，如图7-98所示，单击鼠标左键，闭合轮廓线。

12 向上移动鼠标，在临时尺寸标注显示为500时，如图7-99所示，单击鼠标左键，指定半径大小。

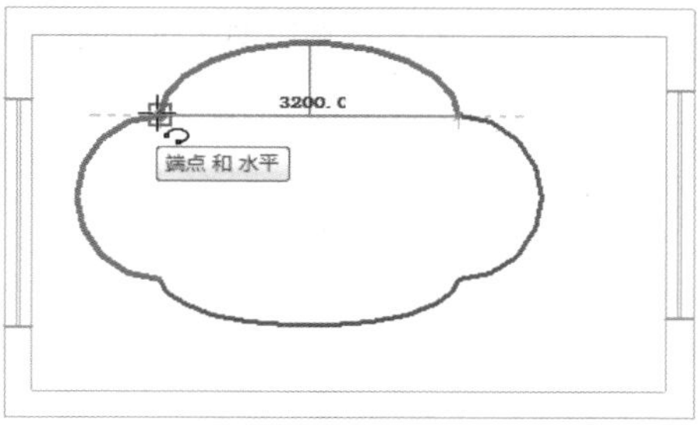

图7-98　指定端点

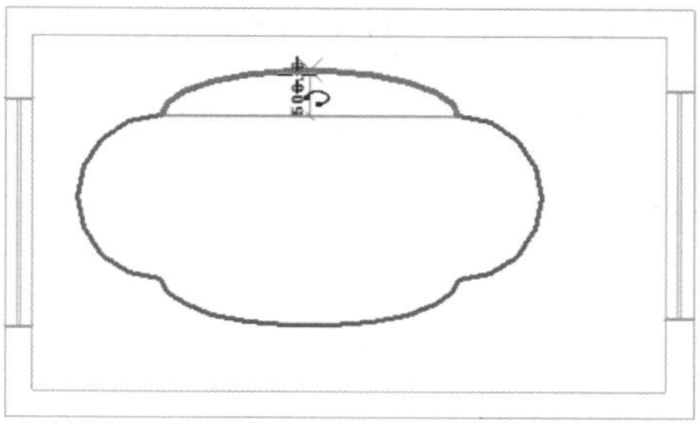
图7-99　指定半径

13 按Esc键结束绘制，洞口轮廓线的绘制效果如图7-100所示。

14 单击“完成编辑模式”按钮，退出命令。切换至三维视图，观察垂直洞口的三维效果，如图7-101所示。

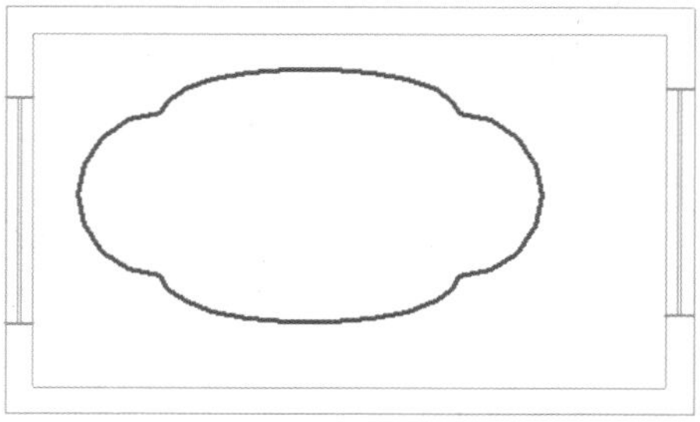
图7-100　绘制洞口轮廓线

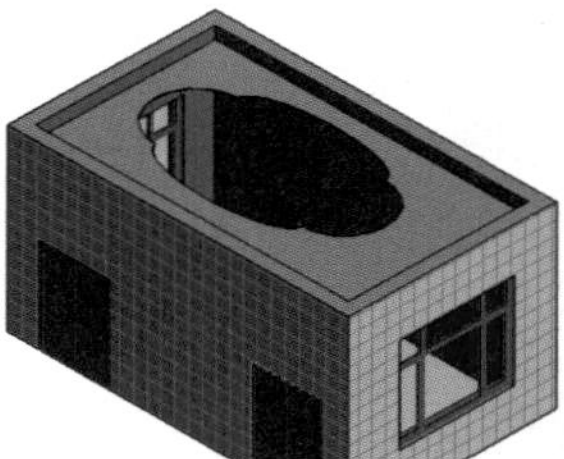
图7-101　垂直洞口三维效果

第8章

创建注释

通过为图元添加尺寸标注，如线性标注、半径标注等，可以了解图元的尺寸信息，方便编辑图元。通过为图元添加标记，如门窗标记，可以直观地了解图元的信息。通过明细表可以统计某类构件的信息，如门窗明细表就可以统计门窗的数量、规格等。

本章介绍创建标注、标记以及明细表的方法。

8.1 创建尺寸标注

在Revit中可以创建对齐标注、线性标注以及半径标注等，启用标注命令，可以为不同类型的图元添加尺寸标注。本节介绍创建各种类型尺寸标注的操作方法。

8.1.1 添加对齐标注

用户通过在图元上拾取参照，可以在平行参照之间或者多点之间添加对齐尺寸标注。本节介绍添加对齐标注的操作方法。

调用对齐尺寸标注命令

在Revit中调用对齐尺寸标注命令的操作方法介绍如下。

- 命令按钮：选择“注释”选项卡，在“尺寸标注”面板中单击“对齐”按钮。
- 快捷键：在键盘上按快捷键DI。

执行上述任意一项操作，都可以调用对齐尺寸标注命令。启用该命令后，拾取参照，接着单击空白位置放置尺寸标注。

添加对齐尺寸标注

01 选择“注释”选项卡，在“尺寸标注”面板中单击“对齐”按钮，如图8-1所示，执行添加对齐尺寸标注的操作。

02 在选项栏中选择“参照墙中心线”选项，“拾取”方式为“单个参照点”，如图8-2所示。

图8-1 单击按钮

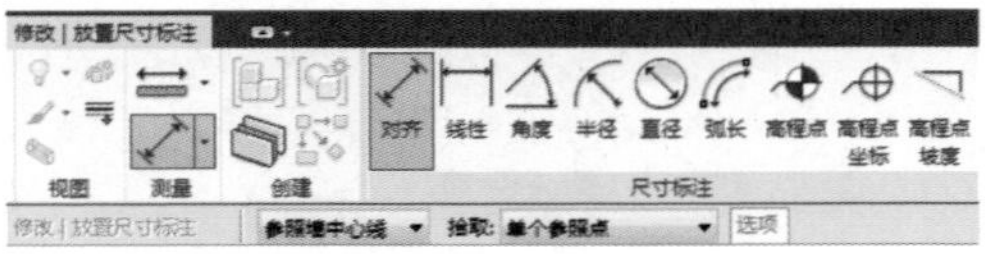

图8-2 选择选项

03 将光标置于墙体上，高亮显示墙体中心线，如图8-3所示，单击拾取墙体中心线。

04 向右移动鼠标，将光标置于另一段墙体之上，待显示墙体中心线后，单击拾取中心线，如图8-4所示。

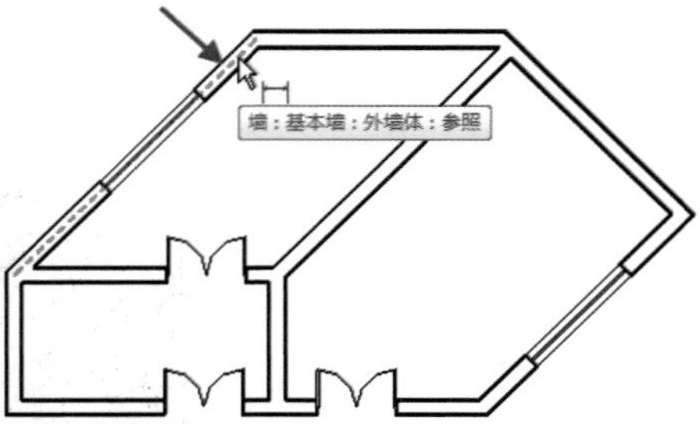

图8-3 拾取墙体中心线1

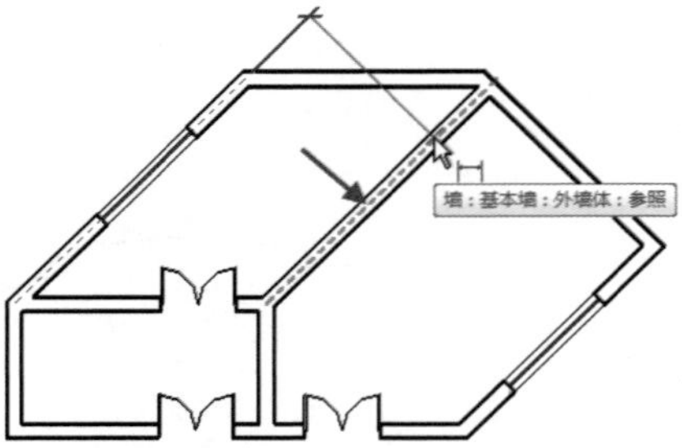

图8-4 拾取墙体中心线2

05 移动鼠标至空白位置，预览创建对齐标注的效果，如图8-5所示。

06 单击鼠标左键，创建对齐标注的效果如图8-6所示。

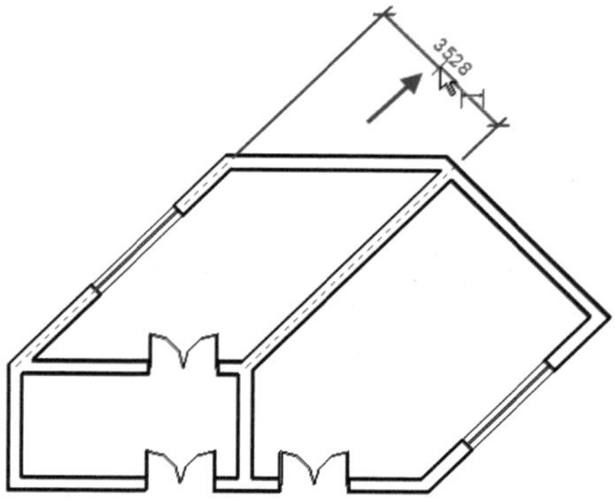

图8-5　移动鼠标

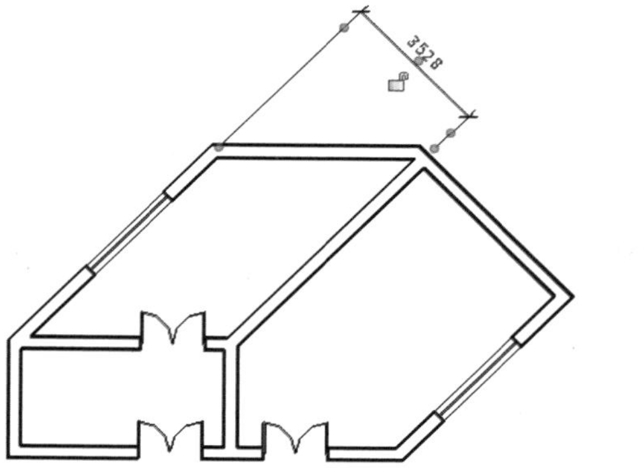

图8-6　创建标注

提示 “参照墙中心线”方式是系统默认的选择参照的方式，用户也可以选择其他类型的参照方式来创建尺寸标注。

07 在选项栏中单击弹出参照方式下拉列表，在其中显示其他类型的参照方式，如“参照墙面”“参照核心层中心”等。在下拉列表中选择“参照墙面”选项，如图8-7所示。通过拾取墙面线来创建对齐标注。

08 单击平面窗两侧的墙面线，创建对齐标注，标注窗的宽度尺寸，效果如图8-8所示。

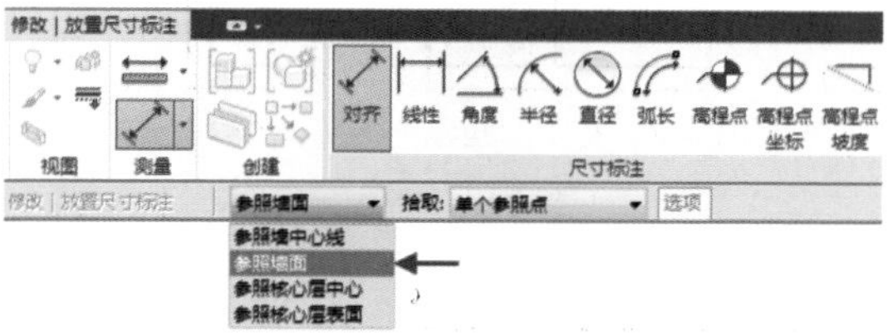

图8-7　选择选项

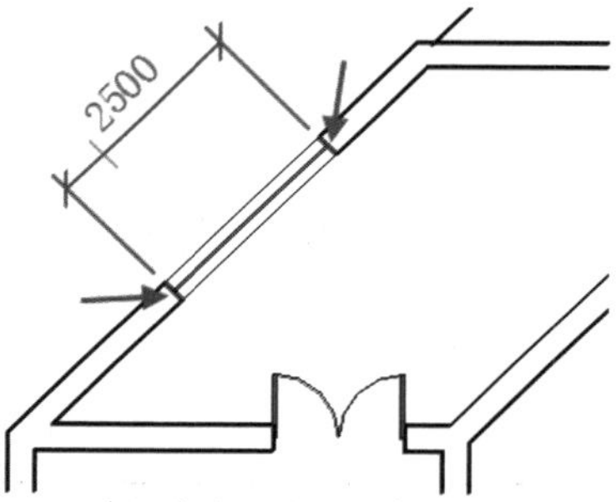

图8-8　放置标注

提示 单击“拾取”右侧的倒三角按钮，在弹出的下拉列表中显示两种“拾取”方式。一种是“单个参照点”，即拾取墙面上的某个点来创建标注；一种是“整个墙”，通过拾取整段墙体来创建标注。

09 继续执行放置尺寸标注的操作，最终效果如图8-9所示。

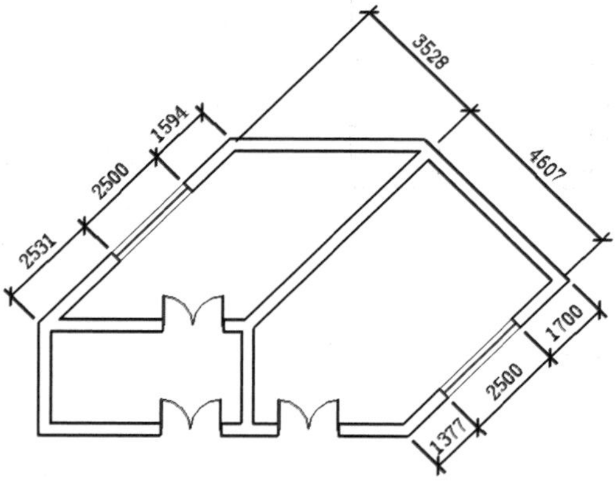

图8-9　标注图元

8.1.2 添加其他类型尺寸标注

对齐标注是最常使用的尺寸标注；除此之外，还有其他类型的尺寸标注会被用来标注图元，如线性标注、角度标注以及半径标注等。本节介绍添加其他类型尺寸标注的操作方法。

线性标注

启用线性标注命令，可以创建水平方向或者垂直方向上的尺寸标注，用来测量参照点之间的间距。本节介绍添加线性标注的操作方法。

01 在“尺寸标注”面板中单击“线性”按钮，在“属性”选项板中显示线性标注的类型为“对角线”，如图8-10所示。

02 在图元中单击指定对角点作为参照，如图8-11所示。

图8-10 显示类型名称

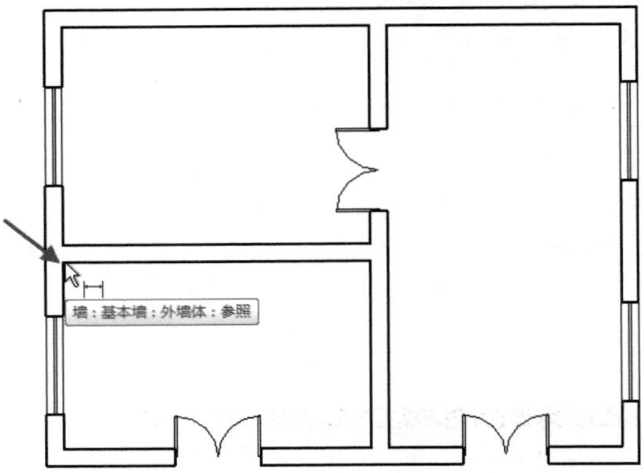

图8-11 指定对角点

03 移动鼠标，指定另一参照点，如图8-12所示。

04 向下移动鼠标，指定尺寸标注的位置，如图8-13所示。

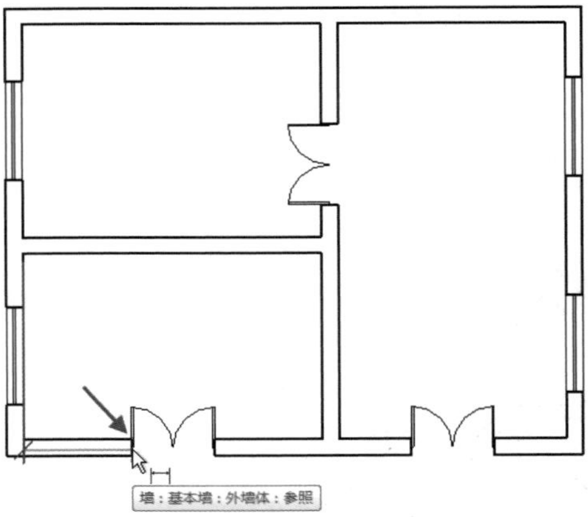

图8-12 指定另一参照点

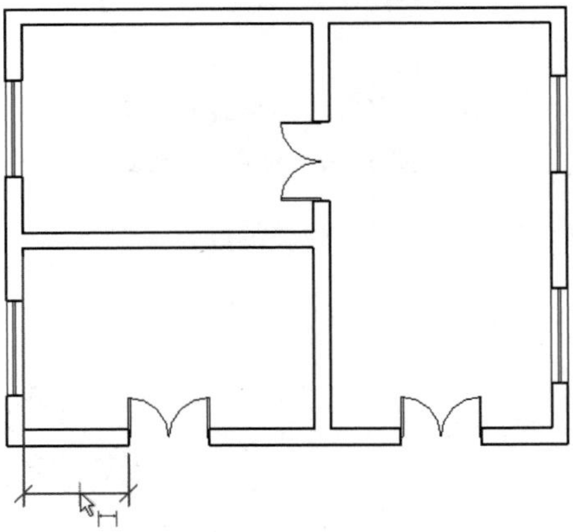
图8-13 指定放置位置

05 在合适的位置单击鼠标左键，创建线性标注的效果如图8-14所示。

06 重复上述操作，依次创建水平方向以及垂直方向上的线性标注，效果如图8-15所示。

提示 在创建线性标注的过程中，假如需要更改标注的方向，可以按空格键，在水平方向与垂直方向之间切换。

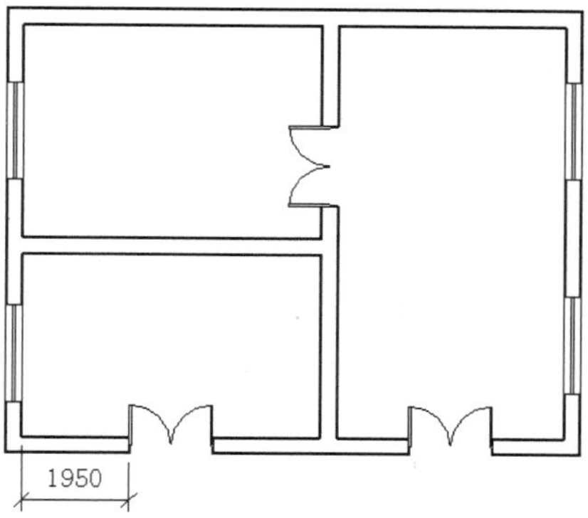

图8-14　创建标注

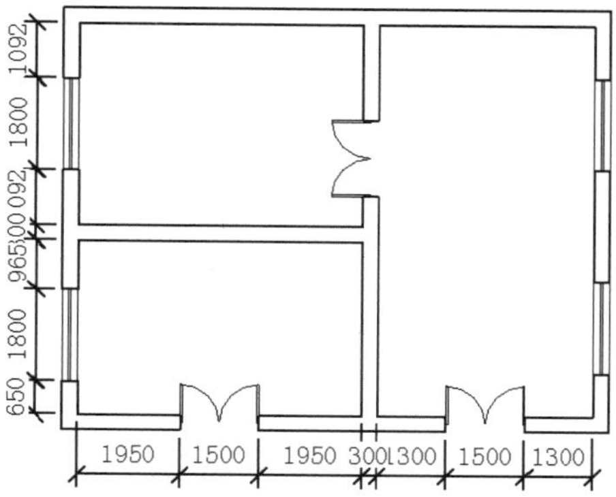

图8-15　标注效果

角度标注

假如想要测量参照点之间的角度，可以启用角度标注命令。本节介绍添加角度标注的操作方法。

01 在“尺寸标注”面板上单击“角度”按钮，启用角度标注命令。单击指定参照线，如图8-16所示。

02 移动鼠标，拾取另一参照线，如图8-17所示。

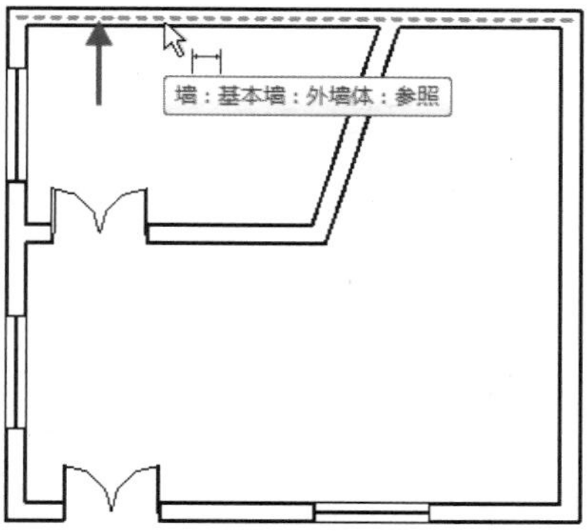

图8-16　拾取参照线

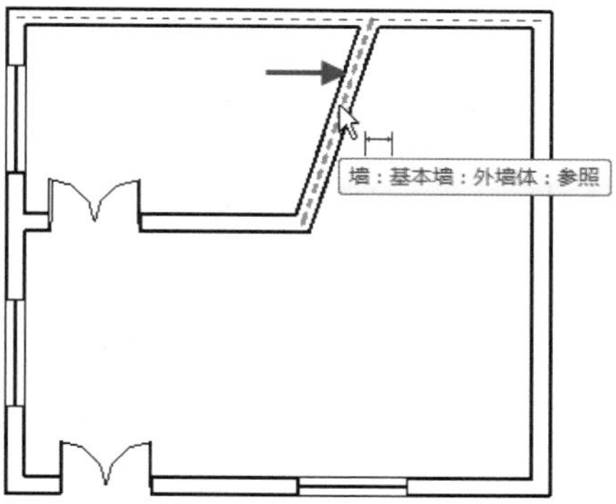

图8-17　拾取另一参照线

03 移动鼠标，在空白位置可以预览角度标注的创建效果，如图8-18所示。

04 单击鼠标左键，创建角度标注的效果如图8-19所示。

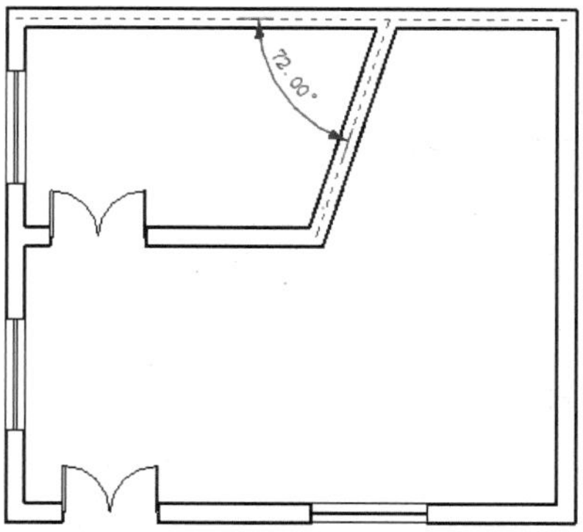

图8-18　创建标注

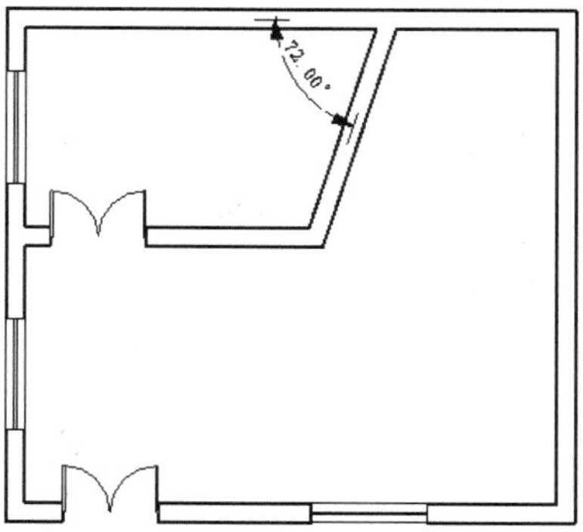

图8-19　角度标注

提示　建筑制图标准规定角度标注的记号需要设置为箭头样式。

05 重复上述操作，继续执行放置角度标注的操作，效果如图8-20所示。

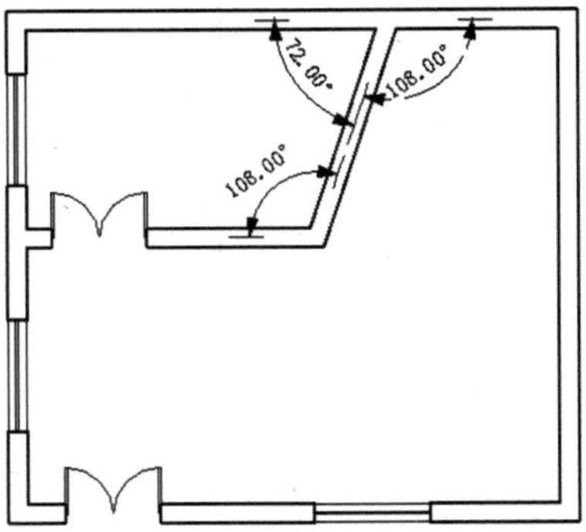

图8-20　标注效果

半径标注

启用半径尺寸标注命令，可以创建半径标注，测量内部曲线或者圆角的半径。本节介绍添加半径标注的操作方法。

01 在“尺寸标注”面板上单击“半径”按钮，启用半径尺寸标注命令。将光标置于墙体之上，高亮显示墙体中心线，如图8-21所示。单击鼠标左键拾取中心线作为参照线。

02 移动鼠标在空白位置预览半径标注的效果如图8-22所示。

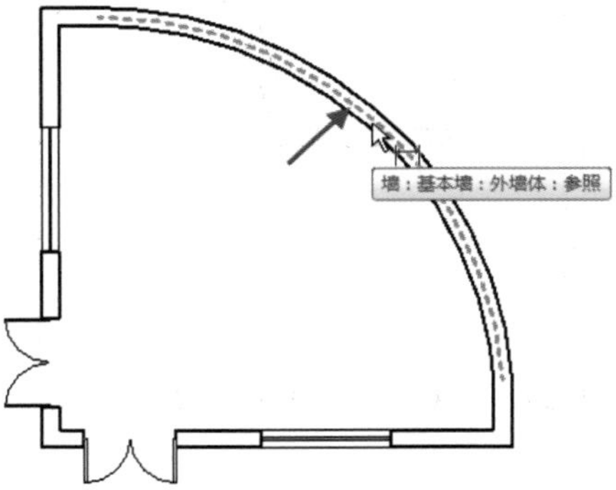

图8-21　拾取墙中心线

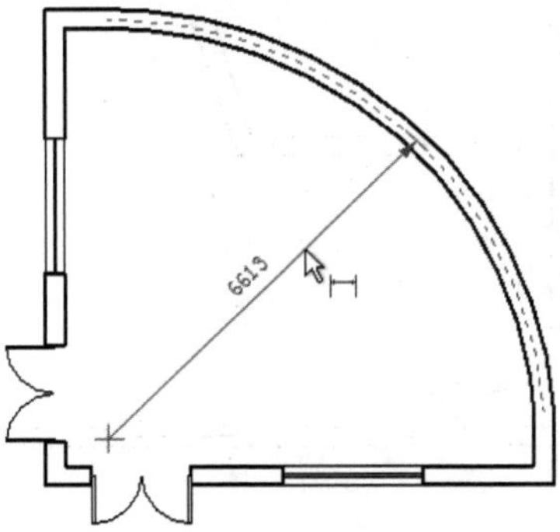

图8-22　指定位置

03 在合适的位置单击鼠标左键，完成创建半径标注的操作，效果如图8-23所示。

在拾取参照线时，按Tab键，可以在墙面以及墙体中心线之间切换。如图8-24所示为拾取墙面作为参照线来创建半径标注的效果。

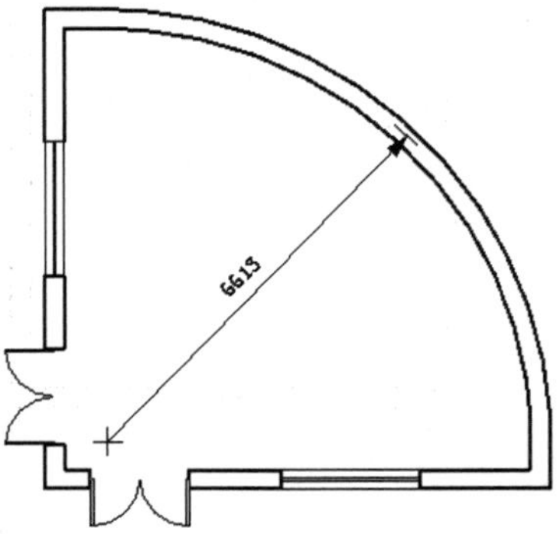

图8-23　半径标注

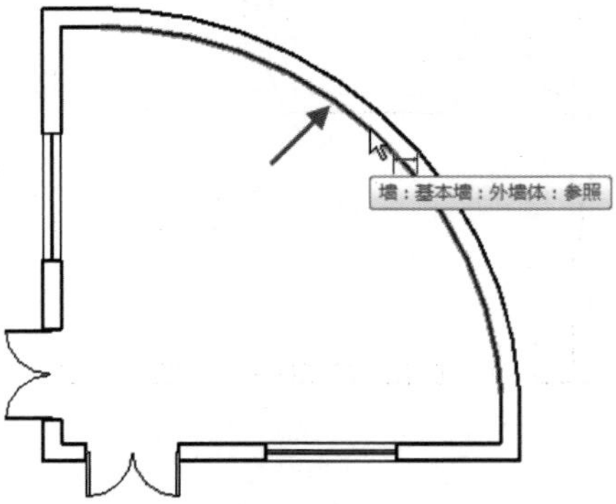

图8-24　拾取墙面

直径标注

启用直径标注命令，可以创建直径标注，用来测量圆弧或者圆的直径。在“尺寸标注”面板上单击“直径”按钮，在视图中拾取一段弧；移动鼠标，在空白位置单击鼠标左键可以创建直径标注，效果如图8-25所示。

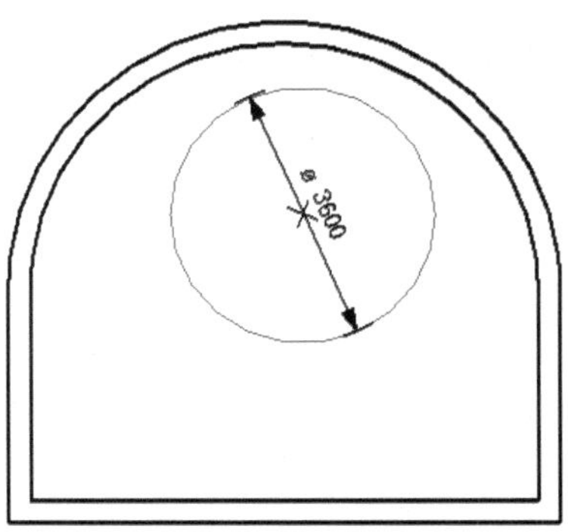

图8-25 直径标注

弧长标注

如果想要测量弯曲墙体或者其他弧线段的长度，可以启用“弧长”命令。本节介绍添加弧长标注的操作方法。

01 在“尺寸标注”面板上单击“弧长”按钮，启用弧长标注命令。选择需要测量长度的弧，如图8-26所示。

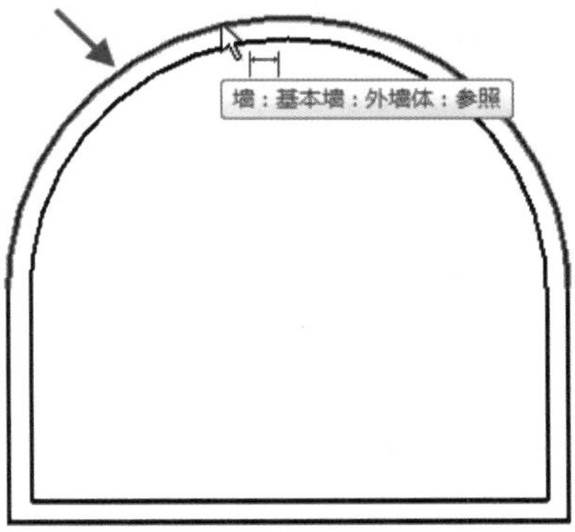

图8-26 拾取弧线段

02 选择与弧相交的参照线，如图8-27所示。

03 继续选择另一与弧相交的参照线，如图8-28所示。

提示 在创建弧长标注时，必须依次指定与弧线相交的线段，否则不能创建弧长标注。

04 向上移动鼠标，在空白位置预览弧长标注的创建效果，如图8-29所示。

05 单击鼠标左键，完成创建弧长标注的操作，效果如图8-30所示。

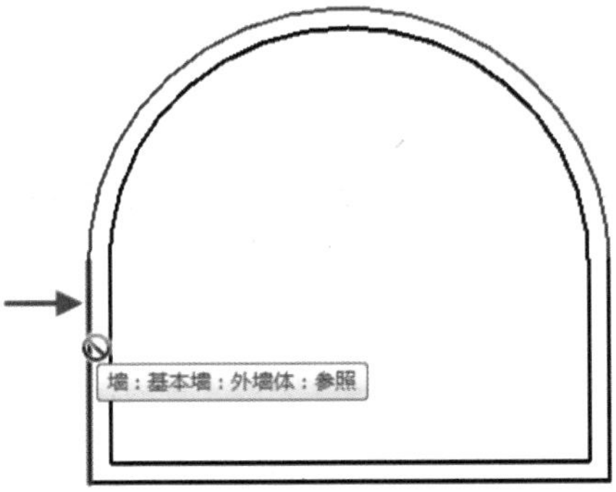

图8-27 拾取参照线1

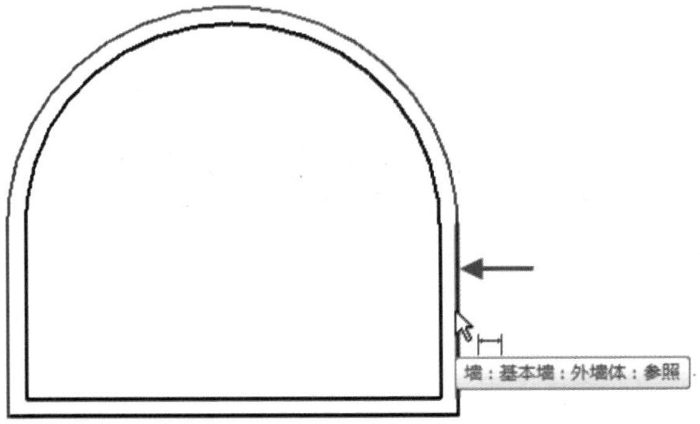

图8-28 拾取参照线2

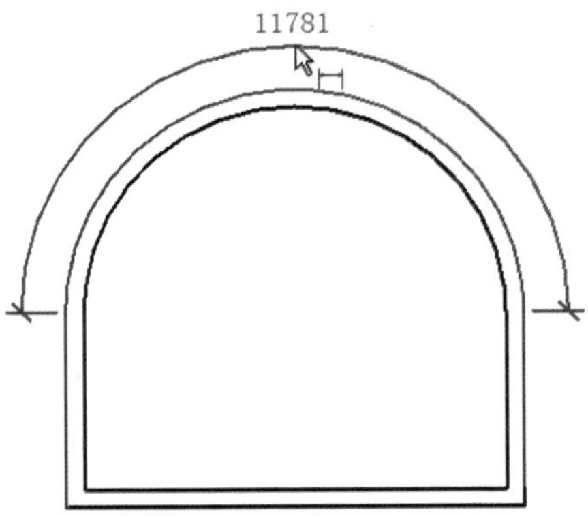

图8-29 指定位置

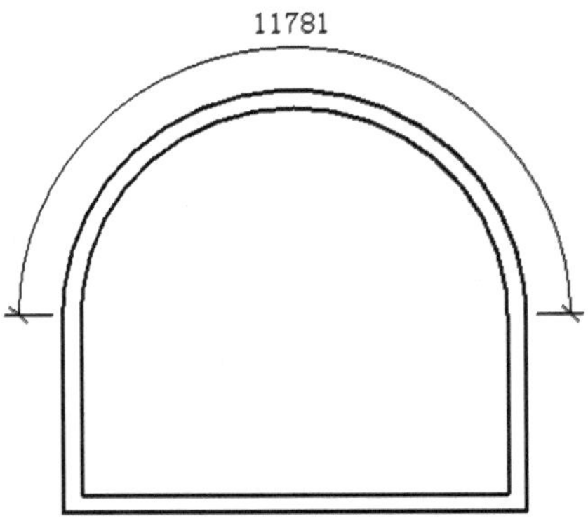

图8-30 弧长标注

8.1.3 编辑尺寸标注

选择尺寸标注，在“属性”选项板中单击“编辑类型”按钮，弹出【类型属性】对话框。在该对话框中修改属性参数，可以更改尺寸标注的显示样式。

在【类型属性】对话框的“类型参数”列表框中包括3个选项组，分别是“图形”选项组、“文字”选项组以及“其他”选项组，如图8-31所示。本节简要介绍各选项的含义。

图8-31 【类型属性】对话框

“图形”选项组

- “标注字符串类型”选项：该选项的下拉列表中显示3种标注类型，即“连续”“基线”和“纵坐标”。各类型含义如下。
  - “连续”类型：系统默认选择“连续”类型。当连续拾取多个参照点后，移动鼠标，在空白位置单击，可以创建点到点的连续尺寸标注。
  - “基线”类型：在图元上拾取多个参照点，移动鼠标，在空白区域单击鼠标左键，创建以第一个参照点的尺寸界线为基线的堆叠尺寸标注。
  - “纵坐标”类型：需要拾取多个参照点，可以创建从尺寸标注原点（如：0）至指定参照点的尺寸标注。
- “引线类型”选项：单击该选项，在弹出的下拉列表中显示两种样式的引线，即“弧”和“直线”。移动标注文字时，使用弧线连接标注文字与尺寸线。
- “引线记号”选项：在该选项下拉列表中显示“引线记号”类型，如“15度实心箭头”“30度箭头”等。选择不同的选项，可以为尺寸标注添加引线记号。默认选择“无”选项，即在尺寸标注中不显示引线记号。
- “文本移动时显示引线”选项：选择当移动标注文字时，引线的显示样式。在该选项下拉列表中提供了两种样式，即“远离原点”和“超出尺寸界线”选项供用户选择。
- “记号”选项：在该选项下拉列表中显示多种类型的记号，如“对角线”“空心点”等。若在绘制半径标注时需要修改记号为箭头样式，就可以在该选项中选择箭头样式的记号。

- “线宽”选项：在该选项下拉列表中显示线宽代号，选择代号，修改尺寸线的线宽。
- “记号线宽”选项：在该选项列表中选择代号，修改记号的线宽。
- “尺寸标注线延长”选项：设置该选项参数，控制尺寸线超出尺寸界线的长度。默认值为0.0000mm，表示尺寸线不超出尺寸界线。
- “翻转的尺寸标注延长线”选项：默认情况下该选项不可编辑。但是在“记号”选项中选择“箭头”类型的记号时（如“15度实心箭头”和“30度箭头”），该选项可以被编辑，用来控制箭头外侧尺寸延长线的长度。
- “尺寸界线控制点”选项：在该选项下拉列表中提供了两种样式，即“固定尺寸标注线”样式和“图元间隙”样式。
  - “固定尺寸标注线”选项：选择该选项，“尺寸界线长度”选项可被编辑。设置选项参数，修改尺寸界线的长度。
  - “图元间隙”选项：选择该选项，“尺寸界线与图元的间隙”选项可被编辑。设置选项参数，控制尺寸界线原点与被标注图元的间距。
- “尺寸界线延伸”选项：设置该选项参数，定义尺寸界线超出尺寸线的距离。
- “尺寸界线的记号”选项：选择列表中的记号，为尺寸界线的原点添加记号。
- “中心线符号”/“中心线样式”/“中心线记号”选项：设置这3个选项的参数，控制中心线的符号、样式以及记号。中心线是指在创建尺寸标注时，拾取的“墙体中心线”。
- “内部记号显示”选项：设置记号的显示样式，有两种方式供用户选择，即“动态”和“始终显示”，默认选择“动态”选项。
- “内部记号”选项：默认情况下该选项不可被编辑，但是在“记号”选项中选择箭头类型的记号，该选项可编辑。选择参数，设置在尺寸翻转后记号的显示效果。
- “同基准尺寸设置”选项：默认不可被编辑，只有在“标注字符串类型”选项中选择“纵坐标”选项时，该选项才可被编辑。单击“编辑”按钮，弹出【同基准尺寸设置】对话框，设置参数，调整文字的显示效果。
- “颜色”选项：单击该选项右侧的按钮，弹出【颜色】对话框，设置颜色参数，调整尺寸标注的显示颜色，默认显示为黑色。
- “尺寸标注线捕捉距离”选项：修改参数值，定义等间距堆叠线性标注之间的捕捉距离。

“文字”选项组

- “宽度系数”选项：在选项中显示标注文字的宽高比，默认值为1.000000。
- “文字大小”选项：显示标注文字的大小。
- “文字偏移”选项：显示文字与尺寸线的距离值。
- “读取规则”选项：单击弹出下拉列表，在其中选择标注文字的读取规则。
- “文字字体”选项：在下拉列表中选择标注文字的字体。
- “文字背景”选项：在下拉列表中显示两种样式，即“透明”和“不透明”，设置文字背景的显示样式。
- “单位格式”选项：单击右侧的按钮，弹出【格式】对话框，取消勾选“使用项目设置”复选框，用户可以设置单位格式参数。
- “粗体”选项：加粗显示标注文字。
- “斜体”选项：设置标注文字的字体为斜体。
- “下画线”选项：为标注文字添加下画线。

"其他"选项组

- "等分文字"选项：等分标注中的标注文字显示为"等分文字"，系统默认显示EQ。用户通过修改参数，可更改"等分文字"的显示样式。

8.2 高程点标注

高程点标注有3种类型，分别是"高程点标注""高程点坐标"和"高程点坡度"。本节依次介绍创建3种高程点标注的操作方法。

8.2.1 标注高程点

如果想要标注指定点的高程，可以启用"高程点"命令。本节介绍在指定的点创建高程点标注的操作方法。

调用"高程点"命令

在Revit中调用"高程点"命令的操作方法介绍如下。

- 命令按钮：选择"注释"选项卡，在"尺寸标注"面板上单击"高程点"按钮。
- 快捷键：在键盘上按快捷键EL。

执行上述任意一项操作，都可以调用"高程点"命令。启用该命令后，指定测量点放置高程点标注。

创建高程点标注

01 在项目浏览器中展开"立面（立面1）"列表，选择名称为"立面1-a"的立面视图，如图8-32所示。双击鼠标左键，切换至立面视图。

02 在立面视图中图元的显示效果如图8-33所示。在其中更加方便创建高程点标注。

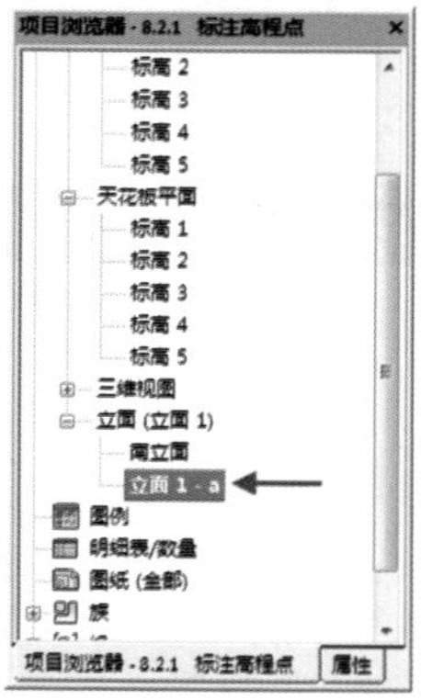

图8-32 选择立面图

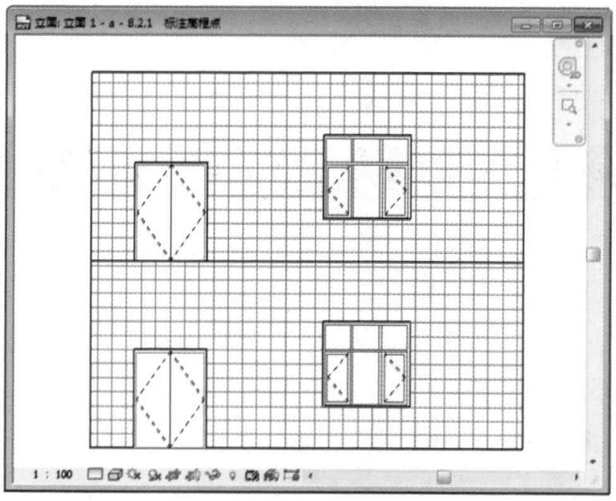

图8-33 立面视图

提示 因为高程点标注是表示测量点的高度，所以在立面视图中创建高程点标注，能够更加直观地表示测量点相对于某一平面的高度。

03 选择"注释"选项卡，在"尺寸标注"面板上单击"高程点"按钮，如图8-34所示。执行放置高程点标注的操作。

04 在选项栏中勾选“引线”和“水平段”复选框，如图8-35所示，表示在绘制高程点时同步绘制引线以及水平段。

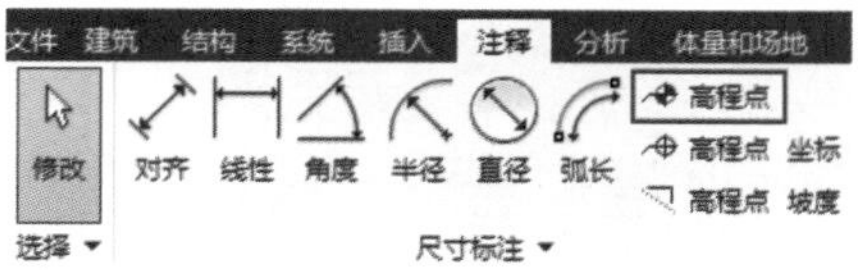

图8-34 单击按钮

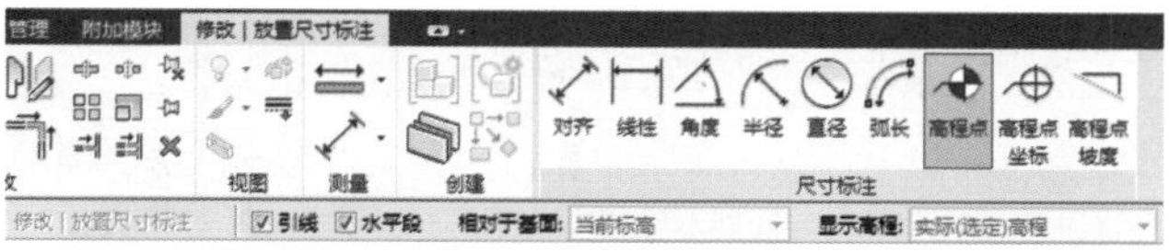

图8-35 选择选项

05 将光标置于立面门的右上角点，将该点指定为测量点，如图8-36所示。

06 在测量点单击鼠标左键，向右上角移动鼠标，显示引线箭头以及标注文字，如图8-37所示。

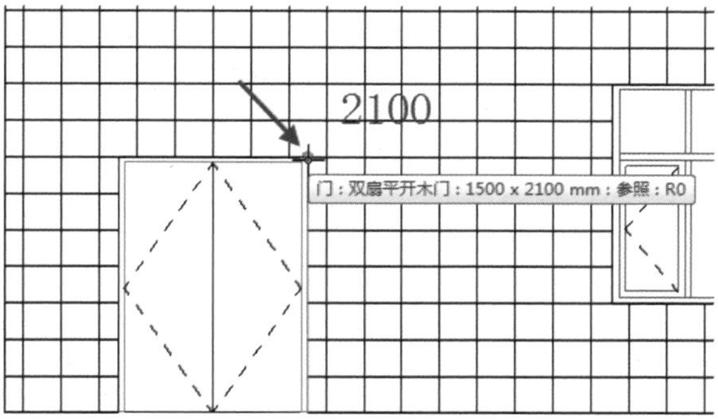

图8-36 指定测量点

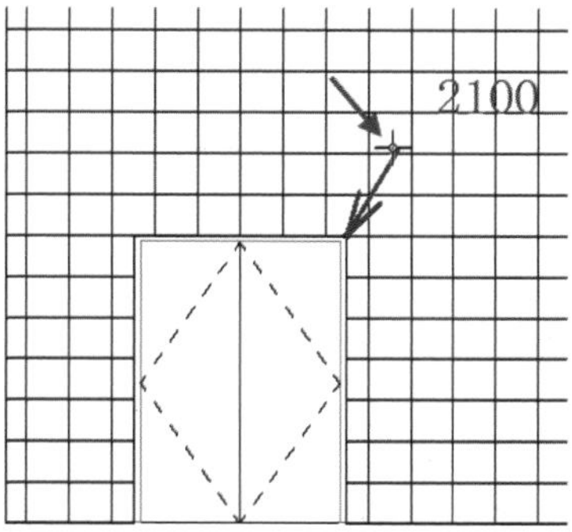

图8-37 指定水平段端点

07 向右移动鼠标，指定水平段的终点，如图8-38所示。

08 在合适位置单击鼠标左键，结束绘制水平段的操作，创建高程点标注如图8-39所示。

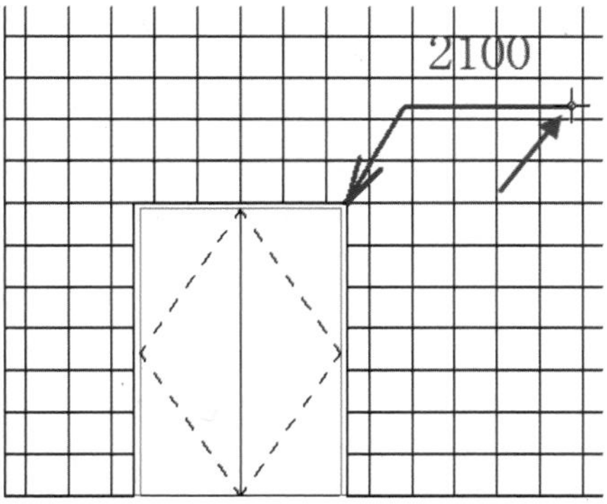

图8-38 指定终点

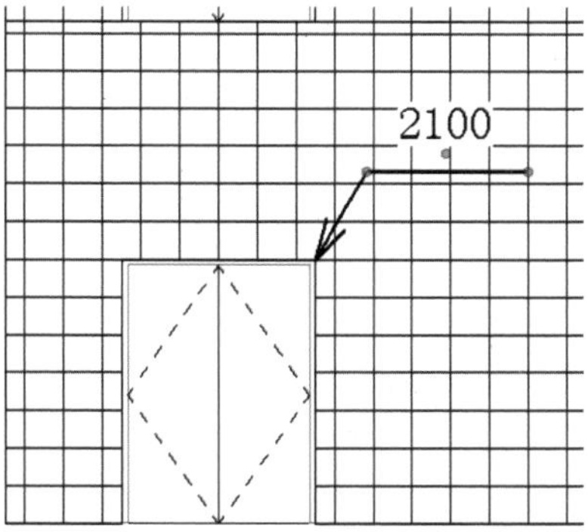

图8-39 高程点标注

提示 初次创建完毕的高程点标注沿用系统设置的属性参数，用户可以使用默认值，也可以到【类型属性】对话框中自定义参数值。

09 选择高程点标注，在“属性”选项板中单击“编辑类型”按钮，如图8-40所示，弹出【类型属性】对话框。

10 在“引线箭头”的下拉列表中选择“30度实心箭头”选项，更改箭头样式。在“文字”选项组下依次勾选“粗体”和“斜体”复选框，如图8-41所示，设置字体的显示样式。单击“确定”按钮，关闭对话框。

提示 在“引线线宽”和“引线箭头线宽”选项中可以设置引线以及箭头的宽度尺寸，正常情况下设置为1即可。用户可根据实际情况自定义宽度值。

图8-40 单击按钮

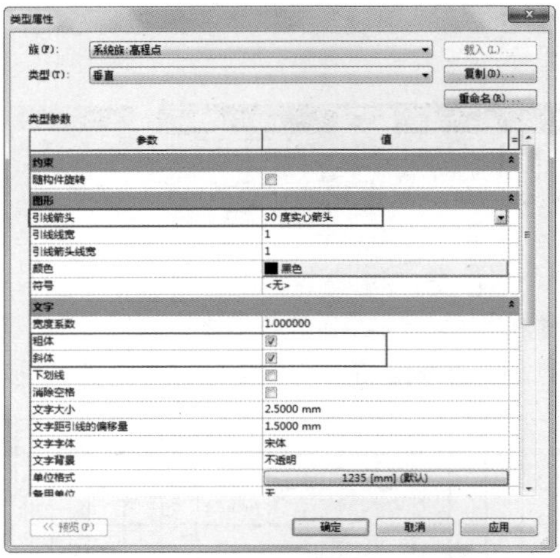

图8-41 选择选项

11 修改高程点标注属性参数的效果如图8-42所示。

12 重复执行上述放置操作，为立面视图中各测量点放置高程点标注的效果如图8-43所示。

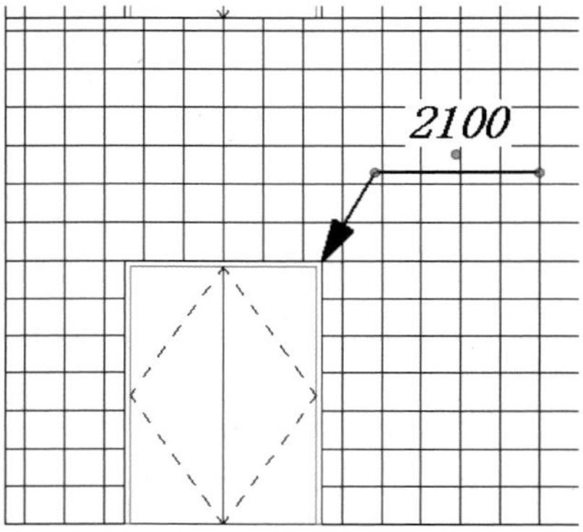

图8-42 修改结果

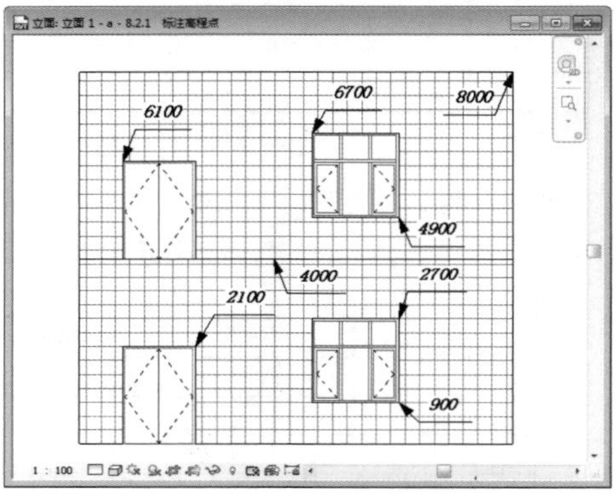

图8-43 标注结果

8.2.2 绘制高程点坐标

启用“高程点坐标”命令，可以标注项目中指定点的“南/北”或者“东/西”坐标。在“尺寸标注”面板上单击“高程点坐标”按钮，执行绘制高程点坐标的操作，如图8-44所示。

在视图中单击指定测量点，移动鼠标，指定引线的位置以及水平段的位置，结束创建高程点坐标的操作。为测量点绘制高程点坐标的效果如图8-45所示。

图8-44 单击按钮

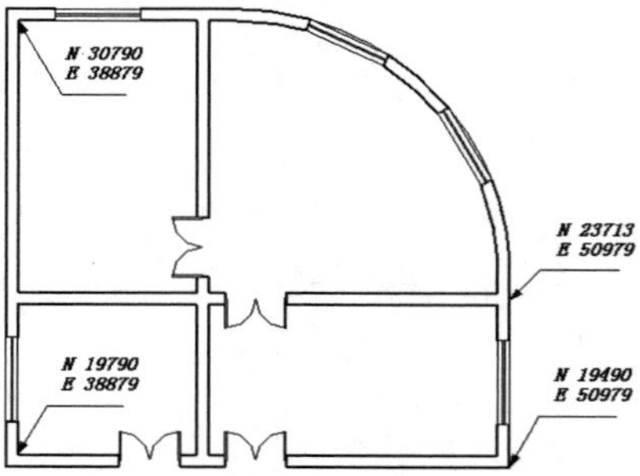

图8-45 高程点坐标标注

要点

用户还可以在楼板、墙以及地形表面和边界线上创建高程点坐标标注。在非水平表面以及非平面边缘上也可以放置高程点坐标标注。

8.2.3　标注高程点坡度

如果想要标注模型图元的面或边上的特定点的坡度，可以启用“高程点坡度”命令。本节介绍创建高程点坡度标注的操作方法。

01 在项目浏览器中单击展开“剖面（剖面1）”列表，选择名称为“剖面1”的视图，如图8-46所示。双击鼠标左键，切换至该视图。

02 图元在剖面视图中的显示效果如图8-47所示。以下介绍在坡道面上放置高程点坡度标注的方法。

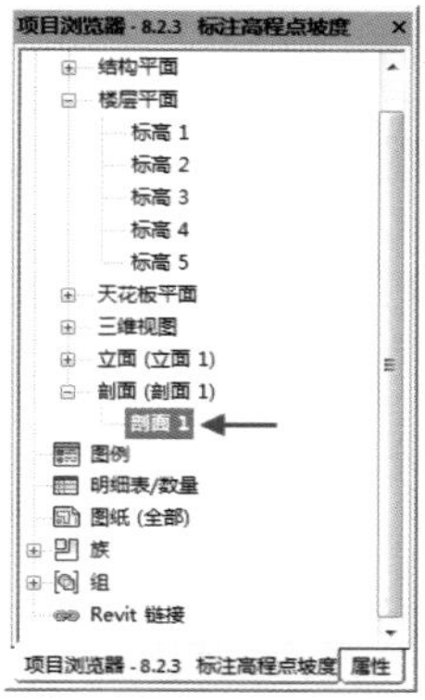

图8-46　选择视图

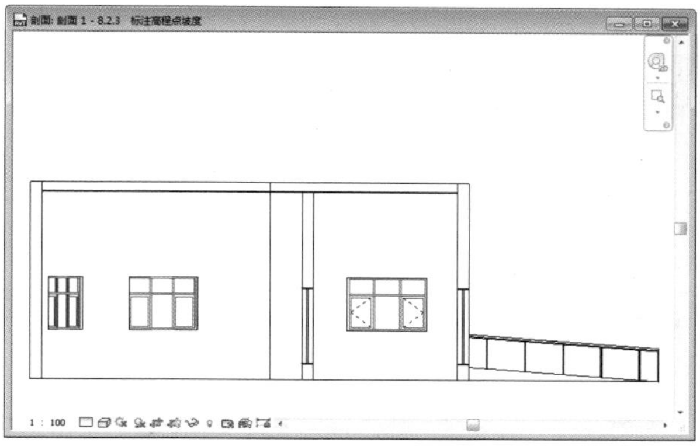

图8-47　剖面视图

提示

高程点坡度标注可以在平面视图、立面视图以及剖面视图中创建，本例在剖面图中绘制高程点坡度标注，所以需要先转换至剖面视图。

03 在选项栏中选择“坡度表示”为“箭头”，设置“相对参照的偏移”为1.5mm，如图8-48所示。

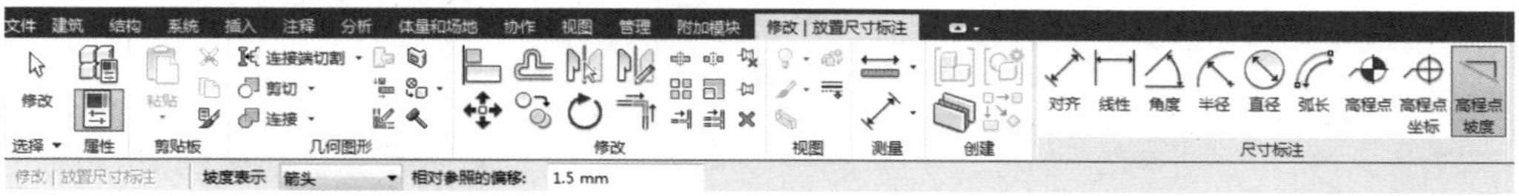

图8-48　设置参数

04 将光标置于坡道面上，可以预览高程点坡度标注的创建效果，如图8-49所示。

05 在合适的位置单击鼠标左键，创建高程点坡度标注的效果如图8-50所示。

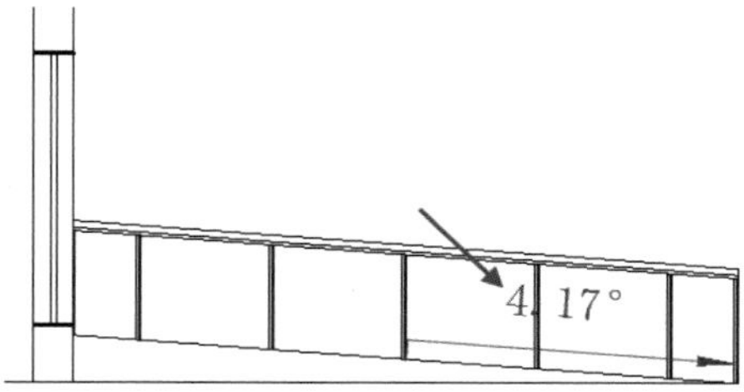

图8-49　预览标注效果

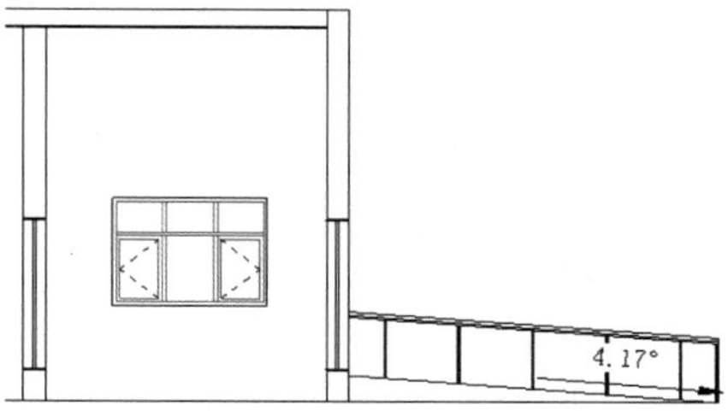

图8-50　高程点坡度标注

提示

高程点坡度标注遇到图元遮挡，图元会自动断开，以免影响显示标注结果。

选择高程点坡度标注，在选项栏中单击“坡度表示”右侧的倒三角按钮，在弹出的下拉列表中显示“箭头”以及“三角形”选项，如图8-51所示。选择不同的选项，设置坡度标注的表示方式。

单击“首选”右侧的倒三角按钮，在弹出的下拉列表中显示多种拾取测量点的方式。默认选择“参照墙面”选项，即选定面上的点来放置高程点坡度标注。

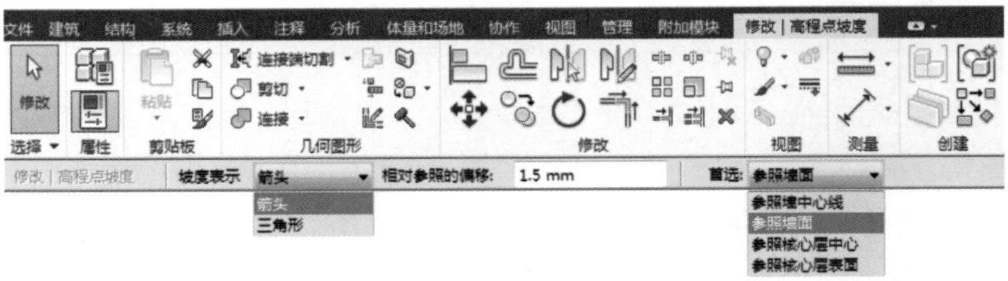

图8-51　选择选项

8.3　创建标记

在Revit中通过为图元放置标记，可以在图元的一侧标注其信息。例如，在窗图元的一侧放置窗标记，可以了解窗编号、窗尺寸等信息。本节介绍创建标记的操作方法。

8.3.1　按类别放置标记

在项目中包含多种类别的图元，假如逐一为各类别的图元放置标记，非常费时。启用“按类别标记”命令，可以根据图元类别将标记附着到图元中。

01 选择“注释”选项卡，在“标记”面板中单击“按类别标记”按钮，执行按类别标记图元的操作，如图8-52所示。

02 在选项栏中设置标记的方向为“水平”，取消勾选“引线”复选框，即所放置的标记没有引线，如图8-53所示。

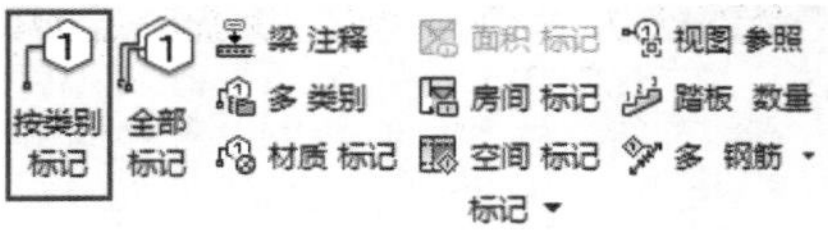

图8-52　单击按钮

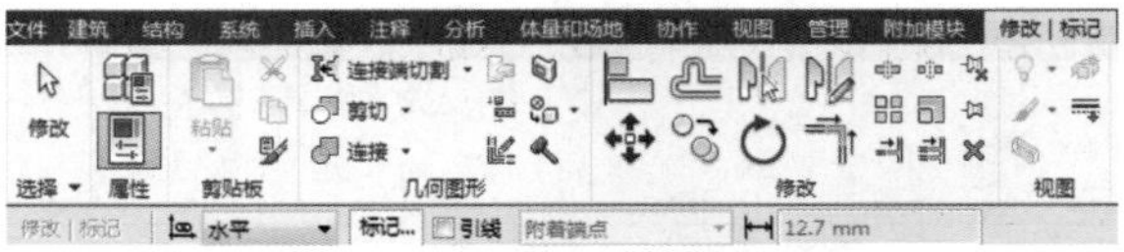

图8-53　设置选项

提示　在选项栏中单击“标记”按钮，弹出【载入的标记和符号】对话框，在其中可选择已载入的标记或者符号的类型。

03 将光标置于门图元上，预览门标记的创建效果，如图8-54所示。

04 单击鼠标左键，创建门标记的效果如图8-55所示。

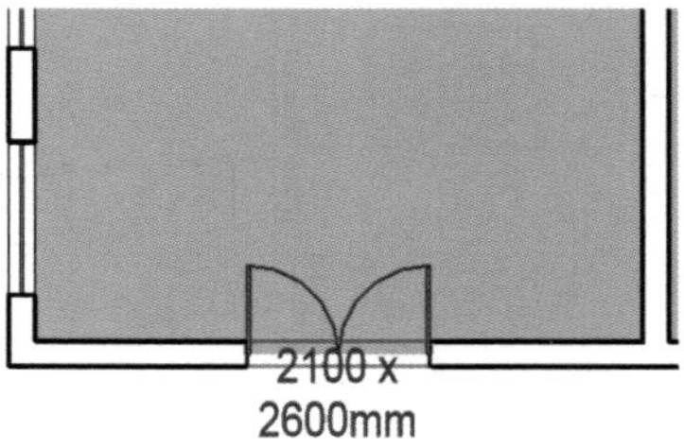

图8-54　预览标记效果

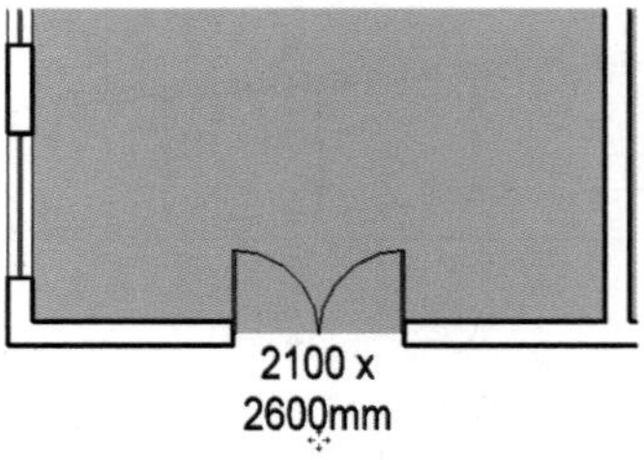

图8-55　放置门标记

> **提示**　选择门标记，在门标记的下方显示移动符号。将光标置于移动符号上，按住鼠标左键不放，移动鼠标可以移动门标记的位置，使其不重叠于门图元，影响查看效果。

05 将光标置于窗图元上，预览窗标记的效果如图8-56所示。

06 单击鼠标左键，创建窗标记的效果如图8-57所示。

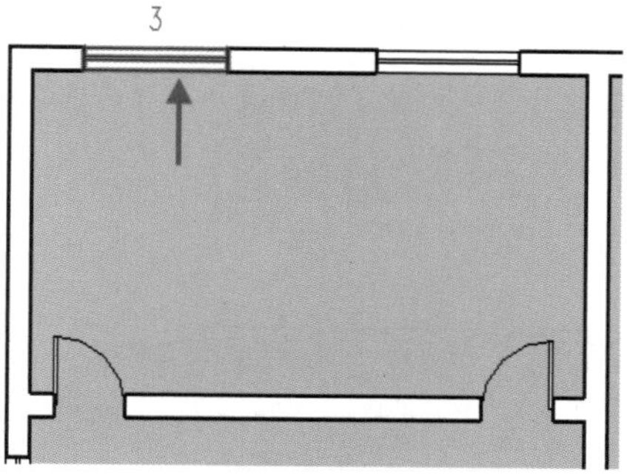

图8-56　预览标记效果

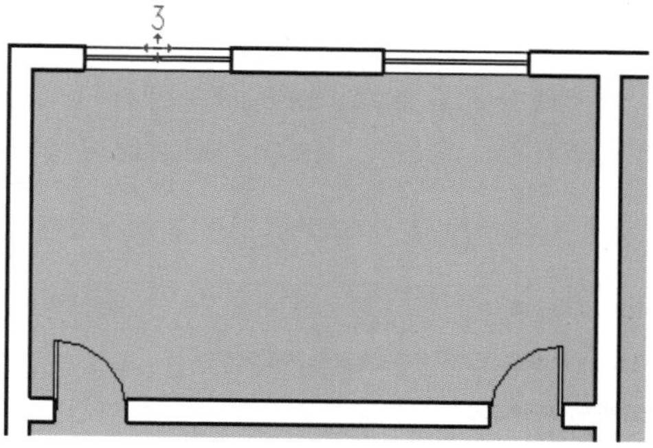

图8-57　放置窗标记

> **提示**　为什么门标记与窗标记的类型不同？因为标记也有类型之分，本例已创建的门标记标注的是门的尺寸，窗标记标注的是窗编号。

07 重复拾取门图元与窗图元，为其创建标记的效果如图8-58所示。

创建标记时，在选项栏中勾选“引线”复选框，所创建的标记带引线，与目标图元相连，如图8-59所示。选择已创建的门窗标记，在选项栏中勾选“引线”复选框，也可以为标记添加引线。

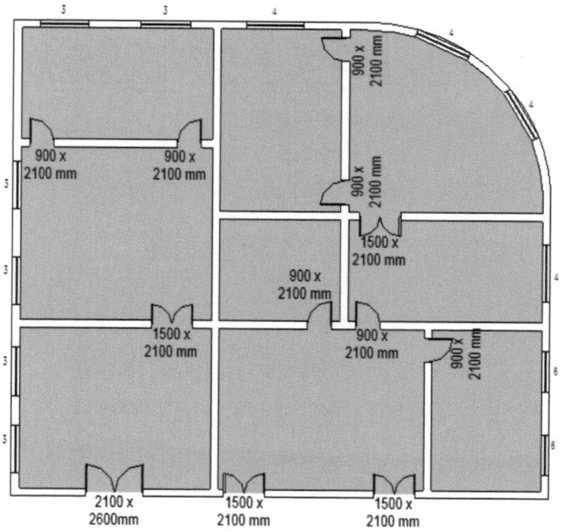

图8-58　创建标记

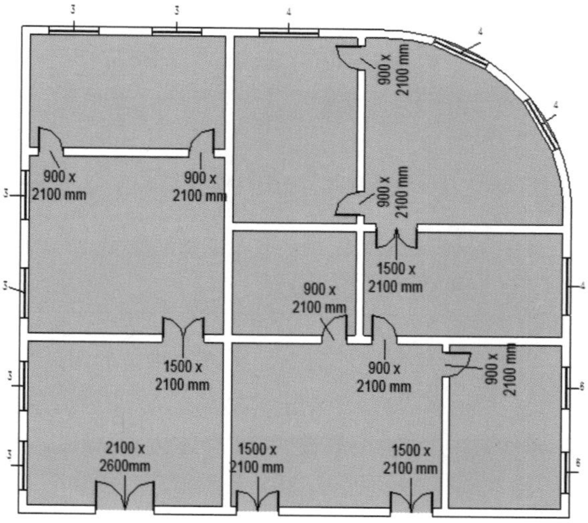

图8-59　添加引线

> **提示**　在使用“标记”命令之前，要先将需要的标记载入项目中。

8.3.2　全部标记图元

假如想要一步到位地将标记添加到多个图元中，可以启用“全部标记”命令。在使用该命令创建标记前，要将所需要的标记族载入项目中。

01 在“标记”面板中单击“全部标记”按钮，如图8-60所示，开始执行“标记所有未标记对象”的操作。

02 系统弹出【标记所有未标记的对象】对话框，在其中选择需要创建的标记，并勾选“引线”复选框，如图8-61所示。单击“确定”按钮，关闭对话框，可以标记相应的图元。

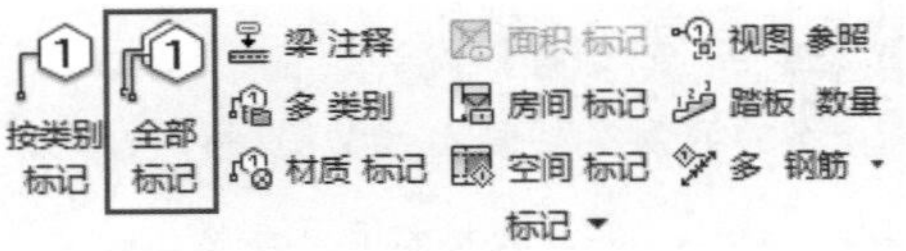

图8-60 单击按钮

提示 假如在对话框中仅选择某种标记或者某几种标记，则仅标记选定的图元。例如，选择“房间标记”和“窗标记”选项，则系统为房间对象以及窗图元创建标记，而门图元将被忽略。

03 一次性为指定的图元创建标记的效果如图8-62所示。

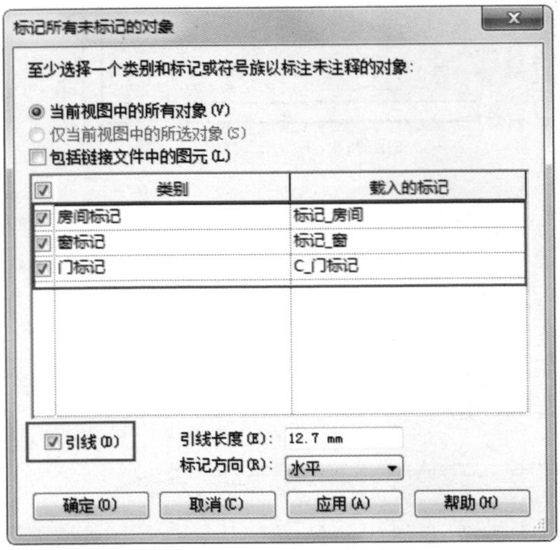

图8-61 选择选项

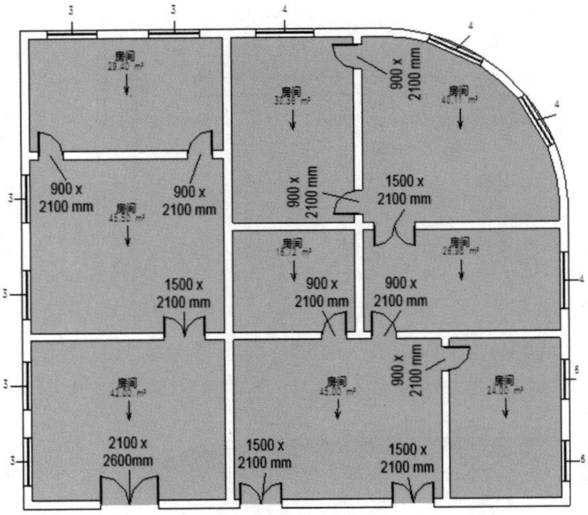

图8-62 创建标记

提示 “全部标记”命令对墙体无效，墙体标记必须单独创建。

8.3.3 放置材质标记

启用“材质标记”命令，可以为指定的图元创建材质标记。本节介绍放置材质标记的操作方法。

01 在“标记”面板中单击“材质标记”按钮，如图8-63所示，开始执行放置“材质标记”的操作。

02 假如是初次执行放置“材质标记”的操作，系统会弹出如图8-64所示的Revit提示框，提示用户“项目中未载入材质标记族。是否要现在载入？”，单击“是”按钮，弹出【载入族】对话框。

03 在【载入族】对话框中选择名称为“标记_材料说明”的族文件，如图8-65所示。单击“打开”按钮，执行“载入族”的操作。

04 将光标置于坡道上，此时可以预览创建材质标记的效果，如图8-66所示。

05 在合适位置单击鼠标左键，向上移动鼠标，在空白位置单击鼠标左键；向右移动鼠标，单击鼠标左键确定引线的端点，如图8-67所示。

06 为坡道图元添加材质标记的效果如图8-68所示。

提示 选择材质标记，在引线上显示蓝色的实心夹点，激活夹点，移动鼠标，可以更改引线的显示样式。

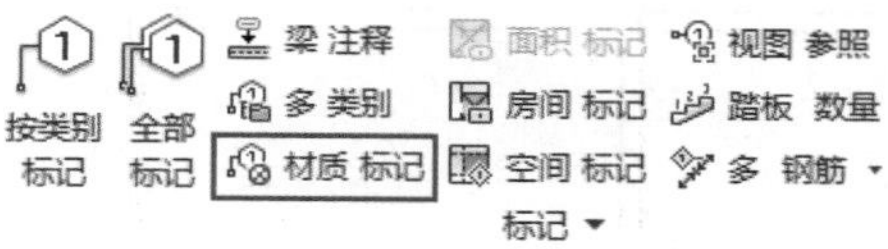

图8-63 单击按钮

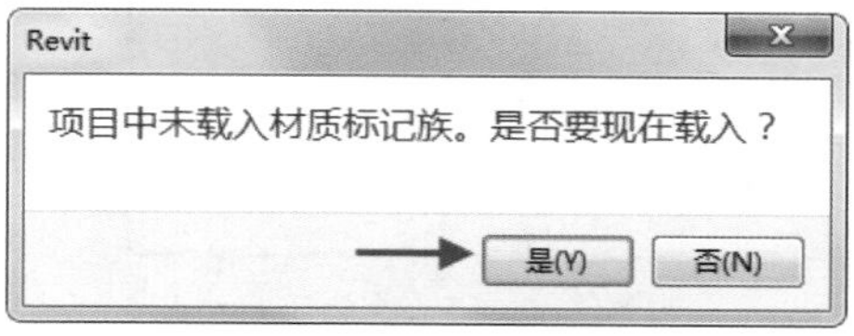

图8-64 Revit提示框

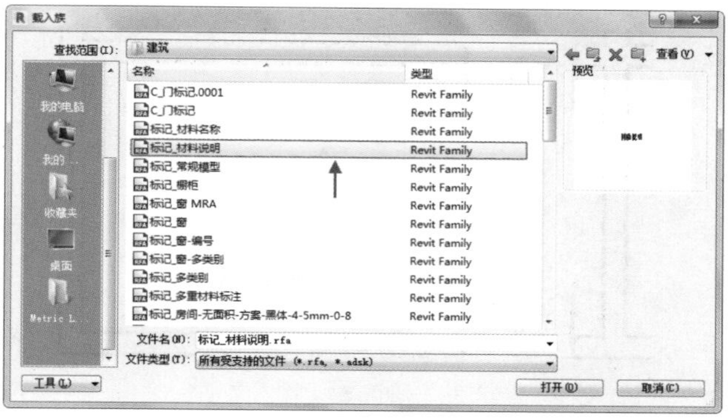

图8-65 选择文件

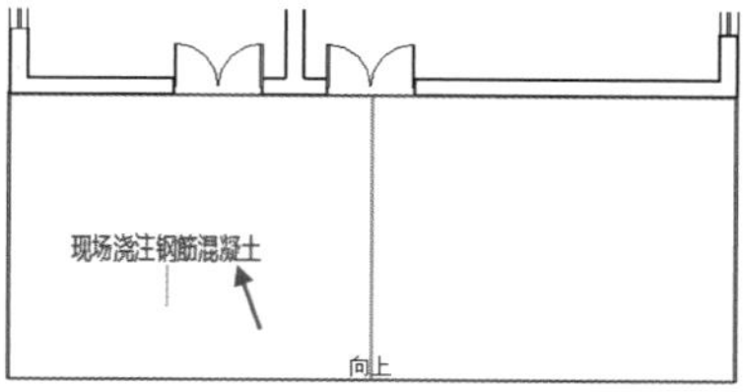

图8-66 预览效果

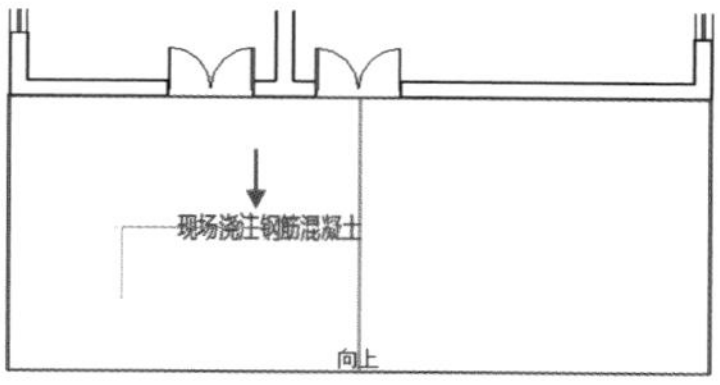

图8-67 指定引线端点

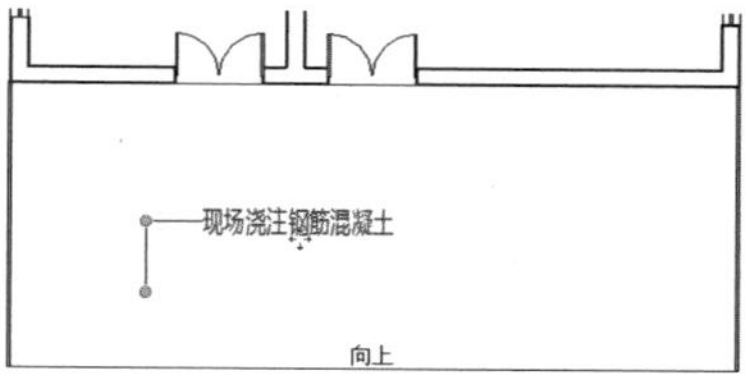

图8-68 放置标记

07 选择材质标记，在“属性”选项板中单击“编辑类型”按钮，如图8-69所示。

08 在弹出的【类型属性】对话框中单击“引线箭头”右侧的倒三角按钮，在弹出的下拉列表中选择“实心圆点”选项，如图8-70所示，为引线添加箭头。单击“确定”按钮，关闭对话框。

09 为材质标记添加引线箭头的显示效果如图8-71所示。

10 继续执行放置材质标记的操作，为墙体添加材质标记，效果如图8-72所示。

图8-69 单击按钮

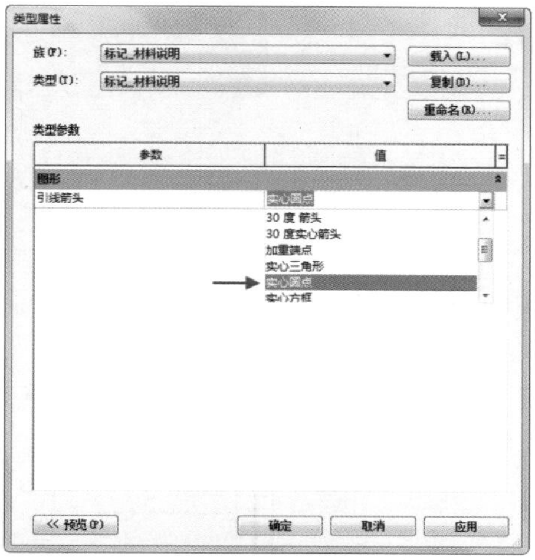

图8-70 选择选项

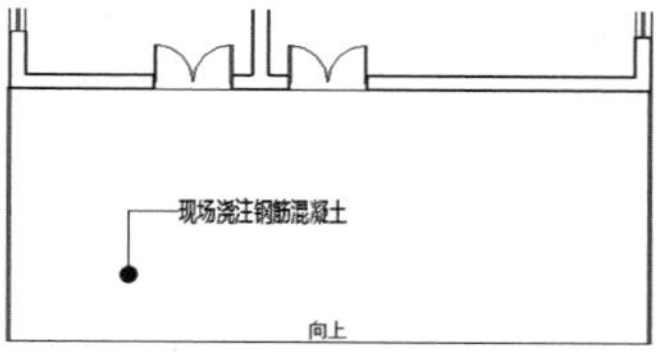

图8-71 添加箭头

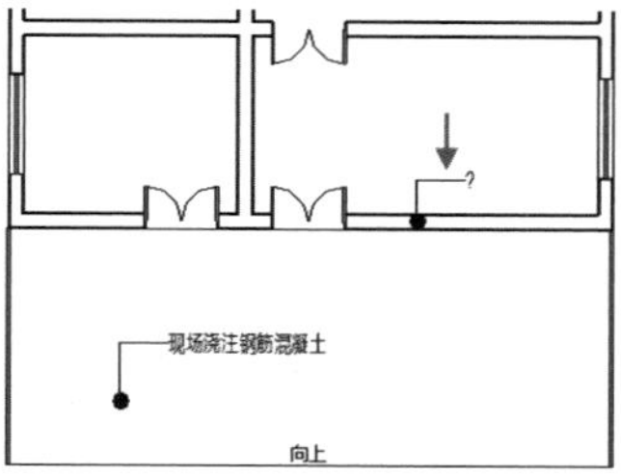

图8-72 添加标记

提示 因为墙材质在【材质浏览器】对话框的“标识”选项卡的“说明”字段中没有相应的描述文字，所以添加的材质标记显示为“？”。

11 选择墙材质标记，将光标置于标注文字上，单击左键进入在位编辑模式，输入材质描述文字如图8-73所示。

12 按Enter键，退出编辑模式。修改材质标记的效果如图8-74所示。与此同时，“说明”字段的文字也会相应更新。

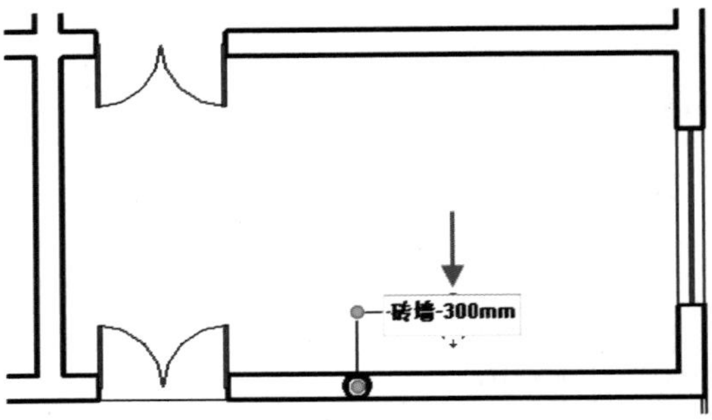

图8-73　输入文字

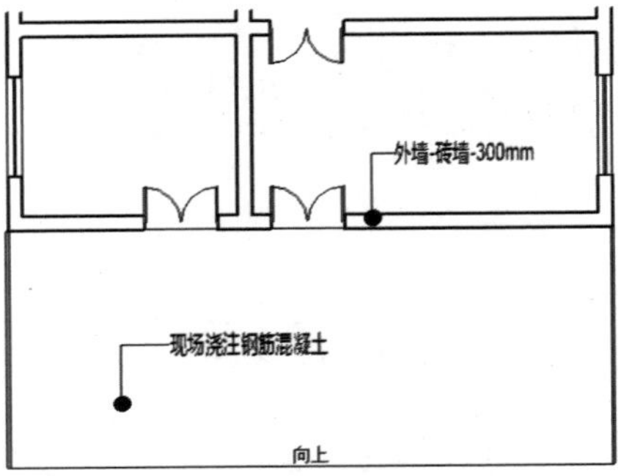

图8-74　修改结果

以坡道材质为例，说明材质标记的设置。在坡道材质的【材质浏览器】对话框中选择“标识”选项卡，设置“说明”字段的文字，如图8-75所示。在为坡道添加材质标记时，显示“说明”字段的文字。

双击材质标记进入在位编辑模式，修改标记说明文字，例如，修改为“现场浇注钢筋混凝土-1”。打开【材质浏览器】对话框，发现“说明”字段的文字也同步更新，如图8-76所示。

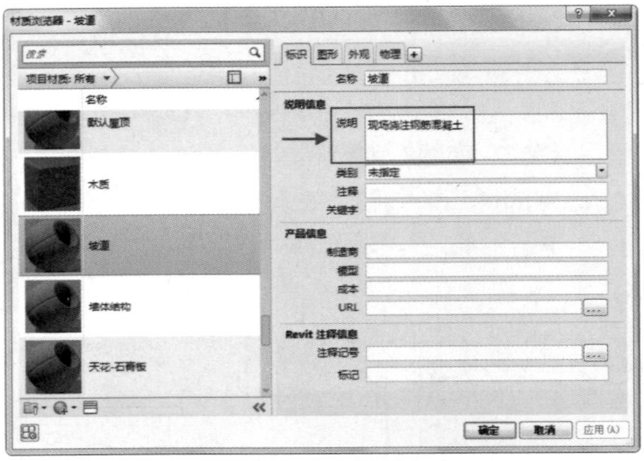

图8-75　设置文字

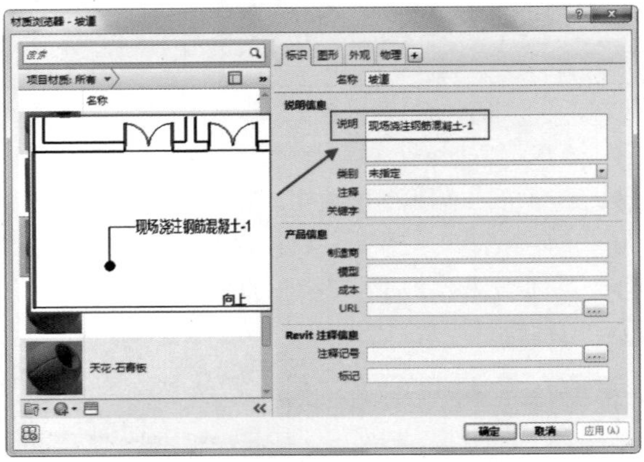

图8-76　同步更新

8.3.4　标注踢面数量

单击“标记”面板上的“踏板数量”按钮，可以在平面视图、立面视图或者剖面视图中为梯段创建踏板或者踢面编号。本节介绍添加踢面编号的操作方法。

01 在“标记”面板上单击“踏板数量”按钮，如图8-77所示，开始执行“添加踢面编号”的操作。

02 将光标置于梯段上，高亮显示如图8-78所示的参照线，表示即将在参照线的位置添加踢面编号。

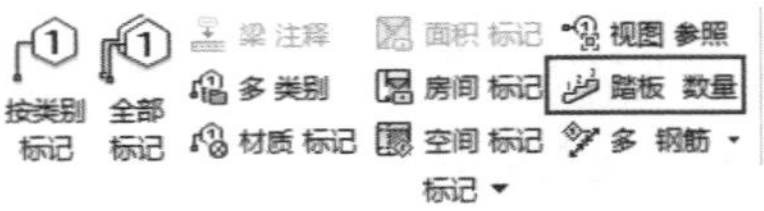

图8-77　单击按钮

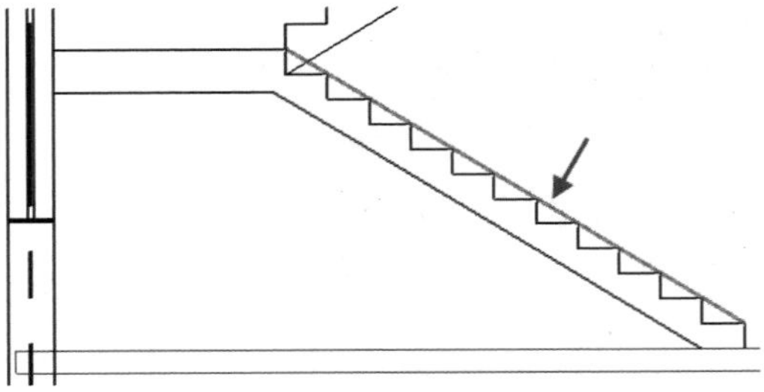
图8-78　显示参照线

提示　本例在剖面视图中执行“添加踢面编号”的操作。

03 为选定的梯段添加踢面编号的效果如图8-79所示。系统默认起始编号为1，顺序编号。

04 此时仍然处于执行命令的状态中，拾取另一梯段，为其添加踢面编号的效果如图8-80所示。

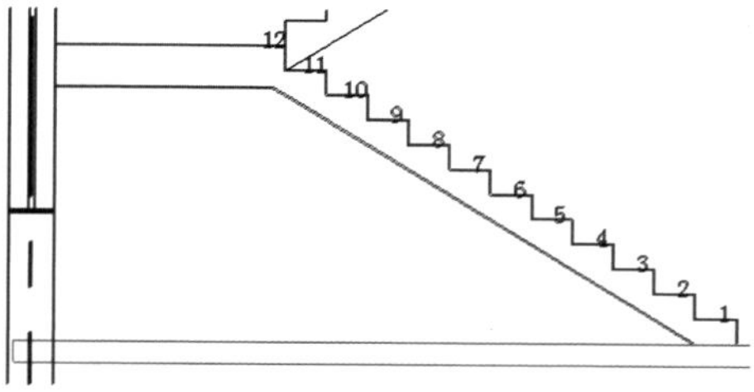

图8-79 添加编号

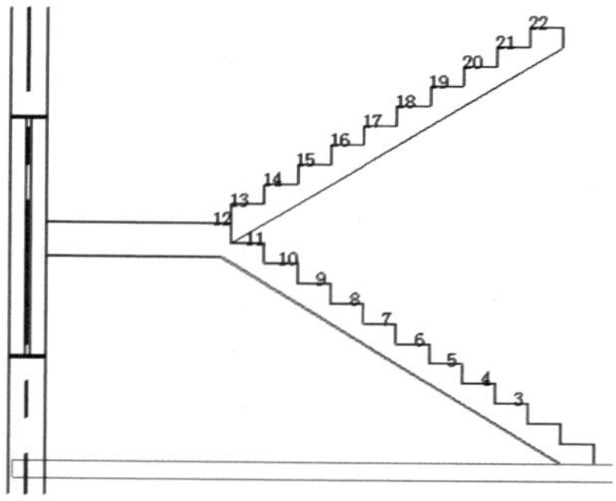

图8-80 操作效果

> **提示** 为双跑楼梯添加踢面编号，二跑梯段的编号与一跑梯段的编号是连续的。

05 选择踢面编号，在“属性”选项板中修改“相对于参照的偏移”值为1.0000mm，修改“对齐偏移”值为1.0000mm，如图8-81所示。

06 调整踢面编号位置的效果如图8-82所示。

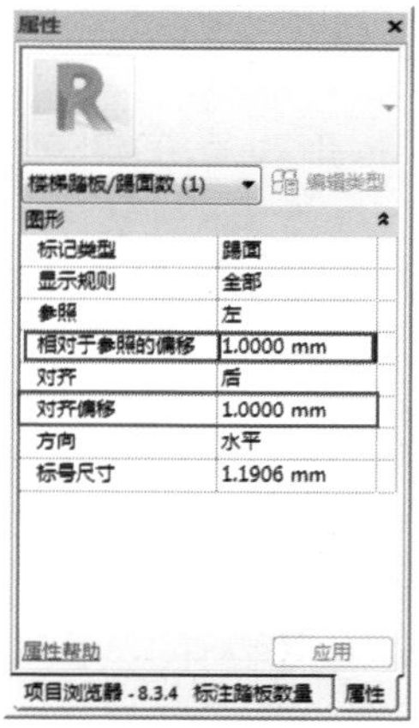

图8-81 设置参数

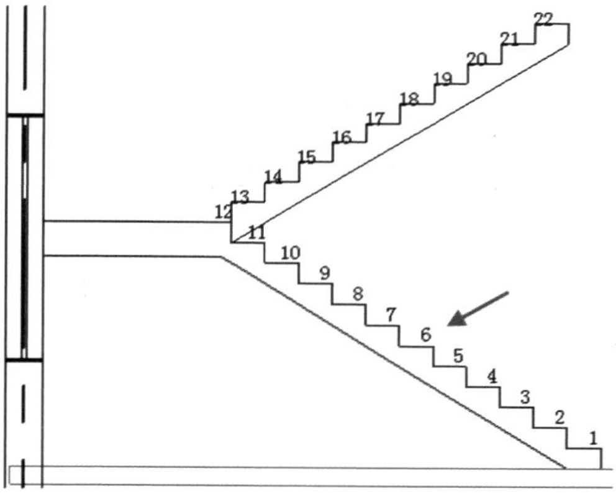

图8-82 调整位置

> **提示** “相对于参照的偏移”值为1.0000mm，表示在参照线的基础上，编号数字向上移动1mm；“对齐偏移”值为1.0000mm，表示编号在水平方向上移动1mm。

07 选择二跑梯段上的踢面编号，修改“相对于参照的偏移”值为-1.0000mm，修改“对齐偏移”值为1.0000mm，如图8-83所示。

08 修改二跑梯段踢面编号位置的效果如图8-84所示。

> **提示** 二跑梯段踢面编号的“参照”为“右”，将“相对于参照的偏移”值设置为负值，使得编号向上移动。

在“属性”选项板的“标记类型”下拉列表中显示“踢面”和“踏板”两个选项，选择不同的选项，设置标记类型。

在“显示规则”下拉列表中显示标记楼梯踏板/踢面的规则，如图8-85所示。默认选择“全部”选项，即按顺序从起点到终点显示连续的编号。用户可以自定义标记规则。

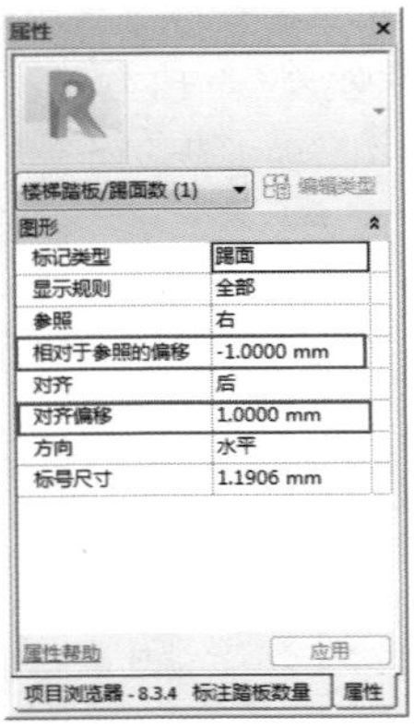

图8-83　修改参数

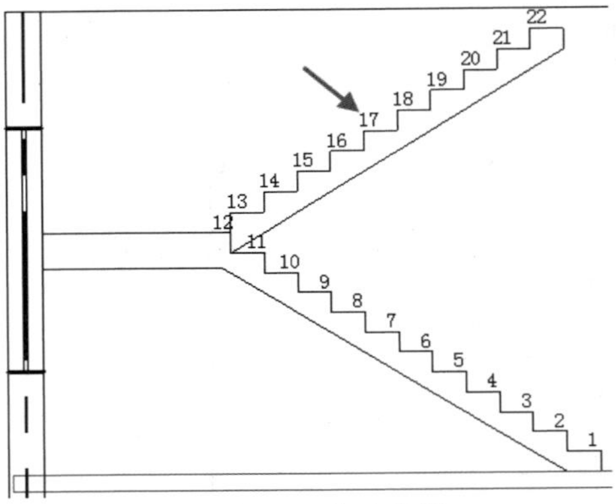

图8-84　修改结果

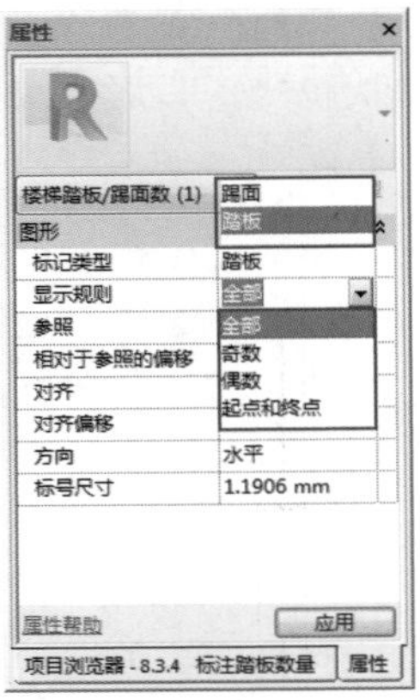

图8-85　“属性”选项板

选择梯段，在选项栏中可以修改“起始编号”值，如图8-86所示。修改“起始编号”值后，踢面编号会自动更新显示。

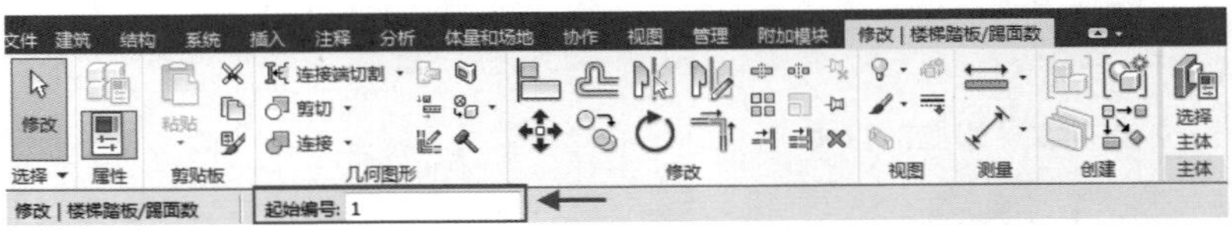

图8-86　设置“起始编号”

8.4　添加文字注释

在Revit中可以添加两种类型的文字注释，一种是二维样式的文字注释；一种是三维样式的文字注释。本节分别介绍添加这两种文字注释的操作方法。

8.4.1　绘制文字注释

选择“注释”选项卡，在“文字”面板中单击“文字”按钮，如图8-87所示，执行“绘制文字注释”的操作。在“属性”选项板中显示“文字注释”的类型，如图8-88所示。单击“编辑类型”按钮，弹出【类型属性】对话框。

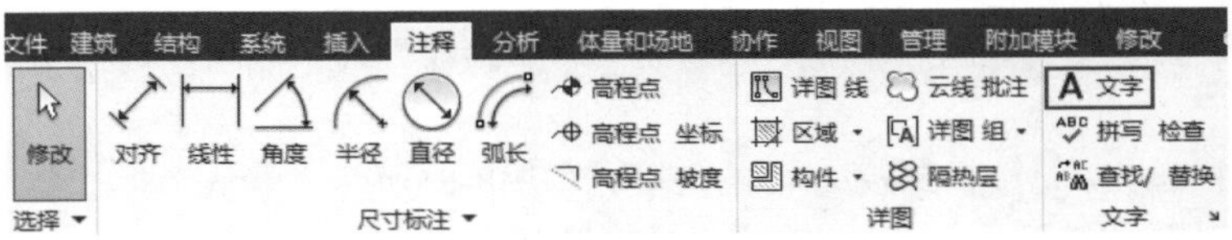

图8-87　单击按钮

图8-88　“属性”选项板

提示 单击“文字”面板名称右下角的斜箭头按钮，如图8-89所示，也可以弹出【类型属性】对话框。

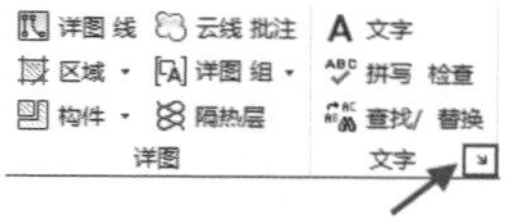

图8-89 单击按钮

在【类型属性】对话框中显示文字的各类属性，如图8-90所示。用户可以根据需要在对话框中进行设置，控制注释文字的最终显示效果。例如，勾选“显示边框”复选框，绘制完毕的文字注释显示边框。另外，在“文字”选项组中修改“文字字体”“文字大小”以及“标签尺寸”等选项的参数，可设置注释文字的显示样式。

在“修改|放置 文字”选项卡的“引线”面板中，可以为注释文字添加各种样式的引线，如“一段”引线、“两段”引线等，默认选择“无引线”选项，如图8-91所示。

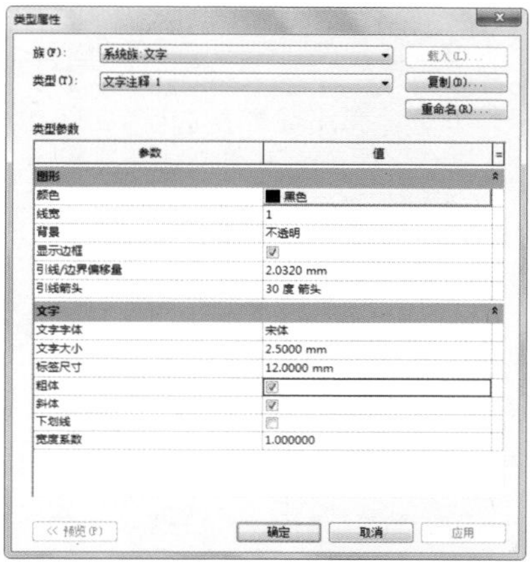

图8-90 设置参数

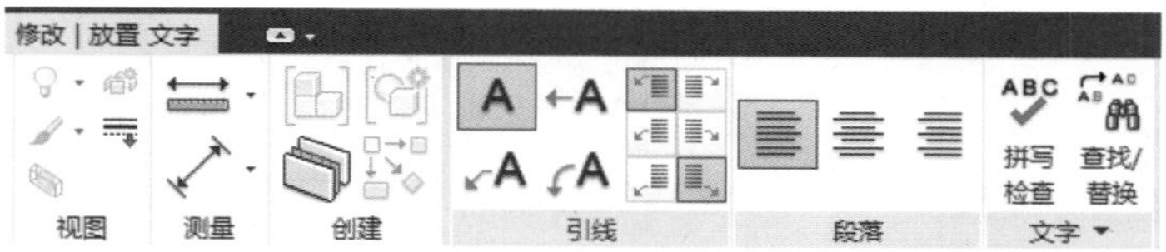

图8-91 “修改|放置 文字”选项卡

在视图中选择位置，如图8-92所示，单击鼠标左键，进入在位编辑模式。输入注释文字，同时预览效果，如图8-93所示。假如在【类型属性】对话框中勾选“显示边框”复选框，就可以在创建文字注释的同时预览边框。

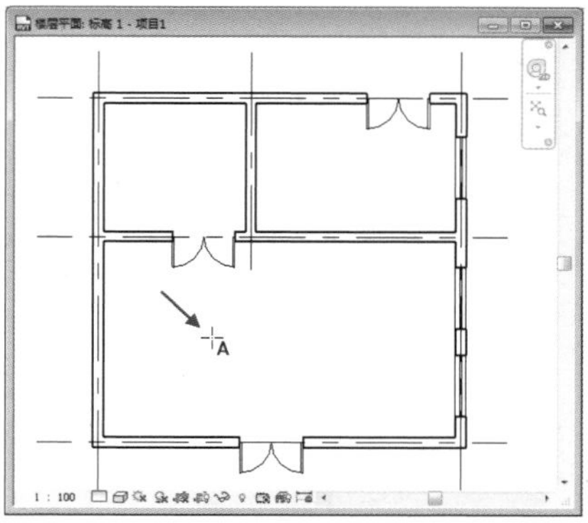
图8-92 指定位置

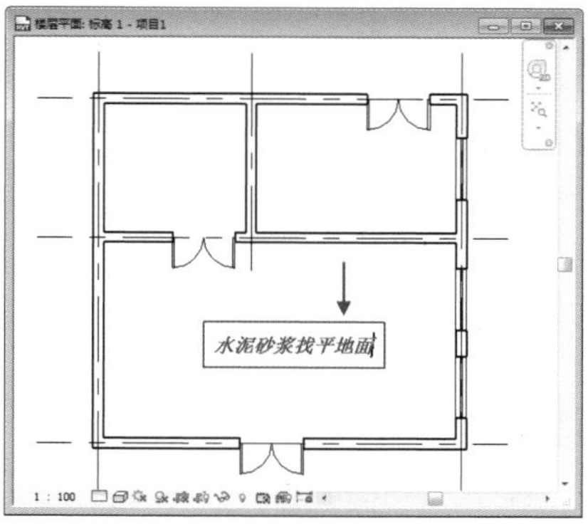

图8-93 输入文字

处于输入注释文字的状态时，选项栏的显示样式如图8-94所示。使用“字体”面板中提供的工具，可以修改注释文字的字体，例如，设置字体为“粗体”“斜体”，或者添加下画线等。

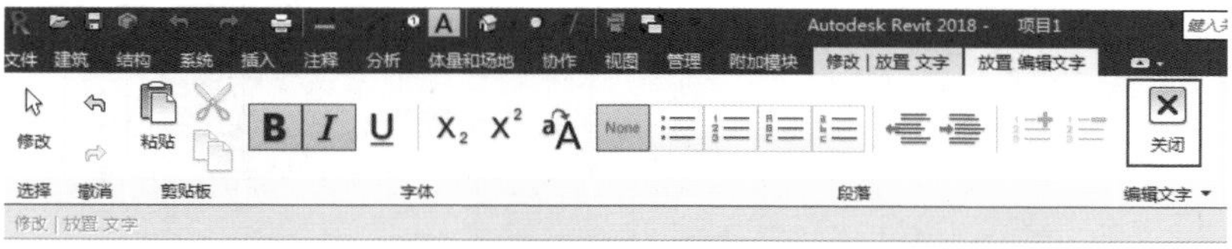

图8-94 显示样式

在“段落”面板中提供了添加列表符号的工具，选择这些工具，可以为列表添加“项目符号”“编号”以及“大写字母”等，默认选择“无”选项。

单击“关闭”按钮，退出输入注释文字的模式。

绘制完毕的注释文字如图8-95所示。拖动边框左上角的“拖曳”符号，可以调整文字的位置。单击右上角的“旋转文字注释”符号，可以调整文字的角度。激活边框垂直边线上的蓝色实心夹点，移动鼠标拖曳夹点，可以调整边框的大小。

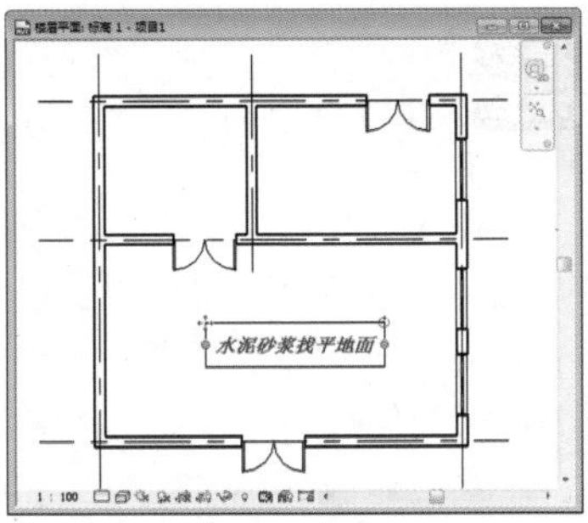

图8-95　绘制注释文字

8.4.2　编辑注释文字

选择注释文字，在“属性”选项板中显示其属性，如图8-96所示。勾选“弧引线”复选框，可以为注释文字添加弧形引线，如图8-97所示。

选择已添加弧引线的注释文字，进入“修改|文字注释”选项卡。在“引线”面板中单击“添加左弧引线”按钮，如图8-98所示，在注释文字的左侧继续添加弧引线。

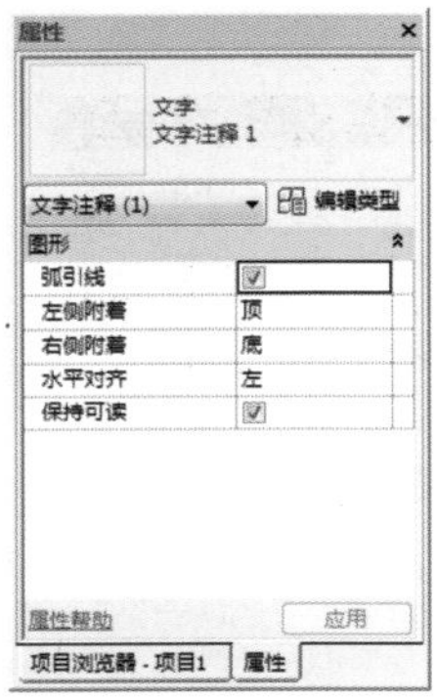

图8-96　选择选项

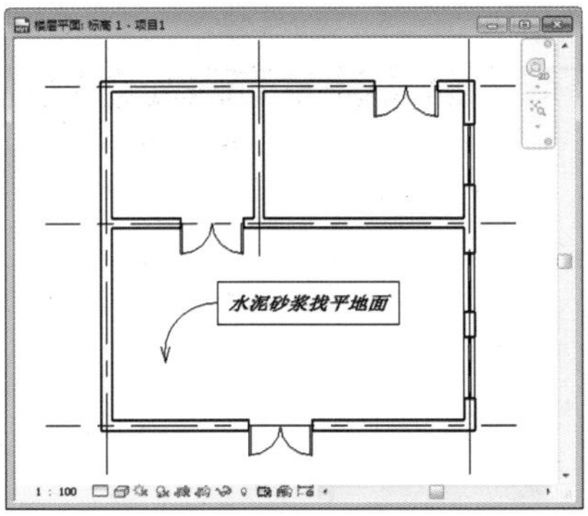

图8-97　添加引线

图8-98　单击按钮

单击“添加右弧引线”按钮，可以在注释文字的右侧添加弧引线。单击“删除最后一条引线”按钮，可以删除最近添加的一条引线。

当一个注释文本需要同时标注几个图元时，可以为注释文本添加多条弧引线，如图8-99所示。添加弧引线后，通过激活引线上的夹点，可以调整引线的指示方向，使其准确地指向需要标注的图元。

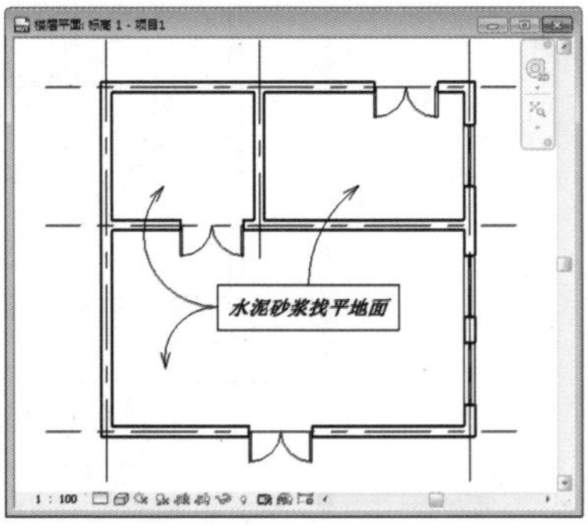

图8-99　添加多条引线

8.4.3　添加模型文字

启用“模型文字”命令，可以将三维文字添加到模型中。在放置模型文字时，需要用户指定一个面来放置。所以在执行“添加模型文字”之前，可以先设置工作平面。

设置工作平面

选择“建筑”选项卡，在“工作平面”面板上单击“设置”按钮，如图8-100所示，弹出【工作平面】对话框。在“名称”文本框中显示当前工作平面的名称，选中“拾取一个平面”单选按钮，如图8-101所示，用户可以自定义一个新的工作平面。

为了方便拾取模型面，应该事先切换至三维视图。将光标置于墙体上，高亮显示墙体边界线，如图8-102所示。单击鼠标左键，指定墙面为工作平面。可是在“指定工作平面”操作结束后，模型却没有什么变化，难免会让新用户感到困惑。

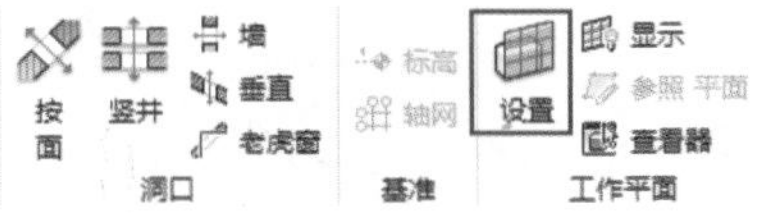

图8-100　单击按钮

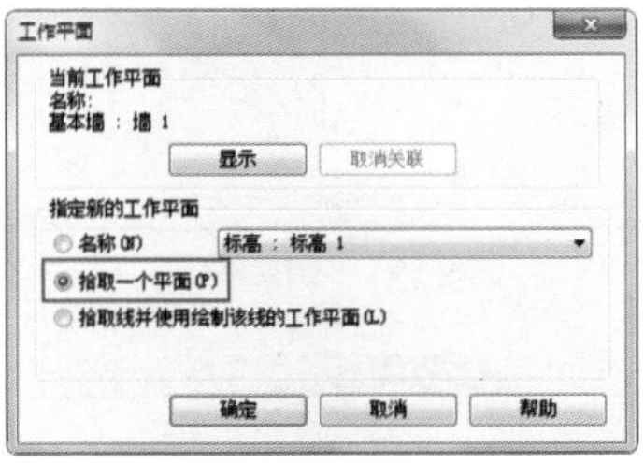

图8-101　选择选项

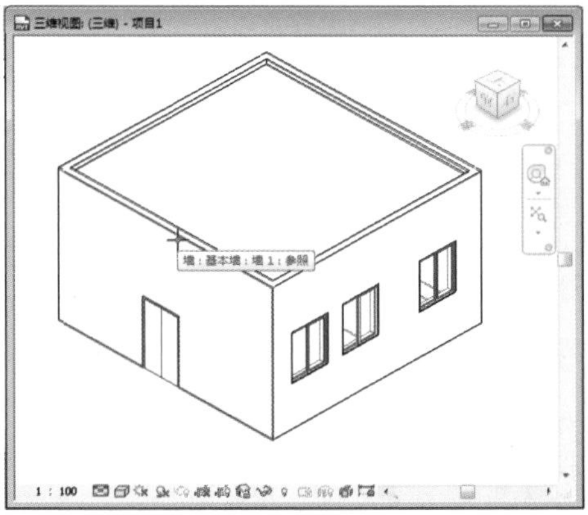

图8-102　拾取面

在“工作平面”面板上单击“显示”按钮，如图8-103所示，用来在视图中显示工作平面。

此时在曾指定的墙体上显示工作平面，如图8-104所示。这是工作平面的显示效果，而不是墙体的其他显示样式，注意不要混淆。

图8-103　单击按钮

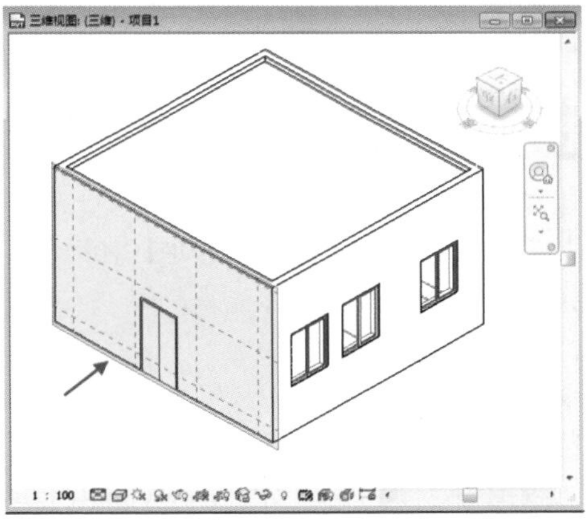

图8-104　显示工作平面

添加模型文字

在“模型”面板上单击“模型文字”按钮，如图8-105所示，开始执行“添加模型文字”的操作。

提示　启用“模型文字”命令后，将在指定的工作平面上放置三维文字。

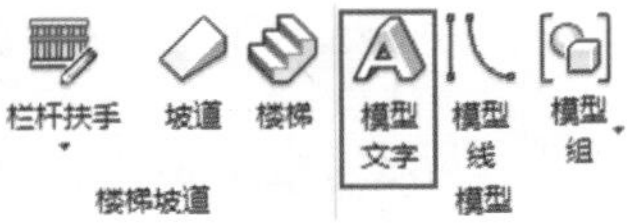

图8-105　单击按钮

弹出【编辑文字】对话框，默认显示参数为“模型文字”。选择默认文字删除，输入新的标注文字，如“安全出口”，如图8-106所示。单击“确定”按钮，关闭对话框。

将光标置于已定义的工作平面上，此时可以预览三维模型文字的创建效果，如图8-107所示。

图8-106　输入文字

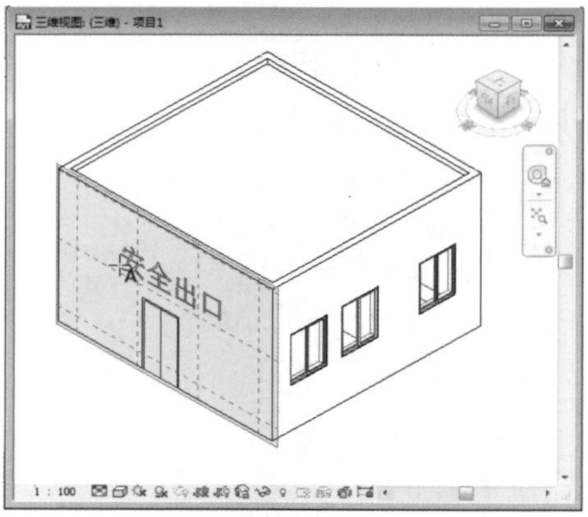

图8-107　指定位置

提示 模型文字的方向与工作平面的方向一致。在垂直平面上创建垂直方向上的模型文字，在水平平面上创建水平方向上的模型文字。

在合适的位置单击鼠标左键，创建模型文字的效果如图8-108所示。模型文字默认显示系统参数，如“字体”“厚度”以及“材质”参数等。用户可以使用系统参数，也可以自定义参数来修改模型文字的显示效果。

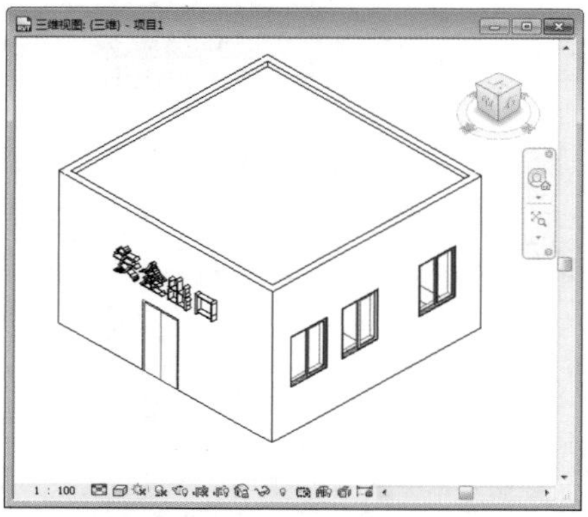

图8-108　添加模型文字

编辑模型文字

选择模型文字，在“属性”选项板中单击“编辑类型”按钮，弹出如图8-109所示的【类型属性】对话框。在“文字字体”的下拉列表中显示多种字体样式，如“宋体”“幼圆”以及“黑体”等，选择其中一项，为模型文字定义字体样式。

在“文字大小”选项中显示模型文字的大小值，修改参数改变文字的大小。修改参数完毕后，单击“确定”按钮，关闭对话框，在视图中观察修改效果。

在三维视图中，单击右上角的ViewCube中的“前”按钮，切换到前视图。在视图中选择模型文字，通过按键盘上的方向键，调整模型文字的位置，效果如图8-110所示。

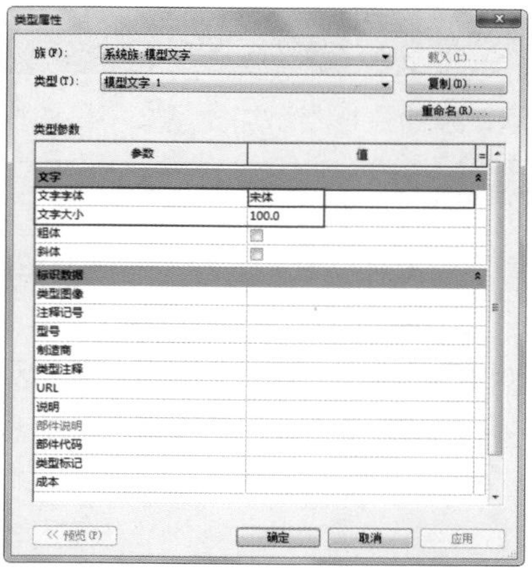

图8-109　【类型属性】对话框

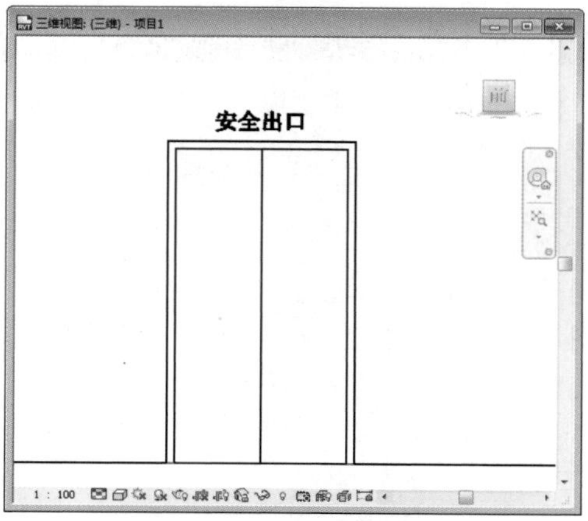

图8-110　调整位置

保持模型文字的选择状态，在“属性”选项板中显示文字的参数，如图8-111所示。在“文字”选项中显示文字内容，在“水平对齐”选项中显示文字的对齐方式。

在“材质”选项中显示模型文字的材质类型，默认显示“<按类别>”，假如用户为其设置材质，则在选项中显示材质名称。

在修改文字属性的同时，可以在三维视图中实时观察文字的修改效果，如图8-112所示。如果发现效果不满意，还可以继续修改参数，直至满意为止。

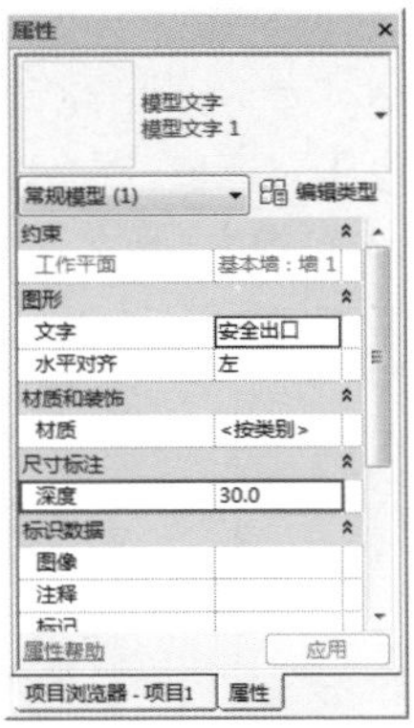

图8-111　“属性”参数

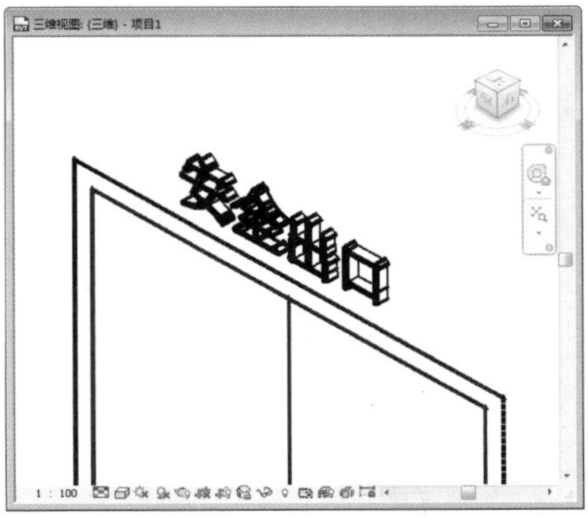

图8-112　修改结果

8.5　利用明细表进行统计

通过创建明细表，可以统计指定构件的相关信息。在Revit中可以创建多种类型的明细表，如墙体明细表、门窗明细表等。在明细表中详细罗列了与构件相关的信息，修改信息，视图中的构件可以同步更新。本节介绍创建明细表的操作方法。

8.5.1　创建门窗明细表

在Revit应用程序中，系统默认创建两个明细表，就是门明细表与窗明细表。用户在创建项目模型的过程中，门窗明细表会自动记录门窗信息。用户到明细表视图中可以查看门窗信息。本节介绍创建门窗明细表的操作方法。

01 在项目浏览器中默认创建名称为“明细表/数量”的列表，如图8-113所示。在用户尚未创建明细表之前，该列表中没有显示任何内容。

02 选择“视图”选项卡，在“创建”面板中单击“明细表”按钮，在弹出的下拉列表中选择“明细表/数量”选项，如图8-114所示，开始执行“创建明细表”的操作。

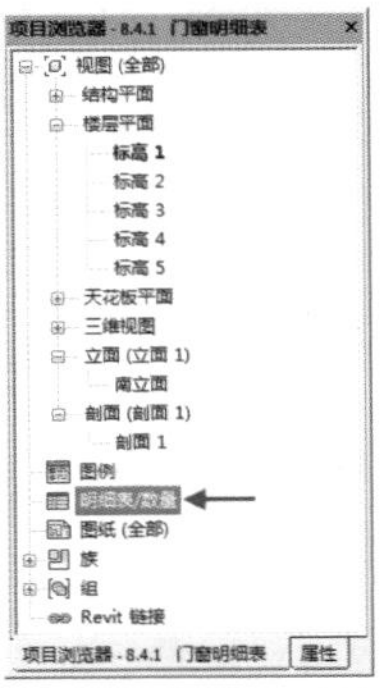

图8-113　项目浏览器

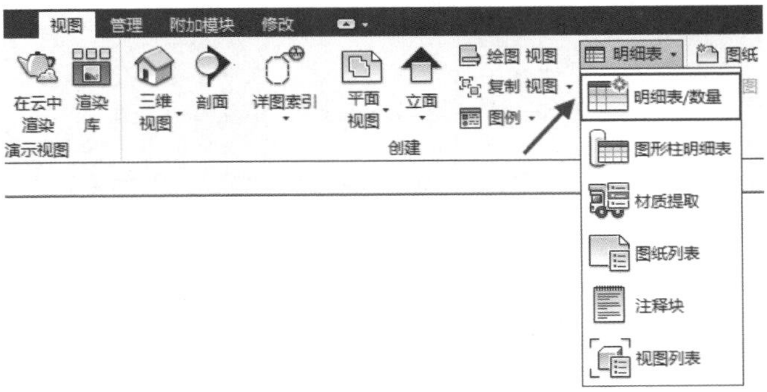

图8-114　选择选项

提示　在“明细表”下拉列表中显示其他选项，选择这些选项，如“图形柱明细表”“材质提取”等，可以创建其他样式的明细表。

03 弹出【新建明细表】对话框，在“过滤器列表”下拉列表框中选择“建筑”选项。在“类别”列表框中选择“门”选项，系统自动在“名称”文本框中将明细表命名为“门明细表”，如图8-115所示。

04 单击“确定”按钮，弹出【明细表属性】对话框。在“可用的字段”列表框中选择“类型”选项，单击中间的“添加参数”按钮，将选中的字段添加至右侧“明细表字段”列表框中，如图8-116所示。

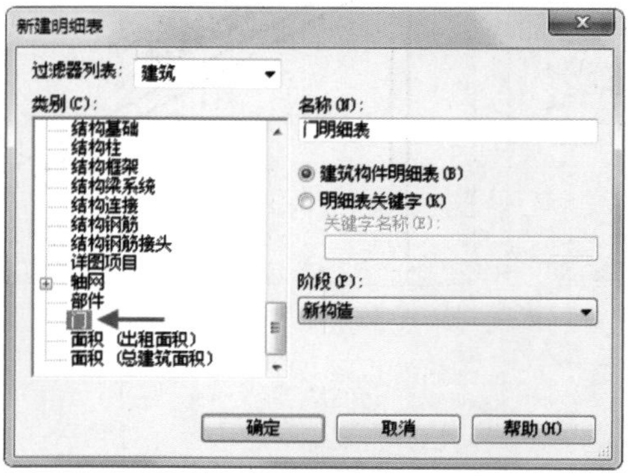

图8-115 选择类别

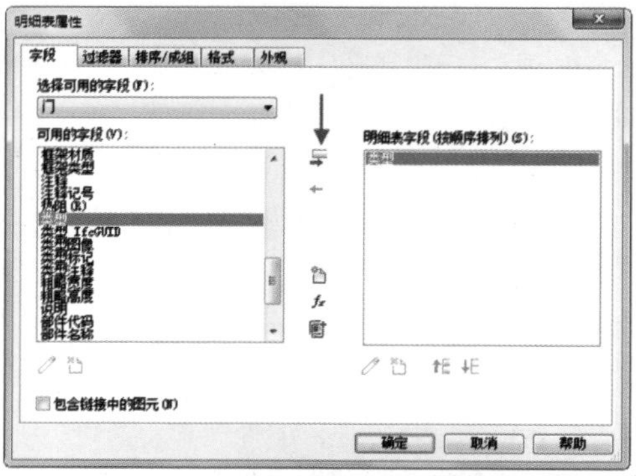

图8-116 选择字段

提示：用户可以在“名称”文本框中自定义明细表名称，或者直接使用默认名称。

05 重复选择“可用的字段”，将其添加至“明细表字段”列表框，如图8-117所示。

06 在“明细表字段”列表框中选择字段，单击该列表框下方的“上移参数”按钮或“下移参数”按钮，调整字段的位置，如图8-118所示。

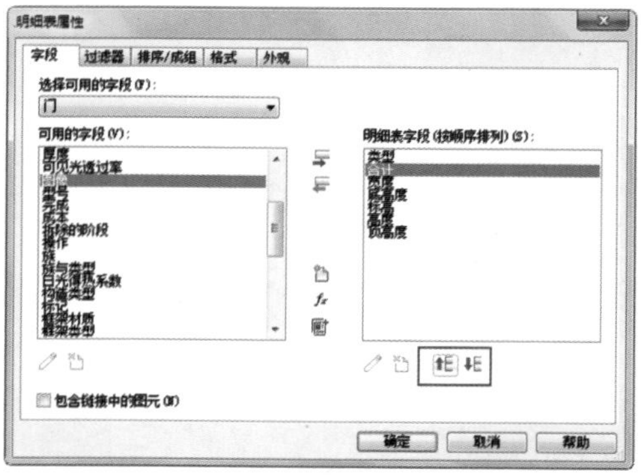

图8-117 添加字段

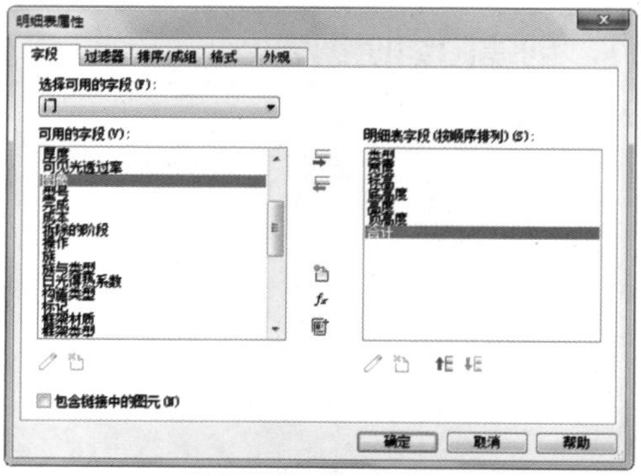

图8-118 调整顺序

提示：字段在“明细表字段”中的顺序与在明细表视图中的排列顺序相同，通过调整字段在“明细表字段”中的顺序，最终影响其在明细表视图中的排列。

07 选择“排序/成组”选项卡，单击“排序方式”右侧的倒三角按钮，在弹出的下拉列表中选择“类型”选项，如图8-119所示。设置字段在明细表中排序方式为“升序”。

08 选择“格式”选项卡，在“字段”列表框中选择字段，设置“标题”“标题方向”以及“对齐”等选项，如图8-120所示。通常情况下使用默认设置即可。

提示：在“过滤器”选项卡中可设置条件选项来过滤字段，符合要求的字段显示在明细表中。如果所有的字段都显示在明细表中，就无须在选项卡中设置任何选项。

09 进入“外观”选项卡，勾选“轮廓”复选框，激活该选项下拉列表。在弹出的下拉列表中选择“宽线”选项，如图8-121所示，设置明细表轮廓线的样式。其他选项保持默认值即可。

图8-119 设置排序方式

图8-120 设置格式

10 单击“确定”按钮，系统执行“创建门明细表”的操作。操作完毕后，转换至明细表视图。门明细表的创建效果如图8-122所示，在其中可以了解门的相关信息，如“类型”“宽度”以及“标高”等。

11 在项目浏览器的“明细表/数量”列表中显示名称为“门明细表”的选项，如图8-123所示。

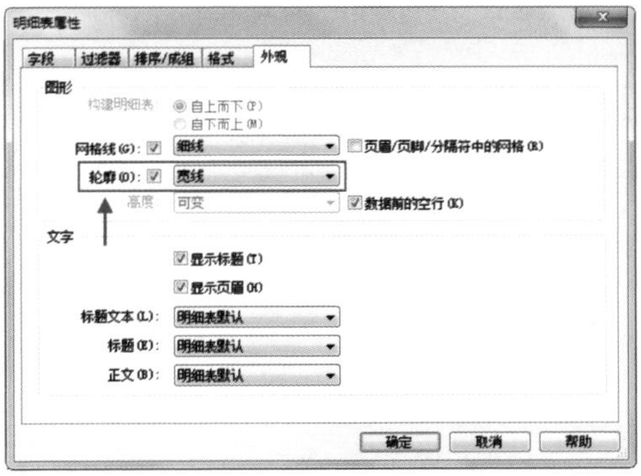

图8-121 设置外观

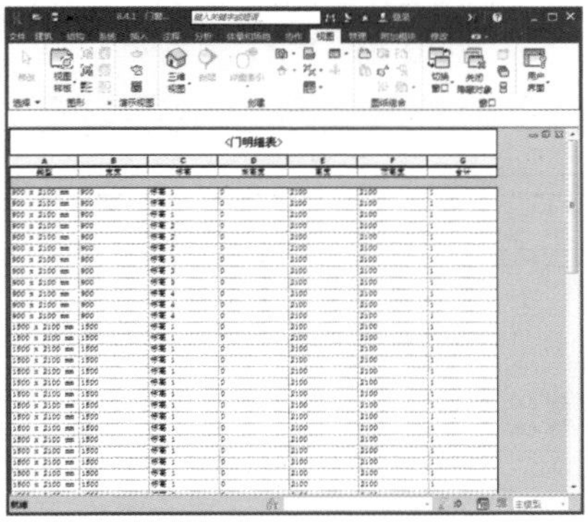
图8-122 门明细表

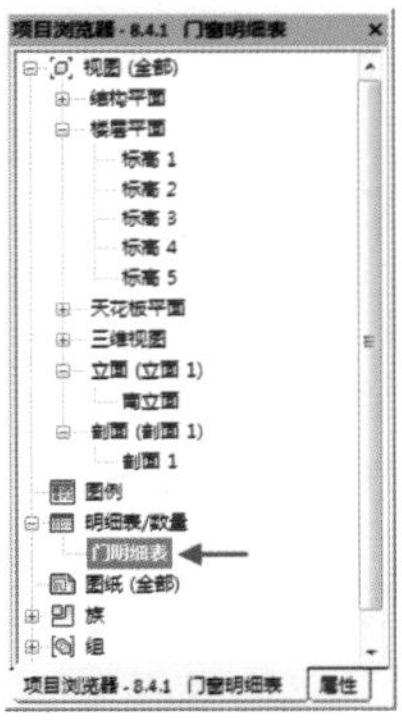

图8-123 显示视图名称

12 在“属性”选项板中单击“排序/成组”右侧的“编辑”按钮，如图8-124所示，弹出【明细表属性】对话框。

13 在“排序/成组”选项卡中取消勾选“逐项列举每个实例”复选框，如图8-125所示。单击“确定”按钮，关闭对话框。

14 在“属性”选项板中单击“外观”右侧的“编辑”按钮，在【明细表属性】对话框的“外观”选项卡中取消勾选“数据前的空行”复选框，如图8-126所示。单击“确定”按钮，关闭对话框。

图8-124 单击按钮

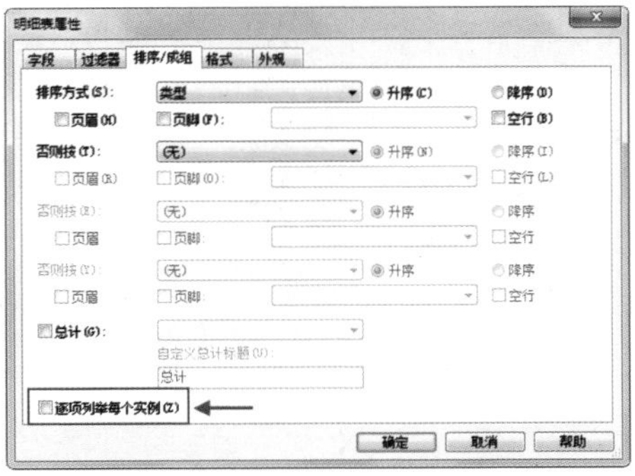

图8-125 “排序/成组”选项卡

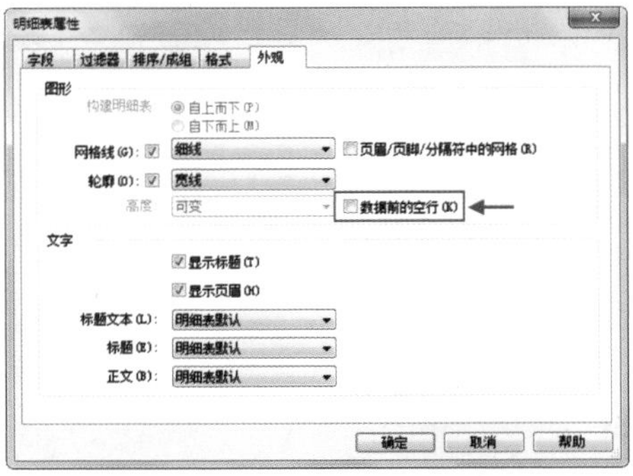

图8-126 “外观”选项卡

提示 在“属性”选项板中单击“排序/成组”右侧的“编辑”按钮，在弹出的【明细表属性】对话框中可以自动切换到“排序/成组”选项卡。单击其他选项按钮，如“字段”右侧的“编辑”按钮，所弹出的对话框可以自动定位到与其相对应的选项卡。

15 取消勾选“逐项列举每个实例”复选框后，在明细表中按类型显示门信息，不再列举每个类型所包含的门实例。隐藏数据行前的空行效果如图8-127所示。

创建窗明细表的过程与创建门明细表的过程类似。用户可以按照默认参数来逐项显示窗实例，也可以仅显示窗类型，如图8-128所示。

创建窗明细表后，在项目浏览器的“明细表/数量”列表中显示窗明细表名称，如图8-129所示。双击视图名称，可以切换至指定的明细表视图。

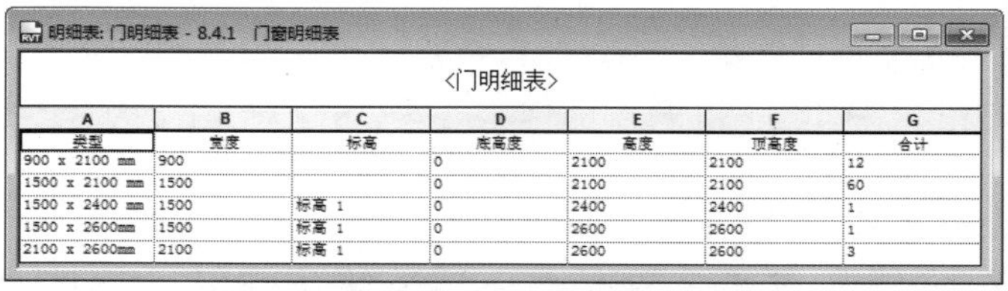

明细表: 门明细表 - 8.4.1 门窗明细表

<门明细表>

A	B	C	D	E	F	G
类型	宽度	标高	底高度	高度	顶高度	合计
900 x 2100 mm	900		0	2100	2100	12
1500 x 2100 mm	1500		0	2100	2100	60
1500 x 2400 mm	1500	标高 1	0	2400	2400	1
1500 x 2600mm	1500	标高 1	0	2600	2600	1
2100 x 2600mm	2100	标高 1	0	2600	2600	3

图8-127　修改效果

明细表: 窗明细表 - 8.4.1 门窗明细表

<窗明细表>

A	B	C	D	E	F	G	H
类型	标高	宽度	底高度	顶高度	高度	说明	合计
1500 x 2000mm		1500	600	2600	2000		6
2500 x 2100mm		2500	900	3000	2100		117

图8-128　窗明细表

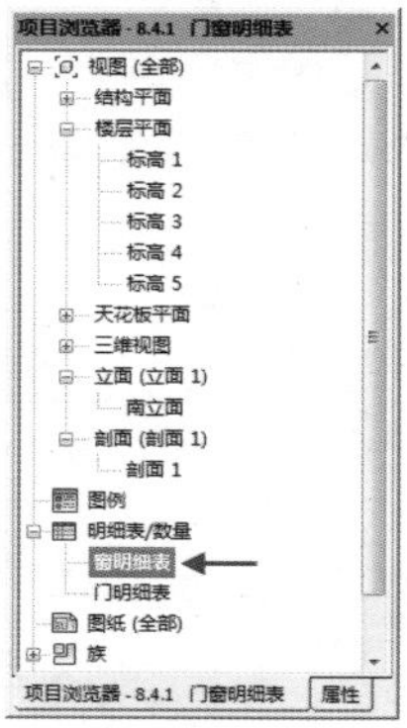

图8-129　显示视图名称

8.5.2　创建材质明细表

通过启用“材质提取”命令，可以创建所有Revit族类别的子构件或者材质的列表。通过材质提取明细表，可以了解组成构件部件的材质数量。本节介绍创建材质明细表的方法。

01 在“创建”面板上单击“明细表”按钮，在弹出的下拉列表中选择“材质提取”选项，如图8-130所示，开始执行“创建材质提取表”的操作。

02 弹出【新建材质提取】对话框，在“类别”列表框中选择“墙”选项，如图8-131所示。在“名称”文本框中显示默认名称为“墙材质提取”。

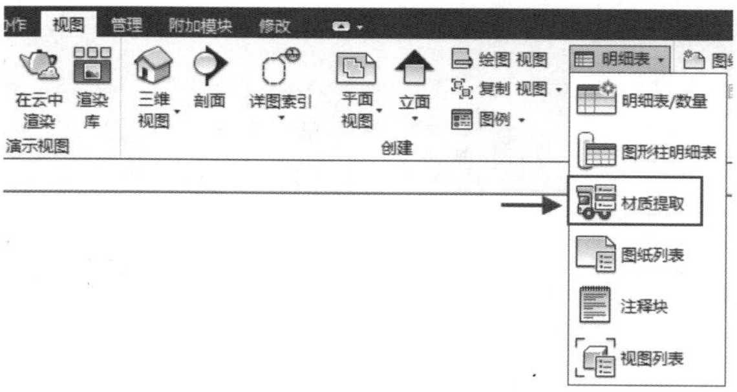

图8-130　选择选项

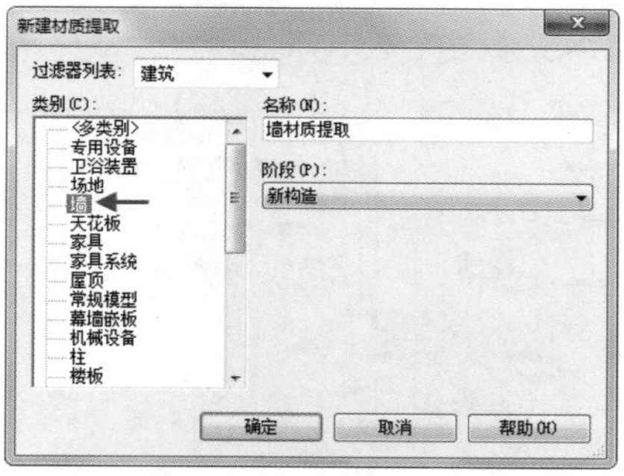

图8-131　选择类别

03 单击“确定”按钮，弹出【材质提取属性】对话框。在“可用的字段”列表框中选择“材质：名称”和“材质：体积”字段，单击“添加参数”按钮，添加到“明细表字段”列表框中，如图8-132所示。

04 进入“排序/成组”选项卡，单击“排序方式”右侧的倒三角按钮，在弹出的下拉列表中选择“材质：名称”选项，取消勾选“逐项列举每个实例”复选框，如图8-133所示。

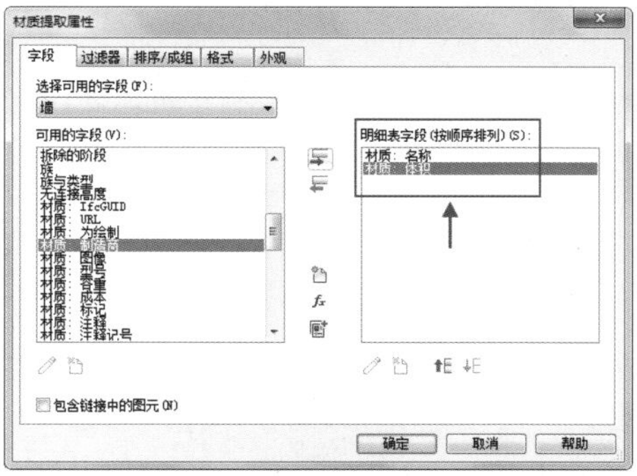

图8-132　选择字段

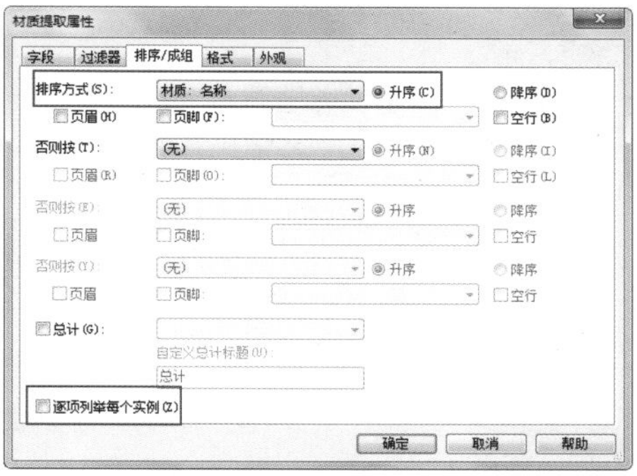

图8-133　设置排序方式

05 在“外观”选项卡中勾选“轮廓”复选框，单击弹出下拉列表，选择“中粗线”选项，并取消勾选“数据前的空行”复选框，如图8-134所示。

06 单击“确定”按钮，关闭对话框。转换至明细表视图，“墙材质提取”明细表的创建效果如图8-135所示。

07 在“属性”选项板中单击“格式”右侧的“编辑”按钮，如图8-136所示，弹出【材质提取属性】对话框，并自动切换至“格式”选项卡。

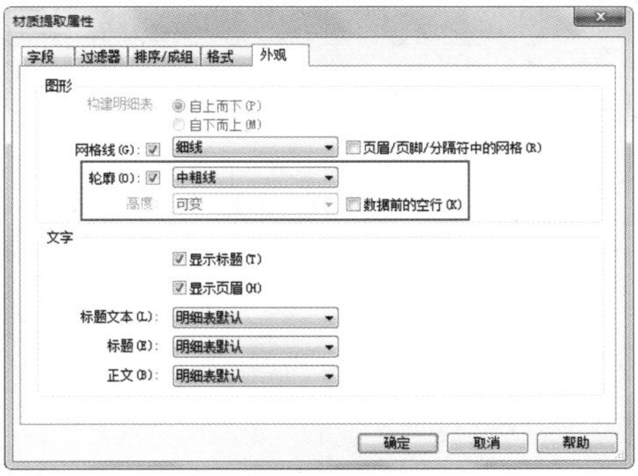

图8-134　设置外观样式

<墙材质提取>	
A	B
材质：名称	材质：体积
办公楼 － 内墙抹灰	
办公楼 － 外墙粉刷	
办公楼 － 外墙衬底	
默认墙	

图8-135　创建明细表

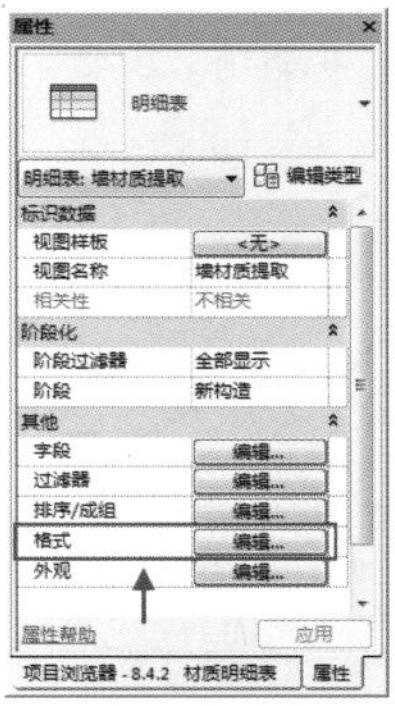

图8-136　单击按钮

08 单击“在图纸上显示条件格式”下方的倒三角按钮，在弹出的下拉列表中选择“计算总数”选项，如图8-137所示。单击“确定”按钮，关闭对话框。

09 在“材质：体积”表列中显示计算结果，如图8-138所示。

在项目浏览器的“明细表/数量”列表中显示项目包含的所有明细表视图的名称，选择“墙材质提取”视图，如图8-139所示，双击左键可以切换至该视图。

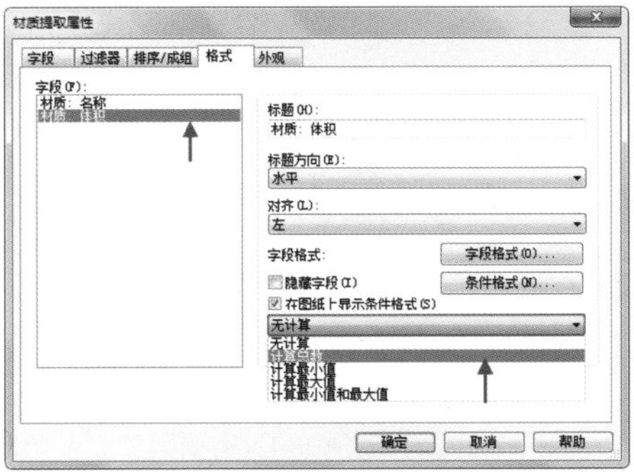

图8-137　选择选项

<墙材质提取>	
A	B
材质：名称	材质：体积
办公楼 － 内墙抹灰	86.78 m³
办公楼 － 外墙粉刷	41.52 m³
办公楼 － 外墙衬底	41.52 m³
默认墙	852.81 m³

图8-138　计算体积

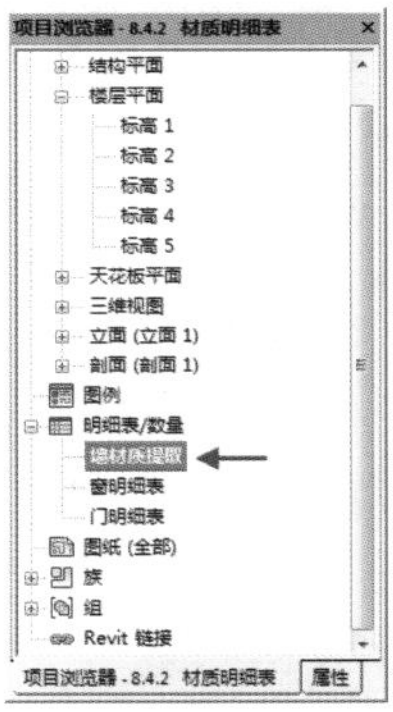

图8-139　显示视图名称

第9章

场地建模

9.1 创建和添加场地

场地建模包括添加地形表面、导入各类构件以及绘制建筑地坪，本节介绍场地建模各项操作步骤。

9.1.1 创建地形表面

在Revit中创建地形表面有两种方法，一种是“放置点”，一种是“导入实例或者点文件”。本节介绍使用这两种方式创建地形表面的操作方法。

通过“放置点”创建地形表面

启用“放置点”命令，在视图中单击鼠标左键放置点，以此来定义地形表面轮廓线。在创建地形表面之前，可以先绘制辅助线。在辅助线的基础上放置点，可以绘制指定样式的地形表面。本节介绍通过“放置点”创建地形表面的操作方法。

01 选择“建筑”选项卡，在“模型”面板上单击“模型线”按钮，如图9-1所示，执行“绘制模型线”的操作。

图9-1　单击按钮

提示 *用户也可以绘制“参照平面”作为辅助线，但是Revit只能绘制垂直与水平方向上的参照平面。与之相比较，“模型线”可以绘制多种类型的轮廓线。*

02 在“修改|放置 线”选项卡的“绘制”面板中单击“椭圆”按钮，如图9-2所示，指定绘制方式。其他选项保持默认值。

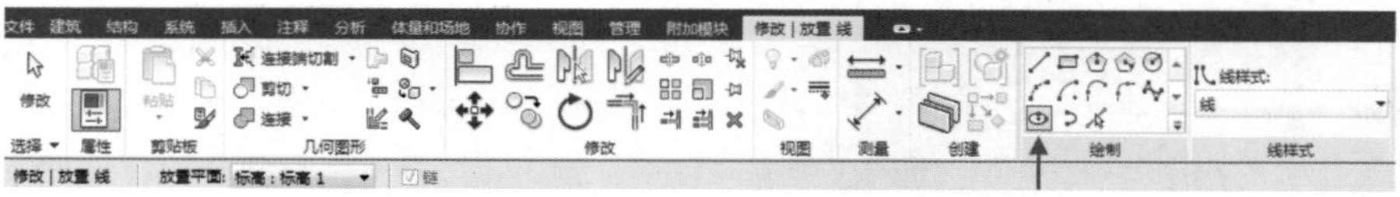

图9-2　选择绘制方式

03 单击指定椭圆的中心，向右移动鼠标，指定椭圆弧的端点，如图9-3所示。

04 向上移动鼠标，指定另一椭圆弧的端点，效果如图9-4所示。

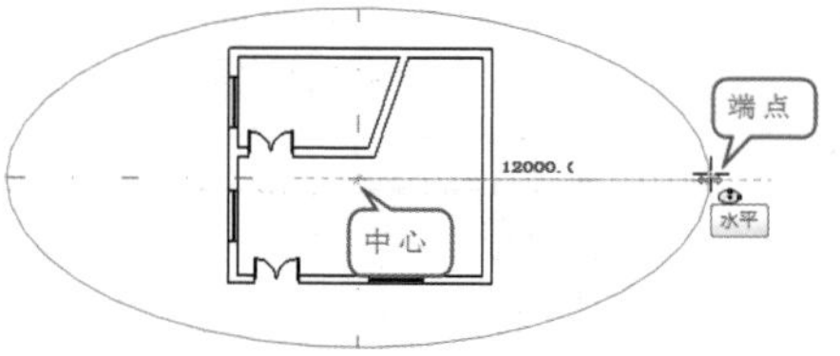

图9-3　指定端点1

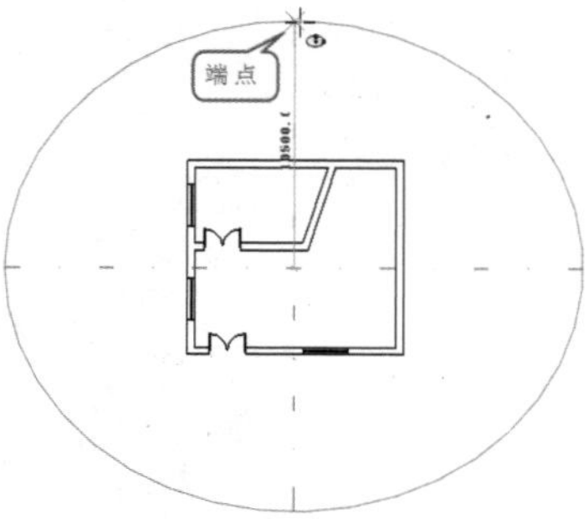

图9-4　指定端点2

用户在项目中创建场地，可以自定义场地的材质，如沙地、草地或者水泥平面等。在场地上可以布置各类构件，如停车场构件、建筑小品等，丰富项目模型的表现效果。修改创建完毕的场地，可以得到不一样的效果。本章介绍场地建模及修改场地的方法。

05 按Esc键退出命令，绘制椭圆轮廓线的效果如图9-5所示。

06 选择“体量和场地”选项卡，单击“场地建模”面板中的“地形表面”按钮，如图9-6所示，开始执行“创建地形表面”的操作。

07 在选项卡中单击“放置点”按钮，如图9-7所示，指定创建方式。

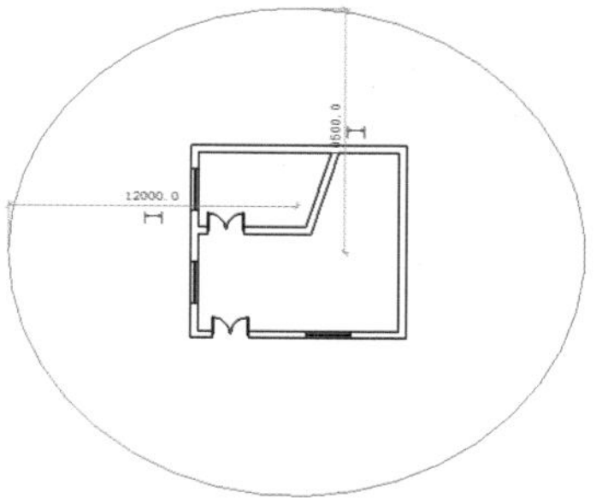

图 9-5　绘制结果

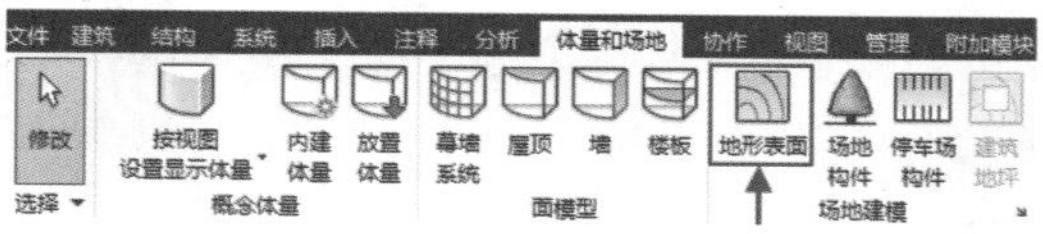

图 9-6　单击按钮

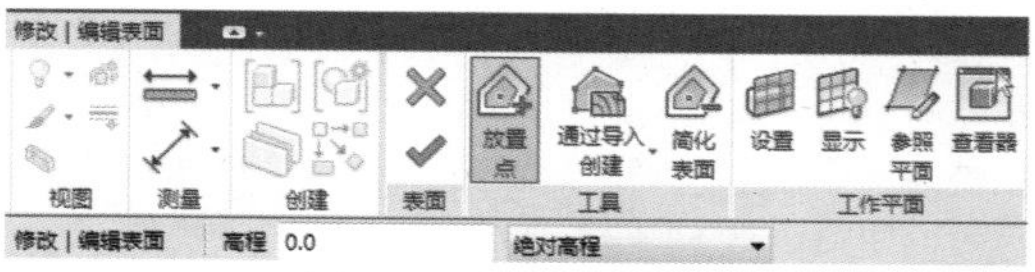

图 9-7　选择创建方式

08 以椭圆轮廓线为基准，依次在轮廓线上单击鼠标左键放置点，操作效果如图9-8所示。

09 单击“完成编辑模式”按钮，退出命令。转换至三维视图，观察地形表面的创建效果，如图9-9所示。

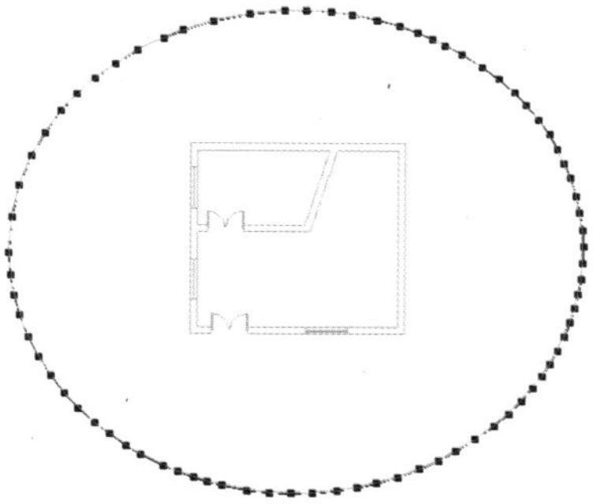
图9-8　放置点

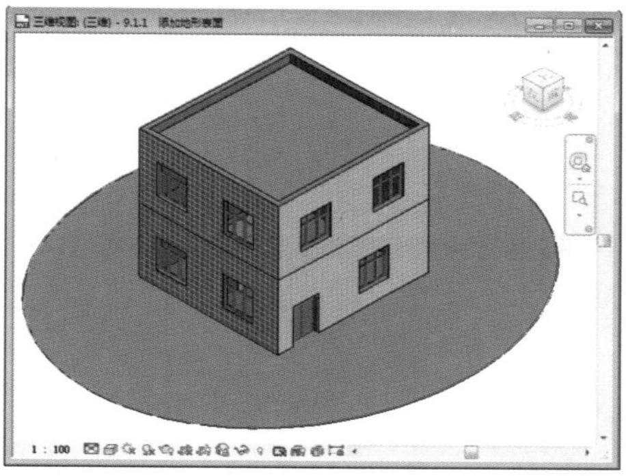

图9-9　地形表面

提示　*在绘图区域放置3个点，可以绘制闭合的地形表面轮廓线。因为以椭圆作为辅助线，所以需要放置多个点来绘制椭圆形的地形表面。*

通过导入创建地形表面

用户除了可以通过“放置点”命令创建地形表面外，还可以根据来自其他来源的数据创建地形表面。用户可以导入DWG、DXF以及DGN格式的等高线数据来创建地形表面。

本节介绍导入DWG文件后，在其基础上创建地形表面的操作方法。

01 选择“插入”选项卡，在“导入”面板上单击“导入CAD”按钮，如图9-10所示，执行“导入CAD文件”的操作。

02 弹出【导入CAD格式】对话框，选择名称为“等高线实例”的文件，如图9-11所示。在对话框的下方显示导入数据，保持默认值即可。单击“打开”按钮，将选中的文件导入到Revit应用程序中。

图 9-10　单击按钮

03 在Revit中观察导入的CAD文件，如图9-13所示，包含主等高线以及次等高线。

提示

假如尚未导入外部文件，在执行“通过导入创建”操作时，系统弹出如图9-12所示的Revit提示框，提示用户先导入所需的对象。

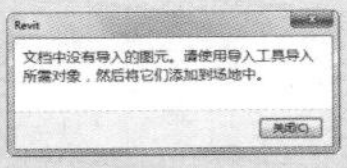

图 9-12　Revit提示框

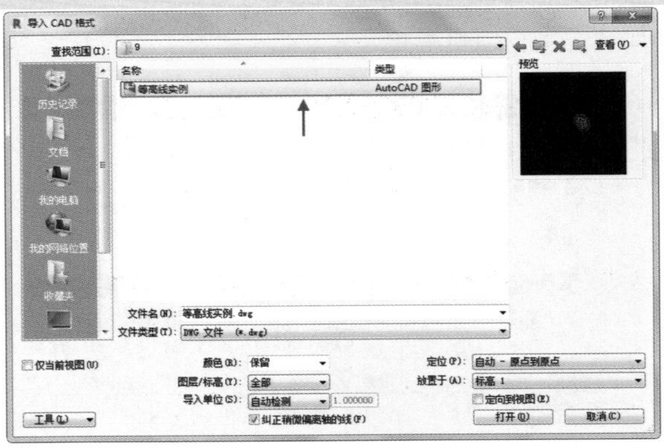

图 9-11　选择文件

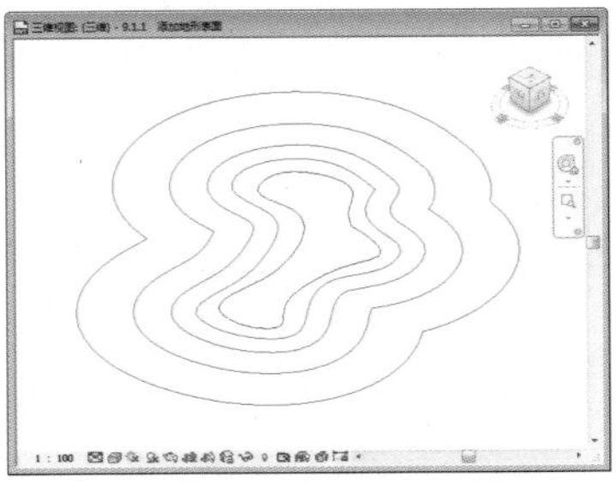

图 9-13　导入文件

04 选择“体量和场地”选项卡，在“场地建模”面板上单击“地形表面”按钮，执行“创建地形表面”的操作。在选项卡中单击“通过导入创建”按钮，在弹出的下拉列表中选择“选择导入实例”选项，如图9-14所示。

05 将光标置于导入的CAD文件之上，高亮显示文件的边界线，如图9-15所示，单击拾取文件。

06 随后弹出【从所选图层添加点】对话框，勾选“主等高线”和“次等高线”复选框，如图9-16所示。单击“确定”按钮，关闭对话框。

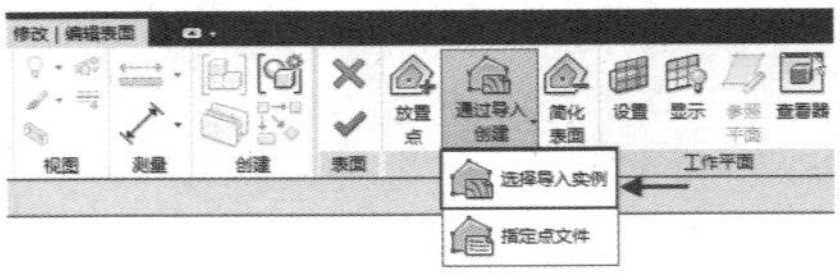

图 9-14　选择选项

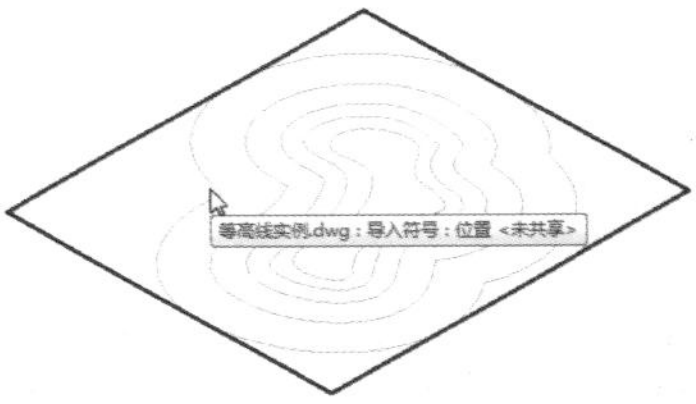

图9-15　选择文件

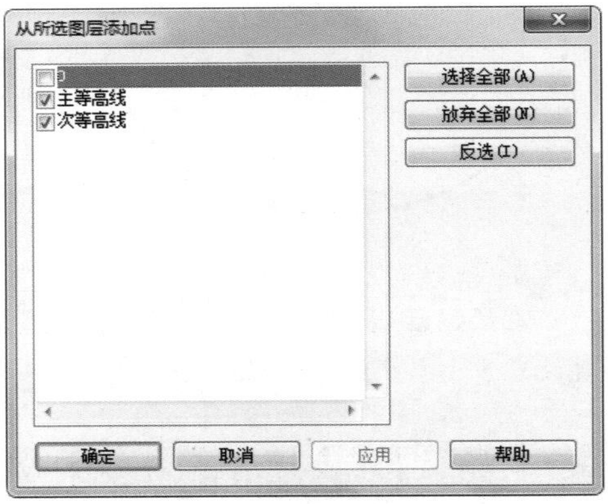

图9-16　选择图层

提示

0图层为AutoCAD默认创建的图层，不可删除，在导入CAD文件时一起被导入。因为等高线并未绘制在该图层上，所以不必选择该图层。

07 在CAD文件上添加高程点的效果如图9-17所示。通常情况下，系统会沿着等高线来放置高程点。

08 默认放置的高程点沿等高线密密麻麻地布置，此时可以单击“工具”面板中的“简化表面”按钮，弹出【简化表面】对话框，修改参数值如图9-18所示。

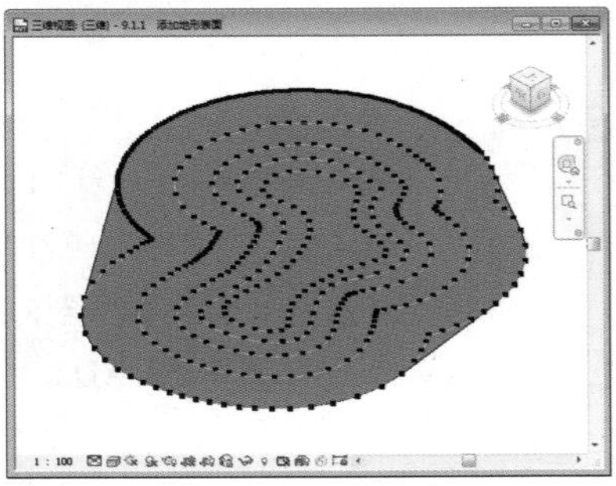

图 9-17　创建地形表面

提示

在【简化表面】对话框中，“表面精度”选项的默认值为76.2，用户可以自定义参数值。数值越小，地形表面上的高程点越少；数值越大，高程点越多。

09 单击“确定”按钮，关闭对话框。减少高程点，简化表面的效果如图9-19所示。

10 单击“完成表面”按钮，退出命令。根据导入的CAD文件来创建地形表面的效果如图9-20所示。

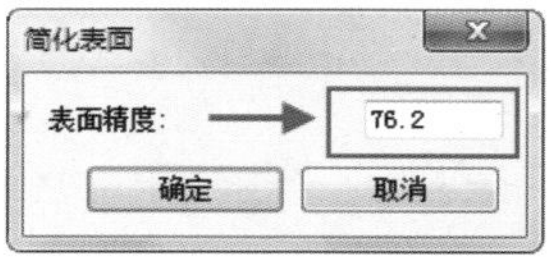

图 9-18 【简化表面】对话框

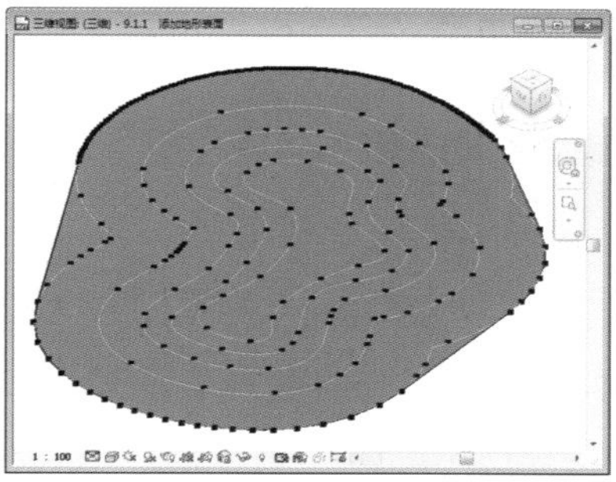

图 9-19 简化表面

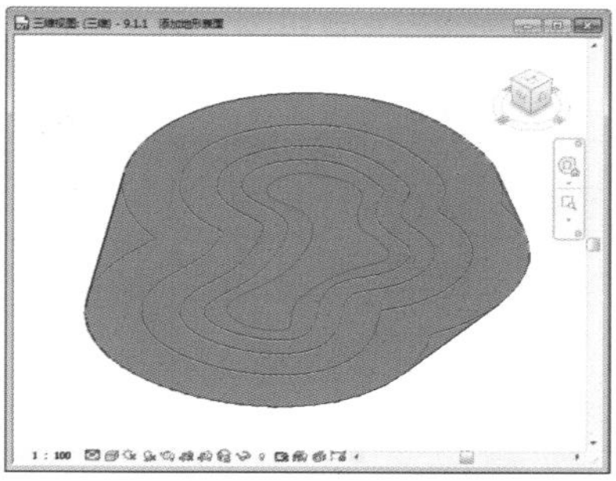

图 9-20 创建效果

修改点高程

默认情况下，在创建地形表面时，系统统一将高程点的值设置为0。在完成创建地形表面的操作后，用户可以修改高程点的值，使得地形表面呈现起伏变化。本节介绍修改点高程的操作方法。

01 选择地形表面，在键盘上按快捷键MV，移动鼠标指定目标点，将地形表面移动至一旁，如图9-21所示。

02 选择地形表面，进入“修改|地形”选项卡，单击其中的“编辑表面”按钮，如图9-22所示，进入编辑地形表面的模式。

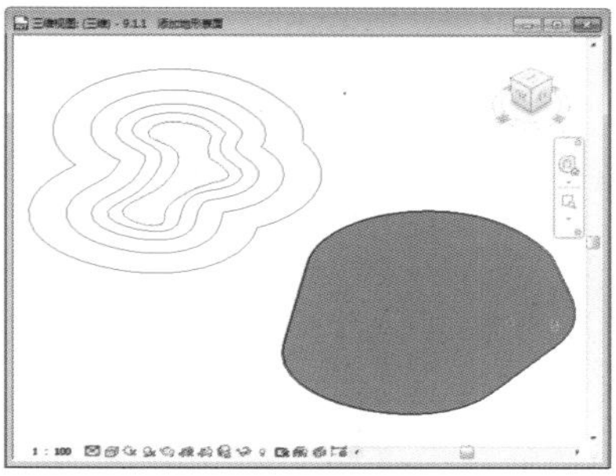

图 9-21 调整位置

> **提示** 通过导入的实例创建地形表面，地形表面与实例虽然重合，但是彼此分离的。可以启用“移动”命令，调整地形表面的位置。

03 选择地形表面的内部点，在选项栏中修改“高程”值，如图9-23所示。选中的点根据“高程”值调整其高度，使得地形表面呈现起伏的走势。

04 单击“完成表面”按钮，退出命令。修改结果如图9-24所示。

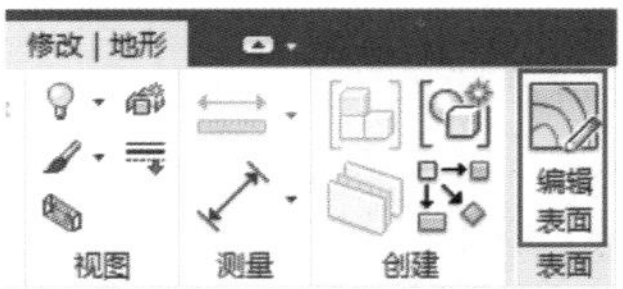

图 9-22 单击按钮

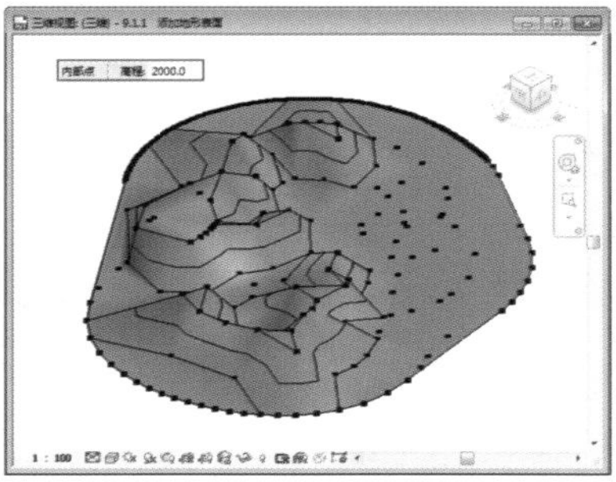

图 9-23 修改高程

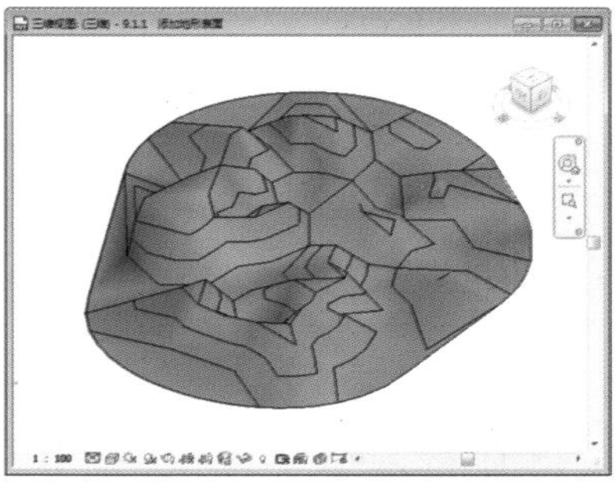

图 9-24 修改结果

> **提示** 用户可以根据实际情况来自定义点的“高程”值，使得地形表面呈现丰富多变的效果。

9.1.2 导入场地构件

假如想要在场地中添加特定的图元，如树木、建筑小品等，可以启用“场地构件”命令。用户可以将多种类型的构件导入到场地中，其具体的操作方法如下。

01 在“场地建模”面板中单击“场地构件”按钮，如图9-25所示，执行“放置场地构件”的操作。

02 此时系统弹出如图9-26所示的Revit提示框，提示用户“项目中未载入场地族。是否要现在载入？”，单击“是”按钮。

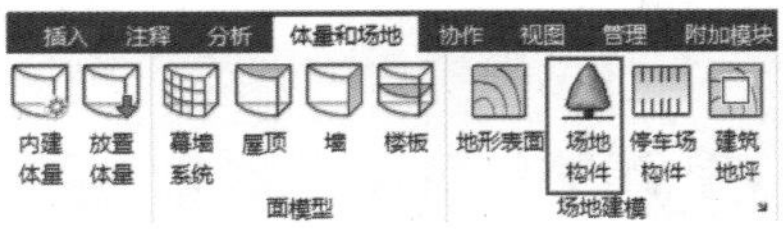

图 9-25　单击按钮

图 9-26　Revit提示框

提示：假如项目中没有场地族，在执行“场地构件”命令时，系统会弹出Revit提示框提示用户首先载入场地族。假如已经载入场地族，该Revit提示框不会出现。

03 弹出【载入族】对话框，选择构件族，如图9-27所示。单击“打开”按钮，将选中的族载入到项目中。

04 在“属性”选项板中单击弹出类型列表，显示项目中包含的所有场地构件族，如图9-28所示。

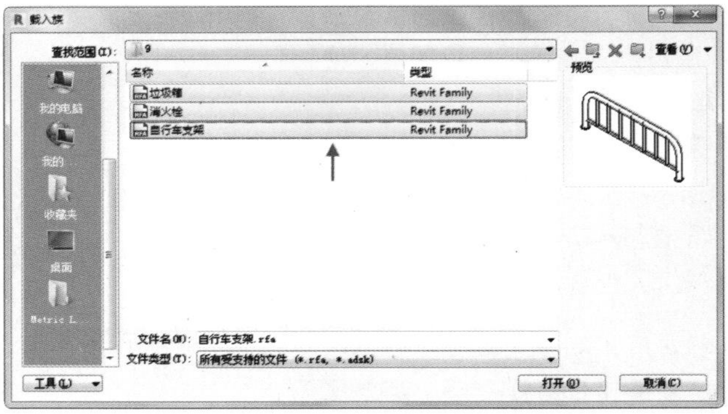

图 9-27　选择文件

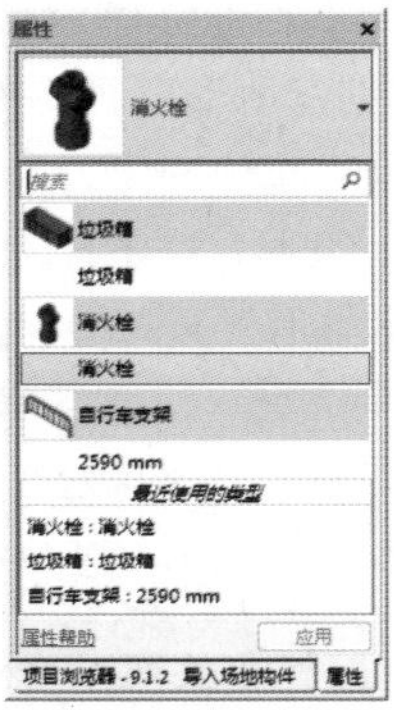

图 9-28　选择构件

05 在“属性”选项板中选择构件，在场地的合适位置指定位置，单击鼠标左键放置构件。在场地中布置垃圾箱、消火栓以及自行车架构件的效果如图9-29所示。

06 切换至立面视图，调整构件在垂直方向上的位置，效果如图9-30所示。

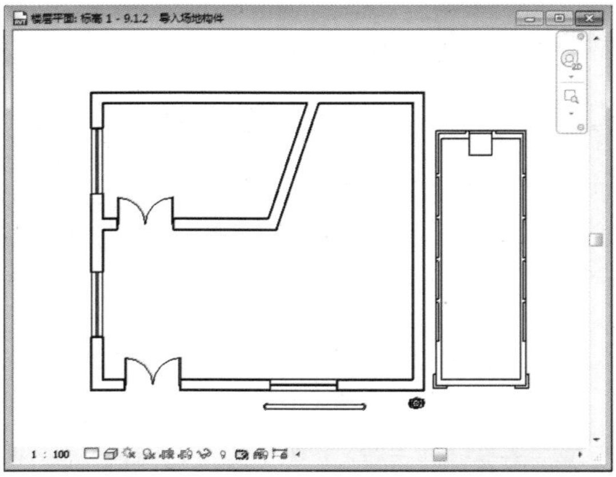

图9-29　平面视图

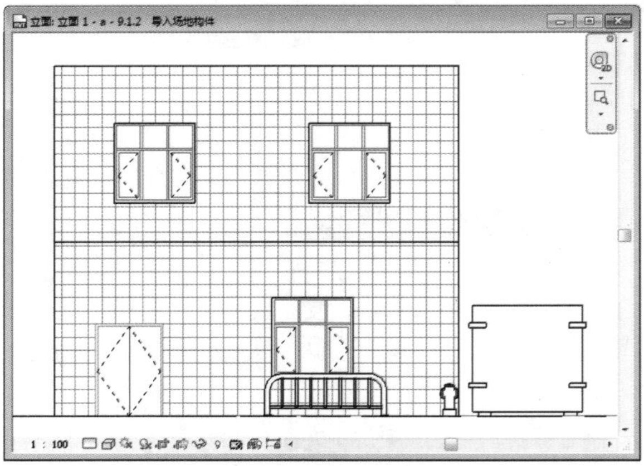

图9-30　立面视图

提示：在平面视图中执行“放置场地构件”的操作，可以方便定位构件的平面位置。在立面视图中调整构件在垂直方向上的位置，一般与建筑物平齐。

07 切换至三维视图，观察放置场地构件的三维效果，如图9-31所示。

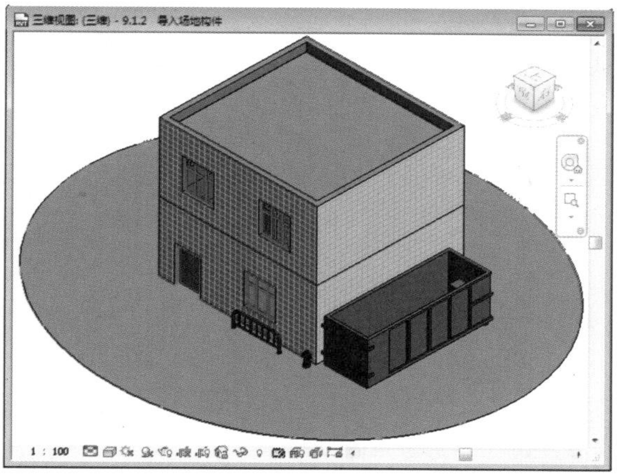

图9-31　场地构件三维效果

9.1.3 导入停车场构件

在地形表面中布置停车位，可以启用“停车场构件”命令。需要注意的是，在布置停车位时，需要在有地形表面的视图中进行，因为地形表面是停车位的主体。本节介绍导入停车场构件的操作方法。

01 在“场地建模”面板中单击“停车场构件”按钮，如图9-32所示，开始执行“布置停车场构件”的操作。

02 系统弹出如图9-33所示的Revit提示框，提示用户“项目中未载入停车场族。是否要现在载入？”，单击“是”按钮。

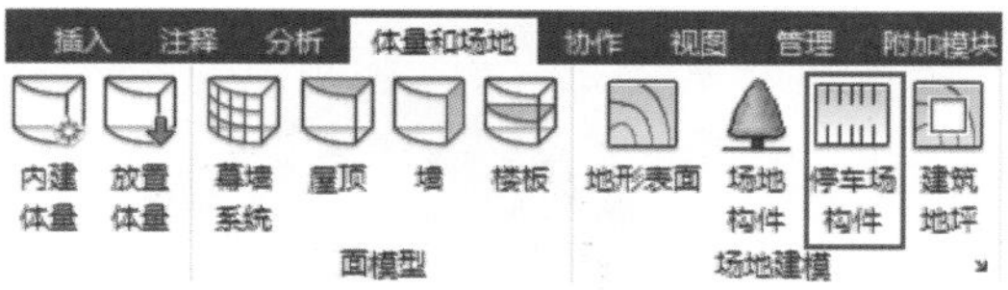

图9-32　单击按钮

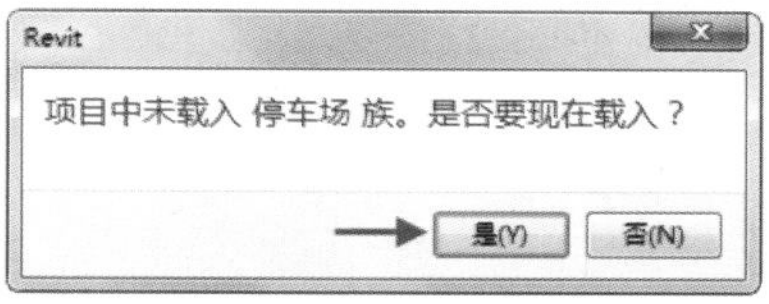

图9-33　Revit提示框

03 在【载入族】对话框中选择“停车位”族文件，如图9-34所示。单击“打开”按钮，将其载入到项目中。

04 在“属性”选项板中选择“停车位”选项，如图9-35所示，在地形表面中拾取位置来放置。

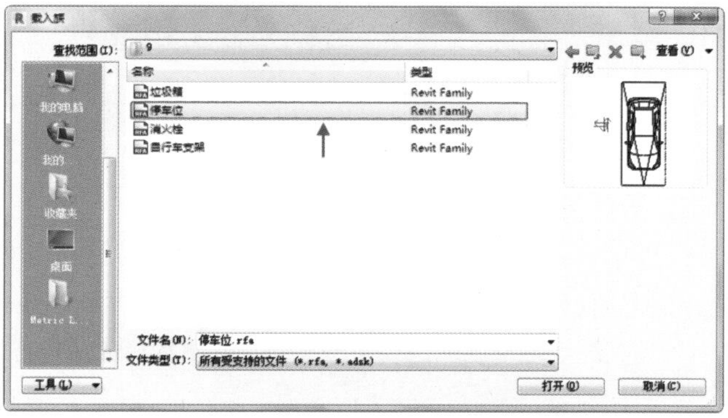

图9-34　选择文件

图9-35　“属性”选项板

05 在平面视图中指定放置位置，如图9-36所示。

06 在合适的位置单击鼠标左键，放置停车位的效果如图9-37所示。

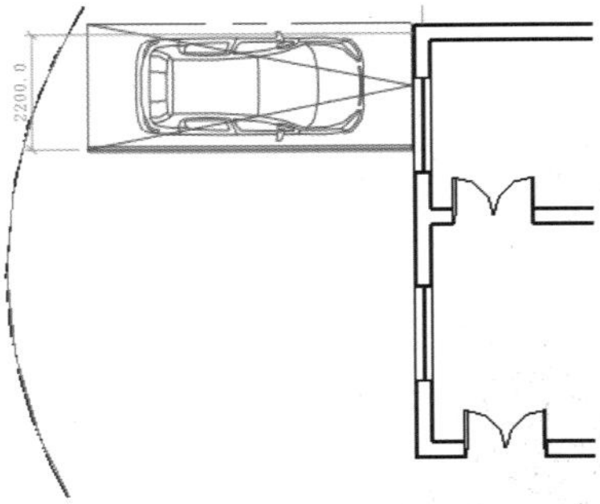

图9-36　指定放置点

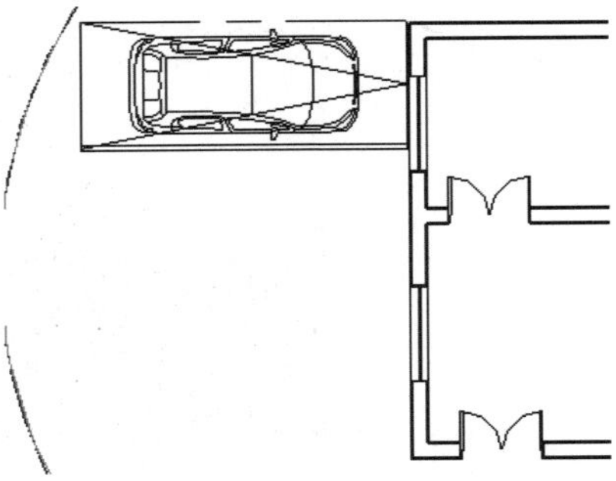

图9-37　放置效果

提示　在放置构件的过程中，按空格键可以旋转构件。

07 继续指定放置点，布置停车位的最终效果如图9-38所示。

08 切换至立面视图，观察布置停车位后的立面效果，如图9-39所示。

提示　在布置一个停车位后退出放置操作，接着启用"复制"命令，复制停车位，也可以得到多个停车位的副本。

09 在三维视图中观察布置停车位的三维效果，如图9-40所示。

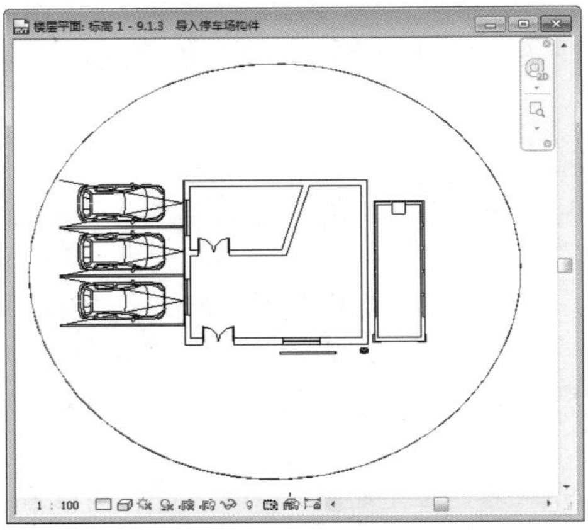

图9-38　放置多个停车位

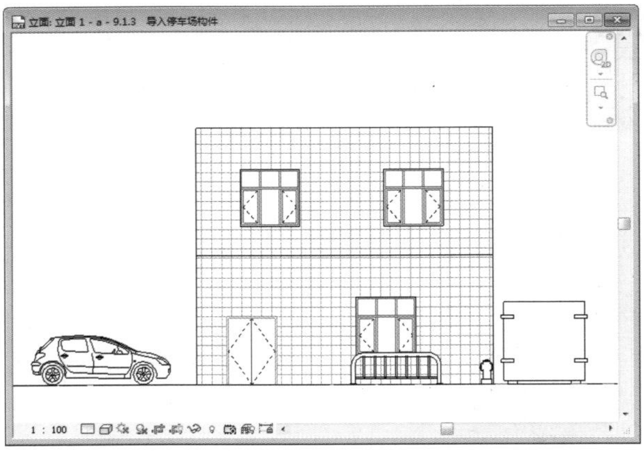

图9-39　立面视图

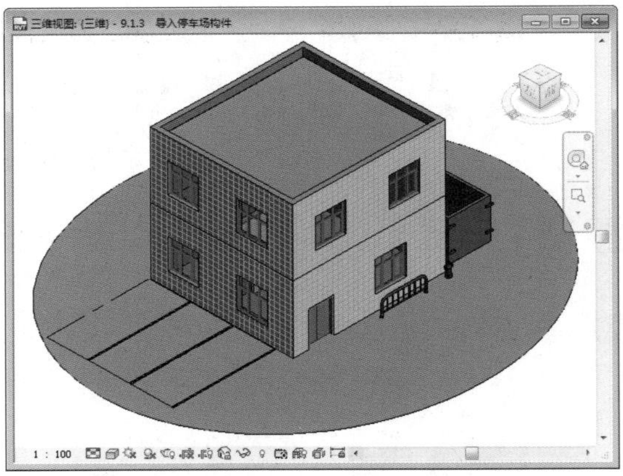

图9-40　三维样式

9.1.4　添加建筑地坪

启用"建筑地坪"命令，可以在地形表面上绘制一个闭合的环来创建建筑地坪。建筑地坪的样式可以由用户自定义，还可以设置建筑地坪的材质，使其适应地形表面。本节介绍添加建筑地坪的操作方法。

01 在"场地建模"面板上单击"建筑地坪"按钮，如图9-41所示，开始执行"添加建筑地坪"的操作。

02 在选项卡的"绘制"面板中单击"半椭圆"按钮，指定绘制建筑地坪边界的方式，如图9-42所示。

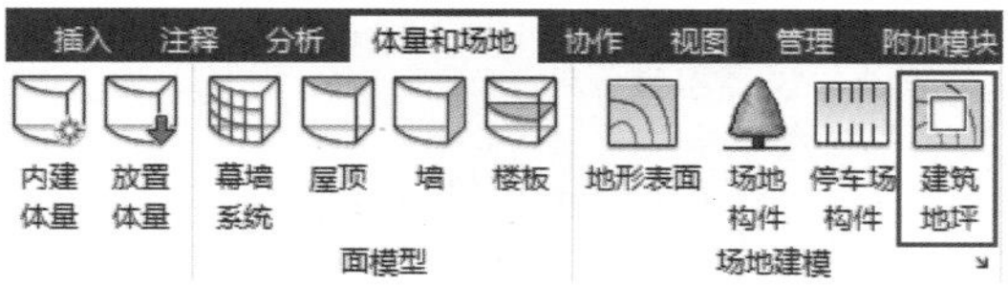

图9-41　单击按钮

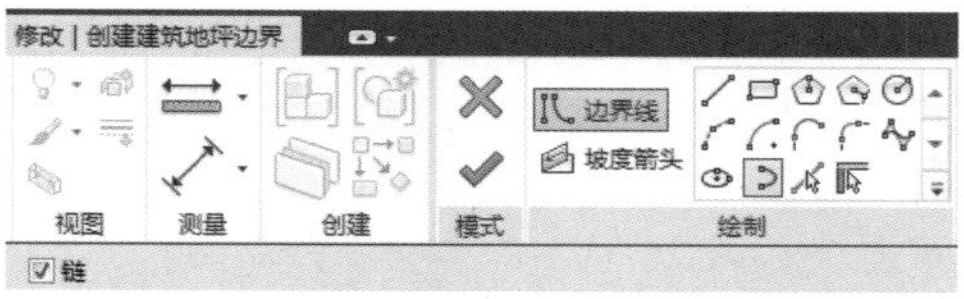

图9-42　指定绘制方式

03 在建筑地坪的合适位置单击指定椭圆弧的第一点，向下移动鼠标，在临时尺寸标注显示2200时，单击鼠标左键，指定椭圆弧的第二点，如图9-43所示。

04 向左移动鼠标，在临时尺寸标注显示900时，单击鼠标左键，指定中间点，如图9-44所示。

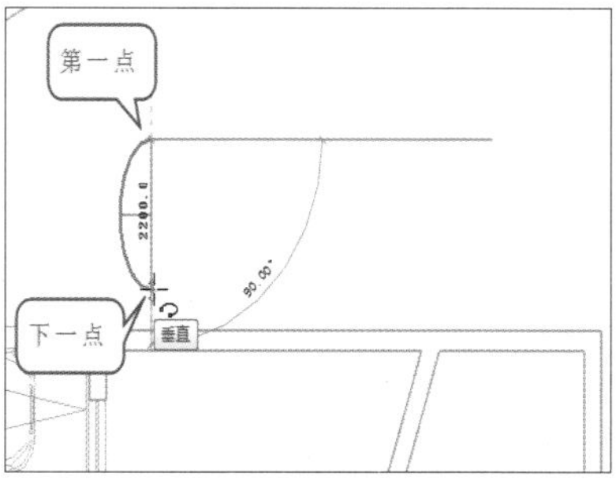

图9-43　指定点

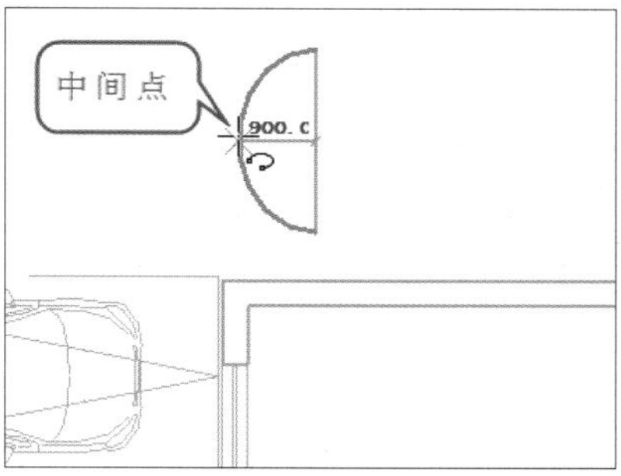

图9-44　指定中间点

05 按Esc键，结束绘制椭圆弧的操作，效果如图9-45所示。

06 在“绘制”面板中单击“线”按钮，转换绘制方式，绘制长度为5500的水平线段，效果如图9-46所示。

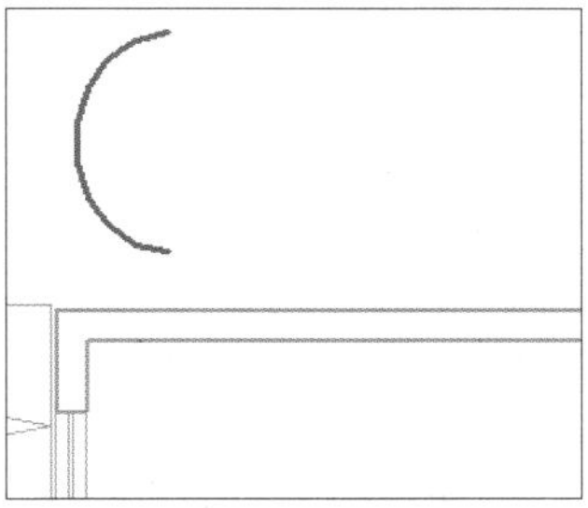

图9-45　绘制椭圆弧

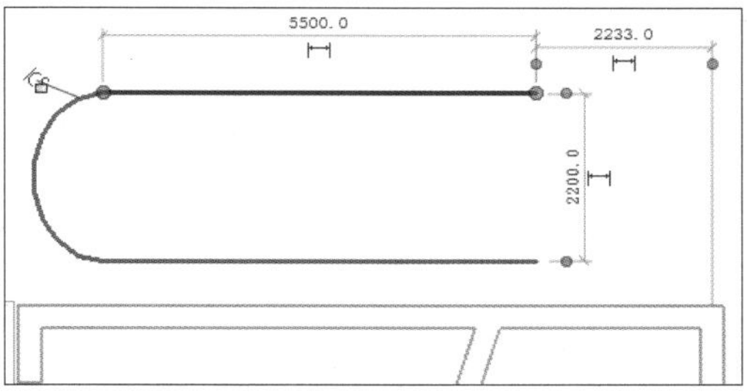

图9-46　绘制直线

提示　绘制完椭圆弧后，按一次Esc键，暂时退出绘制边界线的状态。此时尚处在“绘制建筑地坪”的命令中，用户可以执行编辑边界线、转换绘制方式等操作。

07 选择椭圆弧，单击“修改”面板上的“镜像-绘制轴”按钮，在水平边界线上拾取中点，指定该点为镜像轴的第一点，如图9-47所示。

08 向下移动鼠标，拾取另一水平边界线的中点，指定其为镜像轴的第二点，如图9-48所示。

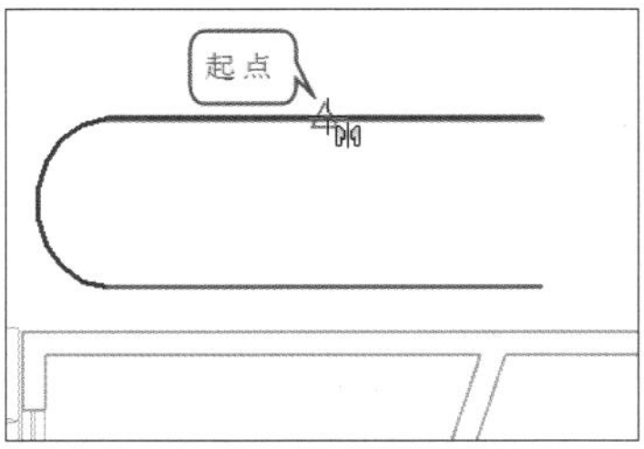

图9-47　指定起点

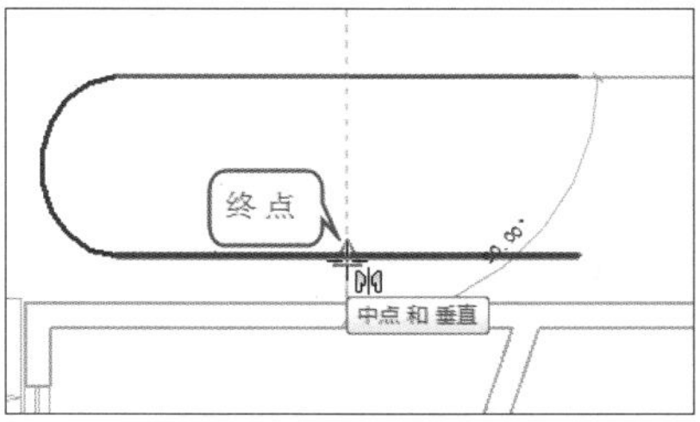

图9-48　指定终点

09 向右镜像复制椭圆弧的效果如图9-49所示。

10 单击“完成编辑模式”按钮，退出命令。绘制建筑地坪边界线的效果如图9-50所示。

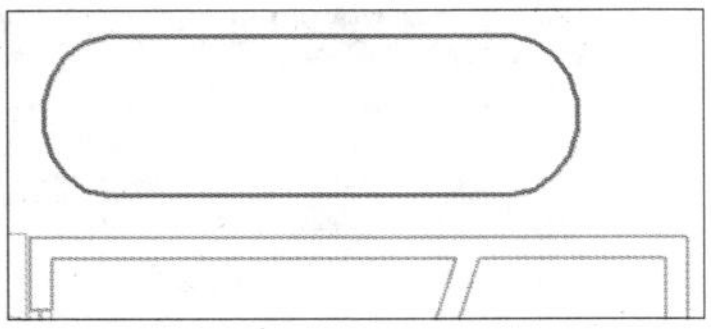

图9-49　绘制边界线

提示 在平面视图以及三维视图中都可以执行“创建建筑地坪”的操作，但是在平面视图中可以更准确地绘制边界线。

11 切换至立面视图，观察建筑地坪的立面效果，如图9-51所示。

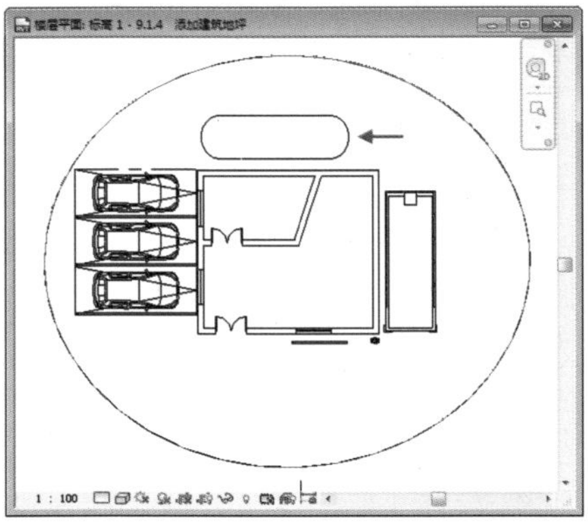

图9-50　平面视图

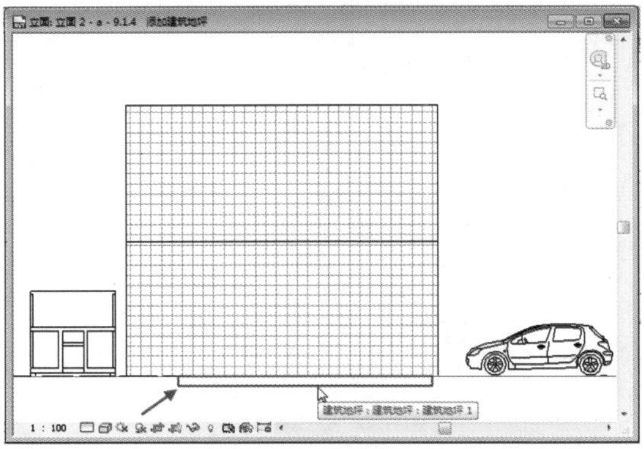

图9-51　立面视图

12 选择建筑地坪，在“属性”选项板中单击“编辑类型”按钮，如图9-52所示，执行“修改地坪材质”的操作。

13 弹出【类型属性】对话框，单击“结构”右侧的“编辑”按钮，如图9-53所示，弹出【编辑部件】对话框。

14 将光标定位在第2行“结构[1]”中的“材质”单元格，单击右侧的按钮，如图9-54所示，弹出【材质浏览器】对话框。

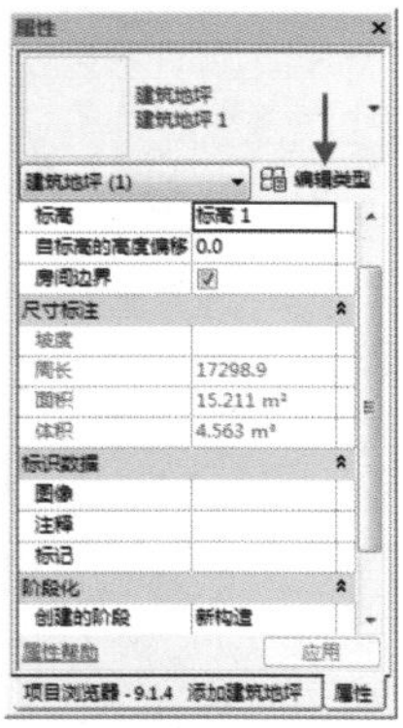

图9-52　单击按钮

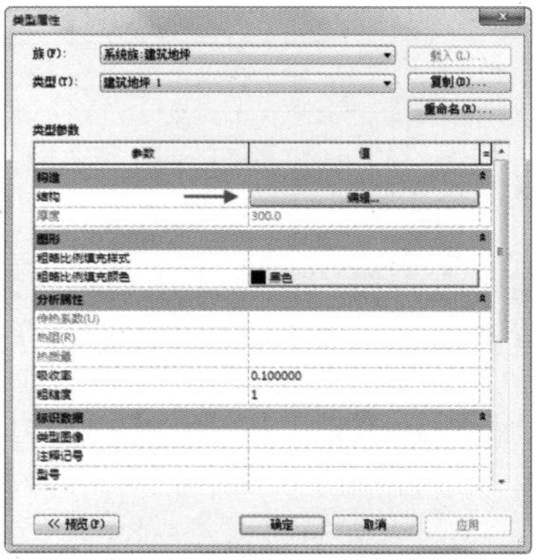

图9-53　单击按钮

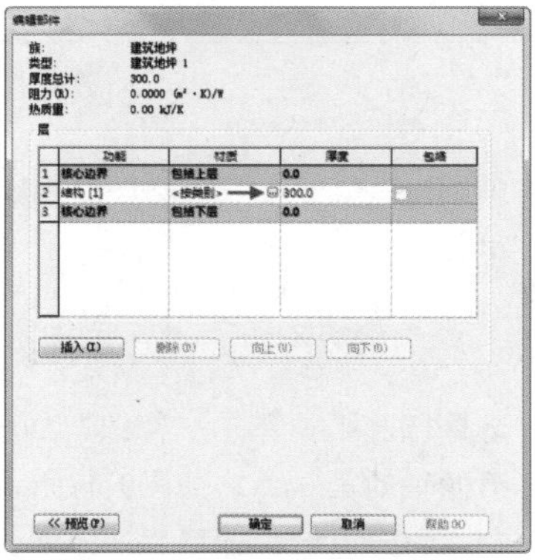

图9-54　【编辑部件】对话框

15 在材质列表中选择名称为“默认”的材质，右击，在弹出的快捷菜单中选择“复制”命令，复制材质副本。设置材质副本名称为“水池”，如图9-55所示。

16 单击材质列表下方的“打开/关闭资源浏览器”按钮，弹出【资源浏览器】对话框。单击展开“Autodesk物理资源”列表，选择“液体”选项，在右侧的材质列表中选择第一项，单击“使用此资源替换编辑器中的当前资源”按钮，执行“替换资源”的操作，如图9-56所示。

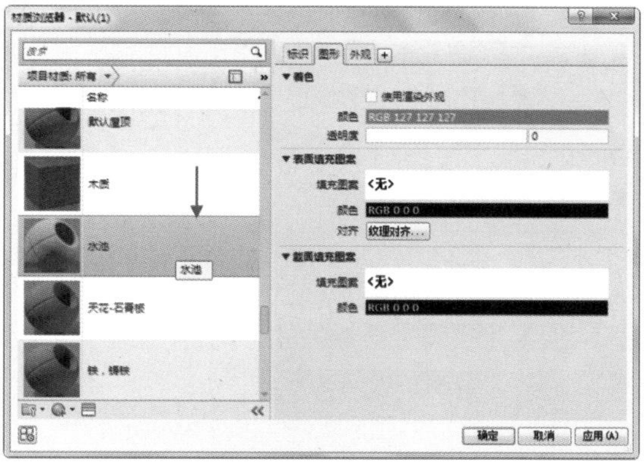

图9-55　复制材质

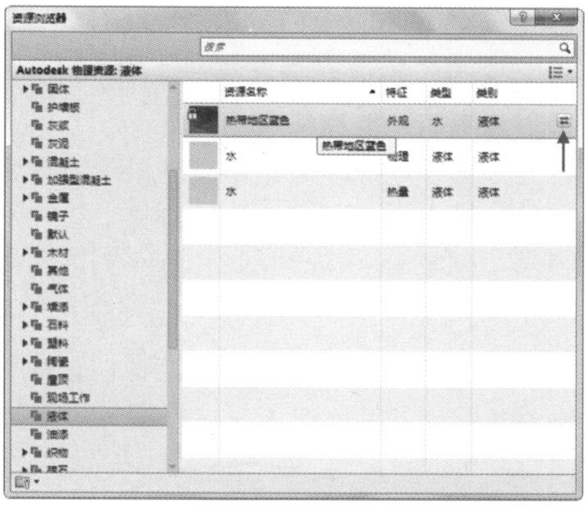

图9-56　选择材质

17 单击“关闭”按钮，关闭【资源浏览器】对话框，返回到【材质浏览器】对话框，单击“确定”按钮，返回到【编辑部件】对话框。

18 在【编辑部件】对话框中显示修改材质的结果，如图9-57所示。保持其他选项默认值不变，单击“确定”按钮，返回到【类型属性】对话框。

19 单击“确定”按钮，关闭【类型属性】对话框。切换至三维视图，观察建筑地坪的三维效果，如图9-58所示。

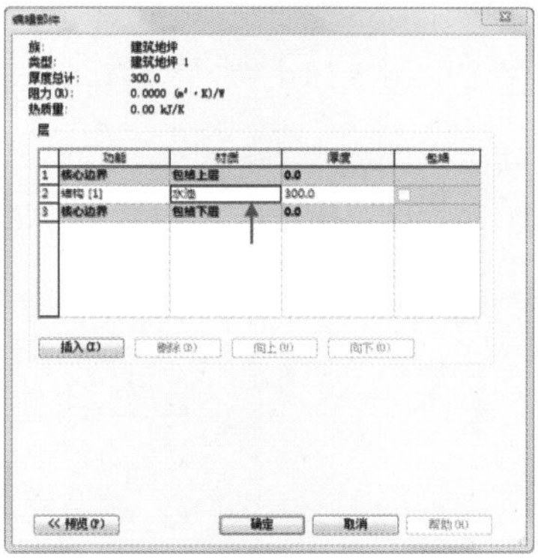

图9-57　设置材质的结果

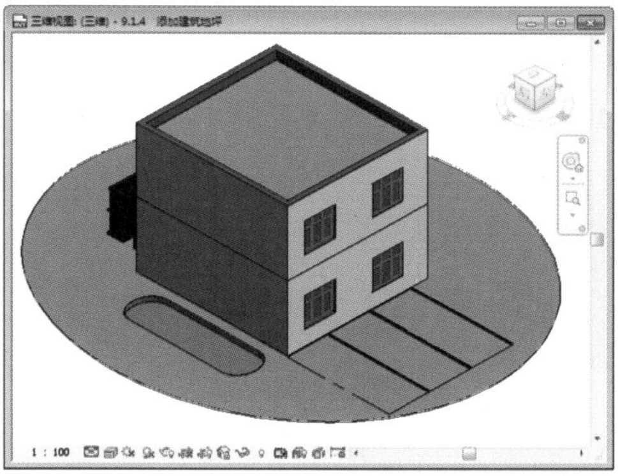

图9-58　建筑地坪三维效果

提示 在视图控制栏中单击“视觉样式”按钮，在弹出的下拉列表中选择“真实”选项，设置为项目的显示样式，可以观察建筑地坪“液体”材质的真实效果。

9.2 修改场地

修改绘制完毕的场地，可以使得场地呈现不同的效果。例如，执行“拆分地形表面”的操作，就可以将场地拆分为两个不同的地形表面。本节介绍修改场地的操作方法。

9.2.1 拆分地形表面

启用“拆分表面”命令，用户可以在指定的场地上绘制轮廓线，将其拆分为两个独立的地形表面，还可以独立修改每个地形表面的参数。本节介绍拆分地形表面的操作方法。

01 选择“体量和场地”选项卡，在“修改场地”面板上单击“拆分表面”按钮，如图9-59所示，执行“拆分表面”的操作。

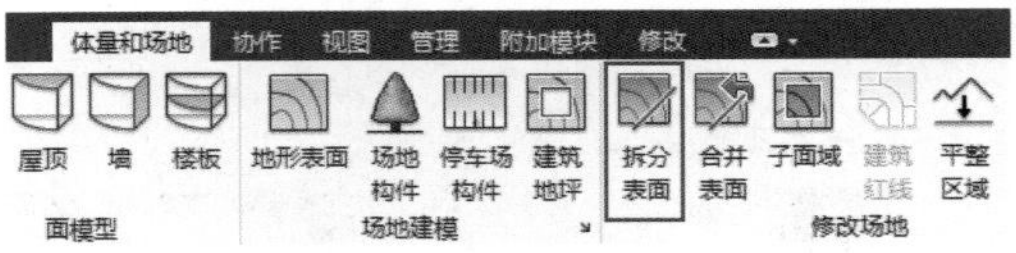

图9-59　单击按钮

02 将光标置于地形表面上，高亮显示边界线，如图9-60所示，单击鼠标左键选中该场地。

> **提示** 为了方便绘制拆分表面的轮廓线，所以先切换至平面视图，再执行“拆分表面”命令。

03 在选项卡的“绘制”面板中选择“直线”和“起点-终点-半径弧”绘制方式，勾选“链”复选框，如图9-61所示。其他选项保持默认值。

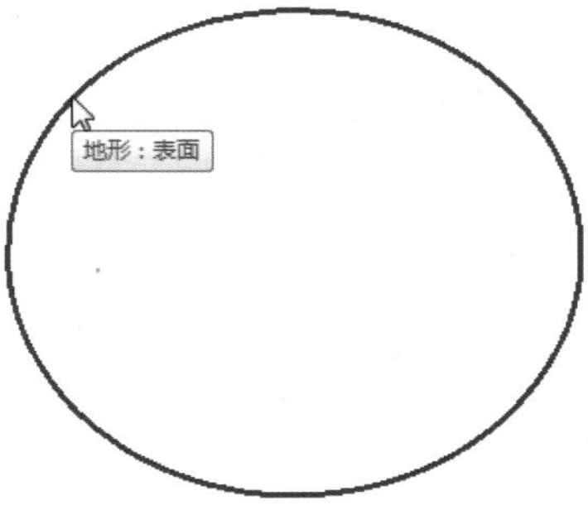

图9-60　选择表面

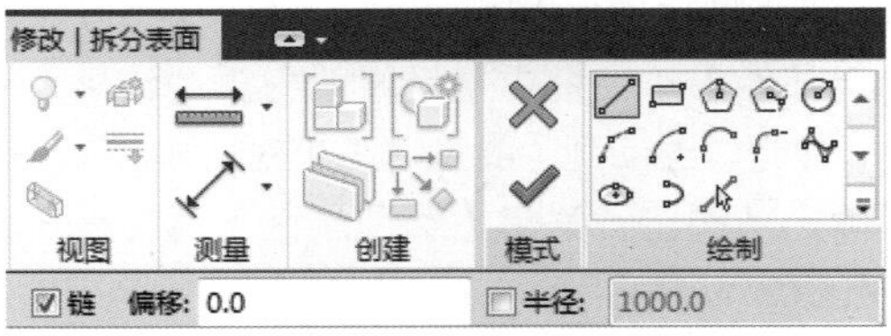

图9-61　设置选项

04 在地形表面上绘制拆分表面的轮廓线，绘制完毕后，单击“完成编辑模式”按钮，退出命令。拆分地形表面的最终效果如图9-62所示。

> **提示** 首先绘制圆弧，接着绘制水平直线连接圆弧的两个端点，最后绘制垂直线段来连接水平线段，得到一个闭合的轮廓线。

05 切换至三维视图，选择子表面，单击“修改”面板上的“移动”按钮，将子表面移动至一旁，观察拆分表面的效果，如图9-63所示。

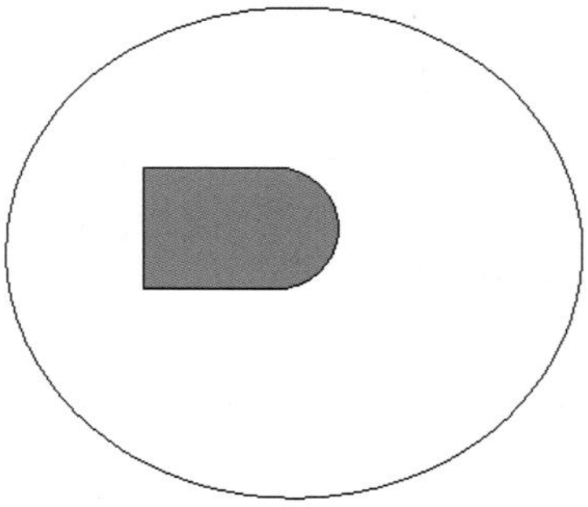
图9-62　绘制轮廓线

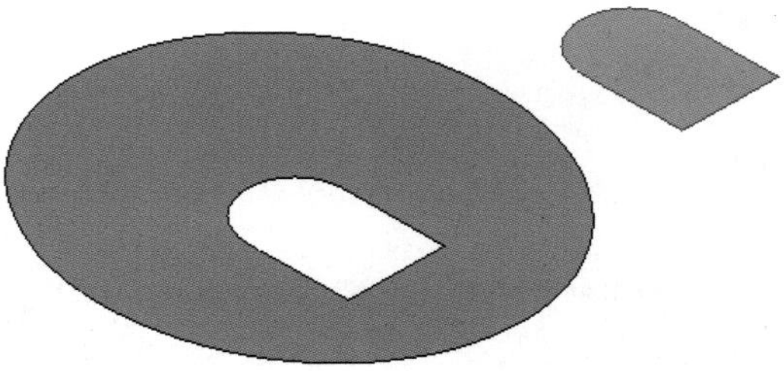
图9-63　移动效果

06 选择子表面，在“属性”选项板中单击“材质”选项右侧的⊡按钮，如图9-64所示，弹出【材质浏览器】对话框，在其中修改表面材质。

07 在材质列表中选择名称为“土壤-场地-植被”的材质，如图9-65所示。单击“确定”按钮，关闭对话框，将其指定为子表面的材质。

08 指定材质后，在“属性”选项板的“材质”选项中显示材质名称，如图9-66所示。

09 观察视图中主表面与子表面的显示效果，发现在修改了子表面的材质后，主表面仍然保持默认材质不变，如图9-67所示。表示可以独立编辑两个表面，编辑结果不会相互影响。

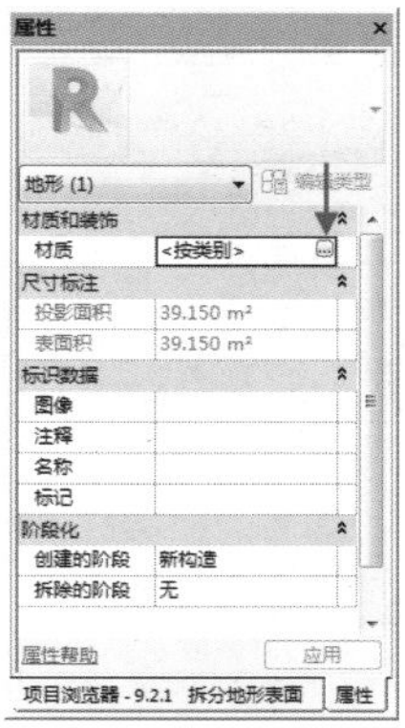

图9-64 单击按钮

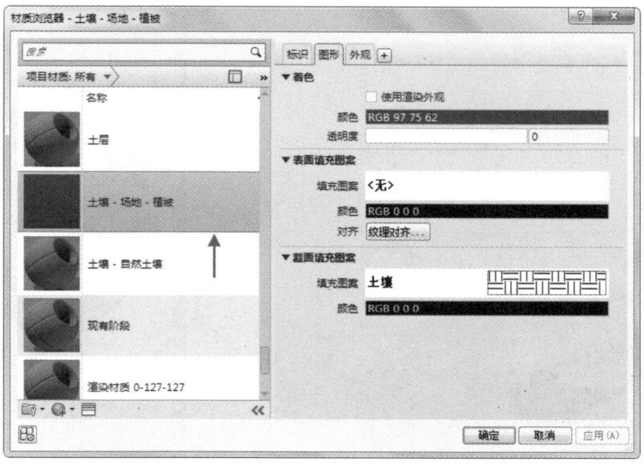

图9-65 选择材质

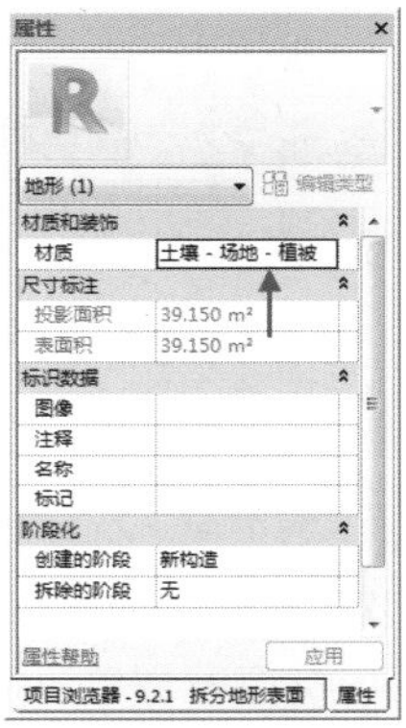

图9-66 显示名称

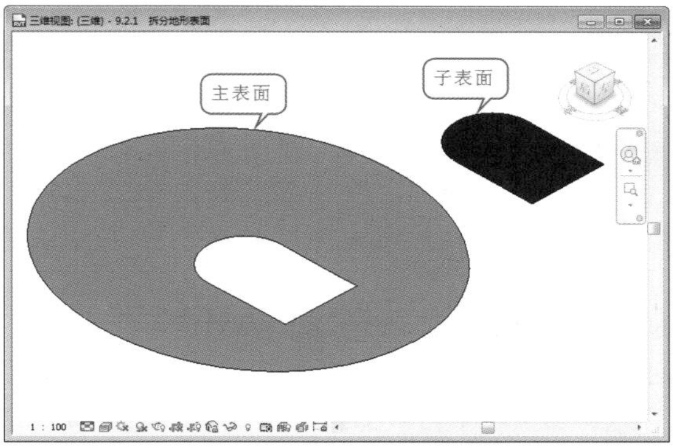

图9-67 设置效果

9.2.2 合并地形表面

想要将已拆分的地形表面恢复原样，可以启用“合并表面”命令。该命令可以将两个表面合并为一个表面，其具体操作方法如下。

01 在“修改场地”面板上单击“合并表面”按钮，如图9-68所示，开始执行“合并地形表面”的操作。

图9-68 单击按钮

02 在视图中单击选择主表面，如图9-69所示。

图9-69 选择主表面

> **提示** 执行合并操作的两个表面必须重叠或者共享边缘，否则系统会弹出如图9-70所示的Autodesk Revit 2018提示框，提示用户“尝试合并的两个表面彼此不连续”。

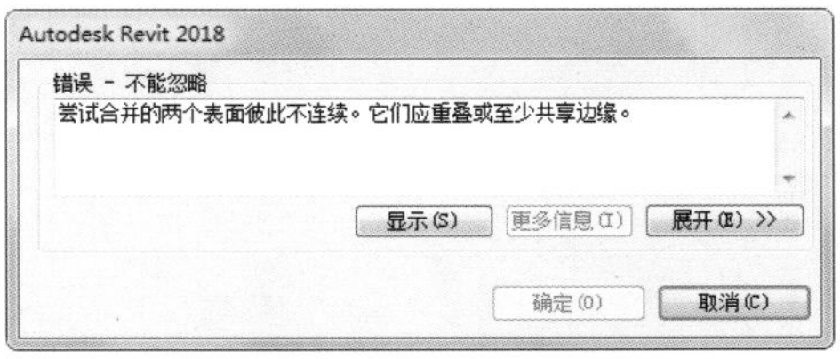

图9-70 Autodesk Revit 2018提示框

03 接着单击选择子表面，如图9-71所示。

04 合并地形表面的效果如图9-72所示。合并后地形表面的材质与主表面的材质一致。

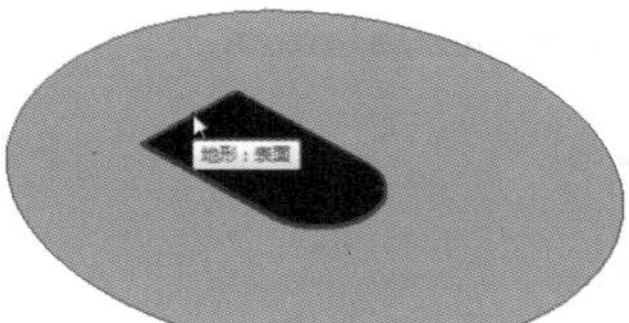

图9-71　选择子表面

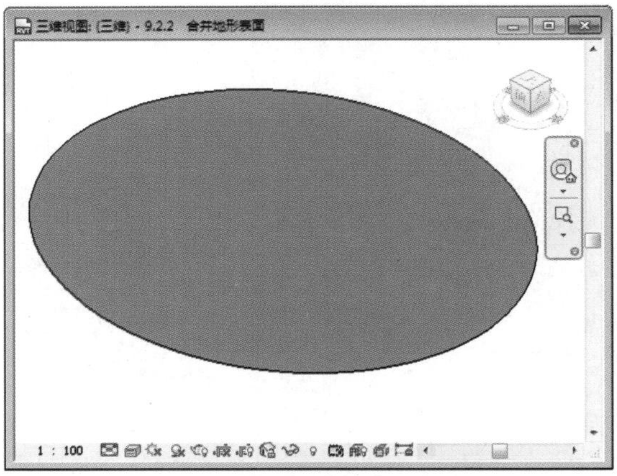

图9-72　合并表面

提示　在执行合并操作时需要依次指定主表面以及子表面，不分面积大小、不论材质种类，首先指定的表面为主表面。

9.2.3　定义子面域

启用“子面域”命令，可以在地形表面内创建一个子面域。创建结果不会形成单独的地形表面，但是可以定义一个面积。用户可以单独修改该面积的属性参数，如材质。本节介绍定义子面域的操作方法。

01 在“修改场地”面板中单击“子面域”按钮，如图9-73所示，执行“定义子面域”的操作。

02 在选项卡的“绘制”面板中单击“起点-终点-半径弧”按钮，如图9-74所示，指定绘制轮廓线的方式。其他选项保持默认值。

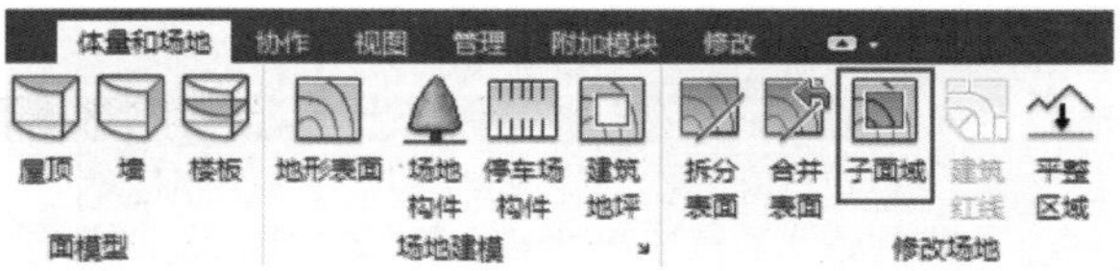

图9-73　单击按钮

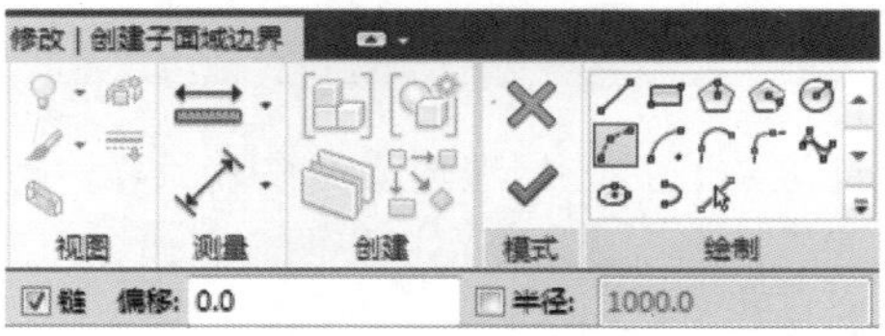

图9-74　选择绘制方式

03 在视图中指定起点、终点以及半径创建圆弧轮廓线，绘制结果如图9-75所示。

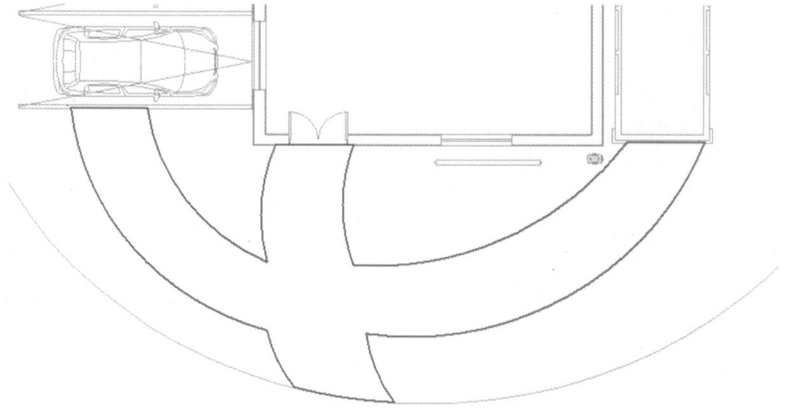

图9-75　绘制轮廓线

提示 在绘制完圆弧轮廓线后，在“绘制”面板中单击“线”按钮，转换绘制方式，绘制直线闭合轮廓线。

04 单击“完成编辑模式”按钮，退出命令。定义子面域的效果如图9-76所示。

05 切换至三维视图，观察绘制轮廓线的三维效果，如图9-77所示。

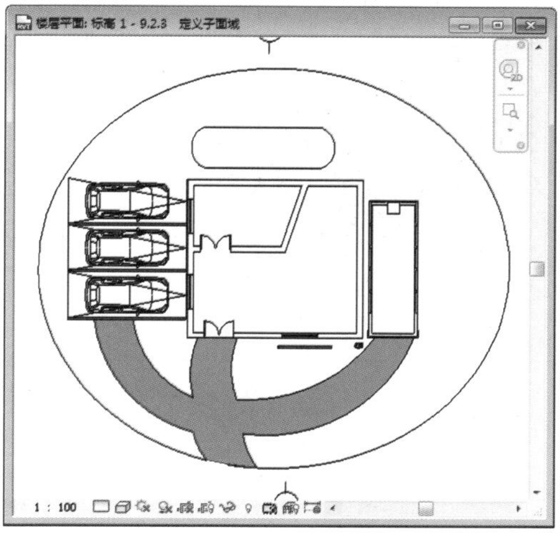

图9-76 平面样式

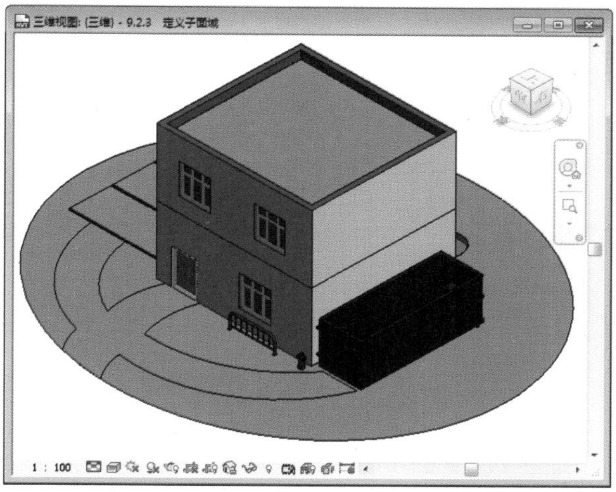

图9-77 轮廓线三维效果

提示 在尚未修改子面域的材质之前，子面域的材质与地形表面的材质一致。

06 选择子面域，在“属性”选项板中单击“材质”选项的按钮，弹出【材质浏览器】对话框。选择名称为“默认”的材质，执行“复制”操作，复制材质副本。修改副本材质的名称为“走道”，如图9-78所示。

07 单击材质列表下方的“打开/关闭资源浏览器”按钮，弹出【资源浏览器】对话框。单击展开“Autodesk物理资源”列表，选择“石料”选项。在右侧的列表中选择名称为“方形-灰褐色”的材质，如图9-79所示。单击右侧的“使用此资源替换编辑器中的当前资源”按钮，执行“替换资源”的操作。

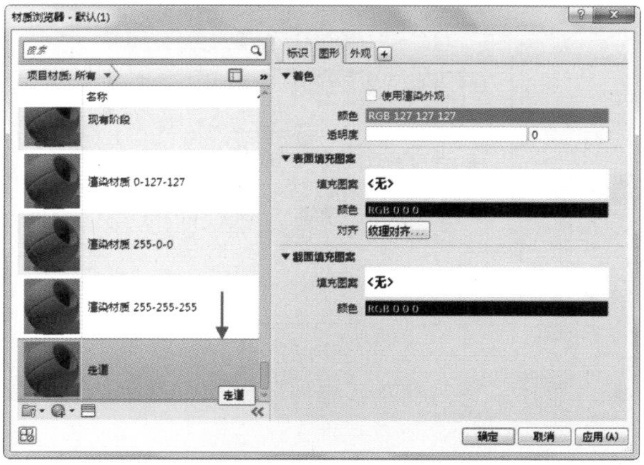

图9-78 复制材质

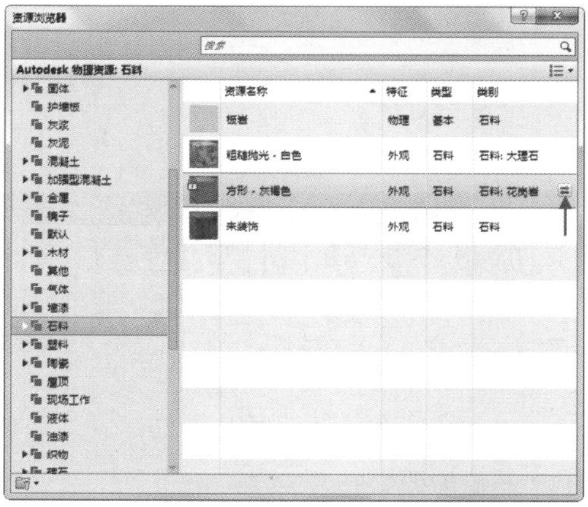

图9-79 选择材质

08 单击“确定”按钮，关闭对话框，完成设置材质的操作。在“属性”选项板的“材质”选项中显示材质名称“走道”，如图9-80所示。

09 观察三维视图，发现为子面域设置材质后，地形表面并未受到影响，如图9-81所示。

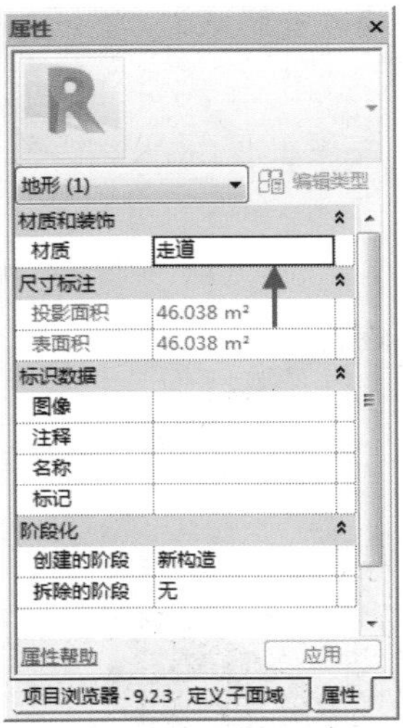

图9-80　显示材质名称

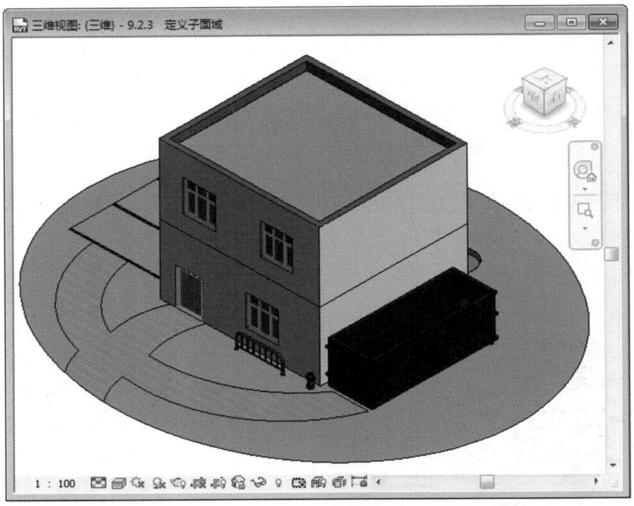

图9-81　指定材质

9.2.4　绘制建筑红线

在Revit中绘制建筑红线有两种方式，一种是通过输入距离和方向角来创建；一种是通过绘制来创建。本节介绍使用这两种方法绘制建筑红线的操作方法。

通过输入距离和方向角创建

通过在对话框中指定距离与方向角，系统根据用户输入的信息创建建筑红线。用户在绘图区域中指定一个点来放置建筑红线，其具体操作方法如下。

01 在“修改场地”面板中单击“建筑红线”按钮，如图9-82所示，开始执行“创建建筑红线”的操作。

02 系统弹出【创建建筑红线】对话框，选择“通过输入距离和方向角来创建”选项，如图9-83所示。

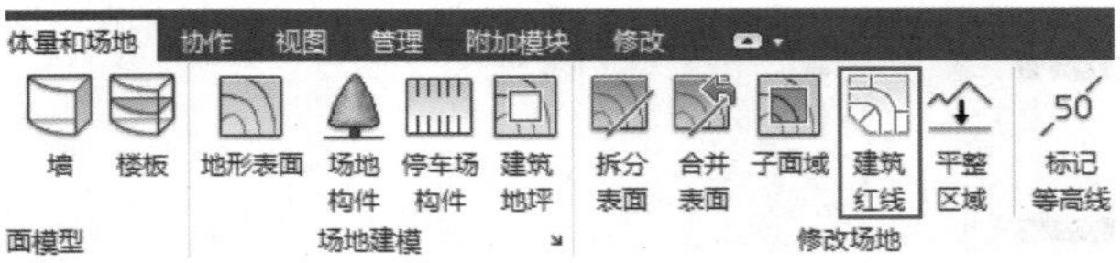

图9-82　单击按钮

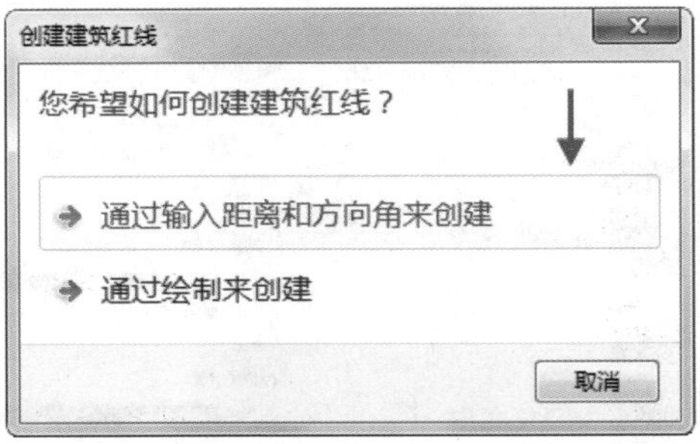

图9-83　选择选项

03 在【建筑红线】对话框中单击“插入”按钮，插入新行，接着输入“距离”以及“方位角”参数，如图9-84所示。

04 单击“确定”按钮，关闭对话框。在视图中指定一个点来放置建筑红线，效果如图9-85所示。

提示　单击【建筑红线】对话框左下方的“添加线以封闭”按钮，可以在表格中新增一个表行，其中包含系统设定的“距离”以及“方位角”参数，以确保所创建的建筑红线为一个封闭的轮廓线。

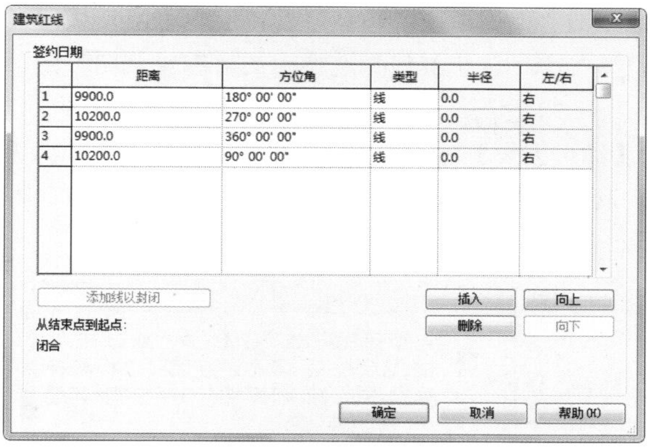

图9-84　设置参数

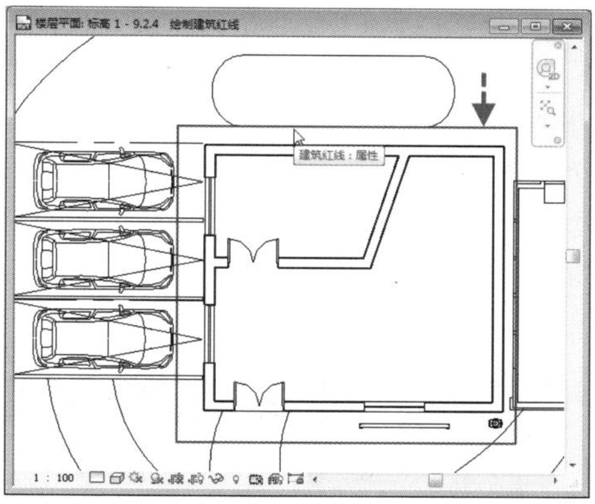

图9-85　绘制建筑红线

通过绘制来创建

用户可以自行绘制外轮廓线来创建建筑红线，轮廓线的样式由用户自定义，其具体操作方法如下。

01 启用“建筑红线”命令，在【创建建筑红线】对话框中选择“通过绘制来创建”选项，进入手动绘制建筑红线的状态。

02 在选择卡的“绘制”面板中单击“矩形”按钮，如图9-86所示，指定绘制建筑红线的方式。其他选项保持默认值。

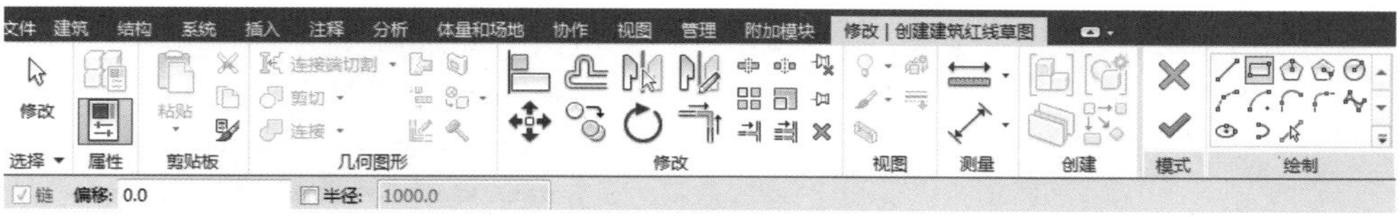

图9-86　指定绘制方式

03 在绘图区域中指定对角点，创建矩形样式的建筑红线，如图9-87所示。

04 单击“完成编辑模式”按钮，退出命令。绘制建筑红线的最终效果如图9-88所示。

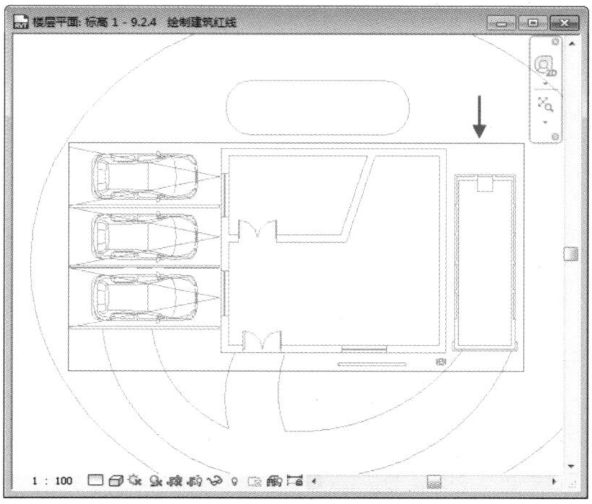

图9-87　绘制轮廓线

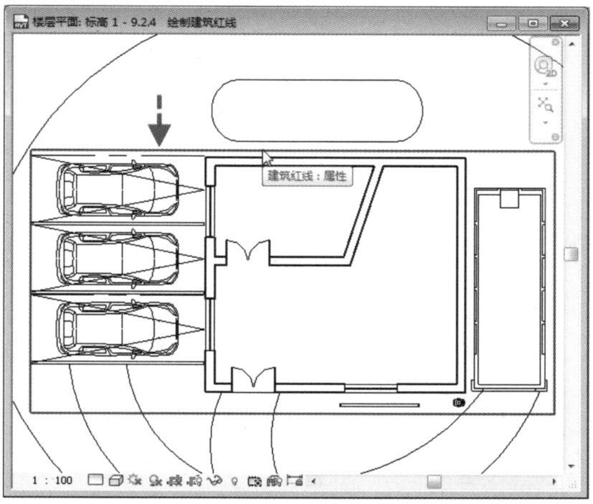

图9-88　绘制建筑红线

编辑建筑红线

选择“通过输入距离和方向角来创建”的建筑红线，进入“修改|建筑红线”选项卡。单击“编辑表格”按钮，进入【建筑红线】对话框，设置参数来修改建筑红线。

选择“通过绘制来创建”的建筑红线，选项卡中的“编辑草图”按钮以及“编辑表格”按钮被同时激活，如图9-89所示。单击“编辑草图”按钮，进入“修改|建筑红线”选项卡的“编辑草图”中，指定绘制方式来编辑建筑红线。

单击“编辑表格”按钮，弹出如图9-90所示的【约束丢失】对话框，提示用户在转换过程中会丢失约束，单击“是”按钮，弹出【建筑红线】对话框，设置参数后单击“确定”按钮，关闭对话框，可以修改建筑红线的显示效果。

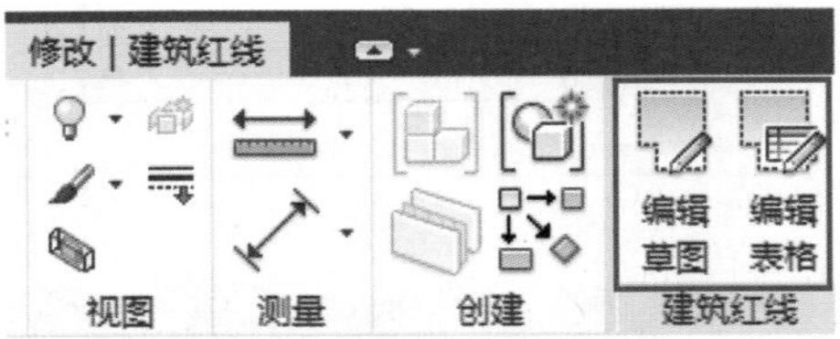

图9-89　激活按钮

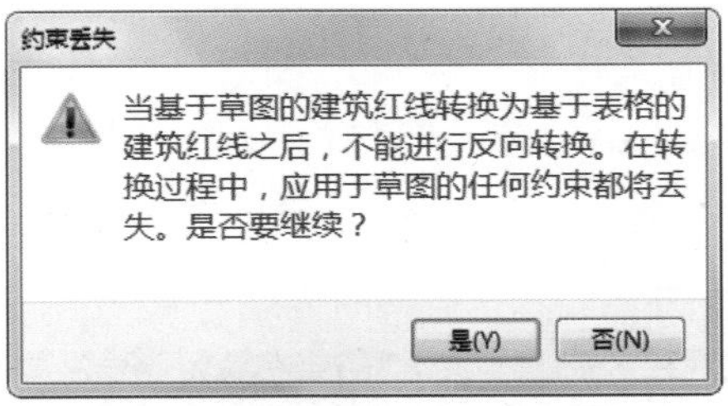

图9-90　【约束丢失】对话框

9.2.5　平整区域

启用“平整区域”命令，可以修改地形表面。在平整区域的过程中，可以添加或删除高程点，可以修改点的高程，或者简化地形表面。本节介绍平整区域的操作方法。

01 在“修改场地”面板中单击“平整区域”按钮，如图9-91所示，开始执行“平整区域”的操作。

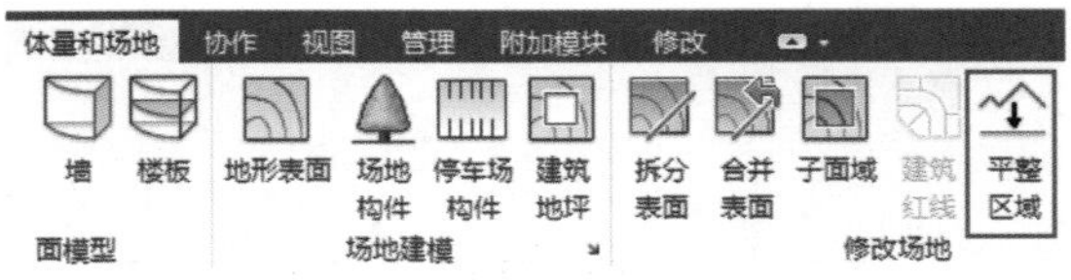

图9-91　单击按钮

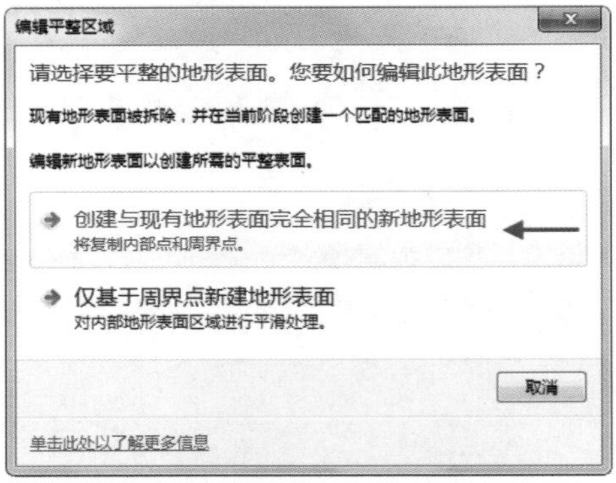

图9-92　选择选项

提示　选择“仅基于周界点新建地形表面”选项，将不会复制地形表面的副本，仅对内部地形表面区域进行平整处理。

02 随即弹出【编辑平整区域】对话框，选择“创建与现有地形表面完全相同的新地形表面”选项，如图9-92所示。

03 进入“修改|编辑表面”选项卡，在“工具”面板中启用命令，如“放置点”“通过导入创建”以及“简化表面”，如图9-93所示，可以执行“编辑地形表面”的操作。

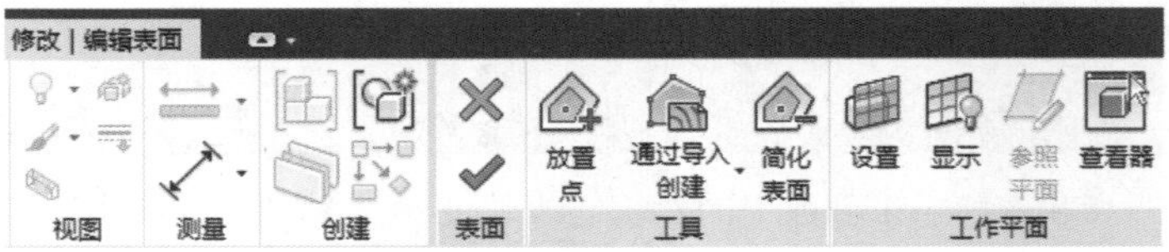

图9-93　进入选项卡

04 在地形表面中选择点，在选项栏的“高程”选项中修改高程值。更改点高程的效果如图9-94所示，使得选定的点的高程与其他点产生高度落差。

05 单击“完成表面”按钮，退出命令。选择地形表面副本，在键盘上按快捷键MV，启用“移动”命令，将地形表面副本移动至一旁。观察在修改点高程后，地形表面原本与副本的对比效果，如图9-95所示。

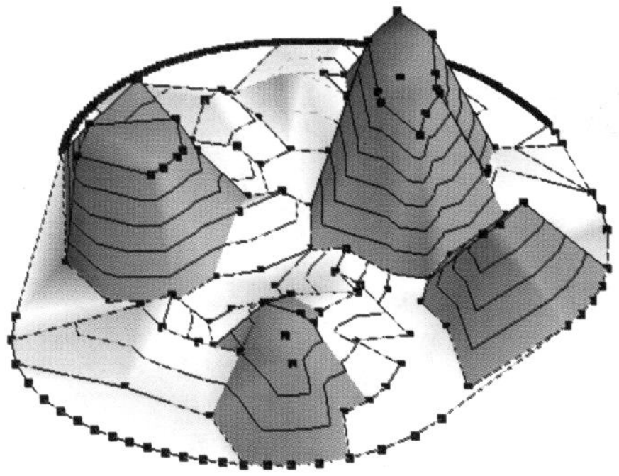

图9-94　更改点高程

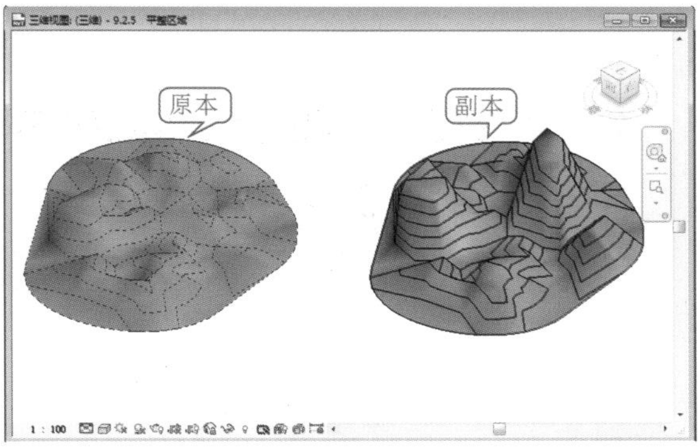

图9-95　三维视图

提示　用户除了修改点高程外，还可以删除选定的点，或者在表面上放置点。

06 切换至立面视图，观察高程点在垂直方向上的改变效果，如图9-96所示。将点的“高程值”设置为正值，点向上移动，反之亦然。

07 切换至平面视图，地形原本的等高线显示为虚线，而地形副本的等高线显示为细实线，如图9-97所示。但是无论选择哪个地形表面，都可以对其执行编辑修改操作。

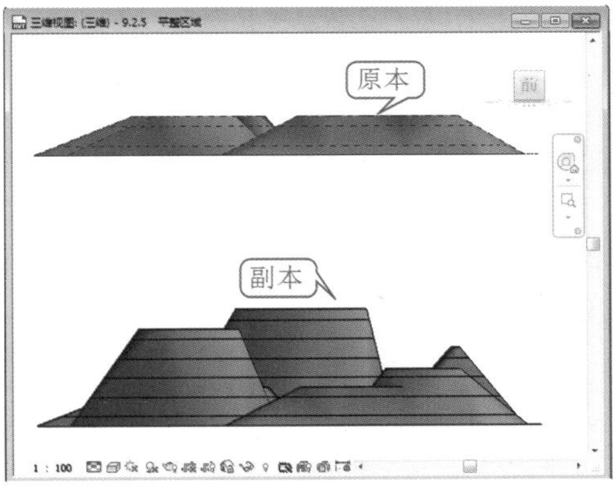

图9-96　立面视图

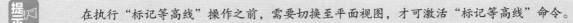

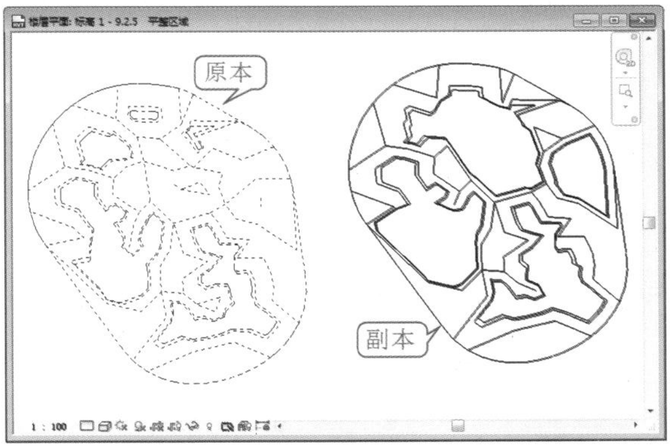

图9-97　平面视图

9.2.6　标记等高线

在平面视图中启用“标记等高线”命令，可以标注等高线的高程。本节介绍标记等高线的操作方法。

01 在“修改场地”面板中单击“标记等高线”按钮，如图9-98所示，开始执行“标记等高线”的操作。

02 在地形表面上单击指定线的起点与终点，如图9-99所示。

提示　在执行“标记等高线”操作之前，需要切换至平面视图，才可激活“标记等高线”命令。

03 绘制与等高线相交的线后，滑动鼠标滚轮放大视图，观察标记等高线的效果，如图9-100所示。

04 选择等高线标签，在“属性”选项板上单击“编辑类型”按钮，如图9-101所示，弹出【类型属性】对话框，在其中修改标签属性参数。

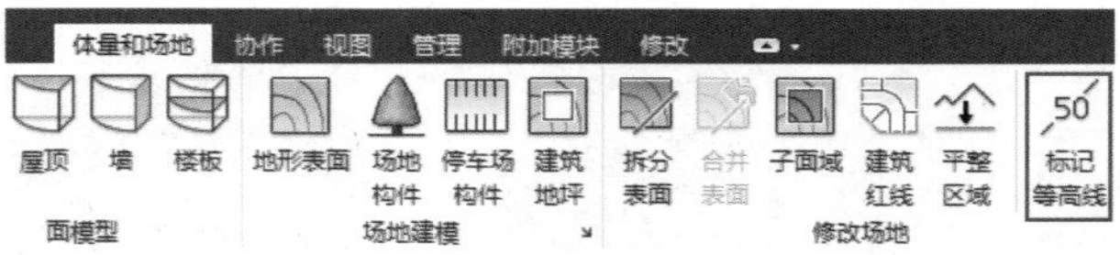

图9-98 单击按钮

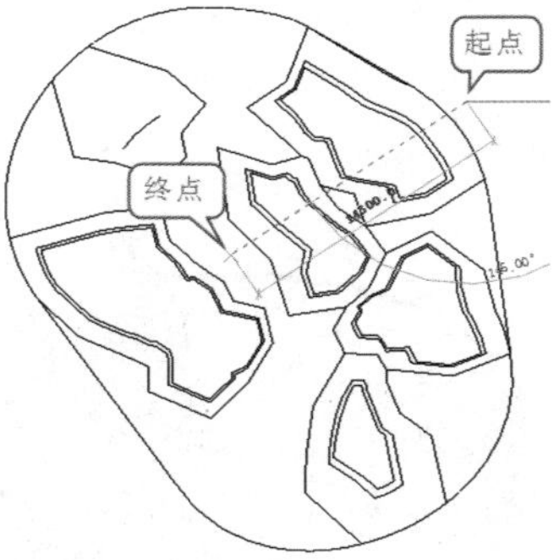

图9-99 绘制线

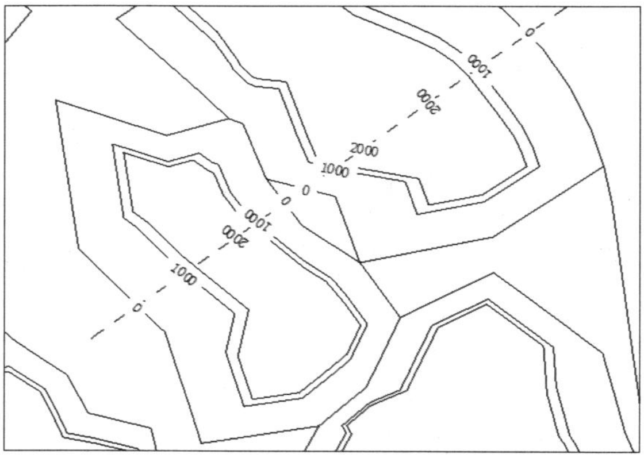
图9-100 标记等高线

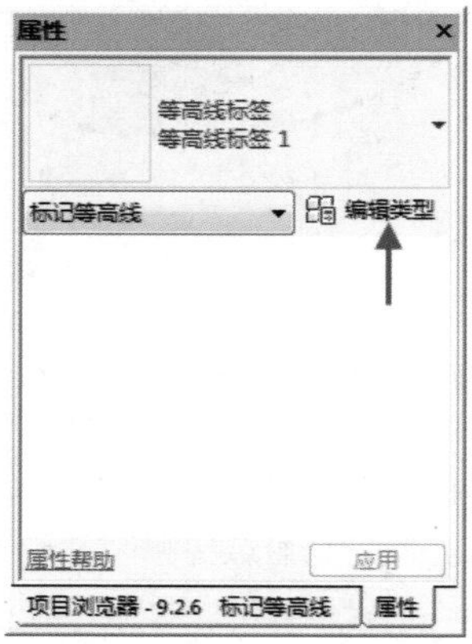

图9-101 “属性”选项板

05 在【类型属性】对话框中单击“颜色”右侧的按钮，在弹出的【颜色】对话框中设置标签颜色。在“文字”选项组中设置标签文字的显示样式，如字体、大小等，如图9-102所示。单击“确定”按钮，关闭对话框，完成设置操作。

选择等高线标签，在线的两端显示蓝色的实心夹点，如图9-103所示。将光标置于夹点上，单击鼠标左键激活夹点，拖曳夹点延长线，可以为与线相交的等高线创建等高线标签。

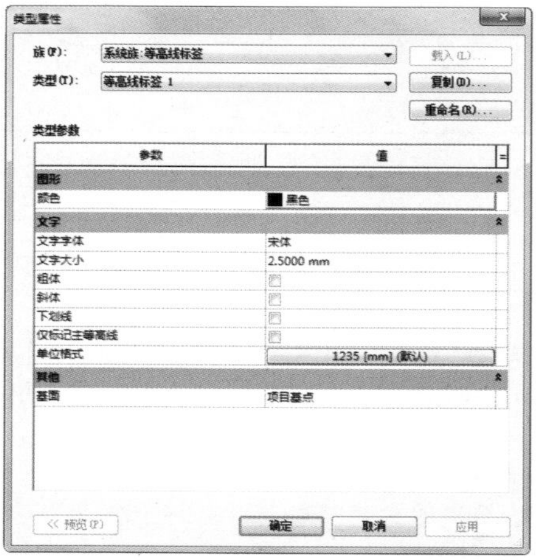

图9-102 设置选项

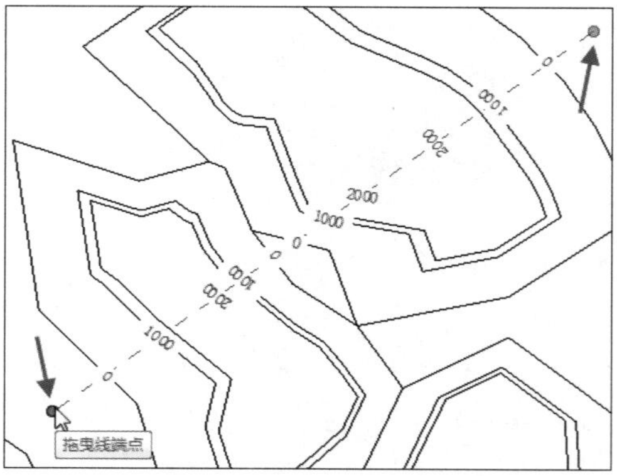

图9-103 显示夹点

第10章

建筑表现

项目模型在创建过程中可以实时更改图形的显示样式，使得用户可以观察模型的多种显示效果，方便及时更改。项目创建完毕后，设置渲染参数，可以将其渲染、输出。通过创建漫游动画，可以动态地观察项目的创建效果。本章介绍设置建筑表现的各项操作方法。

10.1 渲染设置

Revit提供了5种图形显示样式，选择不同的显示样式，模型呈现不同的效果。通过放置贴花，可以将图像放置在模型的表面并进行渲染。在渲染输出之前，需要设置渲染参数。

10.1.1 图形显示样式

单击视图控制栏上的“视觉样式”按钮，弹出如图10-1所示的下拉列表。在该下拉列表中显示图形显示样式的名称，如“线框”“隐藏线”等。选择不同的选项，可以更改当前图形的显示样式。

- “线框”样式：选择“线框”样式，以线框的样式在视图中显示模型，如图10-2所示。忽略模型面、材质颜色等属性，仅显示模型的线框，是占用系统内存最少的显示样式。但是，“线框”样式不利于观察复杂模型，而且复杂的模型包含的线也较多，显得比较凌乱，容易干扰用户的视线。

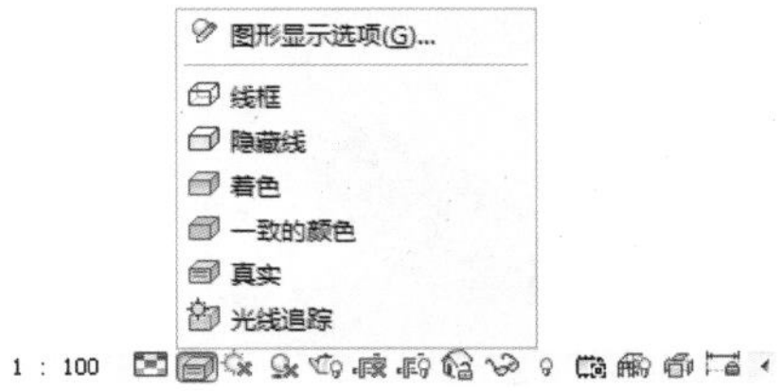

图10-1　样式列表

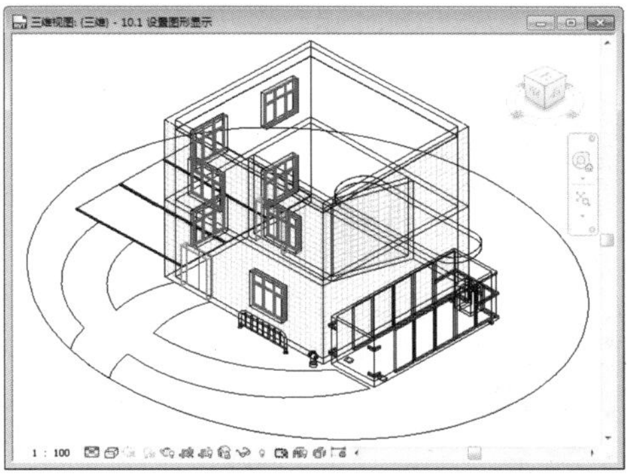

图10-2　“线框”样式

提示 在三维视图中能够直观地感受模型在不同的显示样式下的效果，所以本节在三维视图中介绍图形各种不同的显示样式。

- “隐藏线”样式：选择“隐藏线”样式，模型线被隐藏，以面的样式在视图中显示模型，如图10-3所示。“隐藏线”样式是比较常用的图形显示样式，在该样式下可以初步了解模型的三维效果。占用的系统内存较“线框”样式要多。
- “着色”样式：选择“着色”样式，模型的材质色在视图中显示，如图10-4所示。为模型设置材质后，选择“着色”样式，可以显示材质的颜色及其填充图案。例如，墙体材质设置了“表面填充图案”后，选择“着色”样式，就可以在视图中观察材质填充图案的效果。与“隐藏线”样式相比较，“着色”样式占用系统内存较多。
- “一致的颜色”样式：选择“一致的颜色”样式，相同材质的构件以一致的颜色显示，如图10-5所示。在为构件设置材质参数时，【材质浏览器】对话框中“图形”选项卡的“着色”参数所显示的颜色类型，就是在“一致的颜色”样式中的显示效果。“一致的颜色”样式忽略光影，模型每个面都以一致的颜色显示。该样式与“着色”样式相比，占用的系统内存较多。

- “真实”样式：选择“真实”样式，在视图中显示模型材质的真实颜色，如图10-6所示。在该样式下，模型的外观受到【材质浏览器】对话框中“外观”选项卡的参数决定。“真实”样式考虑光影因素，模型面有明暗之分，更接近真实效果。与“一致的颜色”样式相比较，该样式占用系统内存较多。

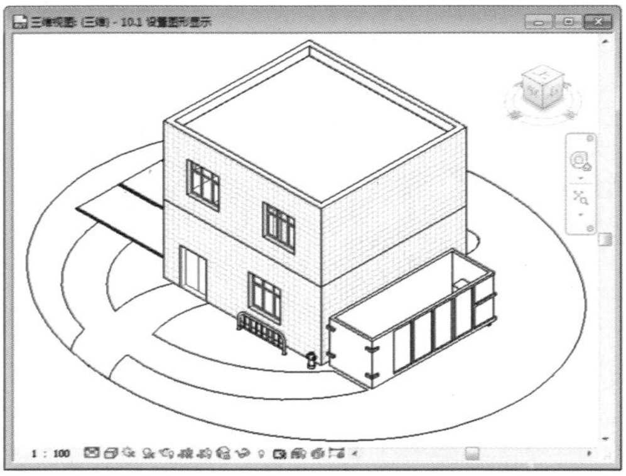

图10-3 “隐藏线”样式

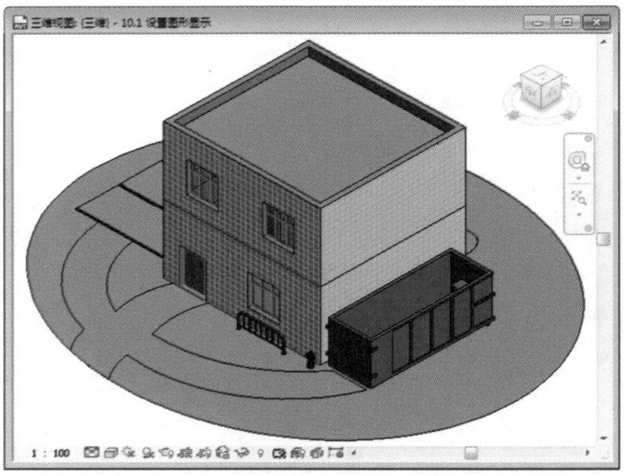

图10-4 “着色”样式

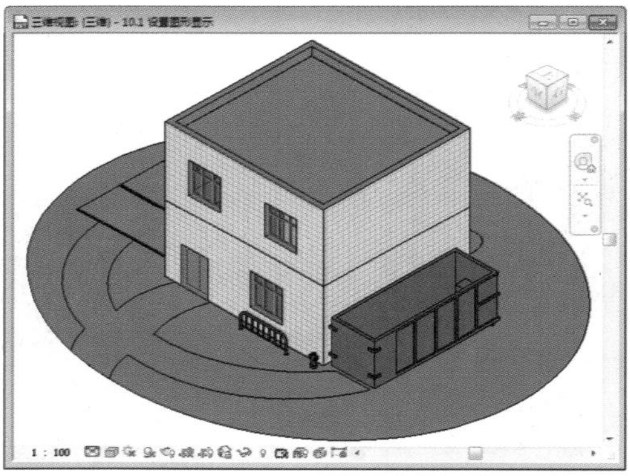

图10-5 “一致的颜色”样式

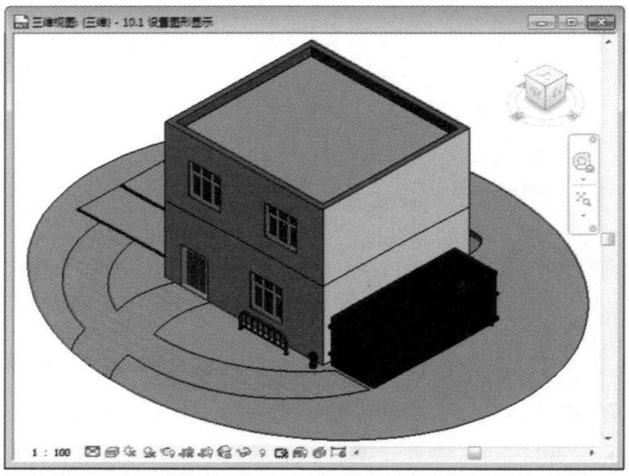

图10-6 “真实”样式

10.1.2 设置图形显示选项参数

在视图控制栏中单击“视觉样式”按钮，在弹出的下拉列表中选择“图形显示选项”选项，弹出【图形显示选项】对话框，在该对话框中设置与图形显示效果有关的参数。

“模型显示”选项组

单击“样式”右侧的倒三角按钮，在弹出的下拉列表中显示图形的显示样式，如“线框”“隐藏线”等，如图10-7所示。选择样式，单击“应用”按钮，可以观察在该样式下模型的显示效果。

默认勾选“显示边缘”复选框，即显示模型的边缘线。取消选择该选项，单击“应用”按钮，观察模型的显示效果。发现视图中模型的边缘线被隐藏，仅显示模型的面，如图10-8所示。

勾选“使用反失真平滑线条”复选框，视图中模型的边缘线加粗显示，如图10-9所示。模型边缘线更加平滑，接近真实样式。但是，通常情况下不选择该选项，以免增加系统运算的负担。

修改“透明度”参数值，可以透明样式显示模型，如将“透明度”修改为50，模型的显示效果如图10-10所示。默认情况下，“透明度”为0，以实体样式显示模型。

单击“轮廓”右侧的倒三角按钮，在弹出的下拉列表中显示各种样式的轮廓线，如“<中心线>”“<已拆除>”以及“<架空线>”等。默认选择“<无>”选项。

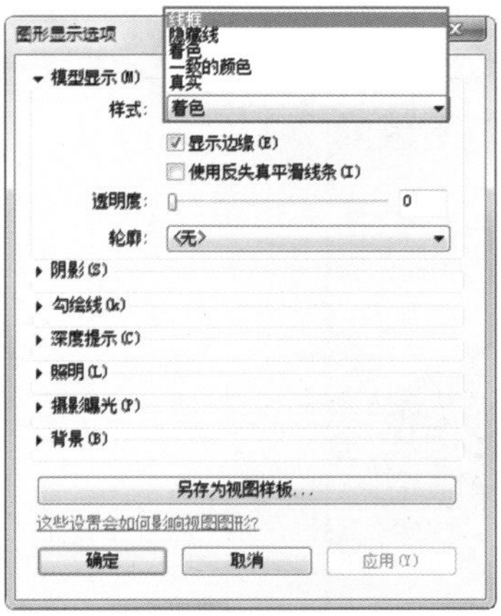

图10-7　“模型显示”选项组

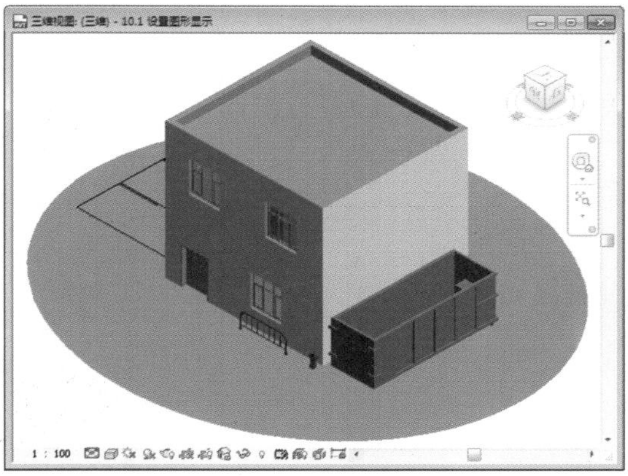

图10-8　隐藏边缘线

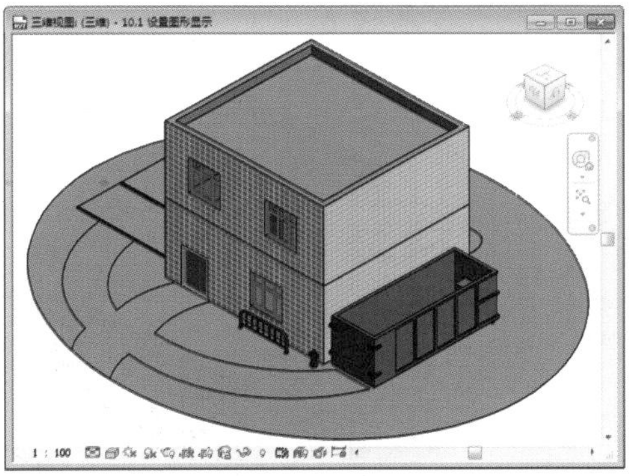

图10-9　边缘线加粗显示

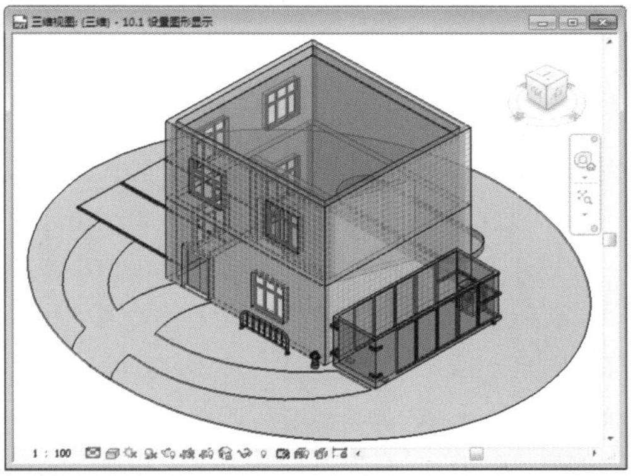

图10-10　更改透明度

“阴影”选项组

单击展开“阴影”选项组，显示“投射阴影”和“显示环境阴影”两个选项，如图10-11所示。

选择“投射阴影”选项，在视图中可以观察到模型的投射阴影，如图10-12所示。阴影的显示效果与日光设置参数有关。通常情况下不会一直显示模型阴影，因为拖慢编辑速度。观察完毕，就应该将阴影关闭。

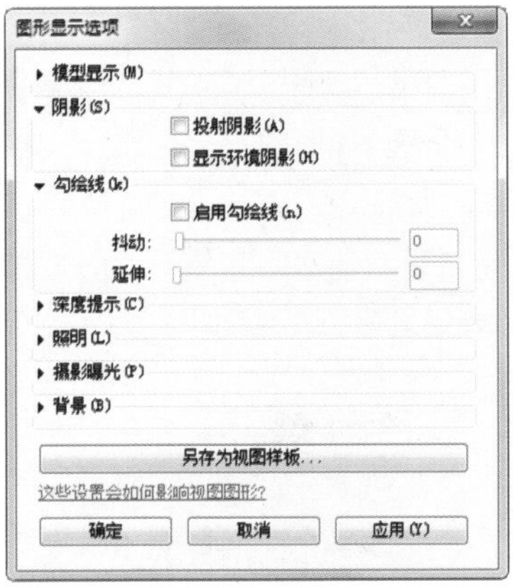

图10-11　展开选项组

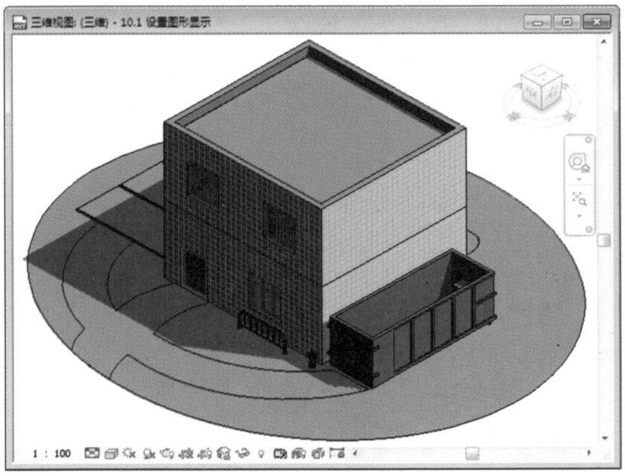

图10-12　显示阴影

选择“显示环境阴影”选项，可以显示模型与周围环境的阴影关系，如图10-13所示。显示环境阴影，可以增加模型的真实感。以垃圾箱为例，增加显示其与相邻建筑物的环境阴影后，不仅凸显垃圾箱的质感，还与旁边的建筑物融为一体。

在建模的过程中，应该取消勾选“投射阴影”和“显示环境阴影”复选框，增加系统的运行速度。

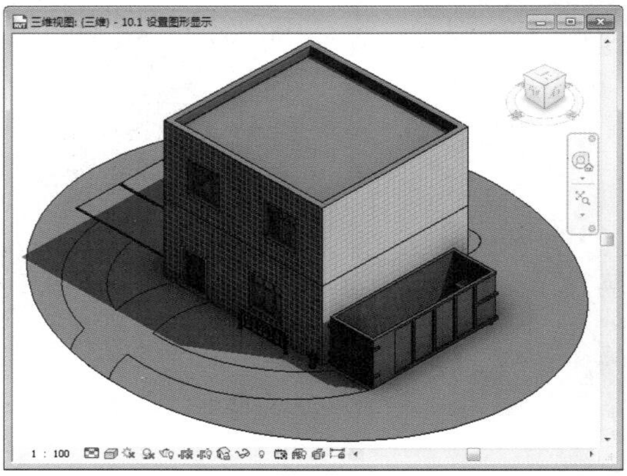

图10-13　显示环境阴影

“勾绘线”选项组

单击展开“勾绘线”选项组，显示“启用勾绘线”选项。选择该选项，同时修改“抖动”和“延伸”选项的值，使得模型的边缘线以“勾绘线”的样式显示，如图10-14所示。模型的显示样式接近于草图模式，就像是随手勾绘出来一般。

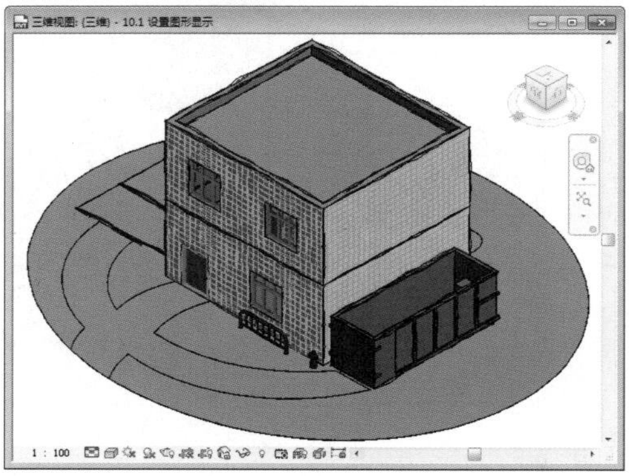

图10-14　“勾绘线”样式

“照明”选项组

单击展开“照明”选项组，在其中显示“方案”“日光设置”等选项，如图10-15所示。设置选项组中的参数，控制模型的照明效果。

单击“日光设置”右侧的长按钮，弹出【日光设置】对话框。在该对话框中显示当前视图中的日光设置参数，如图10-16所示。在“日光研究”选项组中显示日光样式，如“静止”“一天”以及“多天”等。选择样式，在右侧的“设置”选项组中设置参数。

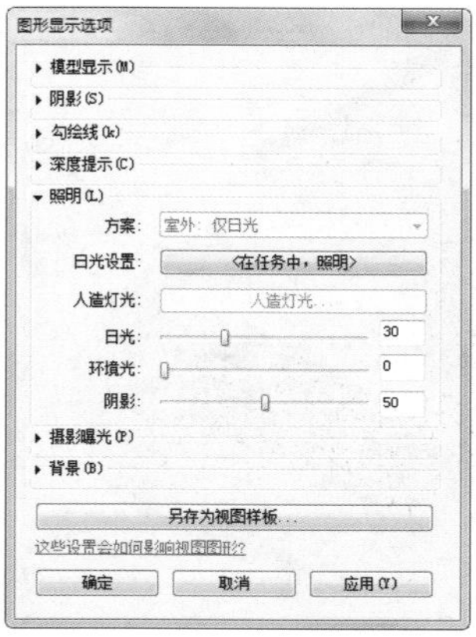

图10-15　“照明”选项组

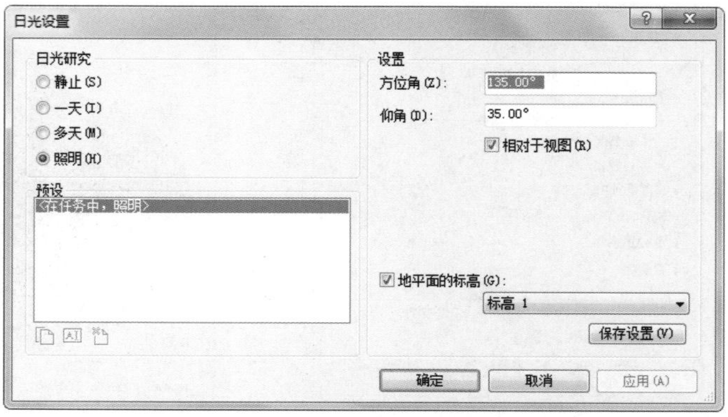

图10-16　【日光设置】对话框

单击“保存设置”按钮，弹出【名称】对话框，设置名称，如图10-17所示。单击“确定”按钮，关闭对话框。存储日光设置后，可以随时调用。

因为模型阴影的显示效果受到“日光设置”参数的影响，所以修改“日光设置”参数后，可以调整模型阴影的显示效果。

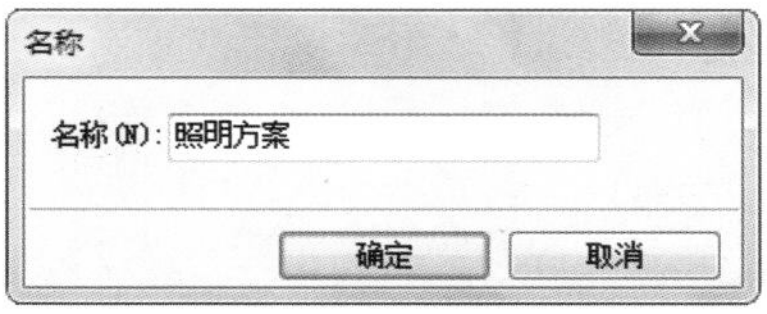

图10-17 设置名称

在“照明”选项组中设置“日光”“环境光”以及“阴影”参数，单击“应用”按钮，观察模型阴影的显示。

“背景”选项组

单击展开“背景”选项组，显示“背景”选项，单击右侧的倒三角按钮，在弹出的下拉列表中显示背景样式，如“天空”“渐变”以及“图像”。

选择“天空”背景，显示“地面颜色”选项，单击右侧的长按钮，弹出【颜色】对话框，在其中设置“地面颜色”参数。

选择“渐变”背景，显示“天空颜色”“地平线颜色”和“地面颜色”选项，如图10-18所示。分别在【颜色】对话框中设置这3个选项的参数，以营造一种渐变的背景效果。

选择“图像”背景，单击“自定义图像”按钮，弹出【背景图像】对话框。单击“图像”按钮，从计算机中载入图像，如图10-19所示。设置“比例”以及“偏移”参数后，单击“确定”按钮，将其指定为背景。

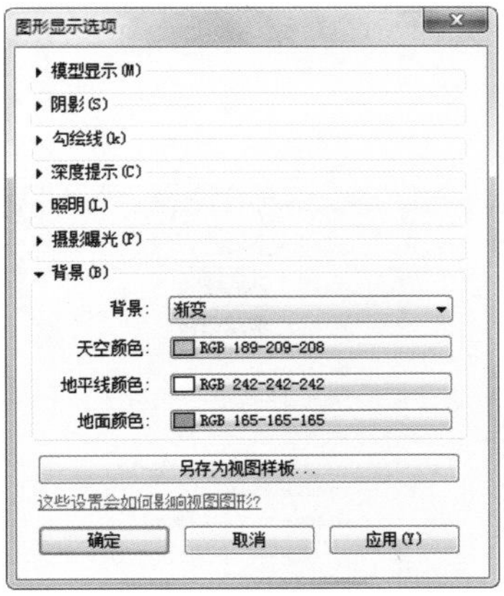

图10-18 “背景”选项组

图10-19 载入图像

单击“另存为视图样板”按钮，弹出【新视图样板】对话框，设置名称，如图10-20所示。单击“确定”按钮，存储为视图样式。在需要的时候调用该视图样板，可以省略再次设置参数的操作。

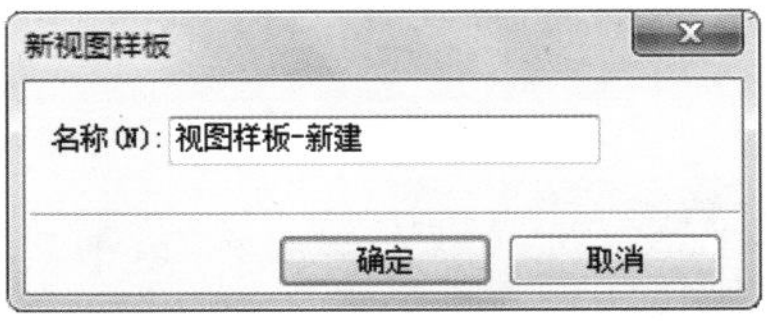

图10-20 设置样板名称

10.1.3 创建贴花类型

每个要在建筑模型中使用的图像，都需要创建与之相对应的贴花类型。创建贴花类型后，就可以放置贴花。本节介绍创建贴花类型的操作方法。

01 选择“插入”选项卡，在“链接”面板上单击“贴花”按钮，在弹出的下拉列表中选择“贴花类型”选项，如图10-21所示，开始执行“创建贴花类型”的操作。

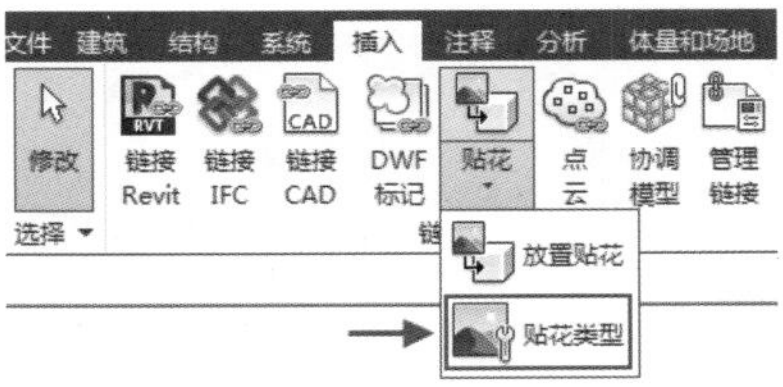

图10-21 选择选项

02 弹出【贴花类型】对话框，单击左下角的“新建贴花”按钮，在【新贴花】对话框中设置名称，如图10-22所示。单击“确定”按钮，关闭对话框，完成“新建贴花”的操作。

提示 系统默认将“名称”设置为“新贴花”，用户也可沿用该名称。

03 在“项目中的贴花类型”列表框中显示新建贴花类型，单击“设置”选项组下“源”右侧的按钮，如图10-23所示，弹出【选择文件】对话框。

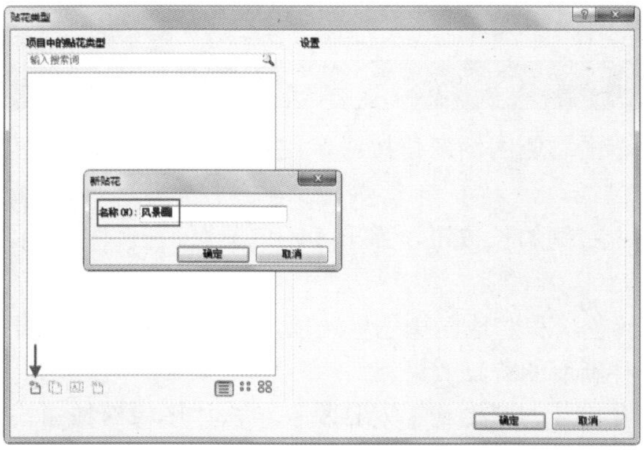

图10-22 新建贴花

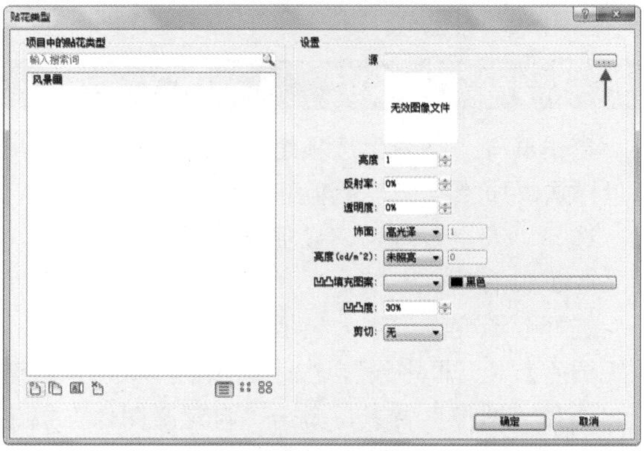

图10-23 单击按钮

04 在【选择文件】对话框中选择图像，如图10-24所示。单击“打开”按钮，将图像载入项目中。

05 在“源”选项中显示图形名称，并可以预览图像，如图10-25所示。在预览图像下方是图像的显示参数，如“亮度”“反射率”等，设置参数，控制图像的显示效果。

06 单击“确定”按钮，关闭对话框，完成“创建贴花类型”的操作。

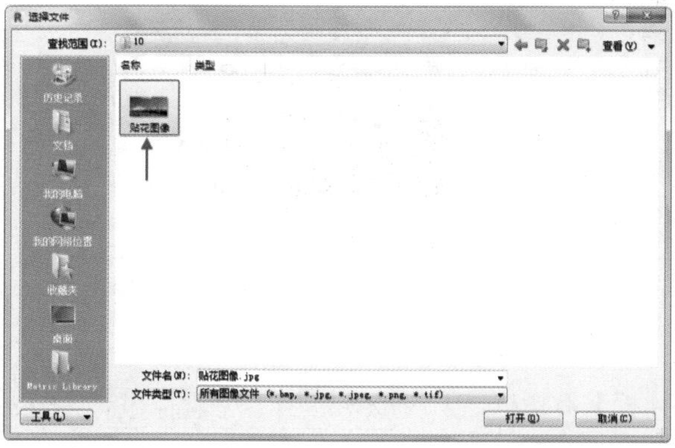

图10-24 选择图像

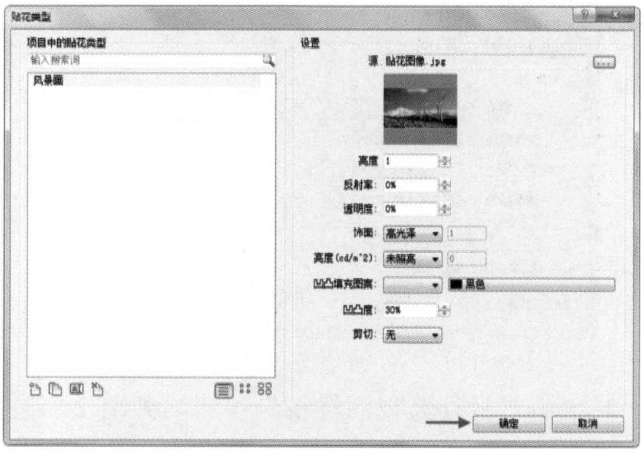

图10-25 载入图像

提示 通常情况下，选择默认的图像参数即可，用户也可以根据成像要求来设置参数。

10.1.4 放置贴花

启用“放置贴花”命令，可以在二维视图或者三维视图中将贴花放置在水平表面或者柱形表面上。在放置贴花之前，必须先创建贴花类型。本节介绍放置贴花的操作方法。

01 在“链接”面板上单击“贴花”按钮，在弹出的下拉列表中选择“放置贴花”选项，如图10-26所示，开始执行“放置贴花”的操作。

02 在“修改|贴花”选项栏中显示贴花的尺寸，例如，在“宽度”和“高度”文本框中显示默认值。默认勾选“固定宽高比”复选框，如图10-27所示。

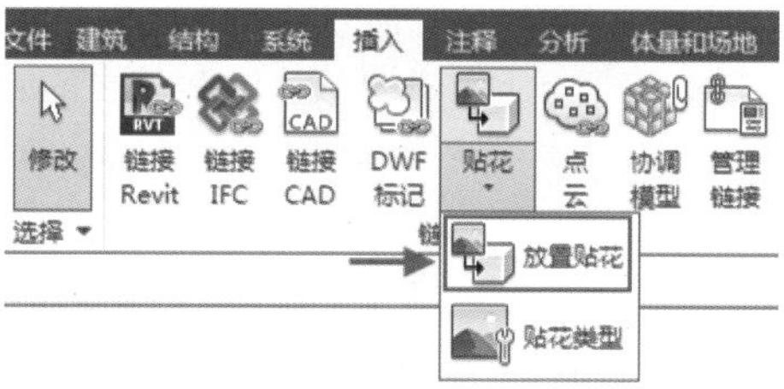

图10-26　选择选项

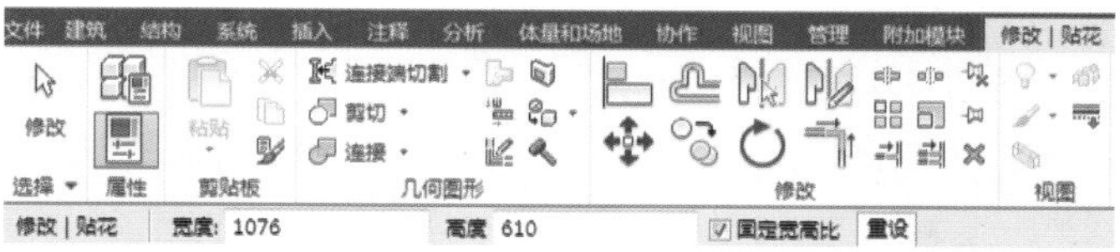

图10-27　设置尺寸

03 在墙体上单击鼠标左键，指定点来放置贴花。放置完毕的贴花显示为带对角线的矩形，如图10-28所示。为了方便观察放置贴花的效果，可以在立面视图中执行放置操作。

提示　单击“链接”面板上的“贴花”按钮，也可以启用“放置贴花”命令。

04 在视图控制栏上单击“视觉样式”按钮，在弹出的下拉列表中选择“真实”选项，如图10-29所示，设置图形的显示样式。

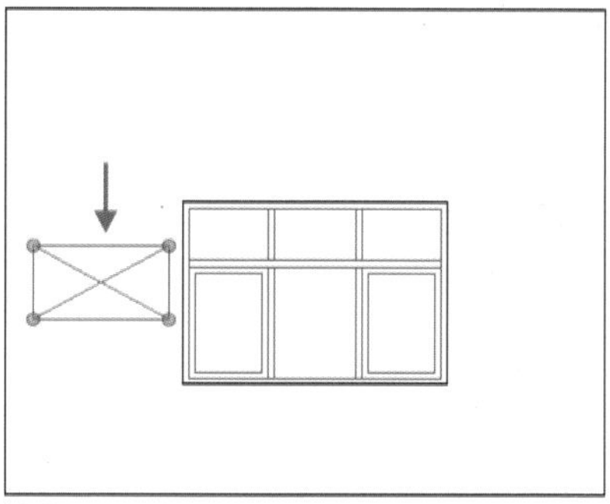

图10-28　放置贴花

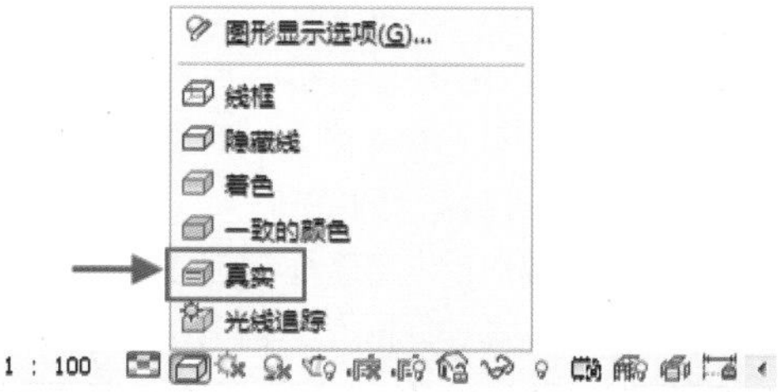

图10-29　选择选项

提示　只有在“真实”样式下，才可以观察到图像的真实效果。

05 此时观察贴花的显示效果，已经可以显示图像的真实效果，如图10-30所示。

06 滑动鼠标滚轮放大视图，观察在“真实”样式下图像的显示效果，如图10-31所示。在制作室内装饰画或者墙体上的指示标记时，可以执行“放置贴花”操作。但是，每一个图像都必须有一个与之对应的贴花类型。

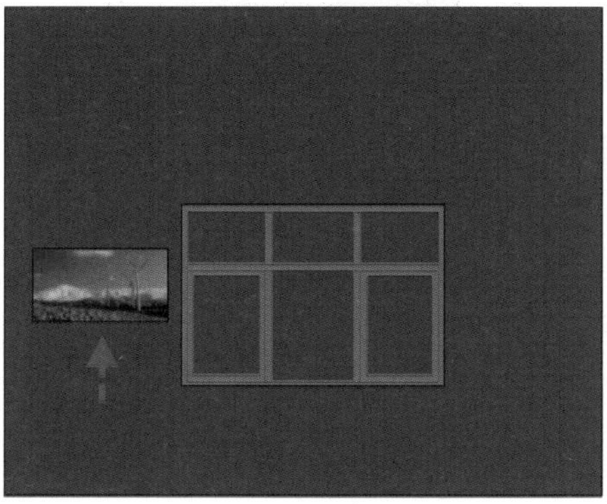

图10-30　显示图像

图10-31　清晰显示图像

选择贴花，在“属性”选项板中显示贴花的尺寸。修改“宽度”或者“高度”选项的值，可以更改贴花的尺寸。单击“编辑类型”按钮，如图10-32所示，弹出【类型属性】对话框。

在【类型属性】对话框中单击“贴花属性”右侧的“编辑”按钮，如图10-33所示，弹出【贴花类型】对话框。在该对话框的“设置”选项组中显示多个选项，如图10-34所示，修改参数设置贴花的显示效果。在“源”选项中可以重新载入图像，在“亮度”“反射率”以及“透明度”选项中修改参数，直接影响贴花在模型中的显示效果。

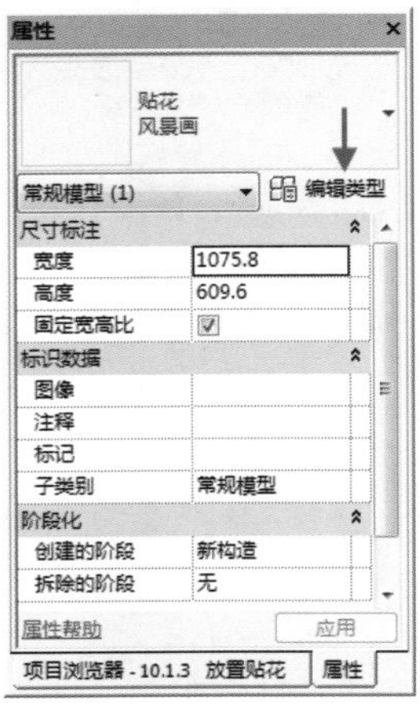

图10-32　单击按钮

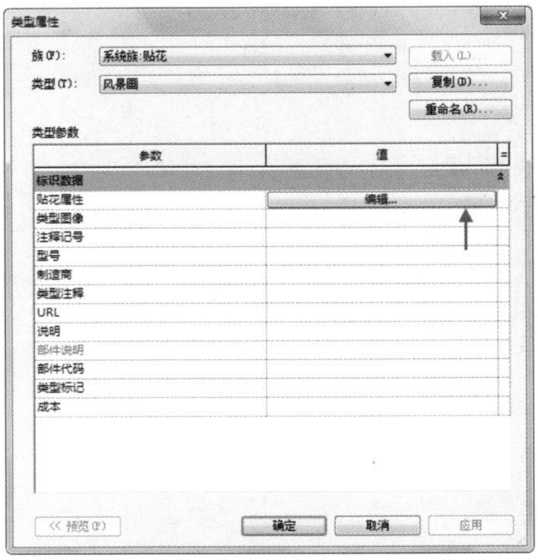

图10-33　单击按钮

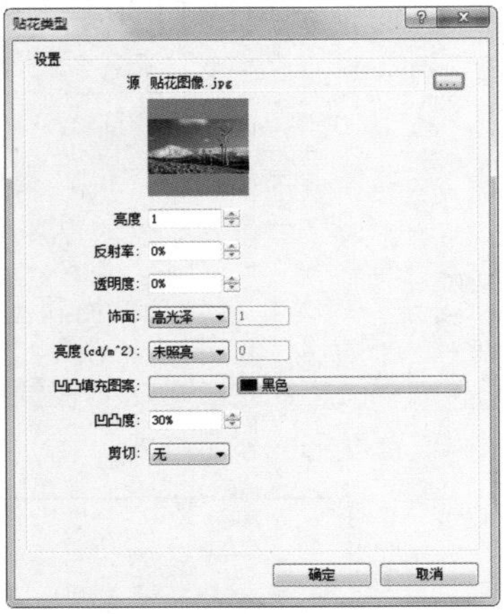

图10-34　设置参数

选择贴花，激活角点上的蓝色实心夹点，移动鼠标，可以调整贴花的尺寸，如图10-35所示。假如勾选“固定宽高比”复选框，在调整大小时，贴花的高度与宽度将一起变化。在该模式下修改贴花尺寸的好处是，不会使修改后的贴花发生变形。

取消勾选“固定宽高比”复选框，可以单独调整贴花的“高度”尺寸或者“宽度”尺寸，如图10-36所示。在该模式下修改贴花尺寸，会使得贴花发生变形，影响装饰效果。

图10-35　调整宽高尺寸

图10-36　调整高度

10.1.5　设置渲染参数

设置渲染参数，使得模型按照指定的样式渲染输出。

选择“视图”选项卡，在“演示视图”面板中单击“渲染”按钮，如图10-37所示，弹出【渲染】对话框，可开展设置渲染参数的操作，如图10-38所示。

单击“渲染”按钮，系统执行渲染操作。勾选“区域”复选框，在视图中显示渲染区域轮廓线。选中轮廓线，激活线上的蓝色夹点，调整夹点的位置，修改轮廓线的大小。再执行“渲染”操作，可以仅渲染轮廓线内的部分。

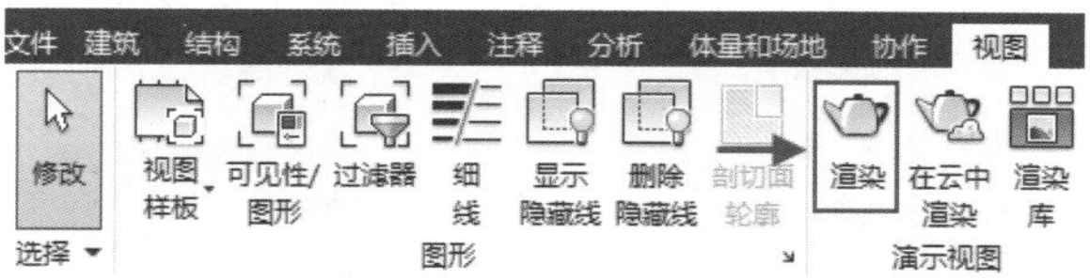

图10-37 单击按钮

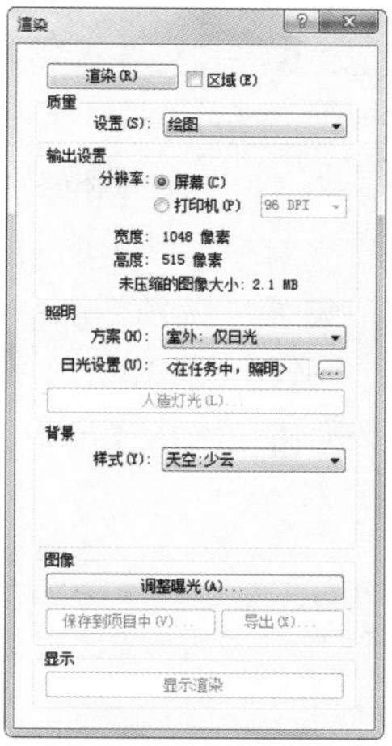

图10-38 【渲染】对话框

设置渲染质量

在“质量”选项组中单击“设置”右侧的倒三角按钮，在弹出的下拉列表中显示图像的质量样式，如“绘图”“中”“高”等，如图10-39所示。

其中，“绘图”模式渲染的时间最少，但是图像质量不高。“最佳”模式的渲染时间较长，成像质量较高。在用于测试模型渲染效果时，可以选用“绘图”模式。等到正式输出时再选择“最佳”模式。

在“设置”下拉列表中选择“编辑”选项，弹出【渲染质量设置】对话框，如图10-40所示。用户在不满意系统提供的渲染质量时，可以在该对话框中自定义渲染质量参数。

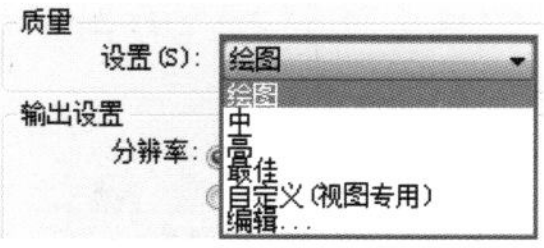

图10-39 “设置”下拉列表

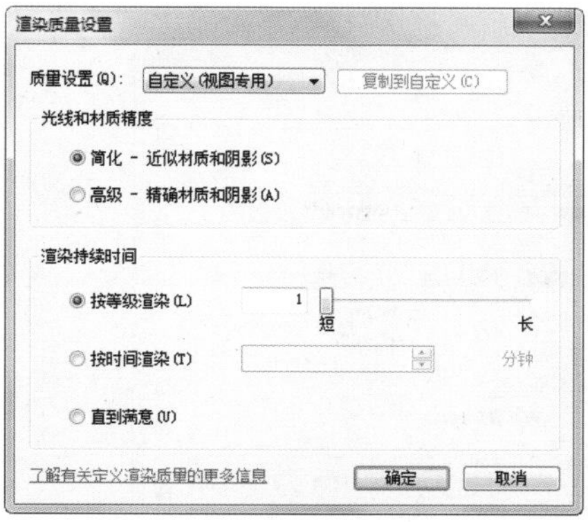

图10-40 【渲染质量设置】对话框

分别在“光线和材质精度”选项组和“渲染持续时间”选项组中设置选项，可以设置符合用户使用需求的渲染质量模式。单击“确定”按钮，结束设置选项的操作。

输出设置

在“输出设置”选项组中，默认选择“分辨率”为“屏幕”，同时显示图像的“宽度”以及“高度”参数。在该尺寸下输出图像，所使用的时间较短，但是图像的像素较低。

选中“打印机”单选按钮，在其下拉列表中选择选项，如图10-41所示，输出的图像具有打印的效果。但是相应地会占用较大的系统资源，并且输出的时间也较长。

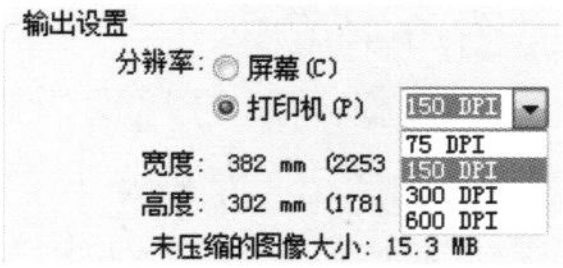

图10-41 输出设置

设置“照明”参数

在“照明”选项组中单击“方案”右侧的倒三角按钮，在弹出的下拉列表中显示多种样式的照明方案，如“室外：仅日光”“室外：日光和人造光”等，如图10-42所示。默认选择“室外：仅日光”选项，即仅考虑日光对模型产生的影响。

单击“日光设置”选项后的按钮，弹出【日光设置】对话框，在“日光研究”选项组中选择选项，设置照明参数。例如，选择“一天”选项，在“设置”选项组中显示选项，如图10-43所示。单击“地点”选项后的按钮，弹出【位置、气候和场地】对话框，在其中选择项目位置。

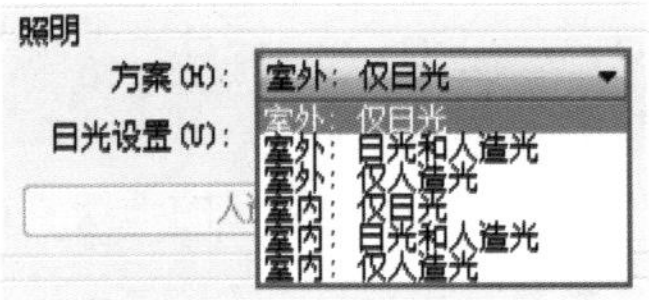

图10-42　选择照明方案

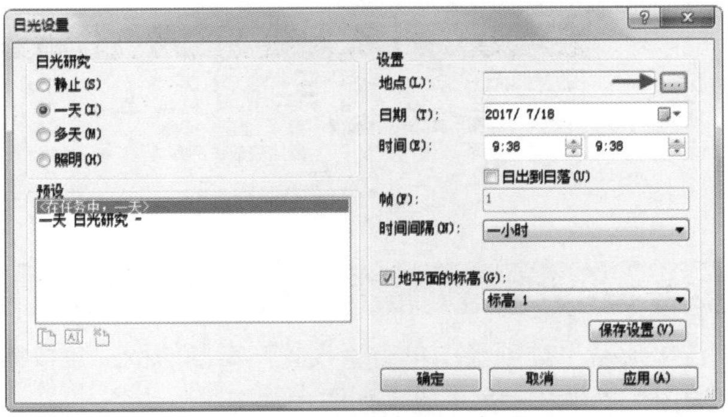

图10-43　【日光设置】对话框

在“定义位置依据”下拉列表中选择“默认城市列表”选项，在“城市”下拉列表中选择“香港，中国”选项。系统自动计算“纬度”以及“经度”值，如图10-44所示。

单击“确定”按钮，返回到【日光设置】对话框。在“设置”选项组中分别设置“日期”“时间”等选项参数，如图10-45所示。单击“确定”按钮，关闭对话框，结束设置操作。

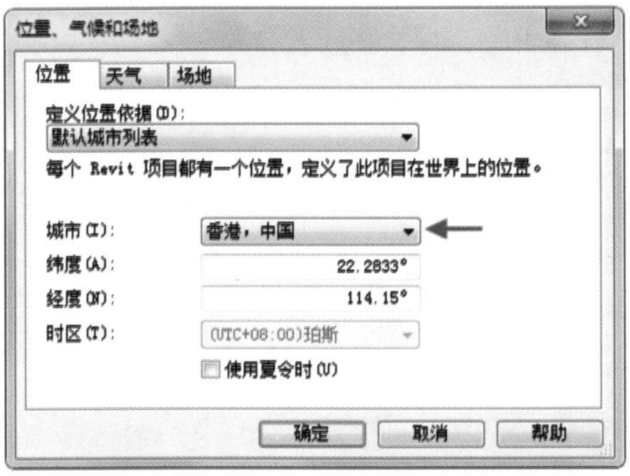

图10-44　选择城市

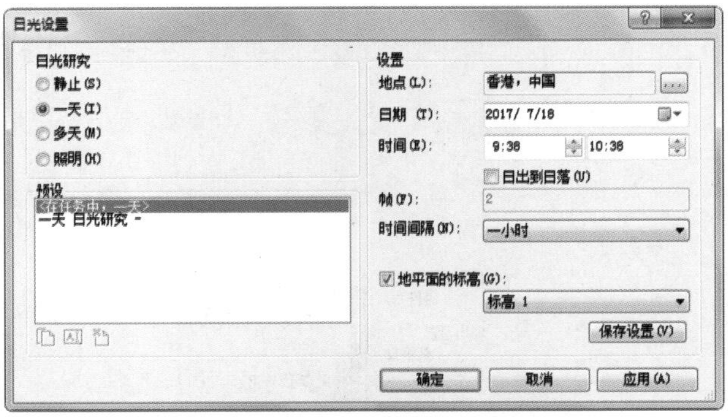

图10-45　设置参数

设置“背景”样式

在“背景”选项组下单击“样式”右侧的倒三角按钮，在弹出的下拉列表中显示多种背景样式，如“天空：少云”“天空：非常少的云”等，如图10-46所示。

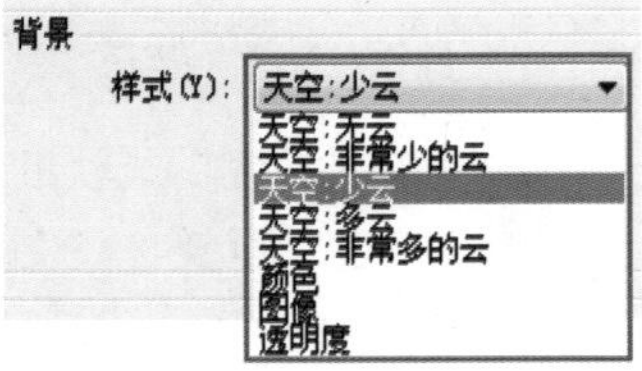

图10-46　背景样式

选择不同的背景样式，会影响项目的光影效果。例如，在“天空：非常少的云”背景下与“天空：非常多的云”背景下，项目光影的显示效果就不相同。云层会阻碍日光投射到项目上，越厚的云层，过滤的日光越多，投射到项目上的日光就越少。

调整曝光

在“图像”选项组中单击“调整曝光”按钮，弹出【曝光控制】对话框，如图10-47所示。在该对话框中设置“曝光值”“高度显示”以及“阴影”等参数，调整图像的曝光效果。单击“重设”按钮，可以撤销所设置的参数，恢复默认值。单击“确定”按钮，关闭对话框，完成设置参数的操作。

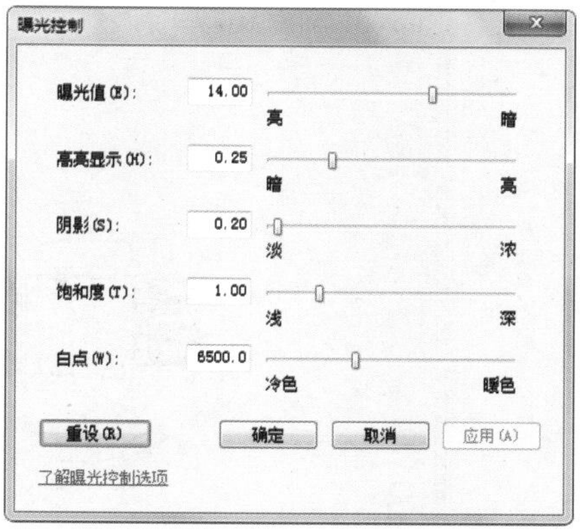

图10-47 调整曝光

10.2 漫游动画

在项目中放置相机后可以创建透视图，用户在视图中可以观察模型的透视效果。为模型创建漫游动画，可以在动态下观察模型的创建效果，还可以将动画输出为视频或者图像。本节介绍放置相机以及创建漫游动画的操作方法。

10.2.1 放置相机

启用“相机”命令，在项目中放置相机，可以同步生成透视图。调整相机的位置，可以从多个角度观察模型的创建效果。本节介绍放置相机的操作方法。

01 选择“视图”选项卡，在“创建”面板上单击“三维视图”按钮，在弹出的下拉列表中选择“相机”选项，如图10-48所示，执行“放置相机”的操作。

02 在选项栏中勾选“透视图”复选框，保持“偏移”值为1750.0不变，设置“自”选项为“标高1”，如图10-49所示。

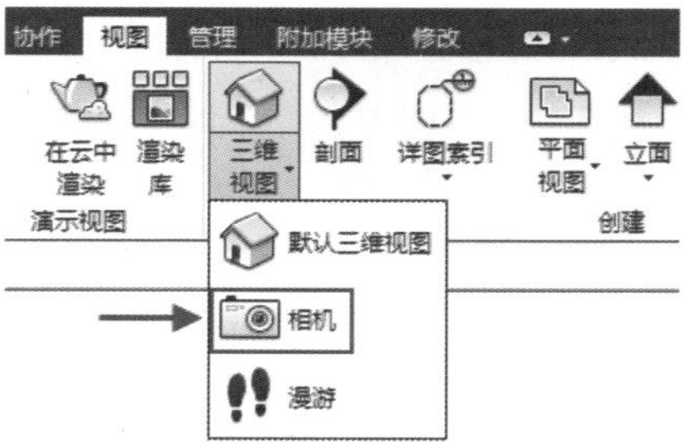

图10-48 选择选项

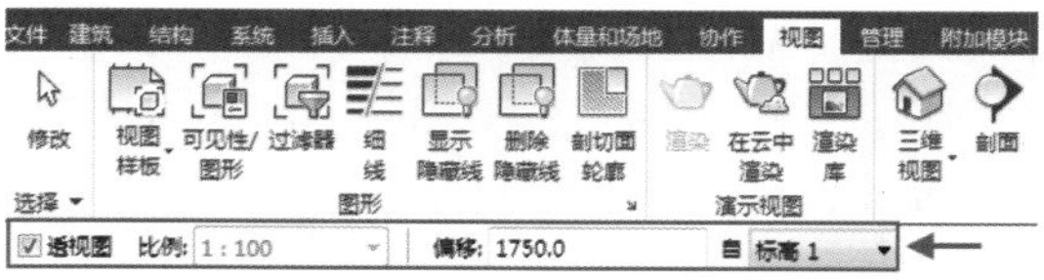

图10-49 设置参数

提示 取消勾选“透视图”复选框，放置相机后，创建立面视图，不能创建透视图。

03 将光标在视图中的合适位置单击以放置相机的视点，移动光标，单击鼠标左键，可将观察目标置于光标的位置上。放置相机的效果如图10-50所示。

04 在项目浏览器中单击展开“三维视图”列表，显示同步生成的透视图被命名为“三维视图1”，如图10-51所示。

提示 在此基础上再执行“放置相机”的操作，同步创建的透视图被自动命名为“三维视图2”，以此类推，遵循顺序命名的方式。

05 放置相机后，自动转换至透视图。在视图中显示图形轮廓线，选择轮廓线，激活线上的夹点，移动鼠标调整夹点的位置来调整轮廓线的大小，可以将模型全部显示在轮廓线内，调整结果如图10-52所示。

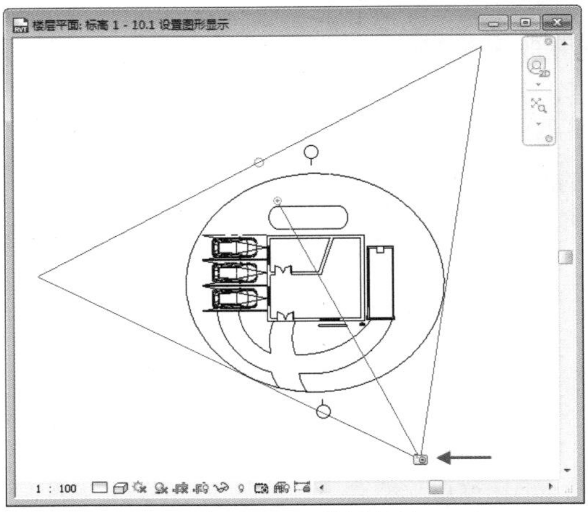

图10-50　放置相机

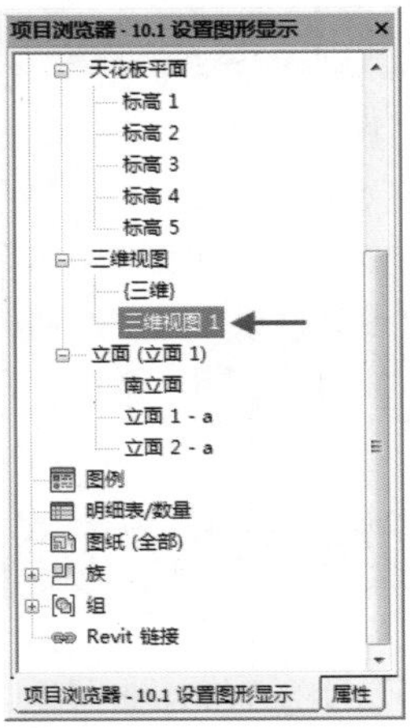

图10-51　显示视图名称

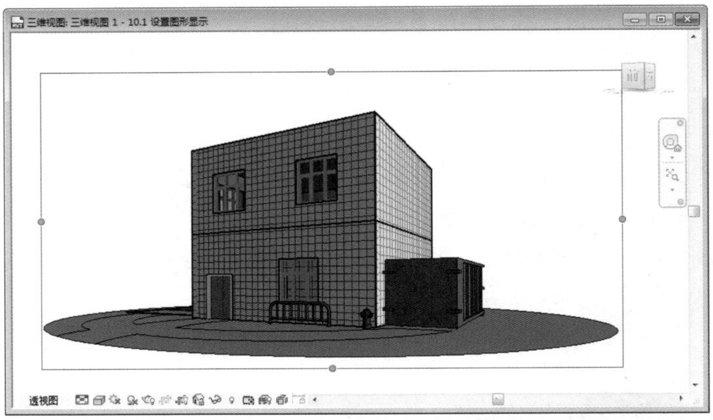

图10-52　透视视图

选择相机，在“属性”选项板中显示其属性信息。调整“视点高度”或者“目标高度”，如图10-53所示，可以更改模型在透视图中的显示效果。

放置相机后，在平面视图中会自动将相机隐藏。假如需要修改相机属性参数，在项目浏览器中选择“三维视图1”选项，右击，在弹出的快捷菜单中选择“显示相机”命令，如图10-54所示，可以在平面视图中恢复显示相机。

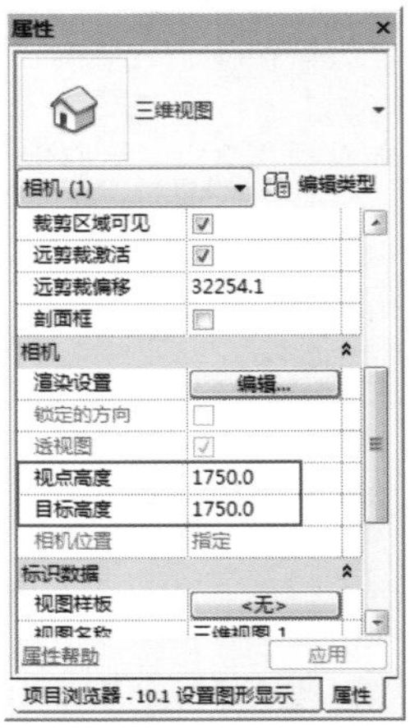

图10-53　设置参数

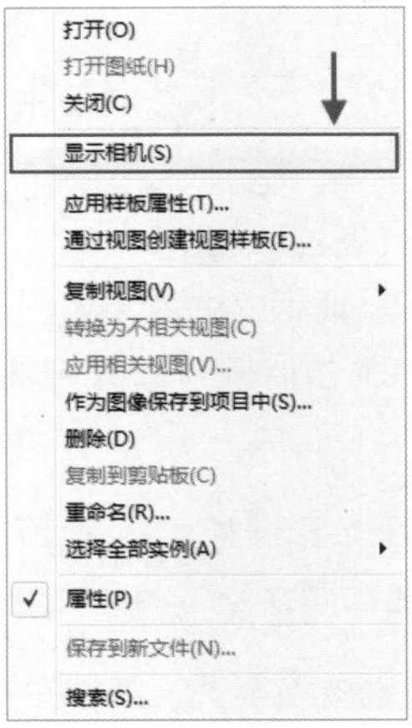

图10-54　选择命令

10.2.2 创建漫游

启用“漫游”命令，可以动画的形式观察模型的三维漫游状态，还可以将漫游导出为视频文件或者图像文件。本节介绍创建漫游的操作方法。

创建漫游

01 在“创建”面板上单击“三维视图”按钮，在弹出的下拉列表中选择“漫游”选项，如图10-55所示，开始执行“创建漫游”的操作。

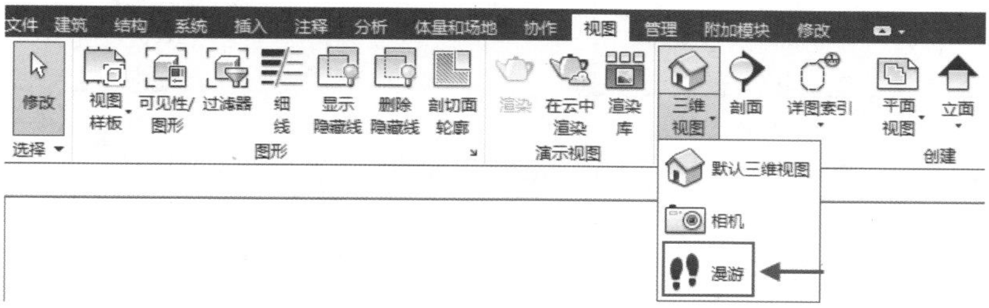

图10-55 选择选项

02 在“修改|漫游”选项栏中勾选“透视图”复选框，保持“偏移”值为1750.0，如图10-56所示。其他选项保持默认值。

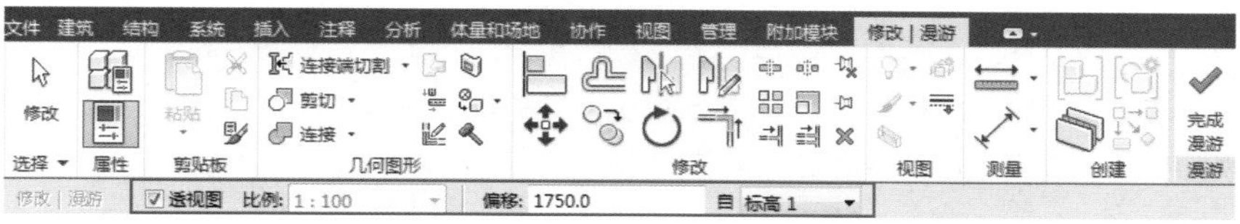

图10-56 设置参数

> **提示** “修改|漫游”选项栏的选项通常情况下保持默认值，但是有时候用户对相机的视角高度有其他的要求，可以在“偏移”选项中修改参数。

03 在视图中单击以放置关键帧，如图10-57所示。每单击一次鼠标，放置一个关键帧。

04 围绕建筑物单击鼠标左键以创建环形的漫游路径，效果如图10-58所示。放置完最后一个关键帧后，按Esc键退出命令。

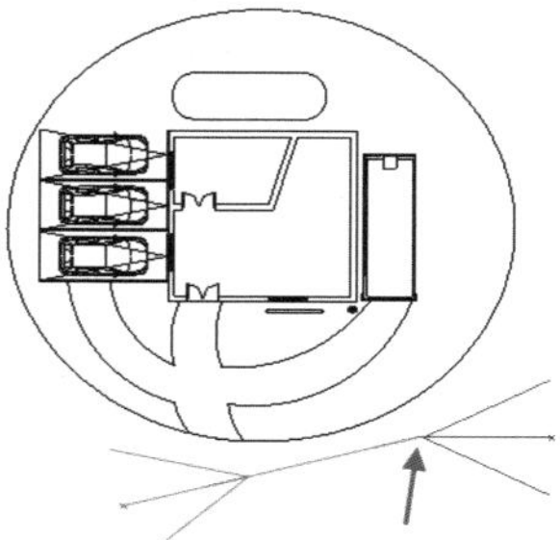

图10-57 放置关键帧

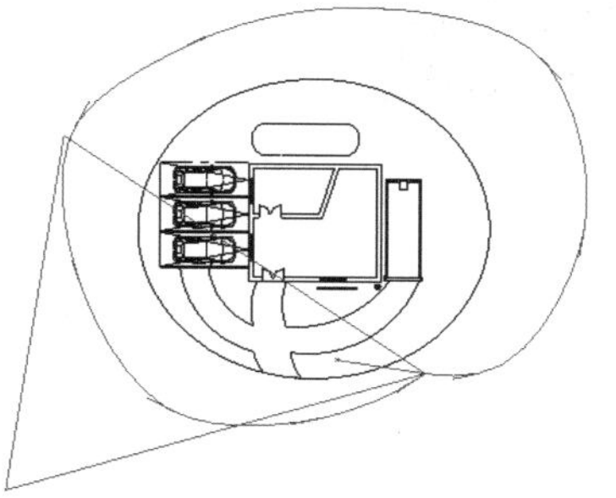

图10-58 绘制漫游路径

05 在项目浏览器中单击展开“漫游”列表，在其中显示漫游透视图的名称“漫游1”。双击视图名称，切换至漫游透视图，效果如图10-59所示。

06 激活视图内的轮廓线，调整夹点的位置以更改轮廓线的大小。单击视图控制栏上的“视觉样式”按钮，在弹出的下拉列表中选择“着色”选项，更改图形的显示样式，效果如图10-60所示。

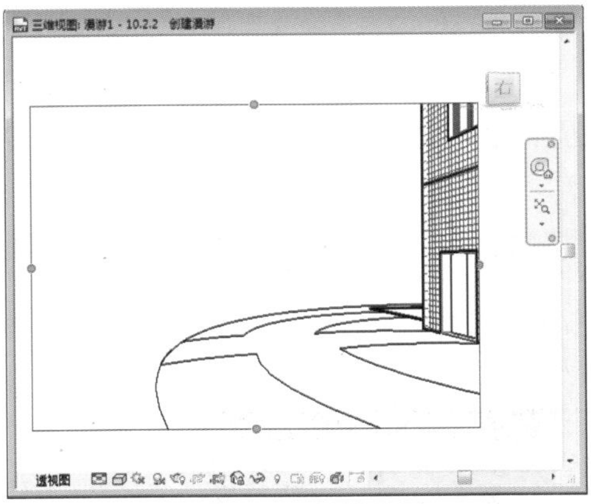

图10-59　漫游视图

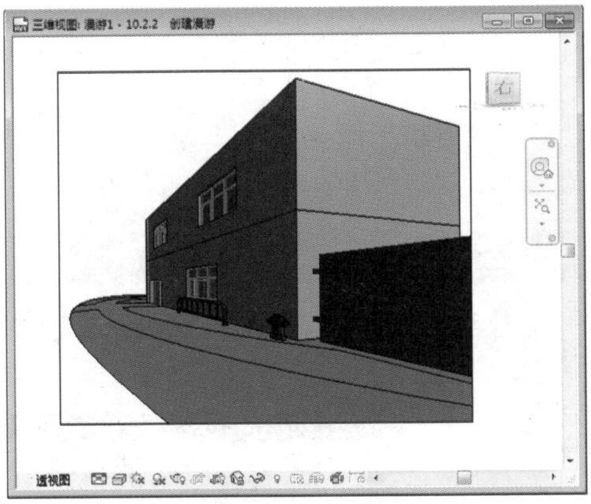

图10-60　显示效果

07 选择轮廓线，进入“修改|相机”选项卡，单击“编辑漫游”按钮，如图10-61所示。

08 在“修改|相机|编辑漫游”选项卡中单击“播放”按钮，如图10-62所示，观察播放关键帧的效果。

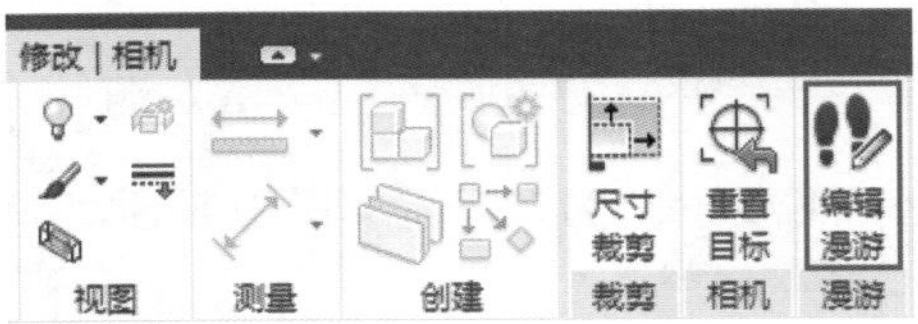

图10-61　单击按钮

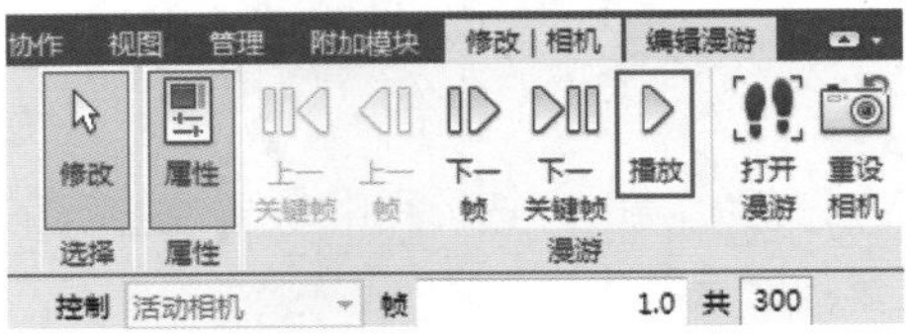

图10-62　单击“播放”按钮

> **提示**　在“帧”选项中默认显示参数值为300，这是系统为漫游路径设置的帧数。修改选项值为1.0，执行“播放”操作，可以从第1帧开始播放至第300帧。

09 如图10-63所示为在播放帧的过程中截取的帧画面。用户通过观察播放的帧，了解模型的创建效果。

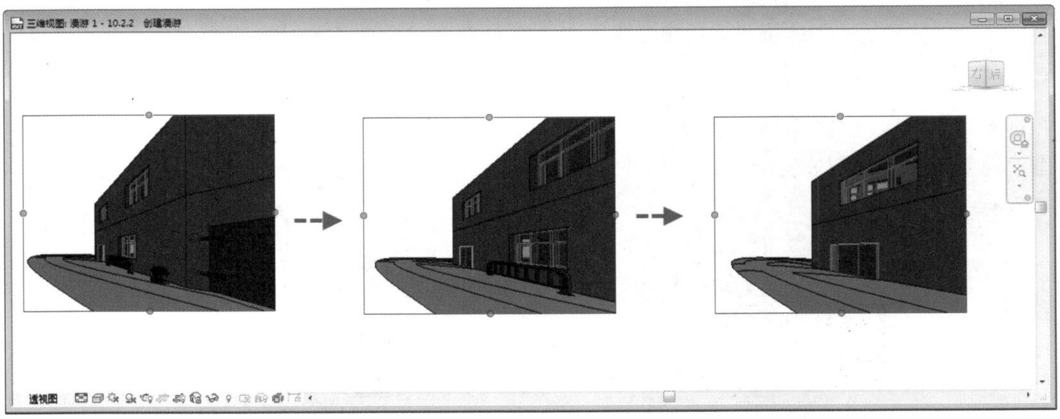

图10-63　播放画面

> **提示**　用户在“漫游”面板中单击“上一关键帧”“上一帧”“下一帧”以及“下一关键帧”按钮，可以一帧一帧地观察模型的显示效果。

编辑漫游

绘制完毕漫游路径后，平面视图会自动将其隐藏。在项目浏览器中选择“漫游1”视图，如图10-64所示。右击，在弹出的快捷菜单中选择“显示相机”命令，可以重新在视图中显示漫游路径。

单击“修改|相机”选项卡中的“编辑漫游”按钮，进入编辑漫游路径的模式。在路径上显示关键帧的位置，显示为红色的实心圆点，如图10-65所示。

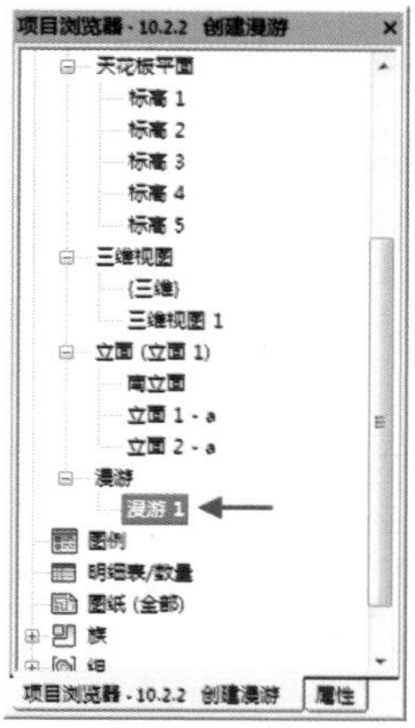

图10-64　选择视图

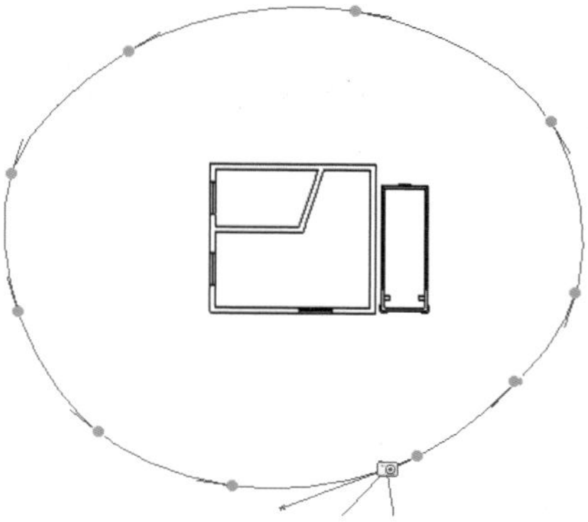

图10-65　显示关键帧

> **提示**　默认情况下，整个漫游路径一共有300帧，但是关键帧的帧数是由用户来自定义的。

单击“控制”右侧的倒三角按钮，在弹出的下拉列表中选择“添加关键帧”选项，如图10-66所示。在路径上单击鼠标左键，如图10-67所示，可以在指定的位置添加关键帧。

新增的关键帧同样显示为红色的实心圆点，如图10-68所示。在“控制”下拉列表中选择“删除关键帧”选项，单击选中路径上的关键帧，可以将其删除。

图10-66　选择选项

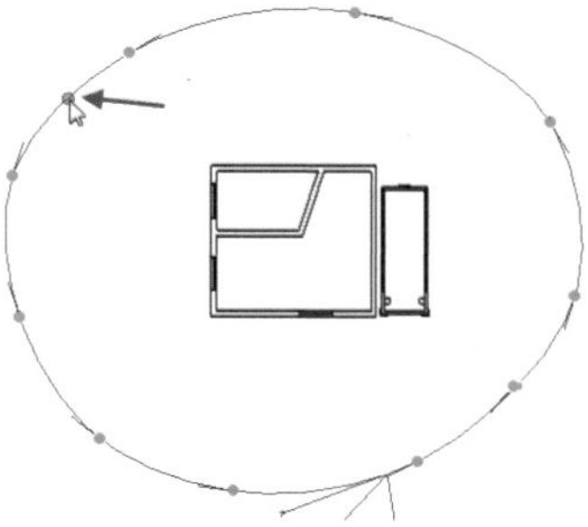

图10-67　指定放置点

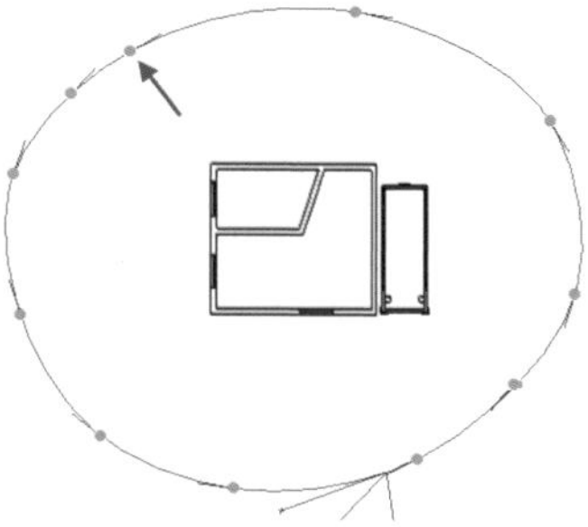

图10-68　添加关键帧

在“控制”下拉列表中选择“路径”选项，在路径上显示蓝色的实心夹点代表关键帧。单击激活夹点，调整夹点的位置，可以移动关键帧的位置。

单击“共”右侧的文本框，弹出如图10-69所示的【漫游帧】对话框。在“总帧数”右侧文本框中显示参数值为300，表示该路径一共包含300帧。

默认勾选“匀速”复选框，列表中各选项参数不可编辑，在播放帧时匀速进行。取消勾选“匀速”复选框，各关键帧的“加速器”选项参数可以编辑，用户可自定义关键帧的播放速度。

图10-69　【漫游帧】对话框

> **提示**　用户还可以修改“总帧数”以及“帧/秒”选项值，控制整个漫游动画播放的时间。计算播放时间的公式是，播放总时间=总帧数/帧率（帧/秒）。

导出漫游

选择“文件”选项卡，在下拉列表中选择“导出”｜“图像和动画”｜“漫游”选项，如图10-70所示。弹出【长度/格式】对话框，选中“全部帧”单选按钮，如图10-71所示。在“格式”选项组中设置选项参数，单击“确定”按钮，可以导出全部帧。

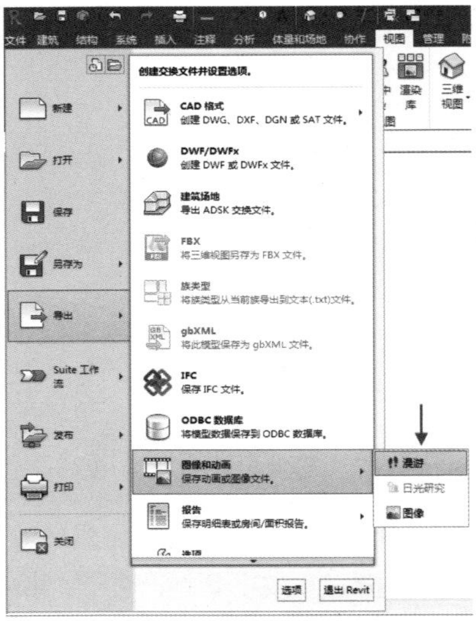

图10-70 选择选项

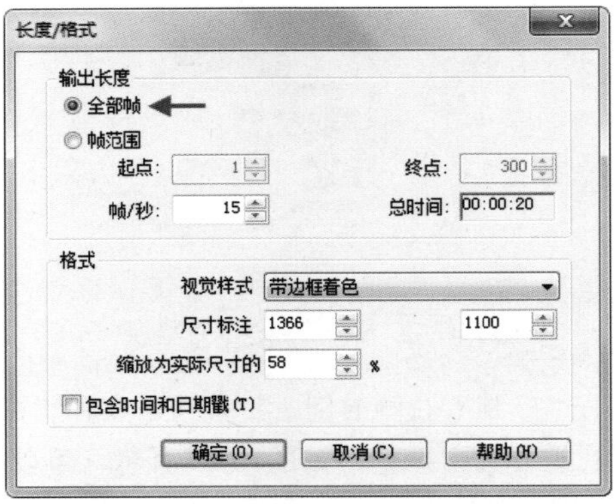

图10-71 【长度/格式】对话框

提示 执行“导出漫游”操作时，需要在“漫游”视图中进行，否则系统弹出如图10-72所示的Revit提示框，提示用户应该先打开“漫游”视图。

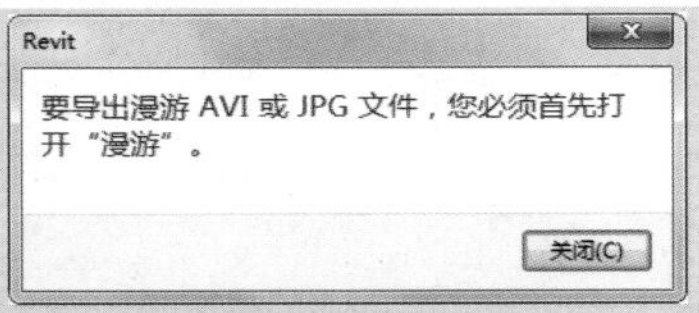

图10-72 Revit 提示框

在【长度/格式】对话框中选中“帧范围”单选按钮，设置“起点”与“终点”选项的值，如图10-73所示。例如，将“起点”设置为1，将“终点”设置为150，表示导出1～150范围内的关键帧。在“视觉样式”下拉列表中选择选项，例如，选择“着色”选项，导出的动画显示样式为“着色”。选择“包含时间和日期戳”选项，视频文件显示导出时间及日期。

单击“确定”按钮，弹出【导出漫游】对话框，设置存储路径以及保存名称，单击“文件类型”右侧的倒三角按钮，在弹出的下拉列表中显示格式类型，如图10-74所示。用户可以选择“AVI文件”或者JPEG格式等，单击“保存”按钮，执行“导出漫游”的操作。

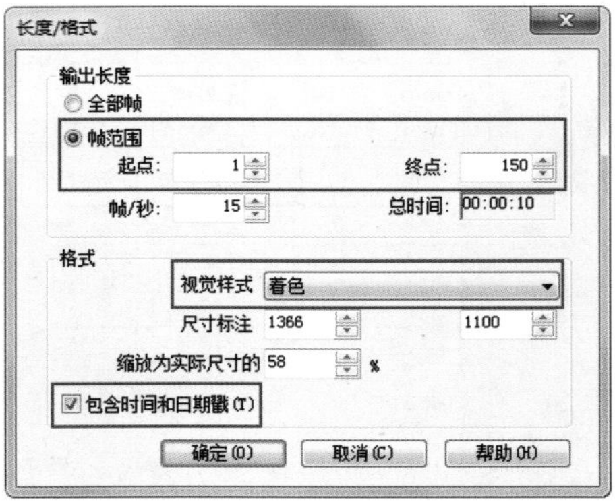

图10-73 设置选项

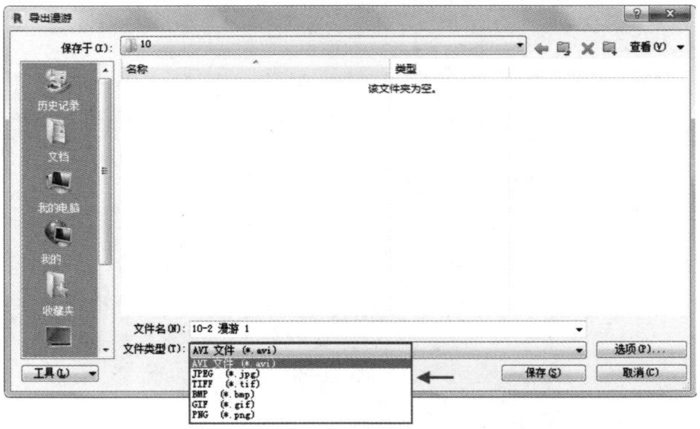

图10-74 【导出漫游】对话框

第11章 视图控制

项目文件中包含各种类型的图元，通过设置参数来控制图元在视图中的显示样式，可以帮助用户更好地管理图元。在创建项目模型的过程中，常常需要在多个视图中观察模型的创建效果。了解设置视图窗口的排列方式，帮助用户合理地利用窗口来编辑图元。

本章介绍控制视图的各项操作方法。

11.1 设置图形参数

通过设置图形参数，影响图形在视图中的显示效果。在Revit中通过设置视图样板参数、图形的可见性来影响图形的显示效果。还可以在视图中添加过滤器，设置过滤参数来控制图形的显示样式。

本节介绍设置图形参数的操作方法。

11.1.1 设置视图样板

视图样板的属性影响图元在视图中的显示效果。新建项目文件后，可以在“属性”选项板中查看当前“视图样板”的名称。用户可以自定义参数来创建视图样板。

选择“视图”选项卡，在“图形”面板中单击“视图样板”按钮，在弹出的下拉列表中选择“从当前视图创建样板”选项，如图11-1所示，执行“创建视图样板”的操作。

在弹出的【新视图样板】对话框中设置样板名称，如图11-2所示。单击“确定”按钮，关闭对话框。

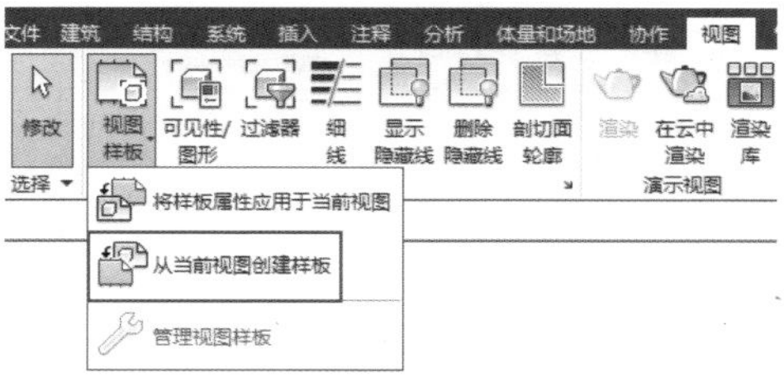

图11-1　选择选项

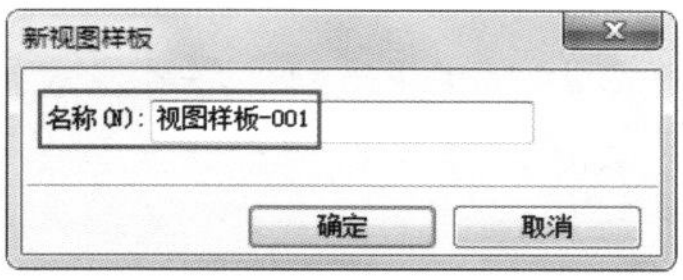

图11-2　设置名称

弹出【视图样板】对话框，如图11-3所示。在“规程过滤器”下拉列表中显示“<全部>”选项，表示显示全部规程的视图样板。在“视图类型过滤器”下拉列表中选择“楼层、结构、面积平面”选项，表示显示该类型的视图样板。

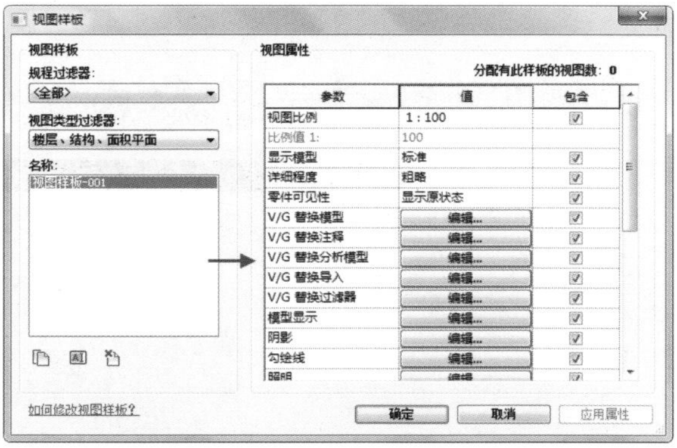

图11-3　【视图样板】对话框

在“名称”列表框中显示符合条件的样板名称，同时在右侧的“视图属性”列表中显示样板参数。在各选项中显示的是系统的默认值，用户可以依次修改选项参数。单击选项中的“编辑”按钮，弹出相应的对话框，用户在对话框中修改属性参数。例如，单击“模型显示”选项中的“编辑”按钮，就可以弹出【图形显示】对话框。

在“属性”选项板中查看“视图样板”中的选项参数，默认显示为“<无>”，如图11-4所示，表示当前视图尚未应用任何视图样板。

单击“视图样板”选项右侧的“<无>”按钮，弹出【指定视图样板】对话框。在“名称”列表框中选择显示视图的选项，在列表框中显示当前项目中包含的所有视图，如图11-5所示。选择要应用的样板，单击右下角的“应用”按钮，可以将样板指定给当前视图。

单击“确定”按钮，返回到视图，在“属性”选项板的“视图样板”选项中显示视图名称，如图11-6所示。

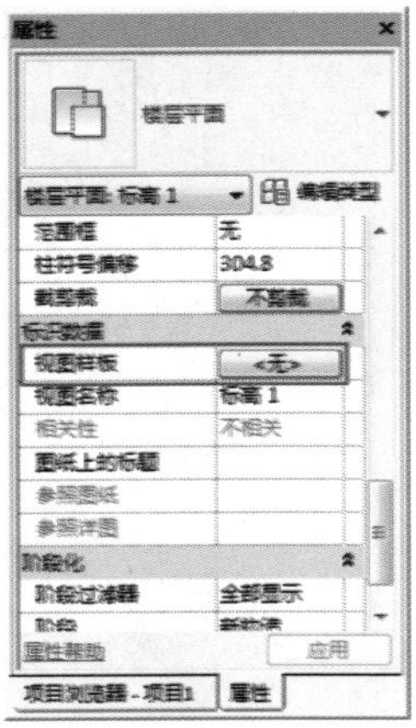

图11-4 “属性”选项板

图11-5 选择样板

图11-6 显示样板名称

提示 在“视图样板”下拉列表中选择“将样板属性应用于视图”选项，弹出【应用视图样板】对话框。在其中修改已有视图样板的属性参数，单击“应用属性”按钮，可以将修改结果应用到视图中。

11.1.2 设置图形可见性

当需要编辑某类图元时，可以暂时隐藏其他不相关的图元，此时通过设置图形可见性可以实现。为了方便用户使用该选项功能来编辑图元，可见性的设置范围包括图元的各组成构件。选择选项，可以隐藏某类构件。

设置图形的可见性

在“图形”面板中单击“可见性/图形”按钮，如图11-7所示，弹出【楼层平面：标高1的可见性/图形替换】对话框，如图11-8所示。在该对话框中选择“模型类别”选项卡，在“过滤器列表”下拉列表中显示规程，选择规程，在下方的列表中显示与该规程有关的图形类别。

图11-7 单击按钮

在“可见性”列表中显示图形名称，单击名称前的“+”号，展开列表，在列表中包含选项。选择或者取消选择选项，可以控制选项在视图中的显示或隐藏。

在列表下方单击“全选”按钮，可以全部选择列表中的选项。单击“展开全部”按钮，可以展开所有选项中包含的子列表。

单击“栏杆扶手”选项前的“+”号，在列表中显示“栏杆扶手”的各构件名称。默认情况下选择全部选项，即这些构件都在视图中显示。取消选择其中的两个选项，如图11-9所示，单击“应用”按钮。

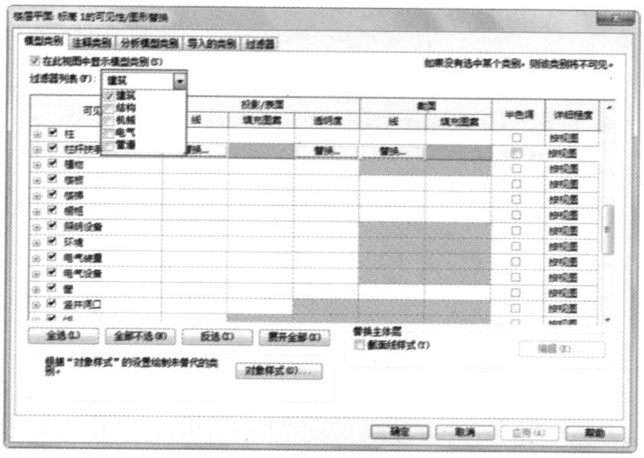

图11-8　过滤器列表

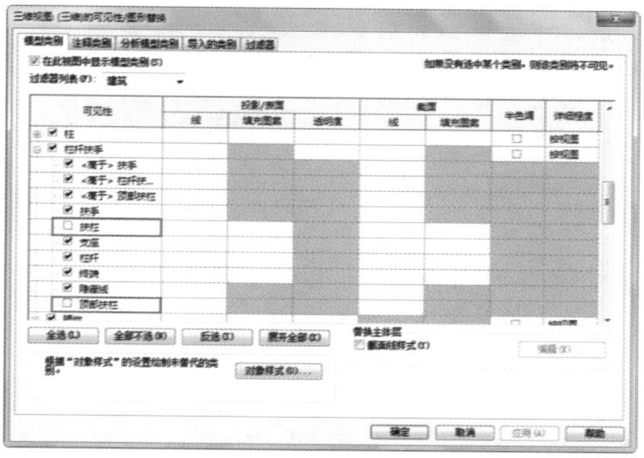

图11-9　取消选择选项

观察视图中栏杆扶手的变化，结果如图11-10所示。取消选择的构件在视图中被隐藏，重新在对话框中选择选项，可以恢复构件在视图中的显示，结果如图11-11所示。

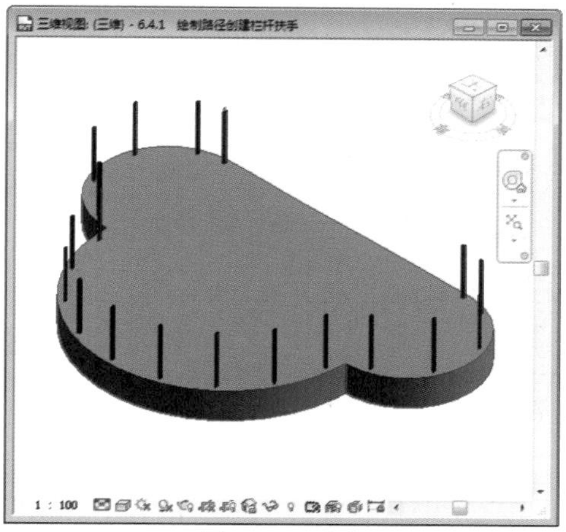

图11-10　隐藏图形

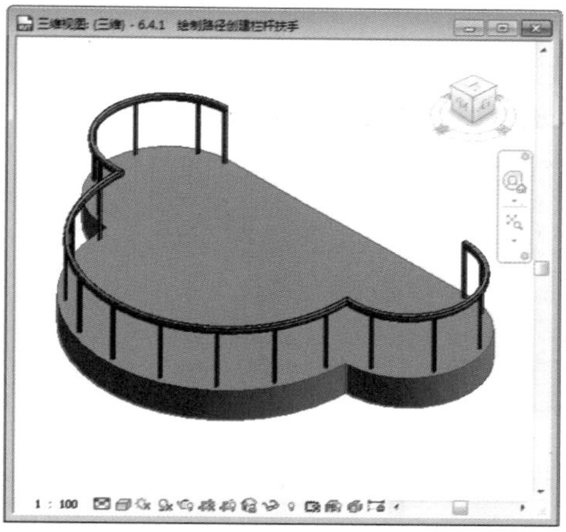

图11-11　显示图形

设置图形的线型

在列表中单击选择表行，例如，选择“墙”表行，激活“投影/表面”列表以及“截面”列表中选项，如图11-12所示。单击“线”列表下的“替换”按钮，弹出【线图形】对话框。在该对话框中设置墙线的线宽、线颜色以及线型图案。

在【线图形】对话框中单击“宽度”右侧的倒三角按钮，在弹出的列表中显示线宽代号，选择代号，设置图形的线宽。单击“颜色”选项中的按钮，弹出【颜色】对话框。在该对话框中选择颜色，例如选择黑色，如图11-13所示，设置图形线颜色。

单击“确定”按钮，关闭【颜色】对话框。在【线图形】对话框中显示“线宽”以及“颜色”，如图11-14所示。

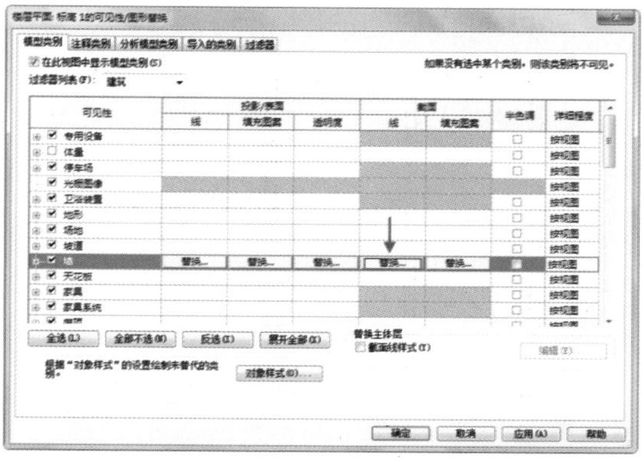

图11-12　单击按钮

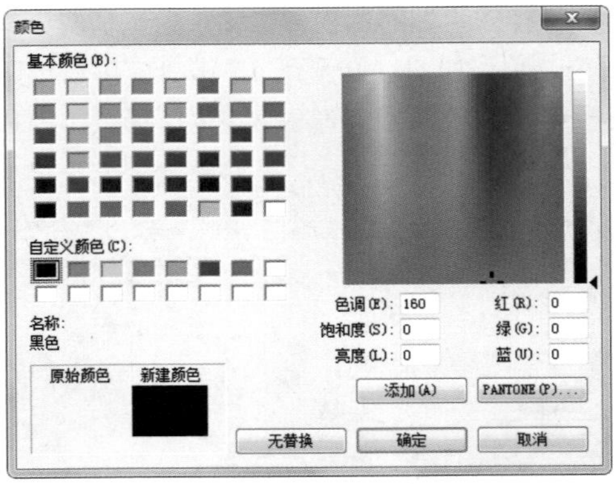

图11-13 选择颜色

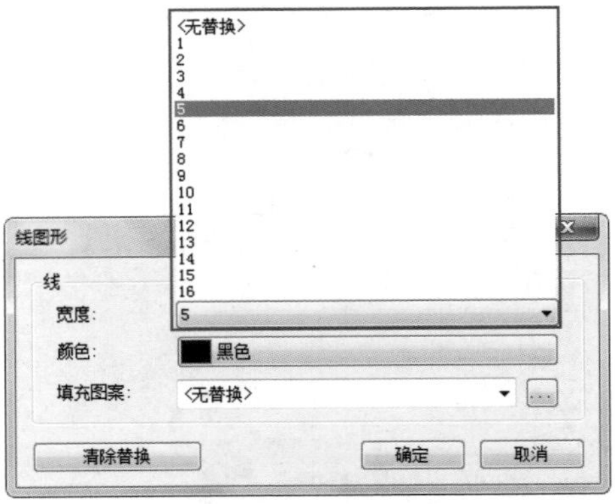

图11-14 设置选项

提示 单击“填充图案”选项后的 按钮，弹出【线型图案】对话框。在图案列表中选择图案，如图11-15所示。单击“确定”按钮，修改图形的线图案。

单击“确定”按钮，关闭【线图形】对话框，在“线”表列中显示修改结果，如图11-16所示。同时在单元格中显示线宽及线颜色，假如设置了线图案，还会显示线图案。

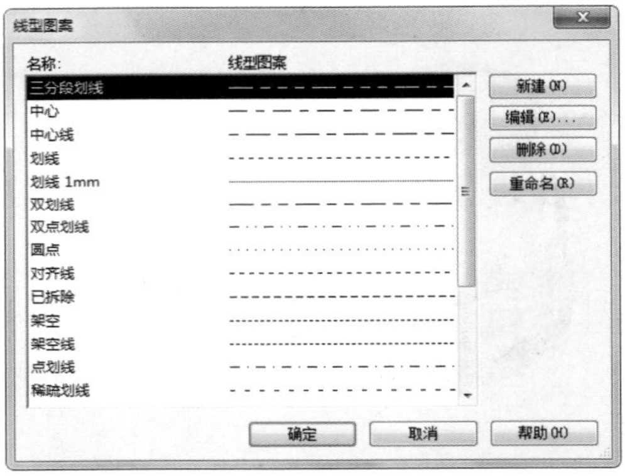

图11-15 【线型图案】对话框

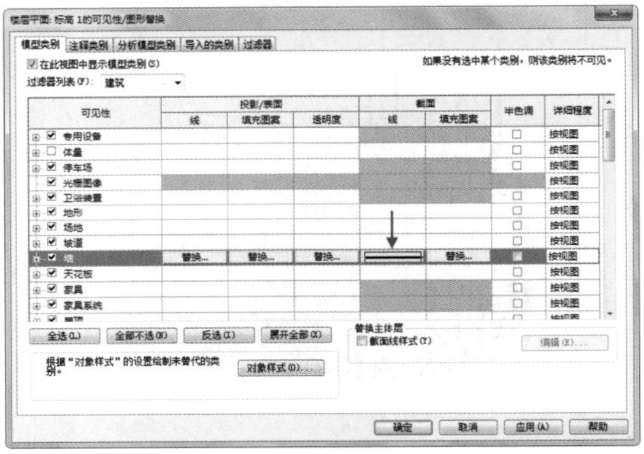

图11-16 设置效果

单击“确定”按钮，关闭对话框，并返回到视图，观察墙线的显示效果，如图11-17所示。根据在【线图形】对话框中所设置的参数，墙线的线宽与颜色均有相应的变化。

选择“注释类别”选项卡，在列表中显示注释类别，如图11-18所示。选择选项，若勾选“云线批注”复选框，“云线批注”在视图中显示；若取消勾选“云线批注”复选框，“云线批注”在视图中被隐藏。

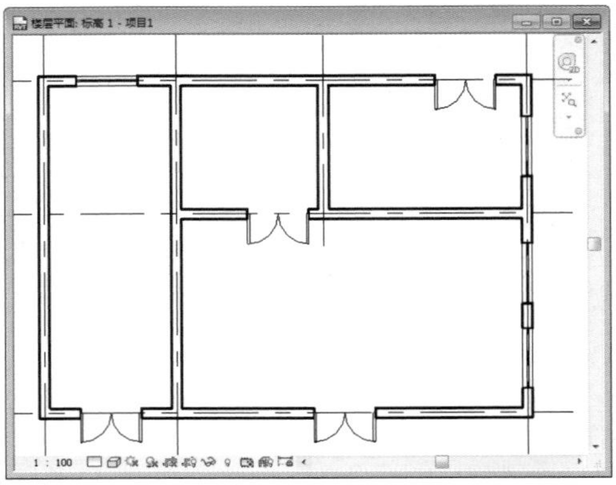

图11-17 显示效果

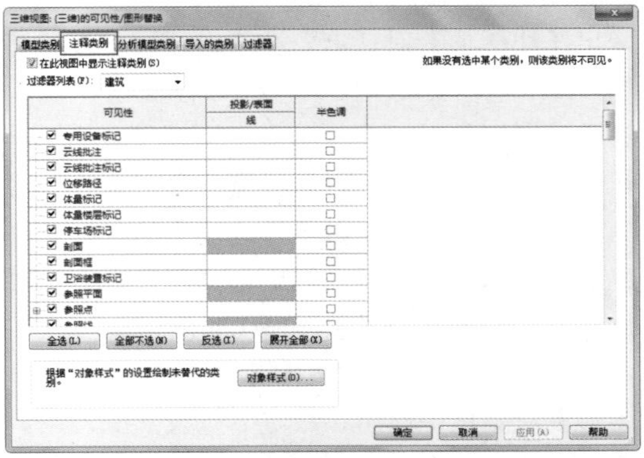

图11-18 “注释类别”选项卡

项目中总是包含各种类型的标注，如标记、注释以及参照平面等。通过隐藏某类注释，方便用户执行创建或者编辑操作。

选择“导入的类别”选项卡，显示已导入图形的信息。在列表中选择或取消选择，设置图形在视图中的显示效果。

11.1.3　创建过滤器

在视图中创建过滤器，设置过滤条件后，可以控制符合过滤条件的图元在视图中的显示样式。当用户要指定图元的显示样式时，可以尝试创建过滤器。

在“图形”面板中单击“过滤器”按钮，如图11-19所示，执行“创建过滤器”的操作。在弹出的【过滤器】对话框中单击左下角的“新建”按钮，如图11-20所示，弹出【过滤器名称】对话框。

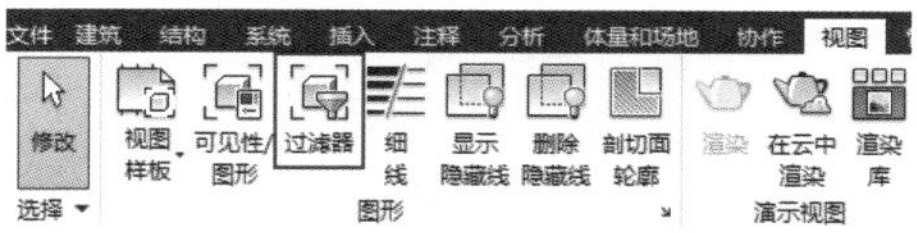

图11-19　单击按钮

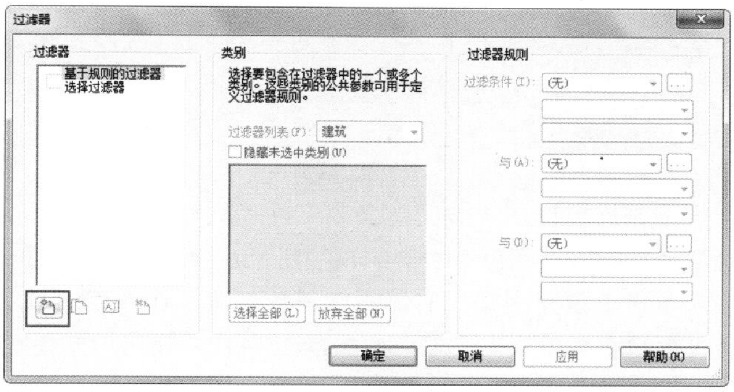

图11-20　【过滤器】对话框

> **提示**　创建过滤器后，激活“过滤器”列表框下的全部按钮，即“新建”按钮、“复制”按钮、“重命名”按钮以及“删除”按钮。单击按钮启用相应的功能，执行编辑过滤器的操作。

在【过滤器名称】对话框中设置名称，如图11-21所示。用户可以使用默认的名称“过滤器1”，但是为了方便识别，自定义一个名称比较好。单击“确定”按钮，返回到【过滤器】对话框。

在“过滤器列表”下拉列表中选择“建筑”选项，在列表框中选择“墙”选项。在“过滤器规则”选项组中设置参数，单击“过滤条件”右侧的倒三角按钮，在弹出的下拉列表中选择选项，如选择“厚度”，选择“等于”选项值为200.0，如图11-22所示，表示“厚度”为200的墙体符合过滤条件。

单击“确定”按钮，关闭对话框，完成“创建过滤器”的操作。

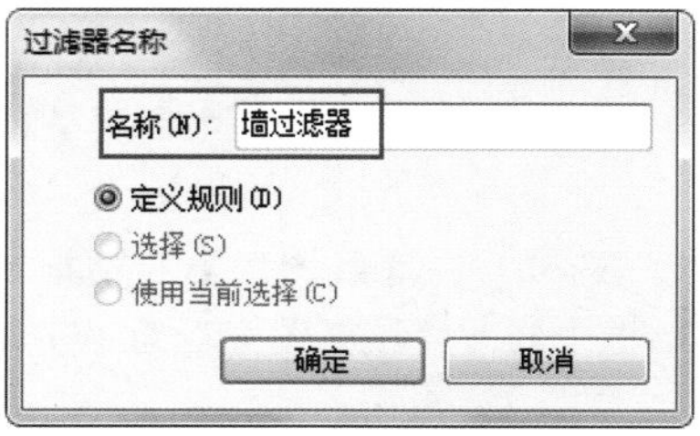

图11-21　设置名称

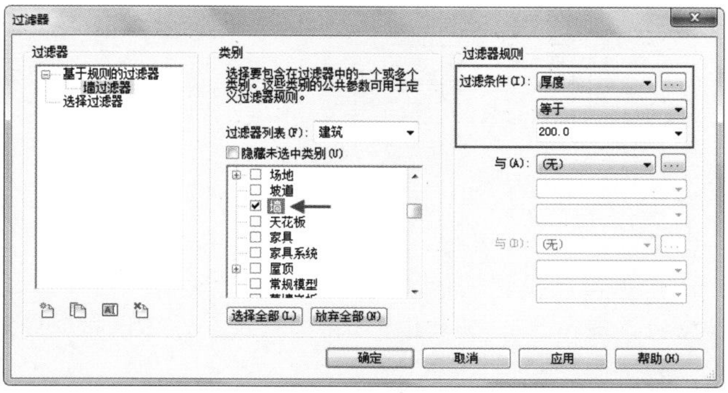

图11-22　设置参数

在【楼层平面：标高1的可见性/图形替换】对话框中选择“过滤器”选项卡，单击“添加”按钮，弹出【添加过滤器】对话框。

在【添加过滤器】对话框中显示当前项目中已有的过滤器，选择过滤器，如图11-23所示。单击“确定”按钮，完成“添加过滤器”的操作。

在列表中显示过滤器的名称，并在“投影/表面”表列以及“截面”表列中显示参数选项，如图11-24所示。

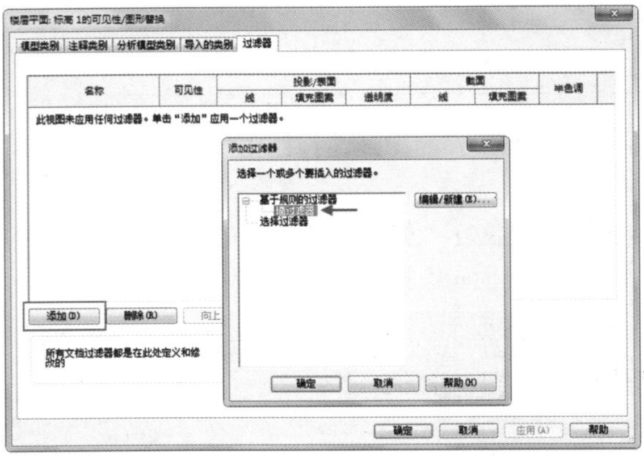

图11-23　添加过滤器

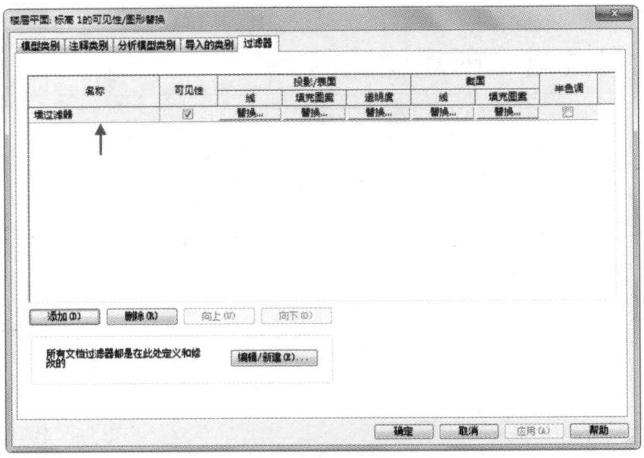

图11-24　添加效果

将光标定位在“截面”表列中的“填充图案”选项中，单击“替换”按钮，弹出【填充样式图形】对话框。单击“颜色”右侧的长按钮，在弹出的【颜色】对话框中设置填充图案的颜色，如红色。

单击“填充图案”右侧的倒三角按钮，在弹出的下拉列表中显示图案样式，选择选项，例如，选择“对角线交叉填充”选项，如图11-25所示，指定填充图案的类型。

单击“确定”按钮，关闭对话框，在“填充图案”单元格中预览设置效果，如图11-26所示。

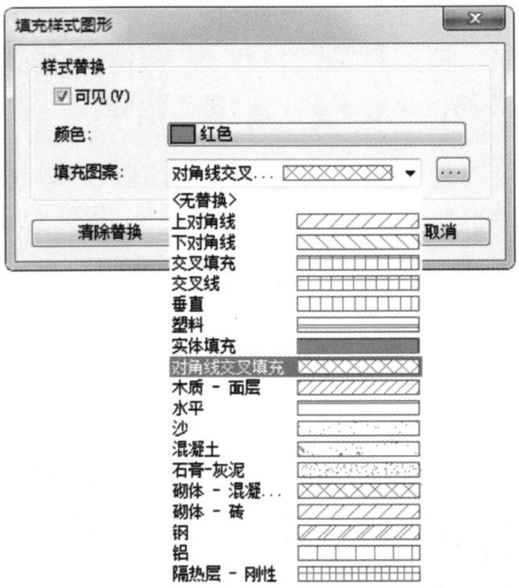

图11-25　设置选项

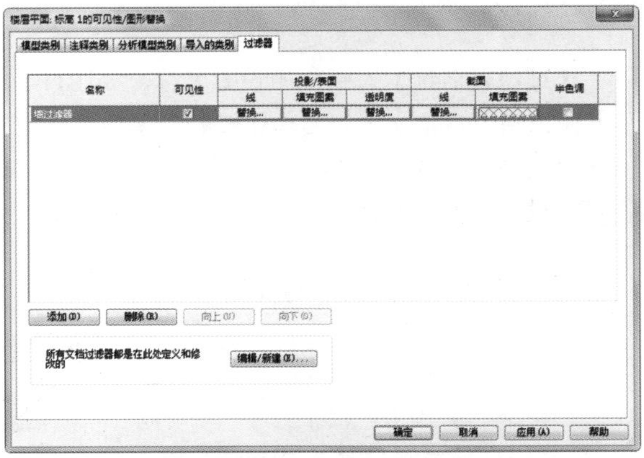

图11-26　设置效果

单击“确定”按钮，关闭对话框，并返回到视图，符合条件的墙体被填充了过滤器中所设置的图案，即“对角线交叉填充”图案，效果如图11-27所示。

用户也可以设置其他填充样式。在“截面”表列中，设置“线”选项，在【线图形】对话框中设置线宽以及颜色。修改“填充图案”选项，在【填充样式图形】对话框中修改“填充图案”为“实体填充”，颜色保持不变。

重新返回视图查看修改效果，如图11-28所示。

还可以创建其他类型的过滤器，请用户根据本节内容自行练习操作。

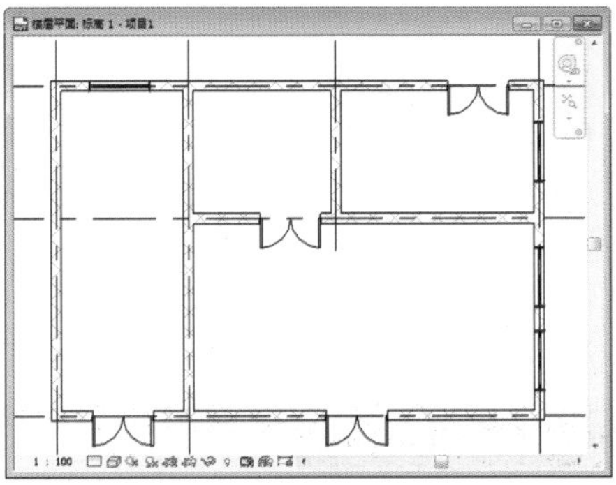

图11-27 填充效果

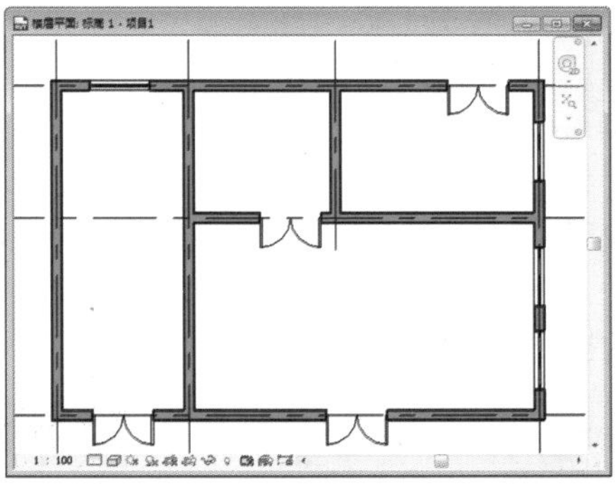

图11-28 修改效果

11.1.4 显示细线

设置不同的线宽参数，可以得到多种不同宽度的线。在绘制图元边界线时，常常会综合运用不同宽度的线来表示。但是，只要启用“细线”命令，就可以按照单一的宽度在屏幕上显示所有的线。

修改图元的线宽后，可以在视图中查看设置效果。例如，分别设置墙体的线宽以及轴线的线宽后，在视图中的显示效果如图11-29所示。

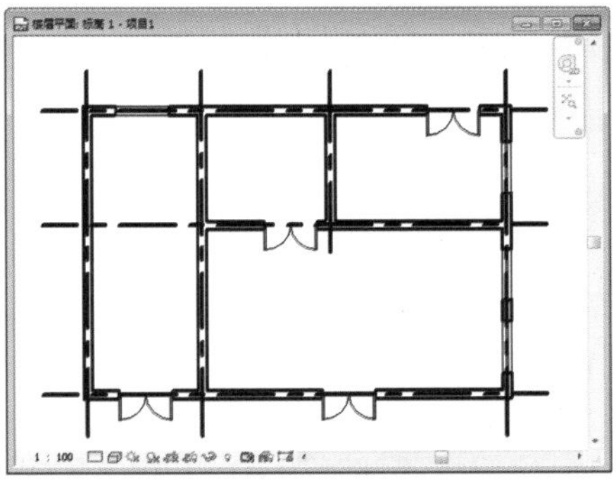

图11-29 显示线宽

选择“视图”选项卡，在“图形”面板上单击“细线”按钮。在启用该命令之前，按钮的显示样式如图11-30所示。

单击按钮后，按钮的显示样式如图11-31所示，显示为蓝色的实体填充样式。表示视图中图元的线宽都被设置为单一的宽度。墙体与轴线的线宽参数也暂时被撤销，统一以相同的线宽显示，如图11-32所示。

再次单击“细线”按钮，按钮恢复原本的显示样式。视图中的图元按照各自的线宽参数恢复显示。

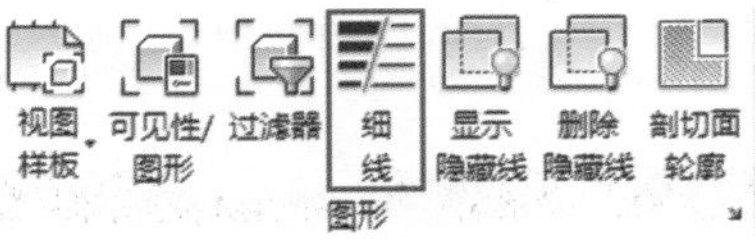

图11-30 单击按钮

图11-31 显示样式

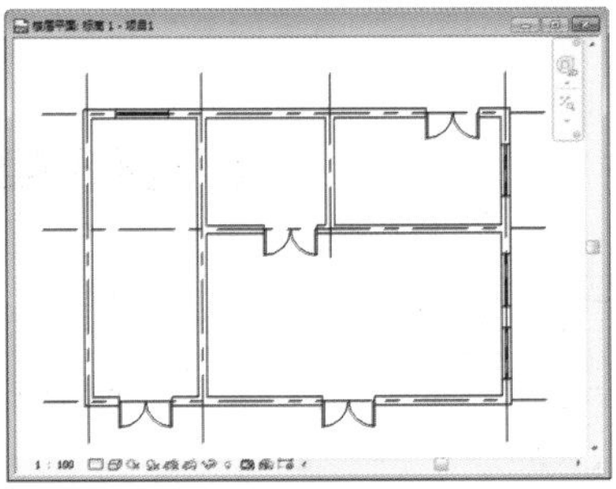

图11-32 显示统一的线宽

11.2 设置窗口显示样式

Revit提供了平面图、立面图、剖面图以及三维视图等多种窗口，用户可以在窗口中执行创建或编辑模型的操作。用户学会管理窗口的方法后，可以更加便捷地在各个窗口中切换，实时观察模型在各视图中的显示效果。

11.2.1 切换窗口

在项目中打开了多个窗口的情况下，想要切换至指定的窗口就显得很麻烦。此时选择“视图”选项卡，在“窗口”面板上单击“切换窗口”按钮，在弹出的下拉列表中显示已打开的视图名称，如图11-33所示。视图名称前显示√，表示该视图为当前视图。选择选项，可以切换至指定的视图。

在快速访问工具栏上单击“切换窗口”按钮，弹出窗口列表如图11-34所示。选择选项，执行“切换窗口”的操作。

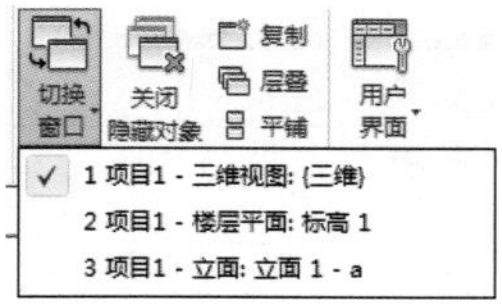

图11-33　弹出列表

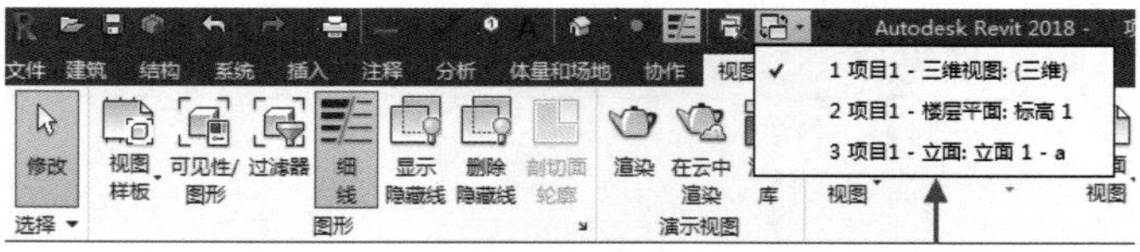

图11-34　选择选项

11.2.2 关闭隐藏对象

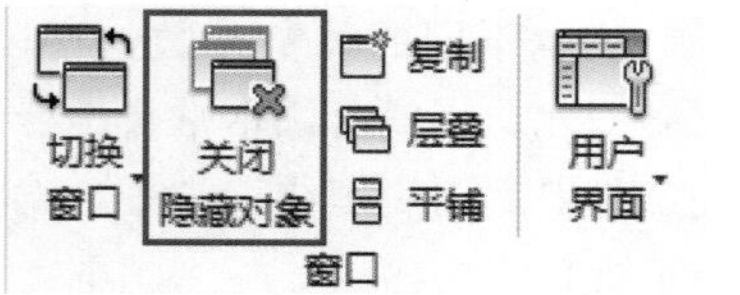

图11-35　单击按钮

在打开多个视图的情况下，会拖慢系统的运行速度。但是，要逐个关闭已打开的窗口，会很浪费时间。在“窗口”面板中单击“关闭隐藏对象”按钮，如图11-35所示。可以关闭除了当前视图外的所有已打开视图。在快速访问工具栏上单击“关闭隐藏对象”按钮，如图11-36所示，同样可以关闭隐藏的窗口。

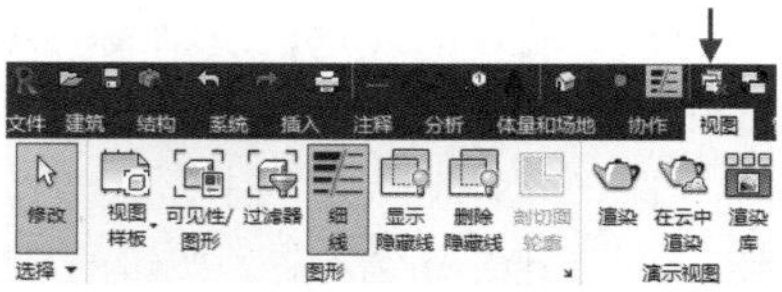
图11-36　启用工具

11.2.3 其他编辑窗口的方式

在“窗口”面板上单击“复制”按钮，如图11-37所示，可以复制当前视图的副本。例如，在三维视图中执行“复制窗口”的操作，该视图副本被命名为“三维视图2”，如图11-38所示。

在当前视图中执行创建、编辑操作后，效果同时在当前视图以及视图副本中反映。

在“窗口”面板中单击“层叠”按钮，可以按顺序排列项目中已打开的所有窗口，效果如图11-39所示。窗口按照对角排列，从左上角至右下角。

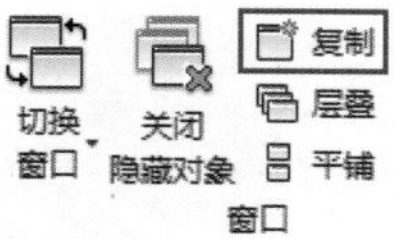

图11-37　单击按钮

图11-38　复制视图

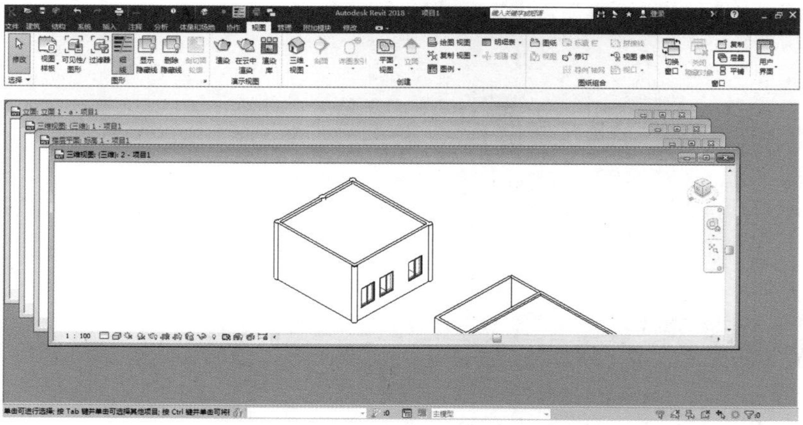
图11-39　层叠窗口

提示：在键盘上按快捷键WC，也可以执行“层叠窗口”的操作。

用户如果需要同时在多个视图中查看操作效果时，可以单击“窗口”面板中的“平铺”按钮，平铺当前项目中所有已打开的视图，效果如图11-40所示。

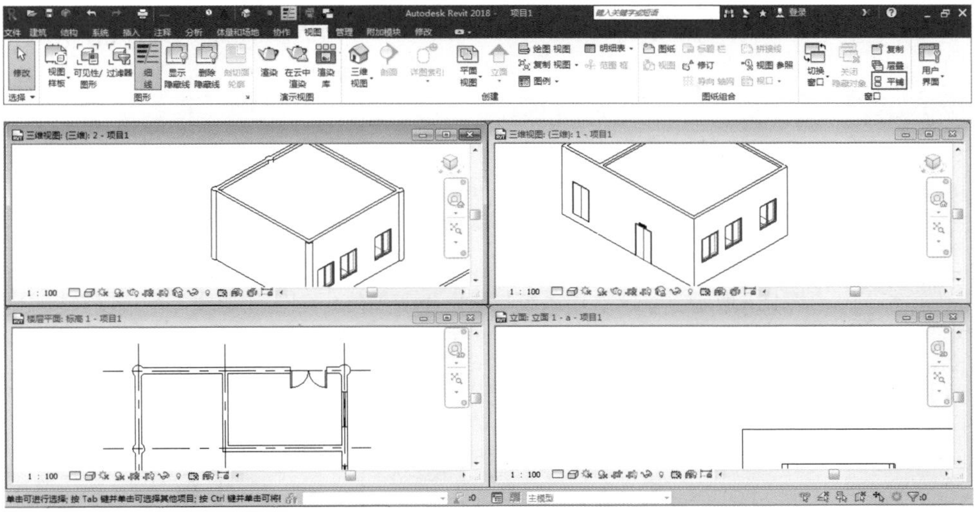

图11-40　平铺窗口

提示　在键盘上按快捷键WT，也可以执行“平铺窗口”的操作。

11.2.4　设置用户界面

在“窗口”面板中单击“用户界面”按钮，在弹出的下拉列表中显示界面组件列表，如图11-41所示。选择其中某个选项，可以在界面中显示。例如，选择“项目浏览器”和“属性”选项，可以在界面的左侧显示这两个组件。

取消选择选项，例如，取消勾选“系统浏览器”复选框，该组件在界面中被删除。

选择“浏览器组织”选项，弹出【浏览器组织】对话框，设置项目浏览器的显示样式。

选择“快捷键”选项，弹出【快捷键】对话框，设置或者修改命令快捷键。

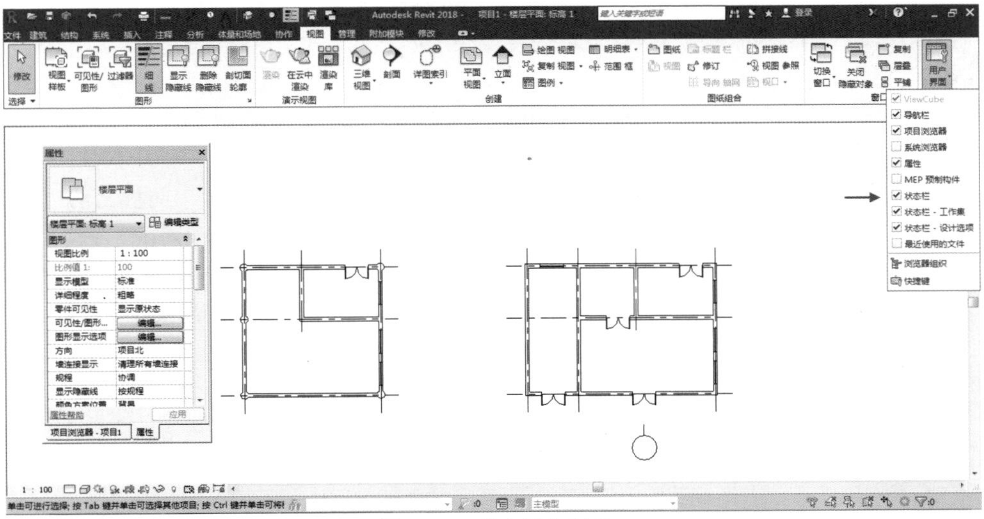

图11-41　弹出组件列表

第12章

|族|

在项目设计的过程中常常需要调用各种各样的族，族是项目的基础。族的类型多样，如门族、窗族、标记族、符号族等。启用族样板，可以创建各种样式的族。要修改族，需要在族编辑器中进行。本章介绍族的知识，包括创建族与编辑族。

12.1 族的设置

族作为项目设计的基础，用户需要了解族的知识，包括族的种类以及设置族参数的方法。本节介绍族的基本知识以及设置族类型、族参数的方法。

12.1.1 族简介

族有两种样式，一种是系统族；一种是载入族。例如，在启用“墙”命令后，在“属性”选项板中显示名称为“墙1”“叠层墙1”以及“幕墙1”的系统族，如图12-1所示。系统族由系统提供，不需要用户创建或者载入，可以直接调用。

在启用“门”命令或者“窗”命令后，系统提示用户需要先载入外部族，才可以执行放置门/窗的操作。用户通过执行“载入族”操作，载入门族或者窗族，如图12-2所示。这是载入族，从外部载入才可使用。

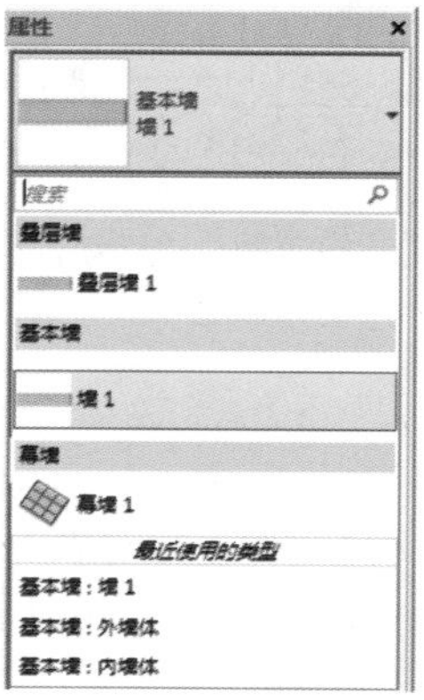

图12-1　系统族

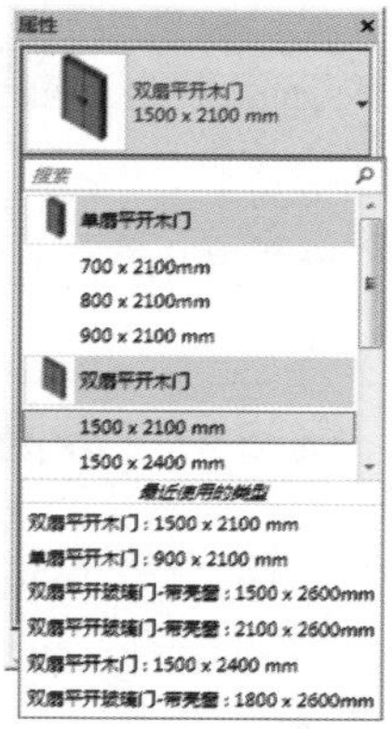

图12-2　载入族

系统族包含默认参数，用户在此基础上执行“复制”“修改”操作，可以得到新的族类型。使得系统族类型多样化，满足使用需求。

在族编辑器中可以新建、修改载入族，使得载入族的样式更加丰富，满足各种不同的项目设计需求。

12.1.2 设置族类型

在族编辑器中选择“创建”选项卡，单击“属性”面板上的“族类型”按钮，如图12-3所示，弹出【族类型】对话框。在该对话框中设置族类型名称，在“构造”“材质和装饰”以及“尺寸标注”选项组中设置参数，如图12-4所示。单击“确定”按钮，关闭对话框，完成“设置族类型”的操作。

将族载入到项目中后，显示在【族类型】对话框中所设置的参数。用户可以在【类型属性】对话框中修改族参数。

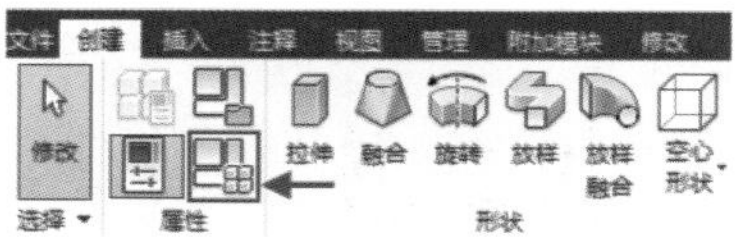

图12-3　单击按钮

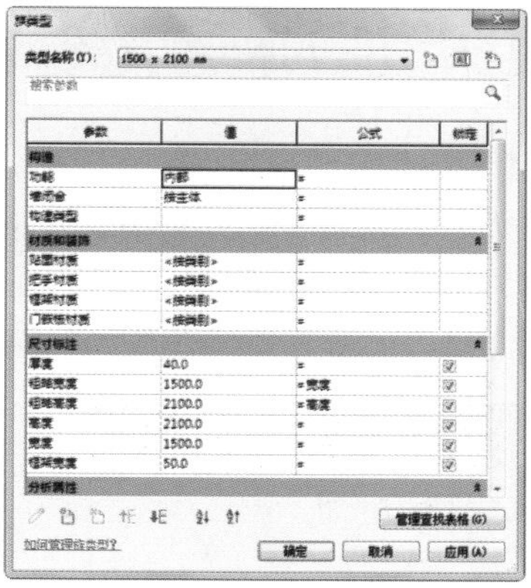

图12-4　【族类型】对话框

12.1.3　设置族参数

在项目中选择门族，在“属性”选项板中单击“编辑类型”按钮，如图12-5所示，弹出【类型属性】对话框。在该对话框中显示门族参数，如族名称、包含的类型以及类型参数。

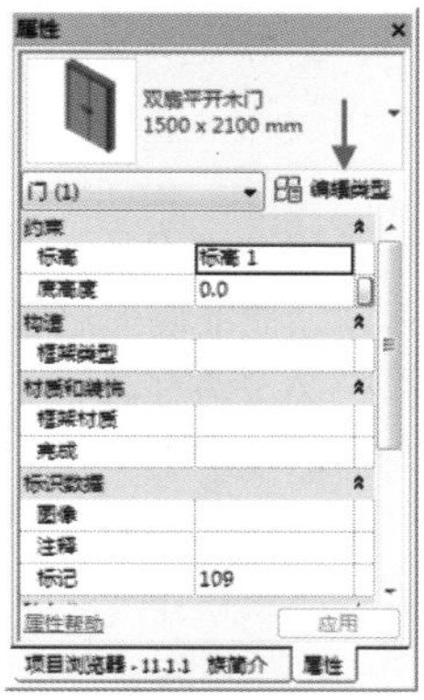

图12-5　单击按钮

单击“族”右侧的倒三角按钮，在弹出的下拉列表中显示门族名称，如“双扇平开木门”和“双扇平开玻璃门-带亮窗”。在“类型”下拉列表中显示门族类型，如“单扇平开木门”就包含名称为1500×2100mm、1500×2400mm、1800×2100mm、1800×2400mm的门类型，如图12-6所示。

单击“复制”按钮，弹出【名称】对话框。在该对话框中设置名称参数，如图12-7所示。单击“确定”按钮，关闭对话框，可以在“类型”下拉列表中新增门类型。

单击“重命名”按钮，弹出【重命名】对话框，修改“新名称”，如图12-8所示。单击“确定”按钮，关闭对话框，完成修改族名称的操作。

在“类型参数”列表中设置参数，修改族的属性并影响族的显示效果。例如，修改“功能”选项为“内部”，设置门的功能属性为“内部门”。在“材质和装饰”选项组中设置门各部分的材质，影响门的显示效果。

在“尺寸标注”选项组中修改参数，更改门的尺寸。在平面视图中观察门的宽度尺寸的修改效果，但是在立面视图与三维视图中可以同时观察门宽度及高度尺寸的修改效果。

图12-6　修改名称

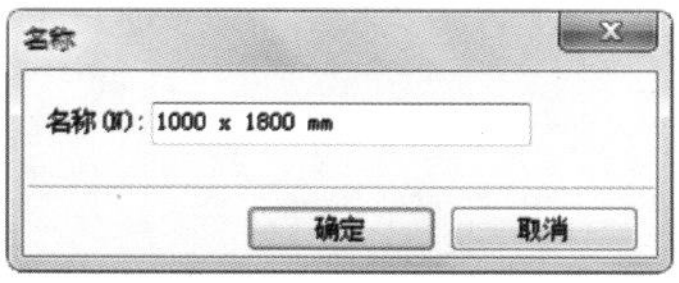

图12-7　设置名称

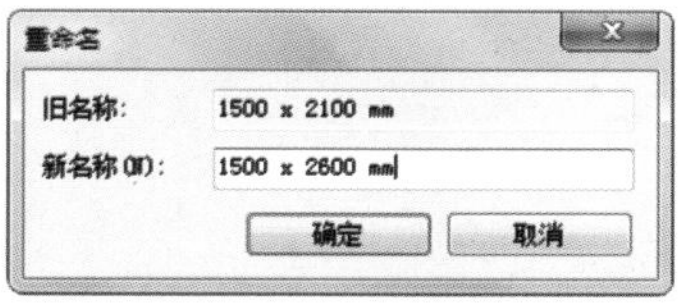

图12-8　重命名

提示　在三维视图中设置“视觉样式”为“真实”，可以观察门材质的设置效果。

12.2 使用族样板

Revit为用户提供了各种类型的族样板，方便用户执行创建族的操作。选择“文件”选项卡，在弹出的下拉列表中选择“新建”｜“族”选项，如图12-9所示，弹出【新族-选择样板文件】对话框。

在【新族-选择样板文件】对话框中显示族样板文件，默认情况下显示样板的英文名称，如图12-10所示。假如用户熟悉样板英文名称的表达，就可以准确地选用族样板。

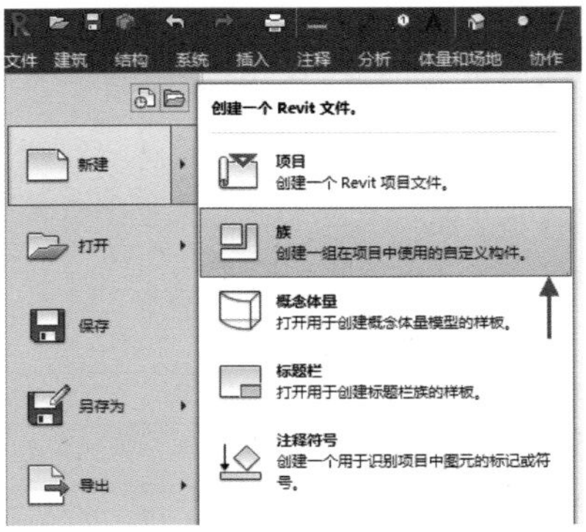

图12-9 选择选项

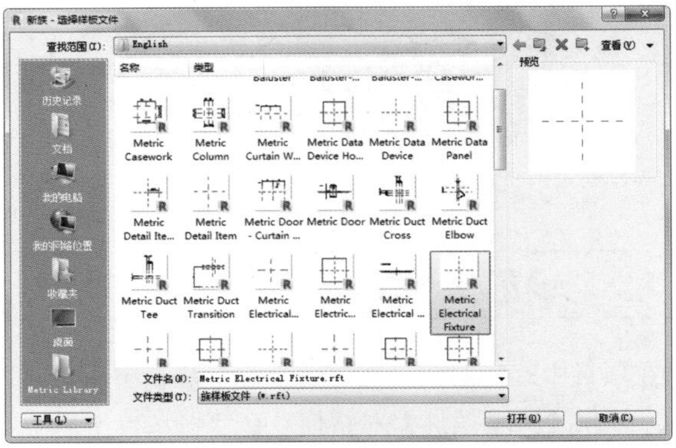

图12-10 英文格式的样板文件

用户要是不熟悉样板的英文名称，在选用样板时就很麻烦，需要将英文翻译为中文，了解其意思后，才能准确地选用样板。

为了方便各种不同的用户来使用该软件，Revit提供了其他格式的族样板。在【新族-选择样板文件】对话框中单击“向上一级”按钮，转换至上一级对话框。

在该对话框中显示各种格式的族样板，如中文、英文、法文以及德文等。选择名称为Chinese的文件夹，如图12-11所示，双击打开文件夹。

提示 在如图12-11所示的文件夹中包含多个族样板文件夹，每个文件夹中所显示的族样板的类型都是相同的，只是为了方便不同国籍的用户使用，将族样板名称设置多种语言格式来表达而已。

在文件夹中显示中文名称的族样板，对中国的用户来说，这简直是极大的便利。不同种类的样板在这里一目了然，用户不需要为了了解某个样板名称的含义绞尽脑汁。

选择其中一个样板，例如，选择名称为“公制轮廓”的样板，如图12-12所示，单击“打开”按钮，可以调用族样板。

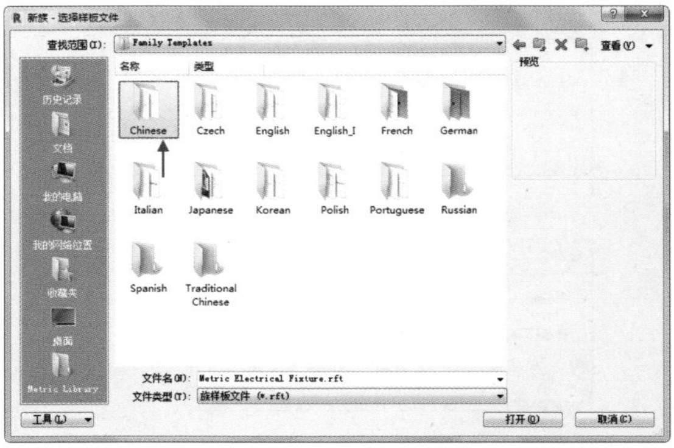

图12-11 选择文件夹

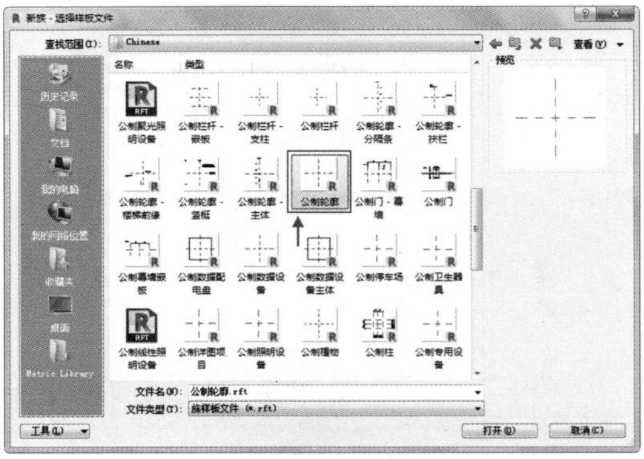

图12-12 选择族样板

调用样板后进入族编辑器，在绘图区域中显示水平方向以及垂直方向上的参照平面，在“属性”选项板中显示族样板的名称为“族：轮廓”，如图12-13所示。用户在其中开展绘制族轮廓线的操作。

不同类型的族样板，在族编辑器中的显示效果是不同的。在【新族-选择样板文件】对话框中选择名称为“基于面的公制常规模型”样板，如图12-14所示。单击“打开”按钮，调用该样板。

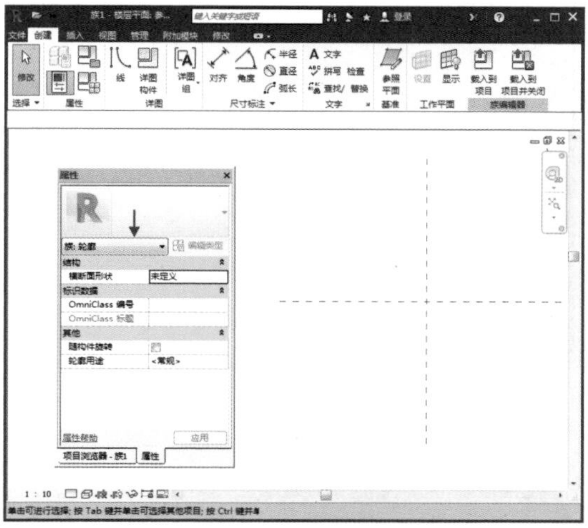

图12-13　族编辑器

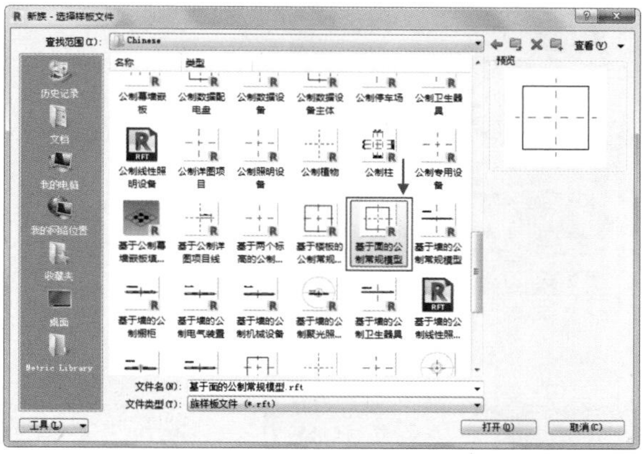

图12-14　选择样板

在族编辑器中显示面轮廓线以及相交的参照平面，在“属性”选项板中显示族样板名称为“族：常规模型”，如图12-15所示。用户在其中创建基于面上的模型。

除了用来创建模型的族样板，还有用来创建标题栏、概念体量以及注释的族样板。在【新族-选择样板文件】对话框中显示3个独立的文件夹，其中包含其他类型的族样板。单击打开名称为“注释”的文件夹，如图12-16所示，在其中显示各类注释族样板文件。

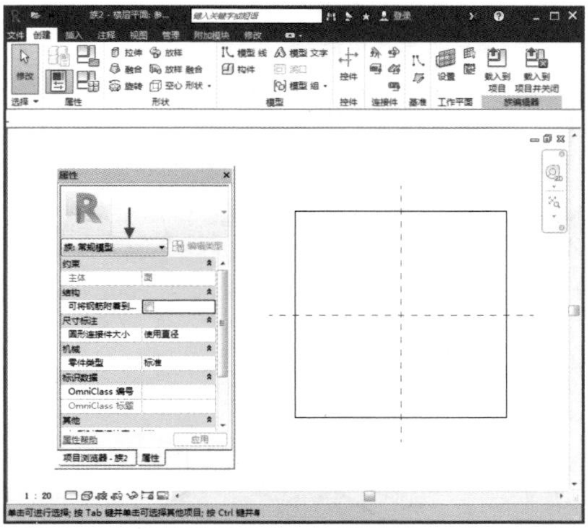

图12-15　族编辑器

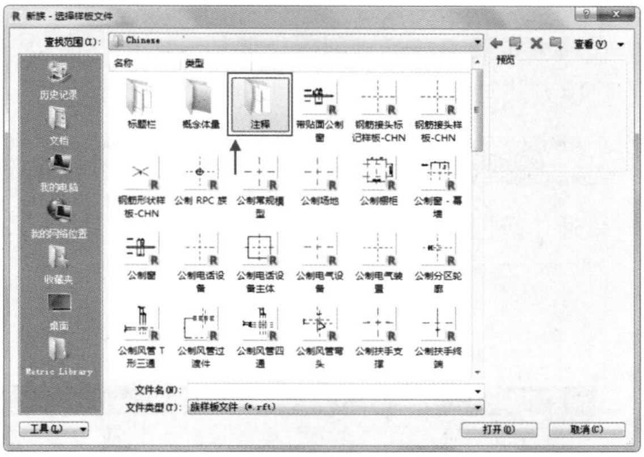

图12-16　选择样板

在对话框中选择名称为“公制常规标记”的样板文件，如图12-17所示。单击“打开”按钮，调用样板文件。在族编辑器中显示相交的参照平面，并且在参照平面的右上角显示关于该样板的介绍文字，如图12-18所示。

但是介绍文字是英文格式，有兴趣的用户可以浏览文字了解其含义。选择文字，按Delete键，可以将其删除。在“属性”选项板中显示族样板名称为“族：常规模型标记”。

提示　在族编辑器中，“属性”选项板的左上角会显示族样板名称，用户可以在此了解样板类型。

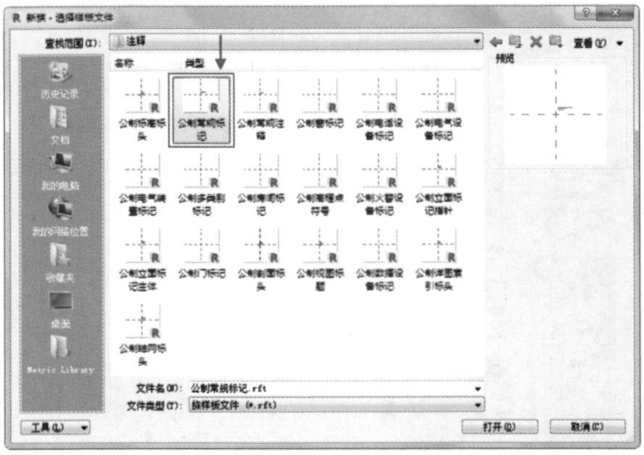

图12-17　选择样板

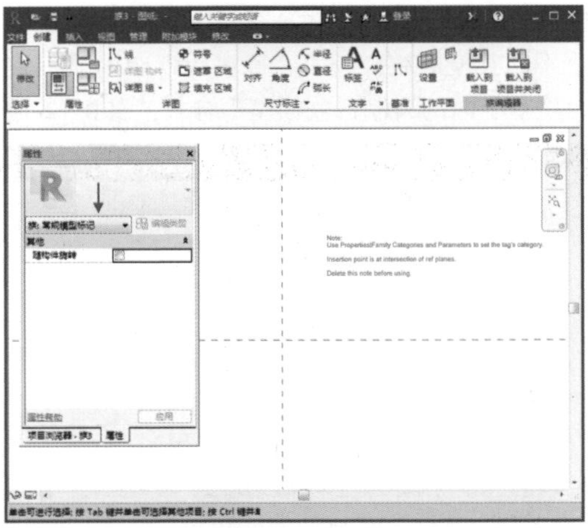

图12-18　族编辑器

12.3　模型族的创建

在上一节中说到Revit提供了多种类型的族样板，其中有一种模型族样板，启用该样板，可以创建模型族。窗族、门族都属于模型族，用户可以将模型族调入项目中使用。在学习创建模型族之前，要先了解创建模型族所需要使用到的工具。

本节介绍创建模型族工具的使用以及创建模型族的方法。

12.3.1　创建模型族的工具

在族编辑器中选择“创建”选项卡，在“形状”面板上显示用来创建模型族的工具，可以将其分为实心建模方式与空心建模方式，如图12-19所示。

拉伸

选择“拉伸”工具，先绘制草图轮廓线，再定义拉伸距离，可以得到一个实心模型，效果如图12-20所示。

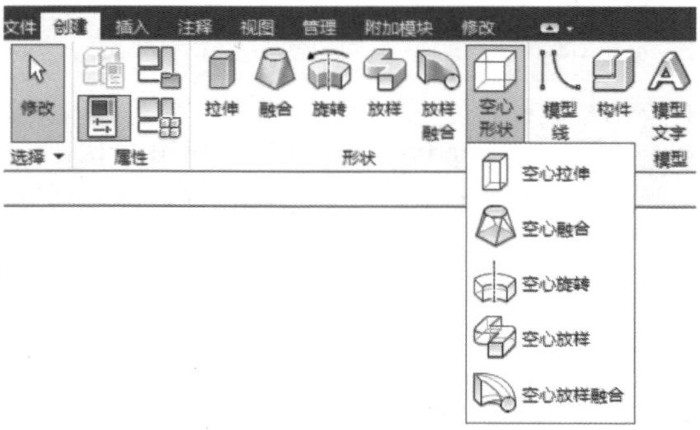

图12-19　建模工具

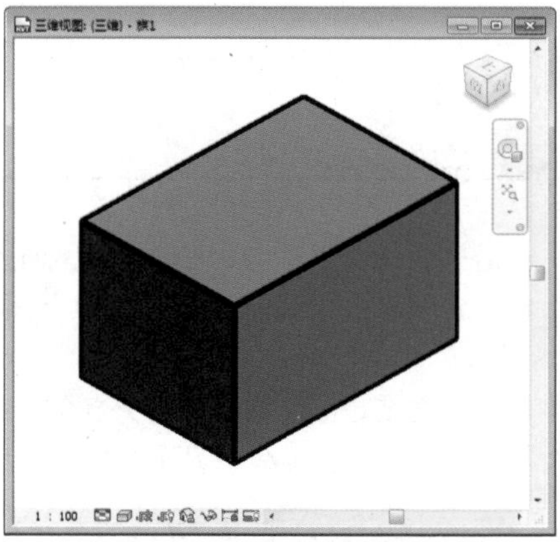

图12-20　拉伸建模

融合

选择“融合”工具，用户需要绘制两个轮廓，即起始形状轮廓以及最终形状轮廓。绘制轮廓后，可以从起始形状融合到最终形状。融合的长度由用户自定义，效果如图12-21所示。

旋转

选择“旋转”工具，用户先绘制二维轮廓线，接着指定旋转轴线，系统可以围绕旋转轴来放样二维轮廓线，最终创建三维模型，效果如图12-22所示。

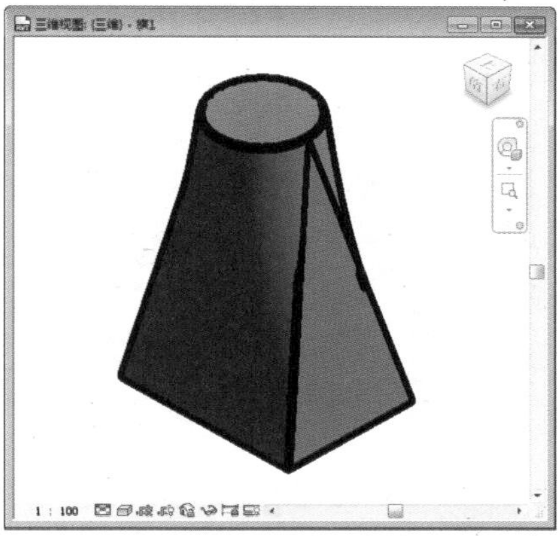

图12-21 融合建模

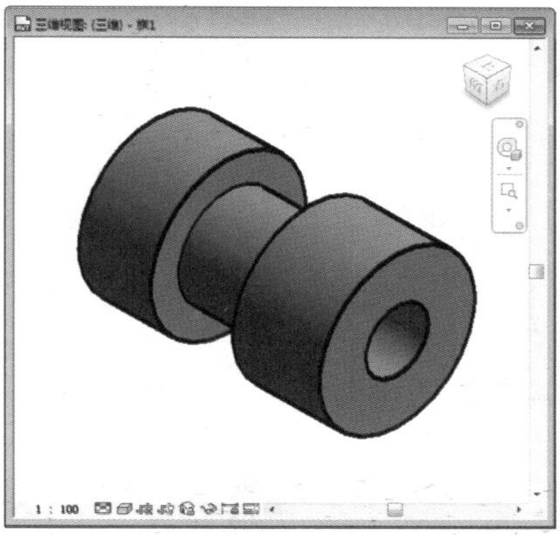

图12-22 旋转建模

放样

选择“放样”工具，用户需要先绘制放样路径，接着创建二维轮廓线。系统将会沿着路径放样二维轮廓线，最终创建三维模型，效果如图12-23所示。

放样融合

选择“放样融合”工具，用户先绘制放样轮廓，再分别绘制第一个轮廓线以及第二个轮廓线。系统沿着轮廓线执行放样操作，创建三维模型的效果如图12-24所示。

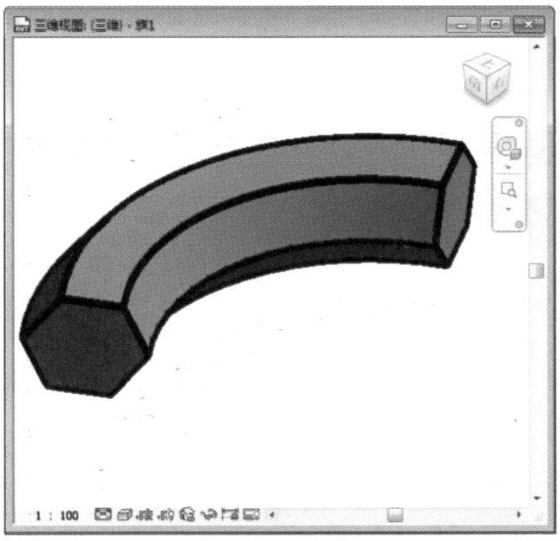

图12-23 放样建模

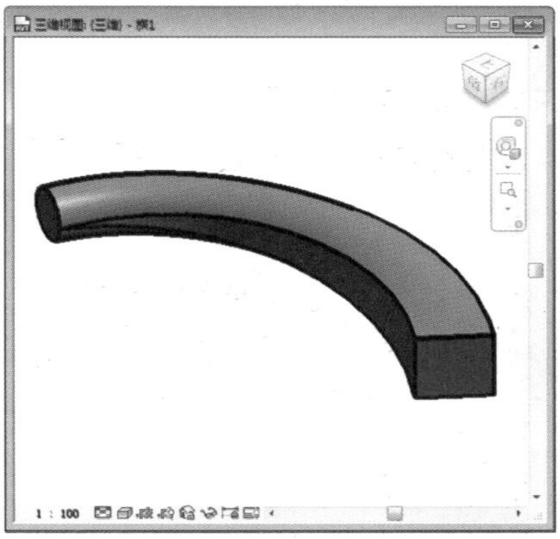

图12-24 放样融合建模

空心拉伸

使用“空心拉伸”工具来建模与使用“拉伸”工具来建模的过程类似，但是建模效果与实心模型不同。在视图中仅显示模型的轮廓线，如图12-25所示。但是空心模型可以转换成实心模型。

空心融合

选择“空心融合”工具，也需要依次指定放样路径以及二维轮廓，建模的效果显示为空心模型，如图12-26所示。

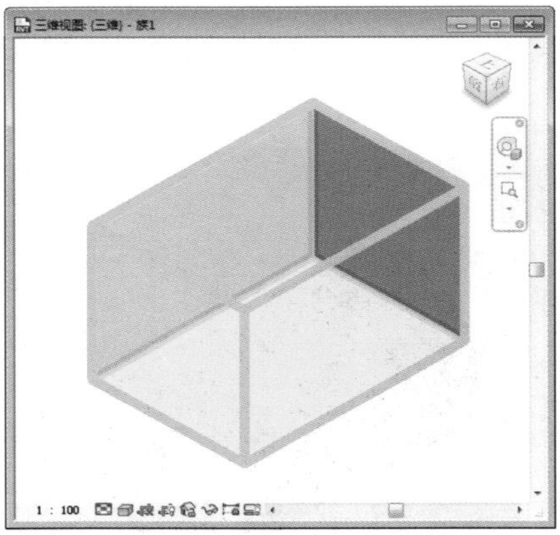

图12-25　空心拉伸建模

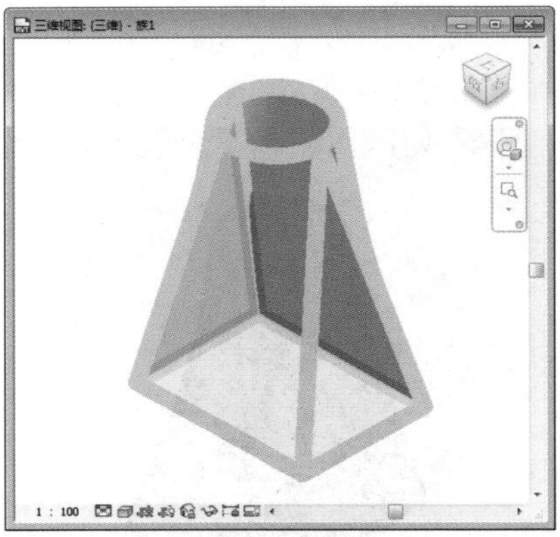

图12-26　空心融合建模

空心旋转

选择“空心旋转”工具，分别绘制二维轮廓线以及旋转轴，绕轴生成空心模型的效果如图12-27所示。

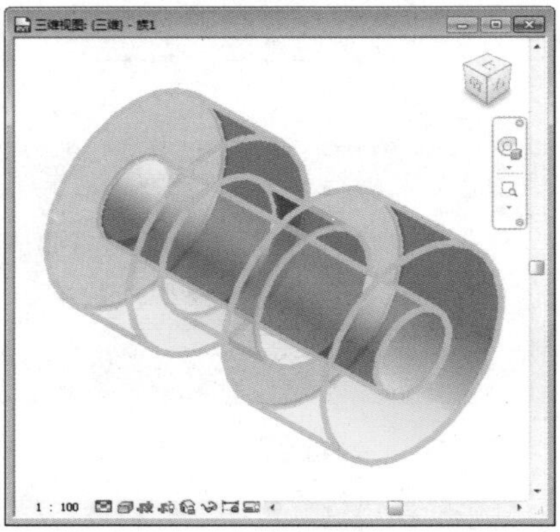

图12-27　空心旋转建模

空心放样

选择“空心放样”工具，用户定义轮廓线的走向以及轮廓线的样式，系统沿着路径放样创建空心模型，效果如图12-28所示。

空心放样融合

选择“空心放样融合”工具，在指定路径线之后，还需要依次绘制不同形状或者不同大小的二维轮廓，系统沿着路径放样轮廓，创建空心模型如图12-29所示。

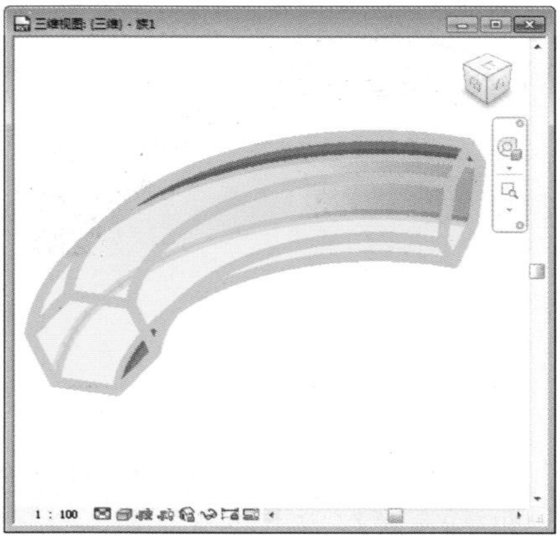

图12-28　空心放样建模

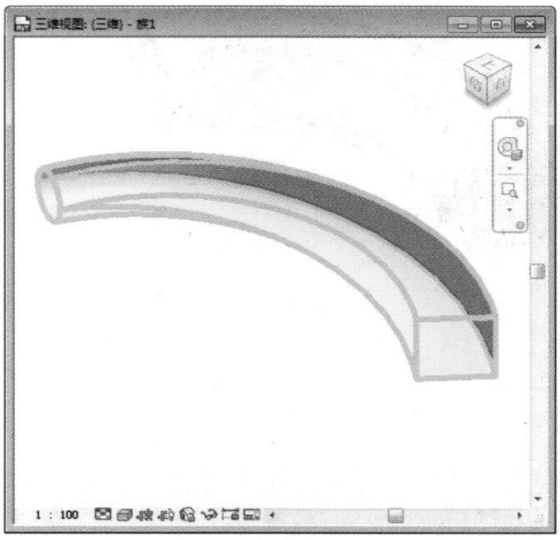

图12-29　空心放样融合

12.3.2 创建矩形柱

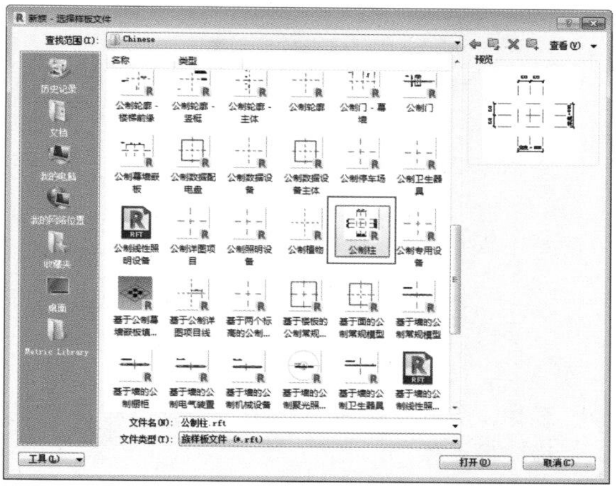

图12-30 选择样板

在进行建筑项目设计时，常常需要在项目中放置柱子。柱子的类型有建筑柱与结构柱之分，柱子的形状有矩形、圆形等。本节介绍在族编辑器中创建矩形柱的操作方法。

01 启动Revit应用程序，选择“文件”选项卡，在弹出的下拉列表中选择“新建”｜“族”选项，弹出【新族-选择样板文件】对话框。在该对话框中选择名称为“公制柱”的样板，如图12-30所示。单击“打开”按钮，调用样板文件。

02 进入族编辑器，在绘图区域中显示相交的参照平面。在“属性”选项板中显示族样板的名称及其属性信息，如图12-31所示。

03 在不执行任何命令的情况下，取消勾选“属性”选项板中的“在平面视图中显示族的预剪切”复选框，如图12-32所示，表示按照项目中的实际视图截面位置来显示柱子的剖切面。

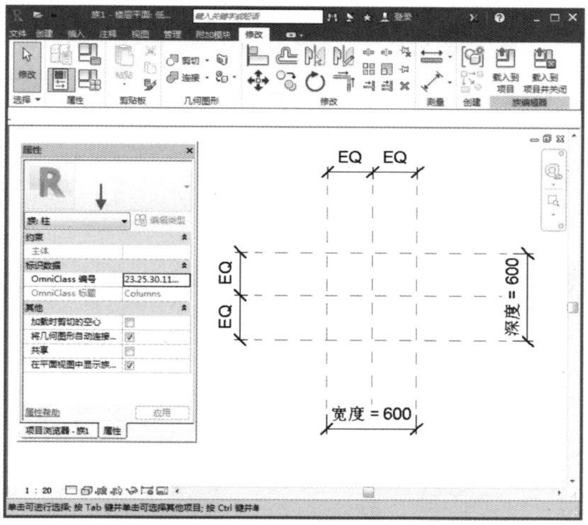

图12-31 族编辑器

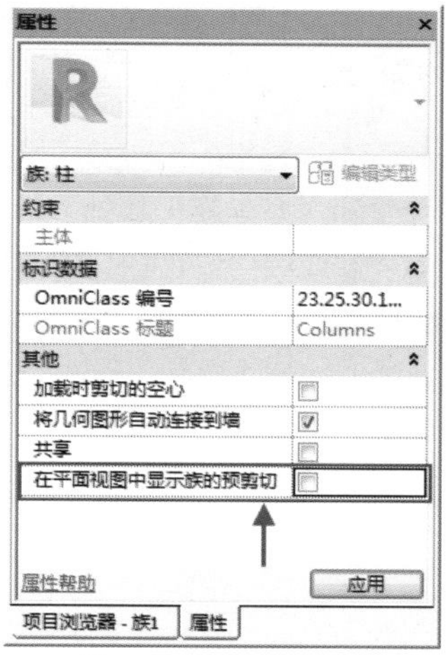

图12-32 取消选择选项

> **提示** EQ表示“等分”的意思。

04 在“属性”面板中单击“族类型”按钮，如图12-33所示，弹出【族类型】对话框。在该对话框中显示柱子的默认参数值，如“深度”值与“宽度”值。

05 修改“尺寸标注”列表中的“深度”选项值为800.0，保持“宽度”值为600.0不变，如图12-34所示。

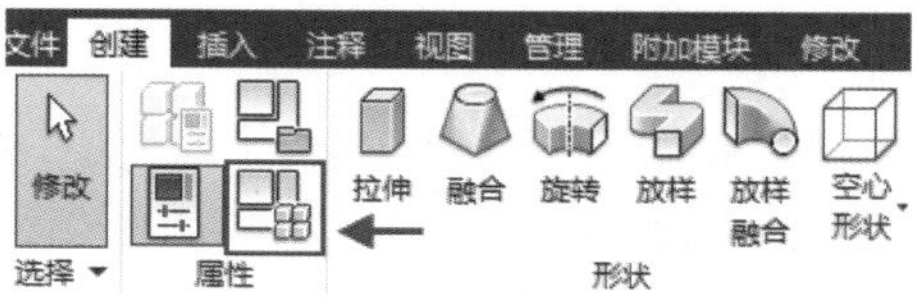

图12-33 单击按钮

06 单击“确定”按钮，关闭对话框。观察视图中参照平面的变化情况，发现表示“深度”的尺寸标注显示为800，与【族类型】对话框中所设置的参数相对应，如图12-35所示。

> **提示** 在【族类型】对话框中显示样板所设置的“深度”值以及“宽度”值，用户可以通过修改参数，设定柱子模型的尺寸。

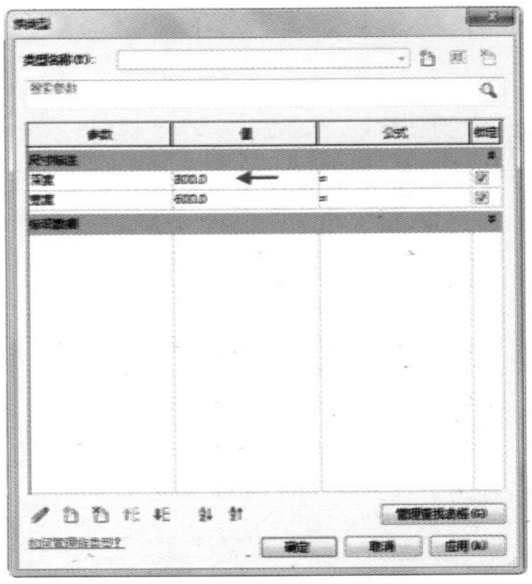

图12-34　修改参数

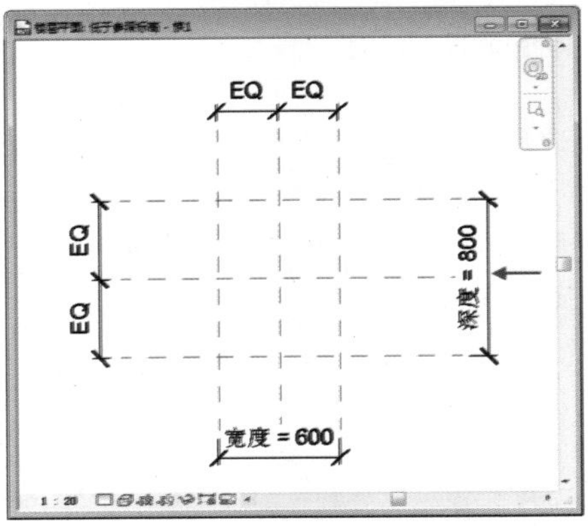

图12-35　调整效果

07 选择“创建”选项卡，单击“形状”面板上的“拉伸”按钮，如图12-36所示，开始执行“拉伸建模”的操作。

08 在选项卡的“绘制”面板中单击“矩形”按钮，指定绘制轮廓线的方式。设置“深度”值为1000.0，保持“偏移值”为0.0不变，如图12-37所示。

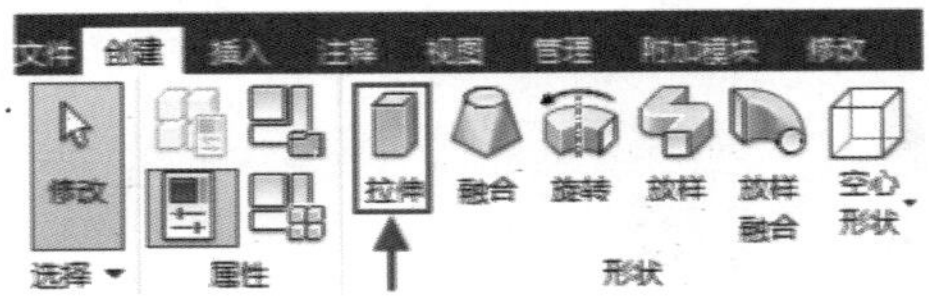

图12-36　单击按钮

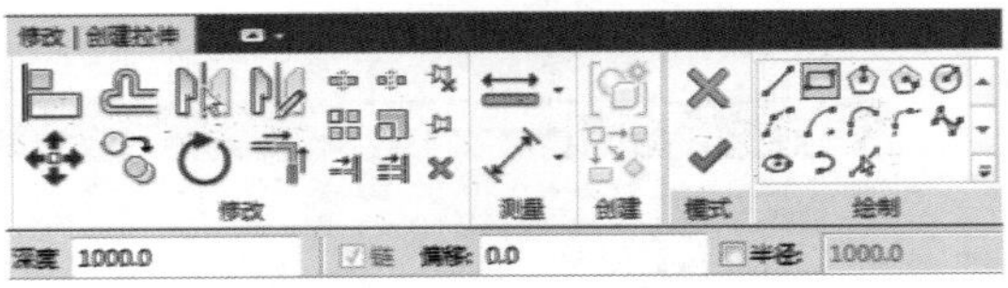

图12-37　设置参数

09 以样板提供的参照平面为基础，指定起点与终点，绘制矩形表示柱子的外轮廓线，如图12-38所示。

10 单击“完成编辑模式”按钮，退出命令。矩形轮廓线的绘制效果如图12-39所示。

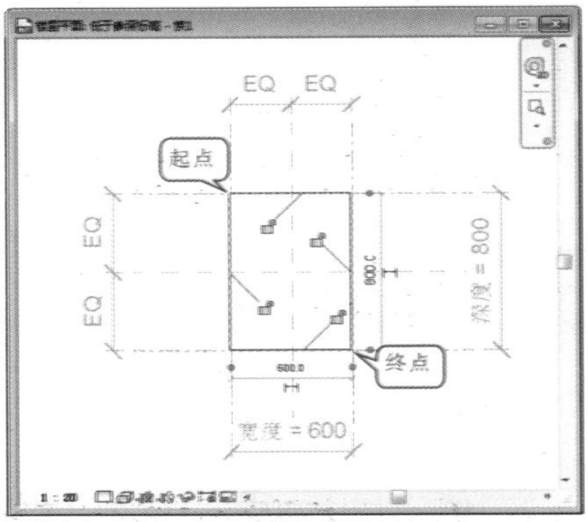

图12-38　绘制轮廓线

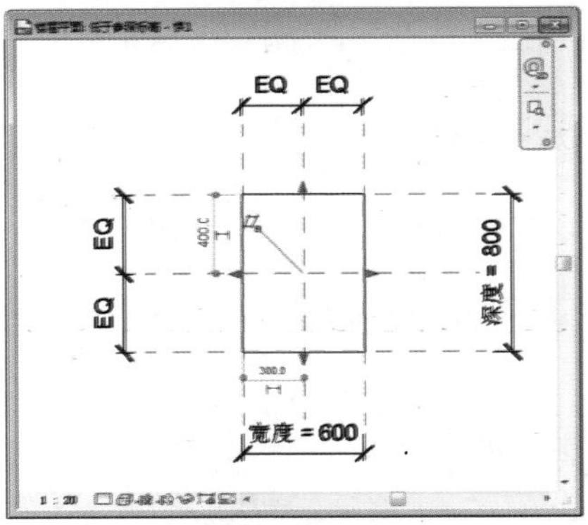

图12-39　绘制效果

11 单击快速访问工具栏上的“默认三维视图”按钮，切换至三维视图，观察柱子模型的三维效果，如图12-40所示。

12 选择柱子，在“属性”选项板中显示“拉伸终点”与“拉伸起点”的参数，如图12-41所示。修改参数，可以调整柱子在垂直方向上的尺寸。

13 在项目浏览器中单击展开“立面（立面1）”列表，选择“前”视图，如图12-42所示。双击视图名称，切换至前立面视图。

提示　样板默认“拉伸建模”的“深度”尺寸为250，用户可以在建模时设置“深度”值，也可以在建模完成后修改“拉伸终点”选项值来修改模型的高度。

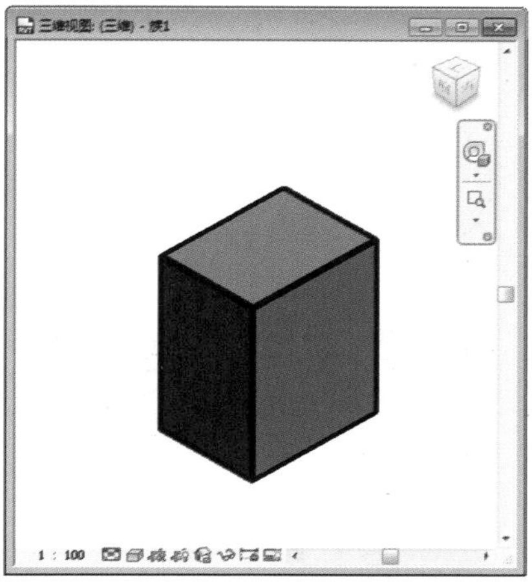

图12-40 三维样式

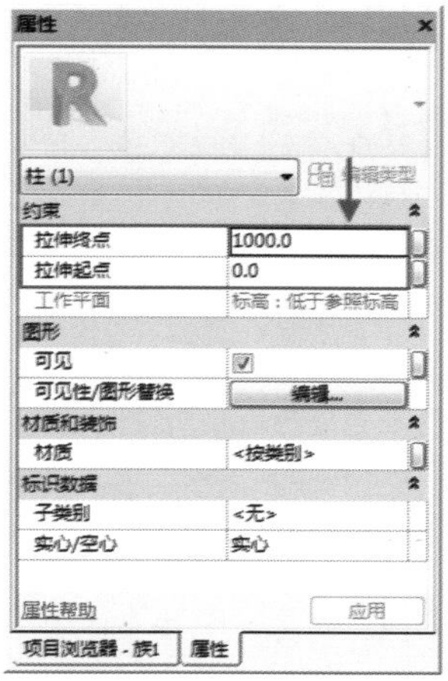

图12-41 显示参数

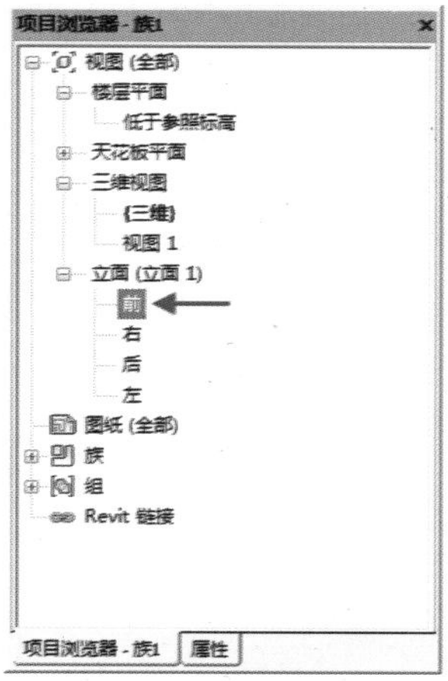

图12-42 选择立面视图

14 在立面视图中显示“高于参照标高”与“低于参照标高”线型，在标高线之间显示柱子的立面轮廓线，如图12-43所示。柱子的高度即“拉伸终点”与“拉伸起点”之间的距离。

15 选择柱子，激活顶部边线的“拉伸：造型操纵柄”，按住鼠标左键不放，向上移动鼠标，直到“高于参照标高”线型时释放鼠标，此时出现“解锁”标记，如图12-44所示。

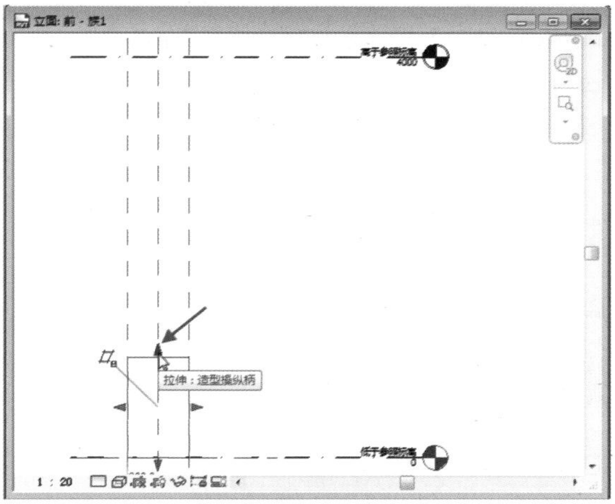

图12-43 前立面视图

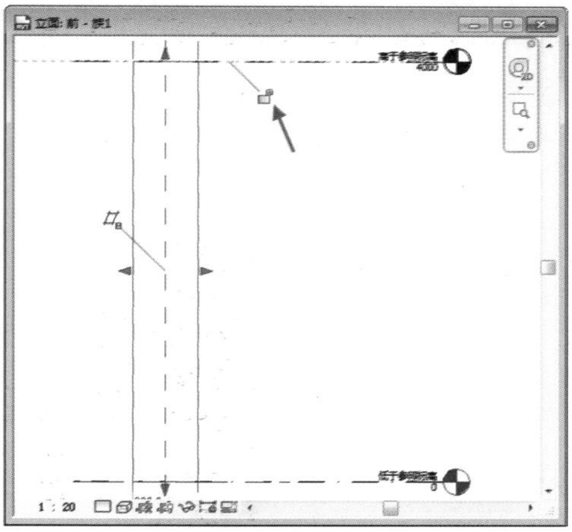

图12-44 拉伸操作

16 单击“解锁”标记，转换为“锁定”标记，如图12-45所示。锁定柱子顶面与“高于参照标高”标高平面位置，重复操作，锁定柱子底面与“低于参照标高”标高平面位置。

17 单击快速访问工具栏上的“保存”按钮，弹出【另存为】对话框，设置族名称，如图12-46所示。单击“保存”按钮，存储族文件至计算机中。

在“族编辑器”面板中单击“载入到项目”按钮，如图12-47所示，可以将族载入到当前已打开的项目中。单击“载入到项目并关闭”按钮，在将族载入到项目中后，可以关闭族编辑器。

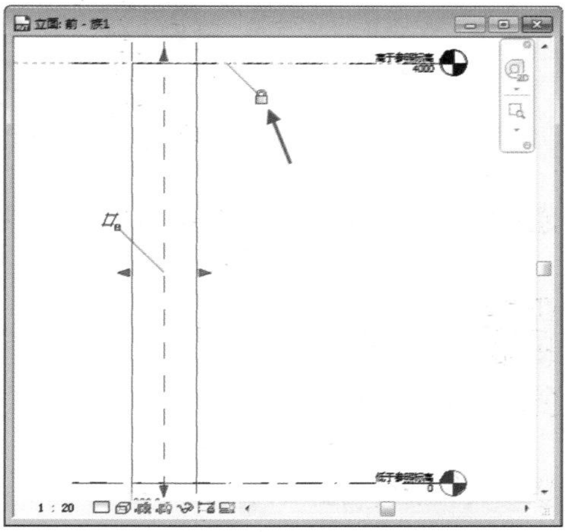

图12-45 锁定结果

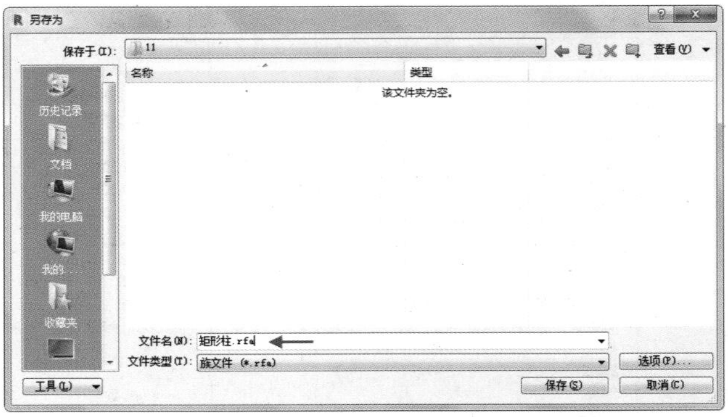

图12-46 设置族名称

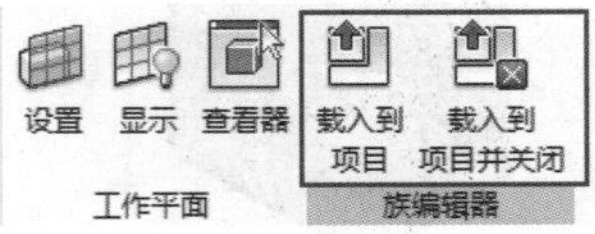

图12-47 “族编辑器”面板

12.3.3 创建窗族

在创建窗构件时，需要调用基于墙的样板。因为窗是基于主体的构件，必须依附主体才能存在。在【族类别与族参数】对话框中可以设置族的类别。如果要创建“窗”构件，请在“族类别”列表中选择“窗”选项。

调用族样板

01 启动Revit应用程序，选择“文件”选项卡，在弹出的下拉列表中选择“新建”｜“族”选项，弹出【新族-选择样板文件】对话框，选择名称为“基于墙的公制常规模型”样板，如图12-48所示。单击“打开”按钮，调用样板。

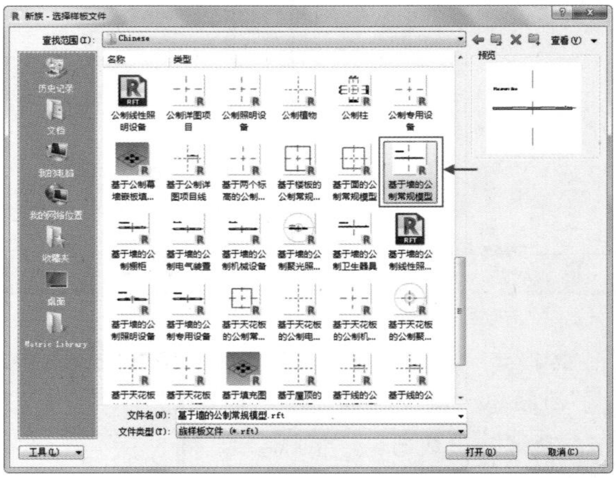

图12-48 选择样板

02 进入族编辑器，在绘图区域中显示平面样式的墙体，以及水平方向与垂直方向上的参照平面。在“属性”选项板中显示样板名称为“族：常规模型”，如图12-49所示。

提示 位于墙体上方的说明文字不会阻碍创建过程，用户可以不必理会。

03 选择“创建”选项卡，在“属性”面板上单击“族类别和族参数”按钮，如图12-50所示，弹出【族类别和族参数】对话框。

04 在“过滤器列表”下拉列表中选择“建筑”选项，在列表框中选择“窗”选项。在“族参数”列表中勾选“总是垂直”复选框，使得窗与墙面呈垂直状态，如图12-51所示。

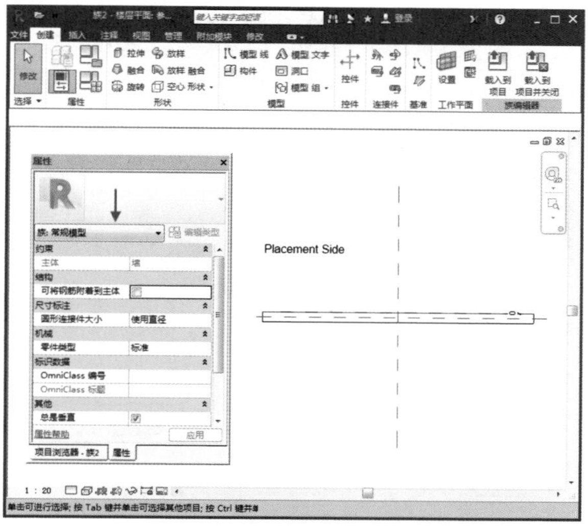

图12-49 族编辑器图

图12-50 单击按钮

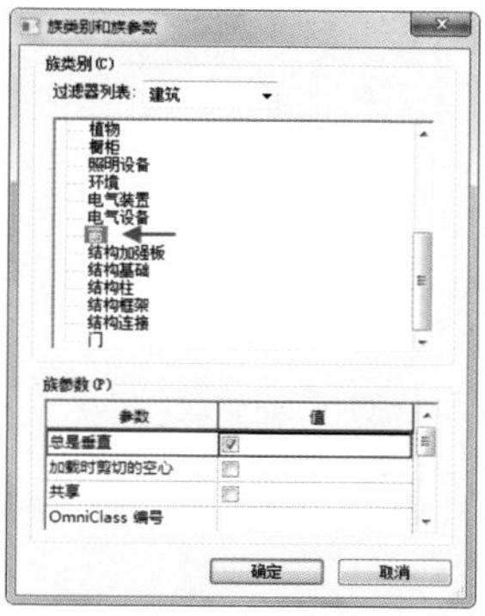

12-51 选择选项

绘制参照平面

参照平面可以为创建窗轮廓线提供参考。在绘制完成垂直或者水平参照平面后，先为其添加尺寸标注，再为尺寸标注添加标签。通过修改尺寸标注，可以驱动参照平面改变位置。本节介绍绘制参照平面以及添加尺寸标注与标签的操作方法。

01 选择“创建”选项卡，单击“基准”面板上的“参照平面”按钮，如图12-52所示，开始执行“创建参照平面”的操作。

02 单击指定起点与终点，在已有垂直参照平面的两侧绘制两个参照平面。新绘制的参照平面与已有的参照平面的间距为800.0，如图12-53所示。

图12-52 单击按钮

提示 *在绘制参照平面时，可以根据临时尺寸标注来指定参照平面的位置。*

03 选择左侧的参照平面，在“属性”选项板中单击“是参照”右侧的倒三角按钮，在弹出的下拉列表中选择“左”选项。选择右侧的参照平面，在与其相对应的“属性”面板中设置“是参照”为“右”，如图12-54所示。

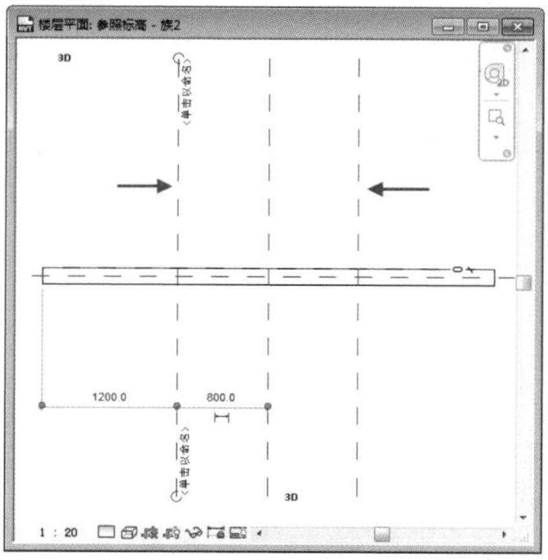

图12-53 绘制参照平面

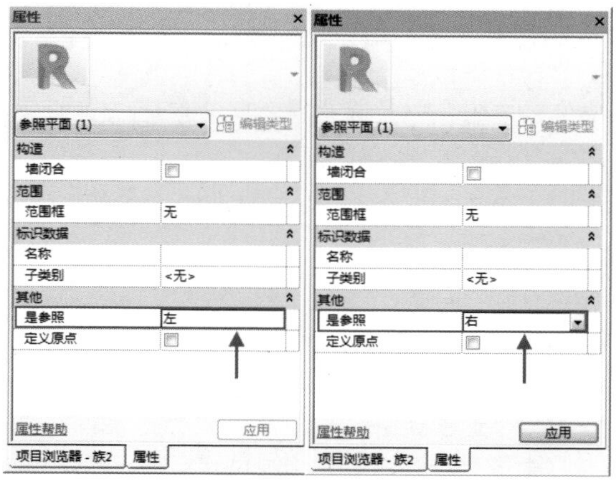

图12-54 设置选项

04 选择“注释”选项卡，在“尺寸标注”面板中单击“对齐”按钮，如图12-55所示，开始执行“创建对齐标注”的操作。

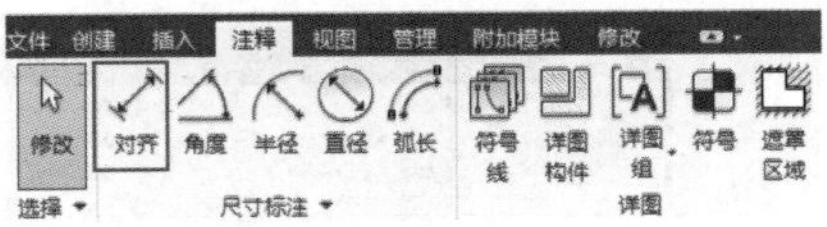

图12-55 单击按钮

05 单击拾取3个垂直参照平面，为其创建尺寸标注。选择尺寸标注，在其上方显示“等分约束”标签，如图12-56所示。

06 单击“等分约束”标签，为尺寸标注添加“等分约束”，如图12-57所示。

提示 在创建尺寸标注时，应该连续指定参照点，绘制连续尺寸标注，才可以在尺寸标注的一侧显示“等分约束”符号。

07 再次启用“对齐”标注命令，创建如图12-58所示的尺寸标注。

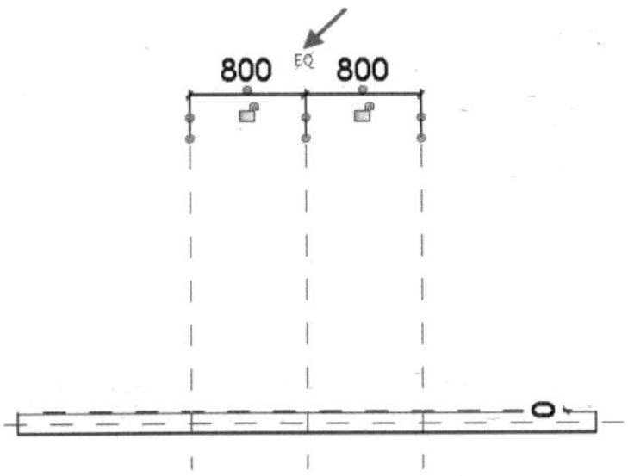

图12-56 绘制尺寸标注

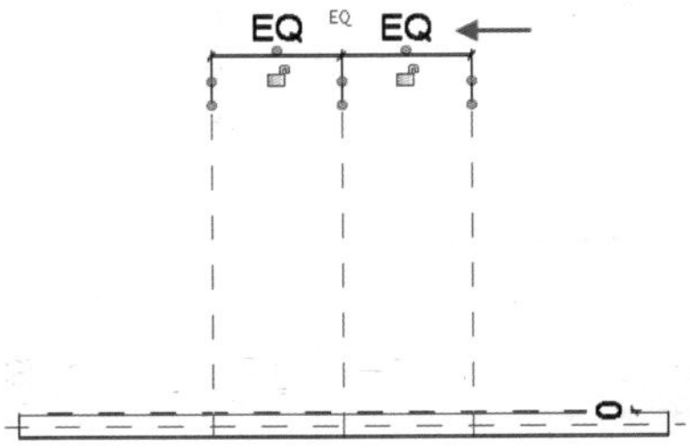

图12-57 添加标签

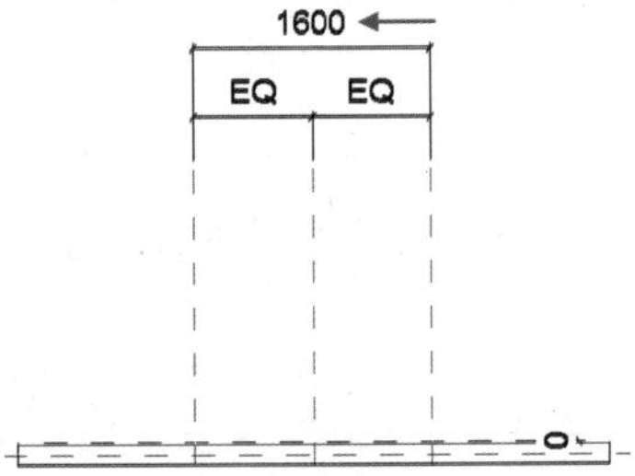

图12-58 创建尺寸标注

08 选择尺寸标注，进入“修改|尺寸标注”选项卡。在“标签尺寸标注”面板上单击“标签”右侧的倒三角按钮，在弹出的下拉列表中选择“宽度=1600”选项，如图12-59所示，为选中的尺寸标注添加标签。

09 尺寸标注添加标签后显示为“宽度=1600”，如图12-60所示。

10 将光标置于尺寸标注上，单击鼠标左键进入在位编辑模式，输入2000，如图12-61所示。

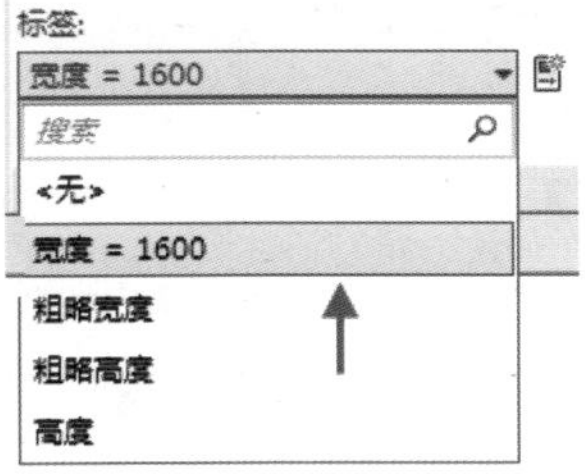

图12-59 选择标签

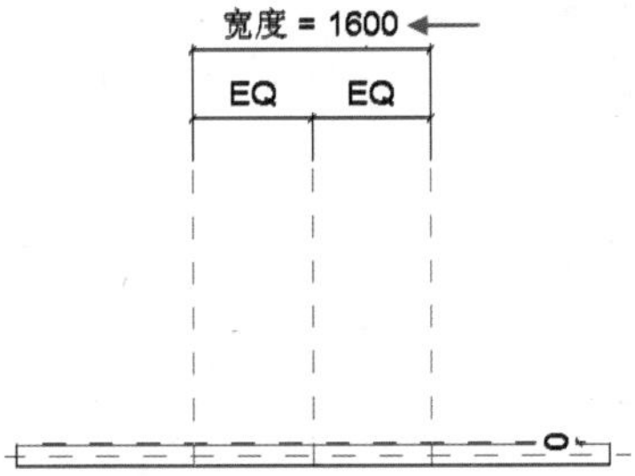

图12-60 添加标签

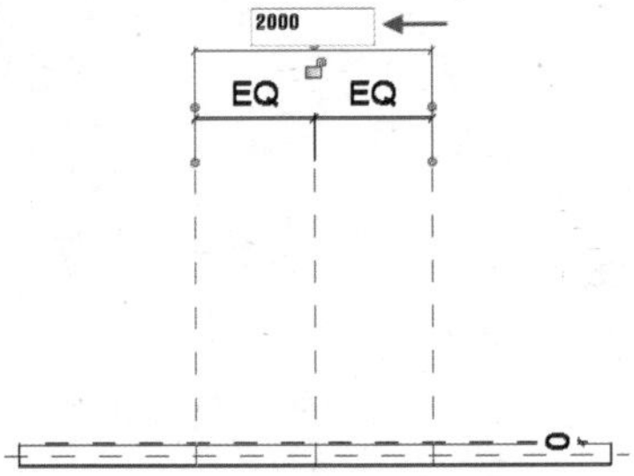

图12-61 修改参数

11 按Enter键退出在位编辑模式，修改尺寸标注的结果如图12-62所示。相应地垂直参照平面也会向两侧移动，以适应尺寸标注。

12 在项目浏览器中单击展开“立面（立面1）”列表，选择“放置边”视图，如图12-63所示。双击视图名称，切换至“放置边”立面视图。

13 启用“参照平面”命令，绘制水平参照平面，定义窗的立面轮廓大小。启用“对齐”标注命令，绘制尺寸标注如图12-64所示。

14 选择尺寸标注，在“标签”下拉列表中选择“高度=1600”选项，如图12-65所示。

15 为尺寸标注添加标签的结果如图12-66所示。

16 选择上参照平面，在“属性”选项板中设置“是参照”为“顶”。选择下参照平面，在与其相对应的“属性”选项板中设置“是参照”为“底”，如图12-67所示。

17 启用“对齐”标注命令，绘制尺寸标注，标注底参照平面与参照标高线之间的距离。选择创建完毕的尺寸标注，在“标签尺寸标注”面板中单击“创建参数”按钮，如图12-68所示。

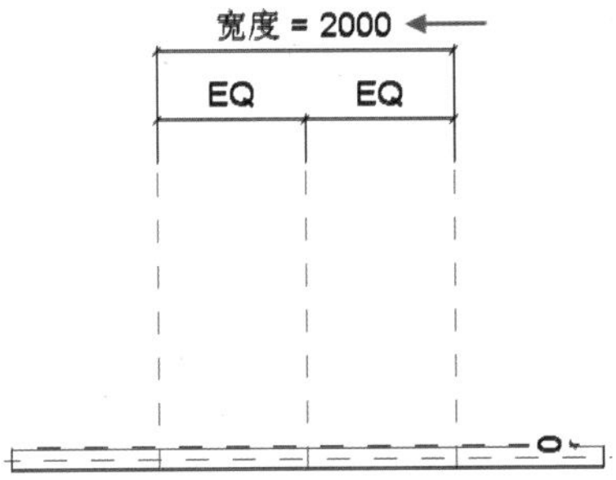

图12-62　修改结果

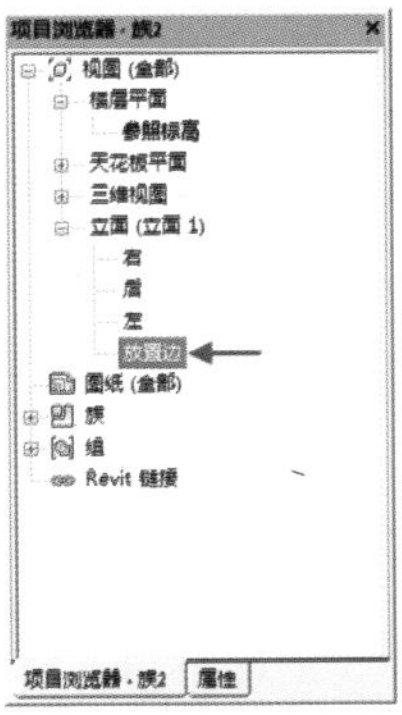

图12-63　选择视图

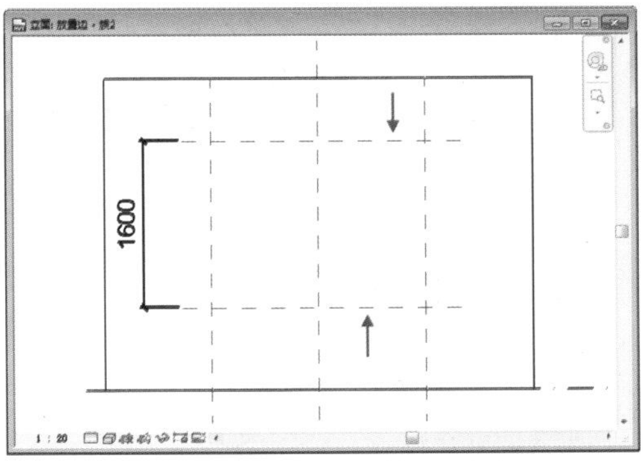

图12-64　绘制参照平面

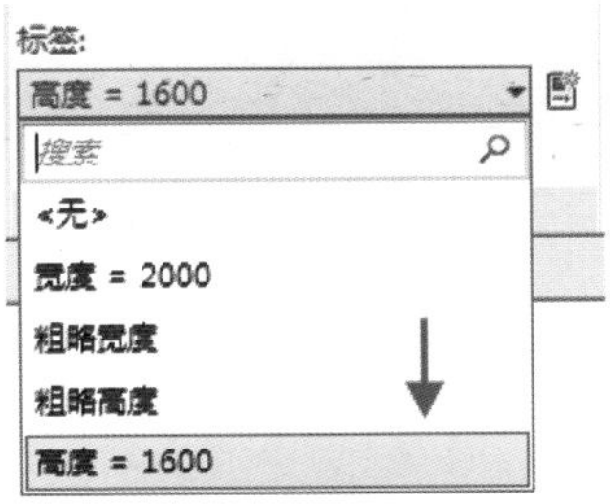

图12-65　选择标签

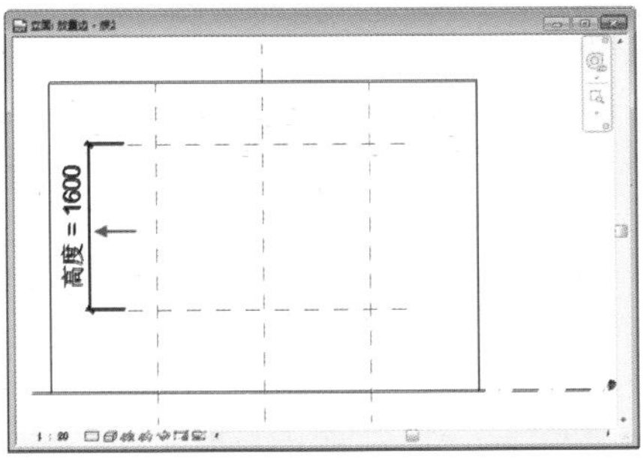

图12-66　添加标签

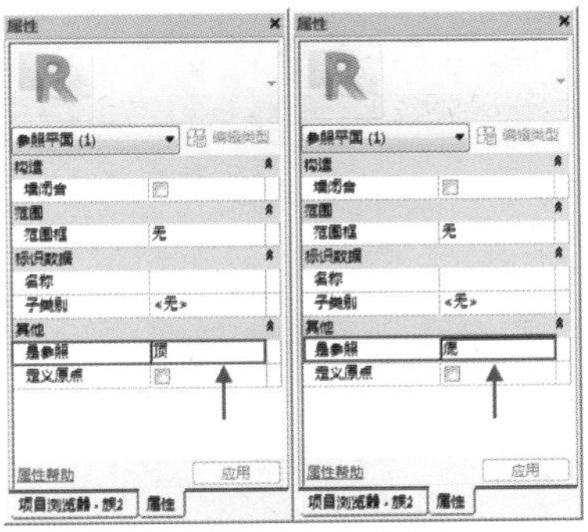

图12-67　设置选项

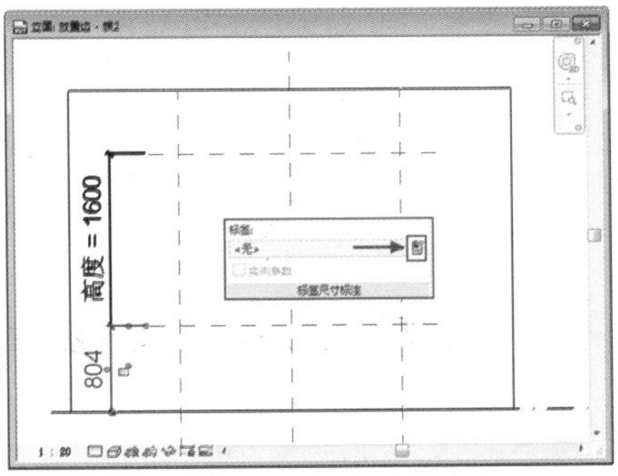

图12-68　单击按钮

18 弹出【参数属性】对话框，在“名称”文本框中输入“窗台高度”，设置“参数分组方式”为“尺寸标注”，选中“类型”单选按钮，如图12-69所示。单击“确定”按钮，关闭对话框。

19 尺寸标注添加标签的结果如图12-70所示。

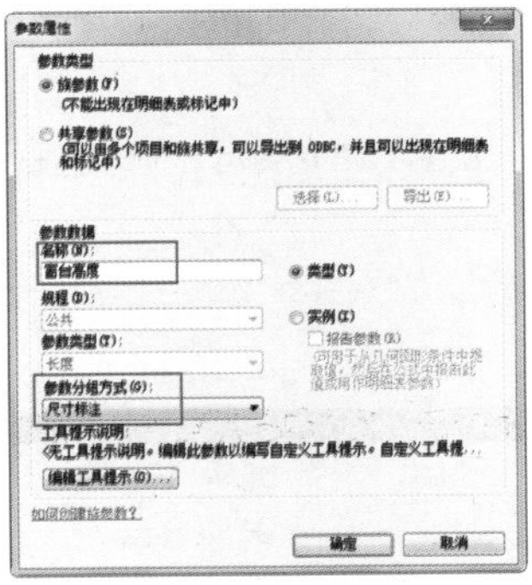

图12-69　设置选项

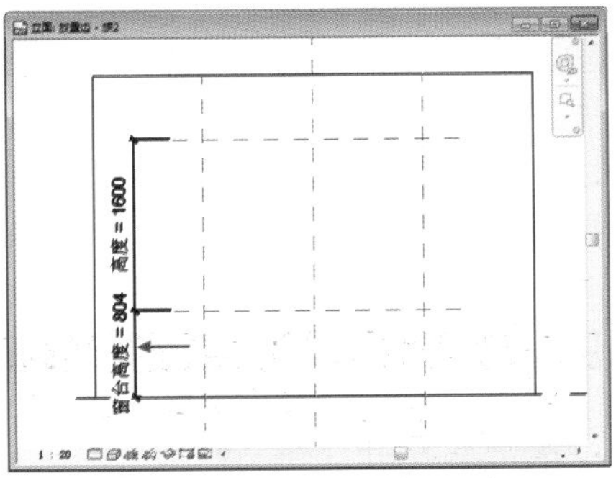

图12-70　添加标签

20 选择尺寸标注，单击鼠标左键进入在位编辑模式，修改参数，设置窗台高度，如图12-71所示。

21 按Enter键，修改窗台高度的结果如图12-72所示。

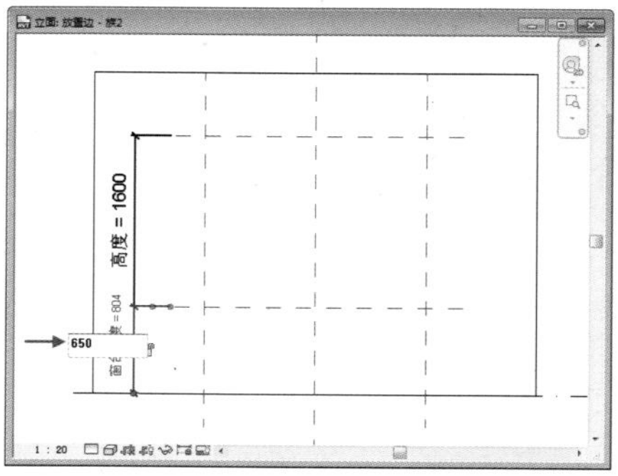

图12-71　修改参数

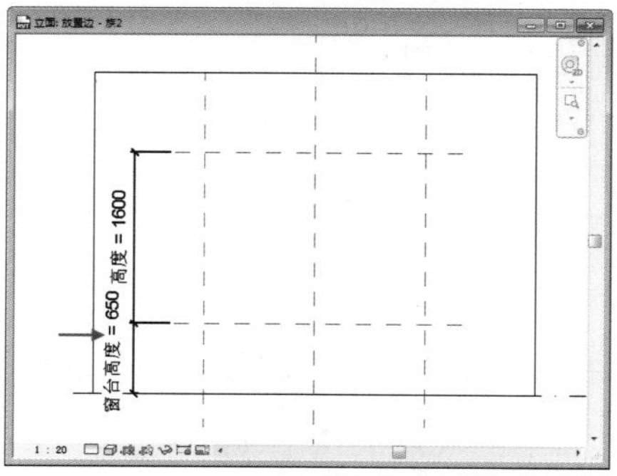

图12-72　修改结果

绘制窗洞口

在墙上创建窗模型，需要先在墙上开洞口。Revit提供了“洞口”命令，用户启用该命令，可以指定洞口的尺寸与样式。本节介绍绘制窗洞口的操作方法。

01 选择“创建”选项卡，在“模型”面板上单击“洞口”按钮，如图12-73所示，开始执行“创建洞口”的操作。

02 在选项卡的“绘制”面板中单击“矩形”按钮，选择绘制洞口的方式，保持“偏移”选项值为0.0，如图12-74所示。

03 以参照平面为基准，依次指定对角点，绘制矩形洞口轮廓线的结果如图12-75所示。

图12-73　单击按钮

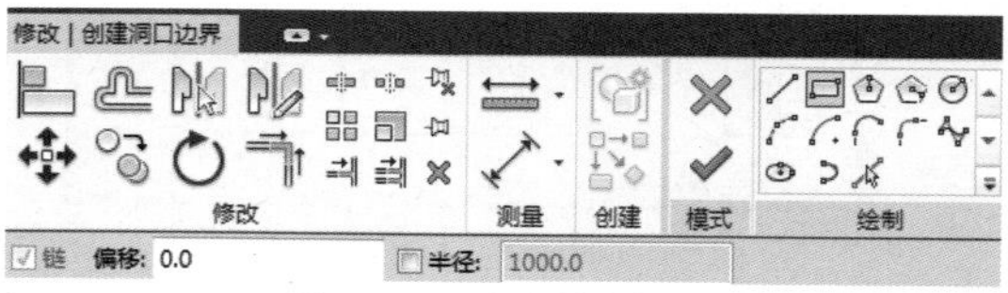

图12-74　指定绘制方式

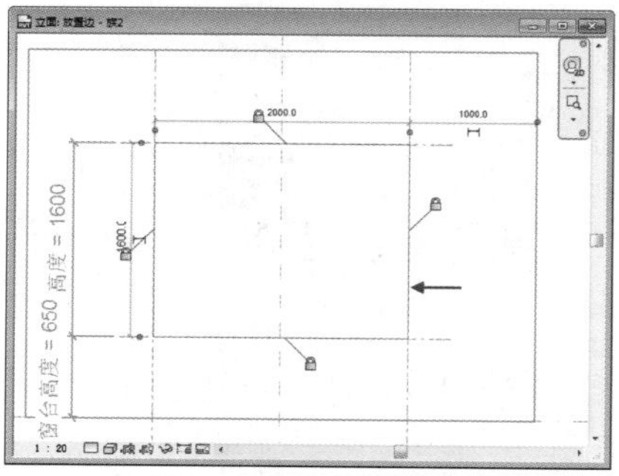

图12-75　绘制轮廓线

绘制窗框

上一小节所创建的窗洞口为一个矩形，所以窗的窗框也要为矩形样式，才可以适应洞口。启用“拉伸”命令来创建窗框模型，其具体的操作方法如下。

01 选择“创建”选项卡，在“形状”面板上单击“拉伸”按钮，如图12-76所示，开始执行“拉伸建模”的操作。

02 在选项卡的“绘制”面板中单击“矩形”按钮，指定绘制拉伸轮廓的方式，如图12-77所示。其他选项保持默认值。

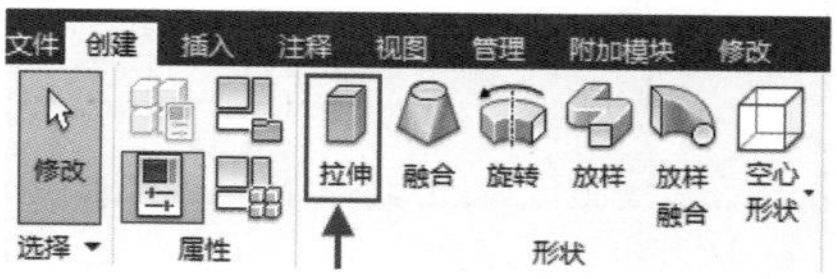

图12-76　单击按钮

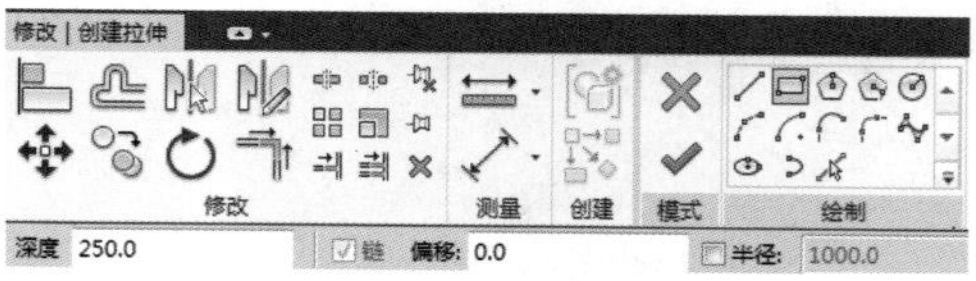

图12-77　选择绘制方式

03 在绘图区域中指定对角点，绘制矩形拉伸轮廓线的结果如图12-78所示。

04 在“绘制”面板中单击“拾取线”按钮，修改“偏移”选项值为60.0，如图12-79所示。

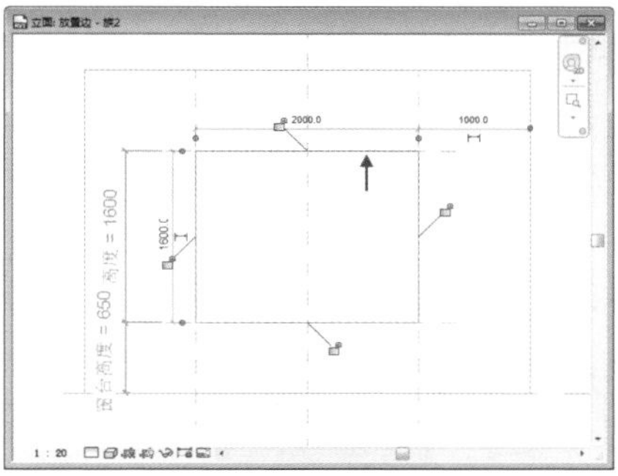

图12-78　绘制轮廓线

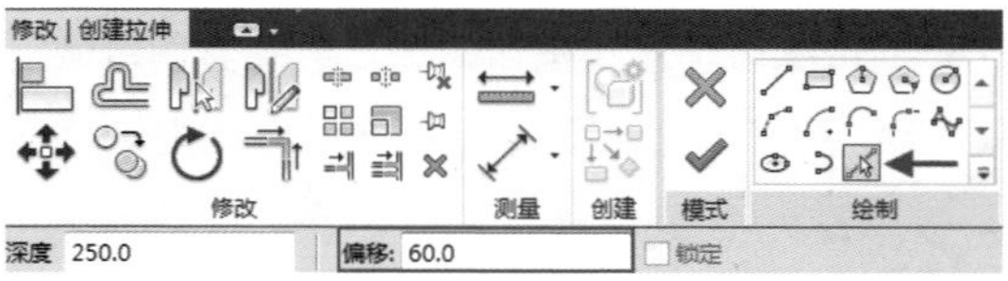

图12-79　修改绘制方式

> **提示** 将“偏移”值设置为60.0，表示将创建轮廓线与拾取线的距离为60mm。

05 将光标置于已有的拉伸轮廓线上，此时可以预览创建效果。按Tab键，循环选择拉伸轮廓线，等到在轮廓线内部显示闭合的虚线时，如图12-80所示，单击鼠标左键。

06 通过“拾取线”方式来生成拉伸轮廓线的结果如图12-81所示，内轮廓线与外轮廓线的间距为60mm。

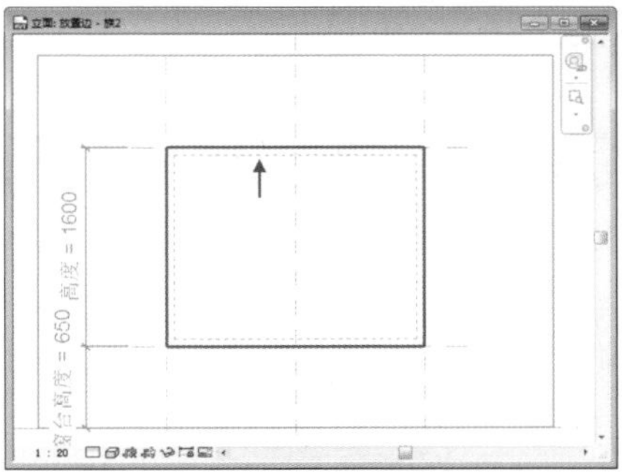

图12-80　预览创建效果

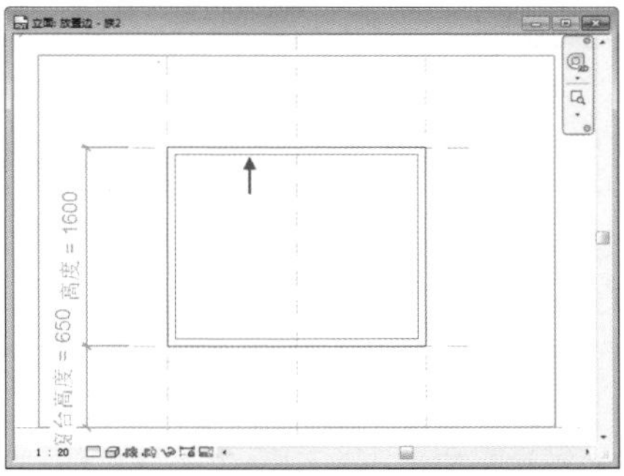

图12-81　创建结果

07 在“属性”选项板中修改“拉伸终点”选项值为30.0、“拉伸起点”选项值为-30.0。单击“子类别”右侧的倒三角按钮，在弹出的下拉列表中选择“框架/竖梃”选项，如图12-82所示。

08 在“属性”选项板中单击“材质”选项后的“关联族参数”按钮，弹出【关联族参数】对话框，单击“新建参数”按钮，如图12-83所示。

09 弹出【参数属性】对话框，在“名称”文本框中输入“框架材质”，系统默认“参数分组方式”为“材质和装饰”，如图12-84所示。单击“确定”按钮，关闭对话框。

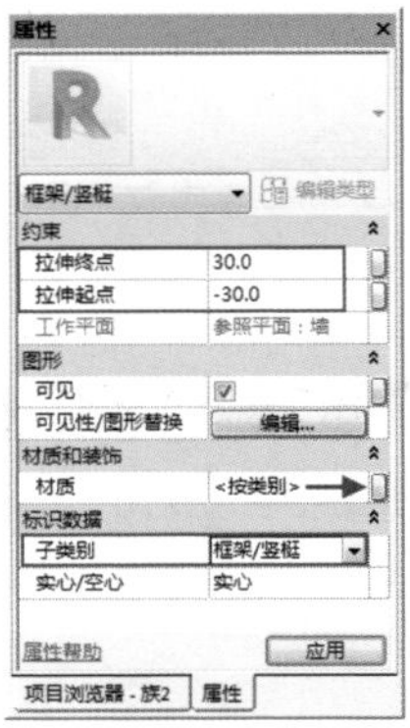

图12-82　修改参数

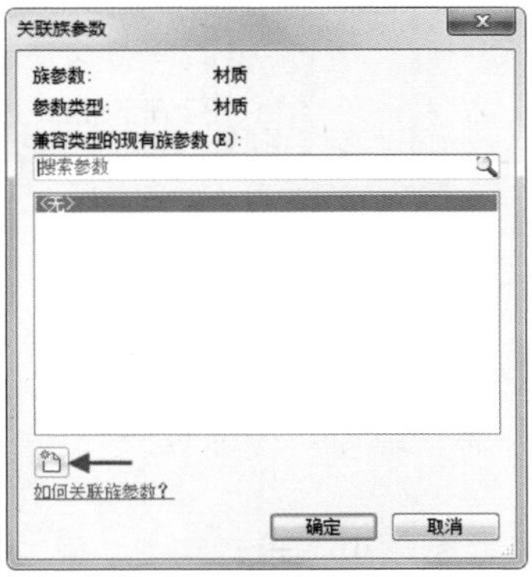

图12-83　单击按钮

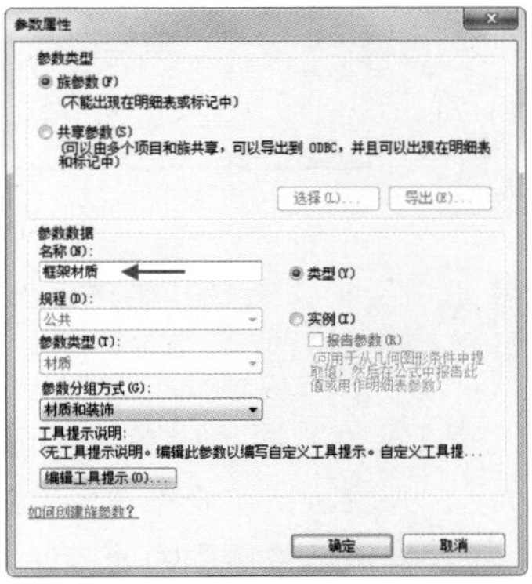

图12-84　设置选项

10 返回到【关联族参数】对话框，选择名称为“框架材质”的族参数，如图12-85所示。单击“确定”按钮，关闭对话框。

提示 已创建的族参数会显示在【关联族参数】对话框中，用户选择即可调用。假如没有所需要的族参数，就需要用户创建。

11 在“属性”选项板的“材质”选项中，“关联族参数”按钮的显示样式发生了改变，如图12-86所示，表示“材质”已添加了关联族参数。

12 单击“完成编辑模式”按钮，退出命令。创建窗框的效果如图12-87所示。

图12-85　选择族参数

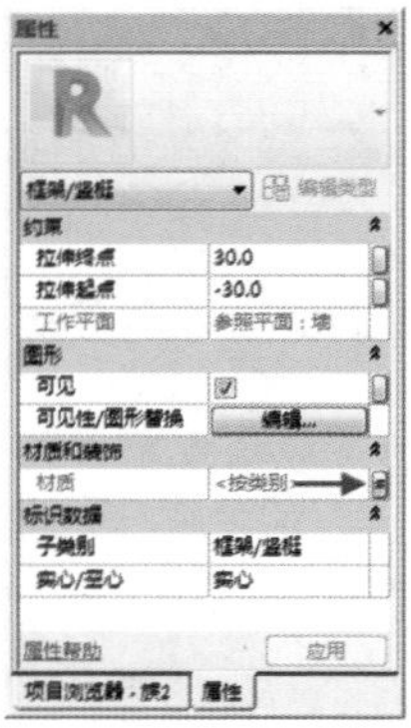
图12-86　关联族参数

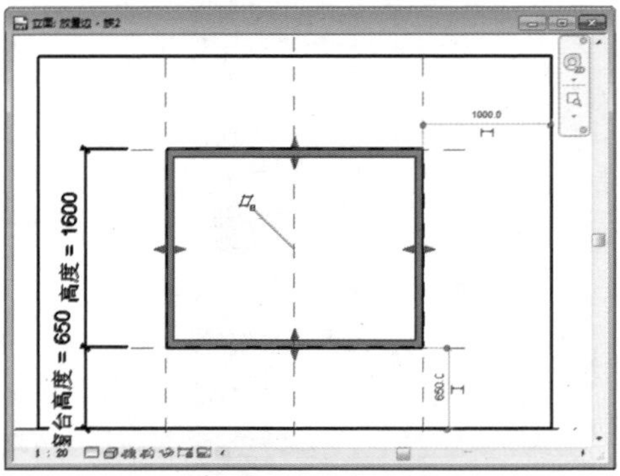

图12-87　绘制窗框

绘制窗扇

窗框绘制完毕后，就开始在其中绘制窗扇。与绘制窗框相同，启用“拉伸”命令来创建窗扇模型，其具体的操作方法如下。

01 启用“拉伸”命令，在“绘制”面板中选择绘制方式为“矩形”，设置“偏移”选项值为0.0，绘制矩形表示窗扇轮廓线，如图12-88所示。

02 在“绘制”面板中单击“拾取线”按钮，转换绘制方式。设置“偏移”选项值为40.0，拾取已绘制轮廓线，向内创建另一轮廓线，如图12-89所示。

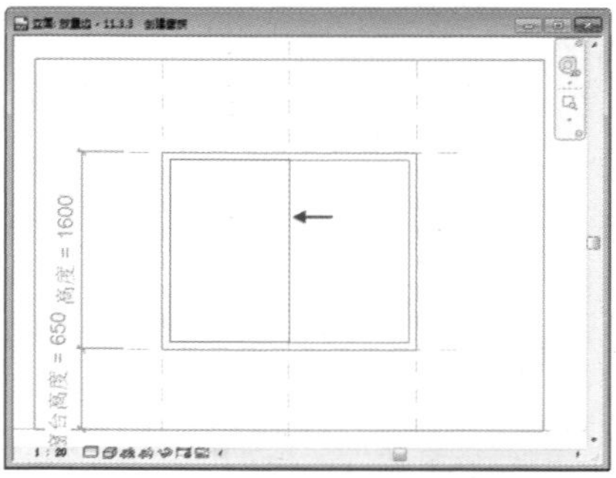

图12-88　绘制矩形

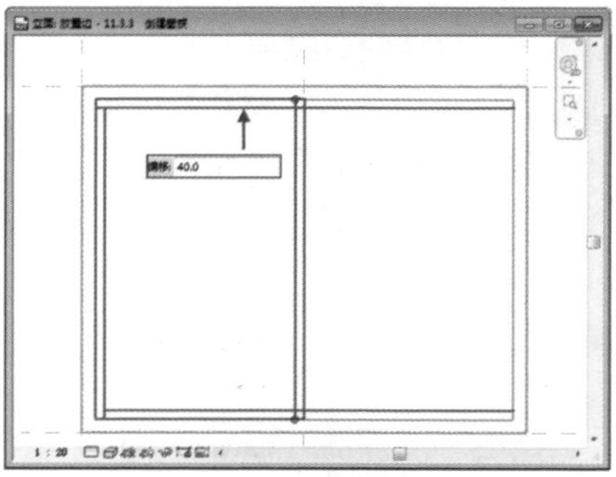
图12-89　向内偏移轮廓线

提示 将“偏移”选项值设置为40.0，表示内外轮廓线的间距为40mm。

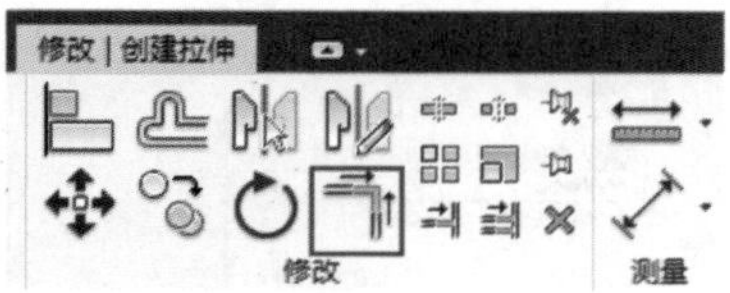

图12-90　单击按钮

03 在“修改”面板中单击“修剪/延伸为角”按钮，如图12-90所示，开始执行“修剪线段”的操作。

04 依次拾取要修剪的内轮廓线，修剪结果如图12-91所示，完成左侧窗扇轮廓线的绘制。

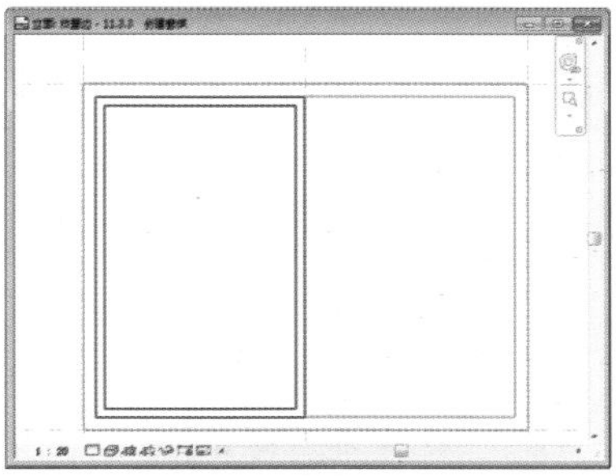

图12-91　修剪线段

提示　左侧窗扇绘制完毕后，就需要退出“拉伸”命令。假如继续绘制右侧的窗扇，系统会弹出如图12-92所示的Autodesk Revit 2018提示框，提示用户“线不能彼此相交”，需要再次启用“拉伸”命令来创建右窗扇。

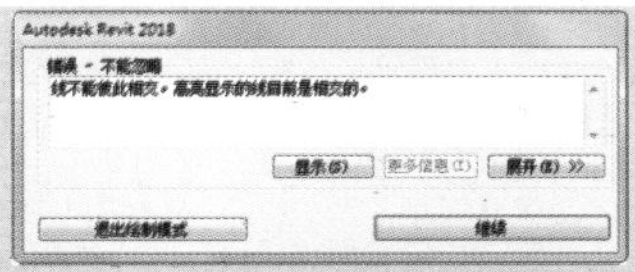

图12-92　Autodesk Revit 2018提示框

05 单击“完成编辑模式”按钮，退出命令。左窗扇的绘制结果如图12-93所示。

06 选择左窗扇，单击“修改”面板上的“镜像-拾取轴”按钮，执行“镜像复制窗扇”的操作。单击指定窗扇右侧外轮廓线为镜像轴，向右镜像复制模型，得到右窗扇模型，效果如图12-94所示。

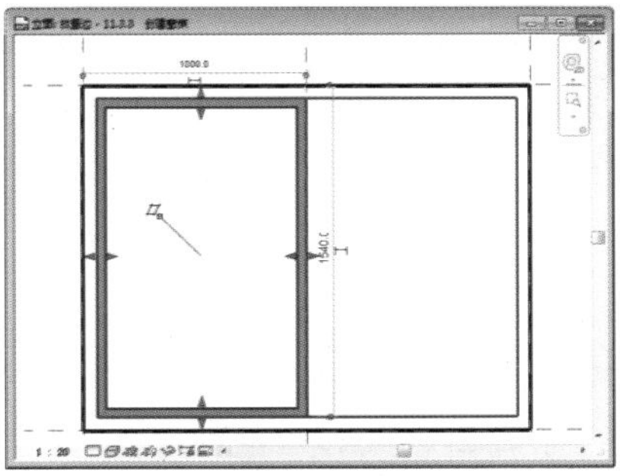

图12-93　绘制结果

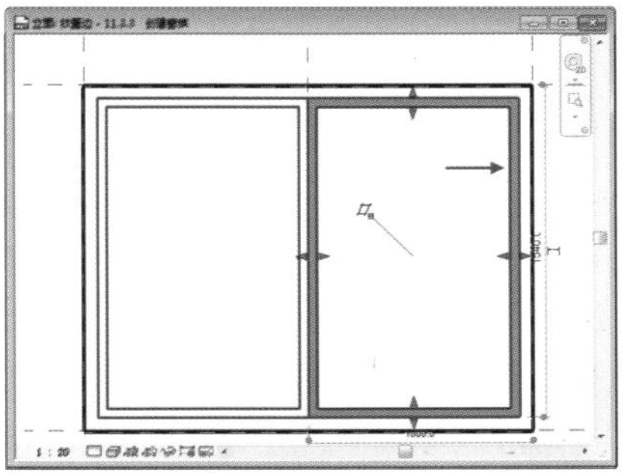

图12-94　镜像复制结果

提示　用户也可以再次启用“拉伸”命令，按照本节所介绍的操作方法，创建右窗扇模型。

绘制玻璃

窗扇绘制完毕，还需要在其中绘制玻璃，才算是完成创建窗模型的操作。与创建窗框、窗扇相似，在创建玻璃时同样可以启用“拉伸”命令，其具体的操作方法如下。

01 启用“拉伸”命令，在“绘制”面板中选择“矩形”绘制方式，绘制矩形来表示玻璃的轮廓线，如图12-95所示。

02 在“属性”选项板中修改“拉伸终点”选项值为3.0，“拉伸起点”选项值为-3.0。单击“子类别”右侧的倒三角按钮，在弹出的下拉列表中选择“玻璃”选项，如图12-96所示。

03 单击“完成编辑模式”按钮，退出命令。绘制玻璃的效果如图12-97所示。

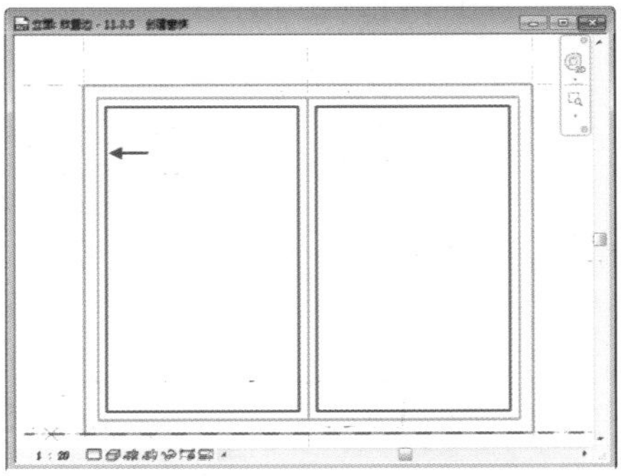

图12-95　绘制轮廓线

04 单击快速访问工具栏上的“默认三维视图”按钮，转换至三维视图，观察窗模型的三维效果，如图12-98所示。

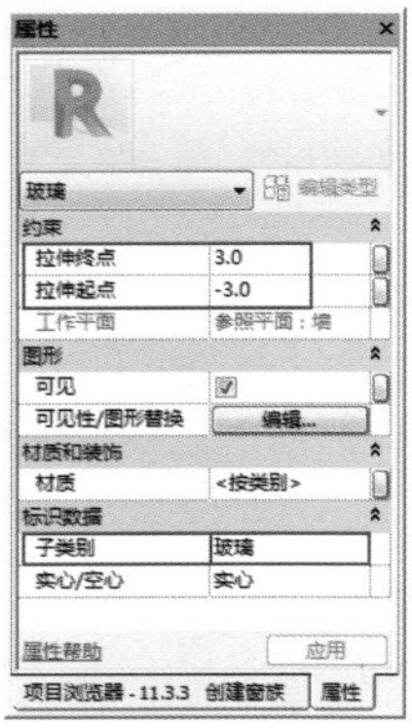

图12-96　设置参数

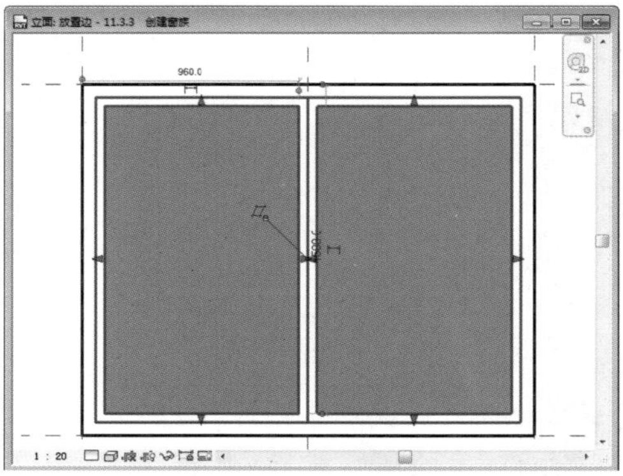

图12-97　绘制效果

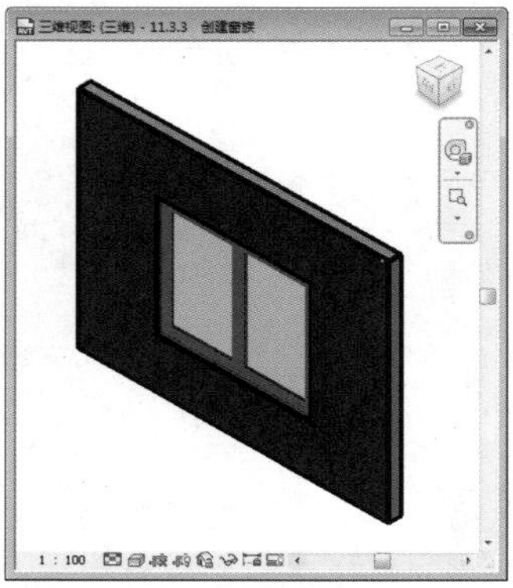

图12-98　三维样式

设置可见性

在绘制建筑设计平面图时，制图标准规定平面窗的显示样式为平行的双线。窗模型创建完毕后，模型的所有轮廓线都会在视图中显示。这样的显示效果是不符合制图标准的，所以需要对窗模型执行“可见性”设置，将某些线隐藏，以符合制图标准。

01 选择窗模型的所有图元，进入“修改|选择多个”选项卡，单击“过滤器”按钮，如图12-99所示。

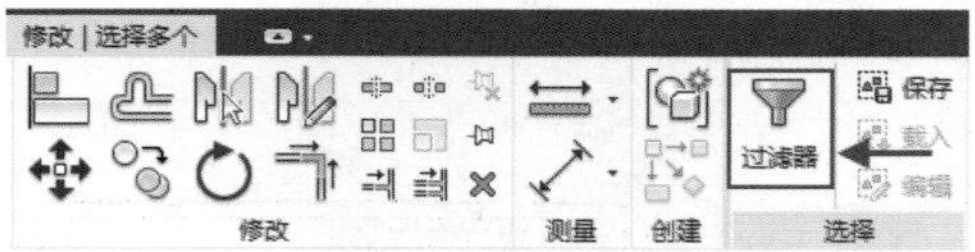

图12-99　单击按钮

02 弹出【过滤器】对话框，取消勾选“洞口剪切”复选框，如图12-100所示。单击“确定”按钮，关闭对话框。除了窗洞口外，其他的模型仍然为选中状态。

03 在“模式”面板中单击“可见性设置”按钮，如图12-101所示。

04 弹出【族图元可见性设置】对话框，依次取消勾选“平面/天花板平面视图”和“当在平面/天花板平面视图中被剖切时（如果类别允许）”复选框，如图12-102所示。单击“确定”按钮，关闭对话框。

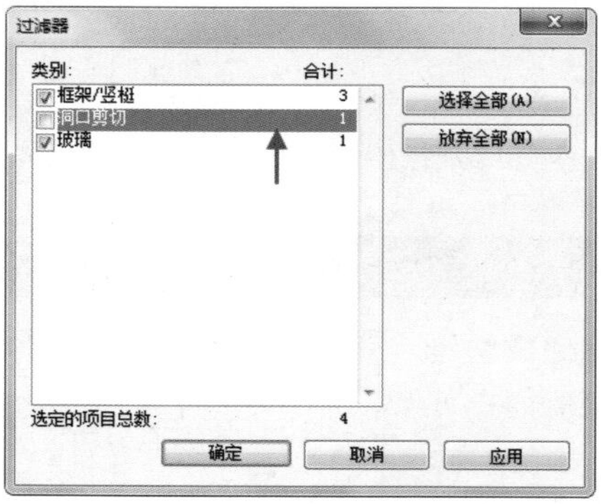

图12-100　取消选择选项

图12-101　单击按钮

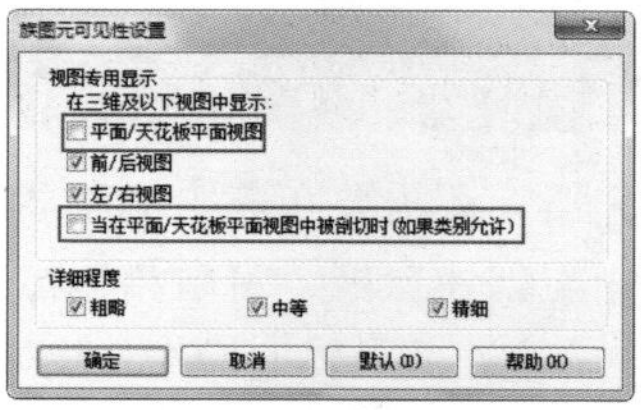

图12-102　取消选择选项

05 在项目浏览器中单击展开“楼层平面”列表，选择“参照标高”视图，双击鼠标左键切换至“参照标高”平面视图。在其中发现窗模型的所有轮廓线均显示为灰色，如图12-103所示。

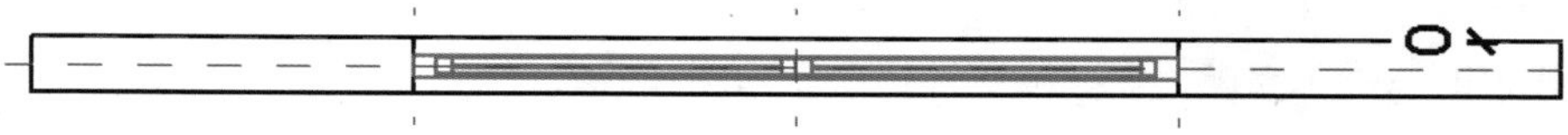

图12-103　显示为灰色

提示 显示为灰色的窗模型线，将不会在平面视图中显示。

绘制符号线

经过上一节的“可见性设置”后，窗模型的轮廓线已经不能在平面视图中显示了。那在绘制窗时岂不是什么也没有？绘制符号线来代替窗模型在平面视图中显示样式，可以解决上述问题。本节介绍绘制符号线的操作方法。

01 选择“注释”选项卡，在“详图”面板上单击“符号线”按钮，如图12-104所示，开始执行“绘制符号线”的操作。

02 在“修改|放置 符号线”选项卡中单击“子类别”下方的倒三角按钮，在弹出的下拉列表中选择“窗（截面）”选项，如图12-105所示，指定将绘制的符号线的属性。

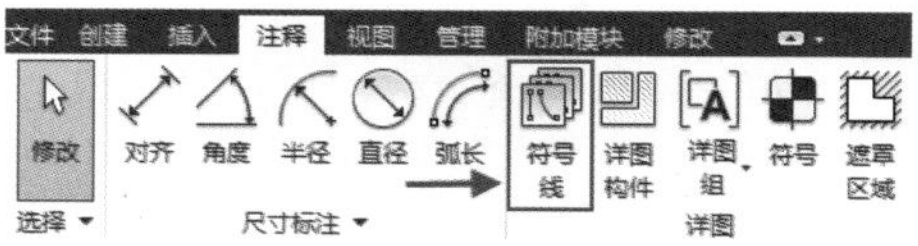

图12-104　单击按钮

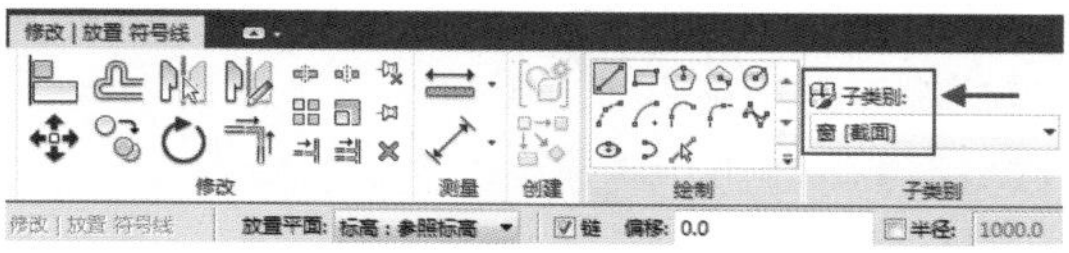

图12-105　选择选项

03 单击左侧参照平面为符号线的起点，向右移动鼠标，单击右侧参照平面为符号线的终点，绘制平行的符号线的效果如图12-106所示。

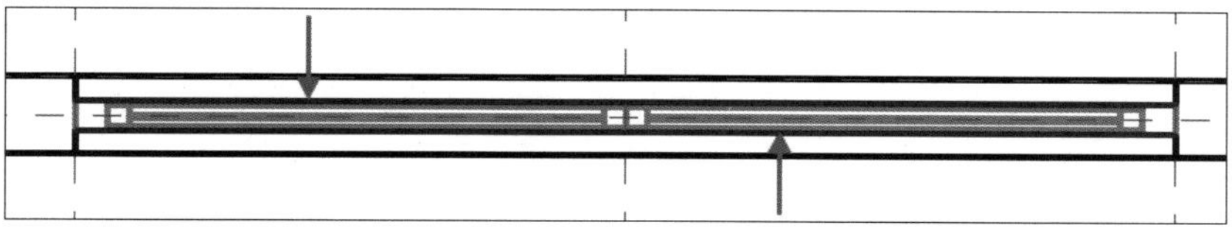
图12-106　绘制符号线

04 启用“对齐”标注命令，在“参照列表”中选择“参照墙面”选项，指定参照线的样式。依次拾取墙面线、符号线，绘制连续的尺寸标注的效果如图12-107所示。

05 选择尺寸标注，单击“等分约束”符号，为尺寸标注添加“等分约束”，效果如图12-108所示。

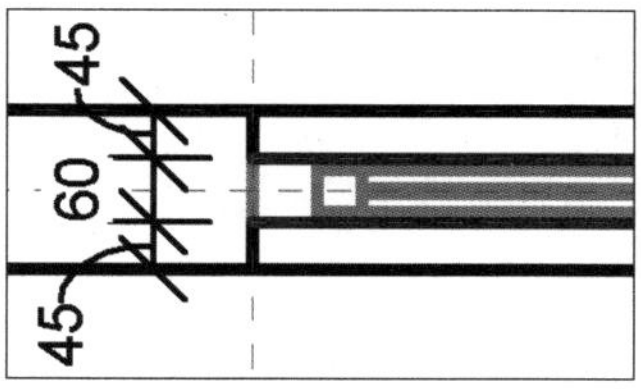

图12-107　绘制尺寸标注

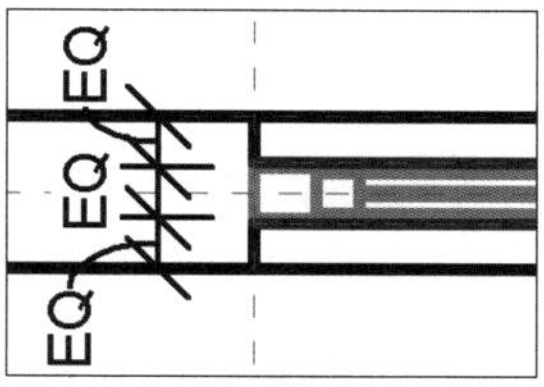

图12-108　添加约束

> **提示** 受到“对齐”标注影响的图元，在添加了“等分约束”后，会自动调整自身的位置，呈现“等分”状态。

添加控件

为窗图元添加控件，使其可以在执行的方向翻转，其具体的操作方法如下。

01 选择“创建”选项卡，单击“控件”按钮，如图12-109所示，进入“放置控制点”的状态。

02 在选项卡中单击“双向垂直”按钮，如图12-110所示，指定控制点的类型。

图12-109　单击按钮

图12-110　指定类型

03 在窗模型的一侧单击鼠标左键，放置控制点，效果如图12-111所示。载入窗至项目中后，单击控制点，窗可以在垂直方向上翻转。

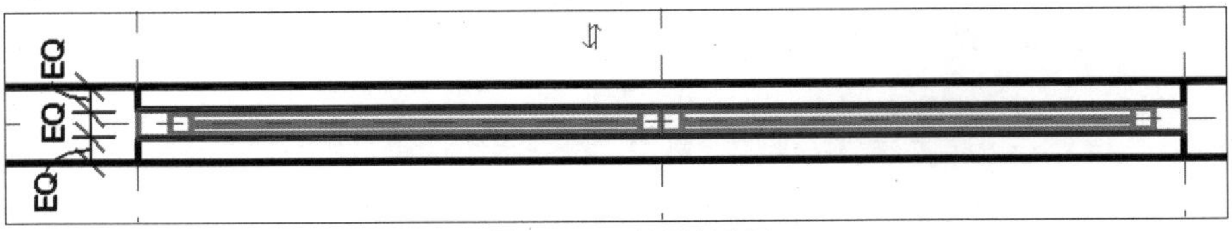

图12-111　放置控制点

修改类型名称

默认情况下，样板设置族名称为“类型1”“类型2”等，用户可以修改参数，自定义类型名称，主要在【族类型】对话框中实现修改名称的操作。

01 选择“创建”选项卡，在“属性”面板上单击“族类型”按钮，弹出【族类型】对话框。在“类型名称”选项中显示默认名称为“类型1”，如图12-112所示。

02 单击“重命名类型”按钮，弹出【名称】对话框，在其中修改名称，例如，设置名称为C-1，如图12-113所示。

03 单击“确定”按钮，返回到【族类型】对话框，在“类型名称”选项中显示新设置的族类型名称。

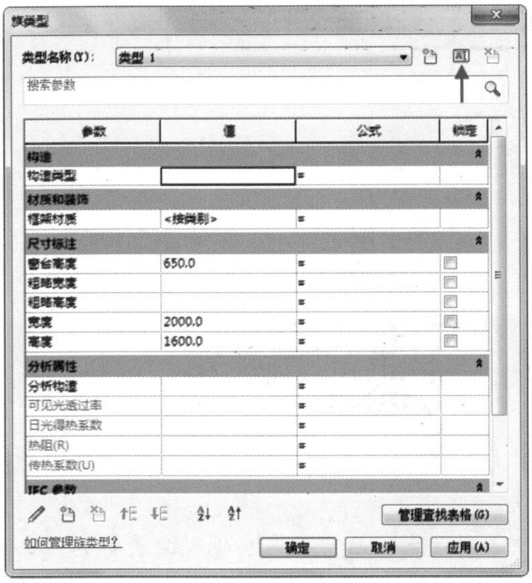

图12-112　单击按钮

图12-113　设置名称

载入窗族

执行“保存”命令，在【另存为】对话框中设置族名称，保存窗模型至计算机中。在项目文件中执行“载入族”命令，将族载入到项目中。

启用“窗”命令，将窗放置到墙体上，效果如图12-114所示。窗的平面样式显示平行的双线，符合制图标准的要求。选择窗，在“属性”选项板中单击“编辑类型”按钮，弹出【类型属性】对话框。

在“类型”选项中显示类型名称，在“尺寸标注”选项组中可以修改“窗台高度”“宽度”以及“高度”参数，如图12-115所示。单击“确定”按钮，关闭对话框，到视图中观察修改结果。

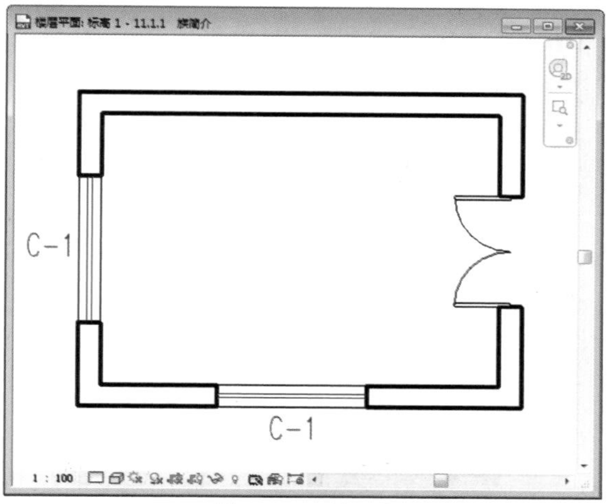

图12-114 放置窗

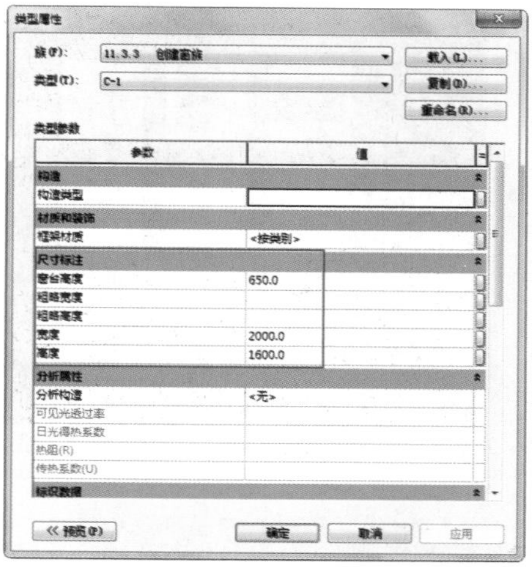

图12-115 【类型属性】对话框

12.4 注释族的创建

在放置标记时，有时候系统会提示用户载入某种标记。例如，在添加门标记时，系统提示“当前项目未载入门标记族”。这个门标记族就是注释族的一类，此外还有窗标记、墙标记以及房间标记等。项目文件不会自动提供这些标记族，需要用户自己创建。

12.4.1 创建窗标记族

在为窗图元添加窗标记之前，需要确认项目是否已经载入了窗标记族。用户不仅需要学会放置窗标记，还要掌握创建窗标记族的方法。掌握了创建方法后，可以触类旁通，学习创建其他类型的标记族，如门标记族、房间标记族等。

调用样板

Revit应用程序为创建窗标记族提供了专门的样板，在执行创建窗标记之前，需要调用族样板，其具体的操作方法如下。

01 启动Revit应用程序，在欢迎界面中单击“族”列表下的“新建”按钮，如图12-116所示，执行“新建族”操作。

02 弹出【新族-选择样板文件】对话框，选择名称为“注释”的文件夹，如图12-117所示。

提示 Revit将“标题栏”族样板、“概念体量”族样板以及“注释”族样板独立放置在文件夹中。需要调用这几种类型的样板，需要打开指定的文件夹。

03 双击鼠标左键打开文件夹，选择名称为“公制窗标记”的族样板，如图12-118所示。单击“打开”按钮，调用族样板。

04 进入族编辑器，在绘图区域中显示相交的参照平面，在“属性”选项板中显示样板名称为“族：窗标记”，如图12-119所示。

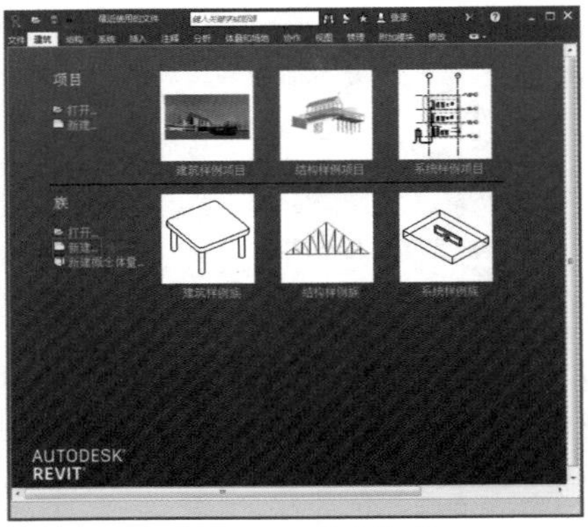

图12-116　单击按钮

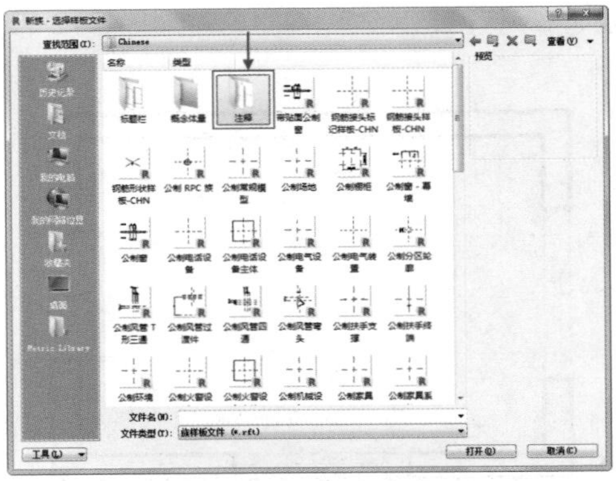

图12-117　选择文件夹

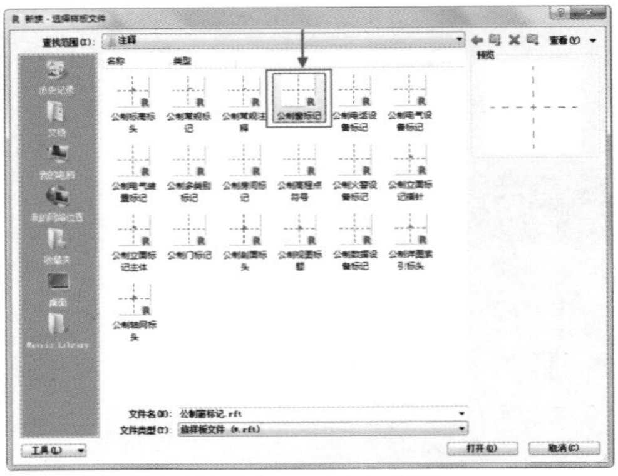

图12-118　选择样板

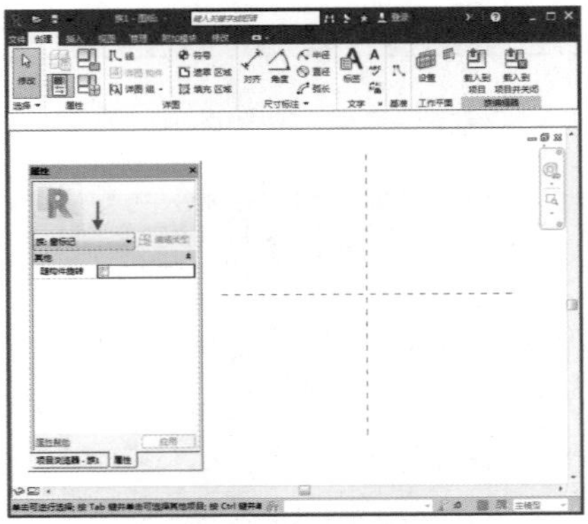

图12-119　族编辑器

创建窗标记族

成功调用族样板后，在族编辑器中提供了专门用来创建标记的工具。启用这些工具来完成创建标记的操作，其具体的操作方法如下。

01 选择“创建”选项卡，在“文字”面板中单击“标签”按钮，如图12-120所示，开始执行“创建标签”的操作。

02 进入“修改|放置 标签”选项卡，在“格式”面板中单击“居中对齐”和“正中”按钮，设置对齐方式，如图12-121`所示。

03 在“属性”选项板中显示当前标签的类型为3mm，单击“编辑类型”按钮，如图12-122所示，弹出【类型属性】对话框。

图12-120　单击按钮

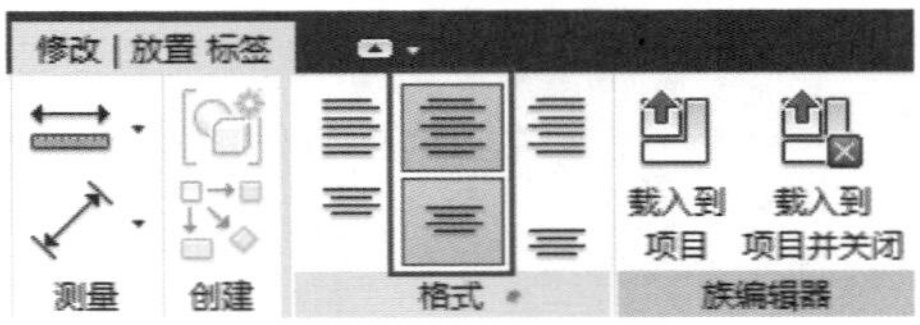

图12-121　选择对齐方式

图12-122　单击按钮

04 在【类型属性】对话框中单击“复制”按钮，弹出【名称】对话框，在“名称”文本框中输入“窗标记”，如图12-123所示。单击“确定”按钮，关闭对话框。

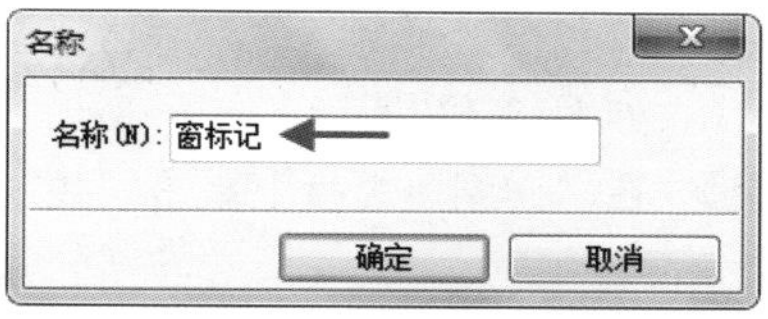

图12-123 设置名称

05 保持“图形”选项组的参数不变，在“文字”选项组中修改“文字字体”为“黑体”、“文字大小”为4.0000mm，勾选“粗体”复选框，如图12-124所示。

06 单击“确定”按钮，关闭对话框。将光标置于参照平面的交点，如图12-125所示。

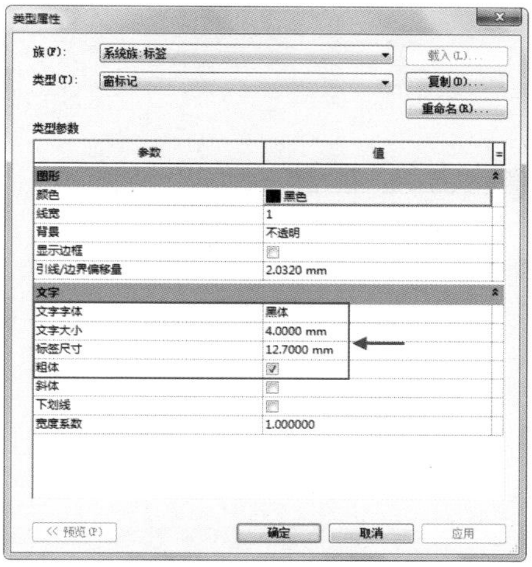

图12-124 设置参数

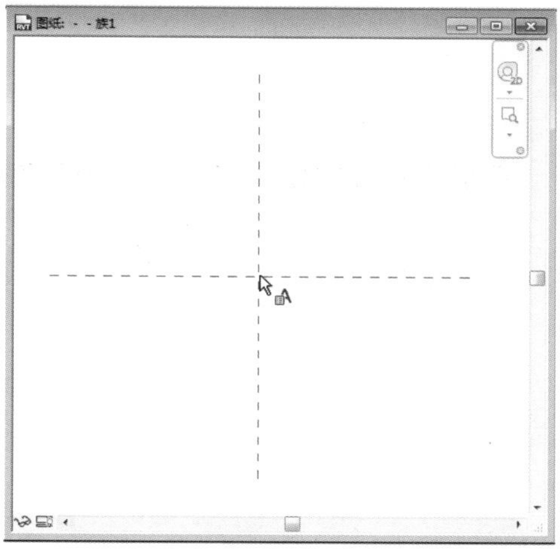

图12-125 置于参照平面的交点处

07 在交点处单击鼠标左键，弹出【编辑标签】对话框。在“类别参数”列表框中选择“类型注释”选项，单击中间的“将参数添加到标签”按钮，选项添加至“标签参数”列表的结果如图12-126所示。

08 将光标置于“样例值”单元格中，修改参数值为PKC-5，如图12-127所示。单击“确定”按钮，关闭对话框。

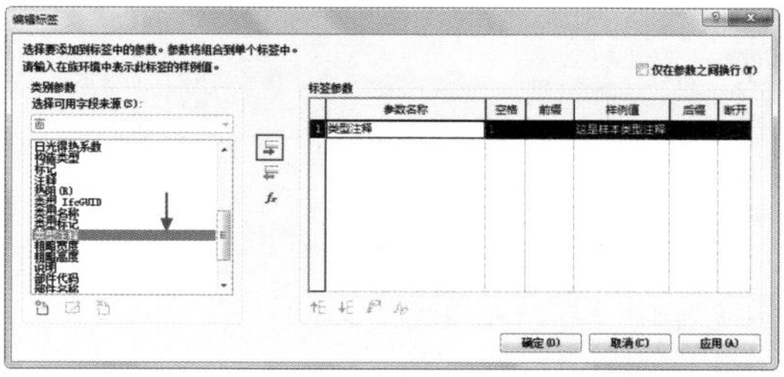

图12-126 添加选项

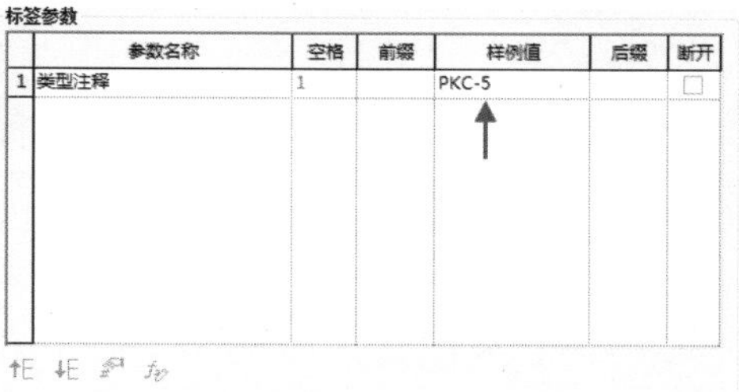

图12-127 修改参数

09 将标签添加至视图中的效果如图12-128所示，默认显示在水平参照平面上。

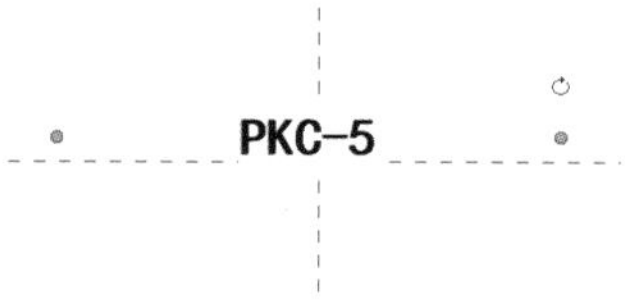

图12-128 放置标签

提示 选择窗标记，显示如图12-129所示的控制符号。单击右上角的“旋转”符号，可以旋转文字注释。单击“拖曳”夹点，拖动鼠标，调整夹点的位置可以更改标签轮廓线的宽度。

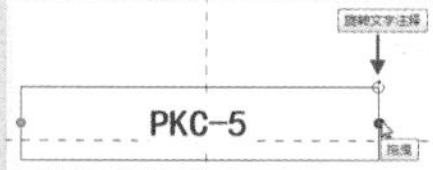

图12-129 显示符号

10 将光标置于标签轮廓线上，显示移动符号，按住鼠标左键不放，向上移动鼠标，调整标签的位置，如图12-130所示。

11 在“详图”面板上单击“线”按钮，如图12-131所示。

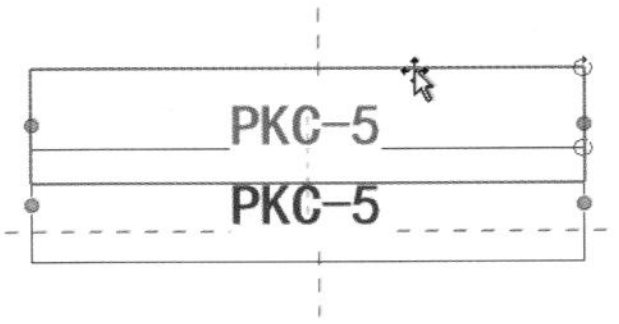

图12-130　移动位置

图12-131　单击按钮

12 在选项卡的“绘制”面板中单击“椭圆”按钮，指定绘制方式，在“子类别”类别中选择“窗标记”选项，如图12-132所示。

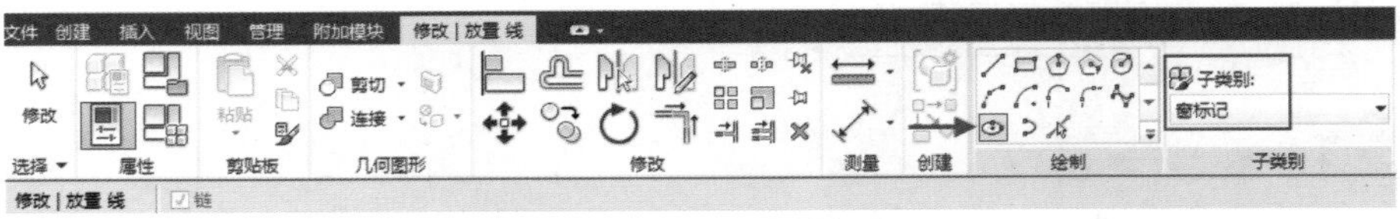

图12-132　选择绘制方式

13 指定椭圆的中心，移动鼠标，指定椭圆轴的端点，绘制椭圆的效果如图12-133所示。

14 单击快速访问工具栏上的“保存”按钮，在【另存为】对话框中设置“文件名”，如图12-134所示。单击“保存”按钮，保存族文件。

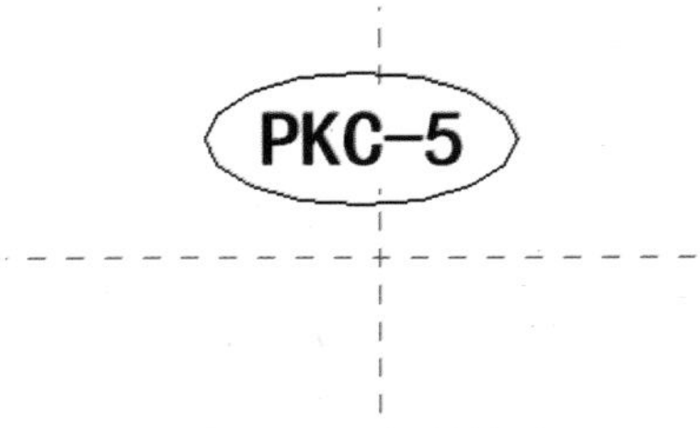

图12-133　绘制椭圆

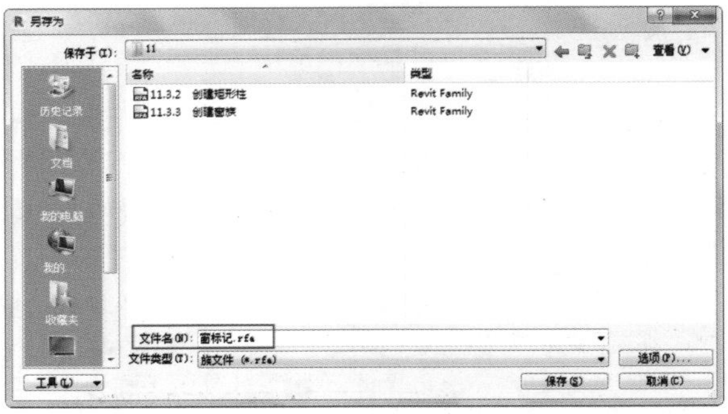

图12-134　设置名称

提示　选择标签，显示矩形轮廓线，该轮廓线只有在选择标签时才可见。为标签绘制椭圆轮廓线，椭圆与标签文字会被一起载入到项目中，在放置标记时显示在视图中。

载入窗标记族

窗标记创建完毕后，在“族编辑器”面板中单击“载入到项目并关闭”按钮，如图12-135所示。将族载入到项目中后，族编辑器也被关闭。

假如同时打开一个以上的项目文件，系统会弹出如图12-136所示的【载入到项目中】对话框，在其中显示已打开的项目的名称，选择其中一个，单击“确定”按钮，可以将族载入到该项目中。

提示　如果当前仅仅打开一个项目文件，则不会弹出【载入到项目中】对话框，会直接将族载入到唯一打开的项目中去。

在项目中单击要标记的对象，放置窗标记的效果如图12-137所示。观察标记效果，发现标签文字显示为“？”。选择窗图元，单击“属性”选项板中的“编辑类型”按钮，进入【类型属性】对话框。

图12-135　单击按钮

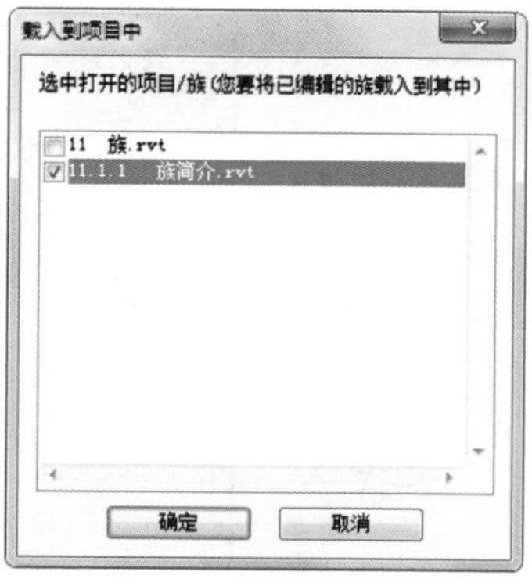

图12-136　选择项目

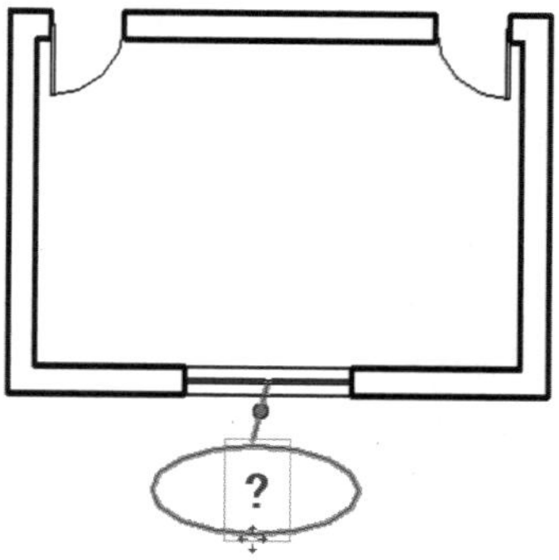

图12-137　添加标记

在“标识数据”选项组中查看“类型注释”选项的参数，假如该选项为空白，则窗标记显示为“？”。在该选项中设置参数，如图12-138所示。

单击“确定”按钮，关闭对话框。“类型注释”选项参数反映到窗标记中，效果如图12-139所示。

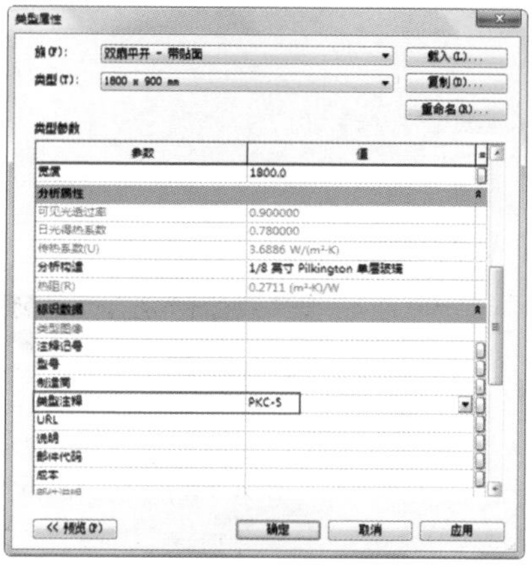

图12-138　设置参数

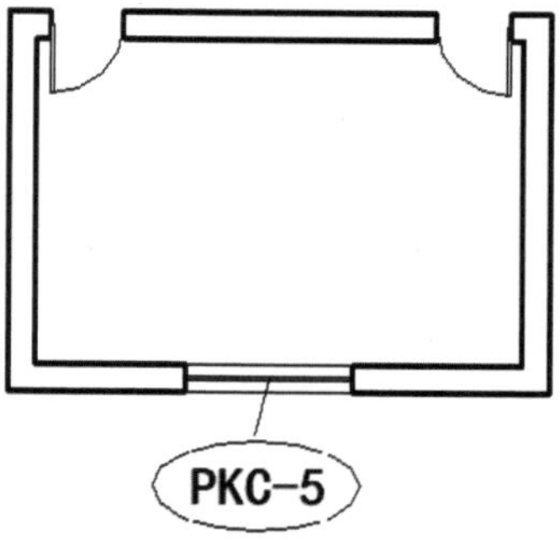

图12-139　修改效果

12.4.2　创建屋顶标记

虽然Revit提供了多种类型的族样板，在创建图元时，只需要选择与之相对应的族样板，就可以启用预设的工具来执行创建操作。可是即便如此，也不能满足创建全部对象类别的要求。例如，在创建屋顶标记时，并没有专门的族样板来选用。但是有一个名称为“公制常规标记”的族样板，通过设置族类别，可以创建多种构件的标签。

本节介绍创建屋顶标记的操作方法。

创建屋顶标记

01 启动Revit应用程序，选择“文件”选项卡，在下拉列表中选择“新建”｜“族”选项，弹出【新族-选择样板文件】对话框，选择“注释”文件夹，双击鼠标左键打开文件夹。

02 在文件夹中选择名称为“公制常规标记”的族样板，如图12-140所示。单击“打开”按钮，调用族样板。

03 进入族编辑器，在视图中显示相交的参照平面，在垂直参照平面的右侧显示与族样板有关的说明文字。在“属性”选项板中显示族样板名称为“族：常规模型标记”，如图12-141所示。

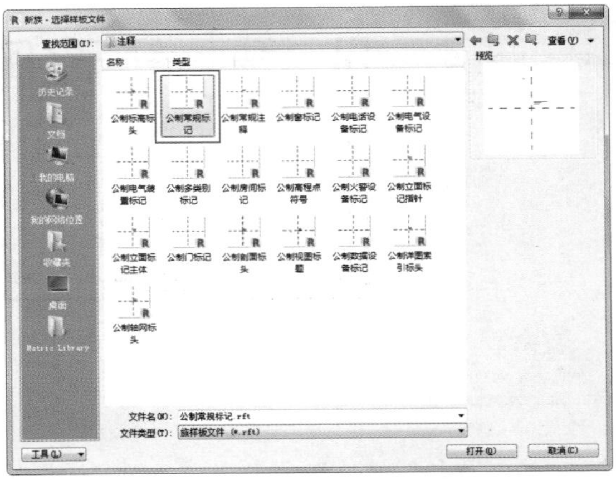

图12-140　选择样板

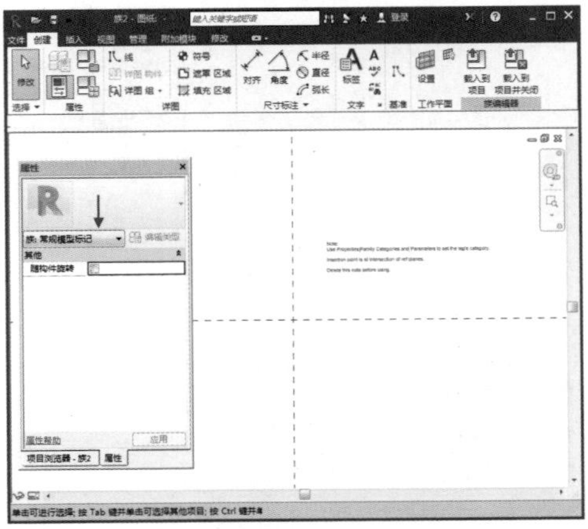

图12-141　族编辑器

04 选择红色的说明文字，按Delete键，删除说明文字的效果如图12-142所示。

05 选择“创建”选项卡，在“属性”面板上单击“族类别和族参数”按钮，如图12-143所示，弹出【族类别和族参数】对话框。

> **提示** 删除说明文字不会影响在族样板的创建与编辑操作，所以用户不需要担心。

06 在“族类别”选项组的列表框中选择“屋顶标记”选项，在“族参数”列表中选择“随构件旋转”选项，如图12-144所示。单击“确定”按钮，关闭对话框。

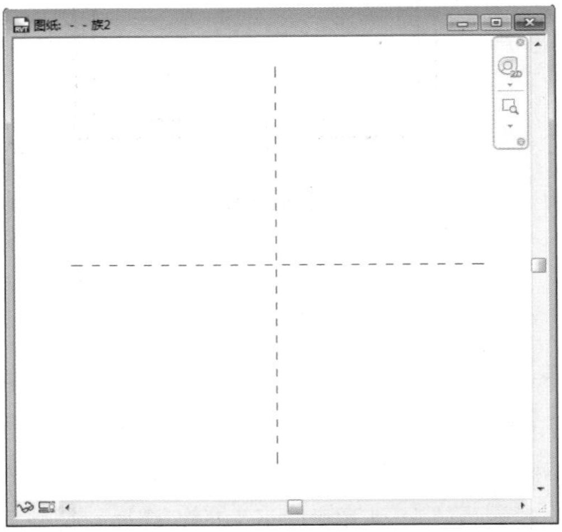

图12-142　删除说明文字

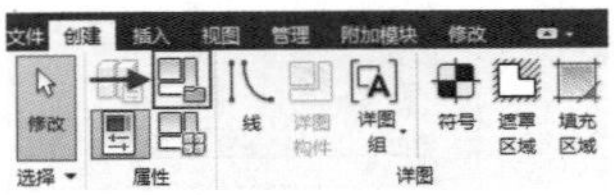

图12-143　单击按钮

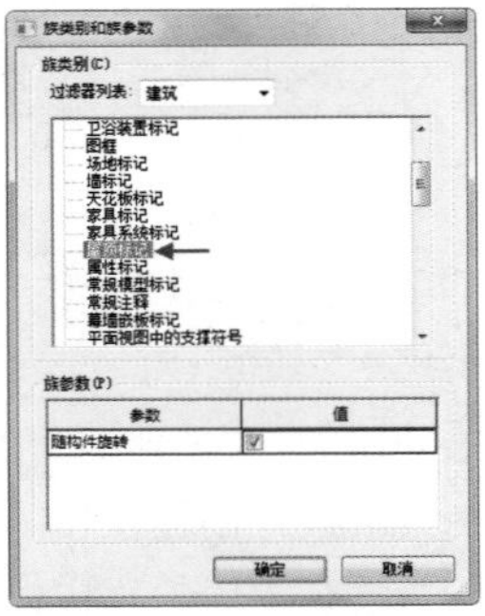

图12-144　选择选项

07 在“文字”面板中单击“标签”按钮，进入“修改|放置 标签”选项卡。在“格式”面板中单击“左对齐”和“正中”按钮，设置标签的对齐样式，如图12-145所示。

> **提示** 在【族类别和族参数】对话框中提供了多种类型的构件标记，如“墙标记”“天花板标记”以及“家具标记”等。选择不同的选项，可以创建不同的标记。

08 在“属性”选项板中显示当前标签的名称，单击“编辑类型”按钮，弹出【类型属性】对话框。单击“复制”按钮，弹出【名称】对话框，设置“名称”为“屋顶标记”，如图12-146所示。

09 单击“确定”按钮，返回到【类型属性】对话框，修改“文字字体”为“仿宋”，设置“文字大小”为4.0000mm，勾选“下画线”复选框，如图12-147所示。单击“确定”按钮，关闭对话框，完成新建类型的操作。

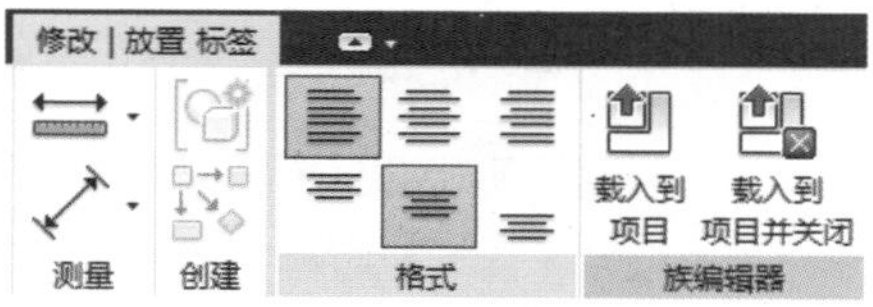

图12-145　设置对齐方式

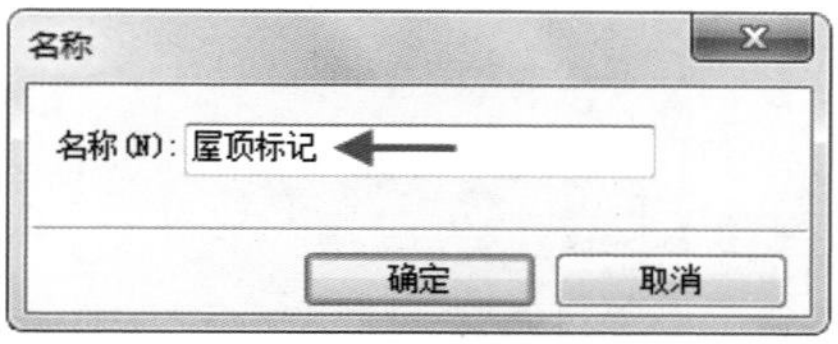

图12-146　设置名称

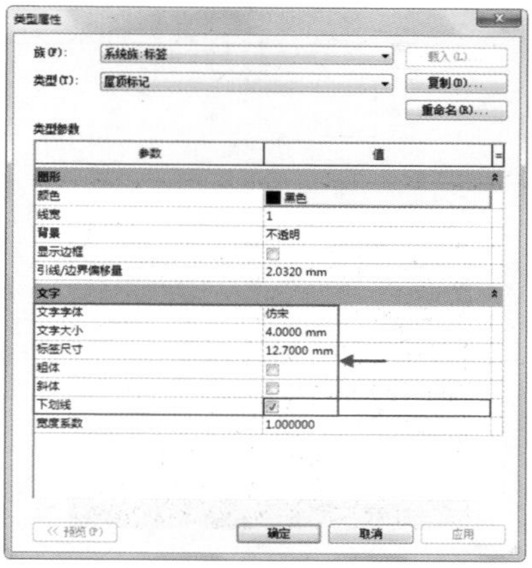

图12-147　设置参数

10 将光标置于参照平面的交点，单击鼠标左键，弹出【编辑标签】对话框，在“类别参数”列表框中选择“类型名称”，单击中间的“将参数添加到标签”按钮，添加到“标签参数”列表的结果如图12-148所示。

> **提示**　在【类型属性】对话框中选择了“下画线”选项，所以在标签文字的下方显示下画线。

11 单击“确定”按钮，关闭对话框。创建标签的效果如图12-149所示。

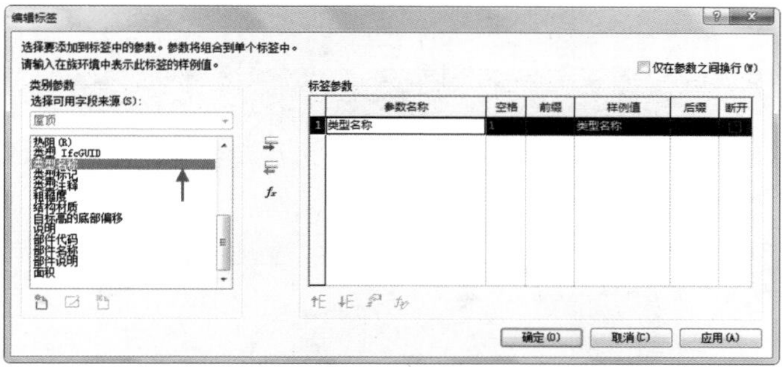

图12-148　添加选项

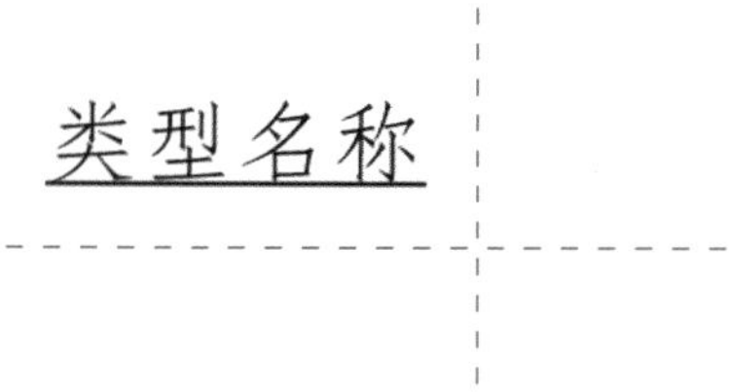

图12-149　创建标签

12 执行“保存”操作，在【另存为】对话框中设置“文件名”为“屋顶标记”，如图12-150所示。单击“保存”按钮，完成存储屋顶标记的操作。

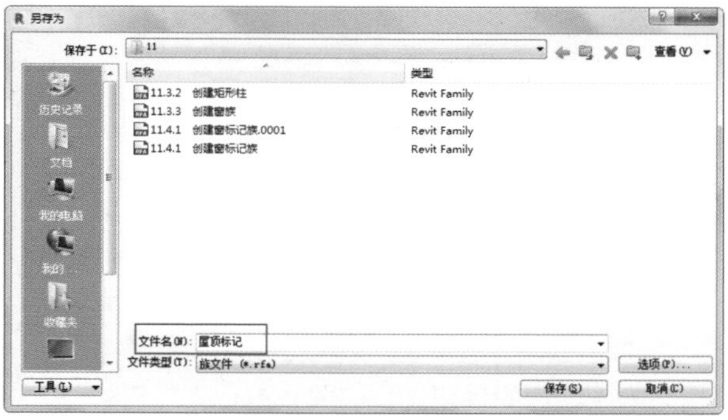

图12-150　设置名称

载入族

在“族编辑器”面板中单击“载入到项目”按钮，在项目文件中拾取屋顶，放置屋顶标记，效果如图12-151所示。“屋顶1”表示该屋顶的类型名称。

选择屋顶，单击“属性”选项板中的“编辑类型”按钮，弹出【类型属性】对话框，在“类型”下拉列表中显示屋顶的类型名称，如图12-152所示。

单击“重命名”按钮，弹出【重命名】对话框，在其中修改类型名称，单击“确定”按钮，关闭对话框后，屋顶标记也更新显示，显示屋顶当前的类型名称。

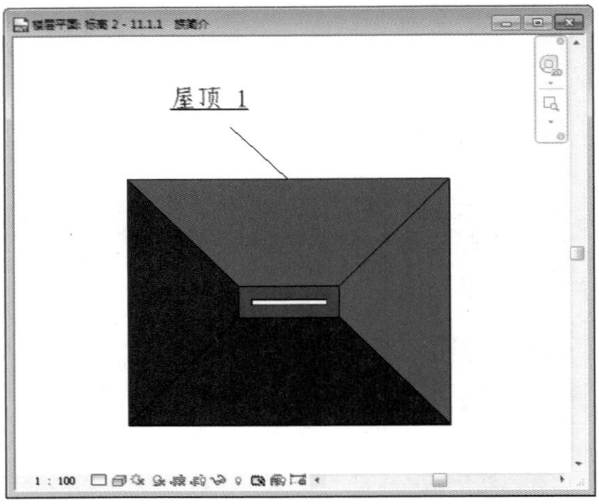

图12-151　屋顶标记

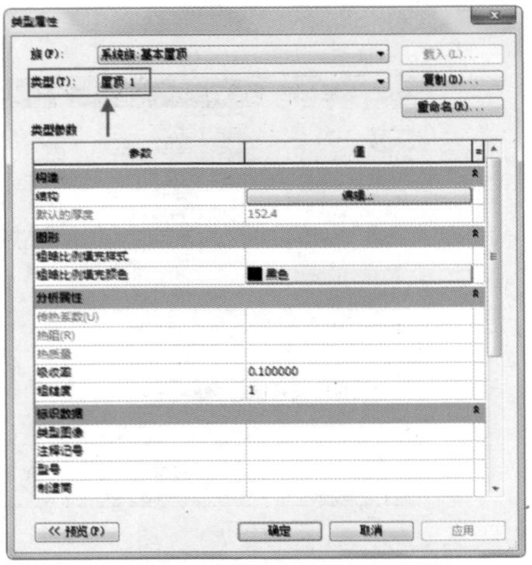

图12-152　【类型属性】对话框

12.4.3　创建符号族

在项目设计中常常使用注释符号来标注构件，注释符号的类型有指北针、坡度符号、标高符号以及视图符号等。学习创建注释符号族的方法，可以自定义各种类型的注释符号，满足制图要求。

本节介绍创建坡度符号的操作方法。

设置族类别

在开始创建注释族之前，首先需要调用族样板文件。然后在族编辑器中选择族类别，再开始执行创建操作。

01 启动Revit应用程序，选择“文件”选项卡，在下拉列表中选择“新建”→“族”选项，弹出【新族-选择样板文件】对话框，双击鼠标左键，打开名称为“注释”的文件夹。

02 在文件夹中选择名称为“公制常规注释”的族样板，如图12-153所示。单击“打开”按钮，调用族样板。

03 进入族编辑族，在视图中显示垂直方向上的参照平面以及水平方向上的参照平面，在“属性”选项板中显示族样板名称为“族：常规注释”，如图12-154所示。

04 选择红色的说明文字，按Delete键，删除说明文字。

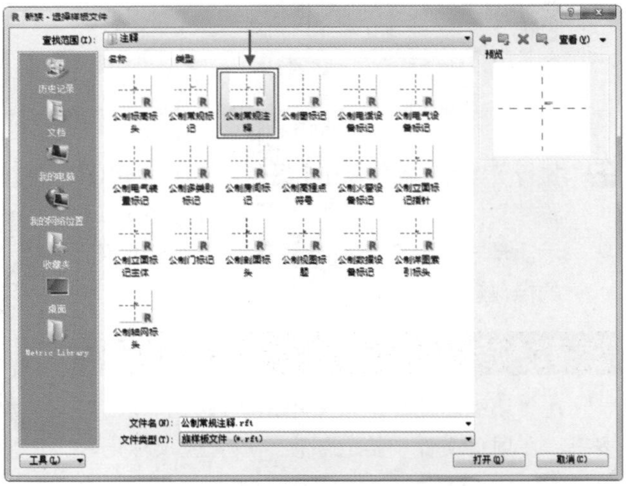

图12-153　选择样板

05 选择“创建”选项卡，单击“属性”面板上的“族类别和族参数”按钮，如图12-155所示，弹出【族类别和族参数】对话框。

06 在【族类别和族参数】对话框中选择“常规注释”选项，如图12-156所示。“族参数”列表框中的选项设置保持默认值即可。

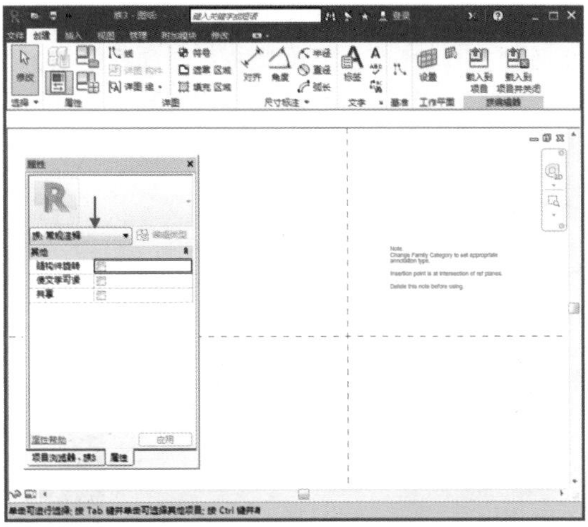

图12-154 族编辑器

图12-155 单击按钮

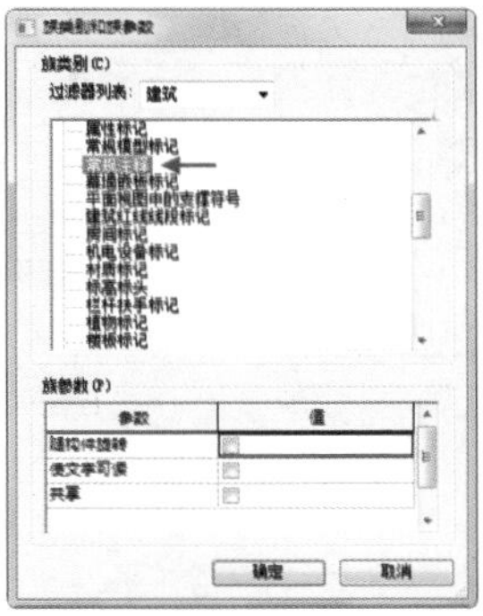

图12-156 选择选项

绘制坡度符号

族编辑器中并没有现成的坡度符号可以直接调用，需要用户启用相关的命令来绘制。本节介绍绘制坡度符号的操作方法。

01 选择“创建”选项卡，单击“详图”面板上的“线”按钮，如图12-157所示，开始执行“绘制符号轮廓线”的操作。

02 在选项卡的“绘制”面板中单击“线”按钮，指定绘制方式。单击弹出“子类别”下拉列表，选择“常规注释”选项，其他选项保持默认值，如图12-158所示。

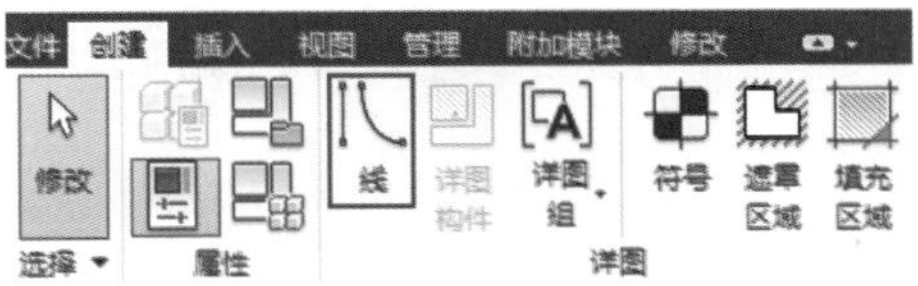

图12-157 单击按钮

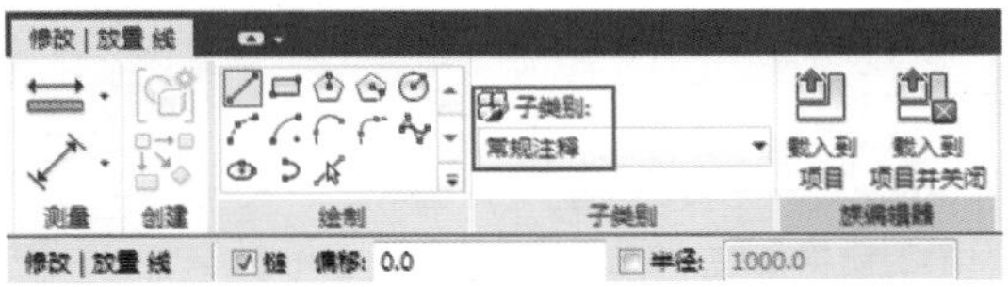

图12-158 选择选项

03 以参照平面的交点为起点，向右移动鼠标，绘制长度为20的水平线段，如图12-159所示。

04 单击“详图”面板中的“填充区域”按钮，如图12-160所示，开始“绘制符号箭头”的操作。

> **提示** “填充区域”工具，在用户绘制轮廓线后，可以在轮廓线内部填充指定的图案。

05 在选项卡中指定绘制方式为“线”，在“子类别”下拉列表中选择“<不可见线>”选项，如图12-161所示。

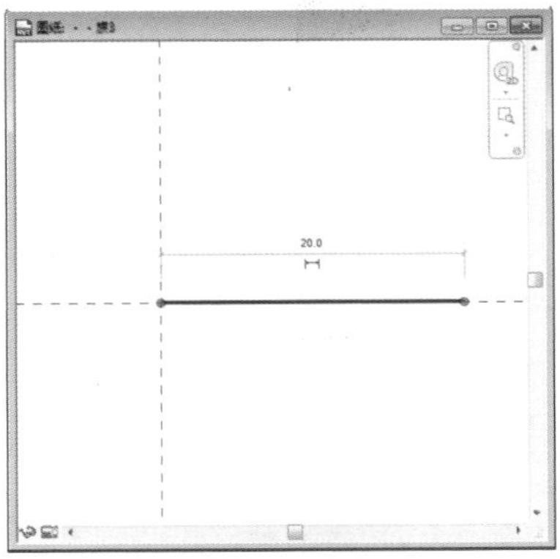

图12-159 绘制线段

图12-160 单击按钮

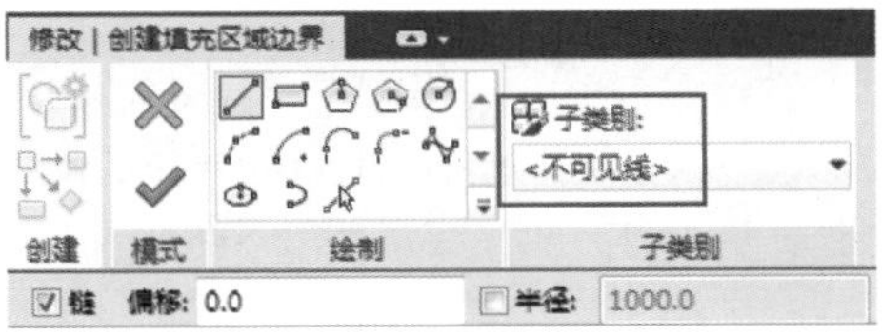

图12-161 选择选项

06 在“属性”选项板中单击“编辑类型”按钮，如图12-162所示。

07 在弹出的【类型属性】对话框中选择“截面填充样式”为“实体填充”，如图12-163所示。单击“确定”按钮，关闭对话框。

08 以水平线段为起点，向上移动鼠标，绘制高度为1的垂直线段，如图12-164所示。

图12-162 单击按钮

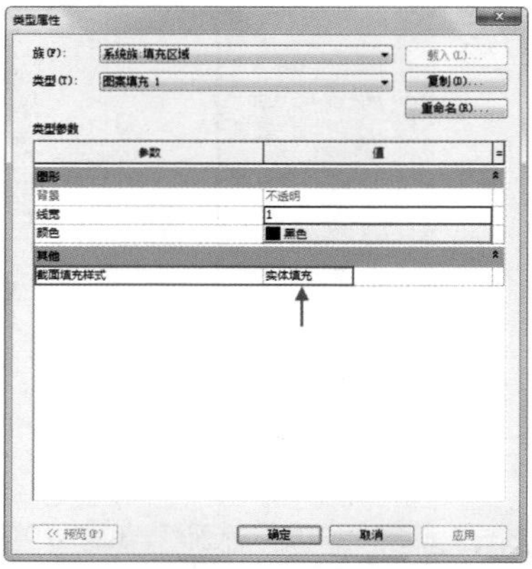

图12-163 选择填充图案

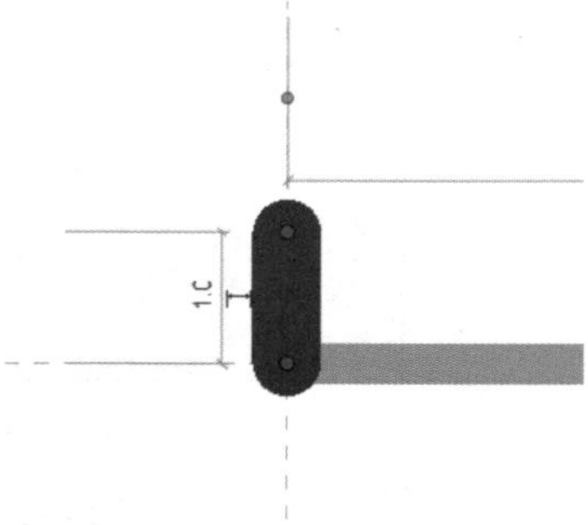

图12-164 绘制垂直线段

09 以垂直线段的端点为起点，向左移动鼠标，绘制长度为15的斜线段，斜线段的端点位于水平参照平面上，如图12-165所示。

10 以水平线段为起点，向下移动鼠标，绘制高度为1的垂直线段，如图12-166所示。

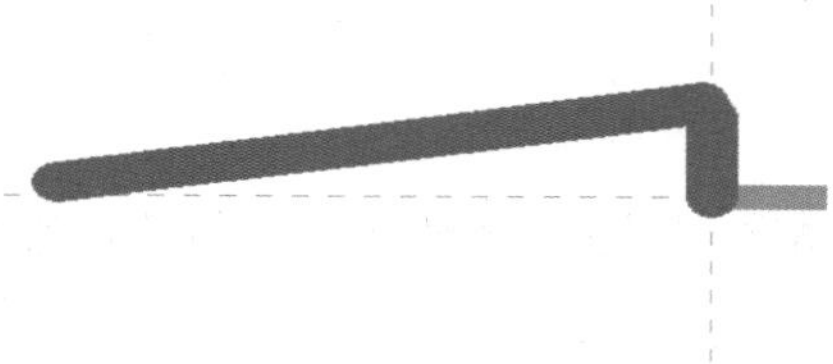

图12-165 绘制斜线段

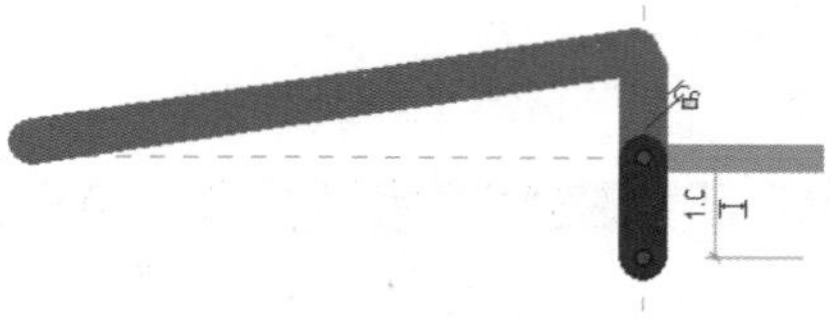

图12-166 绘制垂直线段

11 继续绘制长度为15的斜线段，闭合轮廓线，效果如图12-167所示。

12 单击“完成编辑模式”按钮，退出命令。绘制符号箭头的效果如图12-168所示。

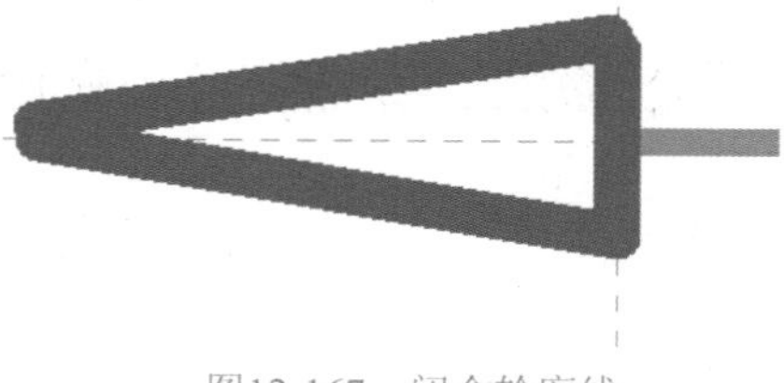

图12-167 闭合轮廓线

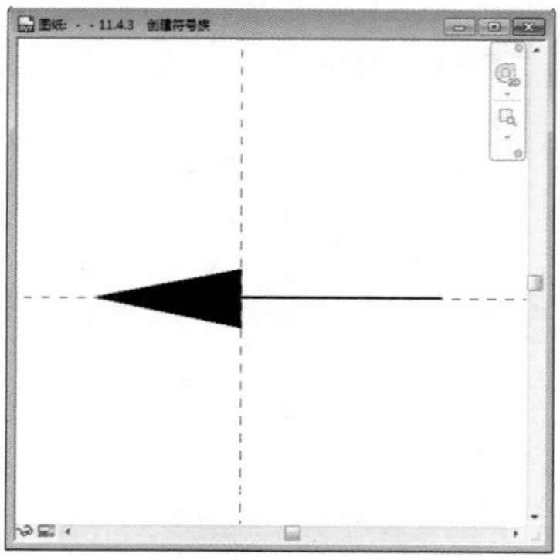

图12-168 绘制符号箭头

提示

在绘制符号箭头轮廓线时，必须确认轮廓线是一个闭合的环，否则系统弹出如图12-169所示的Autodesk Revit 2018提示框，提示用户“线必须在闭合的环内”。

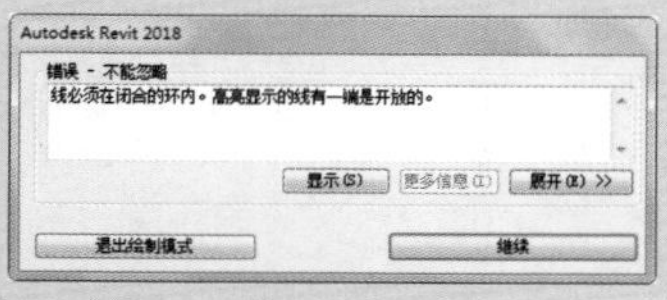

图12-169 Autodesk Revit 2018提示框

添加标签

坡度符号由线段、箭头与标注文字组成。在绘制完线段与箭头后，需要再添加说明文字。通过添加标签，可以实现创建标注文字的效果。

01 在“文字”面板中单击“标签”按钮，如图12-170所示，开始执行“放置标签”的操作。

02 在“属性”选项板中单击“编辑类型”按钮，弹出【类型属性】对话框，单击“复制”按钮，在弹出的【名称】对话框中设置名称，如图12-171所示。单击“确定”按钮，关闭对话框。

图12-170　单击按钮

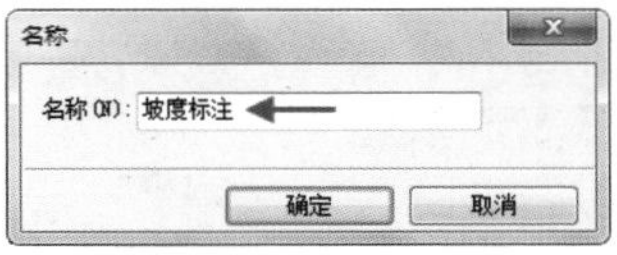

图12-171　设置名称

03 在“文字”选项组中设置“文字字体”为“仿宋”，修改“文字大小”为2.0000mm，如图12-172所示。单击“确定”按钮，关闭对话框。

04 将光标置于水平线段上，单击鼠标左键，如图12-173所示。

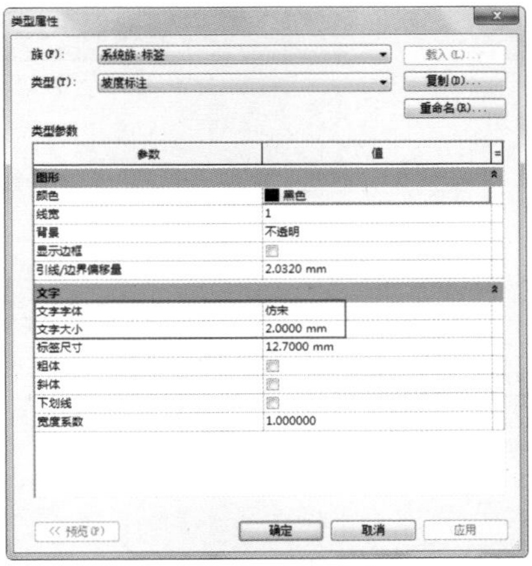

图12-172　设置参数

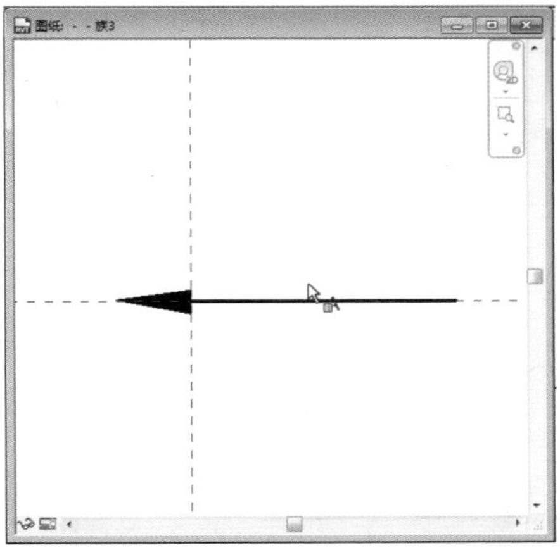

图12-173　单击鼠标左键

05 随即弹出【编辑标签】对话框，在“类别参数”列表中显示空白，没有任何参数可供选择。单击“添加参数”按钮，如图12-174所示，弹出【参数属性】对话框。

06 在“名称”文本框中输入“坡度标注”，设置“参数类型”为“坡度”，修改“参数分组方式”为“文字”，选中“实例”单选按钮，如图12-175所示。单击“确定”按钮，返回到【编辑标签】对话框。

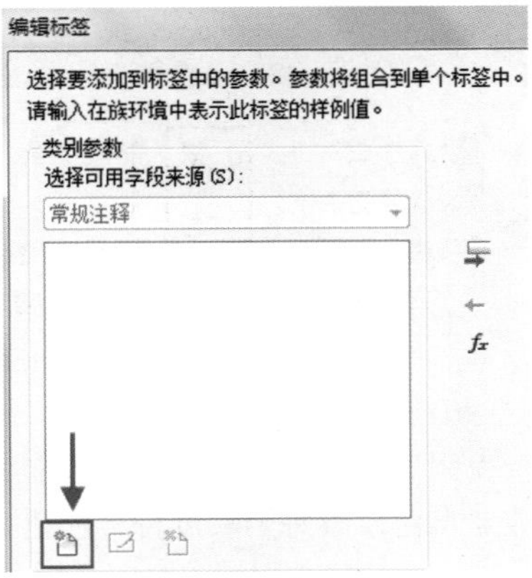

图12-174　单击按钮

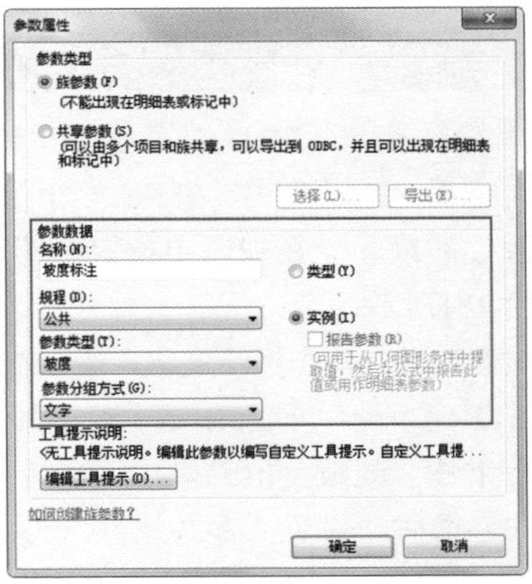

图12-175　设置选项

07 单击“将参数添加到标签”按钮，将“坡度标注”添加到“标签参数”列表中。单击“编辑参数的单位格式”按钮，如图12-176所示。

08 在弹出的【格式】对话框中勾选“使用项目设置”复选框，其他选项灰色显示，表示不可被编辑，如图12-177所示。单击“确定”按钮，返回到【编辑标签】对话框，单击“确定”按钮，关闭对话框。

提示 在【格式】对话框中勾选“使用项目设置”复选框，表示在添加坡度符号时，坡度值的显示样式与项目设置一致。

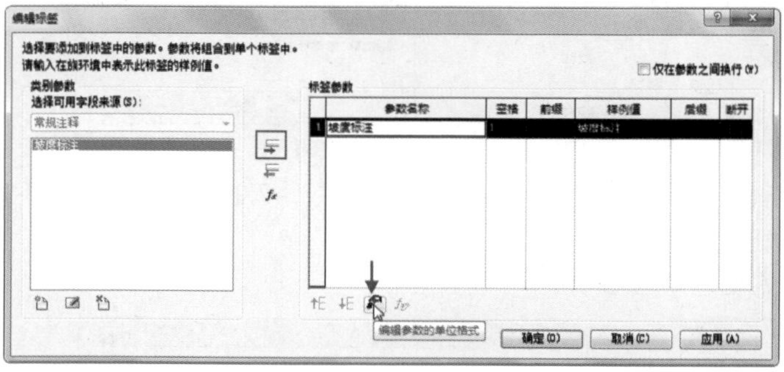

图12-176 添加选项

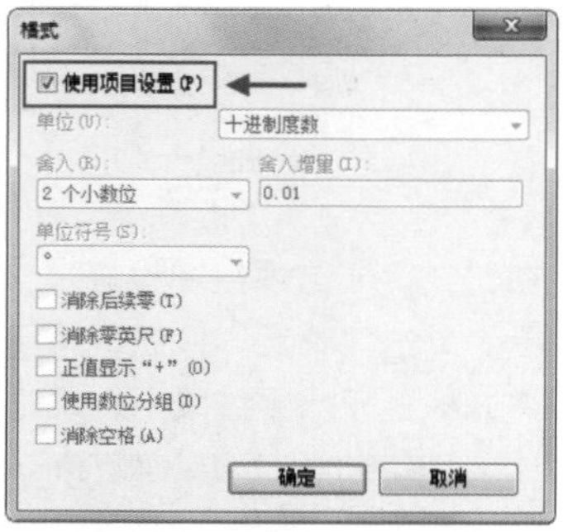

图12-177 【格式】对话框

09 添加标签的效果如图12-178所示。

10 执行“保存”操作，弹出【另存为】对话框，设置“文件名”为“坡度符号”，如图12-179所示。单击“保存”按钮，完成保存操作。

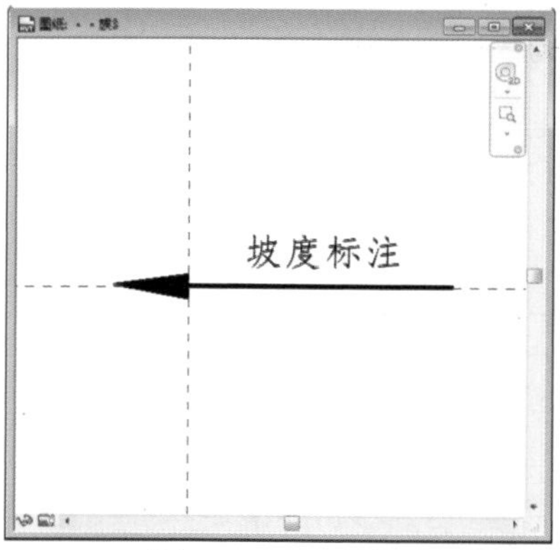

图12-178 添加标签

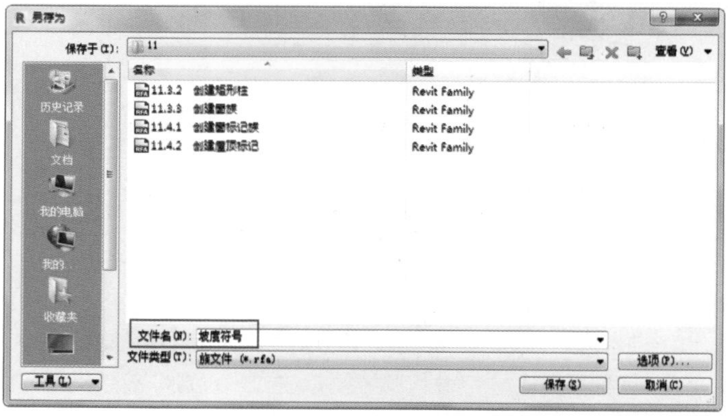

图12-179 设置名称

载入族

将坡度符号族载入项目中，选择“注释”选项卡，单击“符号”面板上的“符号”按钮，如图12-180所示，执行“放置符号”的操作。在视图中指定位置，放置坡度符号的效果如图12-181所示。

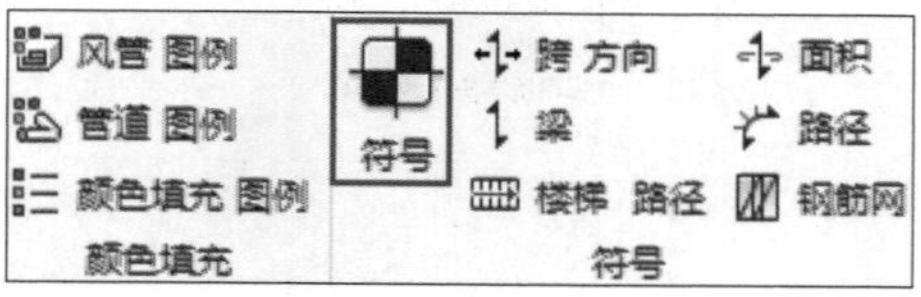

图12-180 单击按钮

选择坡度符号，单击标注文字，进入在位编辑模式，输入参数值如图12-182所示。按Enter键，退出在位编辑模式，修改坡度值的结果如图12-183所示。

当执行上述修改坡度值的操作后，其他坡度符号的值不会受到影响。在为“标签”添加名称为“坡度标注”的参数时，设置“参数属性”为“实例”。所以，能够自由修改每个坡度符号的值，修改结果互不影响。

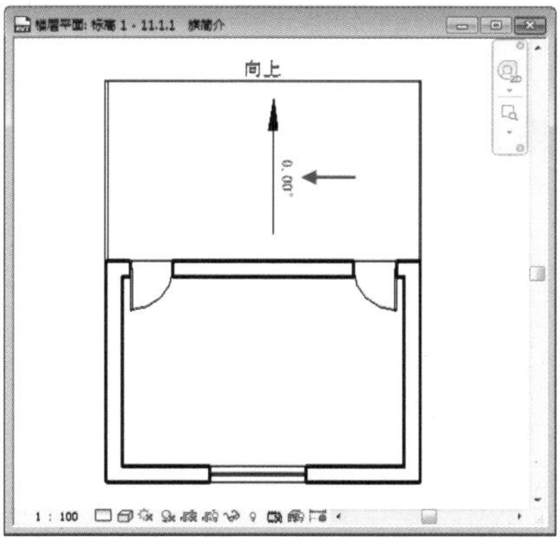
图12-181 放置符号

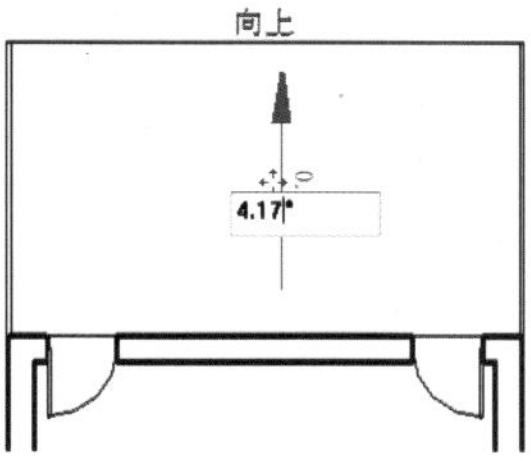
图12-182 输入参数

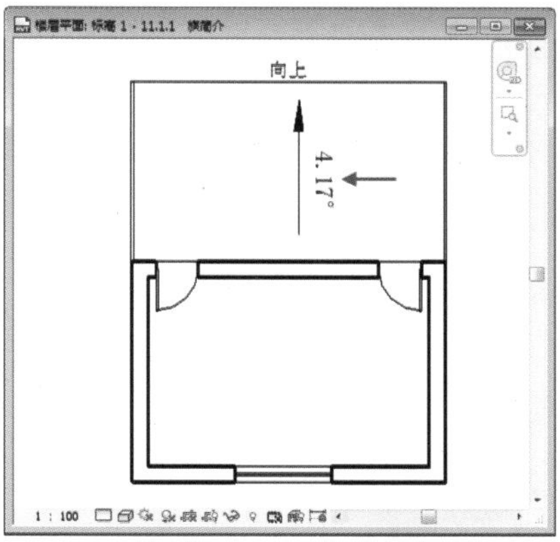
图12-183 修改结果

提示 如果在【参数属性】对话框中设置"坡度标注"的属性为"类型"，则修改其中一个坡度符号的值时，同属一个类型的坡度标注也会受到影响。

12.5 创建三维模型

在本章的前面介绍过创建模型族的工具，如拉伸、融合以及旋转等。启用这些工具，可以得到形态各异的模型。本节详细介绍使用这些工具来创建三维模型的操作方法。

12.5.1 拉伸建模

启用"拉伸"命令，用户绘制在视图中的轮廓线，系统会按照默认的"深度"执行"拉伸"操作，创建三维模型。

01 在族编辑器中选择"创建"选项卡，单击"形状"面板上的"拉伸"按钮，如图12-184所示，开始执行"拉伸建模"的操作。

02 进入"修改|创建拉伸"选项卡，在"绘制"面板中单击"线"按钮，表示使用该工具来绘制拉伸外轮廓。默认"深度"选项值为250.0，勾选"链"复选框，可以绘制首尾相连的线段。保持"偏移"值为0.0不变，如图12-185所示。

图12-184 单击按钮

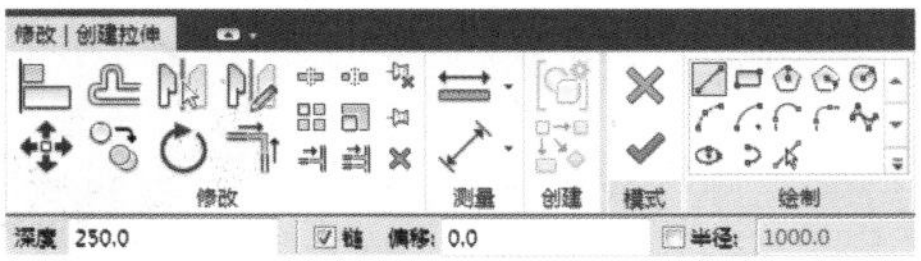
图12-185 设置参数

提示 "拉伸"工具的使用很广泛，在众多类型的族样板中都被用来创建模型。例如"族：常规模型"样板、"公制柱"样板以及"基于面的公制常规模型"族样板等。虽然是在不同的族样板中使用，但是使用方法是相同的。

03 以视图中的相交参照平面为基准，单击指定线的起点与终点，绘制轮廓线如图12-186所示。在绘制线段的过程中，移动鼠标的同时会显示临时尺寸标注，用户通过观察尺寸标注的变化，控制所绘线段的长度。或者直接输入距离参数，同样可以精确地绘制线段。

04 单击“完成编辑模式”按钮，退出命令。选择轮廓线，显示临时尺寸标注，注明轮廓线的尺寸。在轮廓线上显示蓝色的实心三角形，这是“造型操纵柄”，如图12-187所示。

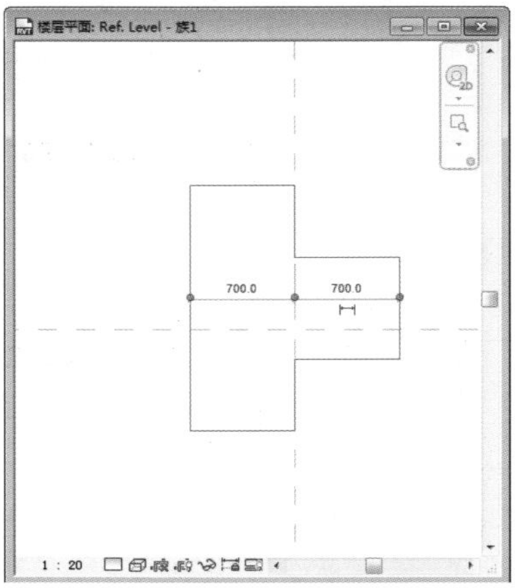

图12-186　绘制轮廓线

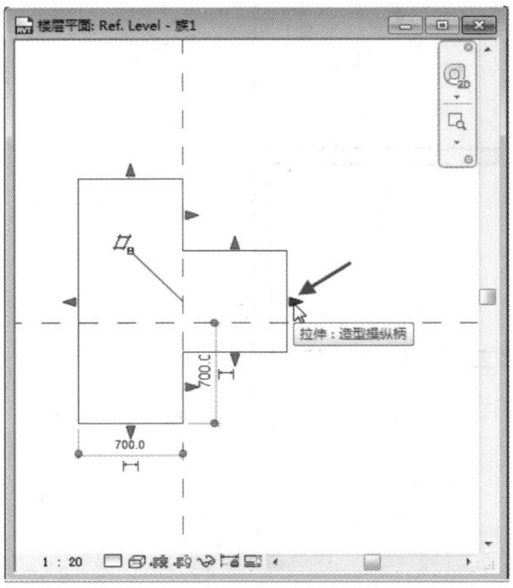

图12-187　激活操纵柄

提示　轮廓线必须是一个闭合的环，否则不能执行“拉伸建模”操作。

05 将光标置于“造型操纵柄”上，按住鼠标左键不放，向右移动鼠标，调整“造型操纵柄”的位置，同时改变轮廓线的样式。在移动鼠标的过程中，可以预览修改效果，如图12-188所示。

06 在合适的位置释放鼠标，结束编辑操作。切换至三维视图，观察“拉伸建模”的效果，如图12-189所示。

模型创建完毕后还可以进行编辑修改。在平面视图中通过启用“造型操作柄”，可以修改轮廓线的尺寸。在三维视图中，选择模型，在“属性”选项板中修改“拉伸起点”与“拉伸终点”选项参数，可以更改模型的高度。

默认“拉伸终点”为250.0、“拉伸起点”为0.0。修改“拉伸终点”为1500.0，如图12-190所示。模型向上调整高度，效果如图12-191所示。在“修改|创建拉伸”选项栏中修改“深度”值，也可以控制模型的高度。

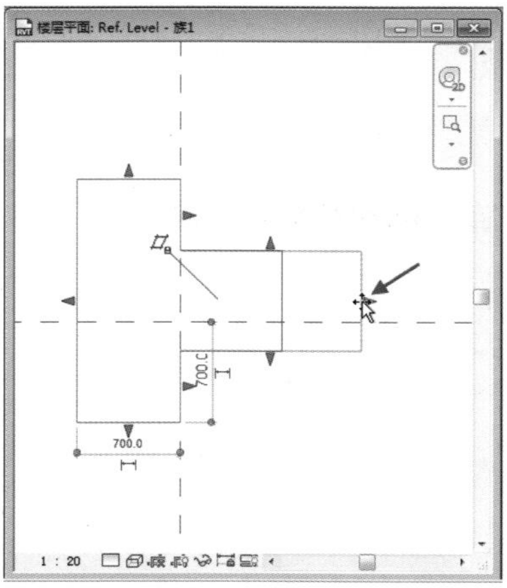

图12-188　预览效果

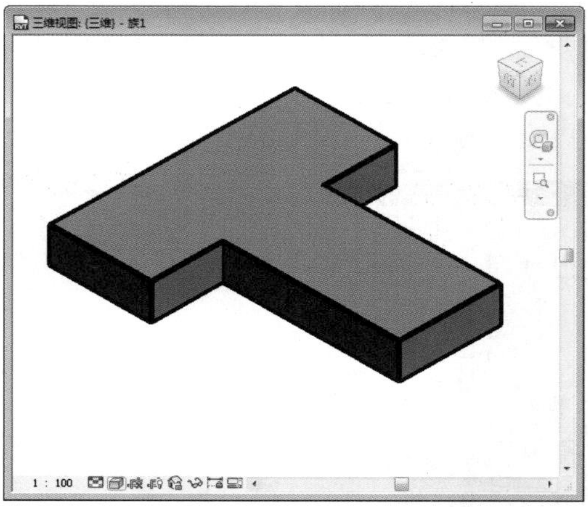

图12-189　拉伸建模

图12-190　修改参数

使用“拉伸”命令创建的模型一律为实心模型，通过修改属性参数，可以将实心模型转换为空心模型。选择模型，在“属性”选项板中单击展开“实心/空心”下拉列表，选择“空心”选项，如图12-192所示。可以将模型转换为空心样式，效果如图12-193所示。

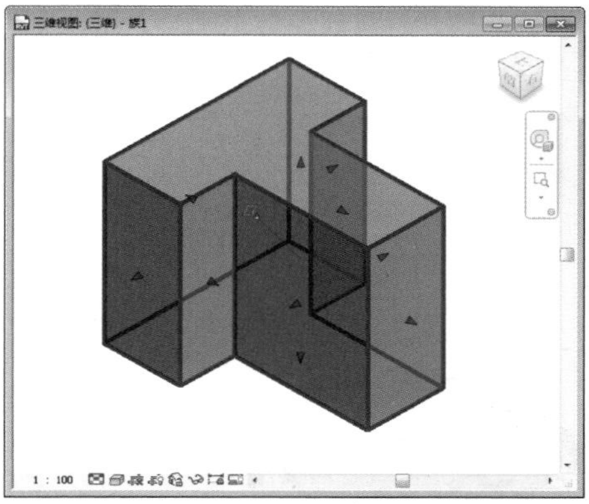
图12-191　修改效果

图12-192　选择选项

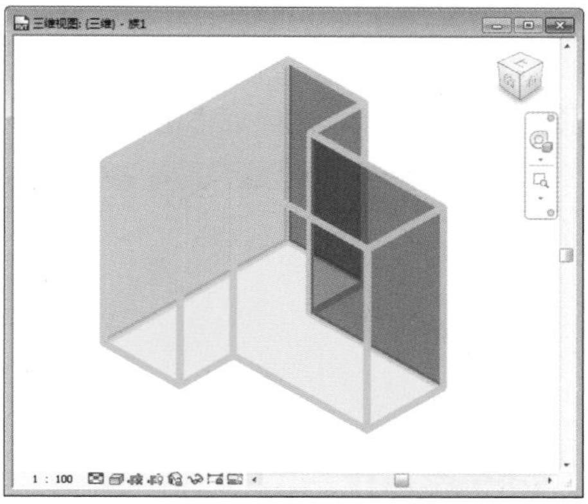
图12-193　空心模型效果

12.5.2　融合建模

启用“融合”命令，用户可以分别绘制不同样式的底部轮廓线以及顶部轮廓线。系统根据“深度”在两个轮廓线之间执行“放样”操作，从而创建三维模型。绘制不同的轮廓线，可以得到不同的三维模型。

01 选择“创建”选项卡，在“形状”面板中单击“融合”按钮，如图12-194所示，开始执行“融合建模”的操作。

02 在选项卡的“绘制”面板中单击“椭圆”按钮，指定绘制轮廓线的方式。保持选项栏上的各项参数为默认值，如图12-195所示。

图12-194　单击按钮

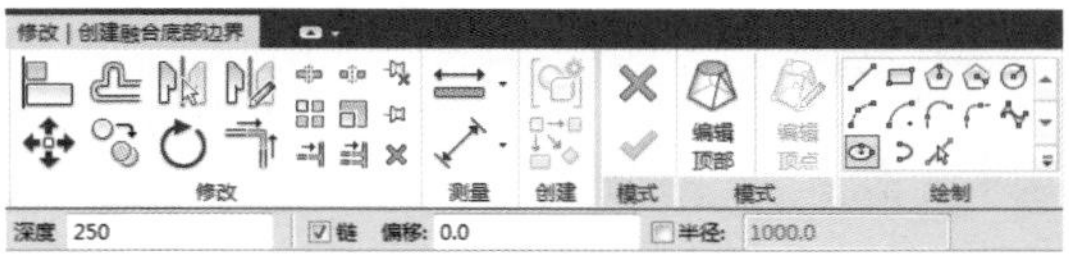

图12-195　指定绘制方式

03 指定参照平面的交点为椭圆中心，向右移动鼠标，指定椭圆长轴的端点；向上移动鼠标，指定椭圆短轴的端点。按Esc键退出绘制，椭圆轮廓线的绘制效果如图12-196所示。

04 在“模式”面板中单击“编辑顶部”按钮，切换至“绘制顶部轮廓线”的模式。在“绘制”面板中单击“内接多边形”按钮，单击参照平面的交点为多边形的起点；向上移动鼠标，在合适的位置单击鼠标左键指定多边形的终点。按Esc键退出绘制，多边形轮廓线的绘制效果如图12-197所示。

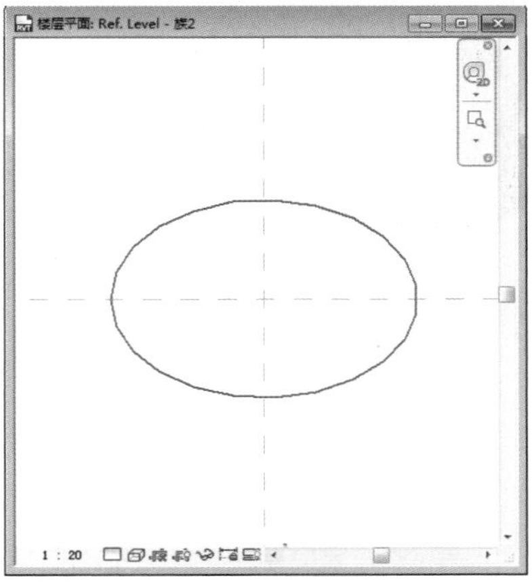

图12-196　绘制椭圆轮廓线

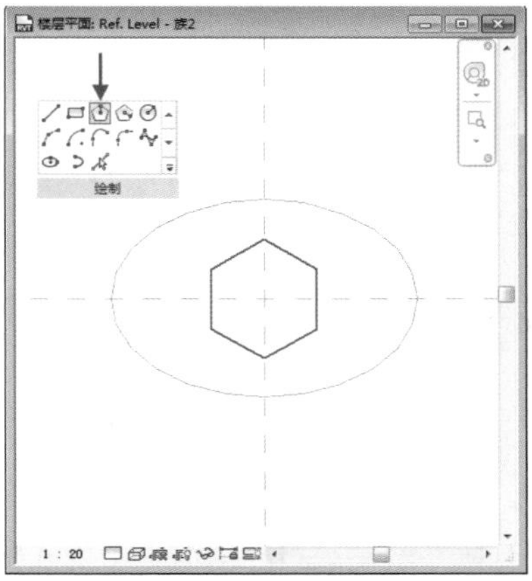

图12-197　绘制多边形轮廓线

05 单击“完成编辑模式”按钮，返回到“修改|融合”选项卡。按Esc键退出命令，融合模型的平面效果如图12-198所示。

06 切换至三维视图，观察融合模型的创建效果，如图12-199所示。

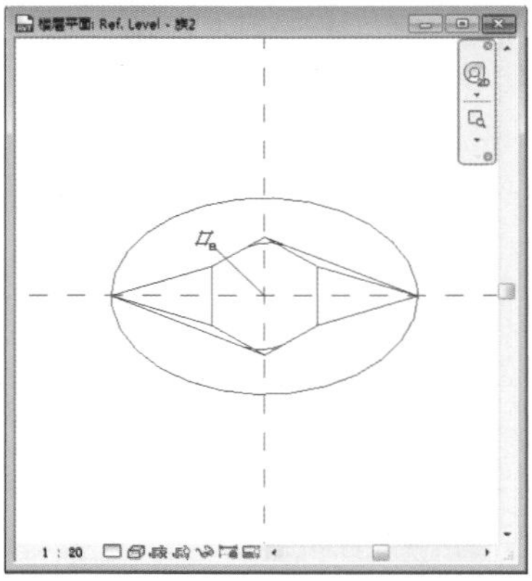

图12-198　平面样式

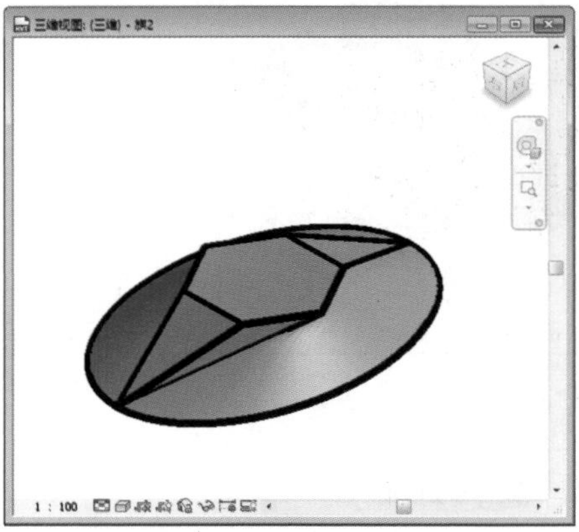

图12-199　三维样式

提示 在“修改|融合”选项卡中单击“编辑顶部”按钮，进入选项卡开始编辑顶部轮廓线；单击“编辑底部”按钮，进入选项卡开始编辑底部轮廓线，如图12-200所示。

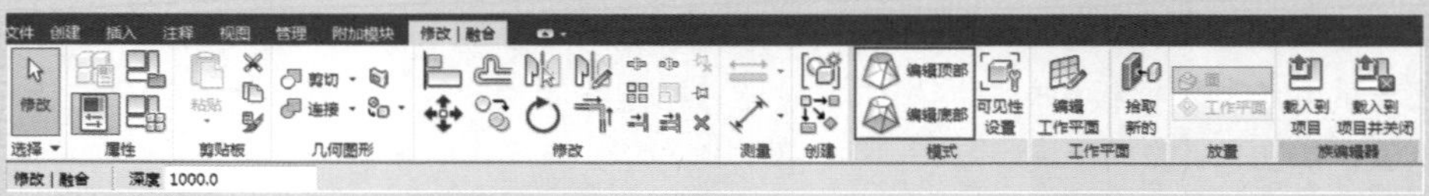

图12-200　“修改|融合”选项卡

选择融合模型，在“属性”选项板中修改“第二端点”与“第一端点”的参数值，如图12-201所示。“第二端点”的值表示模型顶部轮廓线的位置，“第一端点”的值表示模型底部轮廓线的位置。

设置参数后，单击“应用”按钮，观察视图中融合模型的变化效果，如图12-202所示。在“修改|融合”选项栏中修改“深度”选项参数，也可以更改融合模型的高度。

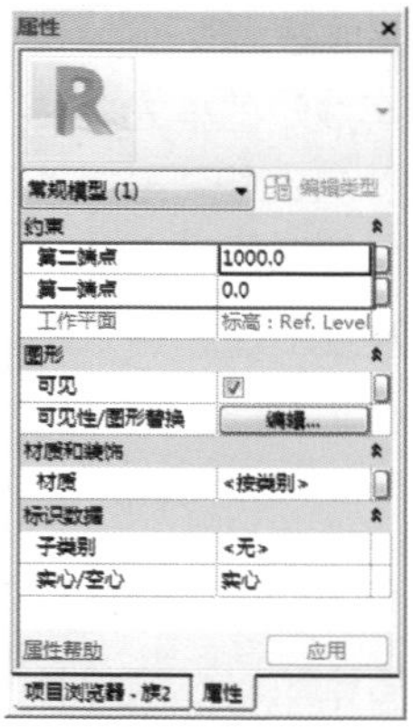

图12-201　修改参数

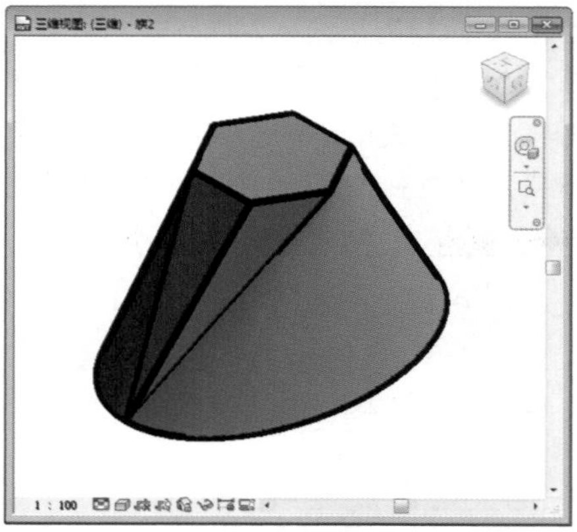

图12-202　修改效果

12.5.3 旋转建模

启用“旋转”命令，用户依次绘制边界线以及旋转轴线，系统会绕着旋转轴创建三维模型。边界线影响三维模型的创建效果。

01 选择“创建”选项卡，在“形状”面板上单击“旋转”按钮，如图12-203所示，开始执行“旋转建模”的操作。

02 进入“修改|创建旋转”选项卡，在“绘制”面板中单击“样条曲线”按钮，如图12-204所示，指定绘制边界线的方式。

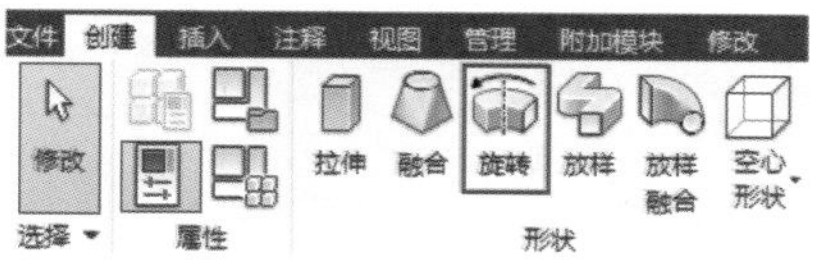

图12-203 单击按钮

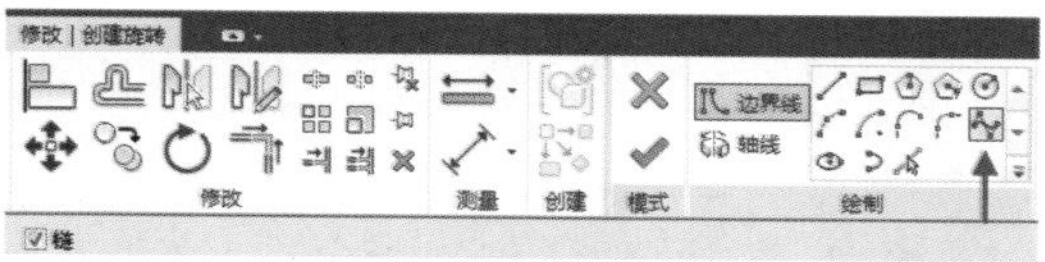

图12-204 选择绘制方式

03 在垂直参照平面上单击指定样条曲线的起点，向下移动鼠标，依次单击鼠标左键指定样条曲线的控制点。绘制完毕后，按Esc键退出绘制，绘制样条曲线的效果如图12-205所示。

04 选择样条曲线，在“修改”面板上单击“镜像-拾取轴”按钮，如图12-206所示，执行“镜像复制”操作。

提示 轮廓线必须是闭合的才可以执行“旋转建模”操作。用户可以继续绘制样条曲线来得到闭合的环，也可以执行“镜像复制”命令，复制样条曲线以闭合轮廓线。

05 将光标置于垂直参照平面上，指定其为镜像轴，如图12-207所示。

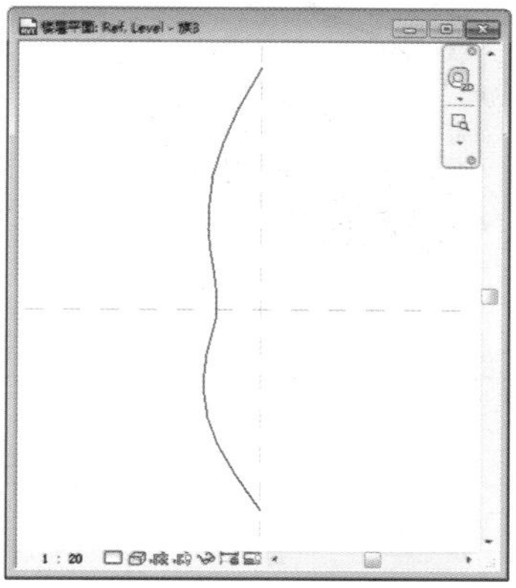

图12-205 绘制样条曲线

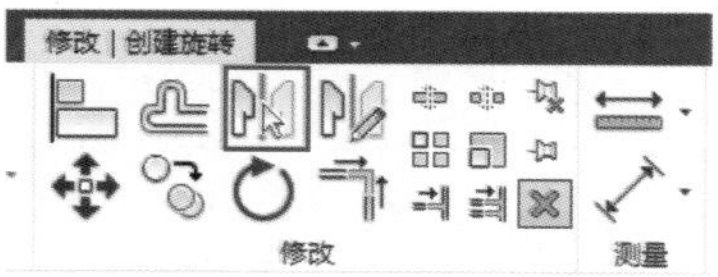

图12-206 单击按钮

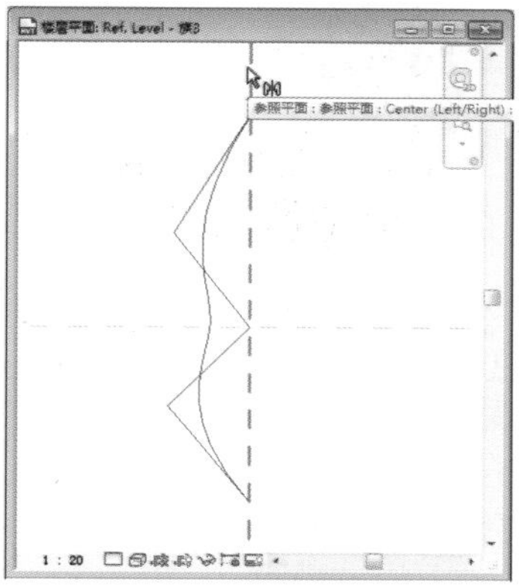

图12-207 指定镜像轴

06 单击鼠标左键，向右镜像复制样条曲线的结果如图12-208所示。

07 在“绘制”面板中单击“轴线”按钮，并选择“线”绘制方式，如图12-209所示。

08 在轮廓线的一侧单击鼠标左键指定轴线的起点，向下移动鼠标，在合适的位置单击鼠标左键指定轴线的终点，绘制轴线的效果如图12-210所示。

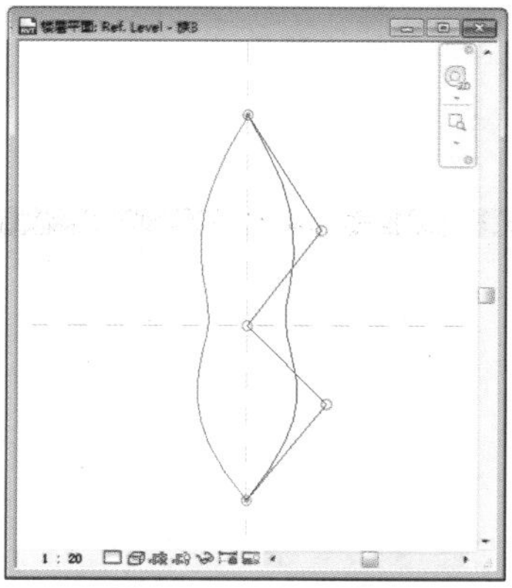

图12-208 复制结果

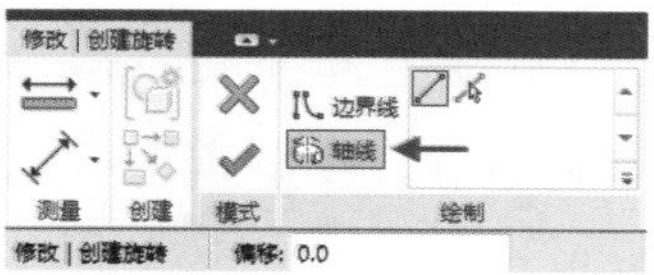

图12-209 单击按钮

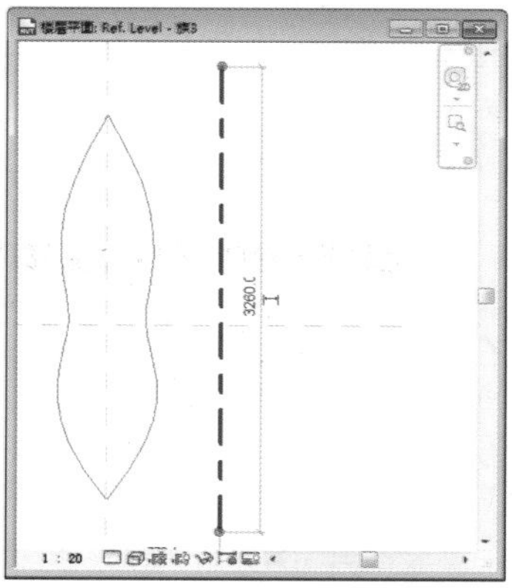

图12-210 绘制轴线

提示 Revit允许在任意方向上绘制旋转轴线，可以得到不同样式的三维模型。

09 单击“完成编辑模式”按钮，退出命令。旋转建模的平面效果如图12-211所示。

10 切换至三维视图，观察三维模型的创建效果，如图12-212所示。

选择三维模型，在“属性”选项板中修改“结束角度”和“起始角度”的参数，可以影响旋转建模的效果。例如，在“结束角度”选项中修改参数为180.00°，如图12-213所示。单击“应用”按钮，三维模型发生相应的变化，效果如图12-214所示。

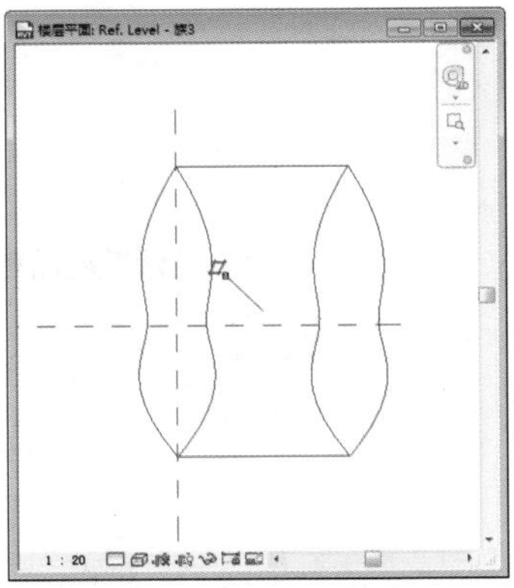

图12-211 平面样式

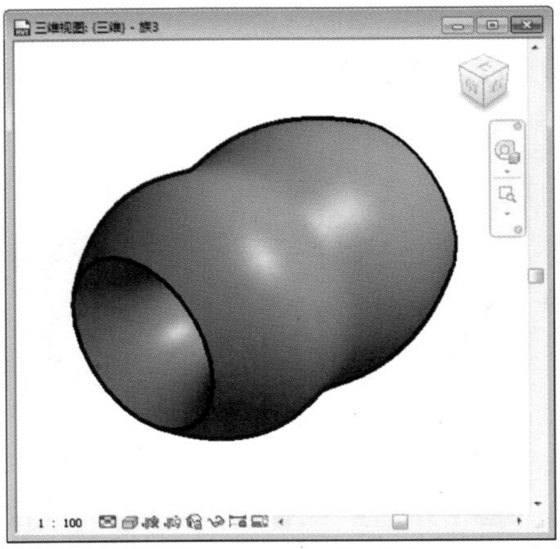

图12-212 三维样式

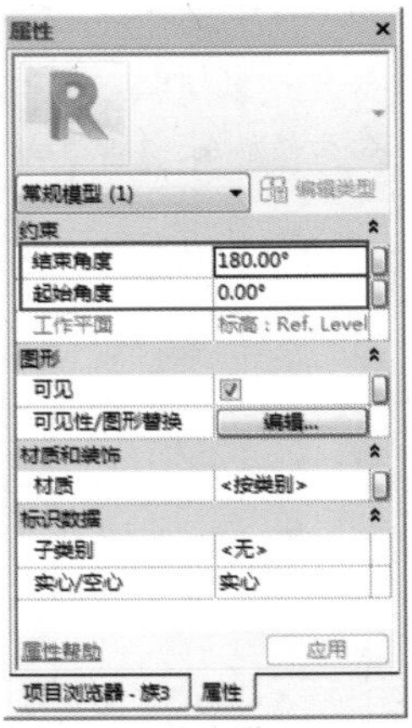

图12-213 修改参数

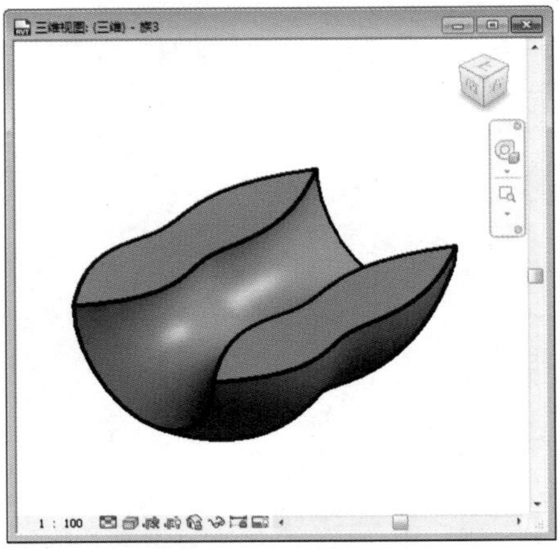

图12-214 三维模型效果

12.5.4 放样建模

启用“放样”命令，需要分别绘制放样路径以及放样轮廓线，才可以创建三维模型。放样路径以及放样轮廓直接影响三维模型的样式。

01 选择“创建”选项卡，在“形状”面板上单击“放样”按钮，如图12-215所示，执行“放样建模”的操作。

图12-215 单击按钮

02 进入“修改|放样”选项卡，在“工作平面”面板上单击“绘制路径”按钮，如图12-216所示，开始执行“绘制放样路径”的操作。

03 在选项卡的“绘制”面板中单击“起点-终点-半径弧”按钮，如图12-217所示，绘制弧线来表示放样路径。

图12-216 单击按钮

图12-217 选择绘制方式

04 在垂直参照平面上单击鼠标左键，指定弧线的起点；向下移动鼠标，单击鼠标左键指定弧线的终点；向左移动鼠标，在水平参照平面上单击鼠标左键，指定中间点，绘制弧线的效果如图12-218所示。

05 单击快速访问工具栏上的“默认三维视图”按钮，切换至三维视图，观察路径以及参照平面在三维视图中的显示样式，如图12-219所示。

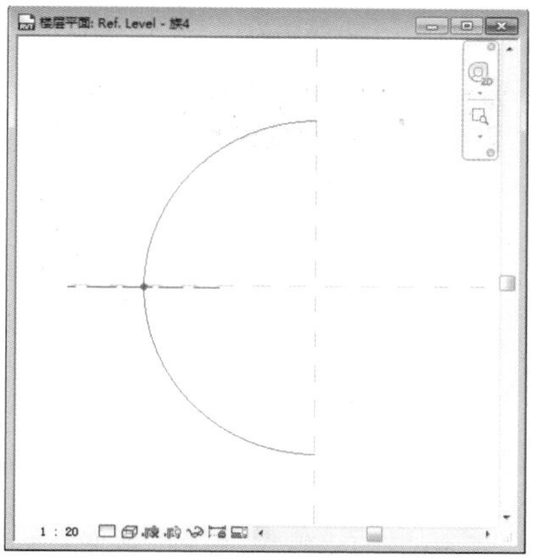

图12-218 绘制路径

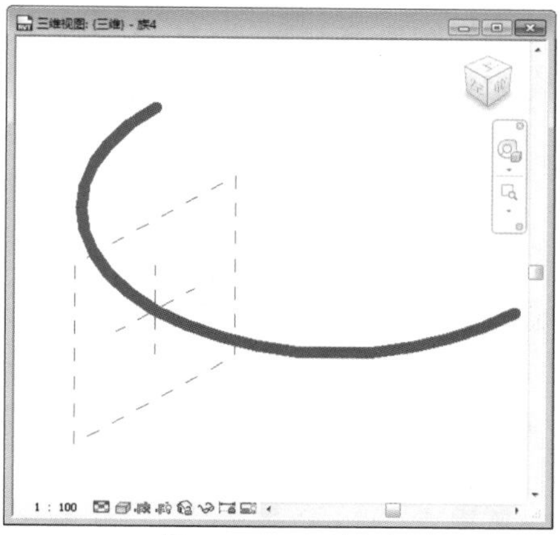

图12-219 三维视图

提示 通常情况下，在平面视图中绘制放样路径。等到绘制放样轮廓时，需要切换至三维视图。假如直接进行“绘制轮廓”的操作，系统会弹出如图12-220所示的【转到视图】对话框，提示用户转到三维视图。

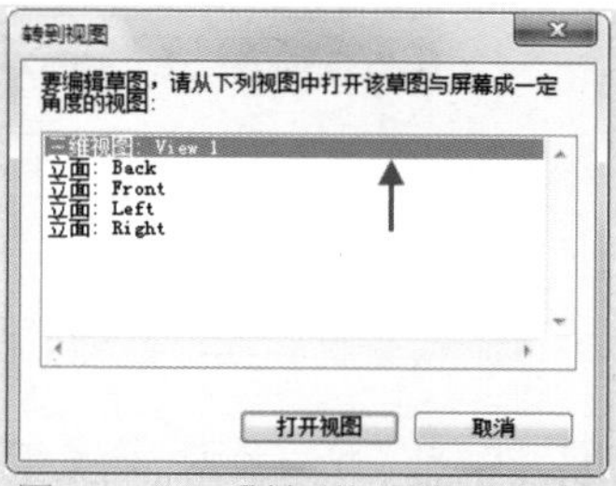

图12-220 【转到视图】对话框

06 单击“完成编辑模式”按钮，返回到“修改|放样”选项卡，开始执行“绘制轮廓”的操作。在路径线的中点显示相交的参照平面，如图12-221所示。

07 在选项卡的“放样”面板上单击“选择轮廓”按钮，再单击“编辑轮廓”按钮，进入绘制放样轮廓线的状态。在“绘制”面板中单击“矩形”按钮，如图12-222所示，指定绘制方式。

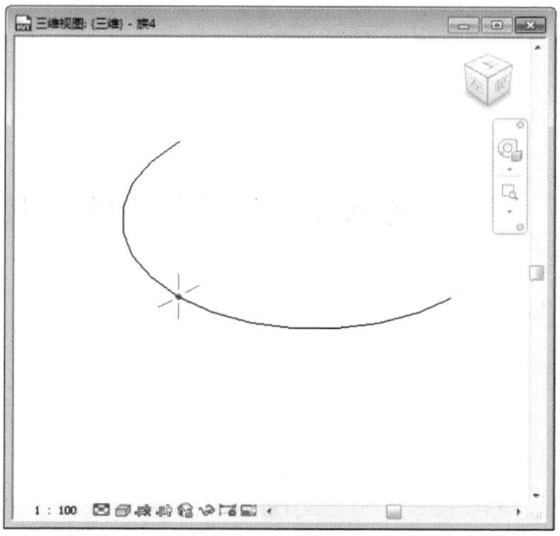

图12-221 显示样式

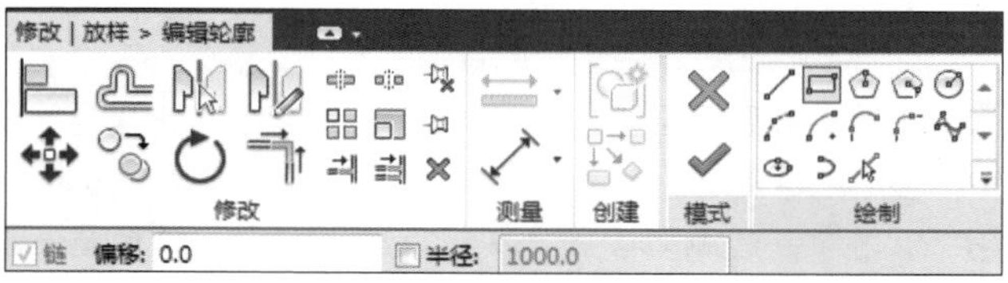

图12-222 选择绘制方式

08 以参照平面的交点为起点，绘制矩形轮廓线，效果如图12-223所示。单击“完成编辑模式”按钮，返回到“修改|放样”选项卡。

09 单击“完成编辑模式”按钮，退出命令。系统执行放样建模操作，创建三维模型的效果如图12-224所示。

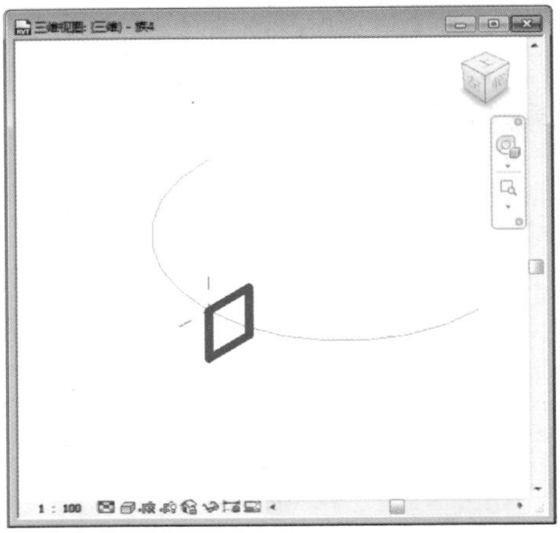

图12-223　绘制矩形

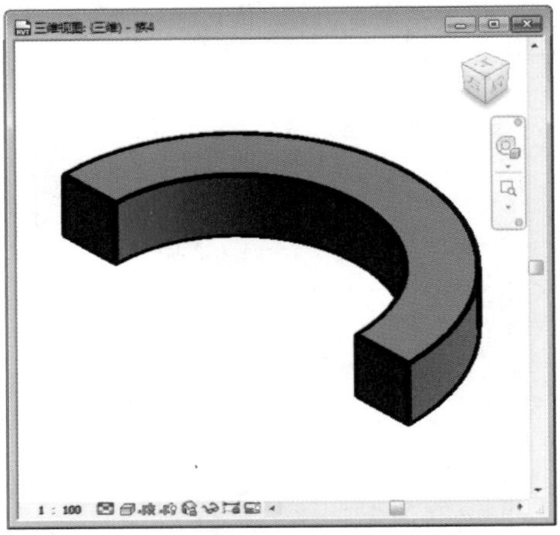

图12-224　放样建模

选择三维模型，进入“修改|放样”选项卡。单击“模式”面板中的“编辑放样”按钮，如图12-225所示，进入修改模式。用户可以修改放样路径以及放样轮廓线，最终改变模型的显示样式。

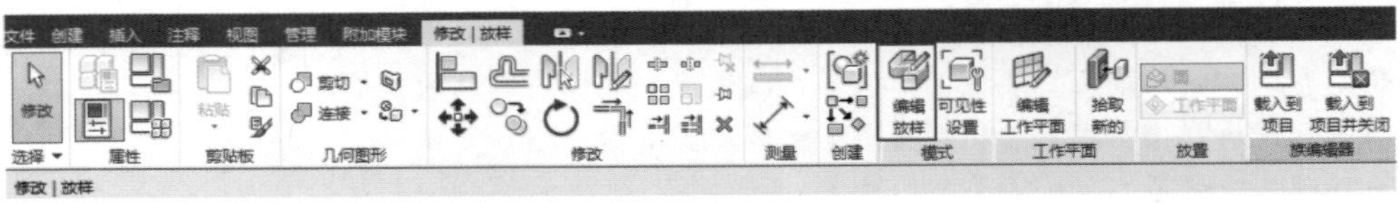

图12-225　“修改|放样”选项卡

12.5.5 放样融合建模

启用“放样融合”命令，不仅需要绘制放样路径，还要指定两个放样轮廓线。系统会沿着放样路径在两个轮廓线之间执行“放样融合建模”操作，最终创建三维模型。

01 选择“创建”选项卡，在“形状”面板上单击“放样融合”按钮，如图12-226所示，开始执行“放样融合建模”的操作。

图12-226　单击按钮

02 进入“修改|放样融合”选项卡，单击“绘制路径”按钮，如图12-227所示，开始绘制放样路径。

03 在选项卡的“绘制”面板中单击“半椭圆”按钮，如图12-228所示，指定绘制放样路径的方式。

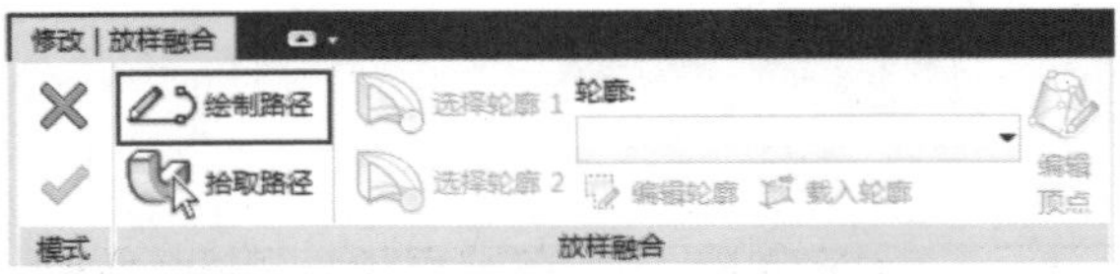

图12-227　单击按钮

图12-228　指定绘制方式

04 在垂直参照平面上单击鼠标左键，指定半椭圆的第一点；向下移动鼠标，指定半椭圆的端点；向左移动鼠标，在水平参照平面上单击鼠标左键，指定半椭圆的中间点，如图12-229所示。

05 单击“完成编辑模式”按钮，退出命令。切换至三维视图，观察路径在三维视图中的显示效果，如图12-230所示。

06 在“修改|放样融合”选项卡中单击“选择轮廓1”按钮，再单击“编辑轮廓”按钮，如图12-231所示，开始绘制放样轮廓线。

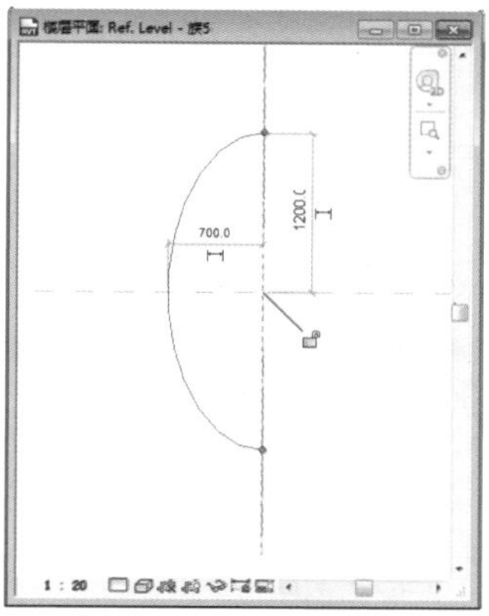

图12-229　绘制路径

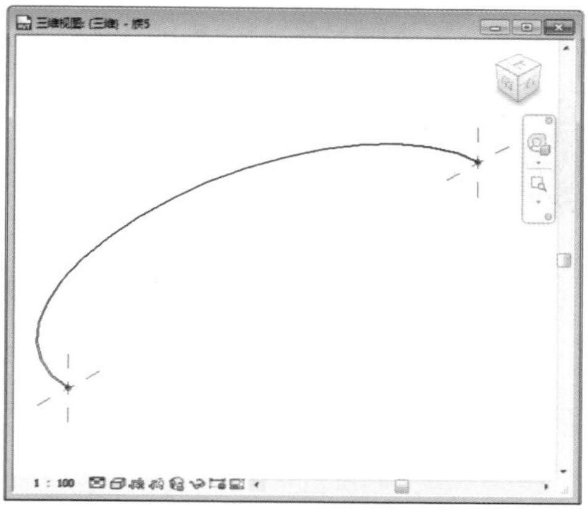

图12-230　三维样式

提示　先单击“选择轮廓1”按钮后，“编辑轮廓”按钮才可被激活。

07 在选项卡的“绘制”面板中单击“矩形”按钮，如图12-232所示，指定绘制轮廓线的方式。

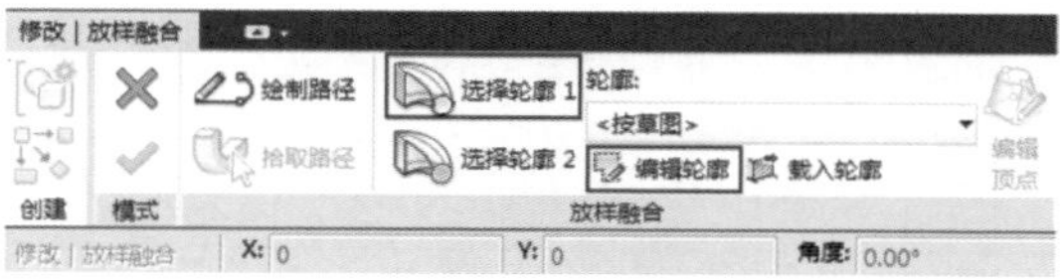

图12-231　单击按钮

图12-232　指定绘制方式

08 此时高亮显示右侧的相交参照平面，单击交点为起点，绘制矩形如图12-233所示。

09 单击“完成编辑模式”按钮，返回到“修改|放样融合”选项卡，单击“选择轮廓2”按钮，再单击“编辑轮廓”按钮，进入绘制“轮廓2”的模式。

10 在“绘制”面板中指定“矩形”绘制方式，高亮显示左侧的相交参照平面。指定交点为起点，绘制矩形表示“轮廓2”，如图12-234所示。单击“完成编辑模式”按钮，返回到“修改|放样融合”选项卡。

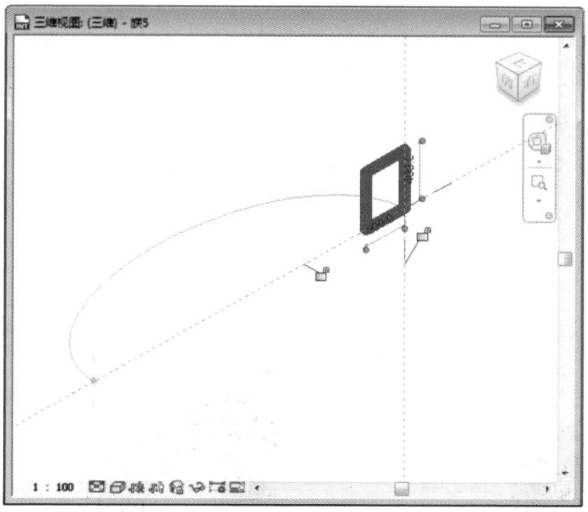

图12-233　绘制矩形轮廓线

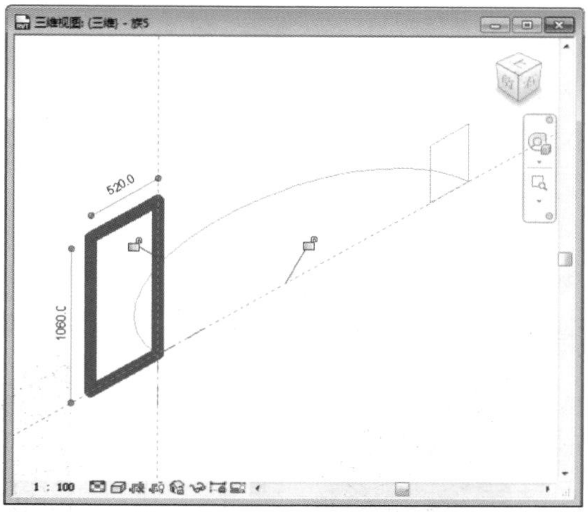

图12-234　绘制第2个矩形轮廓线

11 在选项卡中单击“完成编辑模式”按钮，退出命令。放样融合建模的效果如图12-235所示。

选择三维模型，进入“修改|放样融合”选项卡。单击“模式”面板上的“编辑放样融合”按钮，如图12-236所示，进入编辑模式。用户可以重新定义放样路径以及放样轮廓线，更改模型的显示效果。

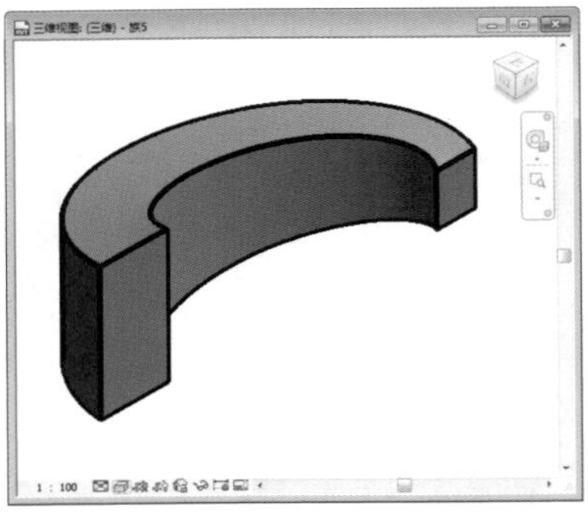

图12-235 放样融合建模

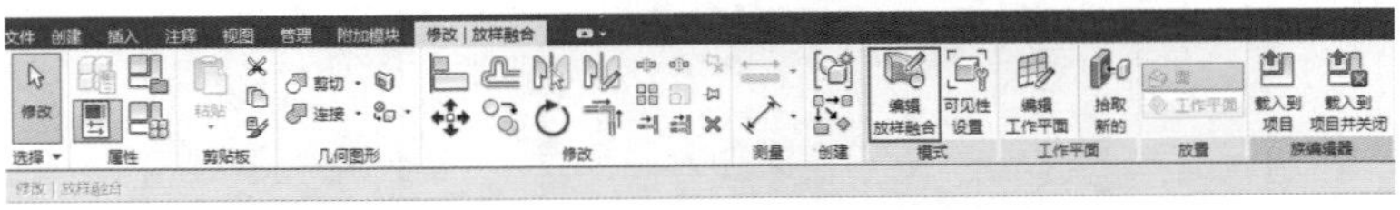

图12-236 “修改|放样融合”选项卡

12.6 编辑三维模型

Revit为编辑三维模型提供了多种类型的工具，如布尔运算、对齐以及偏移和移动等。通过启用这些工具来编辑三维模型，可以使三维模型呈现不同的样式。

本节介绍各类编辑工具的使用方法。

12.6.1 布尔运算

布尔运算包括两个不同的命令，一个是“剪切”命令，另一个是“连接”命令。本节介绍使用这两个命令来编辑模型的方法。启用“剪切”命令可以得到“差集”的效果，启用“连接”命令可以得到“并集”的效果。

剪切几何图形

在族编辑器中选择“修改”选项卡，单击“几何图形”面板上的“剪切”按钮，在弹出的下拉列表中选择“剪切几何图形”选项，如图12-237所示。

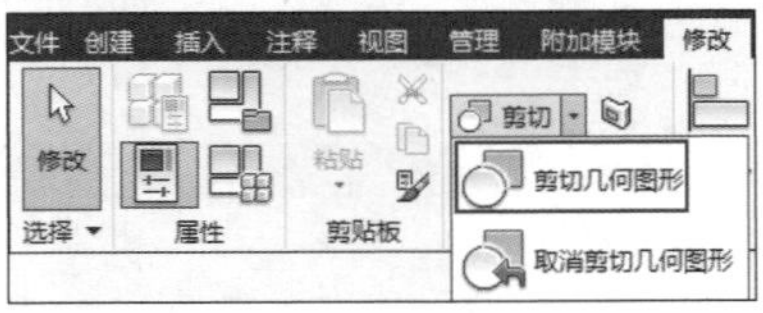

图12-237 选择选项

观察左下角状态栏上关于操作步骤的提示，系统提示“首先拾取：选择要被剪切的实心几何图形或用于剪切的空心几何图形”。将光标置于实心圆柱体上，如图12-238所示，高亮显示模型边界线。单击鼠标左键，拾取圆柱体。

此时，状态栏更新提示文字，提示用户“其次拾取：选择要被所选空心几何图形剪切的实心几何图形”。将光标置于长方体上，高亮显示模型边界线，如图12-239所示。单击鼠标左键拾取长方体，剪切几何图形的效果如图12-240所示。

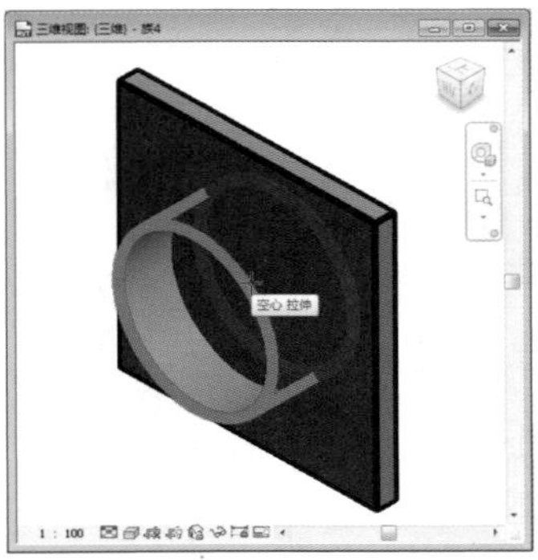

图12-238 选择圆柱体

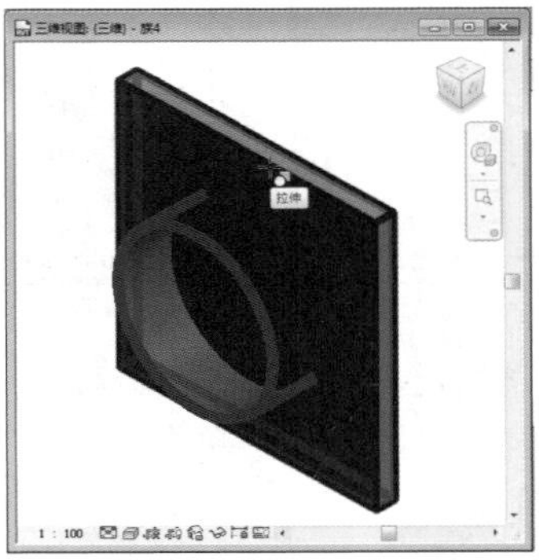

图12-239 选择长方体

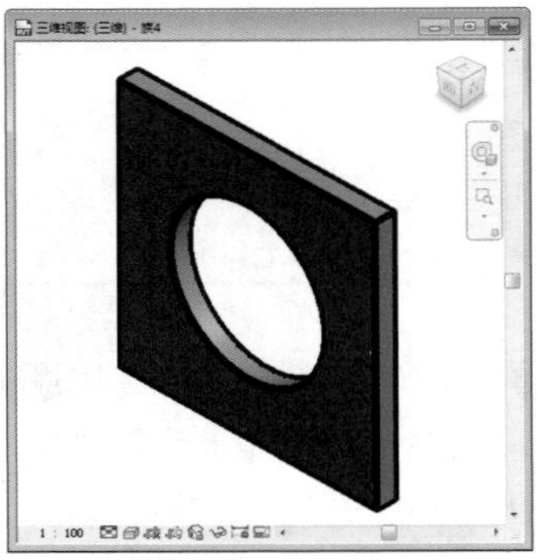

图12-240 剪切效果

再来描述一下剪切过程。启用“剪切几何图形”选项后，首先选取要用于剪切的空心几何图形，即圆柱体。圆柱体在操作结束后是要被删除的。其次选取被剪切的实心几何图形，即长方体。长方体被圆柱体剪切，结果是圆柱体被删除，在长方体上留下剪切痕迹，即一个圆形洞口。

取消剪切几何图形

在“剪切”下拉列表中选择“取消剪切几何图形”选项，如图12-241所示，可以恢复已执行“剪切几何图形”操作的模型的原始状态。

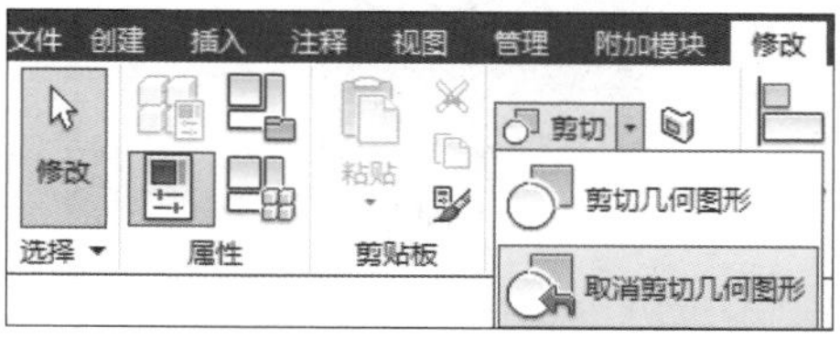

图12-241 选择选项

启用“取消剪切几何图形”选项后，状态栏提示“首先拾取：选择要停止被剪切的实心几何图形或要停止剪切的空心几何图形”。将光标置于长方体上，高亮显示模型边界线，如图12-242所示。

拾取长方体后，状态栏提示“其次拾取：选择剪切所选实心几何图形后要保留的空心几何图形”。将光标置于圆形洞口上，高亮显示圆柱体的轮廓线，如图12-243所示。

单击鼠标左键，已被删除的圆柱体恢复显示，圆形洞口被圆柱体填满，如图12-244所示。

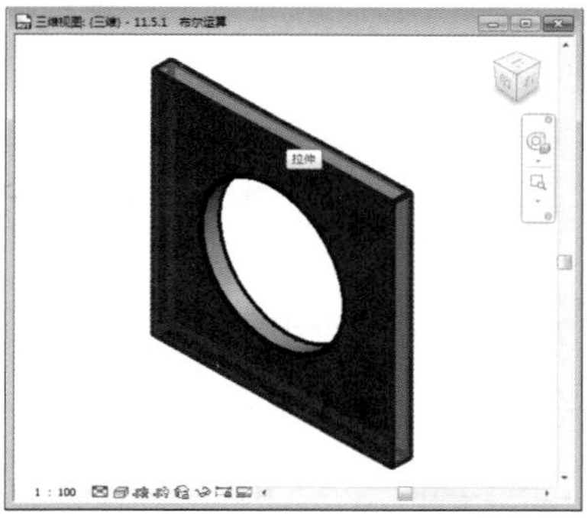

图12-242 选择长方体

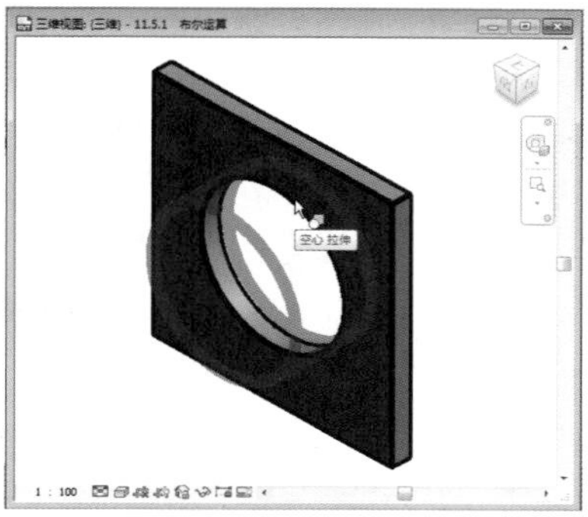

图12-243 预览圆柱体

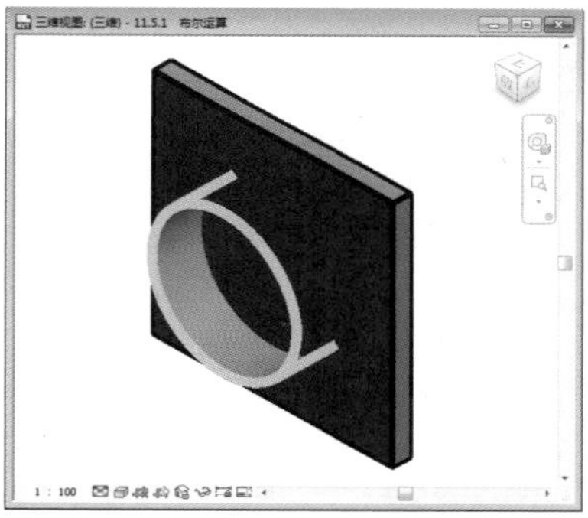
图12-244 取消剪切的效果

重复以上操作过程。启用“取消剪切几何图形”选项后，先选择要终止剪切的几何图形，这里选择长方体，即所选择的模型是要终止对其的剪切效果的。长方体被剪切后留下一个圆形洞口，终止剪切后可以删除圆形洞口。

接着选择终止剪切后要保留的几何图形。圆形洞口由剪切圆柱体得到，将光标置于圆形洞口上，可以预览圆柱体，单击鼠标左键后恢复显示圆柱体。

连接几何图形

启用“连接几何图形”选项，可以在共享公共面的两个或者更多主体图元之间创建连接。执行操作后，连接图元之间的可见边缘被删除，并可以共享相同的图形属性，如线宽和填充样式。

在“几何图形”面板上单击“连接”按钮，在弹出的下拉列表中选择“连接几何图形”选项，如图12-245所示。状态栏提示“首先拾取：选择要连接的实心几何图形”。将光标置于五边形上，高亮显示模型边界线，如图12-246所示，单击选中模型。

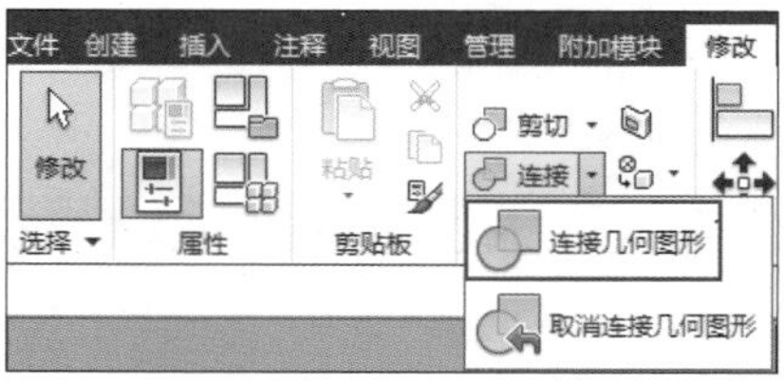

图12-245 选择选项

此时，状态栏提示“其次拾取：选择要连接到所选实体上的实心几何图形”。将光标置于椭圆上，高亮显示模型边界线，如图12-247所示。单击鼠标左键拾取模型，即可执行连接操作。

操作完毕后，五边形与椭圆为一个整体。切换至平面视图，连接五边形与椭圆的可见边缘消失，如

图12-248所示。

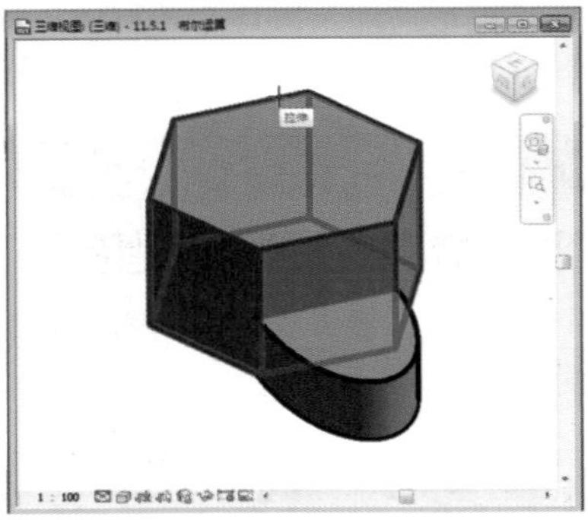

图12-246　选择五边形

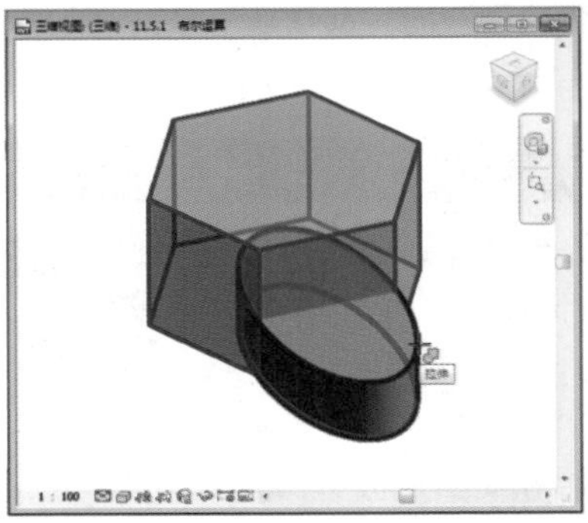

图12-247　选择椭圆

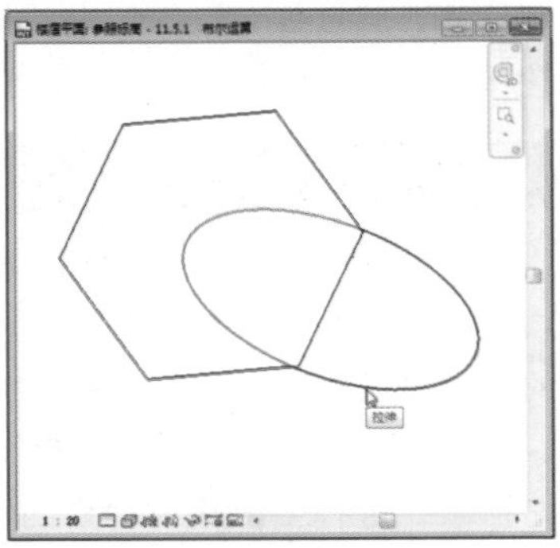

图12-248　连接效果

重新描述操作过程。首先指定连接主体模型，选择五边形，表示五边形即将与一个待定的模型相连接。接着选择另一个实心模型，该模型要连接到主体模型上。选择椭圆，表示椭圆要与五边形相连接。

取消连接几何图形

执行“连接几何图形”的操作后，得到一个“并集”的效果。在“连接”下拉列表中选择“取消连接几何图形”选项，如图12-249所示，可以取消“并集”效果。

启用“取消连接几何图形”选项后，状态栏提示“单一拾取：选择要与任何对象取消连接的实心几何图形”。选择椭圆，结果是取消与五边形的连接。在平面视图中观察操作效果，连接五边形与椭圆的可见边缘恢复显示，如图12-250所示。

图12-249　选择选项

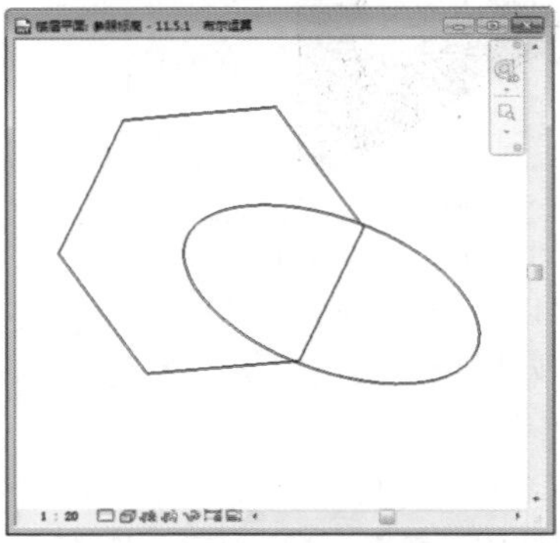

图12-250　取消连接的效果

12.6.2　其他编辑工具

在族编辑器中不仅可以创建模型，还可以对模型执行各种编辑操作。选择“修改”选项卡，在“修改”面板上显示多种编辑工具。用户启用这些工具，可对模型执行相应的编辑操作。

对齐

启用“对齐”命令，可以将一个图元与选定的图元对齐。在执行“对齐”操作后，用户还可以锁定对齐结果，使得在后续的编辑过程中，不会影响图元的对齐效果。

图12-251　单击按钮

在族编辑器中选择“修改”选项卡，在“修改”面板上单击“对齐”按钮，如图12-251所示，执行

“对齐”图元的操作。

观察左下角状态栏的提示文字，显示“请选择要对齐的线或点参照”。单击选择多边形的垂直边，同时显示垂直方向上的蓝色对齐参照线，如图12-252所示。

此时，状态栏更新显示“请选择要对齐的实体（它将同参照一起移动到对齐状态）”。将光标置于长方体的垂直边上，如图12-253所示，指定长方体为要对齐的实体。

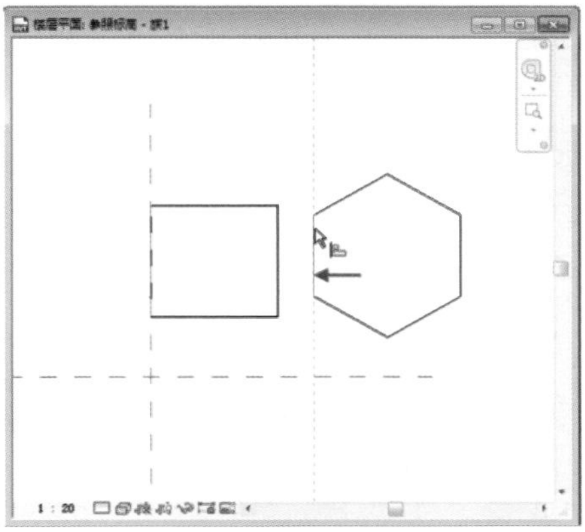

图12-252 指定参照线

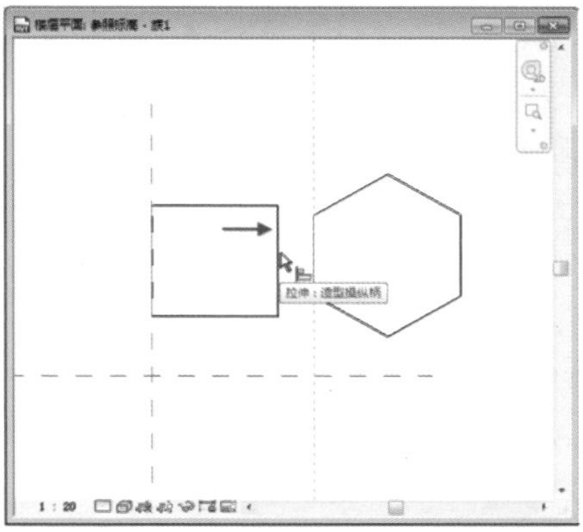

图12-253 指定对齐实体

观察对齐结果，长方体的边向右移动，与多边形的边对齐，效果如图12-254所示。由于指定长方体为要对齐的实体，所以长方体的样式发生改变，自动去适应指定的对齐线。

选择对齐边，显示“解锁”符号；单击符号，转换为“锁定”符号，如图12-255所示。表示对齐结果被锁定，用户不可以随意更改。假如要修改对齐效果，单击“锁定”符号，解锁后可执行编辑操作。

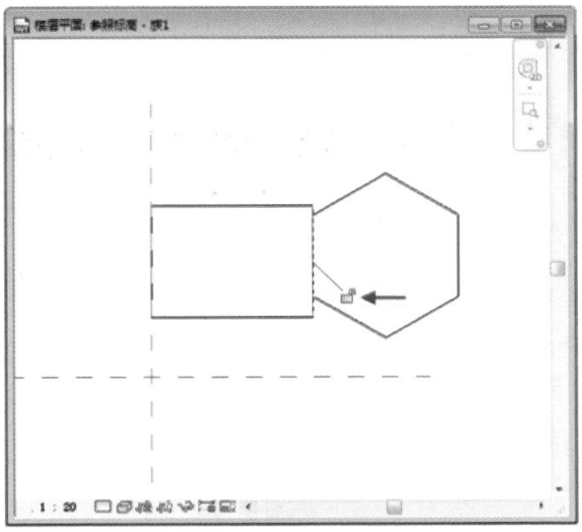

图12-254 对齐效果

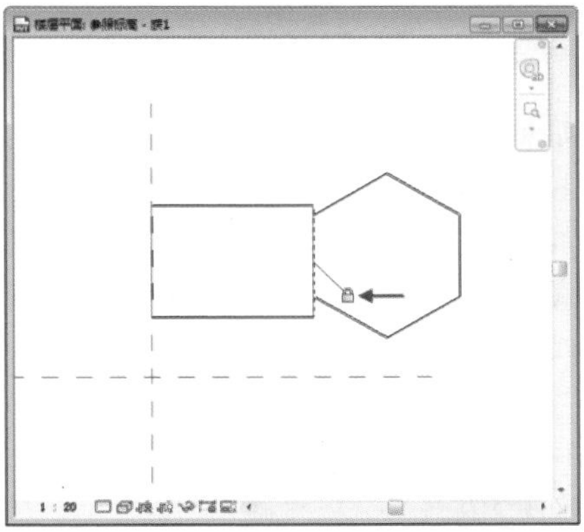

图12-255 锁定对齐效果

阵列

Revit中有两种阵列方式，一种是线性阵列；一种是半径阵列。选择“线性阵列”方式，可以使选中的对象沿着指定的路径线性排列。图元的阵列间距由用户自定义。

在视图中选择图元，单击“修改”面板上的“阵列”按钮，如图12-256所示；按Enter键，执行“阵列”复制图元的操作。在“修改|拉伸”选项栏中默认激活“线性”按钮，即当前阵列模式为“线性阵列”。

勾选“成组并关联”复选框，表示阵列结果为一个组，不可以独立编辑。默认“项目数”值为2，在此修改为5，如图12-257所示，表示阵列结果为5个项目。

在“移动到”选项中选中“第二个”单选按钮，表示在指定源图元与第二个图元的间距后，该间距就被指定为阵列间距。各个图元之间的间距均以此为标准。

图12-256　单击按钮

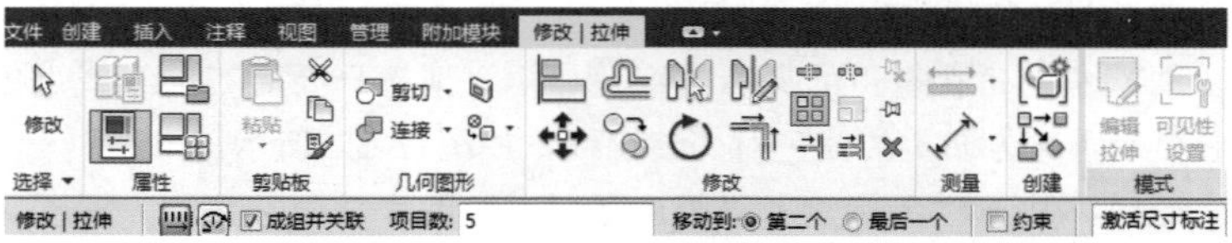

图12-257　设置参数

提示　勾选“约束”复选框，将限制阵列方向。为了能够在任何方向执行“阵列”操作，所以通常不选择该选项。

移动鼠标，根据临时尺寸标注，确认源图元与第二个图元的间距，如图12-258所示，也可以直接输入参数指定距离。确认间距后，单击鼠标左键，执行“阵列复制”的操作。

阵列结果包括5个项目，各项目的间距相等，如图12-259所示。因为阵列结果成组并关联，因此不能独立编辑其中的某个项目。

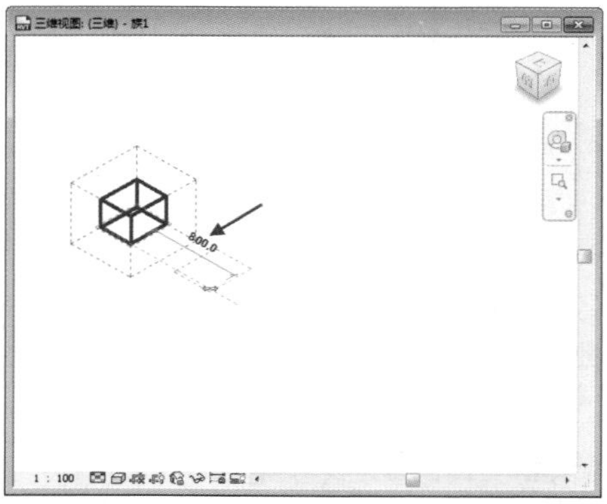

图12-258　指定间距

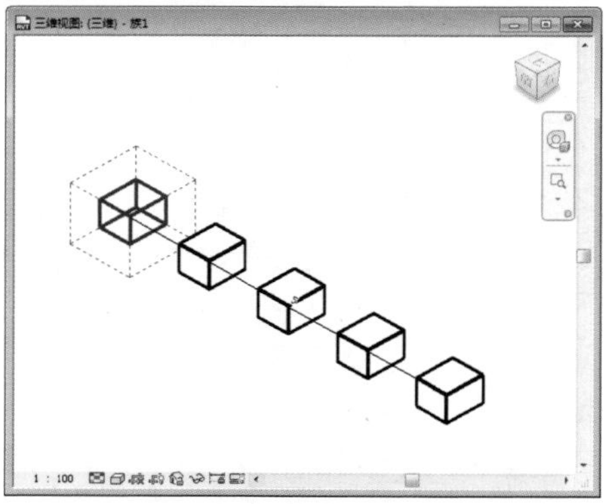

图12-259　阵列效果

假如想要编辑组中的某个项目，可以选择项目，进入“修改|模型组”选项卡。在“成组”面板上单击“编辑组”按钮，如图12-260所示，开始执行编辑某个项目的操作。

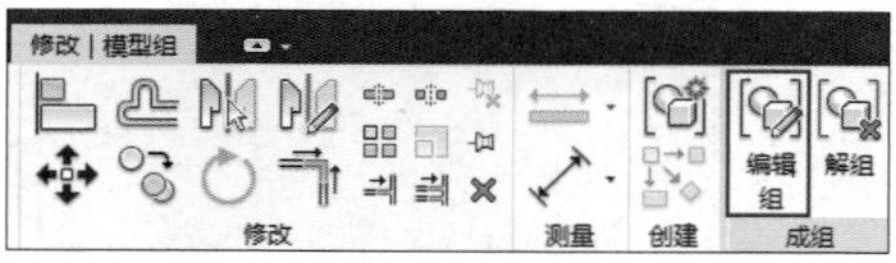

图12-260　单击按钮

在编辑模式中执行修改项目的操作，例如，修改长方体的高度，如图12-261所示。此时观察其他项目，还没有受到影响。

在“编辑组”面板中单击“完成”按钮，如图12-262所示，退出“编辑组”的操作。此时视图中各项目的显示样式都发生了变化，其他4个项目都受到了被修改项目的影响，高度同时被修改，彼此平齐，效果如图12-263所示。

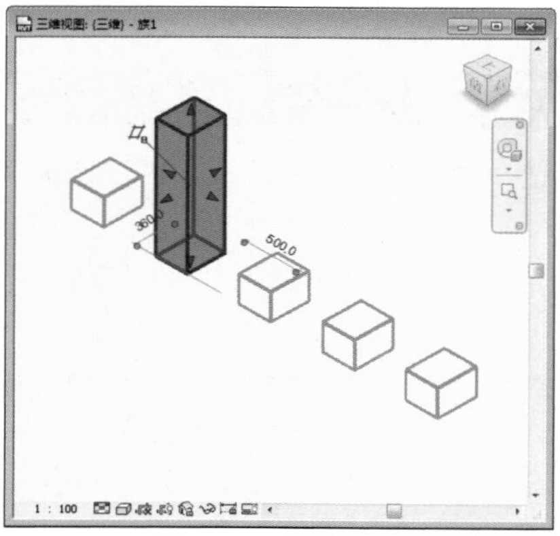

图12-261　修改高度

图12-262　单击按钮

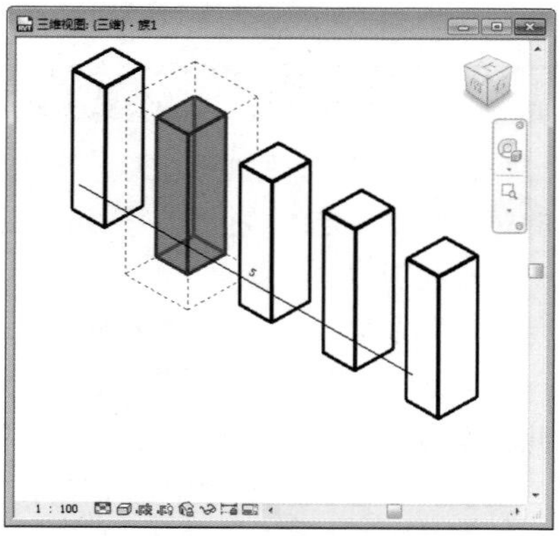

图12-263　影响其他项目

产生这种效果是因为在执行阵列操作时，选择了“成组并关联”选项，使得组中的某个项目被修改后，其他项目也会被一起修改。选择组，在“修改|模型组”选项卡中单击“解组”按钮，可以恢复各个项目的独立性。这样在修改某个项目时，其他项目不会受到影响。

另外一种阵列方式，即半径阵列，可以指定角度来阵列复制图元。启用“阵列”命令后，在选项栏中单击“半径”按钮，修改“项目数”值为8，指定“移动到”的方式为“第二个”，设置“角度”为360，如图12-264所示。

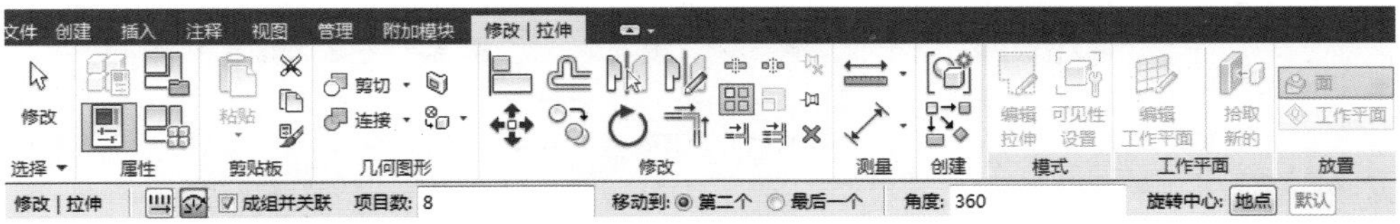

图12-264　设置参数

通常情况下，旋转中心位于项目中心。将光标置于代表旋转中心的蓝色实心圆点，按住左键不放，向下移动鼠标，重新指定旋转中心的位置，如图12-265所示；向上移动鼠标，单击指定旋转起始线；向左移动鼠标，指定旋转结束线。

在移动鼠标的过程中，显示临时尺寸标注，标注旋转起始线与旋转结束线之间的角度，如图12-266所示。

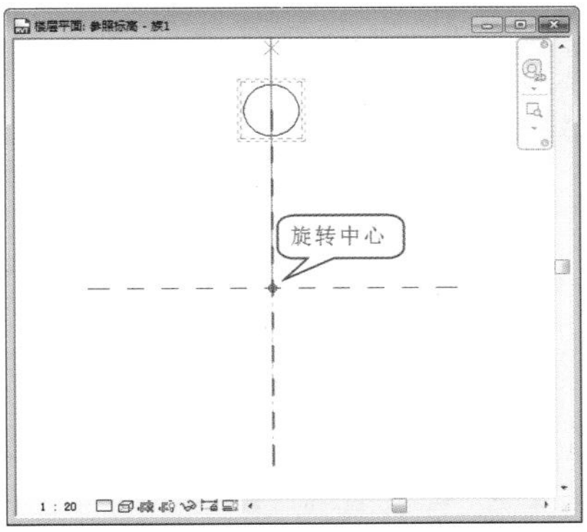

图12-265　指定旋转中心

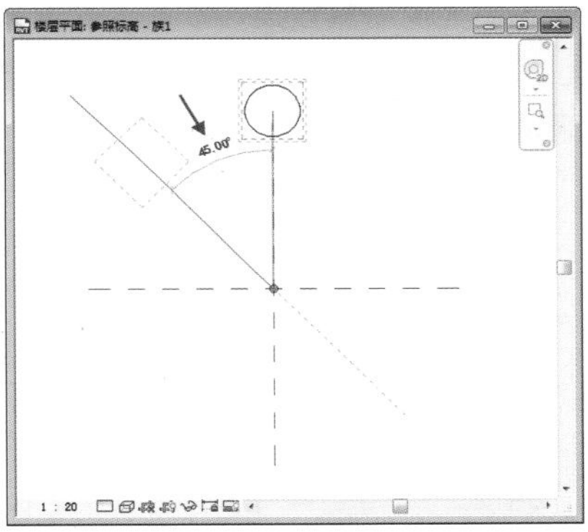

图12-266　指定结束线

提示　假如不修改旋转中心的位置，系统会以项目中心为旋转中心，阵列复制结果后，各项目重叠显示，不可分辨。

用户也可以直接输入角度值，定义旋转角度。在合适的位置单击鼠标左键，开始执行阵列操作。在阵列结果中显示项目数以及阵列路径，如图12-267所示。按Esc键退出命令，最终效果如图12-268所示。

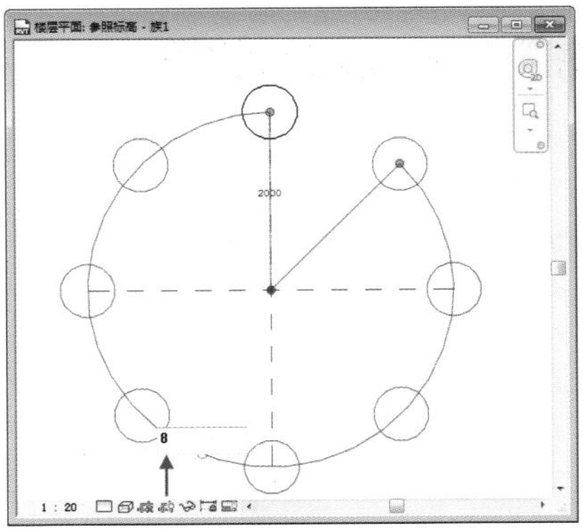

图12-267　阵列结果

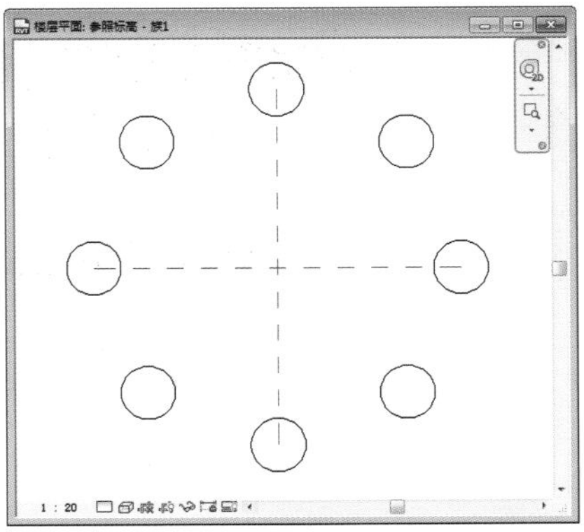

图12-268　最终效果

缩放

启用“缩放”命令，可以调整选定图元的大小。在“修改”面板上单击“缩放”按钮，如图12-269所示，执行缩放图元的操作。在选项栏中选中“图形方式”单选按钮，如图12-270所示，指定缩放方式。“图形方式”是指在缩放过程中，可以实时预览缩放效果。

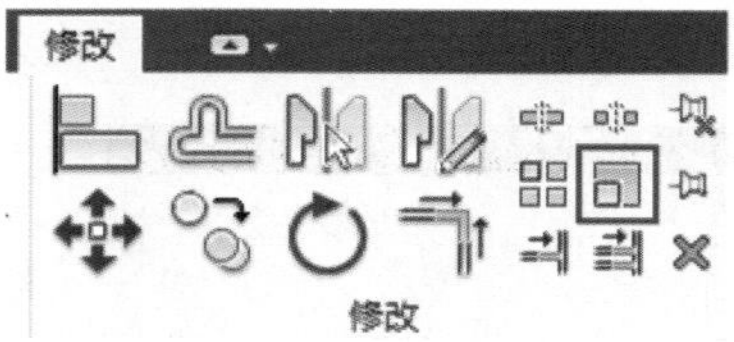

图12-269　单击按钮

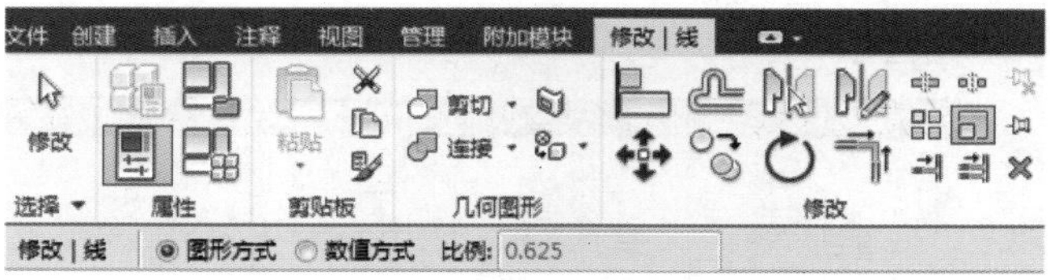

图12-270　选择选项

> **提示**　“缩放”工具适用于线、墙体、图像以及DWG和DXF导入、参照平面。所以，并不是所有的图元都可以执行缩放操作。

在图元上单击指定原点，向上移动鼠标，指定拖曳点，如图12-271所示。

在拖曳点上单击鼠标左键，向下移动鼠标，指定拖曳点的新位置，如图12-272所示。在指定新位置的过程中，可以预览图元的缩放效果，以蓝色的轮廓线显示。

在合适的位置单击鼠标左键，指定拖曳点的新位置，缩放图元的效果如图12-273所示。

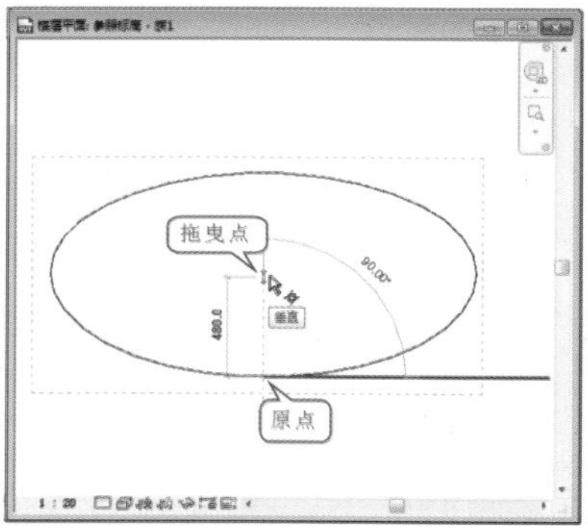

图12-271　指定点

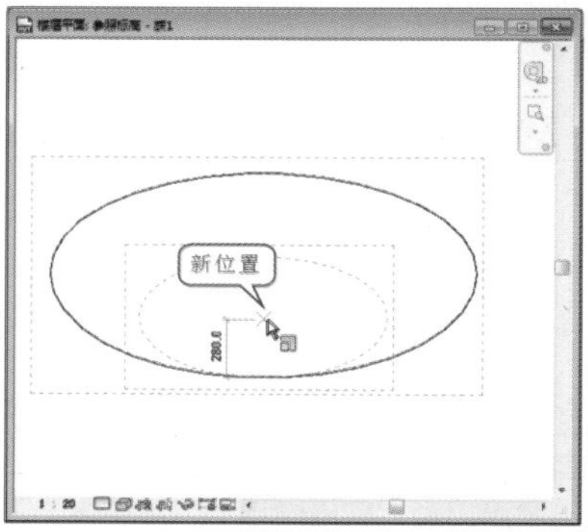

图12-272　指定新位置

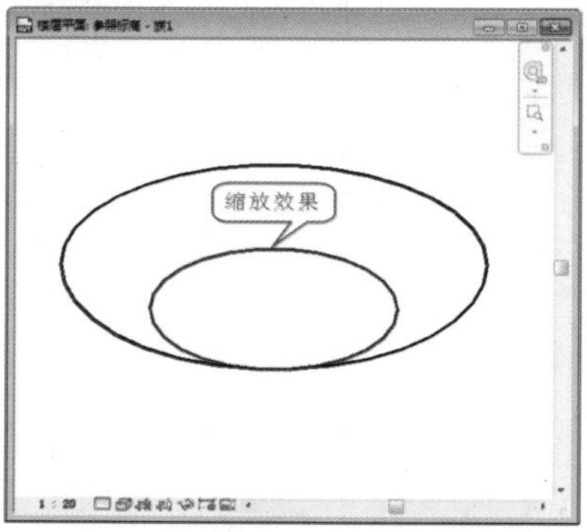

图12-273　缩放效果

选择另外一种缩放方式，即“数值方式”，如图12-274所示。激活“比例”选项，在右侧文本框中设置参数。接着在图元上指定原点，可以按照所指定的“比例”缩放图元。

选用“数值方式”来缩放图元，不可以预览缩放效果。系统直接根据“比例”值来决定是放大图元还是缩小图元。

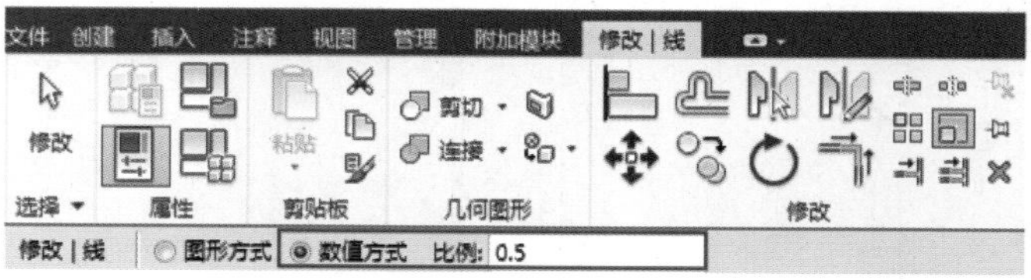

图12-274　选择选项

> **提示**　“比例”值小于1，图元被缩小；“比例”值大于1，图元被放大。

第13章 链接/导入文件

通过将外部文件链接或者导入到项目中，可以借助外部文件提供的帮助，更好地开展项目设计。族是项目设计中的重要内容，用户需要频繁地载入各种类型的族，以满足项目设计的需求。

本章介绍链接与导入文件、载入族的方法。

13.1 链接文件

Revit支持从外部链接文件，包括Revit文件、CAD文件、IFC文件以及DWF标记文件。这些文件链接至项目中，提供参考作用，方便开展项目设计工作。

13.1.1 链接Revit模型

在打开的项目中，可以链接与之相关的Revit模型。通过观察模型，对照已有的项目，共同开展协调工作。

选择“插入”选项卡，在“链接”面板上单击“链接Revit”按钮，如图13-1所示，执行“链接Revit模型”的操作。

图13-1　单击按钮

随即弹出【导入/链接RVT】对话框，选择Revit模型文件后，在“定位”选项中设置定位方式，默认选择“自动-原点到原点”，如图13-2所示，单击“打开”按钮，将选中的模型链接到项目中。

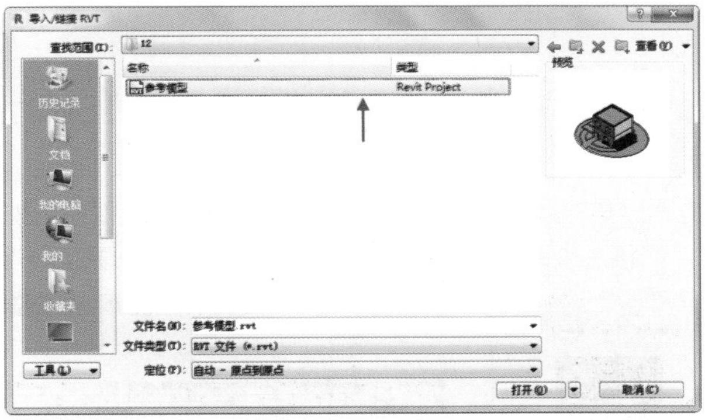

图13-2　选择模型

Revit模型被链接到项目文件中后，以一个整体模型显示。选择模型，显示边界线，如图13-3所示，表示不可以单独编辑其中的某个图元。可以切换视图，观察Revit模型在各视图中不同的显示样式。

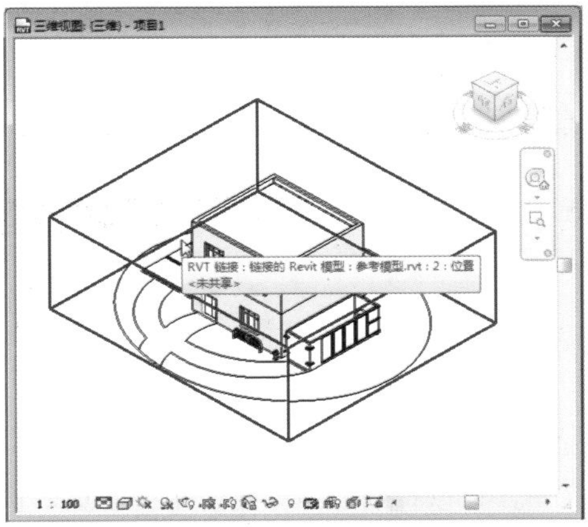

图13-3　Revit模型

选择Revit模型，在“属性”选项板中显示模型的信息。在“名称”选项中显示模型的编号，单击“编辑类型”按钮，弹出【类型属性】对话框，在其中设置模型的属性参数。

提示 在执行“链接Revit”操作之前，可以事先将Revit模型进行清理，即删除一些不需要的图元，保留需要的图元。这样在被链接至项目文件后，可以更准确地提供参考作用。

13.1.2 链接CAD文件

链接CAD文件的操作过程与链接Revit模型类似。在“链接”面板上单击“链接CAD”按钮，如图13-4所示，开始执行“链接CAD文件”的操作。

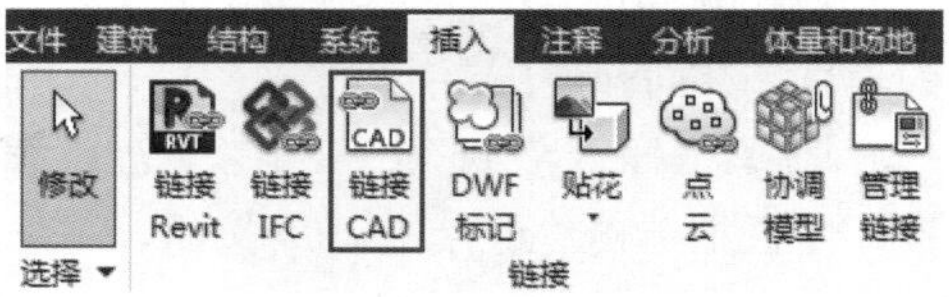

图13-4 单击按钮

稍后弹出【链接CAD格式】对话框，显示AutoCAD文件。选择CAD文件后，在对话框下方的选项组中设置选项，以便定义CAD文件载入项目后的显示样式。

选择“颜色”为“黑白”，表示链接后的CAD文件去除原本的颜色，显示为“黑白”模式。选择“图层/标高”为“全部”，选择“导入单位”为“自动检测”，即自动检测项目单位的格式，并在该格式下显示CAD图形。选择“定位”为“自动-原点到原点”，放置于“标高1”视图，勾选“定向到视图”复选框，如图13-5所示。

提示 在【链接CAD格式】对话框中默认显示DWG格式的文件，单击“文件类型”右侧的倒三角按钮，在弹出的下拉列表中选择格式选项，可以在对话框中显示该格式的文件。

在【链接CAD格式】对话框中单击“打开”按钮，执行“链接CAD文件”的操作。在视图中选择CAD文件，高亮显示边界线，如图13-6所示。链接进来的CAD文件也是一个整体，不可以随意编辑某个图元。

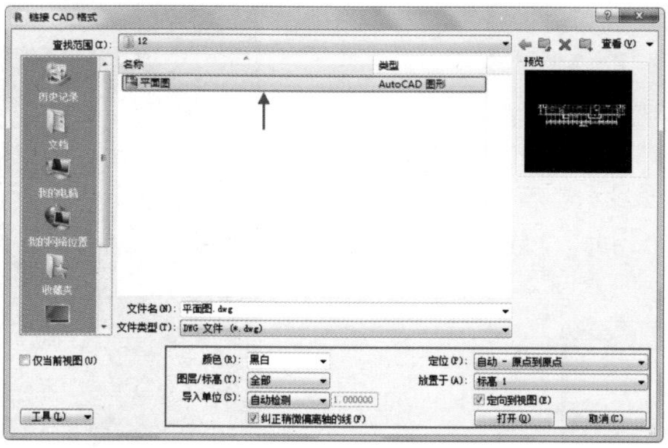

图13-5 选择文件

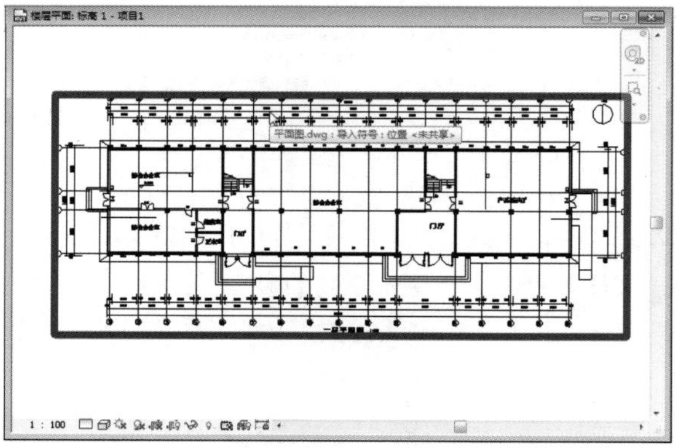

图13-6 选择CAD文件

选择CAD文件，进入“修改|平面图”选项卡，单击“导入实例”面板上的“删除图层”按钮，如图13-7所示，可以删除选中图元的图层。

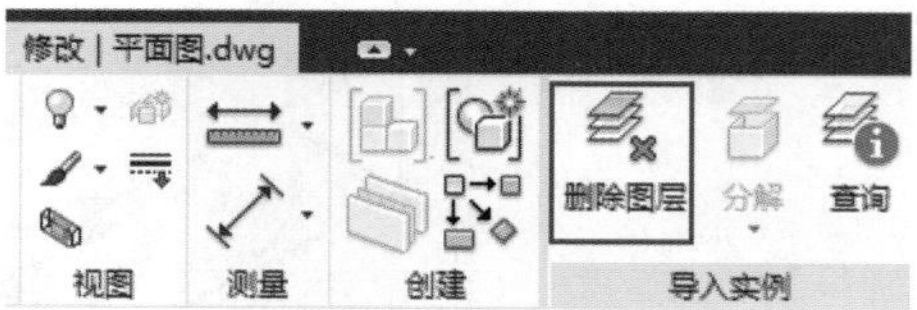

图13-7 单击按钮

在【选择要删除的图层/标高】对话框中选择图层，如选择DOTE图层，如图13-8所示。单击“确定”按钮，关闭对话框后，该图层被删除。删除图层后，位于图层上的图元也一并被删除。

单击“导入实例”面板上的“查询”按钮，可以查询选中图元的相关信息。将光标置于CAD图元上，如墙体，单击鼠标左键，弹出【导入实例查询】对话框。

在【导入实例查询】对话框中详细介绍了选中图元的相关信息，如“类型”“块名称”以及“图层/标高”等，如图13-9所示。按住对话框右侧的矩形滑块不放，向下滑动，可以查看其他图元信息。

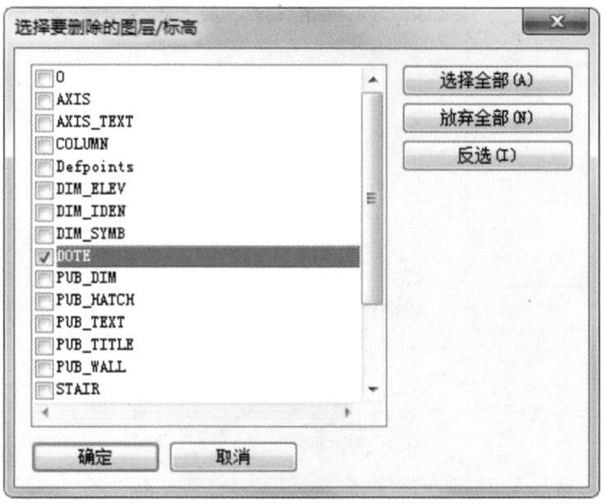

图13-8　选择选项

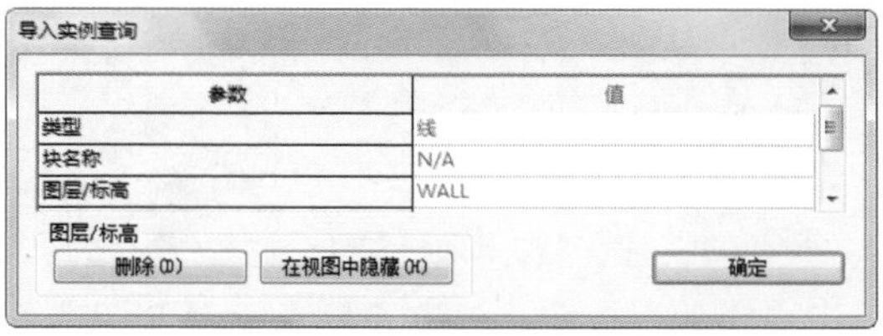

图13-9　显示实例信息

13.1.3　管理链接

链接到项目中的Revit模型以及CAD文件，通过启用“管理链接”命令来管理。用户可对模型或者文件执行“重新载入”“卸载”“添加”以及“删除”操作。

在“链接”面板上单击“管理链接”按钮，如图13-10所示。在弹出的【管理链接】对话框中选择Revit选项卡，在列表中显示已载入的Revit模型的信息，如图13-11所示，包括“链接名称”“状态”等。

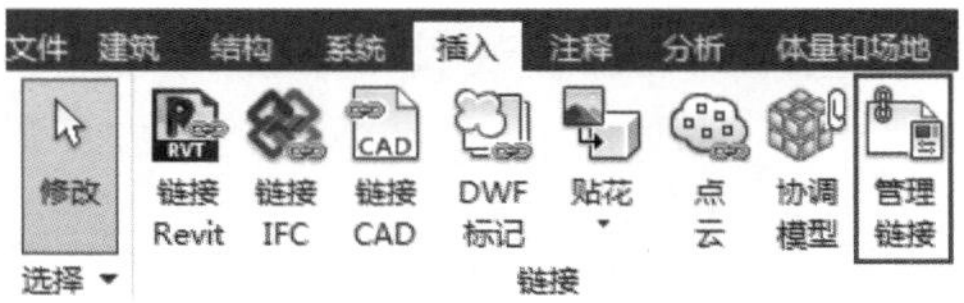

图13-10　单击按钮

选择“CAD格式”选项卡，在列表中显示CAD文件的信息，如图13-12所示。以Revit链接模型为例，介绍各项管理操作。

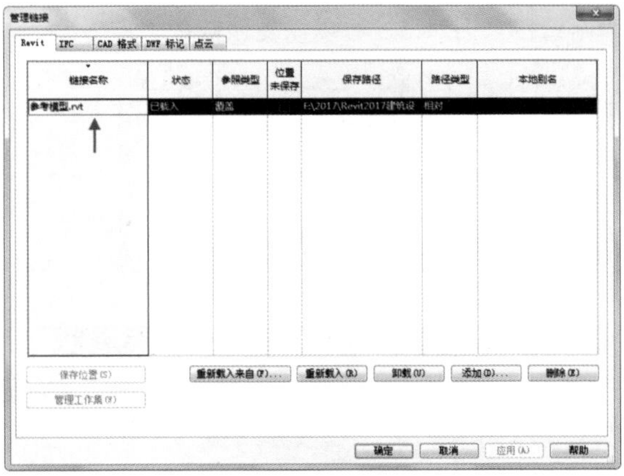

图13-11　Revit选项卡

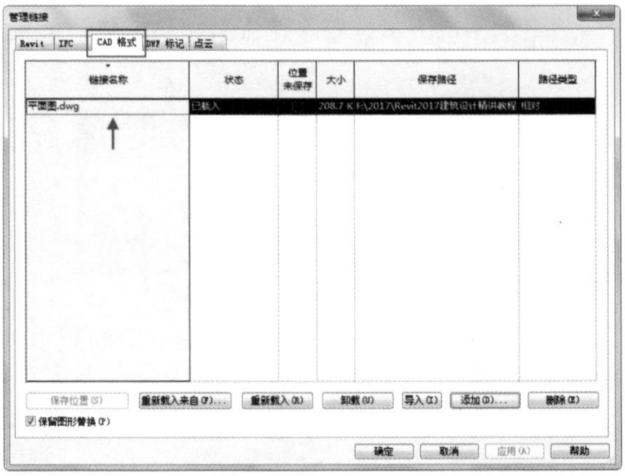

图13-12　“CAD格式”选项卡

单击“重新载入来自”按钮，弹出【添加链接】对话框，选择Revit模型，如图13-13所示。单击“打开”按钮，将选中的模型载入项目。

观察列表，发现已载入的名称为“参考模型”的Revit模型被删除，显示刚才载入的1-1Revit模型，如图13-14所示。在执行“重新载入来自”操作后，系统重新载入选中的Revit模型，并将已载入的模型删除。

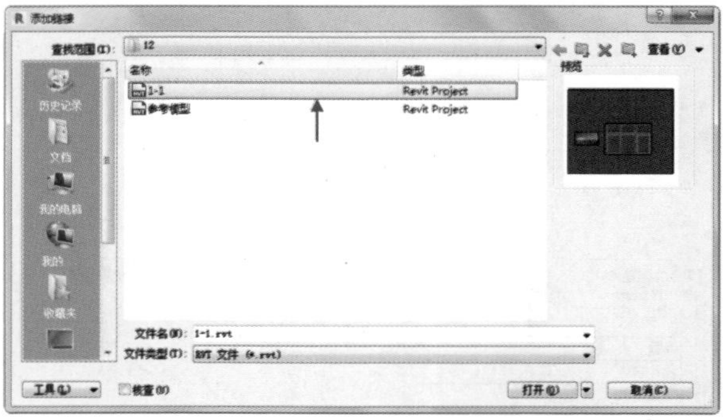

图13-13 选择文件

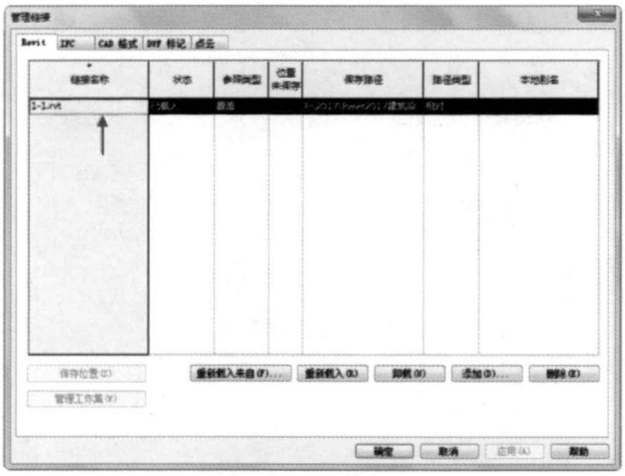

图13-14 重新载入文件

单击“添加”按钮，弹出【导入/链接RVT】对话框，选择Revit模型，可以将其载入到项目中。观察列表，已有的1-1Revit模型没有被删除，新增了名称为“参考模型”的Revit模型，如图13-15所示。执行“添加”操作，在已有模型的基础上新增Revit模型，不会删除已有的模型。

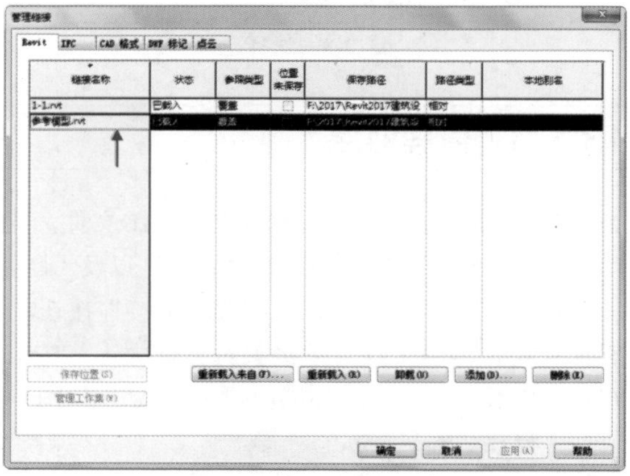

图13-15 添加文件

单击“卸载”按钮，弹出【卸载链接】提示框，提示用户“链接卸载后无法使用‘撤销/恢复’按钮操作，但使用‘重新载入’按钮可重新载入该链接”，如图13-16所示。

执行“卸载链接”操作后，仅是将链接删除，执行“重新载入”操作，还可以再次载入该链接。

单击“删除”按钮，弹出【删除链接】提示框，提示用户“删除的链接将无法使用撤销/重做按钮恢复”，如图13-17所示。删除链接后，只能将该链接作为新链接来插入，才可以恢复该链接。

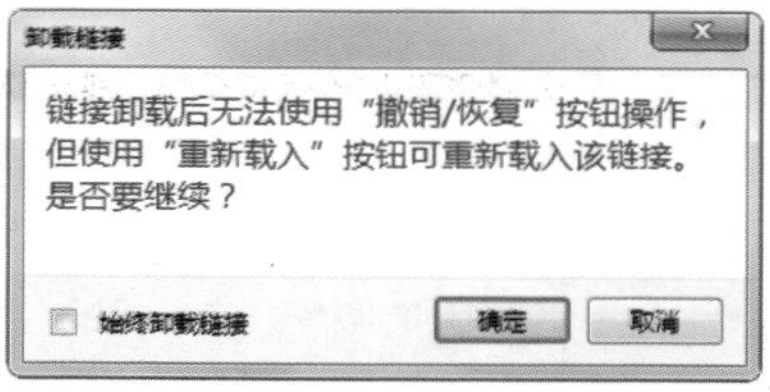

图13-16 【卸载链接】提示框

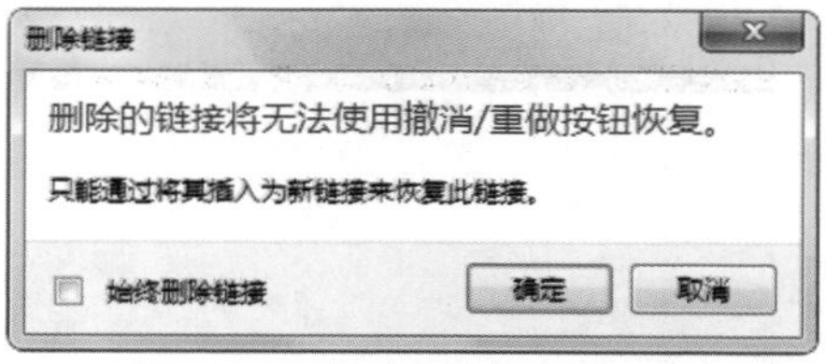

图13-17 【删除链接】提示框

选择“视图”选项卡，单击“图形”面板上的“可见性/图形”按钮，如图13-18所示。

图13-18 单击按钮

在弹出的【楼层平面：标高1的可见性/图形替换】对话框中选择“导入的类别”选项卡，显示链接的CAD文件名称。单击名称前的“+”号，展开图层列表，如图13-19所示。默认情况下，选择全部的图层。取消选择其中某个图层，关闭对话框后，该图层被隐藏，位于该图层上的图元也被隐藏。

在项目中尚未链接Revit模型之前，【楼层平面：标高1的可见性/图形替换】对话框是没有“Revit链接”选项卡的。当链接Revit模型到项目中后，对话框中新增名称为“Revit链接”的选项卡。

选择“Revit链接”选项卡，显示Revit模型的名称，如图13-20所示。取消选择列表选项，关闭对话框后，Revit模型被隐藏。假如要重新恢复显示Revit模型，在“Revit链接”选项卡中重新选择Revit模型即可。

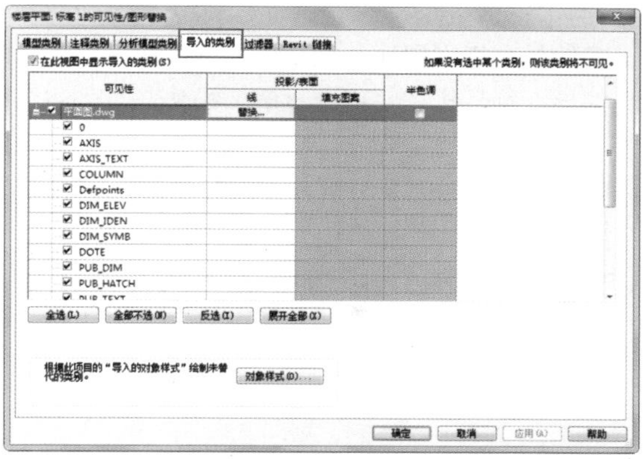

图13-19　“导入的类别”选项卡

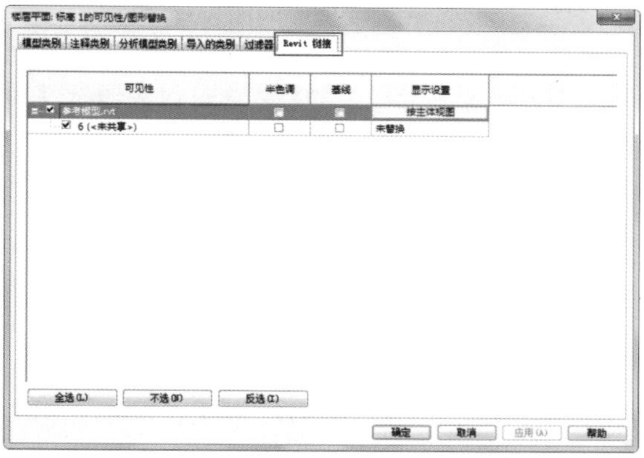

图13-20　“Revit链接”选项卡

13.2　导入文件

与链接文件相似，导入文件的结果也是将外部文件导入到项目中，但是两者之间还是有一定的区别。链接文件被修改后，项目中的链接文件会同步更新。例如，“平面图.dwg”文件在AutoCAD应用程序中修改后，已链接到项目中的“平面图.dwg”文件会一起被更新，与已修改的“平面图.dwg”文件保持一致。但是文件夹中的“平面图.dwg”文件不要修改位置，否则系统找不到链接路径，就无法更新链接文件。

导入文件就无法执行更新操作，所以与链接文件相比，缺少灵活性。

13.2.1　导入CAD文件

导入CAD文件的过程与链接CAD文件的过程类似。在“导入”面板上单击“导入CAD”按钮，如图13-21所示，开始执行“导入CAD文件”的操作。

启用“导入CAD”命令后，弹出【导入CAD格式】对话框，选择CAD文件，在对话框下方设置选项，如图13-22所示，调整CAD文件导入到项目后的显示样式。单击“打开”按钮，将CAD文件导入到项目中。

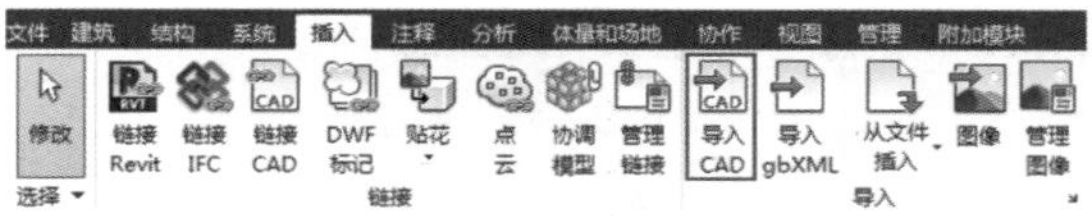

图13-21　单击按钮

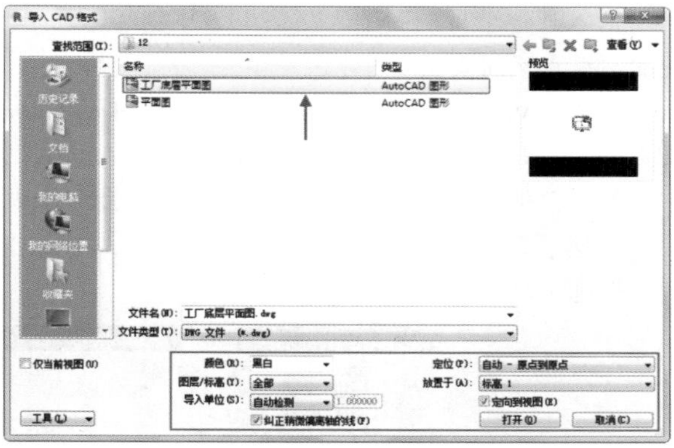

图13-22　选择文件

选择导入后的CAD文件，在选项卡的“导入实例”面板中显示编辑导入文件的命令。与链接文件相比，“导入实例”面板提供了3个命令来编辑导入文件。

"删除图层"与"查询"命令的使用方法请参考前面的介绍。单击"分解"按钮，在弹出的下拉列表中选择"部分分解"选项，如图13-23所示。

执行"部分分解"后，可将导入符号分解为仅次于它的最高级别图元。执行"部分分解"操作，导入符号会产生嵌套的导入符号。还可以继续对这些嵌套的导入符号执行"部分分解"操作，直到将这些符号全部转换为Revit图元为止。

在"分解"下拉列表中选择"完全分解"选项，可以将导入符号完全分解，使其转换为Revit文字、曲线、线和填充区域。

在【楼层平面：标高1的可见性/图形替换】对话框中选择"导入的类别"选项卡，在列表中显示导入文件的名称，即"工厂底层平面图.dwg"，如图13-24所示。单击展开图层列表，通过选择或者取消选择图层，控制图层的显示或隐藏。

值得注意的是，链接CAD文件也在该选项卡中显示。

图13-23 "分解"下拉列表

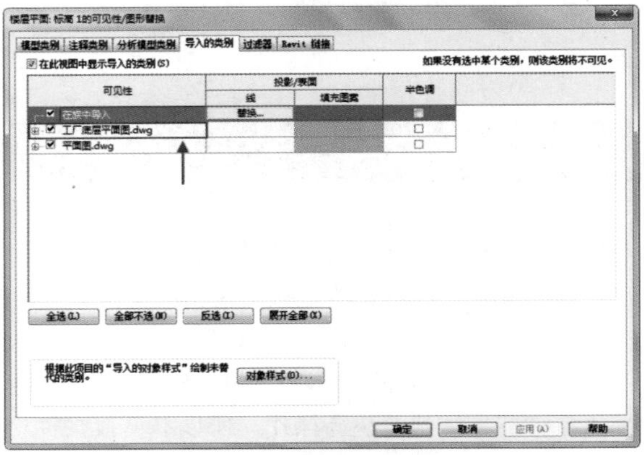

图13-24 显示导入文件名称

13.2.2 插入文件中的视图

执行"插入文件中的视图"操作，可以复制来自指定项目文件的指定视图，即图纸、明细表或者绘图视图，并且将它们保存在当前项目中。通过执行此项操作，可以在多个项目中重复使用明细表格式、图纸或者绘图视图。

插入其他项目的明细表，结果是复制其格式，方便用户自定义明细表的参数。但是明细表的内容不能随着格式一同被复制过来。

因为Revit中的明细表依附于项目，项目发生改动，明细表也会相应更新。将明细表复制到新的项目文件中，明细表中的参数缺少依附对象，所以结果就是仅仅格式被复制。

插入其他项目的绘图视图，可以重复使用整个视图，包括视图中的二维图元和文字。

新建项目文件，在"导入"面板上单击"从文件插入"按钮，弹出下拉列表，选择"插入文件中的视图"选项，如图13-25所示。

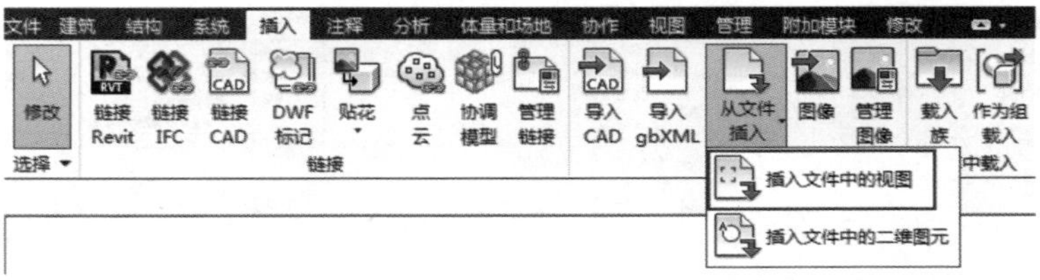

图13-25 选择选项

稍后弹出【打开】对话框，选择Revit文件，如图13-26所示。单击“打开”按钮，打开项目文件。在弹出的【插入视图】对话框中单击“视图”右侧的倒三角按钮，在弹出的下拉列表中选择“仅显示明细表和报告”选项，在列表框中显示选定项目中的明细表或者报告。

在列表框中显示明细表视图，依次为“墙材质提取”“窗明细表”以及“门明细表”。选择选项，如选择“门明细表”，如图13-27所示。单击“确定”按钮，可以插入“门明细表”。

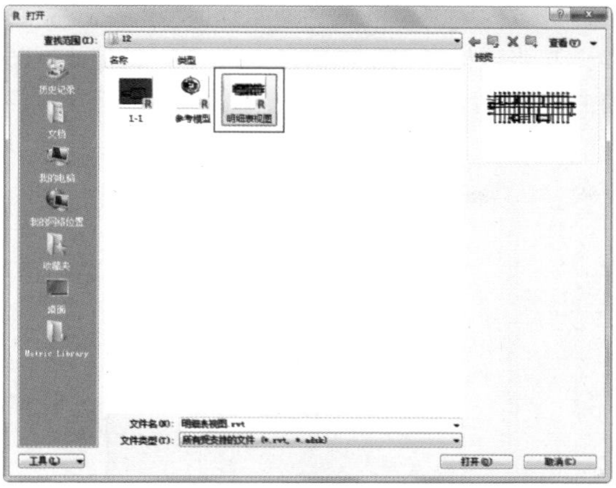

图13-26　选择文件

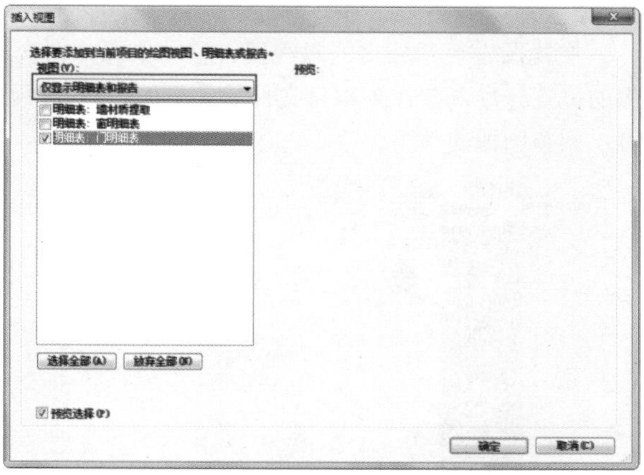

图13-27　选择视图

提示　用户还可以复制其他类型的明细表，如“墙材质提取”“窗明细表”等，操作过程与上面所述相同。

操作结束后，在项目浏览器中单击展开“明细表/数量”列表，在列表中显示新插入的“门明细表”，如图13-28所示。在明细表视图中观察插入效果，发现仅将“门明细表”的格式复制过来，明细表的内容未随同复制，如图13-29所示。

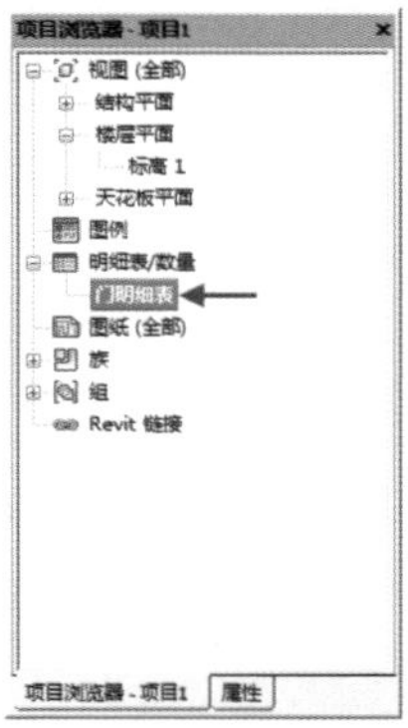

图13-28　显示明细表名称

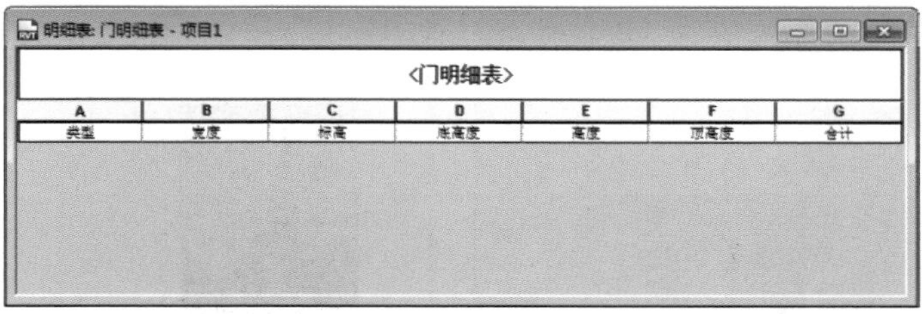

图13-29　明细表格式

13.2.3　插入图像

启用“图像”命令，可以将光栅图像导入到项目中，方便用户在创建模型或者演示模型的过程中作为背景图像或者参考资料。

在“导入”面板上单击“图像”按钮，如图13-30所示。在弹出的【导入图像】对话框中单

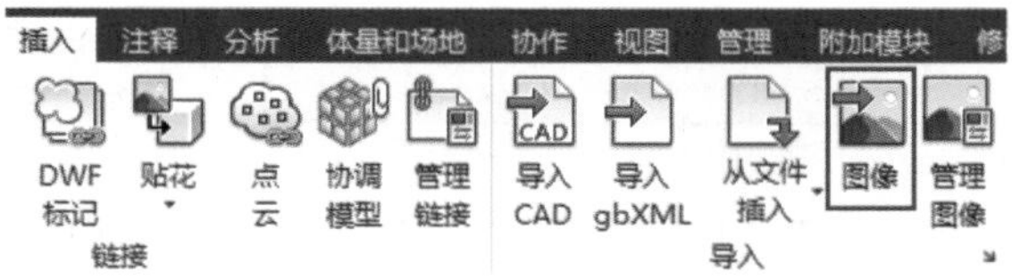

图13-30　单击按钮

击“文件类型”右侧的倒三角按钮，在弹出的下拉列表中显示文件格式，如“所有图像文件”“位图文件”、JPEG文件等。选择不同的选项，指定即将导入的图像格式。

默认在列表中选择“所有图像文件”选项，选择图像，如图13-31所示，单击“打开”按钮，将图像导入到项目中。

提示 图像只能导入到二维视图或者图纸视图中，不能导入到三维视图中。

在视图中显示相交的斜线段，移动鼠标，在合适的位置单击鼠标左键，如图13-32所示，指定放置图像的位置。导入图像到项目文件的效果如图13-33所示。在图像的4个角显示蓝色的实心圆点，激活圆点，可以调整图像的大小。

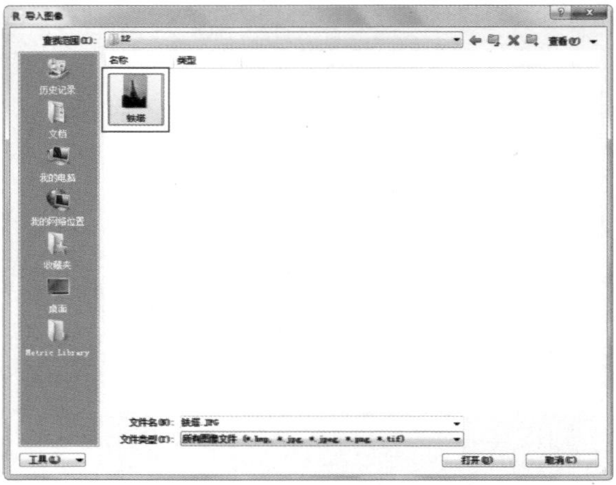

图13-31　选择图像

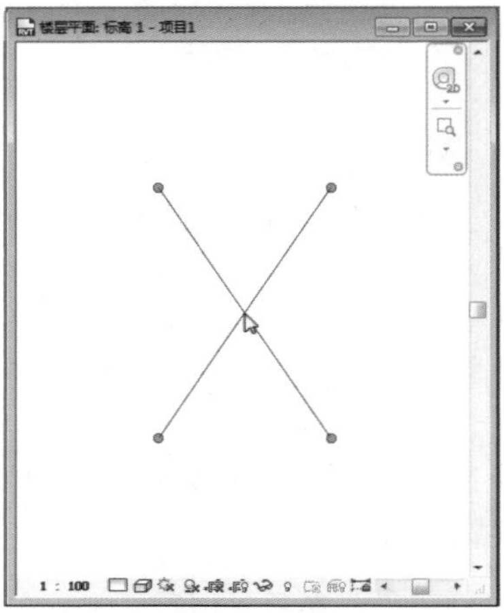

图13-32　指定放置点

将光标置于图像的右下角点，按住鼠标左键不放，激活夹点。向右下角移动鼠标，此时图片的外轮廓线发生变化，如图13-34所示。在合适的位置释放鼠标，图像被放大。同样可以通过激活夹点来缩放图像。

选择图像，在“属性”选项板中显示图像的“宽度”“高度”参数，如图13-35所示。修改参数，调整图像的尺寸大小。默认选择“固定宽高比”选项，图像的宽高一起发生变化。取消选择该选项，可以单独修改“宽度”值或“高度”值。

图13-33　插入图像

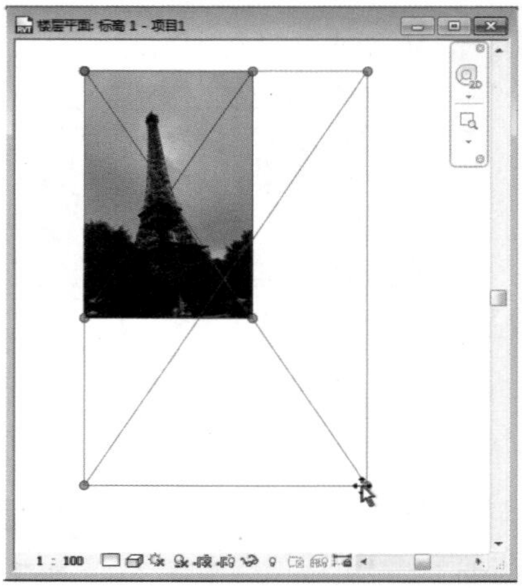

图13-34　移动夹点

图13-35　“属性”选项板

在“修改|光栅图像”选项卡中，单击“放到最前”按钮，在弹出的下拉列表中选择选项，可以向前调整图片的位置；单击“放到最后”按钮，在弹出的下拉列表中选择“放到最后”或者“后移”选项，

向后调整图片的位置，如图13-36所示。

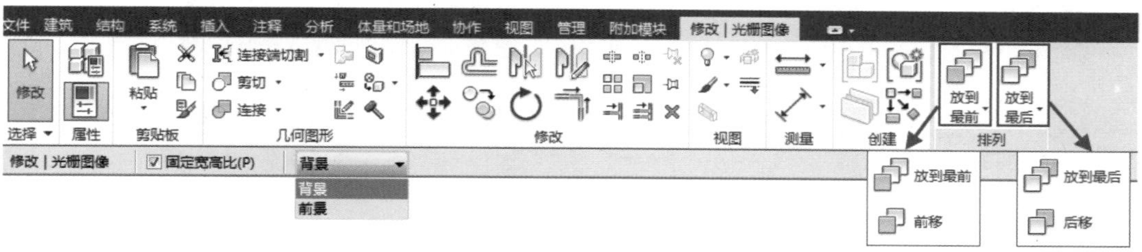

图13-36　选项下拉列表

13.2.4　管理图像

在“导入”面板上单击“管理图像”按钮，如图13-37所示，弹出【管理图像】对话框。在该对话框中显示已导入到项目中的光栅图像的信息，包括图像的名称、数量以及路径，如图13-38所示。

图13-37　单击按钮

选择图像，激活对话框下方的选项按钮。单击“添加”按钮，弹出【导入图像】对话框，选择图像，单击“打开”按钮，可以导入图像。单击“删除”按钮，删除选中的光栅图像。

单击“重新载入来自”按钮，弹出【导入图像】对话框，选择图像，单击“打开”按钮，将图像导入到项目中。之前选中的图像被删除，显示新载入的图像。

单击“重新载入”按钮，重新载入选中的光栅图像。

图13-38　【管理图像】对话框

13.3　从库中载入族

添加构件时，系统常常提示用户需要载入族才可继续执行操作。项目文件仅提供少量的Revit族，远远不能满足使用要求，用户通过从库中载入族可以解决这一问题。

13.3.1　从外部文件中载入族

启用“载入族”命令，可以从库中载入Revit族。在“从库中载入”面板上单击“载入族”按钮，如图13-39所示，执行“载入族”操作。

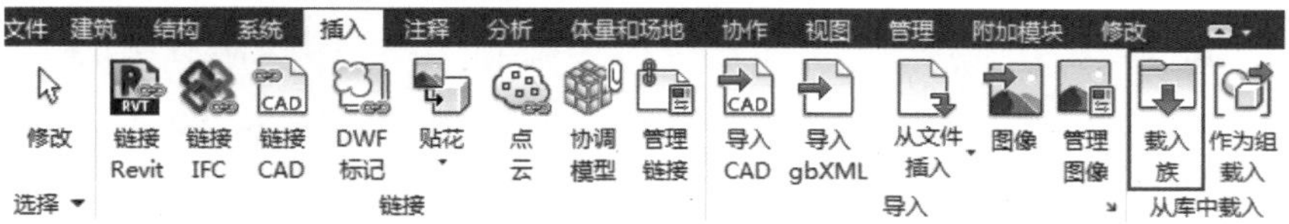

图13-39　单击按钮

弹出【载入族】对话框，选择族文件，如图13-40所示。单击“打开”按钮，可以将选中的族载入到项目中。启用“建筑柱”命令，在“属性”选项板中单击弹出类型列表，显示已载入的柱族，如图13-41所示。选择其中一个柱子类型，可以将其放置到项目中。

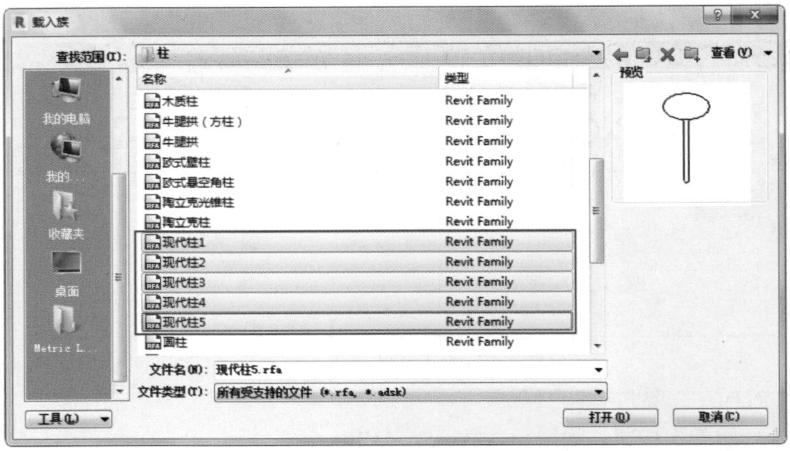

图13-40　选择文件

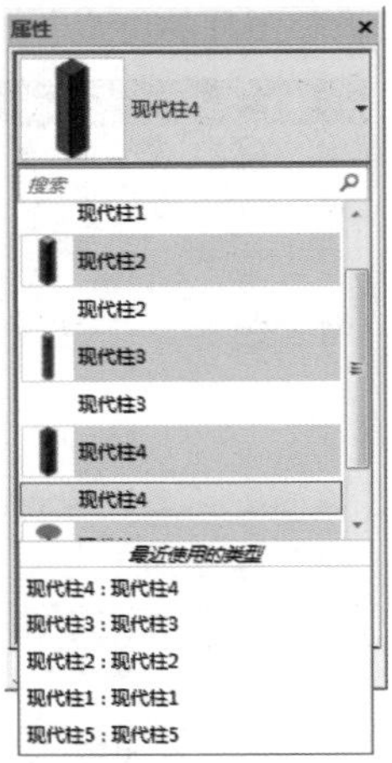

图13-41　类型列表

提示　Revit允许一次性载入多个族文件，只是花费的时间较长。

在项目浏览器中单击展开“族”列表，选择“柱”选项，单击选项名称前的“+”号，在列表中显示项目中所包含的柱族，如图13-42所示。选择选项，如选择“现代柱1”，按住鼠标左键不放，移动鼠标至绘图区域中，可以放置“现代柱1”到项目中。

在“柱”列表中选择“现代柱1”，双击鼠标左键，弹出【类型属性】对话框，单击“族”右侧的倒三角按钮，在弹出的下拉列表中显示族名称，如图13-43所示。选择选项后，在“类型”下拉列表中显示该族所包含的类型。在“类型参数”列表中可以修改柱子参数。

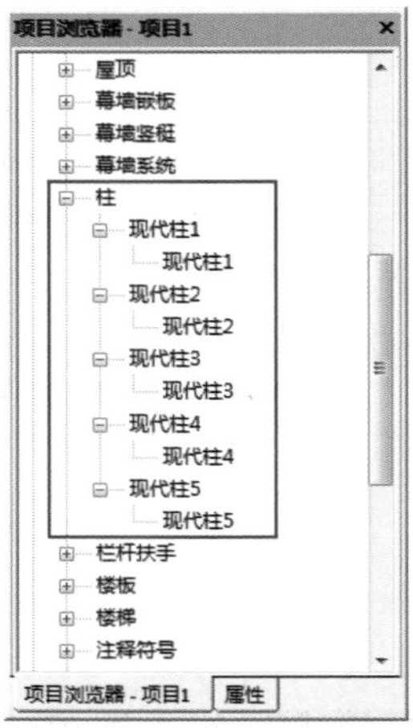

图13-42　“柱”列表

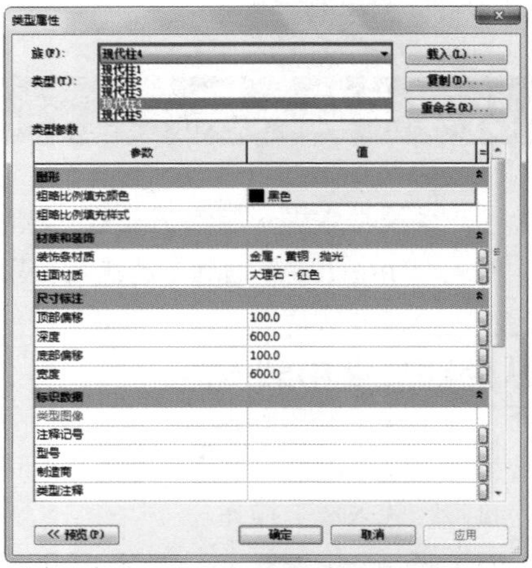

图13-43　【类型属性】对话框

13.3.2　将Revit文件作为组载入

启用“作为组载入”命令，可以将Revit文件作为组载入到项目中。用户可以先创建一组图元，接着将该组图元多次放置在一个项目或者一个族中。可将RVT文件作为一个组载入项目，也可将RFA文件作为一个组载入“族编辑器”。

在“从库中载入”面板上单击“作为组载入”按钮，如图13-44所示，弹出【将文件作为组载入】对话框。在该对话框中选择Revit文件，如图13-45所示。单击“打开”按钮，将文件作为组载入项目。

图13-44　单击按钮

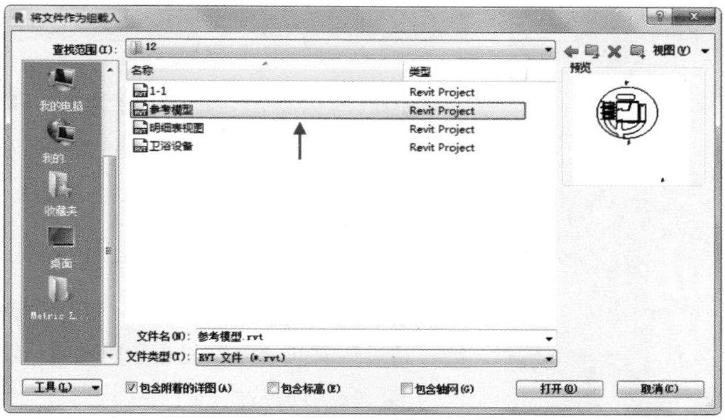

图13-45　选择文件

稍后弹出如图13-46所示的【重复类型】提示框，单击“确定”按钮，继续执行“载入”操作。在项目浏览器中单击“组”前面的“+”号，在展开的列表中显示“模型”和“详图”两个选项。单击“模型”前面的“+”号，在展开的列表中显示载入的模型组的名称。

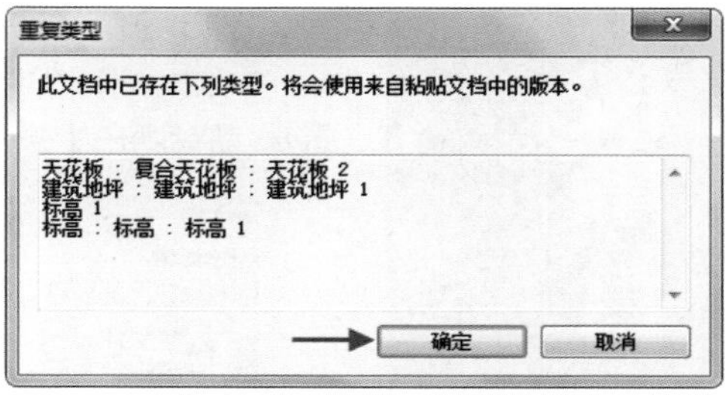

图13-46　【重复类型】提示框

右击，在弹出的快捷菜单中选择“创建实例”命令，如图13-47所示。在视图中指定点，可以放置模型组，结果如图13-48所示。选择组，显示移动符号，此时按住鼠标左键不放，移动鼠标，可以调整模型组的位置。

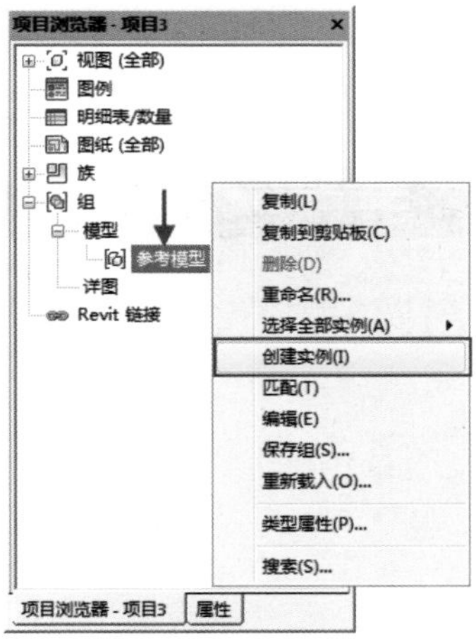

图13-47　选择命令

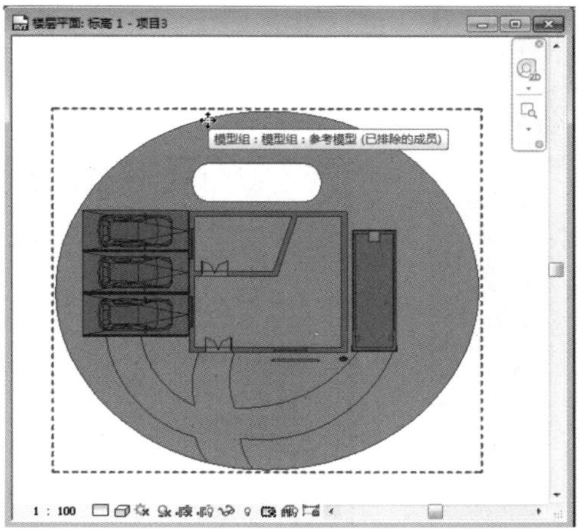

图13-48　放置模型组

第14章 研发大楼项目设计

经过本书前面各章节的学习后，本章以研发大楼为例，系统介绍使用Revit应用程序开展项目设计的操作过程。研发大楼的外观类似于大写字母L，在绘制墙体的过程中，涉及弧墙的绘制。

研发大楼项目的创建过程可以概括为创建轴网与标高、绘制墙体、放置门窗、创建天花板与楼板等。鉴于在前面各章节中已经介绍过创建各构件的方法，在本章中对已介绍过的知识，将会简要讲解。假如用户有不明白的地方，请翻阅本书前面的内容。

14.1 创建轴网与标高

轴网与标高是创建项目的基础，帮助用户在立面以及平面方向上确定项目的位置。本节介绍创建研发大楼的轴网与标高的操作过程。

14.1.1 创建轴网

绘制轴线的方式有多种，可以直接通过绘制直线来创建垂直轴线或者水平轴线，通过绘制弧线可以创建弧形轴线。还可以拾取已有的墙、线或者边来创建轴线。

本节采用最常用的“线”工具，通过绘制直线来创建轴线。

01 启动Revit应用程序，在欢迎界面上单击“项目”选项组中的“新建”按钮，弹出【新建项目】对话框，在其中选中“项目”单选按钮，如图14-1所示。单击“确定”按钮，关闭对话框，执行“新建项目”的操作。

02 随后弹出【未定义度量制】对话框，单击“公制”按钮，如图14-2所示。

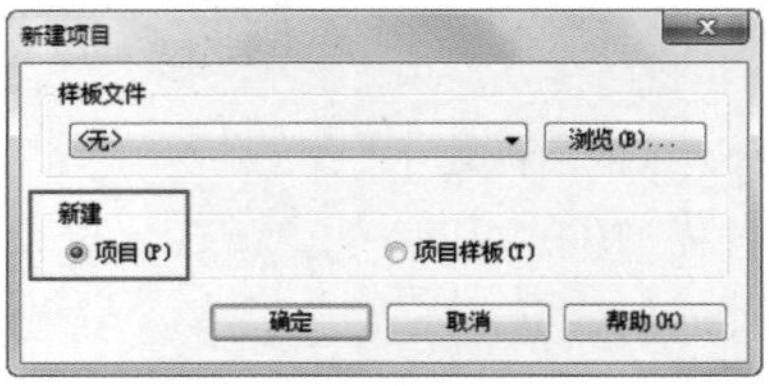

图14-1 选择选项

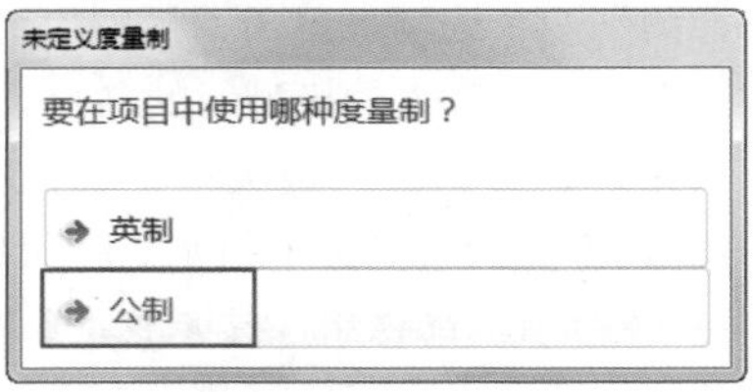

图14-2 单击按钮

03 新建项目后，默认停留在“楼层平面”视图中。选择“建筑”选项卡，在“基准”面板上单击“轴网”按钮，如图14-3所示。开始执行“创建轴网”的操作。

图14-3 单击按钮

04 在视图中单击指定起点与终点，绘制垂直轴线。向右移动鼠标，输入距离参数，定位另一垂直轴线的位置。绘制垂直方向上的轴线的最终效果如图14-4所示。

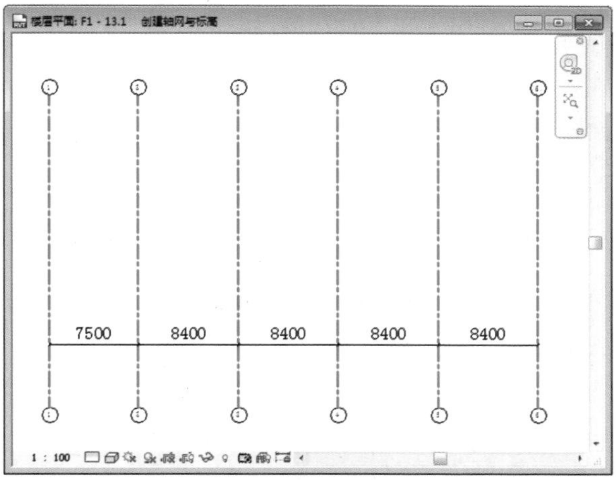

图14-4　绘制垂直轴线

提示 用户可以在创建轴线之前，先载入轴网标头；也可以在创建轴线后，再载入轴网标头。需要在【类型属性】对话框的“符号”选项中选择符号样式，才可以在轴线上显示标头。

05 在1号轴线的左上角单击指定水平轴线的起点，向右移动鼠标，在合适位置单击指定轴线的终点。单击轴网标头，进入在位编辑模式，输入A。接着在A轴的基础上继续绘制水平轴线，系统按照顺序命名的规则为轴线命名，效果如图14-5所示。

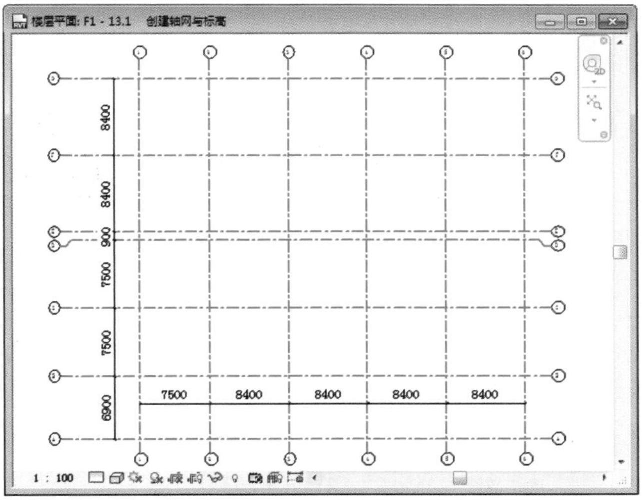

图14-5　绘制水平轴线

14.1.2　创建标高

Revit 2018没有在项目文件中创建立面视图，所以在创建标高之前，需要先创建立面视图。因为标高需要在立面视图中创建。

01 选择“视图”选项卡，在“创建”面板上单击“立面”按钮，如图14-6所示，执行“创建立面视图”的操作。

图14-6　单击按钮

02 在轴网的下方单击鼠标左键，指定点放置立面，按Tab键，可以切换立面方向，效果如图14-7所示。

提示 立面符号上的垂直线段用来指示立面方向。

03 放置立面视图后，在项目浏览器中新增一个名称为“立面（立面1）”的列表，单击展开列表，显示新建的立面视图的名称，如图14-8所示。

04 选择视图名称，右击，在弹出的快捷菜单中选择“重命名”命令，如图14-9所示，执行“重命名视图”的操作。

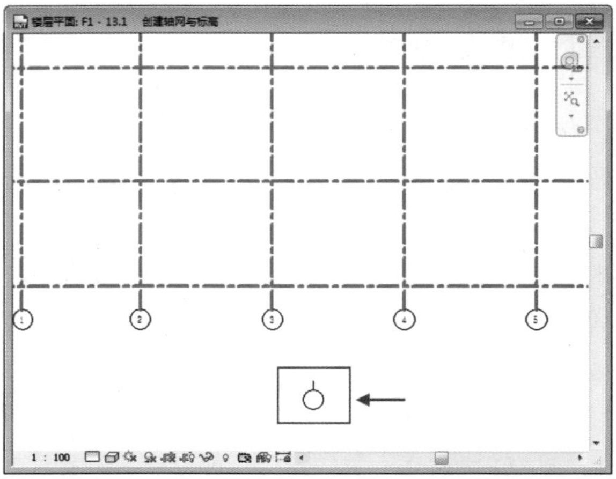

图14-7 放置立面

图14-8 新建立面视图

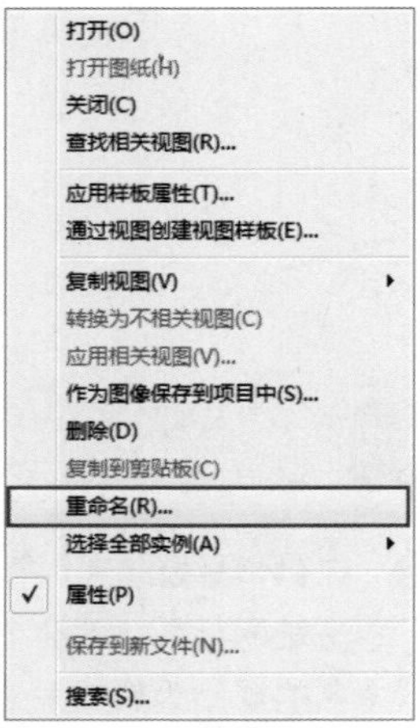

图14-9 选择命令

提示 选中视图名称，按F2键，也可以执行“重命名”的操作。

05 弹出【重命名视图】对话框，在“名称”文本框中输入名称，如图14-10所示。单击“确定”按钮，关闭对话框，完成“重命名”的操作。

图14-10 输入名称

06 重命名立面视图的效果如图14-11所示。

07 在“属性”选项板中勾选“裁剪区域可见”复选框，如图14-12所示，在立面视图中显示裁剪框。

08 选中裁剪框，单击边界线上的夹点，调整边界线的大小。在边界线内显示系统默认创建的标高1，如图14-13所示。

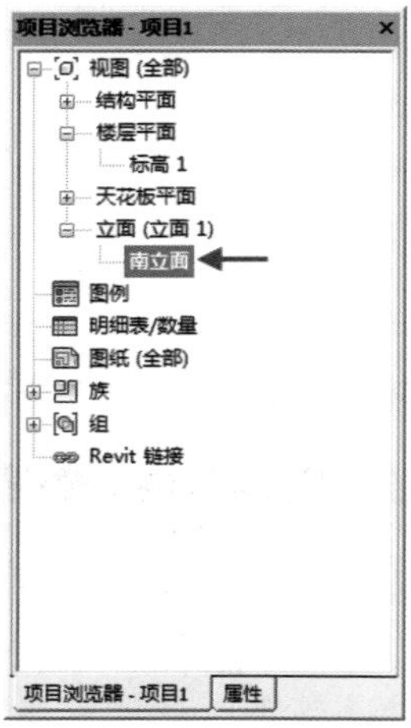

图14-11 重命名视图

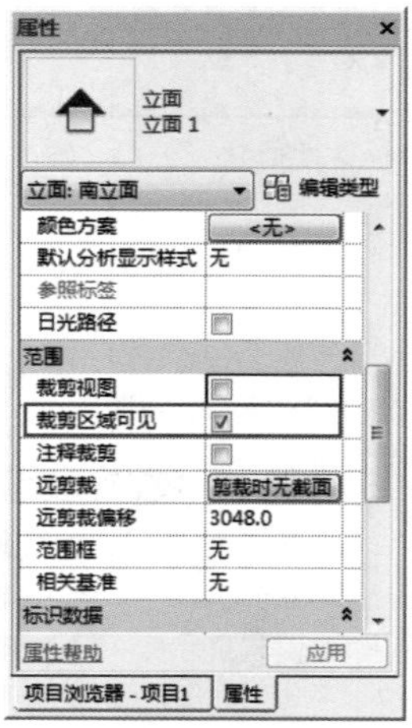

图14-12 选择选项

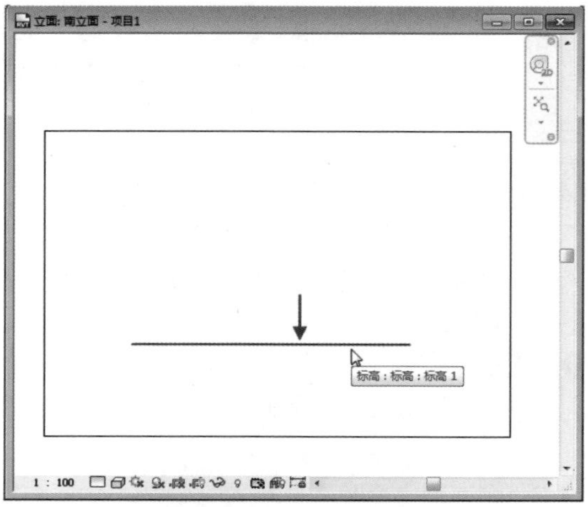

图14-13 默认创建的标高

提示 默认情况下，在立面视图中仅显示标高线，不显示标高符号。

09 选择标高线，在“属性”选项板中单击“编辑类型”按钮，弹出【类型属性】对话框。在“符号”右侧的下拉列表中选择符号样式，如图14-14所示。单击“确定”按钮，关闭对话框。

10 返回到立面视图，发现在标高线的两端都已添加标高符号，如图14-15所示。

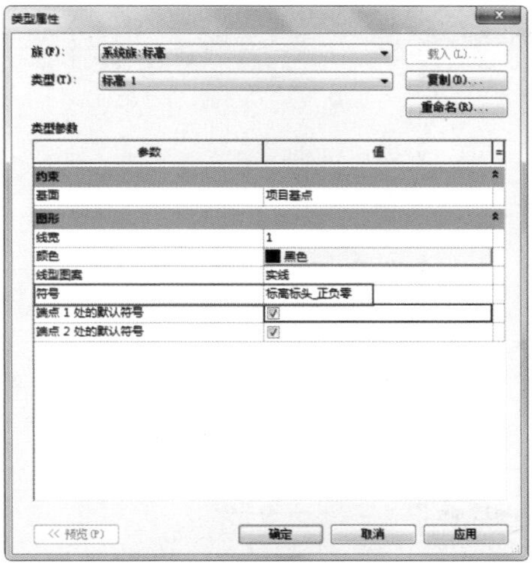

图14-14 选择选项

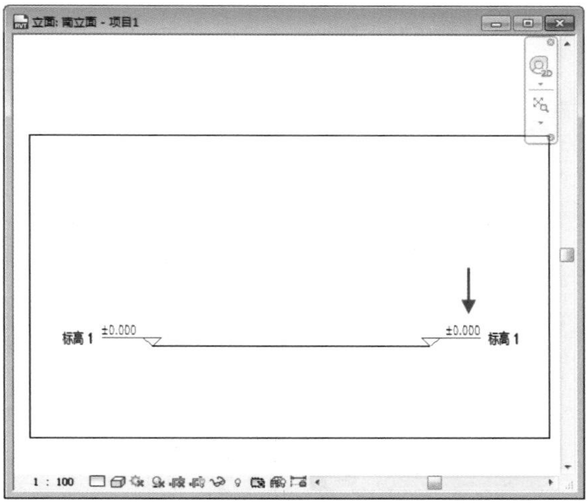

图14-15 显示符号

提示 项目文件并未提供标高符号，用户需要从外部库中载入符号族才可应用到标高线上。

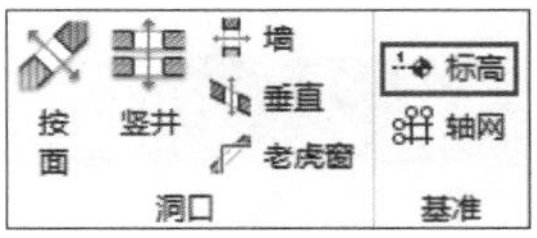

图14-16 单击按钮

11 在立面视图中，“标高”命令被激活。在“基准”面板中单击“标高”按钮，如图14-16所示，启用“标高”命令。

12 在视图中指定标高线的起点与终点，绘制其他楼层标高的效果如图14-17所示。

13 在项目浏览器中单击展开“楼层平面”列表，显示已创建的视图的名称，如图14-18所示。

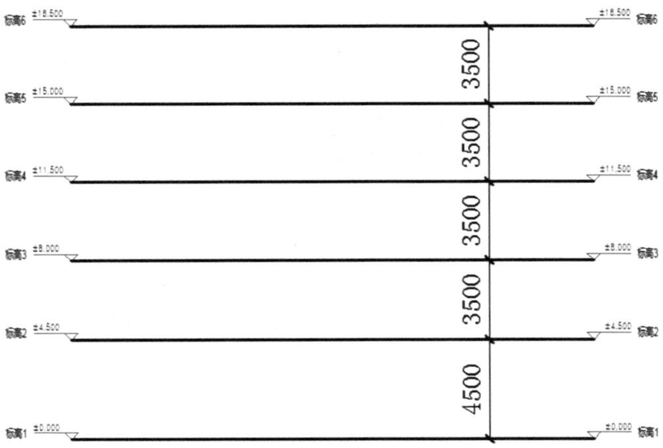

图14-17 创建标高

图14-18 新建视图

14 选择视图名称，按F2键，在弹出的【重命名视图】对话框中输入视图名称，如F1。单击“确定”按钮，随即弹出如图14-19所示的Revit提示框，单击“是”按钮，完成“重命名视图”的操作。

提示　如果在Revit提示框中单击“否”按钮，则仅重命名指定类型的视图，如“楼层平面”或者“结构平面”，其他类型的视图名称不受影响。

15 在“楼层平面”列表中观察重命名视图的结果如图14-20所示。

16 标高符号一侧的视图名称也随之更新，显示效果如图14-21所示。

图14-19　Revit提示框

图14-20　重命名视图

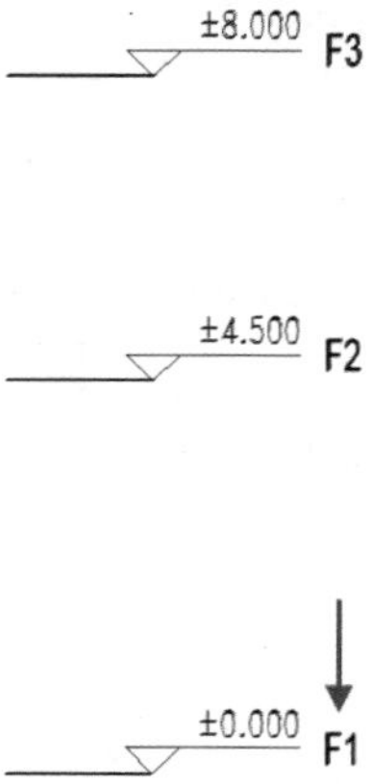

图14-21　更新显示

14.2　创建墙体

在创建墙体之前，需要先设置墙体参数，其具体设置墙体参数的方法请参考第3章中相关内容的介绍。在本节中简要介绍设置参数的过程，主要是讲解绘制外墙体与内墙体的操作方法。

14.2.1　绘制外墙体

大楼的外墙体宽度是300mm，墙体的宽度在设置墙体参数时设置。Revit提供了绘制“弧墙”的工具，用户启用该工具，可以在指定的位置创建弧墙。

设置墙体参数

01 选择“建筑”选项卡，在“构建”面板上单击“墙”按钮，启用“墙”命令。在“属性”选项板中选择“墙1”，单击“编辑类型”按钮，弹出【类型属性】对话框。

02 在【类型属性】对话框中单击“复制”按钮，弹出【名称】对话框，设置“名称”为“研发大楼-外墙”，如图14-22所示。

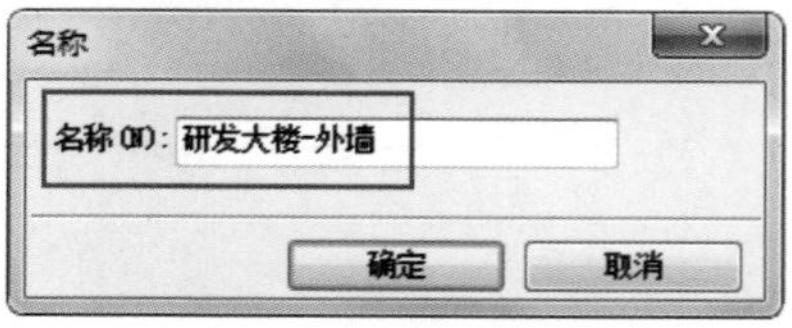

图14-22　设置名称

03 单击“确定”按钮，返回到【类型属性】对话框，单击“结构”右侧的“编辑”按钮，如图14-23所示。

提示　在“厚度”选项中显示参数为200.0，表示墙体的宽度为200mm。

04 稍后弹出【编辑部件】对话框，单击“插入”按钮，插入3个新列。调整新列的位置，分别设置“功能”属性，结果如图14-24所示。

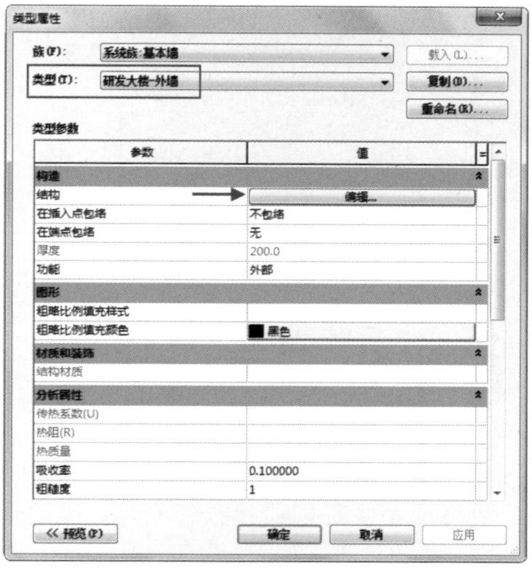

图14-23 单击按钮

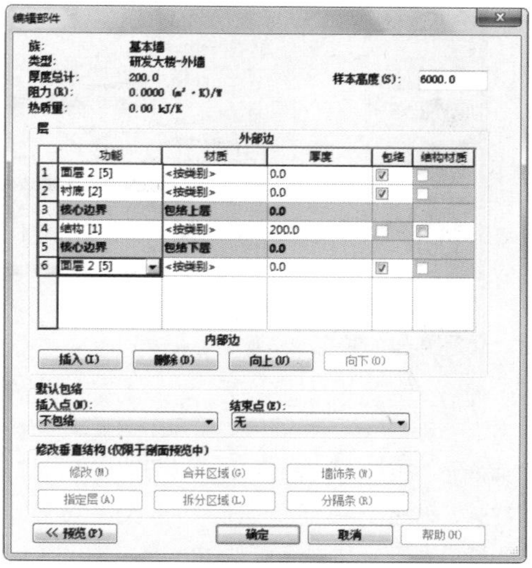

图14-24 插入新列

提示 选择材质，右击，在弹出的快捷菜单中包含“复制”和“重命名”命令，用户可以复制和重命名材质。

05 将光标定位于第1行“面层2[5]”中的“材质”单元格上并单击，弹出【材质浏览器】对话框。在材质列表框中选择“默认墙”材质，执行“复制”和“重命名”操作，复制材质副本并修改材质名称为“研发大楼-外墙”，如图14-25所示。

06 单击材质列表框下方的“打开/关闭资源浏览器”按钮，弹出【资源浏览器】对话框。单击展开“Autodesk物理资源”列表，选择“墙漆”选项，在右侧的列表中选择材质，如图14-26所示。单击右侧的⇄按钮，替换当前资源。

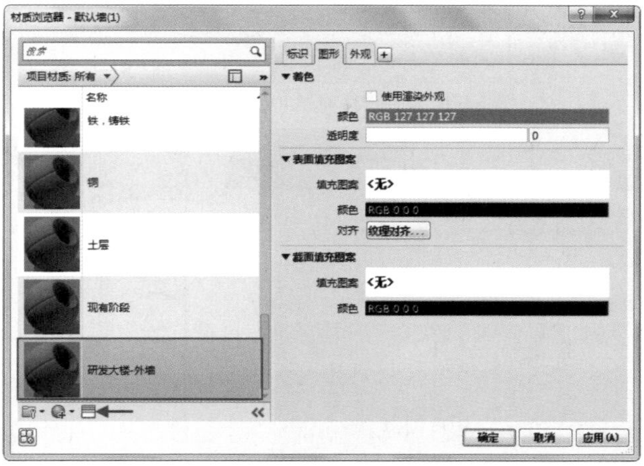

图14-25 复制材质

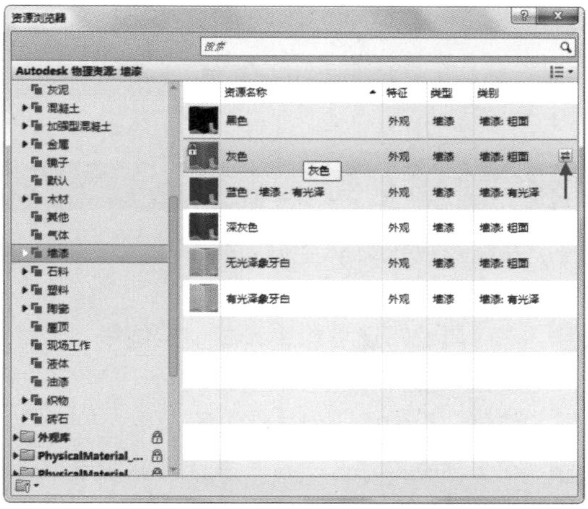

图14-26 选择材质

07 重复上述操作，在【材质浏览器】对话框中为第2行“衬底[2]”设置材质。复制名称为“默认墙”的材质，修改其名称为“研发大楼-外墙衬底”，如图14-27所示。

08 单击“打开/关闭资源浏览器”按钮，弹出【资源浏览器】对话框。在“Autodesk物理资源”列表框中选择“灰泥”选项，在右侧的列表中选择材质，如图14-28所示。单击右侧的⇄按钮，替换当前资源。

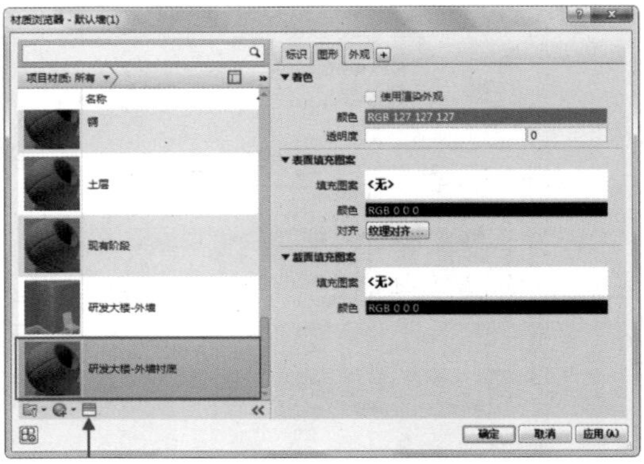

图14-27　复制材质

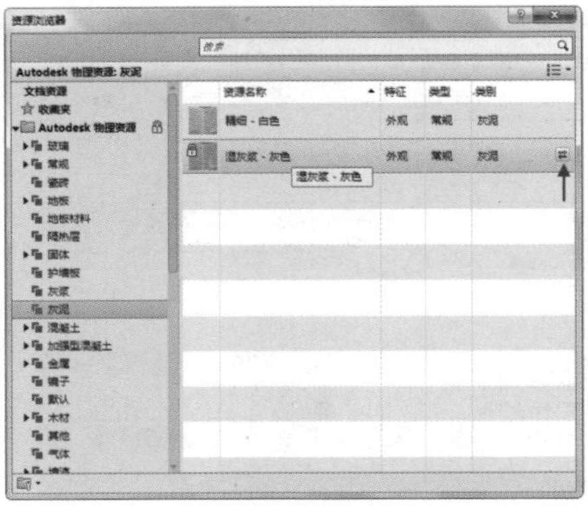

图14-28　选择材质

09 为第6行“面层2[5]”指定名称为“研发大楼-外墙”的材质。分别修改各层的“厚度”，结果如图14-29所示。

10 单击“确定”按钮，返回到【类型属性】对话框，观察“厚度”选项参数的变化，此时显示为300.0，表示墙体的宽度为300mm，如图14-30所示。

11 单击“确定”按钮，关闭对话框，完成参数设置，开始执行创建墙体的操作。

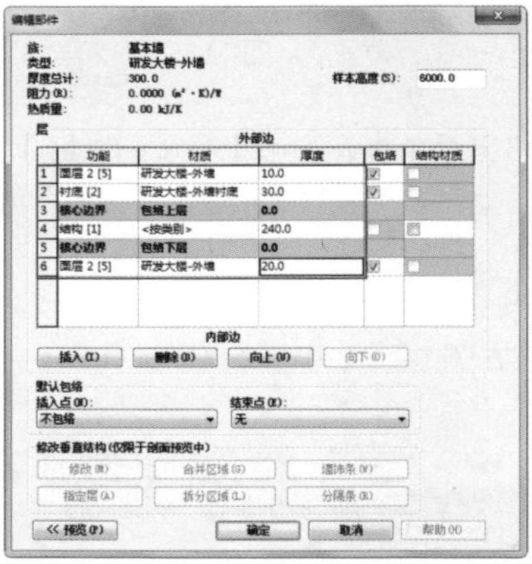

图14-29　设置参数

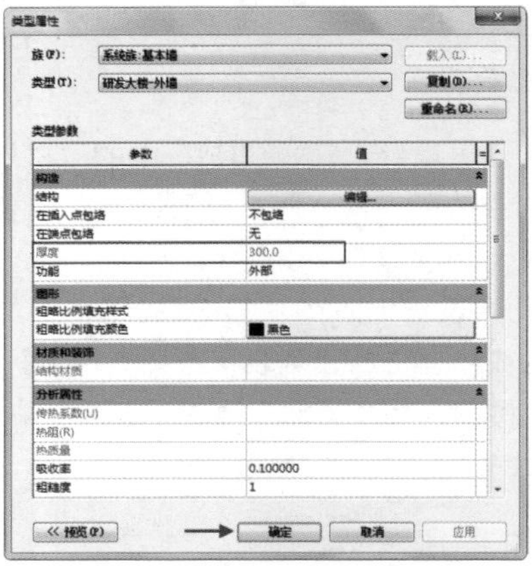

图14-30　显示墙体“厚度”值

绘制外墙体

墙体参数设置完毕后，仍然处于“创建墙体”的命令中。用户可以紧接着执行“创建墙体”的操作。

01 在“属性”选项板中设置“定位线”为“墙中心线”，设置“底部约束”为F1，设置“底部偏移”为0.0；设置“顶部约束”为“直到标高：F2”，设置“顶部偏移”为0.0，如图14-31所示。

02 在选项栏中勾选“链”复选框，设置“偏移”值为150.0，如图14-32所示。

图14-31　设置选项

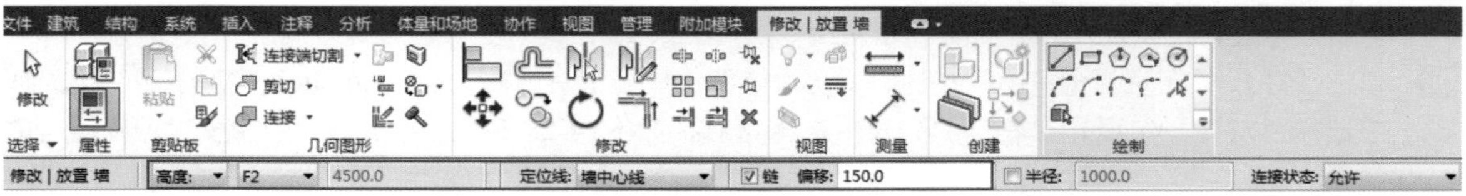

图14-32　设置选项

03 单击鼠标左键指定墙体的起点，移动鼠标，单击指定下墙体的一点，绘制研发大楼其中一部分外墙体的效果如图14-33所示。

04 重复操作，继续绘制研发大楼另一部分的外墙体，效果如图14-34所示。

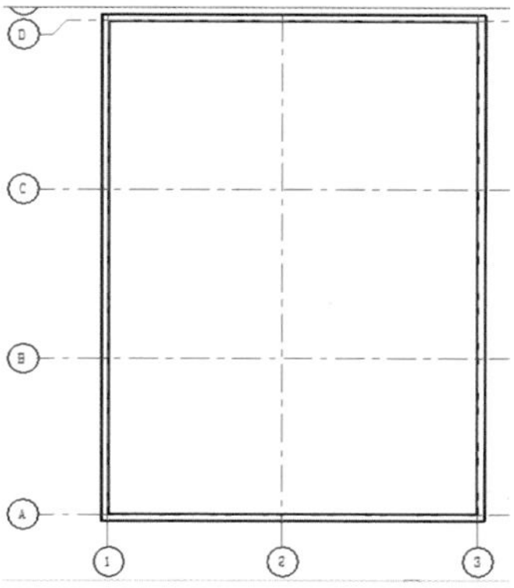

图14-33 绘制外墙体1

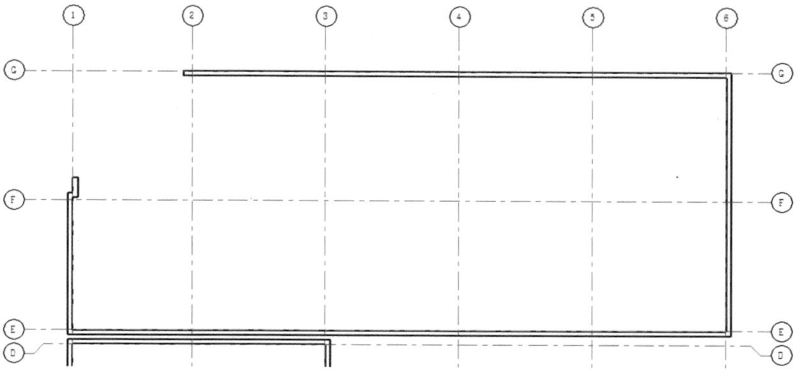

图14-34 绘制外墙体2

05 在“绘制”面板上单击“起点-终点-半径弧”按钮，指定绘制“弧墙”的方式。修改“偏移”值为0.0，如图14-35所示。其他参数保持不变。

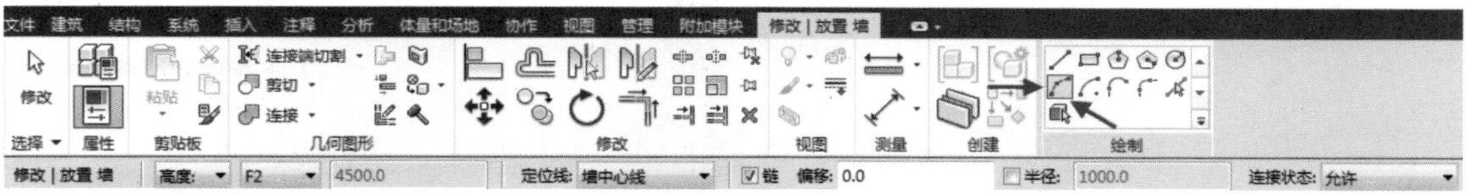

图14-35 更换绘制方式

06 依次单击指定“弧墙”的起始点与终点，拖曳中间点定义“弧墙”，绘制“弧墙”的效果如图14-36所示。

07 结束上述操作，研发大楼的外墙体全部绘制完毕，效果如图14-37所示。

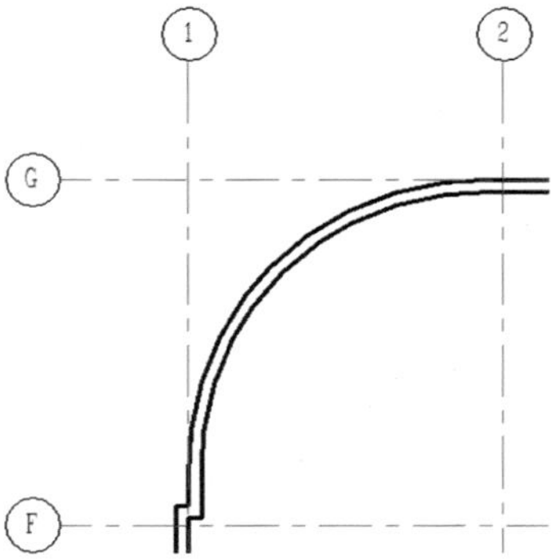

图14-36 绘制“弧墙”

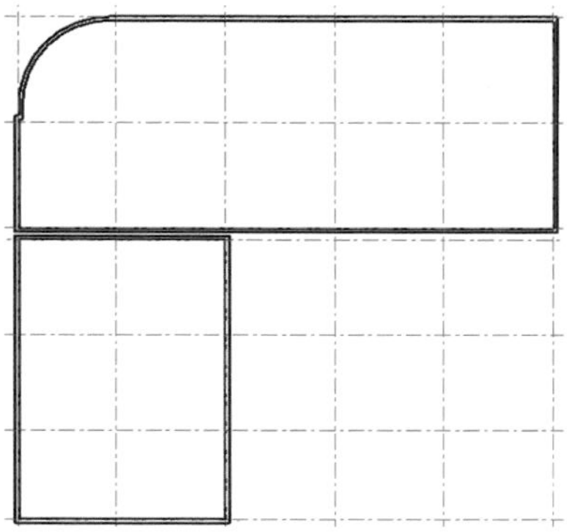

图14-37 绘制效果

提示 在绘制“弧墙”的过程中，按空格键可以翻转墙体的方向。

14.2.2 绘制内墙体

与绘制外墙体类似，在绘制内墙体之前，也需要设置墙体参数。因为项目中已创建了“研发大楼-外墙体”墙体类型，在此基础上，执行“复制”和“编辑”墙体类型的操作，可以得到“研发大楼-内墙体”墙体类型。

设置内墙体参数

01 在“创建”面板上单击“墙”按钮，启用“墙”命令。在“属性”选项板中选择“研发大楼-外墙”选项，单击“编辑类型”按钮，弹出【类型属性】对话框。

02 在【类型属性】对话框中单击“复制”按钮，弹出【名称】对话框，修改“名称”为“研发大楼-内墙”，如图14-38所示。单击“确定”按钮，返回到【类型属性】对话框。

03 在【类型属性】对话框中单击“结构”右侧的“编辑”按钮，弹出【编辑部件】对话框，选择第2行“衬底[2]”，单击“删除”按钮，删除该行。

04 将光标定位于第1行“面层2[5]”的“材质”单元格中，单击⋯按钮，弹出【材质浏览器】对话框。在材质列表中选择名称为“研发大楼-外墙”的材质，右击，在弹出的快捷菜单中选择“复制”命令，复制材质副本。

05 修改材质副本的名称为“研发大楼-内墙”，如图14-39所示。单击“打开/关闭资源浏览器”按钮，弹出【资源浏览器】对话框。

图14-38 设置名称

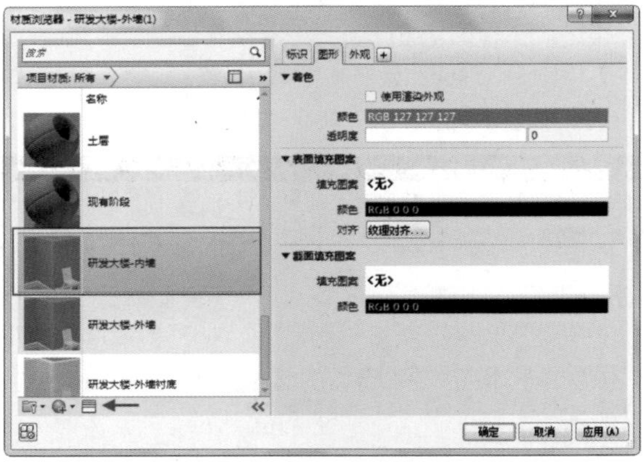

图14-39 复制材质

06 在【资源浏览器】对话框的“Autodesk物理资源”列表框中选择“灰泥”选项，在右侧的列表中选择材质，如图14-40所示。单击⇄按钮，替换资源。

07 在【编辑部件】对话框中修改第5行“面层2[5]”的材质为“研发大楼-内墙”，依次修改各层“厚度”值，如图14-41所示。

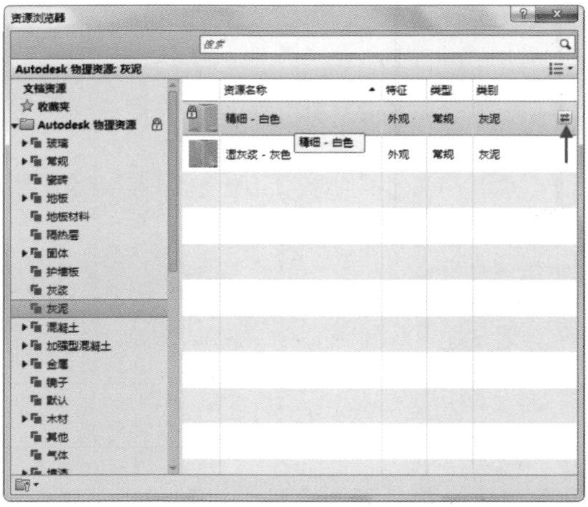

图14-40 选择材质

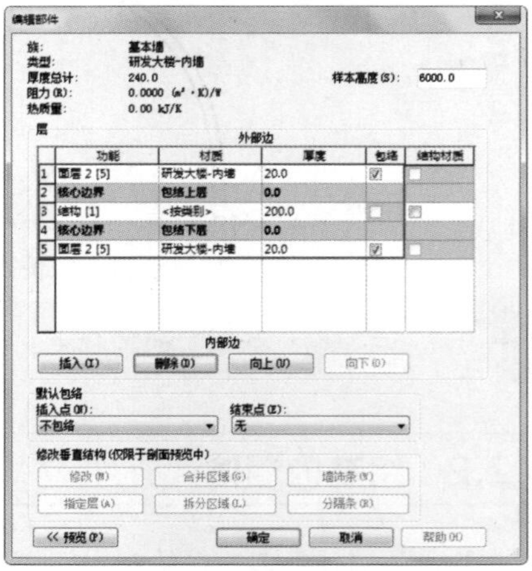

图14-41 设置参数

08 单击“确定”按钮，依次关闭【编辑部件】对话框以及【类型属性】对话框。

绘制内墙体

01 在“属性”选项板中设置“底部约束”为F1，设置“顶部约束”为“直到标高：F2”，将“底部偏移”和“顶部偏移”均设置为0.0。

02 在“绘制”面板中指定绘制方式为“线”，设置“定位线”为“墙中心线”，勾选“链”复选框，“偏移”选项值保持0.0不变，如图14-42所示。

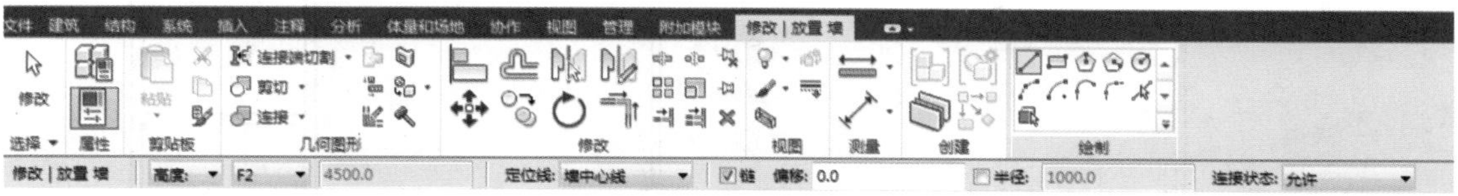

图14-42　设置选项

03 在视图中指定起点与下一点，绘制内墙体的效果如图14-43所示。

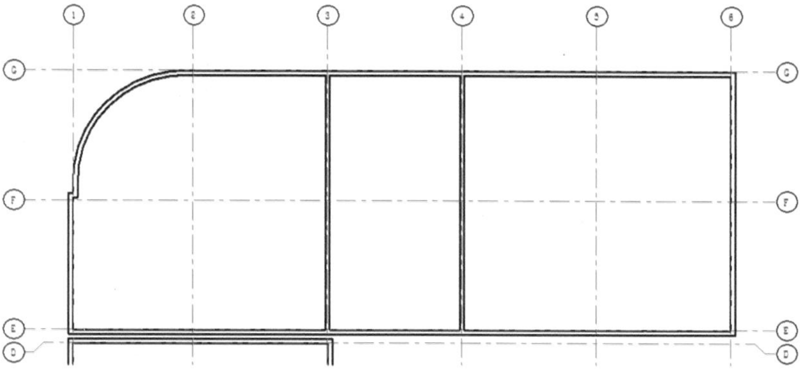

图14-43　绘制内墙体

绘制参照平面

在绘制内墙体时，常常需要绘制辅助线来确定墙体的位置。在Revit中常绘制参照平面作为辅助线，在参照平面的基础上，可以轻松确定墙体的位置。

01 选择“建筑”选项卡，在“工作平面”面板上单击“参照平面”按钮，开始绘制参照平面。在视图中单击指定起点与终点，绘制垂直方向与水平方向参照平面的效果如图14-44所示。

02 启用“墙体”命令，在“属性”选项板中选择“研发大楼-内墙”选项。以参照平面为基础，指定起点与下一点，绘制内墙体的效果如图14-45所示。

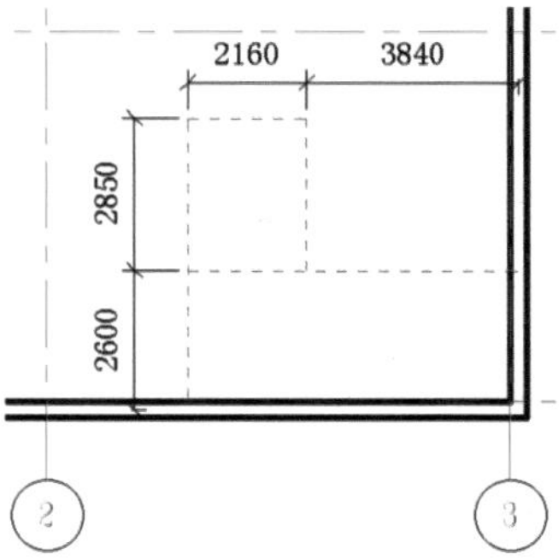

图14-44　绘制参照平面

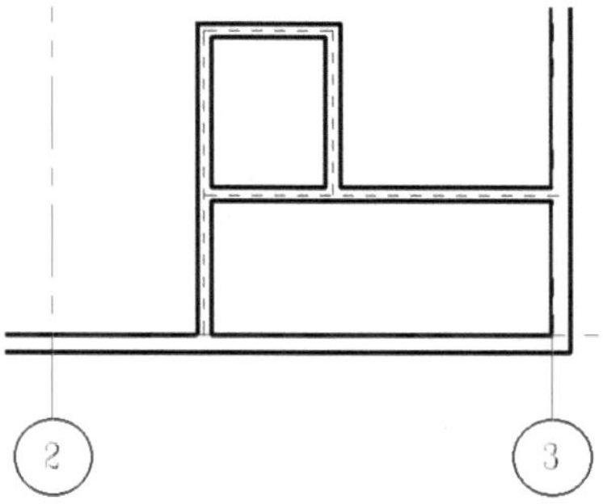

图14-45　绘制内墙体

提示 在绘制墙体完毕后，可以将参照平面删除，也可以保留参照平面。

03 滑动鼠标滚轮，放大显示E轴与F轴间的墙体。启用“参照平面”命令，绘制如图14-46所示的参照平面。

04 启用“墙体”命令，在参照平面的基础上绘制内墙体的效果如图14-47所示。

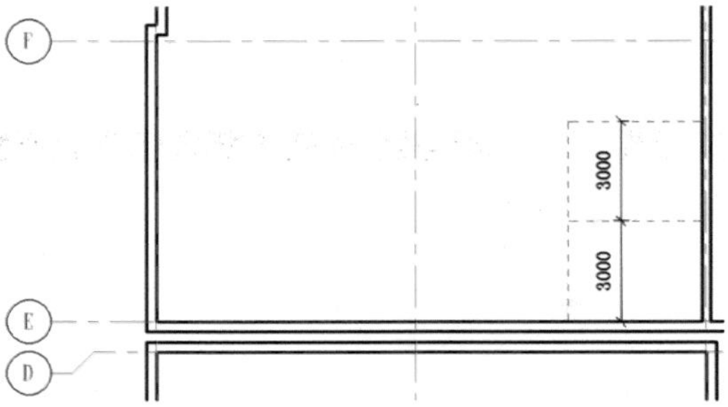

图14-46　绘制结果

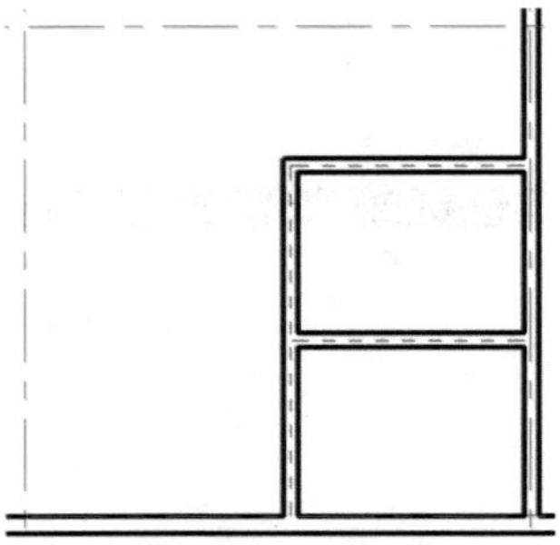
图14-47　绘制墙体

14.3　放置建筑柱

在Revit中可以创建两种类型的柱子，一类是建筑柱；另一类就是结构柱。在放置柱子前，需要先从外部库中载入柱族。本节介绍为研发大楼项目添加建筑柱的操作过程。

在第11章中曾经讲解了创建矩形柱的方法，在本节中可以将“矩形柱”族载入项目中，在添加柱子时，就可以选用“矩形柱”。

01 选择“建筑”选项卡，在“构建”面板上单击“柱”按钮，在弹出的下拉列表中选择“柱：建筑”选项，如图14-48所示，开始放置“建筑柱”。

02 在“属性”选项板中选择“矩形柱”，单击“编辑类型”按钮，如图14-49所示，弹出【类型属性】对话框。

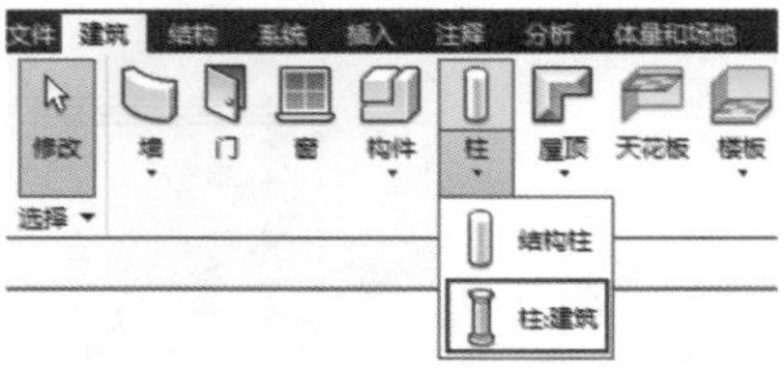

图14-48　选择选项

提示 柱子的类型有多种样式，如圆柱、矩形柱或装饰柱等。在其他项目中可能会需要添加不同类型的柱子，用户就需要载入相应的柱子以满足使用要求。

03 修改“尺寸标注”选项组中的“深度”尺寸与“宽度”尺寸，如图14-50所示。单击“确定”按钮，关闭对话框。

图14-49　单击按钮

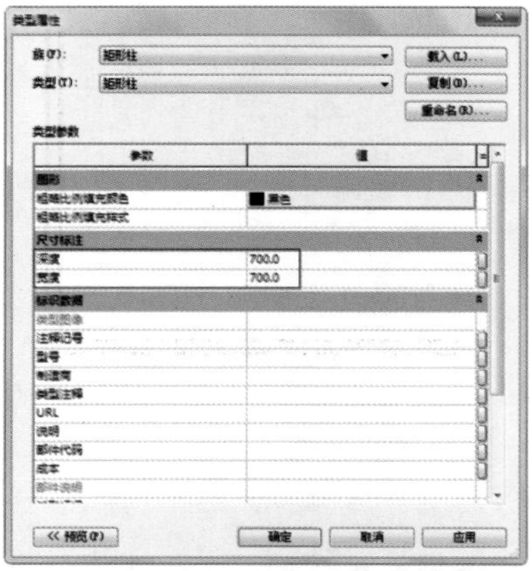

图14-50　设置参数

04 单击1轴与A轴的交点为插入点，放置矩形柱的效果如图14-51所示。

05 选择“修改”选项卡，在“修改”面板上单击“对齐”按钮，在选项栏中选择“首选”为“参照墙面”，如图14-52所示，指定对齐方式。

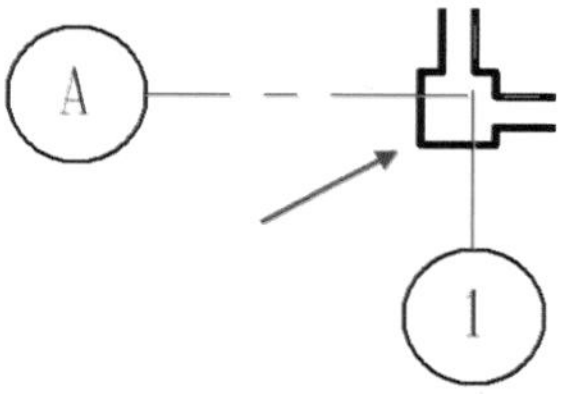

图14-51　放置柱子

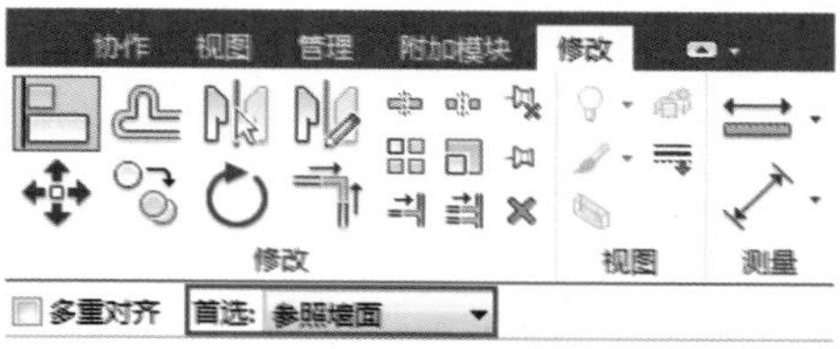

图14-52　设置选项

06 首先单击墙面线，指定为要对齐的线；接着单击柱子边界线，指定柱子为要对齐的实体，对齐柱子于墙体的效果如图14-53所示。

07 重复上述的操作，首先放置矩形柱，再启用“对齐”工具，对齐柱子于墙体，操作结果如图14-54所示。

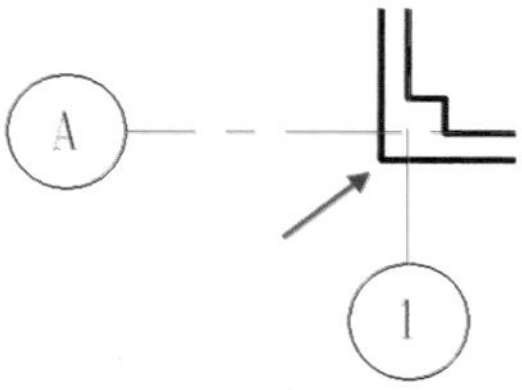

图14-53　对齐效果

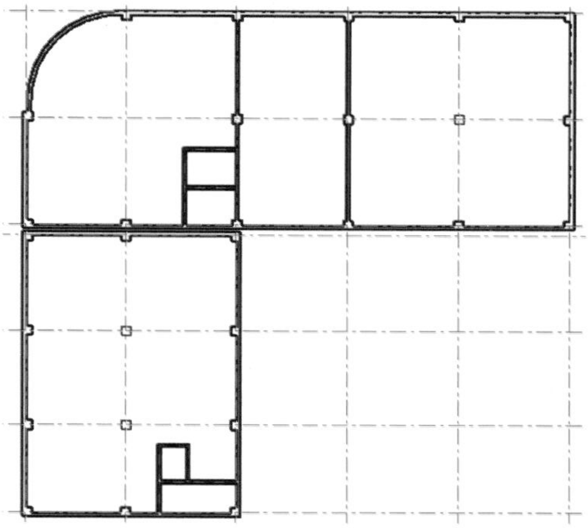

图14-54　放置矩形柱

14.4　添加门窗

与添加建筑柱相似，在添加门窗之前，也需要先载入门窗构件族。在【类型属性】对话框中，通过执行“复制”和“编辑”操作，可以得到多种类型的门窗构件。本节介绍为研发大楼添加门窗构件的操作方法。

14.4.1　添加门

研发大楼包含的门类型有单扇平开镶玻璃门、双扇平开木门和双扇平开连窗玻璃门。在执行“添加门”操作之前，已经事先载入了门族。本书配备资源中也提供了本节所需要使用的门构件，用户通过参考本节的内容，自行执行“添加门”的操作。

添加M-1

01 选择“建筑”选项卡，在“构建”面板上单击“门”按钮，启用“门”命令。在“属性”选项板中选择“双扇平开门”选项，单击“编辑类型”按钮，如图14-55所示，弹出【类型属性】对话框。

02 在【类型属性】对话框中单击“复制”按钮，弹出【名称】对话框，设置“名称”为M-1，如图14-56所示。单击“确定”按钮，关闭对话框。

03 在“尺寸标注”选项组中修改参数，如图14-57所示。单击“确定”按钮，关闭对话框。

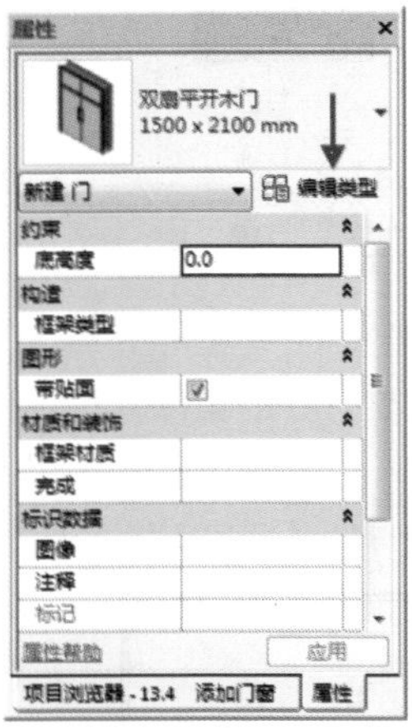

图14-55 单击按钮

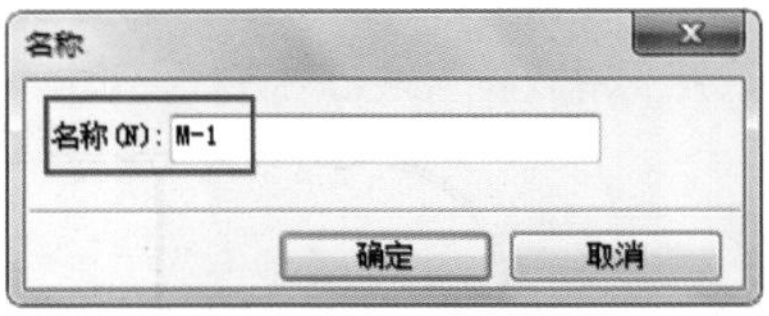

图14-56 设置名称

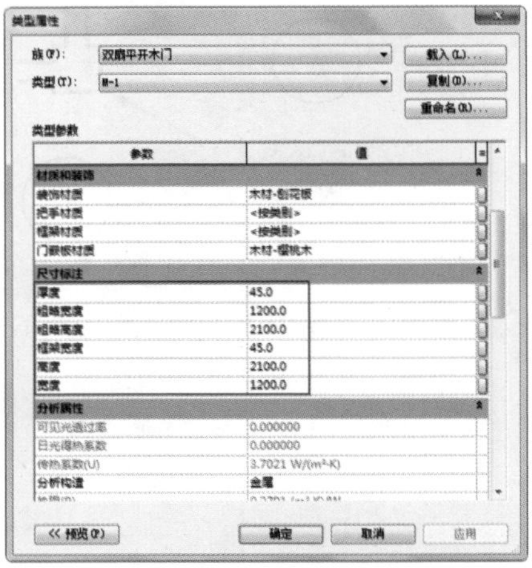

图14-57 修改参数

04 在“修改|放置”选项卡中单击“在放置时进行标记”按钮，在墙体上单击鼠标左键，指定放置点，放置M-1的效果如图14-58所示。

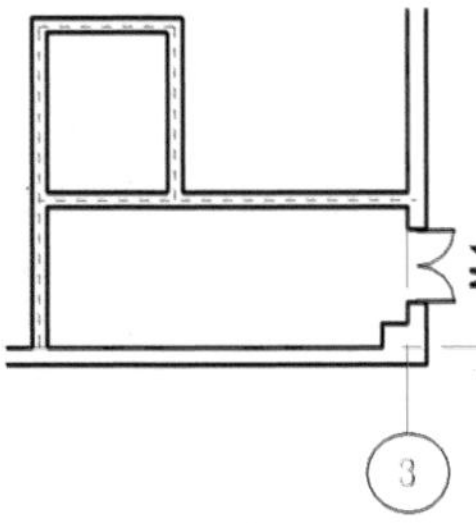

图14-58 添加M-1

> 提示：与门构件类似，假如要为门添加标记，需要事先载入门标记族。

放置M-2

01 启用“门”命令，在“属性”选项板中选择“双扇平开连窗玻璃门”选项，单击“编辑类型”按钮，如图14-59所示，弹出【类型属性】对话框。

02 在【类型属性】对话框中单击“复制”按钮，在【名称】对话框中将“名称”设置为M-2，如图14-60所示。单击“确定”按钮，关闭对话框。

03 在“尺寸标注”选项组中修改“宽度”值为3600.0，如图14-61所示，其他选项保持默认值。单击“确定”按钮，关闭对话框。

04 在墙体上单击指定放置点，添加M-2的效果如图14-62所示。

图14-59 单击按钮

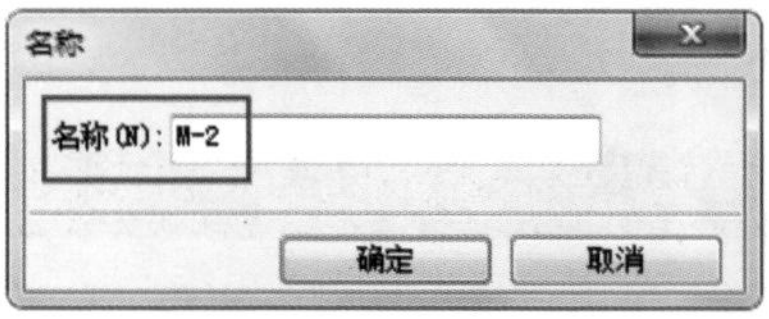

图14-60 设置名称

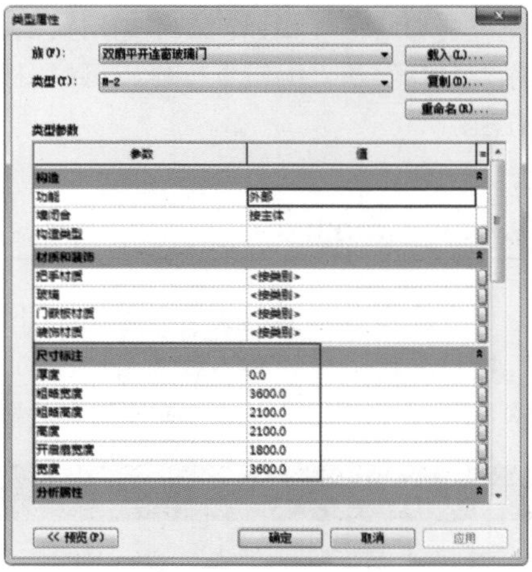

图14-61 修改参数

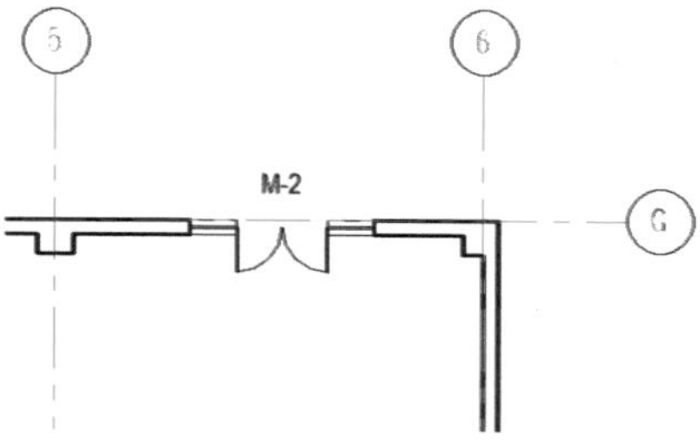

图14-62　添加M-2

添加M-3

01 启用“门”命令，在“属性”选项板中选择“单扇平开镶玻璃门”选项，单击“编辑类型”按钮，如图14-63所示，弹出【类型属性】对话框。

02 单击【类型属性】对话框中的“复制”按钮，弹出【名称】对话框，设置“名称”为M-3，如图14-64所示。单击“确定”按钮，关闭对话框。

03 在“尺寸标注”选项组中修改“宽度”值为1000.0，其他选项保持默认值，如图14-65所示。单击“确定”按钮，关闭对话框。

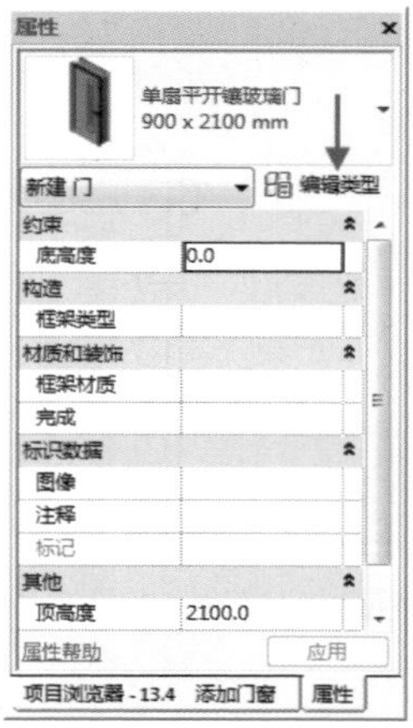

图14-63　单击按钮

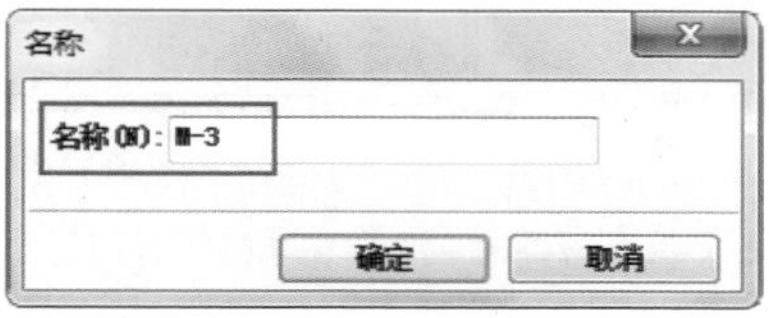

图14-64　设置名称

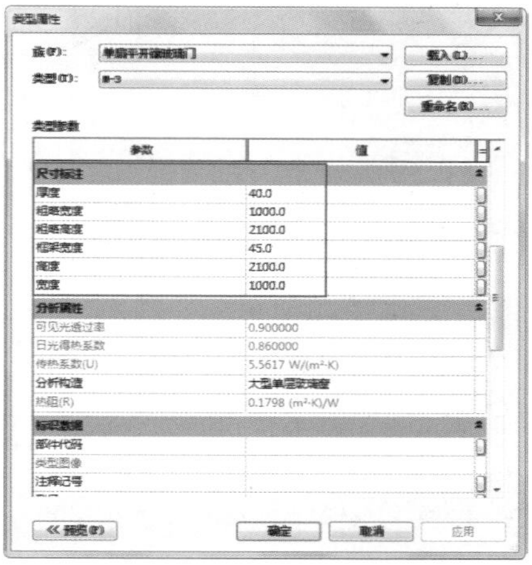

图14-65　修改参数

04 在墙体上单击指定放置点，添加M-3的效果如图14-66所示。

05 重复上述操作，为研发大楼放置门构件的效果如图14-67所示。

图14-66　添加M-3

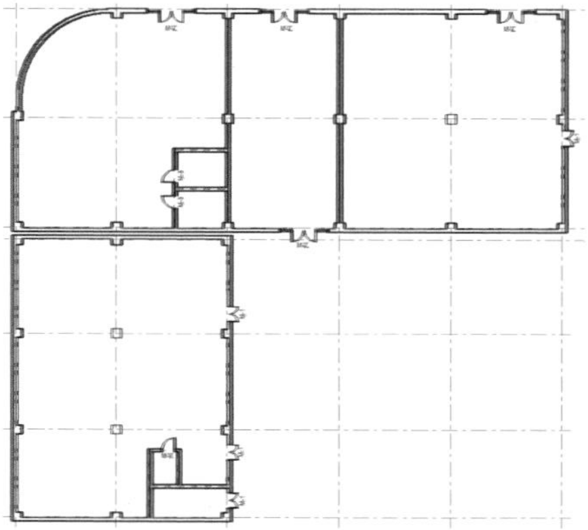

图14-67　添加门构件

14.4.2 添加窗

在添加窗构件之前，首先载入窗族。在放置窗图元时，可以随同放置窗标记。标记的类型多种多样，有的标注构件的类型，也有的是名称、尺寸，还有标注编号的。本节所创建的窗标记，就是标注窗的编号。

01 选择“建筑”选项卡，在“构建”面板上单击“窗”按钮，执行“放置窗”的操作。在“属性”选项板中选择2400×2100mm选项，如图14-68所示。

02 在“修改|放置”选项卡中单击“在放置时进行标记”按钮，使得在放置窗图元的同时添加窗标记，其他选项保持默认值即可。

03 在“属性”选项栏中设置“底高度”为600.0，表示窗与墙底边的距离为600mm，如图14-69所示。

> **提示** 经常以宽高尺寸来为窗命名，如2400×2100mm，表示窗的宽度是2400mm，高度是2100mm。

04 在墙体上单击指定位置点，放置窗构件的效果如图14-70所示。仔细观察操作结果，发现在窗的一侧显示编号标记，即该窗构件的编号为4。

图14-68 选择选项

图14-69 设置选项

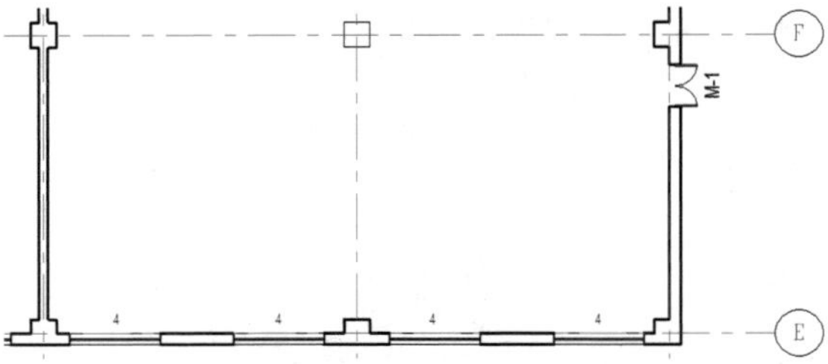

图14-70 放置效果

05 重复上述操作，继续在墙体上指定点来放置窗构件，最终效果如图14-71所示。

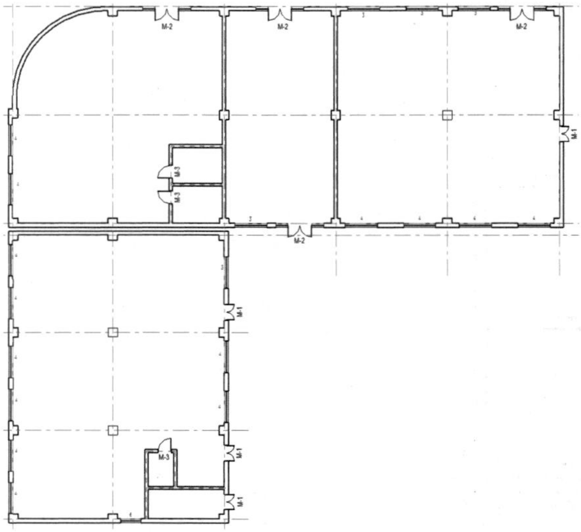

图14-71 添加窗构件

在研发大楼的墙体、门窗构件创建完毕后，切换至立面视图，观察模型的立面效果。在视图控制栏中单击“视觉样式”按钮，在弹出的列表中选择“着色”选项，在该样式下观察立面视图中的图元，如图14-72所示。

图14-72　立面视图

单击快速访问工具栏上的“默认三维视图”按钮，切换至三维视图。观察模型的三维效果，如图14-73所示。单击视图右上角的ViewCube的角点，可以切换视图方向，全方位观察模型。

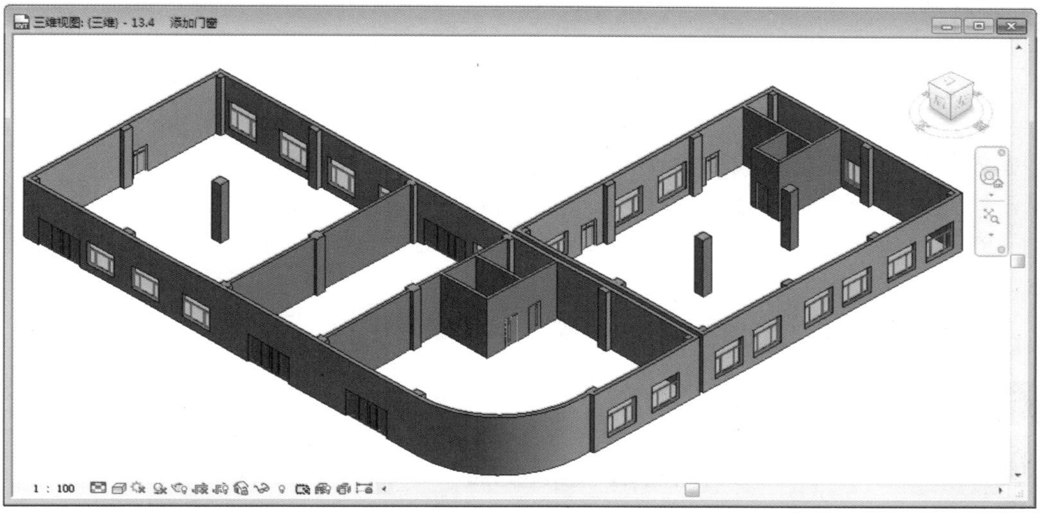

图14-73　三维视图

14.5　创建楼板与天花板

在创建楼板与天花板时，用户可以拾取墙体来生成模型，也可以自定义模型的轮廓线。在执行创建操作之前，也需要先设置楼板与天花板的参数。

14.5.1　创建楼板

项目样板默认楼板的厚度为300mm，在本节中将楼板的厚度修改为150mm，在【编辑部件】对话框中执行编辑操作。用户也可以根据项目的要求来定义楼板的厚度值。

01 选择“建筑”选项卡，在“构建”面板上单击“楼板”按钮，执行“创建楼板”的操作。在“属性”选项板中单击“编辑类型”按钮，弹出【类型属性】对话框。

02 单击“复制”按钮，在弹出的【名称】对话框中设置“名称”为“研发大楼-室内楼板”，单击“确定”按钮，返回到【类型属性】对话框，单击“结构”右侧的“编辑”按钮，如图14-74所示。

03 弹出【编辑部件】对话框，将光标定位于第2行“结构[1]”中，单击“材质”单元格中的⊡按钮，如图14-75所示，弹出【材质浏览器】对话框。

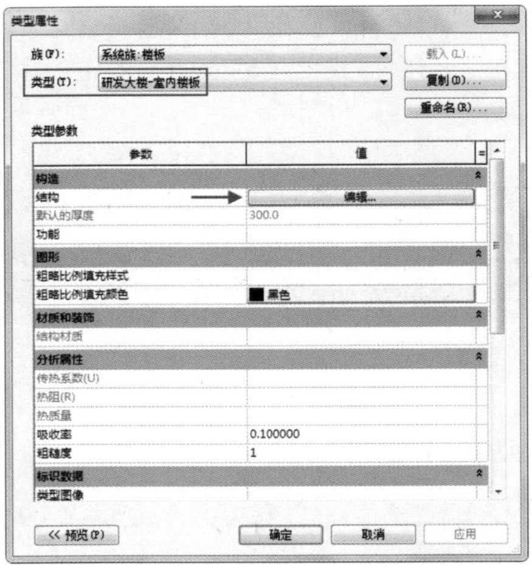

图14-74　单击“编辑”按钮

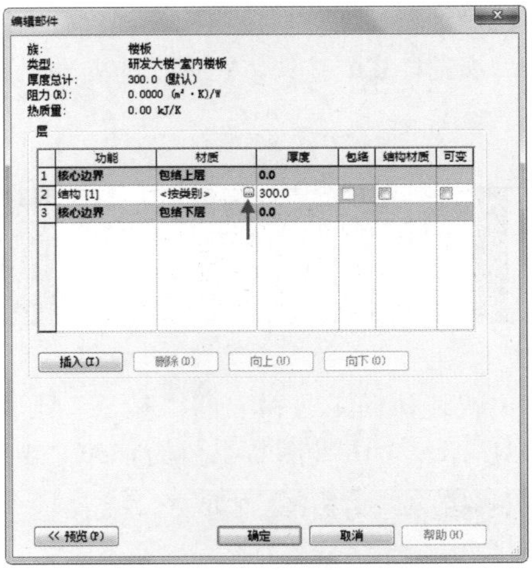

图14-75　单击按钮

04 在材质列表中选择名称为“默认楼板”的材质，如图14-76所示。右侧的材质参数保持默认值，单击“确定”按钮，返回到【编辑部件】对话框。

05 修改“厚度”值为150，如图14-77所示。单击“确定”按钮，返回到【类型属性】对话框。在“功能”的下拉列表中选择“内部”选项，设置楼板的属性。

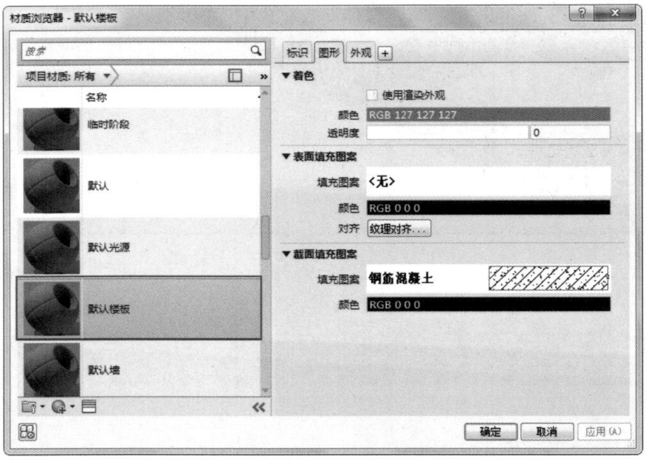

图14-76　选择材质

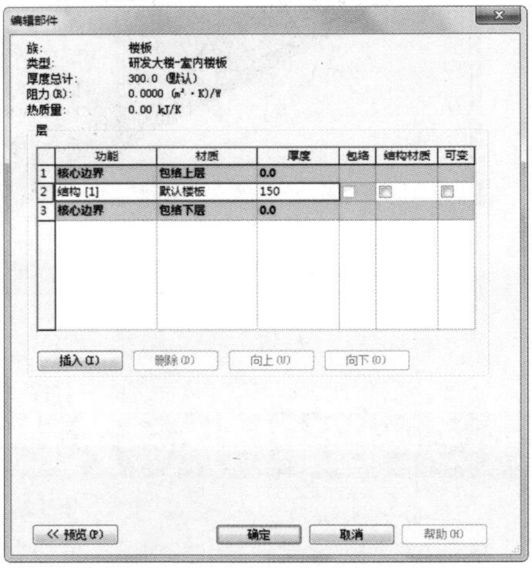

图14-77　修改“厚度”值

06 在选项卡的“绘制”面板中单击“拾取墙”按钮，指定创建楼板的方式。保持“偏移”值为0.0，勾选“延伸到墙中（至核心层）”复选框，如图14-78所示。

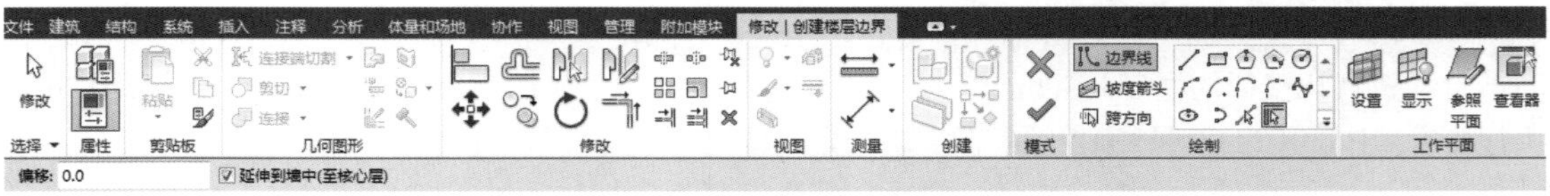

图14-78　设置选项

提示 将“偏移”值设置为0.0，表示楼板边界线与墙线重合。

07 在“属性”选项板中设置“标高”为F1，修改“自标高的高度偏移”选项值为150.0，如图14-79所示。

08 在视图中拾取外墙体来创建楼板的边界线，绘制闭合的楼板边界线后，单击“完成编辑模式”按钮，退出命令。创建楼板的效果如图14-80所示。

图14-79 设置参数

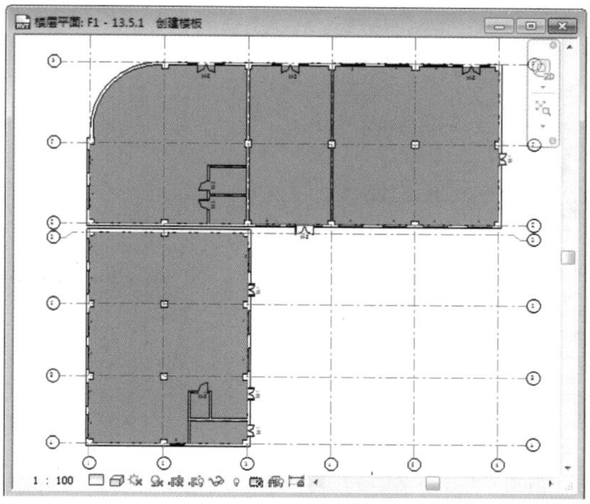

图14-80 创建楼板

提示 "自标高的高度偏移"选项值为150.0，表示楼板在F1标高线的基础上向上偏移150mm。

09 切换至三维视图，观察楼板的三维效果，如图14-81所示。

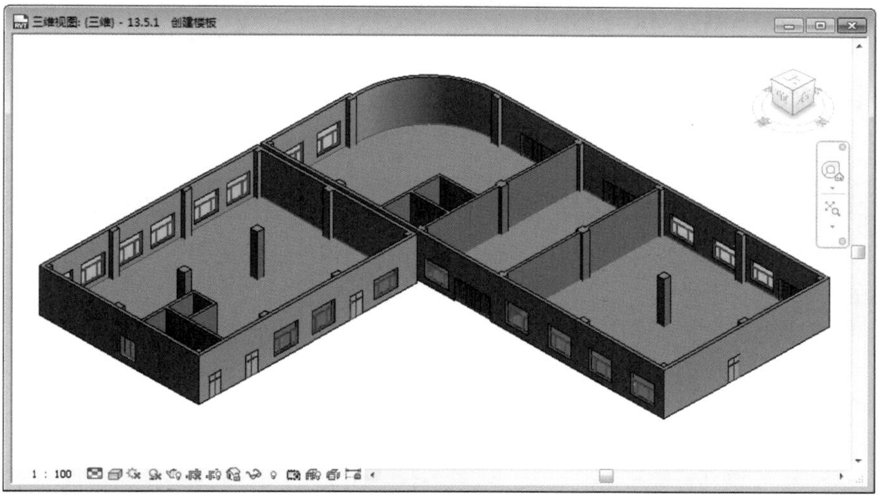

图14-81 楼板三维效果

14.5.2 创建天花板

创建天花板的过程与创建楼板的过程类似。Revit 2018应用程序默认创建"天花板平面"视图，用户在创建完天花板后，可以到视图中查看创建效果。

01 在"构建"面板上单击"天花板"按钮，执行"创建天花板"的操作。在"属性"选项板中选择"基本天花板-天花板1"选项，设置"标高"为F1，修改"自标高的高度偏移"选项值为4400.0，如图14-82所示。

02 在"修改|放置 天花板"选项卡中单击"绘制天花板"按钮，在"绘制"面板中单击"拾取墙"按钮，如图14-83所示，指定创建天花板的方式。

03 在视图中依次单击拾取外墙体，创建闭合的天花板轮廓线，单击"完成编辑模式"按钮，退出命令，结束创建天花板的操作。

图14-82　设置参数

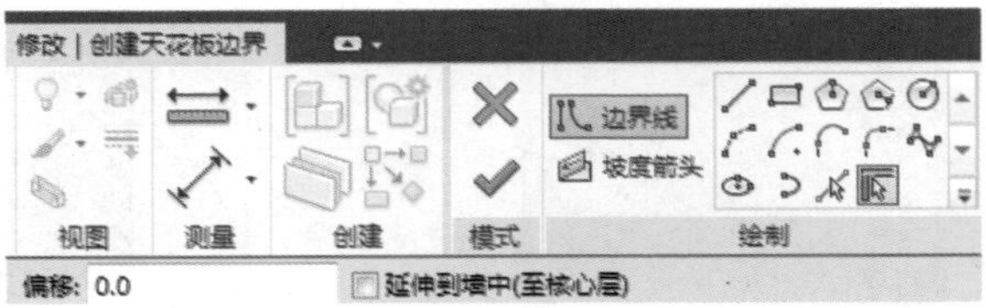

图14-83　指定创建方式

> **提示**　“自标高的高度偏移”选项值为4400.0，表示天花板在F1标高线的基础上向上偏移4400mm。

14.6　创建其他楼层

在创建完F1的墙体与门窗等构件后，可以执行“复制”和“粘贴”操作来创建其他楼层。因为各楼层的标高不同，所以还需要修改复制结果。

复制F2

F1的层高是4500mm，F2的层高是3500mm。将F1中的墙体与门窗复制到F2后，需要修改墙体的标高为3500mm，适应F2的层高。

01 在F1视图中选择全部的图元，在“选择”面板中单击“过滤器”按钮，弹出【过滤器】对话框。在“类别”列表框中选择“墙”“楼板”“门”和“窗”选项，如图14-84所示。单击“确定”按钮，返回到视图，可以选中指定的图元。

02 在“修改”选项卡中单击“剪贴板”面板上的“复制到剪贴板”按钮，如图14-85所示，将选中的图元复制到剪贴板。

03 激活“粘贴”按钮，在弹出的下拉列表中选择“与选定的标高对齐”选项，如图14-86所示。

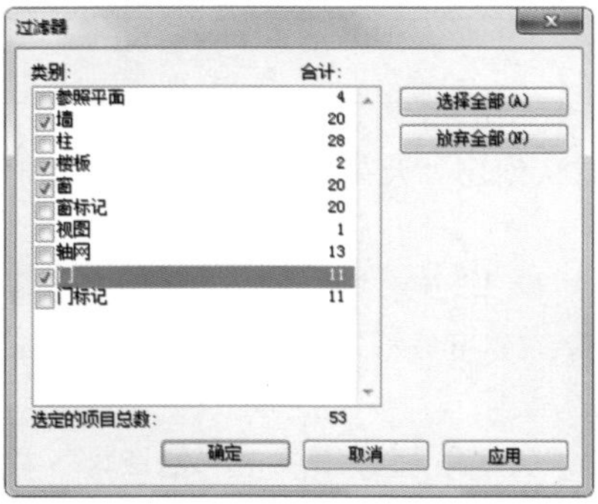

图14-84　选择选项

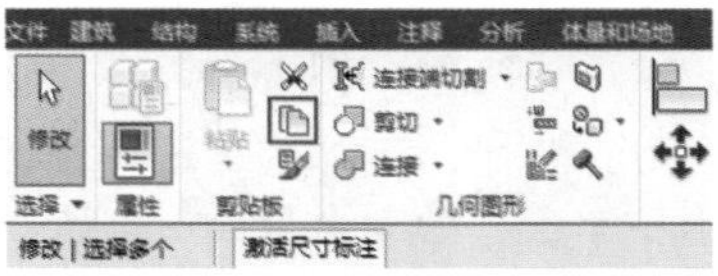

图14-85　单击按钮

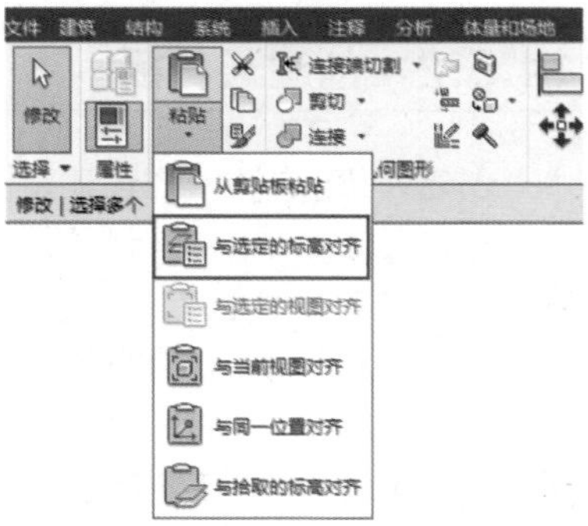

图14-86　选择选项

04 在弹出的【选择标高】对话框中选择F2选项，如图14-87所示。单击“确定”按钮，执行“粘贴”操作。

05 切换到立面视图，观察粘贴效果。发现F2的墙体超出标高线许多，如图14-88所示。

06 切换到F2视图，选择外墙体，在“属性”选项板中修改“顶部偏移”选项值为0.0，如图14-89所示。单击“应用”按钮，修改墙体的标高。

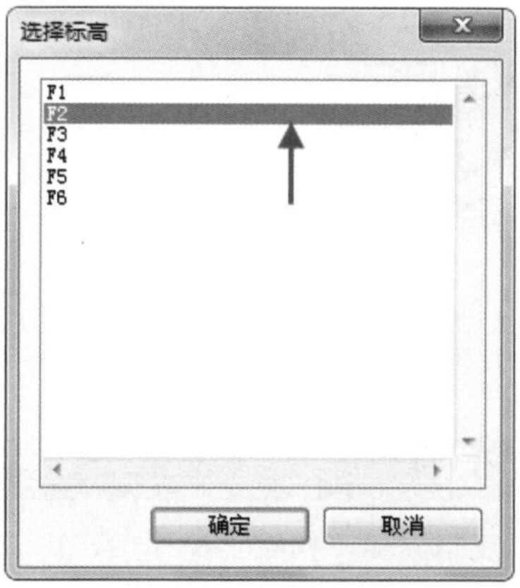

图14-87　选择标高

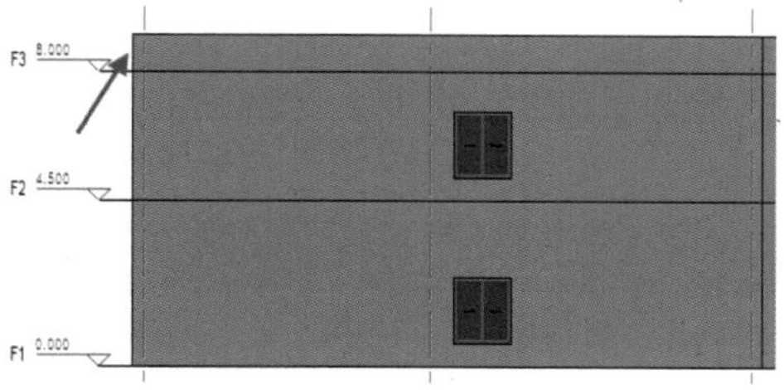

图14-88　复制效果

图14-89　修改参数

提示 因为外墙体与内墙体不属于同一墙体类型，所以需要分别修改各自的“顶部偏移”值为0.0。

07 再返回到立面视图，发现F2中的墙体已经被限制在F2楼层中，如图14-90所示。

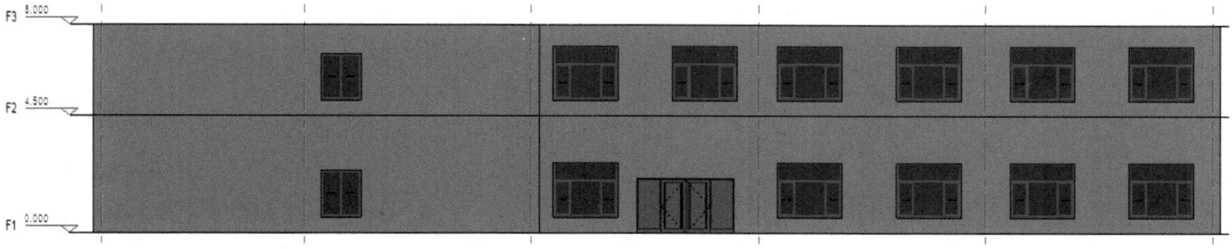

图14-90　修改结果

08 转换至F2视图，选择外墙体上的门图元，按Delete键，删除门图元，效果如图14-91所示。

09 启用“窗”命令，在“属性”选项板中选择名称为2400×2100mm的窗，在墙体上指定放置位置，放置窗图元的效果如图14-92所示。

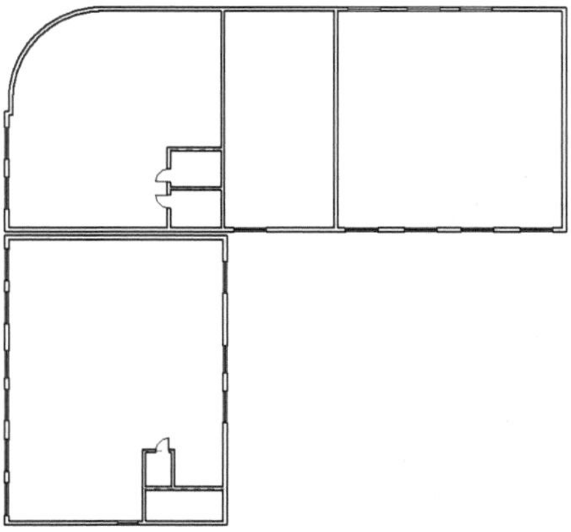

图14-91　删除门图元

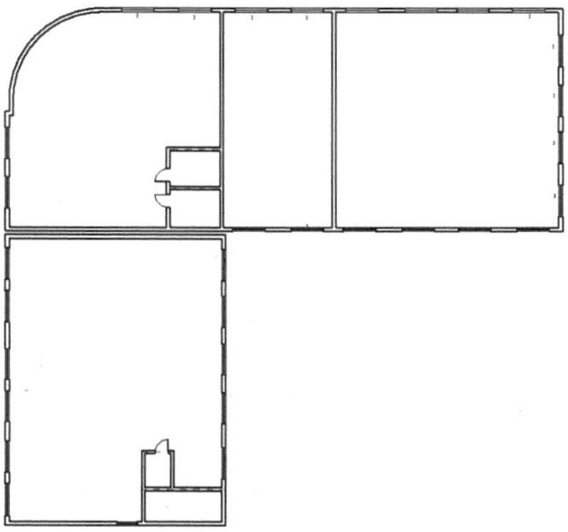

图14-92　放置窗图元

10 切换至三维视图，观察F2的三维效果，如图14-93所示。

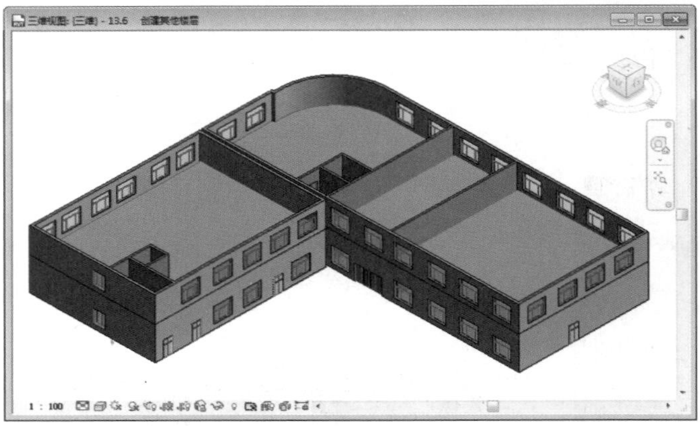

图14-93　三维效果

复制其他楼层

其他楼层的层高以及门窗构件的放置情况与F2一致，所以在执行“复制”和“粘贴”操作后，可以直接使用复制结果，不需要再执行编辑操作。

01 在F2视图中选择墙体以及门窗图元，执行“复制”和“粘贴”操作，在【选择标高】对话框中选择F3、F4和F5，如图14-94所示。单击“确定”按钮，系统执行“粘贴”图元到指定楼层的操作。

02 切换至立面视图，观察粘贴效果，如图14-95所示。

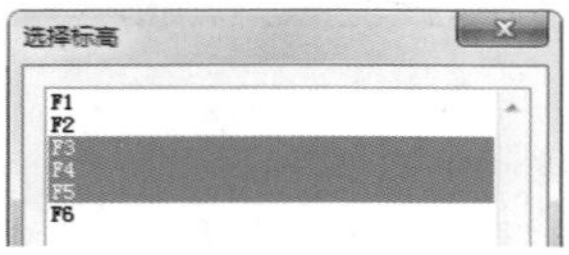

图14-94　选择标高

图14-95　立面视图

03 切换至三维视图，观察三维效果，如图14-96所示。

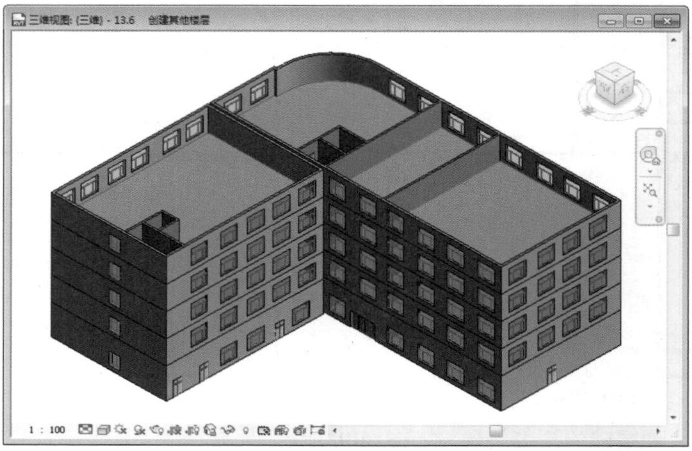

图14-96　三维效果

绘制顶层天花板

为顶层绘制天花板，给研发大楼“封顶”。绘制天花板的具体操作请参考前面内容。

01 切换至F5视图，选择外墙体，在“属性”选项板中修改“顶部偏移”选项值为800.0，如图14-97所示。

02 启用“天花板”命令，在“属性”选项板中选择天花板的类型，并设置“自标高的高度偏移”选项值为3700.0，如图14-98所示。

03 拾取墙体创建天花板边界线，切换至三维视图，观察天花板的三维效果，如图14-99所示。

图14-97　修改参数

图14-98　设置参数

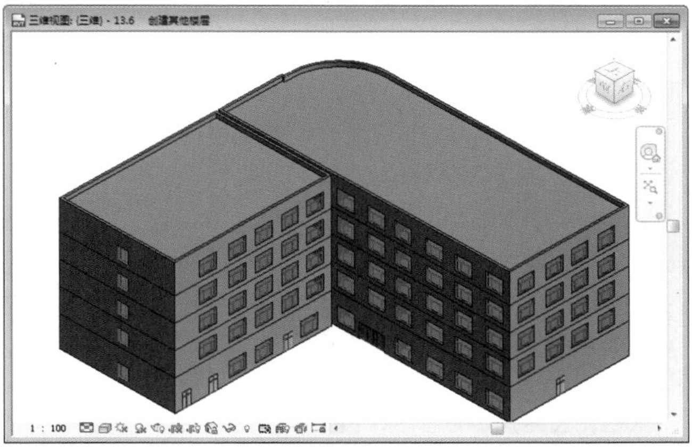

图14-99　天花板三维效果

14.7　创建台阶与坡道

Revit没有专门创建台阶的工具，所以通常启用“楼板边”工具来创建。通过设置坡道的参数，可以创建指定样式的坡道。研发大楼有多个出入口，在各出入口创建台阶与坡道是必要的，本节介绍创建过程。

14.7.1　创建台阶

首先创建室外楼板，接着再在室外楼板的基础上执行创建台阶的操作。在前面的章节中曾经介绍过创建“室外台阶轮廓.rfa ”的方法。在本节中，选用“室外台阶轮廓.rfa”为“楼板边”的轮廓，并在此基础上创建台阶。

01 在立面视图中，启用“标高”命令，创建标高如图14-100所示。因为遵循系统命名的原则，新建的标高被命名为F7。

02 双击标高名称，进入在位编辑模式，修改标高名称为“地坪”，如图14-101所示。

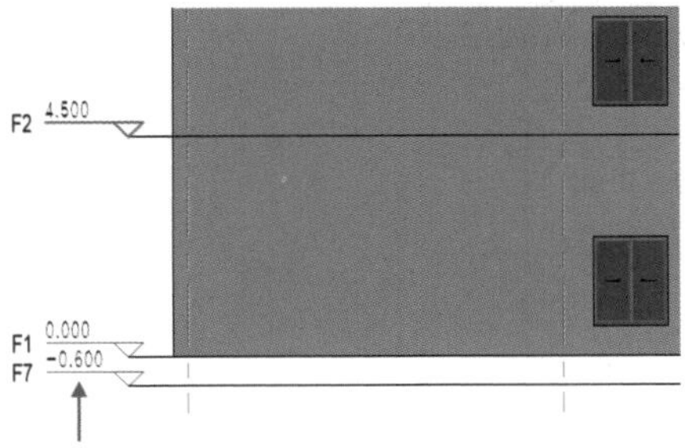

图14-100　创建标高

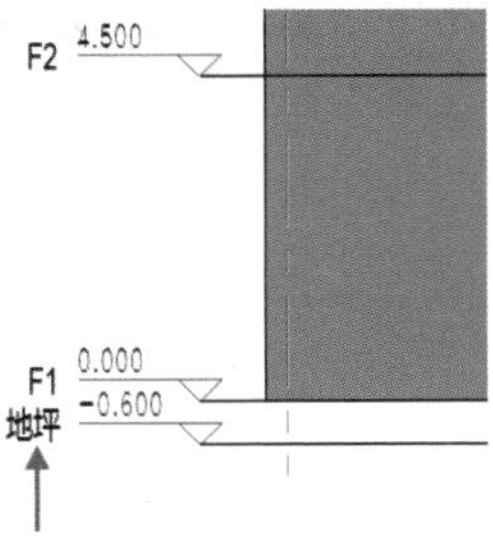

图14-101　修改名称

03 切换至F1视图，选择外墙体，在“属性”选项板中修改“底部偏移”为-600。返回到立面视图，观察修改结果，如图14-102所示。

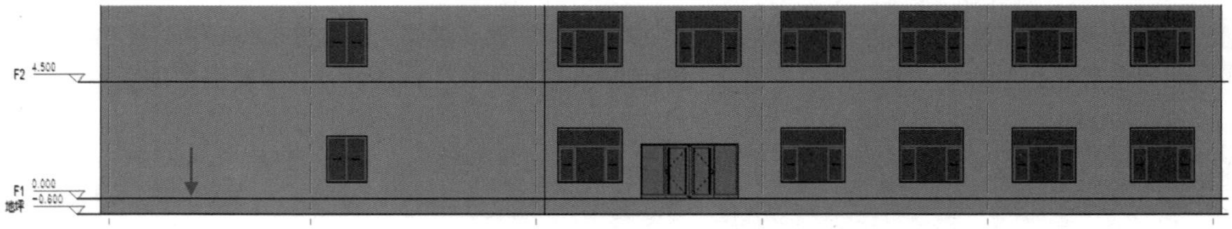

图14-102　修改参数的效果

04 启用“楼板”命令，在“属性”选项板中选择“楼板1”，单击“编辑类型”按钮，弹出【类型属性】对话框。单击“复制”按钮，在【名称】对话框中设置楼板名称为“室外楼板”，如图14-103所示。

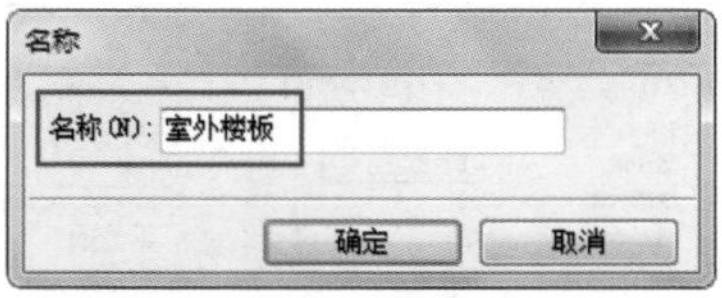

图14-103　设置名称

05 单击“确定”按钮，返回到【类型属性】对话框。单击“结构”右侧的“编辑”按钮，弹出【编辑部件】对话框。修改第2行“结构[1]”的“厚度”值为600，如图14-104所示。

06 单击“确定”按钮，返回到【类型属性】对话框，单击展开“功能”下拉列表，选择“外部”选项，如图14-105所示，设置楼板的属性。

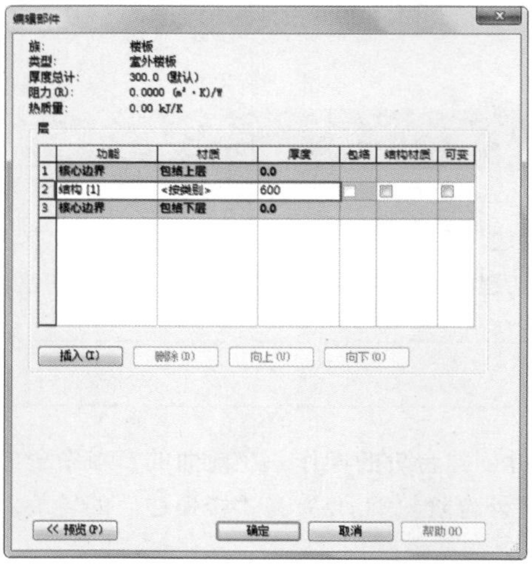

图14-104　修改参数

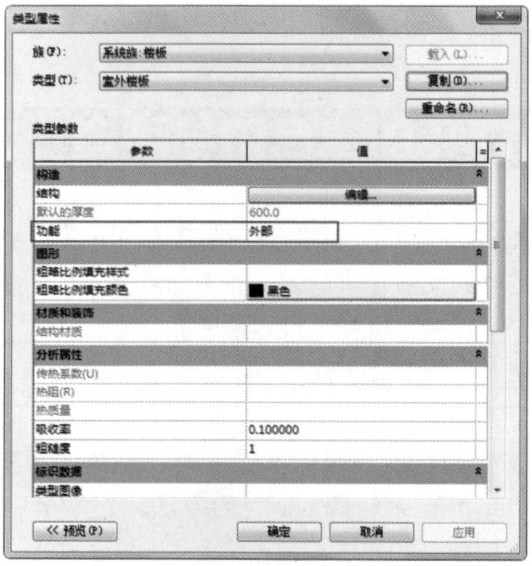

图14-105　选择选项

07 在“绘制”面板中单击“矩形”按钮，如图14-106所示，指定绘制楼板的方式。

08 在视图中指定对角点绘制矩形，楼板轮廓线的绘制结果如图14-107所示。

图14-106　指定绘制方式

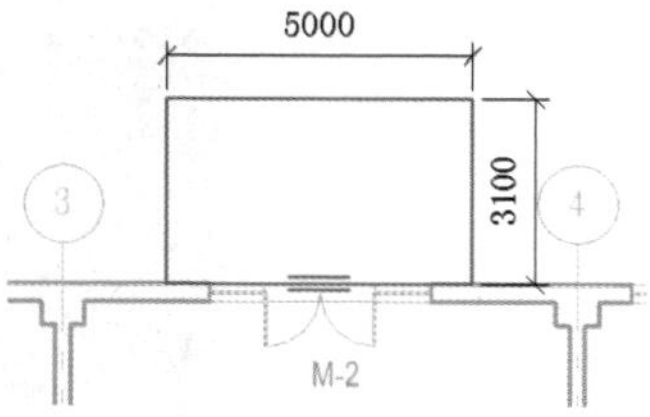

图14-107　绘制边界线

09 在“属性”选项板中设置“标高”为F1，设置“自标高的高度偏移”选项值为0.0，如图14-108所示。

10 单击“完成编辑模式”按钮，退出命令。切换至三维视图，观察楼板的三维样式，如图14-109所示。

11 在“构建”面板上单击“楼板”按钮，在弹出的下拉列表中选择“楼板：楼板边”选项，如图14-110所示。

图14-108　设置参数

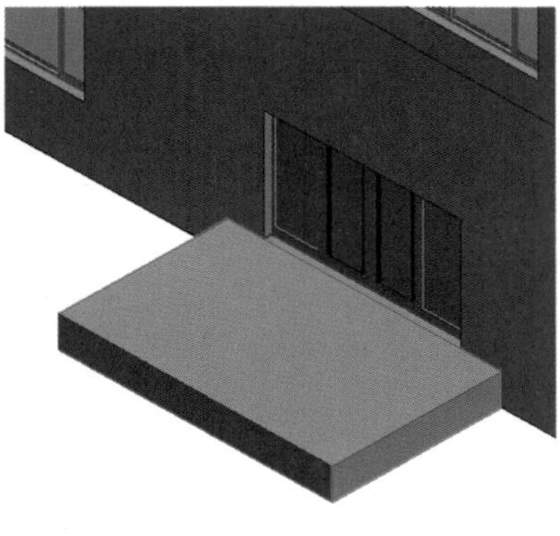

图14-109　创建楼板

图14-110　选择选项

12 在“属性”选项板中单击“编辑类型”按钮，弹出【类型属性】对话框，单击展开“轮廓”下拉列表，选择“室外台阶轮廓：室外台阶轮廓”选项，如图14-111所示。

13 单击“确定”按钮，关闭对话框。将光标置于楼板边缘线上，高亮显示边缘线时单击鼠标左键，执行创建台阶的操作，效果如图14-112所示。

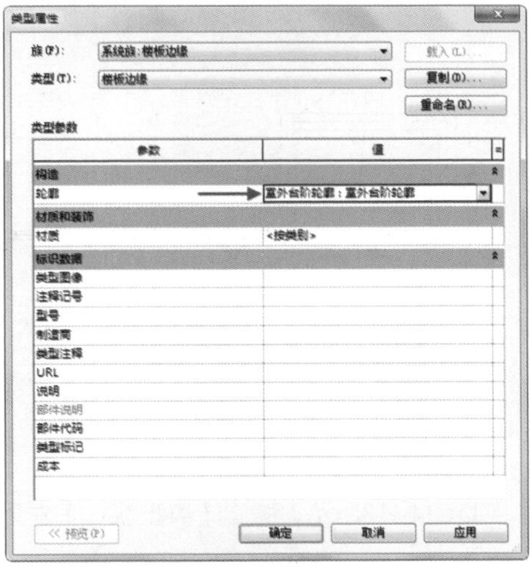

图14-111　选择轮廓

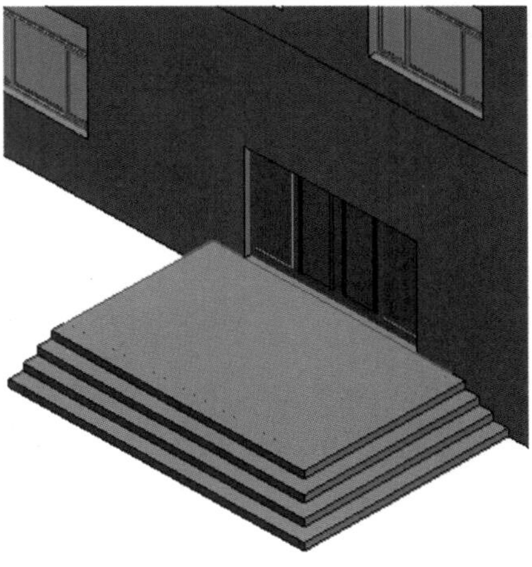

图14-112　创建台阶

提示 在本节中创建的台阶样式为“四步台阶”。请用户根据前面章节中介绍的知识，自行创建“室外台阶轮廓.rfa”。

14.7.2　创建坡道

Revit提供了“坡道”工具，用户调用该命令，设置属性参数，可以为项目创建合适的坡道模型。

01 在“楼梯和坡道”面板中单击“坡道”按钮，启用“坡道”命令。在“属性”选项板中单击“编辑类型”按钮，弹出【类型属性】对话框。

02 在【类型属性】对话框中选择“造型”为“实体”，修改“坡道最大坡度（1/x）”选项值为15.500000，如图14-113所示。单击“确定”按钮，关闭对话框。

03 在“属性”选项板中设置“底部标高”为“地坪”，设置“顶部标高”为F1，修改“宽度”选项值为3400.0，如图14-114所示。

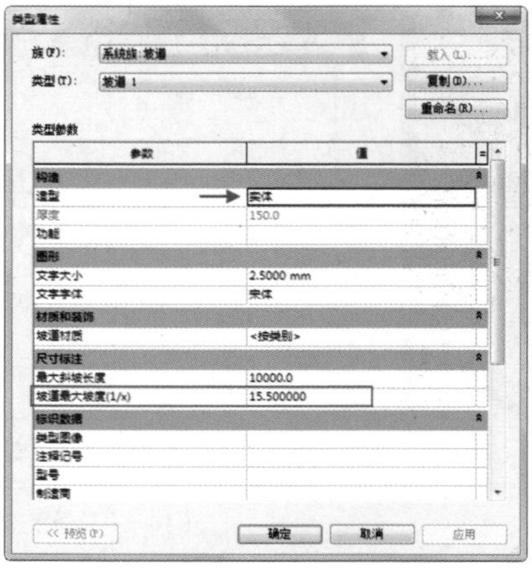

图14-113　设置参数

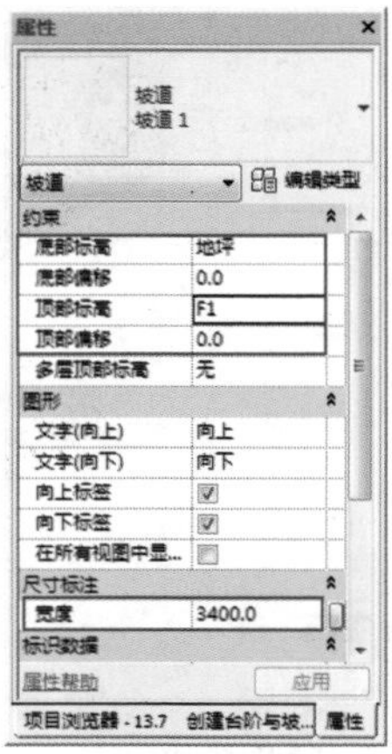

图14-114　修改参数

04 在“绘制”面板中单击“线”按钮，指定绘制坡道的方式。在视图中依次单击指定线的起点与终点，绘制坡道轮廓线的效果如图14-115所示。

05 单击“完成编辑模式”按钮，退出命令。创建坡道模型的效果如图14-116所示。

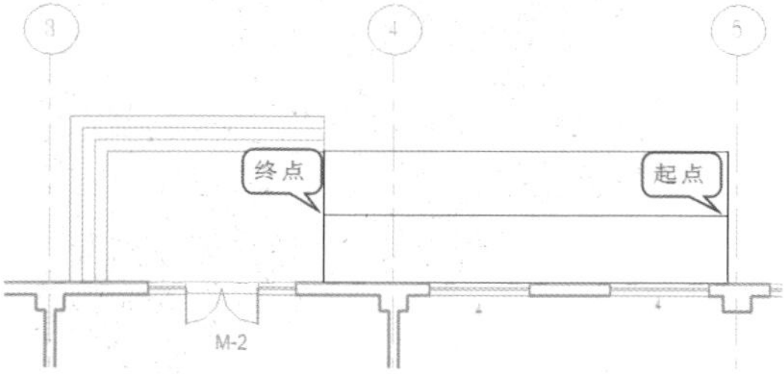

图14-115　绘制边界线

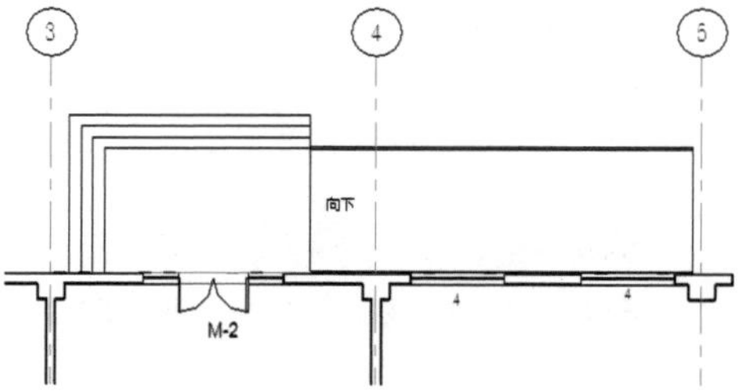

图14-116　绘制效果

提示　选择坡道图元，显示“向上翻转楼梯方向”符号，单击符号，可以调整坡道的方向。

06 切换至三维视图，观察坡道的三维效果，如图14-117所示。

07 选择扶手，在【属性】选项板中单击“编辑类型”按钮，如图14-118所示，弹出【类型属性】对话框。

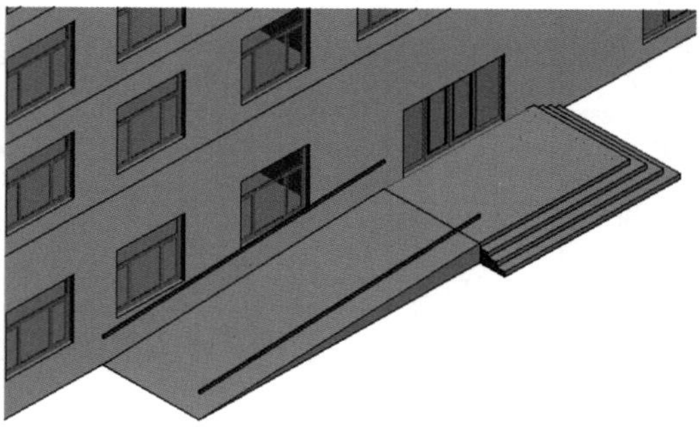
图14-117　三维样式

图14-118　单击按钮

提示　默认情况下，创建坡道的同时可以创建扶手，栏杆则需要用户载入外部族。

08 在【类型属性】对话框中单击“栏杆位置”右侧的“编辑”按钮，如图14-119所示，弹出【编辑栏杆位置】对话框。

09 在“主样式”选项组的“常规栏”列表中选择“栏杆族”样式，设置“相对前一栏杆的距离”值为400.0，选择“对齐”方式为“中心”；在“支柱”选项组的列表中选择“栏杆族”，如图14-120所示。

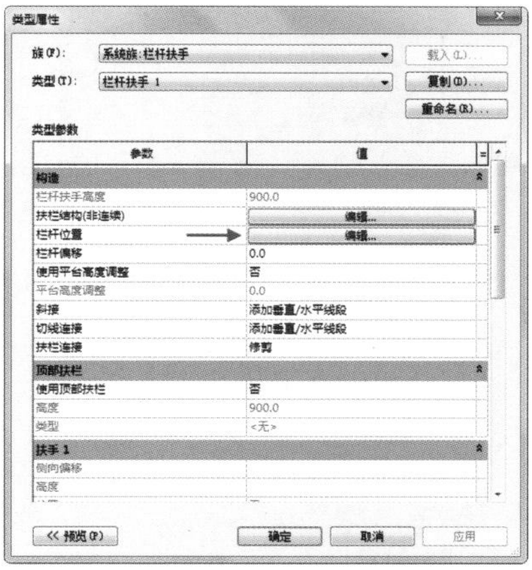

图14-119　单击按钮

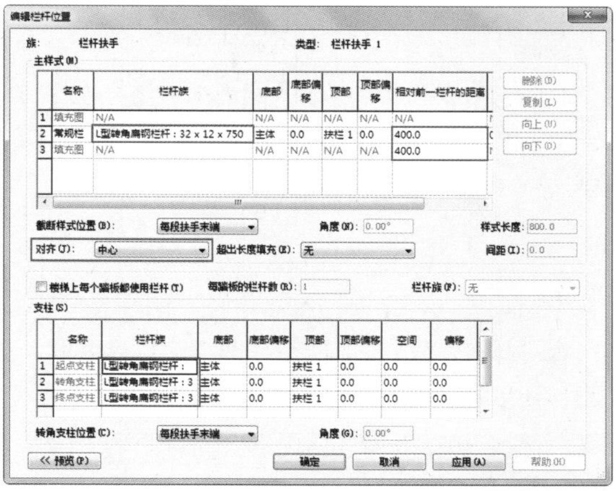

图14-120　设置参数

提示 用户从外部库中载入栏杆族后，可以在“栏杆族”列表中显示栏杆名称，选择名称即可调用。

10 依次单击“确定”按钮，关闭【编辑栏杆位置】对话框以及【类型属性】对话框。为坡道添加栏杆的效果如图14-121所示。

11 选择靠墙的扶手栏杆，按Delete键，删除扶手栏杆，效果如图14-122所示。

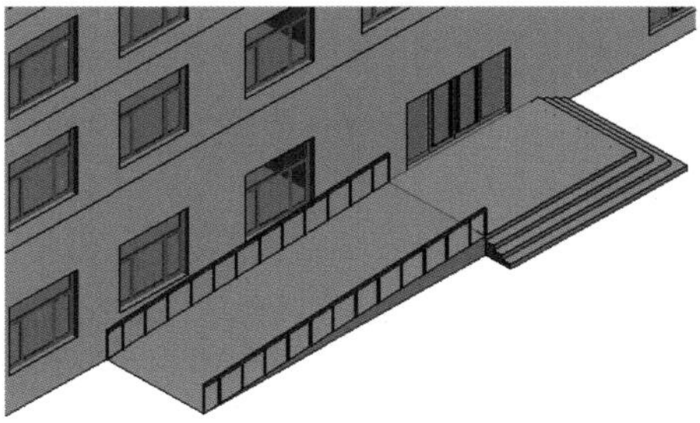

图14-121　添加栏杆

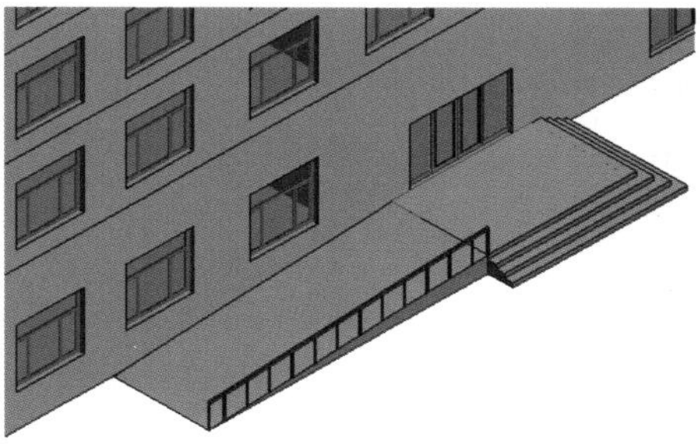

图14-122　删除图元

14.8　创建门窗明细表

项目样板默认在项目浏览器中创建名称为“明细表/数量”的选项，但是却没有创建任何明细表。当用户创建明细表后，可以在“明细表/数量”选项中显示明细表名称。单击名称，可以切换至明细表，查看明细表信息。

本节介绍为研发大楼创建门窗明细表的操作方法。

01 选择“视图”选项卡，在“创建”面板上单击“明细表”按钮，在弹出的下拉列表中选择“明细表/数量”选项，如图14-123所示。

02 弹出【新建明细表】对话框，在“类别”列表框中选择“门”选项，在“名称”文本框中设置名称为“研发大楼-门明细表”，如图14-124所示。单击“确定”按钮，弹出【明细表属性】对话框。

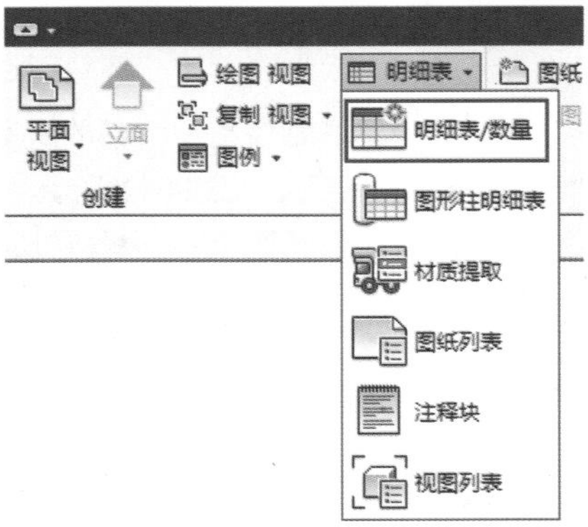

图14-123　选择选项

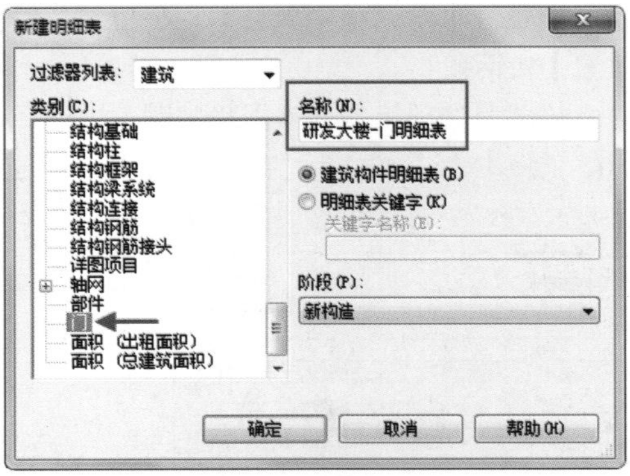

图14-124　设置名称

03 在【明细表属性】对话框中选择“明细表字段”，如图14-125所示。

04 选择“排序/成组”选项卡，选择“排序方式”为“类型”，勾选“逐项列举每个实例”复选框，如图14-126所示。

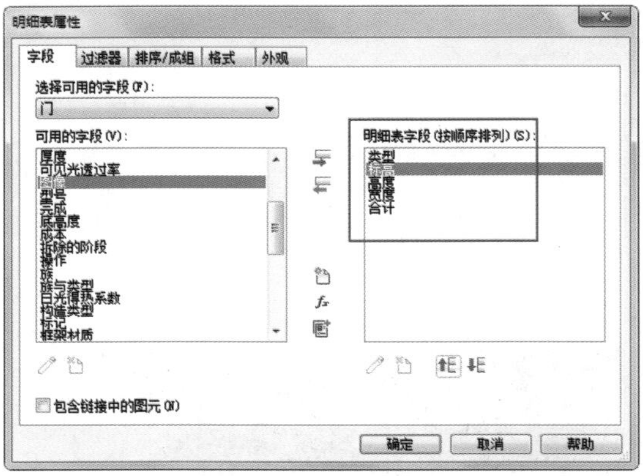

图14-125　添加字段

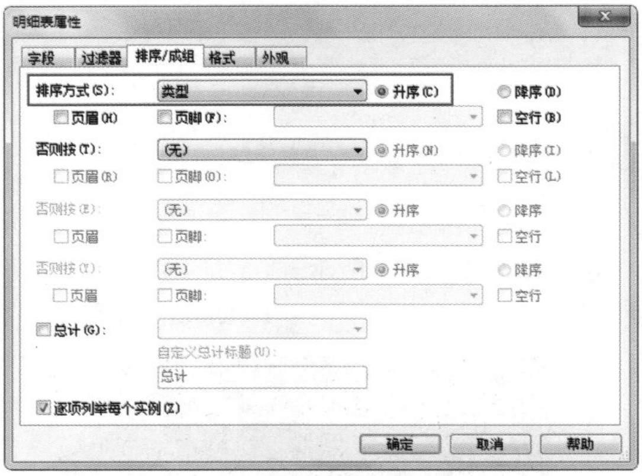

图14-126　设置排序方式

05 选择“外观”选项卡，勾选“轮廓”复选框，在其下拉列表中选择“中粗线”选项；取消勾选“数据前的空行”复选框，如图14-127所示。单击“确定”按钮，执行创建明细表的操作。

06 切换至明细表视图，查看门明细表的创建效果，如图14-128所示。

窗明细表的创建过程与门明细表的创建过程类似。在【新建明细表】对话框的“类别”列表框中选择“窗”选项，在“名称”选项中设置“名称”为“研发大楼-窗明细表”。

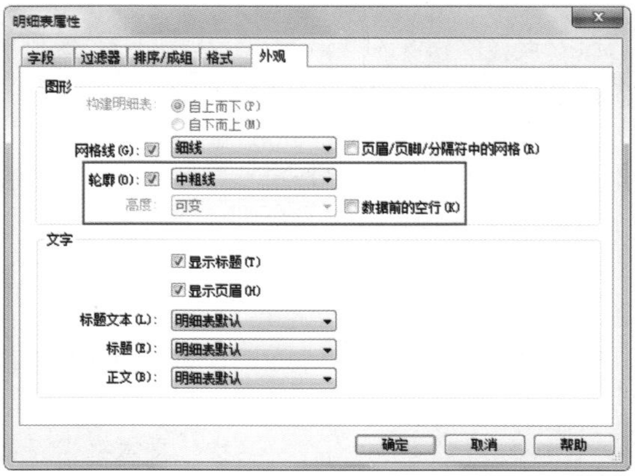

图14-127　设置外观

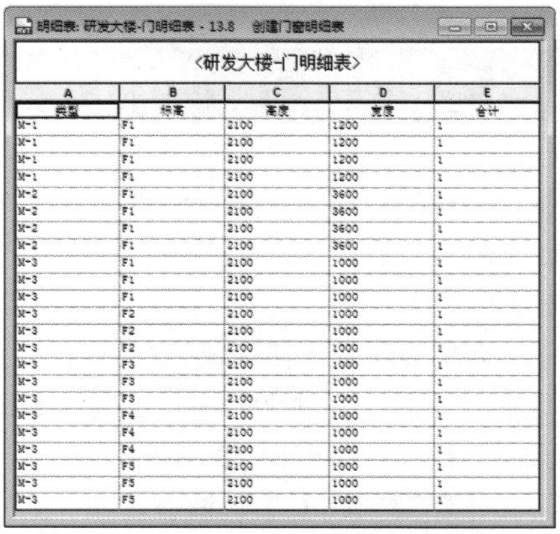
明细表：研发大楼-门明细表 - 13.8　创建门窗明细表

<研发大楼-门明细表>

A	B	C	D	E
类型	标高	高度	宽度	合计
M-1	F1	2100	1200	1
M-1	F1	2100	1200	1
M-1	F1	2100	1200	1
M-1	F1	2100	1200	1
M-2	F1	2100	3600	1
M-2	F1	2100	3600	1
M-2	F1	2100	3600	1
M-2	F1	2100	3600	1
M-3	F1	2100	1000	1
M-3	F1	2100	1000	1
M-3	F1	2100	1000	1
M-3	F2	2100	1000	1
M-3	F2	2100	1000	1
M-3	F2	2100	1000	1
M-3	F3	2100	1000	1
M-3	F3	2100	1000	1
M-3	F3	2100	1000	1
M-3	F4	2100	1000	1
M-3	F4	2100	1000	1
M-3	F4	2100	1000	1
M-3	F5	2100	1000	1
M-3	F5	2100	1000	1
M-3	F5	2100	1000	1

图14-128　门明细表

接着在【明细表属性】对话框中设置明细表的格式参数，定义窗明细表的显示样式，窗明细表的创建效果如图14-129所示。在项目浏览器中单击展开“明细表/数量”选项，在其中显示创建完毕的门窗明细表，如图14-130所示。

明细表: 研发大楼-窗明细表 - 13.8　创建门窗明细表

<研发大楼-窗明细表>

A	B	C	D	E	F
类型	标高	高度	宽度	底高度	合计
1500 x 1800 mm	F1	1800	1500	600	1
1500 x 1800 mm	F2	1800	1500	600	1
1500 x 1800 mm	F3	1800	1500	600	1
1500 x 1800 mm	F4	1800	1500	600	1
1500 x 1800 mm	F5	1800	1500	600	1
2400 x 2100mm	F1	2100	2400	600	1
2400 x 2100mm	F1	2100	2400	600	1
2400 x 2100mm	F1	2100	2400	600	1
2400 x 2100mm	F1	2100	2400	600	1
2400 x 2100mm	F1	2100	2400	600	1
2400 x 2100mm	F1	2100	2400	600	1
2400 x 2100mm	F1	2100	2400	600	1
2400 x 2100mm	F1	2100	2400	600	1
2400 x 2100mm	F1	2100	2400	600	1
2400 x 2100mm	F1	2100	2400	600	1
2400 x 2100mm	F1	2100	2400	600	1
2400 x 2100mm	F1	2100	2400	600	1
2400 x 2100mm	F1	2100	2400	600	1
2400 x 2100mm	F1	2100	2400	600	1
2400 x 2100mm	F1	2100	2400	600	1
2400 x 2100mm	F1	2100	2400	600	1
2400 x 2100mm	F1	2100	2400	600	1
2400 x 2100mm	F1	2100	2400	600	1
2400 x 2100mm	F1	2100	2400	600	1
2400 x 2100mm	F2	2100	2400	600	1
2400 x 2100mm	F2	2100	2400	600	1

图14-129　窗明细表

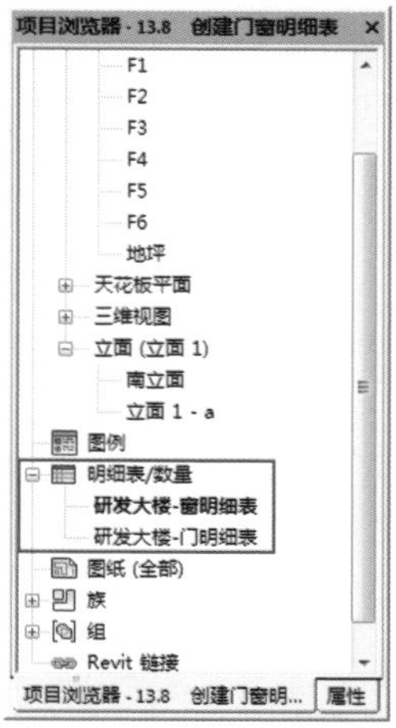

图14-130　展开列表

在上一章中仅介绍为一个出入口创建台阶与坡道的方法，请用户根据所介绍的创建方法，继续为研发大楼项目的其他出口创建台阶与坡道，最终效果如图14-131和图14-132所示。

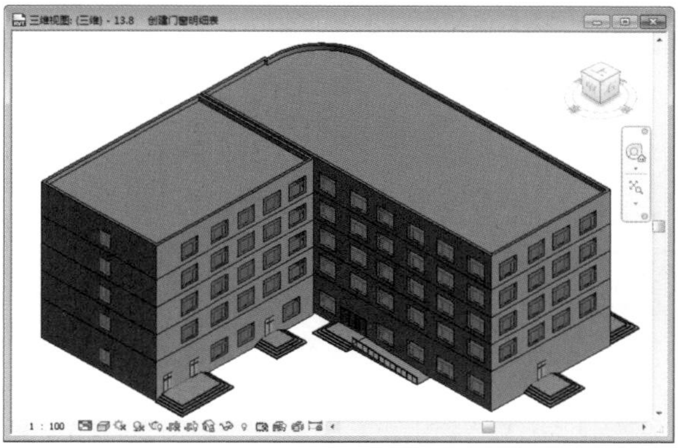

图14-131　三维效果1

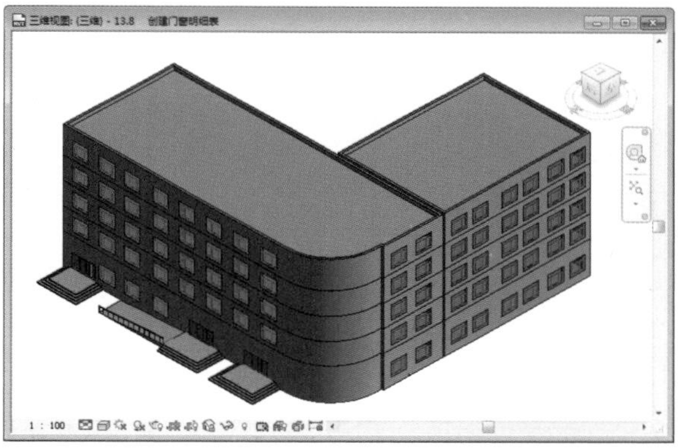

图14-132　三维效果2